"双一流"建设精品出版工程
"十四五"国家重点出版物出版规划项目
材料研究与应用丛书

精细有机合成单元反应与合成设计

FINE ORGANIC SYNTHESIS UNIT REACTION AND SYNTHESIZED DESIGN

（第4版）

夏德斌　郝素娥　王　平　主编

哈爾濱工業大學出版社
HARBIN INSTITUTE OF TECHNOLOGY PRESS

内 容 简 介

本书介绍了精细化学品研制过程中所涉及的重要单元反应和合成精细化学品的设计技巧。考虑到精细化学品具有种类多、更新换代快的特点，本书以有机合成反应为中心，着重讨论各种单元反应的基本原理和应用范围，联系反应物的结构特点讨论影响反应的主要因素，结合精细化学品合成实例讲述合成原理、原料配比、工艺过程、技术和产品用途等多方面内容。全书共分10章，依次为精细有机合成的反应原理、卤化反应、磺化反应、烷基化反应、酰基化反应、氧化反应、还原反应、缩合反应、合成路线设计技巧和精细化学品合成技术。

该书内容广泛、循序渐进、系统性强，既可作为高校化学、化工类专业学生的专业基础课教材，也可作为相关专业教师的教学参考书，还可作为广大有机化工研究人员和精细化学品开发生产人员的参考书。

图书在版编目(CIP)数据

精细有机合成单元反应与合成设计/夏德斌，郝素娥，王平主编. —4版. —哈尔滨:哈尔滨工业大学出版社，2025.6. —(材料研究与应用丛书). —ISBN 978-7-5767-1985-7

Ⅰ. TQ202

中国国家版本馆CIP数据核字第2025F7Y437号

策划编辑　王桂芝　黄菊英
责任编辑　杨　硕　陈雪巍　林均豫
出版发行　哈尔滨工业大学出版社
社　　址　哈尔滨市南岗区复华四道街10号　邮编150006
传　　真　0451-86414749
网　　址　http://hitpress.hit.edu.cn
印　　刷　哈尔滨起源印务有限公司
开　　本　787mm×1092mm　1/16　印张18　字数438千字
版　　次　2000年12月第1版　2025年6月第4版
　　　　　2025年6月第1次印刷
书　　号　ISBN 978-7-5767-1985-7
定　　价　59.00元

第 4 版前言

《精细有机合成单元反应与合成设计》自 2000 年问世以来，承蒙黑龙江省出版基金资助，作为哈尔滨工业大学"十五"规划重点教材，已在全国多所高等院校和科研机构广泛使用，成为高年级本科生、研究生专业课程的核心教材，以及科研人员的重要参考用书。二十余年来，本书获得了学界同仁和广大读者的厚爱与支持，在此谨致以最诚挚的谢意。

随着有机合成化学领域的蓬勃发展，新理论、新方法和新应用层出不穷。为更好地服务教学科研需求，我们对本书进行了系统性修订。本次修订秉持"传承经典、与时俱进、注重实践"的理念，主要做了以下创新：

教学资源升级：首次引入二维码数字资源，构建"纸质教材＋数字内容"的新型教学模式，为读者提供拓展学习的便捷途径。

应用领域扩展：新增精细有机合成在含能材料、功能分子等前沿领域的应用实例，强化理论联系实际的教学效果。

学术内容更新：精选 *Science*、*Nature* 等国际顶尖期刊的最新研究成果，更新和优化典型反应案例。

实践能力培养：增设典型精细化学品的设计范例，通过真实案例解析提升学生的合成设计能力。

本次修订工作由夏德斌、郝素娥和王平共同主持。尽管我们力求尽善尽美，但囿于学科发展的快速性和编者的学识局限，书中难免存在疏漏之处，恳请各位专家、读者不吝指正，以便后续进一步完善。

编　者

2025 年 3 月

目　　录

第1章　精细有机合成的反应原理

1.1　有机反应的基本过程

精细有机合成是指采用化学方法合成各种精细化学品，而精细化学品种类繁多，目前已达3万多种。合成这些产品涉及许多不同的反应，其反应历程和合成条件更是多种多样，尚难以提出某一理论来指导所有这些合成。但在完成这些不同类型的反应时，往往离不开键的断裂、键的形成、键的断裂与形成同步发生、分子内重排和电子传递五个基本过程。因此，对这五个基本过程进行讨论，将有利于判断反应是否容易发生和反应发生的位置等。

精细化学品简介：化学品通常分为通用化学品（heavy chemicals）和精细化学品（fine chemicals）。通用化学品是指以天然资源（煤、石油、天然气、农副产品等）为基本原料，经过简单的化学加工而制成的大吨位、附加价值率与利润率较低、应用范围较广的化工产品，如CH_3CH_2Cl、CH_3CH_2OH、CH_3COOH等。而精细化学品是以通用化学品为起始原料，用复杂的生产工序进行深度加工，制成小批量、多品种、附加价值率高、具有专用功能并配有应用技术和技术服务的化工产品，如医药、农药、食品添加剂、燃料等。精细化学品具有更新快、工艺流程长、反应多、风险大的生产特性，投资效率高、利润率高的经济特性，独家经营、技术保密、重视市场调研、适应市场需求的商业特性。

1.1.1　键的断裂

键的断裂可以分为均裂与异裂两种情况。下式中(1)表示均裂，(2)表示异裂。

$$A \vdots\!\cdot\!\vdots B \qquad\qquad A \vdots :B$$
$$(1) \qquad\qquad (2)$$

1. 均裂

如果分子本身的键能较小（如O—O、Cl—Cl），或是在裂解时能同时释放出一个键合很牢的分子（如N_2、CO_2），这样的键容易发生均裂。但无论是哪一种情况，都必须从外界接受一定的能量才能发生键的均裂。最常见的方法是通过加热或光照提供能量。例如

$$Cl_2 \xrightarrow{\text{加热或光照}} 2Cl\cdot$$

$$(CH_3)_2\underset{\substack{|\\CN}}{C}—N{=}N—\underset{\substack{|\\CN}}{C}(CH_3)_2 \xrightarrow{60\sim70\ ℃} 2(CH_3)_2\underset{\substack{|\\CN}}{C}\cdot + N_2$$

$$C_6H_5CO—O—O—COC_6H_5 \xrightarrow{60\sim90\ ℃} 2C_6H_5COO\cdot \longrightarrow 2C_6H_5\cdot + 2CO_2$$

偶氮二异丁腈和过氧化二苯甲酰都是常用的引发剂。一旦通过引发剂或外加能量产生某种游离基以后，这些游离基将与没有解离的分子发生反应，生成新的游离基，从而完成各种化学反应。如卤素与烯烃的游离基加成、烃类的氧化等就属于这种类型的反应。

2. 异裂

当断键后形成的带电荷质点相对稳定时,容易发生键的异裂。大多数反应均为异裂反应。例如

$$(CH_3)_3C—Cl \xrightleftharpoons{慢} (CH_3)_3C^+ + Cl^-$$

$$(CH_3)_3C^+ + H_2O \xrightarrow{快} (CH_3)_3C—\overset{+}{O}H_2 \xrightarrow{-H^+} (CH_3)_3C—OH$$

已知烷基正离子稳定性的顺序是

$$叔—C^+ > 仲—C^+ > 伯—C^+ > CH_3^+$$

因而发生异裂由易到难的顺序是

$$叔\ C—Cl > 仲\ C—Cl > 伯\ C—Cl > CH_3—Cl$$

所以,叔丁基氯的水解要比氯甲烷容易得多。

当正离子相同时,阴离子离去基团稳定性的高低,将是判断键的异裂难易的重要依据。例如,以下含叔丁基的化合物发生异裂的难易顺序是

$$(CH_3)_3C—Cl > (CH_3)_3C—Ac > (CH_3)_3C—OH$$

这一顺序恰好与酸的强弱顺序是一致的。

1.1.2 键的形成

键的形成一般有三种情况。

1. 两个游离基结合成键

两个游离基结合成键可看作是均裂的逆反应,如两个氯原子可重新结合成氯分子。

$$2Cl· \longrightarrow Cl_2$$

这一反应的活化能很低,通常均可快速进行。然而对于一个游离基反应来说,由于中性分子的浓度远远大于游离基,因而链的传递反应将优先于链的终止反应。

需要指出的是,并非所有的游离基质点都非常活泼,事实上也有一些游离基是比较稳定的。例如,由氯原子与氧分子所构成的质点便是不活泼的,这也正是在进行甲苯侧链氯化时不宜采用含氧氯气作为氯化剂的原因。

$$Cl· + O_2 \longrightarrow ·ClO_2$$

2. 两个带相反电荷的质点结合成键

两个带相反电荷的质点结合成键可看作是异裂的逆反应。例如

$$(CH_3)_3C^+ + Cl^- \longrightarrow (CH_3)_3C—Cl$$

由于正负电荷相互吸引,这一成键反应很容易进行。但是对于价键已经饱和的正离子,如季铵离子[$(CH_3)_4N^+$]则不能再与负离子结合生成共价键。季铵离子在溶液中是稳定的离子,因为季氮原子不再具有能够接受两个电子的空轨道。

3. 一个离子与一个中性分子成键

当中性分子的某一原子上包含有一对未共用电子时,它能与正离子成键;当中性分子中具有可接受电子对的空轨道时,它能与负离子成键。例如

$$(CH_3)_3C^+ + H_2O \longrightarrow (CH_3)_3C—\overset{+}{O}H_2$$

$$Cl^- + AlCl_3 \longrightarrow AlCl_4^-$$

能够从其他化合物中接受一对电子成键且带有正离子或缺少电子的分子称为亲电试剂;能够向其他化合物供给一对电子成键且带有负离子或未共用电子对的分子称为亲核试剂。例如,在下面的反应中,醋酸根离子便是亲核试剂。

$$(CH_3)_3C^+ + Ac^- \longrightarrow (CH_3)_3C—Ac$$

思考题:由甲苯制备 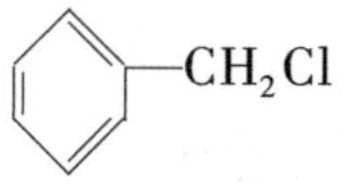 的反应中应注意什么问题?

1.1.3　断键与成键同步发生

按照过渡态理论,在完成某一化学反应时,常常首先是一个或多个键发生部分断裂,与此同时,一个或多个键将部分形成。断键所需要的能量可部分由成键时所释放的能量提供。断键与成键同步发生的反应可以有以下两种情况。

1. 断裂一个单键,形成一个单键

例 1

$$CN^- + CH_3I \longrightarrow \underset{\text{过渡态}}{[CN \cdots CH_3 \cdots I]} \longrightarrow CH_3CN + I^-$$

当 CN^- 向 CH_3I 靠近时,C—I 键减弱,与此同时,新的 C—C 键部分形成,即形成过渡态结构,进一步作用后得到腈和碘离子。反应是通过 CN^- 向碳原子发生亲核攻击,在形成一个新键的同时,使另一个键发生异裂。

例 2

$$RO^- + CH_3—OSO_2OCH_3 \longrightarrow RO—CH_3 + CH_3OSO_2O^-$$

其过渡态可表示为

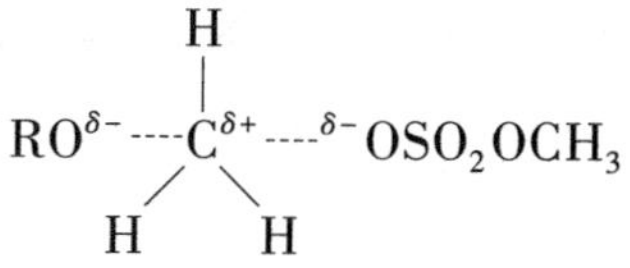

可以用以下模式来表示这一类反应的电子迁移过程。

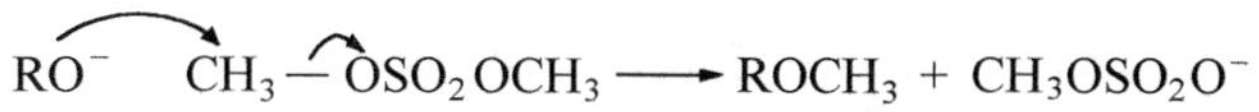

2. 一个双键转化成单键(或三键转化成双键),与此同时,形成一个单键

例如

$$CH_2{=}CH_2 + HCl \longrightarrow [\overset{\delta+}{C}H_2—CH_2 \cdots H \cdots Cl^{\delta-}] \longrightarrow$$

$$^+CH_2—CH_3 + Cl^- \longrightarrow C_2H_5Cl$$

1.1.4　分子内重排

分子内重排是指在分子内产生的基团重排,常常是通过基团的迁移,使得该分子从热力学不稳定状态转化为热力学稳定状态。这种迁移有以下三种情况。

1. 基团带着一对电子迁移

例如

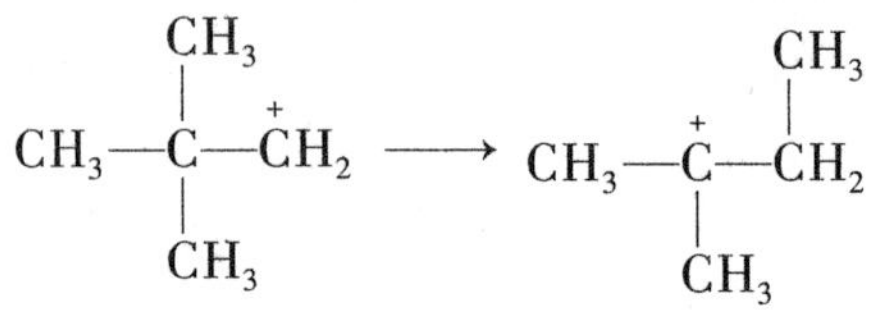

原因是叔碳正离子比伯碳正离子稳定。据此可解释3,3-二甲基-2-丁醇的脱水反应生成的主产物是2,3-二甲基-2-丁烯。

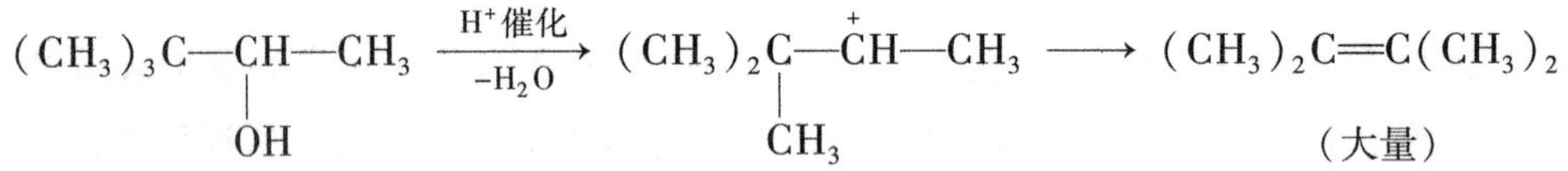

2. 基团带着原来键中的一个电子迁移

例如

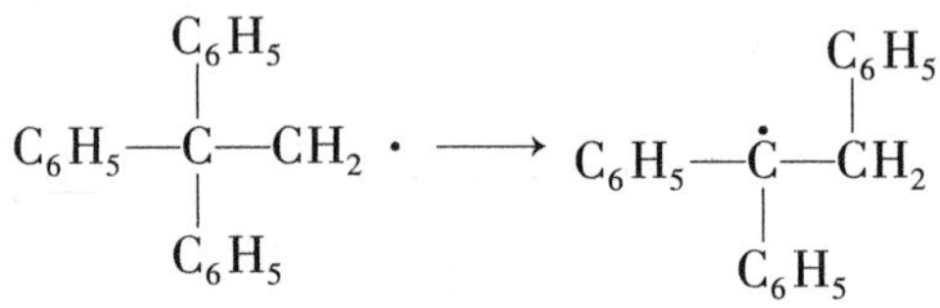

原因是右式中的游离基可以离域到两个相邻苯环,从而增加了它的稳定性。

3. 基团迁移时不带原来的键合电子

例如

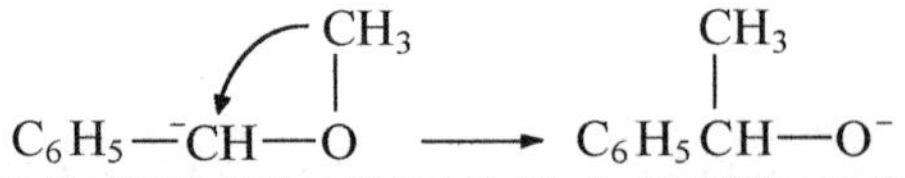

原因是氧负离子要比碳负离子稳定,因而从热力学不稳定状态重排到热力学较稳定的状态。

思考题:反应 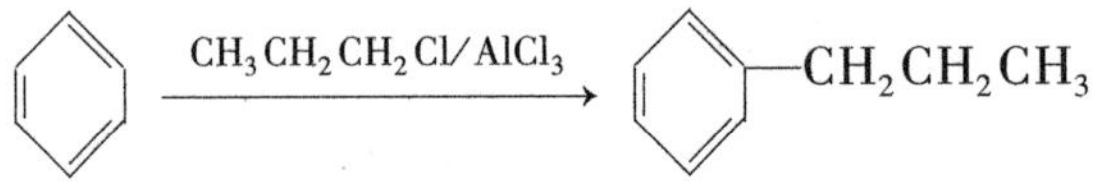 的产率都只有30%,为什么?

1.1.5　电子传递

一个有强烈趋势释放出一个电子的质点能够通过电子转移与一个具有强烈趋势接受电子的质点发生反应。例如,下式中的 RO—OH 是电子接受者,而二价铁离子则作为电子供给者,二者可进行氧化-还原反应。

$$Fe^{2+} + RO—OH \longrightarrow Fe^{3+} + RO\cdot + OH^-$$

又如,三价铁离子遇苯酚则进行以下反应。

$$Fe^{3+} + PhO—H \longrightarrow Fe^{2+} + PhO\cdot + H^+$$

丙酮从镁原子接受一个电子,生成负离子游离基,通过二聚,酸化,即得到片呐醇。

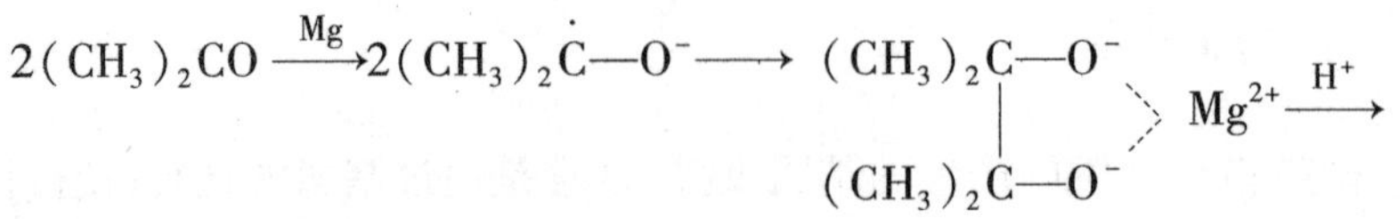

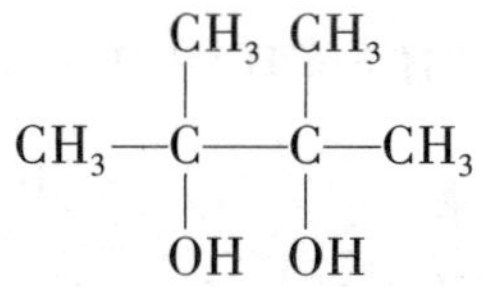

思考题:如何设计 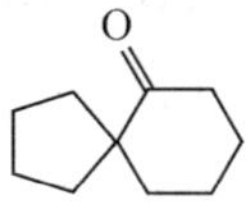 的合成方法?

1.2　有机反应的分类

有机反应有几种不同的分类方法,最常见的是按反应的类型分;还有的按产物的结构分;也有的按有机化合物的转化状况分。本节将按照第一种分类方法简介各种类型反应的基本原理。

1.2.1　加成反应

加成反应可分为两种:一种是亲电加成;另一种是亲核加成。

1. 亲电加成

最常见的例子是烯烃的加成。这个反应分为两个阶段,首先是生成碳正离子中间产物,它是速率控制步骤,即

$$RCH{=}CH_2 + HCl \xrightarrow{慢} R\overset{+}{C}H{-}CH_3 + Cl^-$$

然后是

$$R\overset{+}{C}H{-}CH_3 + Cl^- \xrightarrow{快} R{-}CH(Cl){-}CH_3$$

如果烯烃双键的碳原子上含有烷基,则在受到亲电试剂攻击时,连有更多烷基取代基的位置将优先生成碳正离子。这是由于供电子的烷基可使碳正离子稳定化。

$$(CH_3)_2C{=}CHCH_3 + HCl \longrightarrow (CH_3)_2\overset{+}{C}{-}CH_2CH_3 + Cl^- \longrightarrow (CH_3)_2C(Cl){-}CH_2CH_3$$

反之,吸电子基团能降低直接与之相连的碳正离子的稳定性。例如

$$O_2N{-}CH{=}CH_2 + HCl \longrightarrow O_2N{-}CH_2{-}\overset{+}{C}H_2 + Cl^- \longrightarrow O_2N{-}CH_2CH_2Cl$$

当烯烃受到亲电试剂攻击生成中间产物碳正离子后,存在着质子消除和亲核试剂加成两个竞争反应。在加成反应受到空间位阻限制时,将有利于发生质子消除反应。例如

$$(C_6H_5)_3C{-}C(CH_3){=}CH_2 \xrightarrow{Br_2} (C_6H_5)_3C{-}\overset{+}{C}(CH_3){-}CH_2Br \xrightarrow{-H^+}$$

$$(C_6H_5)_3C{-}C({=}CH_2){-}CH_2Br + (C_6H_5)_3C{-}C(CH_3){=}CHBr$$

含有两个或更多共轭双键的化合物在进行加成反应时,由于中间产物碳正离子的电荷可离域到两个或更多个碳原子上,得到的产物常常是混合物。例如

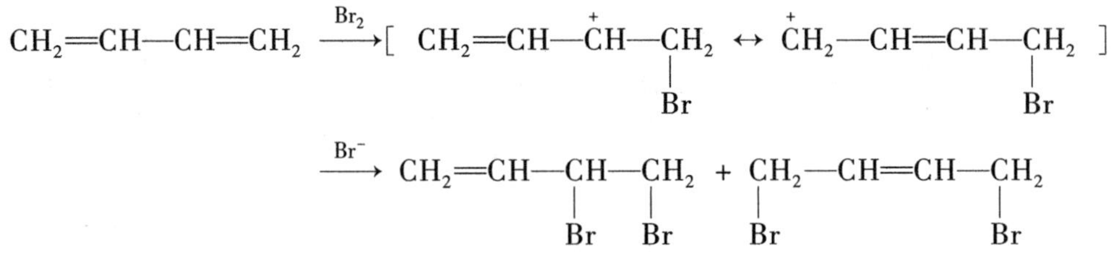

2. 亲核加成

醛和酮常常能与亲核试剂发生亲核加成反应，其中亲核试剂的加成是速率控制步骤。其反应通式为

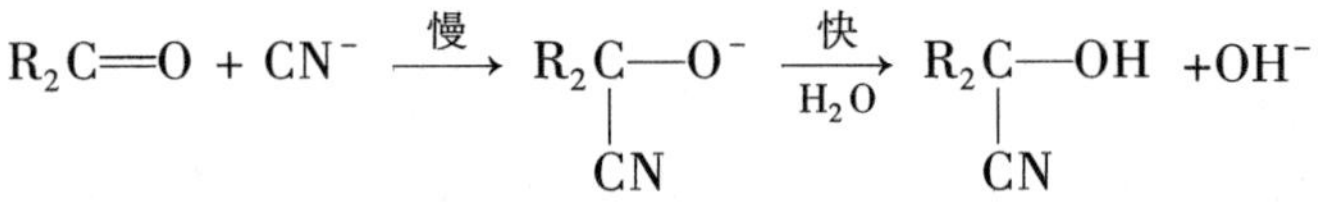

在羰基邻位有大的基团存在时，将阻碍加成反应进行。芳醛、芳酮的反应比脂肪族同系物要慢，这是由于在形成过渡态时，破坏了羰基的双键与芳环之间共轭的稳定性。芳环上带有吸电子基团，可使加成反应容易发生，而带有供电子基团，则对反应起阻碍作用。

存在于酸、酰卤、酸酐、酯和酰胺分子中的羰基也可接受亲核试剂的攻击，但得到的产物不是添加了质子，而是脱去了电负性基团，因此，这个反应也可看成是取代反应。例如，酰氯的水解反应就是通过脱去氯离子而得到羧酸的。

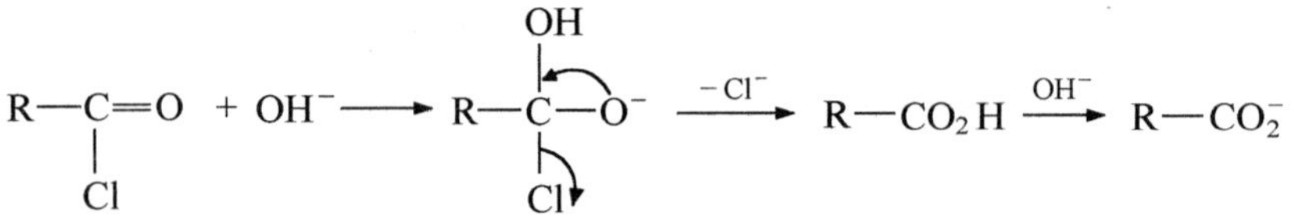

1.2.2 消除反应

消除反应可分为两种，即 β–消除和 α–消除。

β–消除：

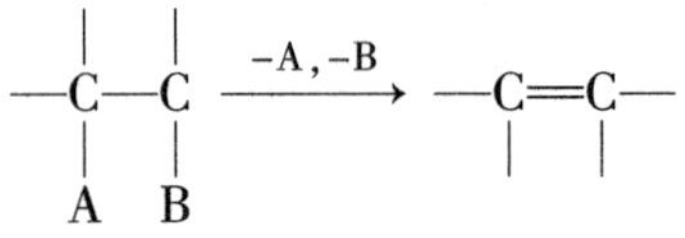

α–消除：

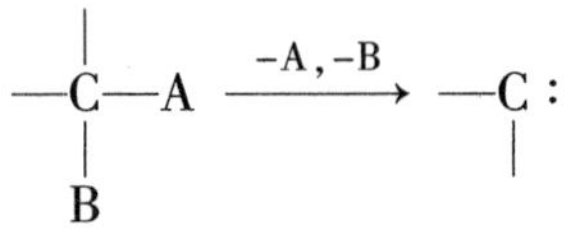

1. β–消除

β–消除反应历程有双分子历程（E2）和单分子历程（E1）两种。

双分子 β–消除反应

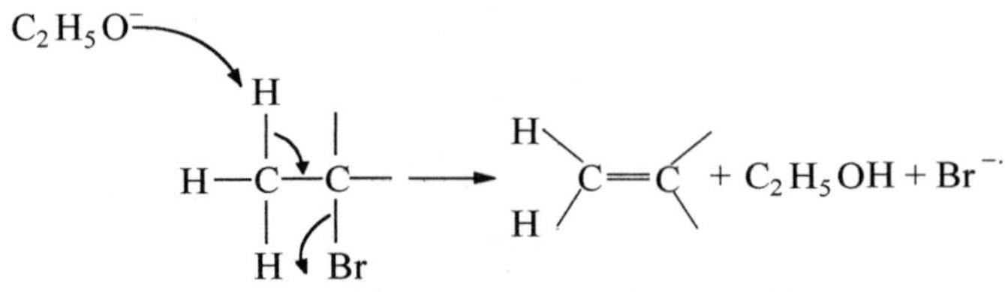

随着催化剂碱性的增强，反应速度加快；带着一对电子离开的第二个消除基团的离去能力增

大,也使反应速度加快。参加 E2 反应的卤烷,其反应由易到难的顺序是—I>—Br>—Cl>—F。这是由于键的强度顺序是 C—I<C—Br<C—Cl<C—F。

在烷基当中活性的顺序是叔>仲>伯。例如

$$(CH_3)_3C\text{—}Br \xrightarrow{\text{碱催化}} (CH_3)_2C{=}CH_2 \qquad (\text{Ⅰ})$$

$$(CH_3)_2CHBr \xrightarrow{\text{碱催化}} CH_3CH{=}CH_2 \qquad (\text{Ⅱ})$$

$$CH_3CH_2Br \xrightarrow{\text{碱催化}} CH_2{=}CH_2 \qquad (\text{Ⅲ})$$

反应速度的顺序是(Ⅰ)>(Ⅱ)>(Ⅲ)。

当新生成的双键与已存在的不饱和键处于共轭体系时,则消除反应更容易发生。例如

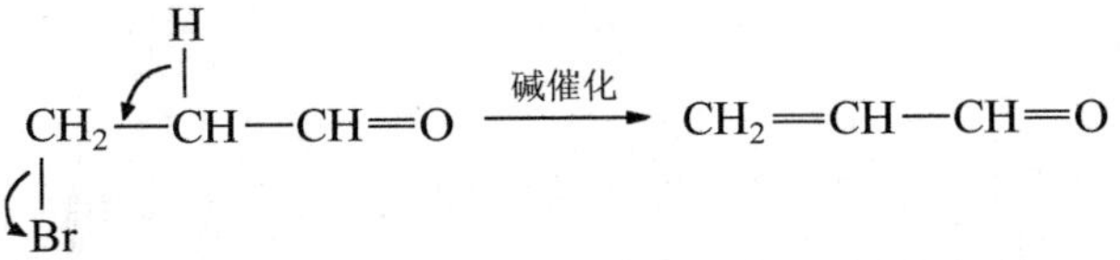

有必要指出,S_N2 反应常常与 E2 反应相竞争,消除反应所占的比例取决于碱的性质和烷基的性质。

没有碱参加的消除反应属于单分子反应(E1)。反应分成两个阶段,第一步单分子异裂是速率控制步骤。其通式为

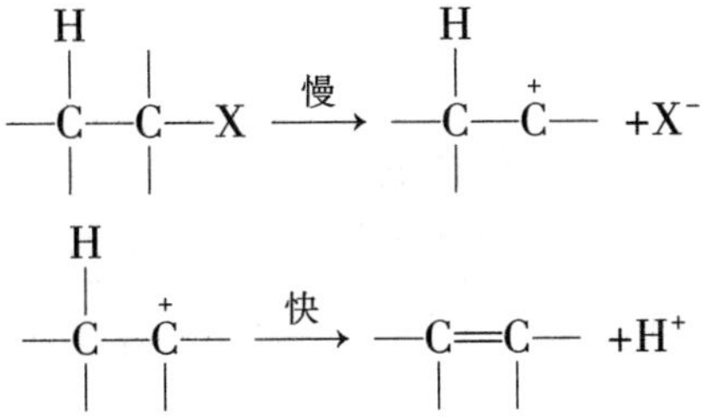

在发生单分子消除反应时,由于形成碳正离子是控制步骤,而在烷基当中叔碳正离子的稳定性较高,因此不同烷基的活泼性顺序是叔>仲>伯,离去基团的性质对反应速度的影响与 E2 相同。

当同一个化合物存在两种消除途径时,其中共轭性较强的烯烃将是主要产物。例如

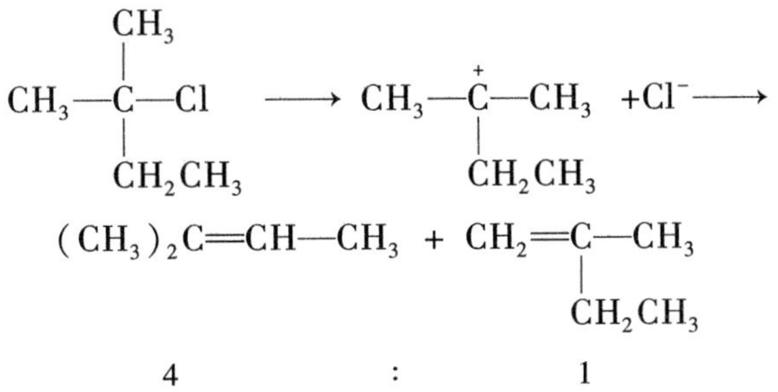

与 E2 反应一样,E1 与 S_N1 反应之间也存在着相互竞争。除此以外,也有可能发生碳正离子的分子内重排。

2. α-消除

α-消除反应相对要少得多。氯仿在碱催化下可发生 α-消除反应,反应分成两步,其中第二步是速率控制步骤。

$$CHCl_3+OH^- \rightleftharpoons CCl_3^- + H_2O$$

$$CCl_3^- \xrightarrow{\text{慢}} :CCl_2 + Cl^-$$

二氯碳烯

二氯碳烯是活泼质点，但不能分离得到，在碱性介质中它将水解成酸。

$$HO^- + :CCl_2 \longrightarrow HO—CCl \xrightarrow{\text{水解}} HCO_2H \xrightarrow{OH^-} HCO_2^-$$

亚甲基比二氯碳烯更不稳定，也更难得到。

1.2.3 取代反应

连接在碳上的一个基团被另一个基团取代的反应有三种不同的途径，即同步取代、先消除再加成和先加成再消除。

1. 同步取代

参加同步取代反应的试剂可以是亲核的或亲电的，而原子与游离基则不能直接在碳上发生取代反应。

S_N2 反应的通式是

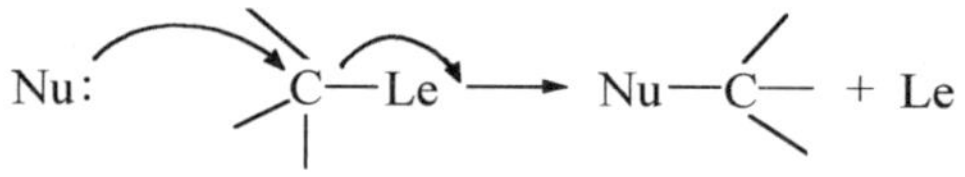

式中 Nu——亲核试剂；

Le——离去基团。

采用不同亲核试剂与卤代烷反应得到的产物如表 1.1 所示。

表 1.1 不同亲核试剂与卤代烷反应得到的产物

亲核试剂	产物	亲核试剂	产物
OH^-	醇 R—OH	$R'—C≡C^-$	炔烃 R—C≡C—R′
$R'O^-$	醚 R—OR′	CN^-	腈 R—C≡N
$R'S^-$	硫醚 R—SR′	NH_3	胺 $R—NH_2$
$R'CO_2^-$	酯 R—OCOR′	R'_3N	季铵盐 $R'_3RN^+Z^-$

由于亲核试剂的进攻是沿着离去基团的相反方向靠近，在发生取代的碳原子上将发生构型转化。

S_N2 取代反应与 E2 消除反应相互竞争，何者占优势与多种因素有关。例如，在进行 S_N2 反应时，烷基活泼性的顺序是伯>仲>叔。这是空间位阻的影响所致。因此，当下列化合物与 $C_2H_5O^-$ 在 55 ℃、乙醇中进行反应时，表现出不同的 S_N2/E2 比。

$$CH_3CH_2Br \longrightarrow \underset{90\%}{CH_3CH_2—OC_2H_5} + \underset{10\%}{CH_2{=}CH_2}$$

$$CH_3—\underset{\underset{CH_3}{|}}{CH}Br \longrightarrow \underset{21\%}{(CH_3)_2CH—OC_2H_5} + \underset{79\%}{CH_3CH{=}CH_2}$$

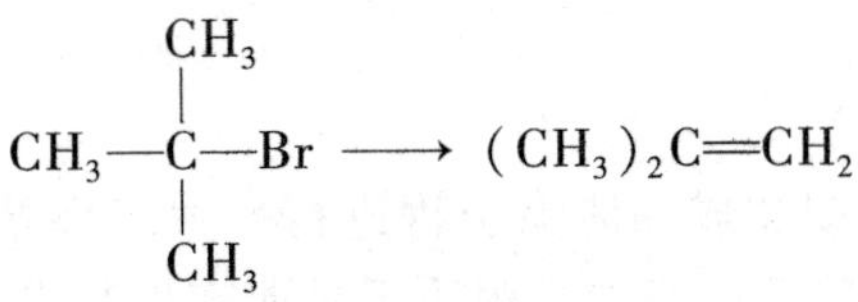

100%

2. 先消除再加成

当碳原子与一个容易带着一对键合电子脱落的基团相连接时，可发生单分子溶剂分解反应(S_N1)。例如

$$(CH_3)_3C—Cl \longrightarrow (CH_3)_3C^+ + Cl^-$$

$$(CH_3)_3C^+ + H_2O \longrightarrow (CH_3)_3C—\overset{+}{O}H_2 \xrightarrow{-H^+} (CH_3)_3C—OH$$

分子上若带有能够使碳正离子稳定化的取代基，则反应容易进行。对于卤烷而言，其活泼性顺序是叔>仲>伯。

S_N1 溶剂分解反应与 E1 消除反应也是相互竞争的，E1 与 S_N1 之比与离去基团的性质无关，因为二者之间的竞争发生在形成碳正离子以后。例如

$$(CH_3)_3C—Cl \xrightarrow{H_2O/C_2H_5OH} \underset{83\%}{(CH_3)_3C—OH} + \underset{17\%}{(CH_3)_2C=CH_2}$$

3. 先加成再消除

当不饱和化合物发生取代反应时，一般要经过先加成再消除两个阶段，比较重要的反应有羰基上的亲核取代和在芳香碳原子上的亲核、亲电与游离基取代。

(1)羰基上的亲核取代

羧酸衍生物中的羰基与吸电子基团相连接时，容易按加成—消除历程进行取代反应。例如

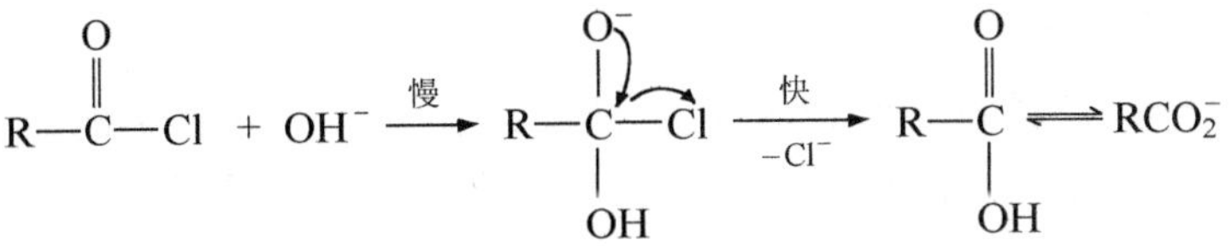

酰基衍生物的活泼顺序是酰氯>酸酐>酯>酰胺。

强酸对羧酸的酯化具有催化作用，其原因在于可增加羰基碳原子的正电性。

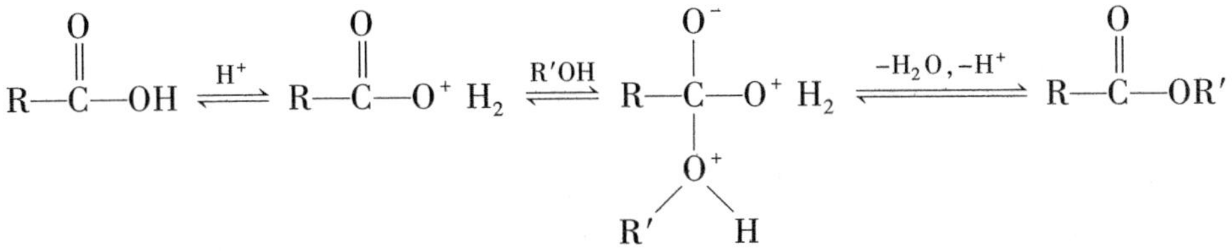

有必要指出，亲电试剂和亲核作用物，或亲核试剂和亲电作用物，常常是一种反应的两种表示方法，只是从不同的角度来讨论问题而已。例如，在酰氯水解时，OH^- 是亲核试剂，羧酰氯作为亲电作用物。然而对于芳胺的 N-酰化反应，则通常都是把羧酰氯称为亲电试剂，芳胺作为亲核作用物。

(2)芳香碳上的亲核取代

卤苯本身发生亲核取代要求十分激烈的条件，在其邻、对位带有吸电子取代基时，反应

容易得多。

(3)芳香碳上的亲电取代

芳环与亲电试剂的反应按加成—消除历程进行。大多数情况下第一步是速率控制步骤,如苯的硝化反应;也有一些反应第二步脱质子是速率控制步骤,如苯的磺化反应。

与烯烃的亲电加成反应相比较,一个重要的区别是由烯烃与亲电试剂作用所生成的碳正离子,正常情况下将继续与亲核试剂进行加成,而由芳香化合物得到的芳基正离子,则接下来是发生消除反应。其原因在于脱质子可恢复环的芳香性。另一个重要区别是亲电试剂与芳烃的反应比烯烃要慢,如苯与溴不容易反应,而烯烃与溴立即反应。这是因为向苯环上加成,要伴随着失去芳香稳定化能,尽管在某种程度上可通过正离子的离域而得到部分稳定化能的补偿。

(4)芳香碳上的游离基取代

与亲核试剂和亲电试剂一样,游离基或原子与芳香化合物之间的反应也是通过加成—消除历程进行的。例如

$$\text{PhCOO—OOCPh} \longrightarrow 2\text{PhCO}_2\cdot$$

$$\text{PhCO}_2\cdot \longrightarrow \text{Ph}\cdot + \text{CO}_2$$

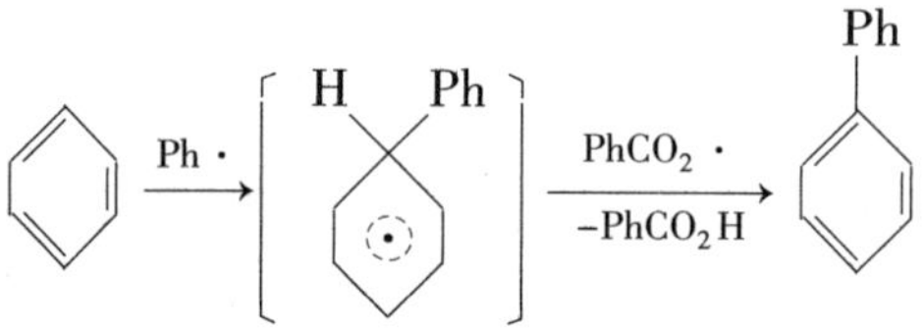

由于在取代基的邻、对位发生取代时,有利于中间游离基产物的离域,因此,取代反应优先发生在邻位和对位。

1.2.4　缩合反应

缩合反应是指形成新的 C—C 键的反应,涉及面很广,几乎包括了前面已提到的各种反应类型。例如,在克莱森缩合(Claisen condensation)中关键的一步是碳负离子在酯的羰基上发生亲核取代。

$$\text{CH}_3\overset{\text{O}}{\overset{\|}{\text{C}}}\text{—OEt} + {}^-\text{CH}_2\text{COOEt} \longrightarrow \text{CH}_3\overset{\text{O}}{\overset{\|}{\text{C}}}\text{—CH}_2\text{COOEt} + \text{OEt}^-$$

在醇醛缩合中则是在醛或酮的羰基上发生亲核加成。

$$\text{CH}_3\text{—}\overset{\text{O}}{\overset{\|}{\text{C}}}\text{—H} + {}^-\text{CH}_2\text{CHO} \longrightarrow \text{CH}_3\text{—}\underset{\text{CH}_2\text{CHO}}{\underset{|}{\overset{\text{O}^-}{\overset{|}{\text{C}}}}}\text{—H} \xrightarrow{\text{H}_2\text{O}} \text{CH}_3\text{—}\overset{\text{OH}}{\overset{|}{\text{C}}}\text{HCH}_2\text{CHO}$$

1.2.5　重排反应

重排反应可分为分子内重排与分子间重排两类。

1. 分子内重排

例如

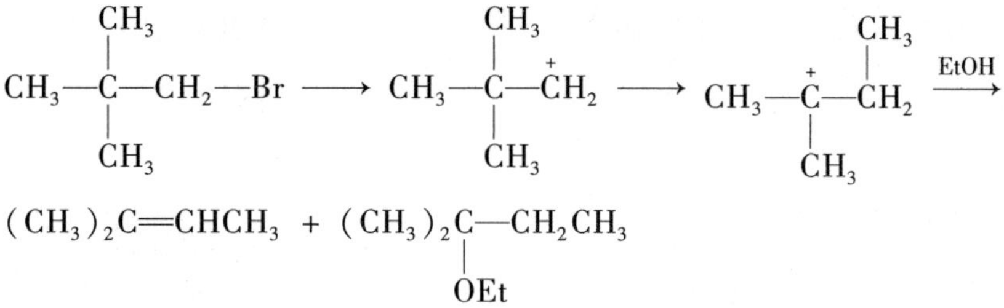

反应的主要特征是：

① 发生迁移的推动力在于叔碳正离子的稳定性大于伯碳正离子。

② 其他能够产生碳正离子的反应，当通过重排可得到更稳定的离子时，也将发生重排反应。例如

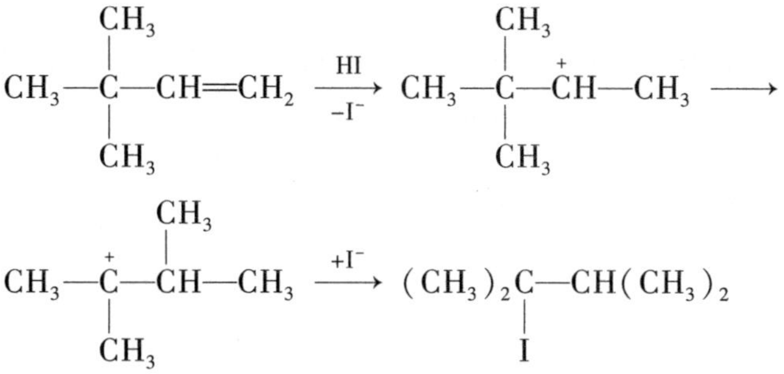

③ 位于 β 碳原子上的不同基团在发生迁移时，其中最能提供电子的基团将优先迁移到碳正离子上，如苯基较甲基容易迁移。

④ 位于 β 位上的芳基不仅比烷基容易迁移，而且能使反应加速，因为迁移是速率控制步骤，如 $C_6H_5C(CH_3)_2CH_2Cl$ 的溶剂分解反应要比新戊基氯快数千倍。原因是生成的中间产物不是高能量的伯碳正离子，而是离域的跨接苯基正离子，由于正电荷离域在整个苯环上，因此能量显著下降。

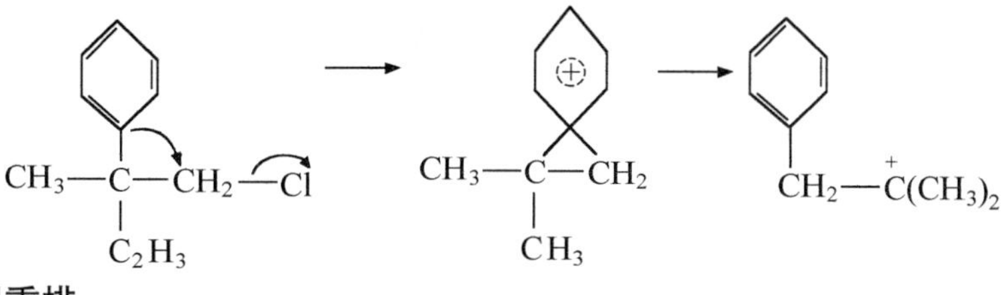

2. 分子间重排

严格来讲，分子间重排并不代表一种新的历程类型，而是上述过程的组合。例如，在盐酸催化下 N-氯乙酰苯胺的重排反应，首先是通过置换生成氯，而后氯与乙酰苯胺发生亲电取代。

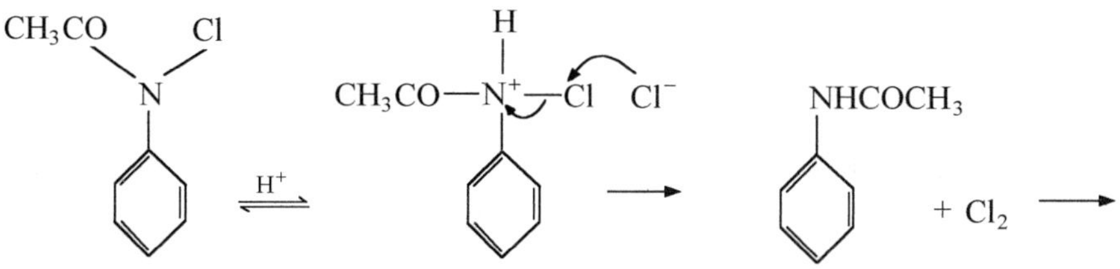

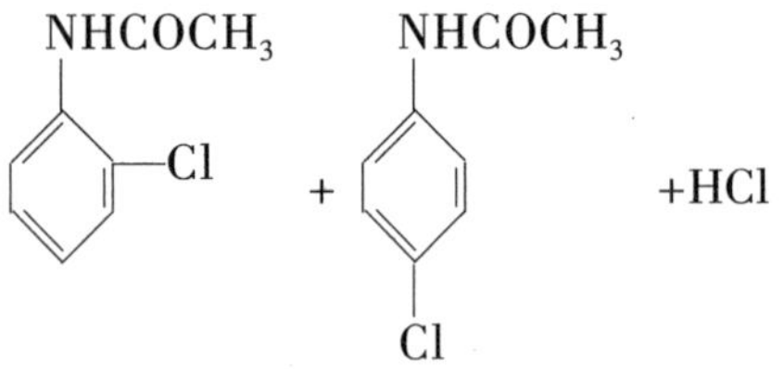

1.2.6　周环反应

在有机反应中有一类反应既不是离子反应，也不是游离基反应，此反应有以下特征：

① 既不需要亲电试剂，也不需要亲核试剂，只需要热或光作动力。

② 大多数反应不受溶剂或催化剂的影响。

③ 反应中键的断裂和生成，是经过多中心环状过渡态协同进行的。

这类反应统称为周环反应。周环反应可分成以下几种类型。

1. 环化加成

环化加成反应是指由两个共轭体系合起来形成一个环的反应，在这类反应中包括著名的第尔斯-阿尔德反应（Diels-Alder reaction）。例如

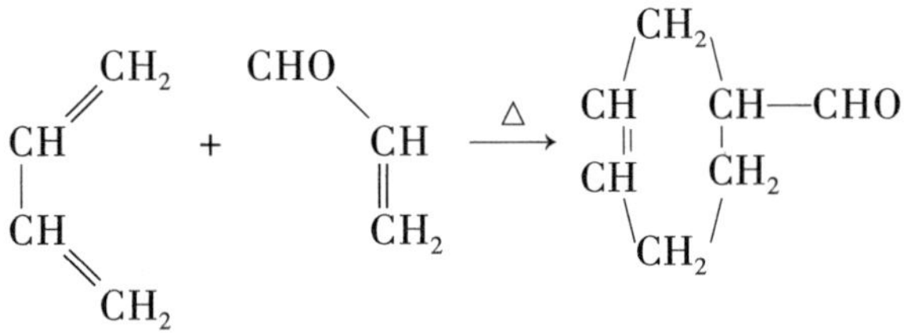

2. 电环化反应

电环化反应属于分子内周环反应，在形成环结构时将生成一个新的 σ 键，消耗一个 π 键，或是颠倒过来。例如

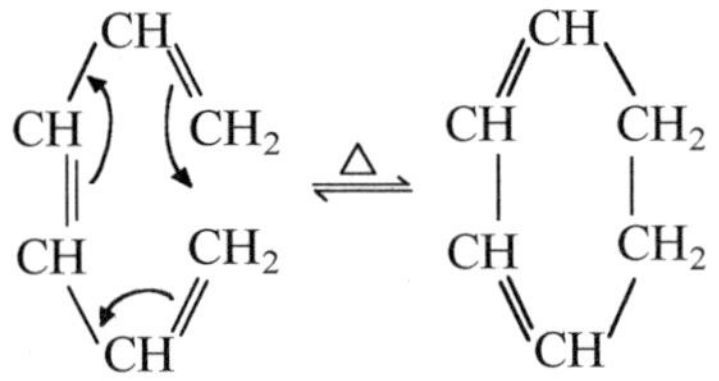

3. 螯键反应

螯键反应（cheletropic reaction）是指在一个原子的两端有两个 σ 键协同生成或断裂。例如

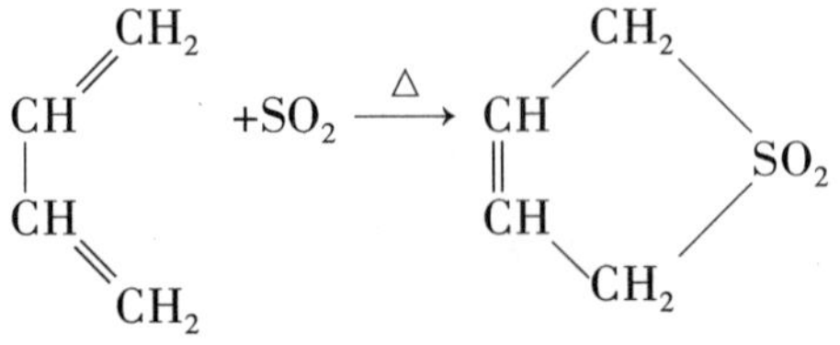

4. σ 移位重排

在 σ 移位重排反应（sigmatropic rearrangements）中，同一个 π 电子体系内一个原子或基团发生迁移，而并不改变 σ 键或 π 键的数目。例如

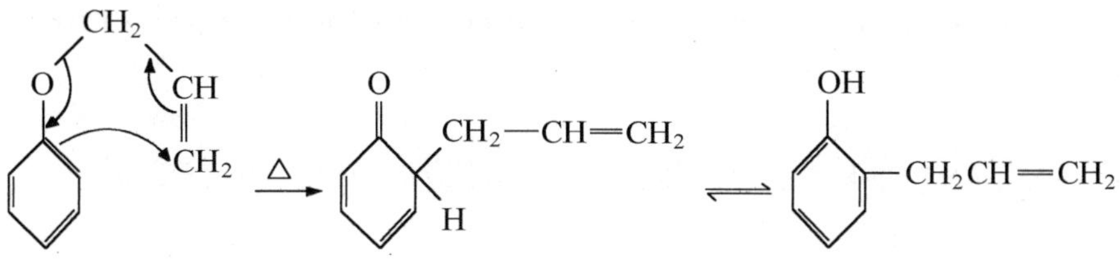

5. 烯与烯的反应

烯与烯的反应(ene reaction)是指烯丙基化合物与烯烃之间的反应。例如

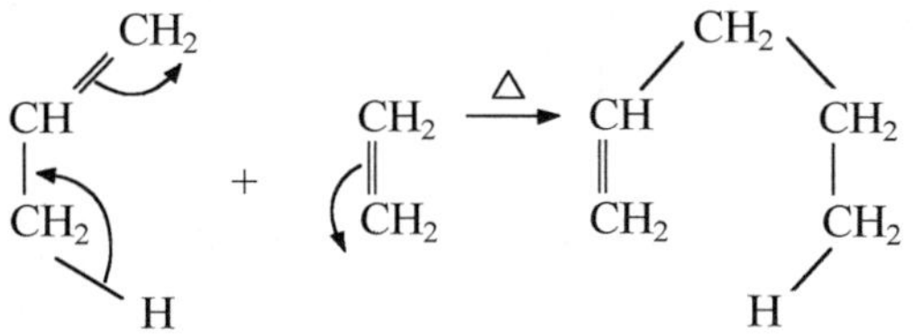

1.2.7　氧化-还原反应

当电子从一个化合物中被全部或部分取走时,称该化合物发生了氧化反应。然而由于某些有机化合物在反应前后的电子得失关系,并不像无机化合物那样明显,因此对有机反应来说,做了如下定义:从有机化合物分子中完全夺取一个或几个电子,使有机化合物分子中的氧原子增多或氢原子减少的反应,都称为氧化反应。现分别举例如下:

夺取电子　　$PhO^- \xrightarrow{Ce^{4+}} PhO\cdot$

得到氧　　$RCHO \xrightarrow{[O]} RCO_2H$

失去氢　　$RCH_2OH \xrightarrow{-[2H]} RCHO$

而还原反应则恰好是其逆定义。

在任何一个反应体系中氧化与还原总是相伴发生的,一种物质被氧化,另一种物质必然被还原。通常所说的氧化或还原都是针对重点讨论的有机化合物而言。例如,醇与重铬酸盐的反应属于氧化反应。有关氧化还原反应的内容将在以后的章节中详细讨论。

需要指出的是,从化学角度看,以上的分类方法比较系统,有利于掌握各种反应的基本特征和基本理论。但本书则是结合工业生产实际,按有机合成单元反应设置章节的。书中除了缩合、氧化、还原3章与以上分类相符外,其他各章如磺化,属于亲电取代,卤化一章中则既有取代反应,也有加成反应和消除反应。建议读者在阅读各合成单元章节时,注意联系其所属反应类型,也可按照其反应类型,参阅其他有机合成方面的书籍。

1.3　有机反应催化技术

为了加快化学反应速度,往往需要在反应过程中加入一些催化剂,催化技术在有机合成中占有极为重要的地位。因此,有必要在讨论有机合成单元反应之前,对催化技术进行一些必要的了解。

1.3.1　相转移催化

相转移催化是20世纪60年代末发展起来的新的化学合成方法。这种合成方法具有许

多突出的优点，如可以简化操作，缩短反应时间，提高产品产率和质量，以及使某些原来难以进行的反应能在较缓和的条件下顺利完成等，从而引起了化学家和工业界的普遍重视和兴趣。

当反应物分别处于两相之中时，不同分子间的碰撞机会很少，因而反应难以进行。如溴代正辛烷与氰化钠水溶液放在一起，即使加热 14 d，氰化反应仍不进行。但是，若在这两相溶液中加入少量催化剂，如季铵盐或季鏻盐，搅拌不到 2 h，氰化反应就完成了 99%。反应能如此顺利进行，其原因是所用的催化剂在两相反应物之间不断来回地运输，把反应物由一相迁移到另一相，使原来分别处于两相的反应物能频繁地相互碰撞接触而发生化学反应，这种现象被称为相转移催化。具有此功能的催化剂即为相转移催化剂（phase transfer catalyst，PTC）。

$$n\text{-}C_8H_{17}Br + NaCN \xrightarrow{PTC} n\text{-}C_8H_{17}CN + NaBr$$

1. 相转移催化原理

以卤代烷与氰化钠的反应为例，采用季铵盐作为相转移催化剂。

$$RX + NaCN \xrightarrow{R'_4\overset{+}{N}X^-} RCN + NaX$$

其催化原理可用下式表示：

$$\text{界面}\frac{\text{水　相}: NaCN + R'_4\overset{+}{N}X^- \rightleftharpoons NaX + R'_4\overset{+}{N}CN^-}{\text{有机相}: R'_4\overset{+}{N}CN^- + RX \rightleftharpoons R'_4\overset{+}{N}X^- + RCN}$$

$R'_4N^+X^-$可溶于水，且 R'_4N^+具有亲油性，能进入有机相。由于正负电荷相吸引，R'_4N^+可以把 CN^-从水相通过两相界面带到有机相中。因 CN^-是裸露的，化学性质活泼，在有机相中它与 RX 迅速发生亲核取代反应，生成 RCN 和 X^-，X^-再与 R'_4N^+结合，转移到水相，如此循环往复，直至反应完全。

从上面讨论可以看出，一个相转移催化剂的好坏可通过以下几个方面来判断：

① 形成离子对能力的强弱。

② 进入有机相能力的强弱。

③ 进入有机相后释放所结合离子能力的强弱。

有关相转移催化活性的影响因素将在以后予以讨论。从上面的举例中可以看出，季铵盐类相转移催化剂是携带负离子进入有机相的，那么如果需要携带正离子时，应使用什么样的相转移催化剂呢？

2. 相转移催化剂的种类

多数相转移催化剂反应要求催化剂把负离子转移到有机相中，除此之外，也有一些反应是要把正离子或中性分子从一相中转移到另一相中。因此需要使用不同类型的相转移催化剂。

（1）季铵盐

季铵盐是一类使用范围广、价格便宜的催化剂，和该盐同属于一种类型的还有：鏻盐、锍盐和钾盐，不过后几种盐使用得少些。催化效果好，应用范围广的是氯化三正辛基甲基铵、氯化四正丁基铵、溴化三正辛基乙基鏻、溴化正十六烷基三正丁基鏻等。一般要求四个烷基的碳原子数总和大于 12，其中含 15 ~ 25 个碳原子的季铵盐和季鏻盐都可产生较好的催化作用。催化剂的负离子对催化效果也有影响，其中含硫酸氢根负离子（HSO_4^-）和氯负离子（Cl^-）的季铵盐催化效果最好。这是由于氯负离子亲水性较强，硫酸氢根负离子经碱中和成硫酸根负离子，完全留在水溶液中，因此正离子容易把反应所需的负离子带入有机相中。但季铵盐在碱液中遇高温时，容易发生消除反应，宜改用高温时（大于 200 ℃）仍很稳定的季鏻盐，或者采用稳定性更高的冠醚。

（2）冠醚

冠醚是另一类较常用的相转移催化剂，根据环的原子数和所含氧原子的数目不同，种类也较多，如 18-冠醚-6、二苯 18-冠醚-6、二环己基 18-冠醚-6 等。

冠醚作为相转移催化剂的作用与季铵盐有所区别。冠醚的结构形状像是一个笼子，它具有与金属正离子形成牢固配价键的能力。冠醚的催化作用在于它把正离子或中性分子以配合物离子的形式从水相迁移到有机相，促进两相反应的进行。另外，在有些反应中，冠醚与金属正离子形成配价键后，可以增加其负离子的反应性能。例如，甲醇钾中的 CH_3O^- 负离子，原来和 K^+ 正离子构成离子对，使它的亲核能力大大减弱，当有冠醚存在时，冠醚能把 K^+ 牢牢围在中间，而使 CH_3O^- 成为“裸离子”，其亲核能力显著增强。

（3）阴离子表面活性剂

表面活性剂同时具有亲水性与憎水性双重性质，因而在一定条件下具有相转移催化剂的作用。阴离子表面活性剂具有携带正离子进入有机相的作用，从而促进两相反应的进行。例如，对硝基苯胺重氮盐与 N-乙基咔唑在水、冰醋酸或水-DMF 介质中都不能发生偶合反应，然而在水和二氯甲烷两相体系中，当以十二烷基苯磺酸钠为相转移催化剂时，则可反应得到偶氮染料，产率为 44%。

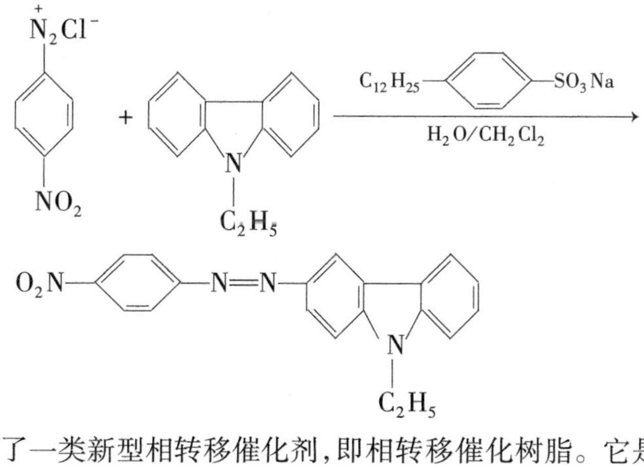

近年来，又出现了一类新型相转移催化剂，即相转移催化树脂。它是将季铵盐或聚醚、冠醚等键连在高分子聚合物的骨架上，成为不溶性固体催化剂。反应体系为水相、有机相、固体催化剂三相，所以又称三相催化剂。其优点是产物容易分离，催化剂可以回收再用。

3. 影响相转移催化活性的主要因素

相转移催化反应欲取得良好的效果，首要的一点是要有利于相转移活性离子对的形成，而且在有机相中要有较大的分配系数，而该分配系数与所用相转移催化剂的结构、溶剂的极性等因素密切相关。

（1）PTC 的结构

以溴代正辛烷与苯硫酚盐的反应为例，在苯-水系统中，各种 PTC 对该反应相对速率的影响见表 1.2。

$$C_6H_5S^-M^+ + Br—C_8H_{17} \xrightarrow{PTC} C_6H_5S—C_8H_{17} + MBr$$

表 1.2　苯-水系统中催化剂的有效性

催化剂	缩写	相对速率
$(CH_3)_4NBr$	TMAB	<2.2×10^{-4}
$(C_3H_7)_4NBr$	TPAB	7.6×10^{-4}
$(C_4H_9)_4NBr$	TBAB	0.70
$(C_4H_9)_4NI$	TBAI	1.000①
$(C_8H_{17})_3NCH_3Cl$	TOMAC	4.2
$C_6H_5CH_2N(C_2H_5)_3Br$	BTEAB	<2.2×10^{-4}
$C_6H_{13}N(C_2H_5)_3Br$	HTEAB	2.0×10^{-3}
$C_8H_{17}N(C_2H_5)_3Br$	OTEAB	0.022
$C_{10}H_{21}N(C_2H_5)_3Br$	DTEAB	0.032
$C_{12}H_{25}N(C_2H_5)_3Br$	DTEAB	0.039
$C_{16}H_{33}N(C_2H_5)_3Br$	CTEAB	0.065
$C_{16}H_{33}N(CH_3)_3Br$	CTMAB	0.020
$(C_6H_5)_4PBr$	TPPB	0.34
$(C_6H_5)_3PCH_3Br$	MTPPB	0.23
$(C_4H_9)_4PCl$	TBPC	5.0
$(C_6H_5)_4AsCl$	TPAsC	0.19
二环己基-18-冠醚-6	DCH-18-C-6	5.5

注:①TBAI 为催化剂时的相对速率定为 1.000。

由表 1.2 可见,选用季铵盐作为催化剂,在苯-水两相体系中,其催化效果存在如下规律。

① 大的季铵离子比小的效果好;

② 季铵盐或季鏻盐离子的四个取代基中,碳链最长的烷基链越长越好;

③ 对称的取代基比不对称的效果好;

④ 季铵盐或季鏻盐取代基脂肪族的比芳香族的效果好;

⑤ 季鏻盐与相应的季铵盐相比,前者催化效果好,且热稳定性高。

前述①~④可归结为:中心氮原子的正电荷被周围取代基包裹得越周密,其催化性能越好。因为,这种季铵离子与被它携带到有机相中的负离子之间结合得不牢,负离子更加裸露,其亲核性也更强。

(2)催化剂用量的影响

催化剂的用量与反应类型有关。多数反应催化剂用量为反应物质量分数的 1% ~5%。对于酯类水解反应来说,水解速率随催化剂用量的增加而加快,但催化剂用量是否存在最佳值,还有待于进一步研究。就醚的合成而言,催化剂的最佳用量为反应物醇或酚质量分数的 1% ~10%。

(3)溶剂的影响

一般来讲,相转移催化反应选用的溶剂首先应满足的要求是:该溶剂对相转移活性离子对(如卤代烷氰化反应中的 $R_4N^+CN^-$)的提取率要高,而对离子对中的负离子的溶剂化程度要小。常用的溶剂有苯、氯苯、环己烷、氯仿、二氯甲烷(在强碱条件下,氯仿、二氯甲烷不宜采用)。但有的反应物本身已形成很好的一相有机层,因此无须再加有机溶剂。

对于离子型反应,溶剂能影响反应的方向,如乙酰丙酮的烷基化反应,极性大的非质子溶剂有利于形成 O-烷基化产物,而极性小的溶剂,容易生成 C-烷基化产物。溶剂对产物结构的影响见表 1.3。

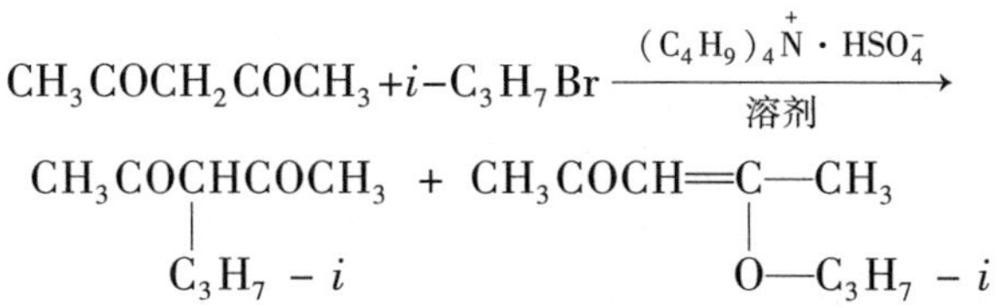

C-异丙烷化　　　　O-异丙烷化

表 1.3　溶剂对产物结构的影响

溶剂	C-与 O-异丙烷化产物质量比
DMSO	0.72 : 1
CH_3COCH_3	0.72 : 1
CH_3CN	0.92 : 1
$CHCl_3$	1.04 : 1
$C_6H_5CH_3$	13.8 : 1

(4)搅拌速度的影响

一般情况下,反应速度随搅拌速度的增加而加快,但是,当搅拌速度达到一定数值之后,反应速度的变化不再明显。

(5)加水量的影响

在两相反应中,为使反应物溶解或离子化,一般需要加少量水,但加水过多会使反应物浓度和催化剂的浓度明显减小,反而使反应速度变慢。

4. 常用的 PTC 及其制备方法

(1)苄基三乙基氯化铵(BTEAC): 

配料比:n(苄氯) : n(三乙胺) = 1.38 : 1.00。

苄氯、三乙胺及适量无水乙醇一起加热回流 1 h。冷却析出晶体,抽滤洗涤,真空干燥即得产品。经乙醇重结晶,可得纯品。

(2)四正丁基碘化铵(TBAI):$(n\text{-}C_4H_9)_4N^{\oplus}I^{\ominus}$

$$(n\text{-}C_4H_9)_3N + n\text{-}C_4H_9I \longrightarrow (C_4H_9)_4N^{\oplus}I^{\ominus}$$

配料比:n(1-碘正丁烷) : n(三正丁胺) = 1 : 2。

1-碘正丁烷与三正丁胺一起在蒸汽浴上加热 65 h。冷后滤出固体,用少量乙酸乙酯洗涤后,溶于最少量的冷乙醇中。所得溶液与等体积的 10% 氢氧化钾乙醇溶液混合,减压下蒸去部分乙醇,析出结晶。经无水乙酸乙酯重结晶,即得纯品,产率 47.3%,熔点141 ~ 142 ℃。

(3)四正丁基硫酸氢铵(TBAS):$(n\text{-}C_4H_9)_4N^{\oplus}HSO_4^{\ominus}$

$$(n\text{-}C_4H_9)_3N+n\text{-}C_4H_9I \xrightarrow{\text{乙腈}} (n\text{-}C_4H_9)_4N^{\oplus}I^{\ominus} \xrightarrow[-CH_3I]{(CH_3)_2SO_4}$$

$$(n\text{-}C_4H_9)_4N^{\oplus}SO_4^{\ominus}CH_3 \xrightarrow[-CH_3OH]{H_2O/HCl} (n\text{-}C_4H_9)_4N^{\oplus}HSO_4^{\ominus}$$

配料比:n(1-碘正丁烷):n(三正丁胺):n(乙腈):n(硫酸二甲酯):n(水):n(浓盐酸)=1.00:2.12:0.76:2.70:0.01。

1-碘正丁烷与三正丁胺混合后加入乙腈中,加热回流,然后冷至室温。加入硫酸二甲酯,加热回流 8 h。蒸去碘甲烷,然后减压蒸去乙腈,残渣加水和少量的浓盐酸,减压蒸馏得粗品。用乙酸乙酯重结晶,即得纯品,产率 59.0%,熔点 170.6 ℃。

(4)三辛基甲基氯化铵(TOMAC):$(C_8H_{17})_3N^{\oplus}CH_3Cl^{\ominus}$

$$(C_8H_{17})_3N+CH_3Cl \longrightarrow (C_8H_{17})_3N^{\oplus}CH_3Cl^{\ominus}$$

配料比:n(三正辛胺):n(氯甲烷):n(乙醇)=3.92:1.00:2.34。

将三正辛胺和乙醇置于高压釜中,釜体用干冰-丙酮冷却。然后将预先冷冻液化的氯甲烷倒入高压釜内,立即关闭高压釜。开始搅拌,在 100 ℃、小于 0.98 MPa 的压力下反应 4~5 h。冷至室温,放出残余的氯甲烷。真空蒸馏除去乙醇,即得棕色产物,产率 96.3%。

以异丙醇作溶剂,采用常压法,于 160 ℃反应也可制得三辛基甲基氯化铵。

(5)十六烷基三丁基溴化鏻(CTBPB):$C_{16}H_{33}P^{\oplus}(C_4H_9\text{-}n)_3Br^{\ominus}$

$$C_{16}H_{33}Br+n\text{-}(C_4H_9)_3P \longrightarrow C_{16}H_{33}P^{\oplus}(C_4H_9\text{-}n)_3Br^{\ominus}$$

配料比:n(1-溴正十六烷):n(三正丁基膦)=1.00:1.00。

1-溴正十六烷与三正丁基膦于 65 ℃反应 72 h,所得固体产物用己烷重结晶,抽滤,真空干燥,即得产品,产率 68%,熔点 54 ℃。

5. 相转移催化剂在有机合成上的应用

相转移催化反应具有的特点是:原料和溶剂易得,价格便宜,工艺设备简单,操作方便,反应可在油-水两相溶液中进行,反应条件温和,反应速度快,产品产率高。这项新技术的研究在 20 世纪 60 年代以后得到了迅速发展,其应用范围日益扩大,几乎渗透到有机反应的各个领域,如烷基化、加成、消除、缩合、置换、氧化、还原、碳烯反应等,已成为合成精细有机化学品的重要手段。

(1)烷基化反应

含有活泼氢的碳原子的烷基化反应一般采用强碱(如醇钠、氨基钠、氢化钠等)作催化剂,反应必须在无水条件下进行。若用相转移催化剂,氢氧化钠即可代替上述强碱,而且反应可在油-水两相中进行。例如

$$CH_2(COOC_2H_5)_2+n\text{-}C_4H_9I \xrightarrow[NaOH,\ H_2O,\ CH_2Cl_2]{TBAB} n\text{-}C_4H_9CH(COOC_2H_5)_2 \quad 85\%$$

$$C_6H_5CH_2CN+n\text{-}C_4H_9Br \xrightarrow[NaOH,\ H_2O]{TBAB} C_6H_5\underset{\displaystyle C_4H_9\text{-}n}{\underset{|}{C}}HCN \quad 87\%$$

相转移催化剂在氧-烷基化、硫-烷基化、氮-烷基化反应上的应用也很多,此处不再

赘述。

(2)置换反应

在相转移催化剂存在下,卤代烷与氰化物之间氰卤离子的置换反应已成为合成腈的好方法。

$$RBr+NaCN \xrightarrow{(C_2H_5)_4N^{\oplus}Cl^{\ominus}} RCN+NaBr$$

R═C_2H_5—;$i-C_3H_7$—;C_4H_9—;$i-C_4H_9$—;C_5H_{11}—;$i-C_5H_{11}$—;CH_2═$CHCH_2$—;$C_6H_5CH_2$—等。

产率/% =65;72;74;75;80;68;50;74

卤素之间的卤置换反应亦可用相转移催化剂来加速反应的进行。

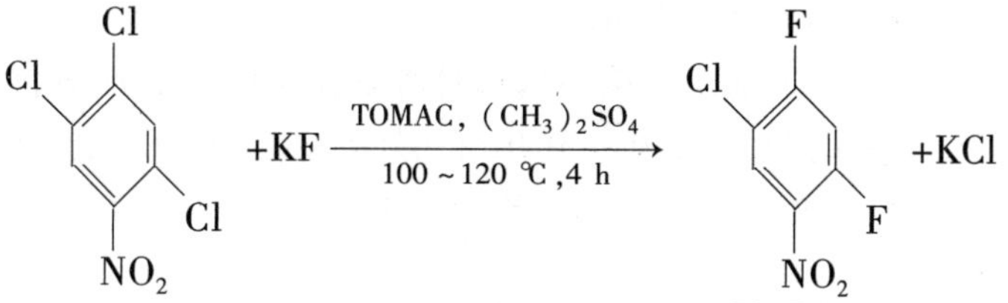

70.5%

$$n-C_8H_{17}Br+KI \xrightarrow{\text{季鏻盐}} n-C_8H_{17}I+KBr$$

$$C_6H_5CH_2Br+KF \xrightarrow[C_6H_6,H_2O]{\text{聚醚}} C_6H_5CH_2F+KBr$$

(3)氧化反应

有些烯烃,如1-辛烯,在室温下与高锰酸钾不发生氧化反应。但在油-水两相体系中若加入少量的季铵盐,高锰酸负离子被季铵正离子带到有机相,与烯烃的氧化反应立刻进行。

$$CH_3(CH_2)_5CH{=}CH_2+KMnO_4 \xrightarrow[C_6H_6,H_2O]{TOMAC} CH_3(CH_2)_5COOH \quad 91\%$$

用次氯酸钠、重铬酸盐、高碘酸等作氧化剂,同样也可用季铵盐等作催化剂,进行两相催化氧化反应。

冠醚在氧化反应中作催化剂,其作用在于首先与氧化剂如高锰酸盐、重铬酸盐的金属离子结合,使高锰酸或重铬酸负离子裸露在介质中,从而使氧化反应迅速进行。例如,在冠醚催化下,卤代烷与重铬酸盐反应,已成为制备醛的有效方法。

$$BrCH_2—\underset{\displaystyle CH_3}{\underset{|}{C}}{=}CHCOOC_2H_5+K_2Cr_2O_7 \xrightarrow{\text{冠醚}} OHC—\underset{\displaystyle CH_3}{\underset{|}{C}}{=}CHCOOC_2H_5 \quad 95\%$$

(4)还原反应

相转移催化可用于硼氢化钠(钾)在油-水两相中的还原反应。例如,以季铵盐作催化剂,季铵盐正离子与硼氢负离子结合成离子对(如 $R_4N^{\oplus}BH_4^{\ominus}$),并转移到有机相,可使有机相中的酰氯、醛、酮还原成相应的醇。

$$CH_3CO(CH_2)_5CH_3+KBH_4 \xrightarrow[C_6H_6,H_2O]{TOMAC} CH_3\overset{\displaystyle OH}{\overset{|}{C}H}(CH_2)_5CH_3$$

另外，相转移催化剂在缩合反应、加成反应、碳烯环反应、消除反应等方面的应用也获得了良好的效果。

6. 应用实例

(1)3-苯基-2,2-二甲基丙醛的制备

$$(CH_3)_2CHCHO+C_6H_5CH_2Cl \xrightarrow[NaOH,\ H_2O]{TBAI} C_6H_5CH_2—\underset{CH_3}{\overset{CH_3}{C}}CHO$$

75.9%

配料比：n(异丁醛)：n(氯化苄)：n(四丁基碘化铵)：n(氢氧化钠)：n(水)：n(苯)＝1.00：1.32：0.05：0.49：0.49：0.61。

将氢氧化钠、水、苯和四丁基碘化铵一起搅拌加热至70 ℃，滴加氯化苄与异丁醛的混合物，滴加完毕后，继续保温反应2 h。分出苯层，水洗至中性，分馏，收集沸点95 ℃/959.92 Pa产品，产率75.9%。本品为有机化学试剂。

(2)乙酸苄酯的制备

$$CH_3COONa+C_6H_5CH_2Cl \xrightarrow[回流3\ h]{CTMAB} CH_3COOCH_2C_6H_5$$

97%

配料比：n(乙酸钠三水合物)：n(氯化苄)：n(十六烷基三甲基溴化铵)＝1.42：1.00：0.04。

将乙酸钠三水合物、氯化苄及十六烷基三甲基溴化铵加入反应器中，搅拌并逐渐加热至回流，保温回流2～3 h。反应结束后，加入适量的水以溶解固体物。分离有机相和水相，有机相用水洗，合并水相并用乙醚萃取，将醚层与有机层合并，蒸去乙醚，即得乙酸苄酯粗品，产率97%。本品可用作香料。

(3)壬腈的制备

$$C_7H_{15}CH_2Cl+NaCN \xrightarrow[H_2O]{CTBPB} C_7H_{15}CH_2CN$$

95.3%

配料比：n(1-氯代辛烷)：n(氰化钠)：n(十六烷基三丁基溴化鏻)：n(水)＝10.15：1.00：0.51：2.55。

将上述原料、催化剂及水一起搅拌并迅速加热到回流，反应2 h。分馏有机相，即得产品，产率95.3%。本品可作为有机试剂和制备高级脂肪酸、醇的原料。

(4)壬酸的制备

$$CH_3(CH_2)_7CH═CH_2\ +KMnO_4 \xrightarrow[H_2O,C_6H_6]{TOMAC} CH_3(CH_2)_7COOH$$

配料比：n(1-癸烯)：n(高锰酸钾)：n(水)：n(苯)：n(三辛基甲基氯化铵)＝1.00：4.25：3.57：1.57：0.14。

将1-癸烯慢慢加入搅拌着的高锰酸钾与水、苯、三辛基甲基氯化铵的混合液中，维持滴加温度为40 ℃左右，加完后继续搅拌30 min。加入亚硫酸钠水溶液使紫色褪尽。过滤，滤液用盐酸酸化，振荡后分层，苯层用10%氢氧化钠抽提，碱液再用盐酸酸化，然后用乙醚萃

取，醚层蒸除溶剂后，进行减压蒸馏，产率88.6%。本品还原得醇，可用作增塑剂的原料。

1.3.2　多相催化

若反应物与催化剂不在同一相，在它们之间存在着相界面，这时反应在相界面上进行，称为多相催化。多相催化可分为气-液相、气-固相和气-液-固相多种反应类型。此处主要介绍气-固相催化反应，即反应物是气体、催化剂是固体的反应，这类反应在化学工业中占重要位置，也是多相催化中最重要的一类。

1. 多相催化反应的过程

多相催化反应是在催化剂表面上进行的，即至少应有一种作用物分子在催化剂表面发生化学吸附成为吸附物种(absorbed species)才能发生反应。多相催化大体包括以下步骤：

① 作用物从气相向固体催化剂外表面扩散；

② 作用物从催化剂表面沿着微孔向催化剂内表面扩散；

③ 至少有一种或同时有几种作用物在催化剂表面发生化学吸附；

④ 被吸附的相邻活化作用物分子或原子之间进行化学反应，或是吸附在催化剂表面的活化作用物分子与气相中的作用物分子之间发生反应，生成吸附态产物；

⑤ 吸附态产物从催化剂表面脱附；

⑥ 产物从催化剂内表面扩散到外表面；

⑦ 产物从催化剂外表面扩散到气相中。

由此可见，研究多相催化动力学，不仅要清楚在表面上发生化学反应的动力学规律，同时还应清楚吸附、脱附和扩散的动力学规律，并阐明何者是反应速度的控制步骤。由于大多数催化剂是多孔的，具有极大的内表面，因而反应主要是在内表面上进行。

2. 多相催化剂的组成

多相催化的催化剂往往由主催化剂、助催化剂和载体三部分组成。主催化剂通常是一种物质，有时也由几种物质组成。对于某一特定的化学反应，主催化剂的选择及其物理状态，无疑将对反应能否发生及其选择性起着决定性的作用；然而助催化剂和载体的选择及组成(百分比)，也同样具有十分重要的影响。助催化剂本身一般没有催化活性，但却能够提高主催化剂的活性和选择性，并延长其使用寿命。按照助催化剂的不同作用历程，又可将其分成结构性助催化剂和电子性助催化剂两类。工业催化过程通常都是在几百度高温下进行的。结构性助催化剂的作用是为了增加主催化剂微晶结构的稳定性，使之不易在高温下烧结，导致催化剂活性下降。电子性助催化剂的作用是用来改变主催化剂的电子结构，即改变主催化剂的表面性质，从而使作用物分子的化学吸附能力和反应的总活化能发生变化。载体在催化剂中是沉积主催化剂和助催化剂的骨架，它的主要功能是：使催化剂具有一定的形状和足够的机械强度；改善导热性和热稳定性；增大活性表面和提供适宜的孔结构；减少催化剂的用量；有时还能提供活性中心。常用的载体有浮石、硅藻土、氧化铝、二氧化硅等。例如，V_2O_5-K_2SO_4-SiO_2 是气相催化氧化法由萘制邻苯二甲酸酐最广泛采用的催化剂，其中 V_2O_5 是主催化剂，K_2SO_4 是助催化剂，SiO_2 是载体。

有关多相催化剂的制备及应用情况，将在以后氧化反应和还原反应的章节中做详细讨论。

另外，均相络合催化目前也广泛应用于有机合成中，它具有选择性好和产物产率、纯度高等优点,其有关内容也将在以后的章节中进行讨论。

习　题

完成下列反应。

1. 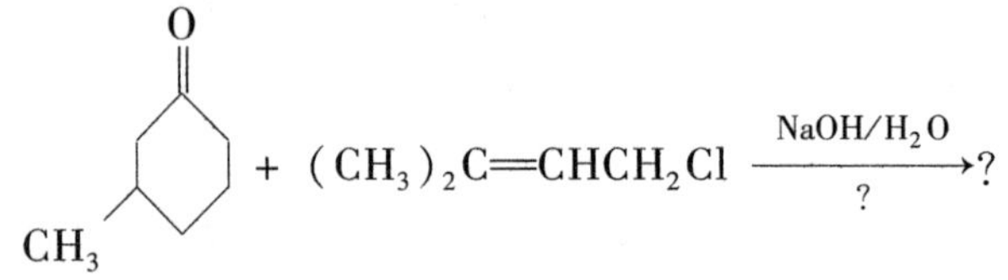

2. $n\text{-}C_8H_{17}Br + NaI \xrightarrow{?} ?$

3. $CH_3CO(CH_2)_5CH_3 + KBH_4 \xrightarrow[?]{?} ?$

4. $(CH_3)_2CHCHO + C_6H_5CH_2Cl \xrightarrow[?]{?} ?$

5. $C_6H_5CH{=}CH\overset{\displaystyle OH}{\overset{|}{C}}HCH_3 \xrightarrow[CrO_4^{2-},\ CHCl_3]{?} C_6H_5CH{=}CH\overset{\displaystyle O}{\overset{\|}{C}}CH_3$

6. 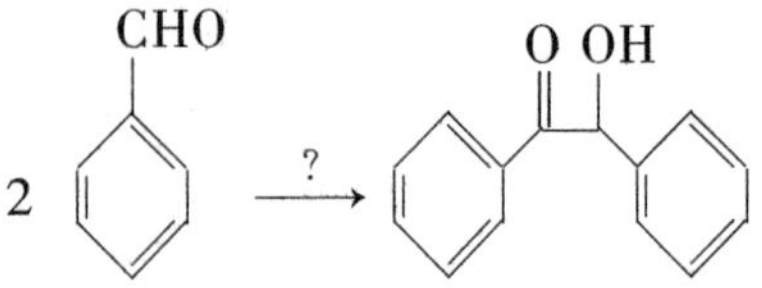

习题答案请扫码查看

第2章　卤化反应

在有机化合物分子中引入卤原子，形成碳—卤键，得到含卤化合物的反应被称为卤化反应。卤化反应在工业上得到广泛应用是在20世纪20年代以后，1923年德国赫司特公司建成甲烷气相氯化工业装置，1931年工业上开始生产氟氯甲烷，1958年美国陶氏化学公司开发了由乙烯、氯化氢及空气（或氧）合成卤代烷的氧化氯化法。如今，卤化作为一种合成手段，已广泛用于有机合成以制取各种重要的原料、中间体以及工业溶剂等。很显然，在精细化工领域，卤化是普遍应用的单元反应技术之一，其中以氯化和溴化更为常用。

向有机化合物分子中引入卤基，主要有两个目的：一是赋予有机化合物一些新的性能。例如，在染料分子中引入卤原子会使染料的色光产生一些变化，并使染料具有一些新性能，如含氟氯嘧啶活性基的活性染料，具有优异的染色性能；铜酞菁分子中引入不同氯、溴原子，可制备不同荧光绿色调的染料。二是在制成卤素衍生物以后，通过卤基的进一步转化，制备一系列含有其他基团的中间体。例如，由对硝基氯苯与氨水反应可制得染料中间体对硝基苯胺，由2,4–二硝基氯苯水解可制得中间体2,4–二硝基苯酚等。

卤化反应主要包括三种类型：卤原子与不饱和烃的卤加成反应；卤原子与有机物氢原子之间的卤取代反应；卤原子与氢以外的其他原子或基团之间的卤置换反应。

卤化反应的应用：

1. 通过卤素氟原子的引入，Spiro–F分子成功应用于钙钛矿太阳能电池，能量转化效率高达24.8%，该研究成果成功发表在国际顶级期刊*Science*上。

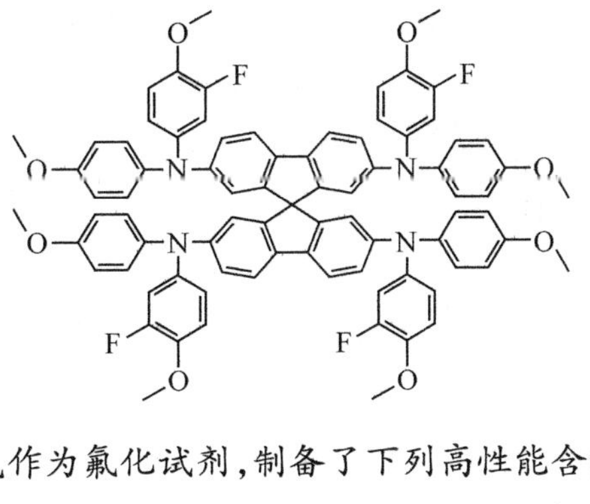

2. 研究人员通过将氟气作为氟化试剂，制备了下列高性能含能分子，并将其应用到固体火箭推进剂上。

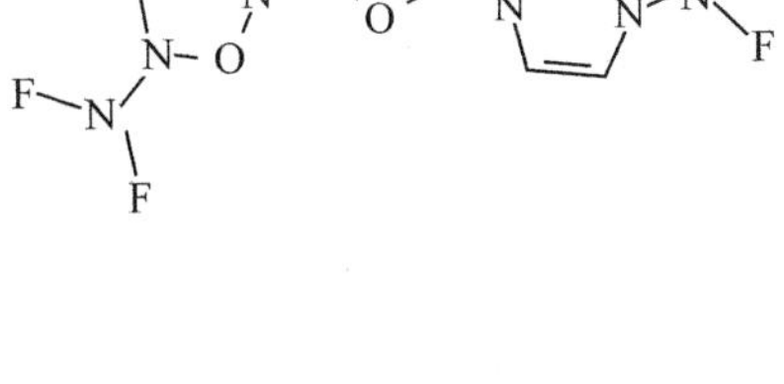

2.1　卤加成反应

2.1.1　卤素与烯烃的加成

氟是卤素中最活泼的元素，它与烯烃的加成反应非常剧烈，并有取代、聚合等副反应伴随发生，易发生爆炸，故在有机合成上无实用意义。

碘的化学性质不活泼，与烯烃加成相当困难，且生成的碘化物热稳定性、光稳定性都比较差，反应是可逆的，所以应用亦很少。

氯、溴与烯烃的加成在有机合成上应用广泛，本节将予以重点介绍。

1. 卤素与烯烃的离子型亲电加成

(1)反应历程

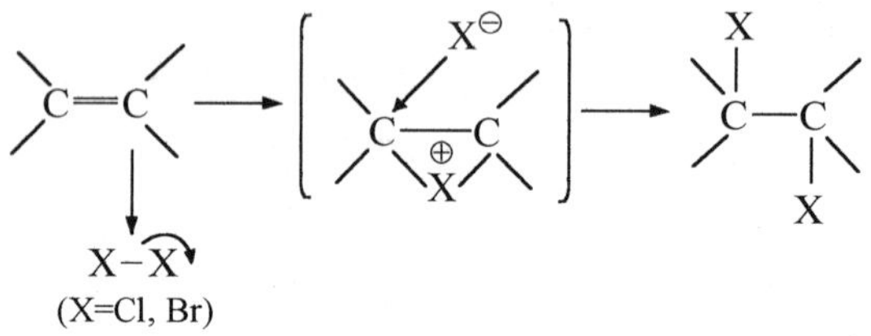

烯烃的 π 键具有供电性，卤素分子受 π 键影响发生极化，其正电部分作为亲电试剂，对烯烃的双键进行亲电进攻，生成三元环卤鎓离子。然后，卤负离子从环的背面向缺电子的碳正离子做亲核进攻，结果生成反式加成产物。

$X^{\ominus}$究竟从三元环背面进攻哪一个碳原子，这取决于形成碳正离子的稳定性，其稳定性顺序是叔>仲>伯。如果烯键碳原子上连有烷基、烷氧基、苯基等具有分散碳正离子正电荷作用的基团，则该碳原子形成的碳正离子更趋于稳定，此处正是$X^{\ominus}$优先进攻的位置。例如

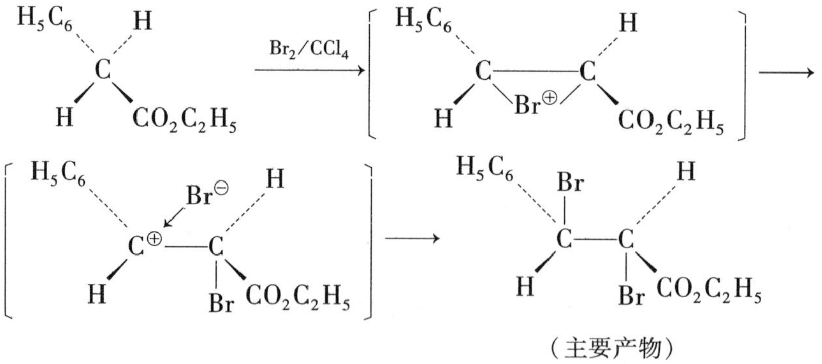

(2)影响反应的主要因素

① 烯键邻近基团。与烯键碳原子相连的取代基性质不仅影响着烯键极化方向，而且直接影响着亲电加成反应的难易程度。烯键碳原子上接有供电子基团(如 HO—、RO—、CH_3CONH—、C_6H_5—、R—等)，则有利于烯烃卤加成反应的进行；反之，若烯键碳原子上接有吸电子基团(如—NO_2、—CN、—CO_2H、—CO_2R、—SO_3H、—X 等)，则不利于该反应的进行。因此，烯烃的反应活性顺序是

$$R_2C{=}CR_2 > R_2C{=}CHR > R_2C{=}CH_2 > RCH{=}CH_2 > CH_2{=}CH_2 > CH_2{=}CHCl$$

若烯键碳原子上连接有叔烷基或三芳甲基，则卤加成反应中常会有重排、消除等副反应伴随发生。例如

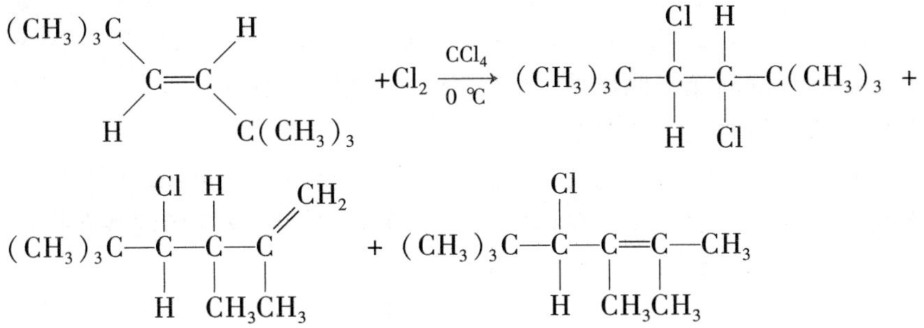

② 卤素活泼性。由于 $Cl^{\oplus}$ 的亲电性比 $Br^{\oplus}$ 强，所以氯与烯烃的加成反应速度比溴快，但反应选择性比溴差。

③ 溶剂。卤加成反应常用的溶剂有四氯化碳、三氯甲烷（氯仿）、二氯甲烷、二硫化碳、乙醚、乙酸乙酯等惰性溶剂。若反应在亲核性溶剂（如水、醇、羧酸）中进行，则溶剂分子的亲核基团也会参与反应。但通过加入某些添加剂增加卤负离子的浓度，可以减少这类副反应的发生。例如

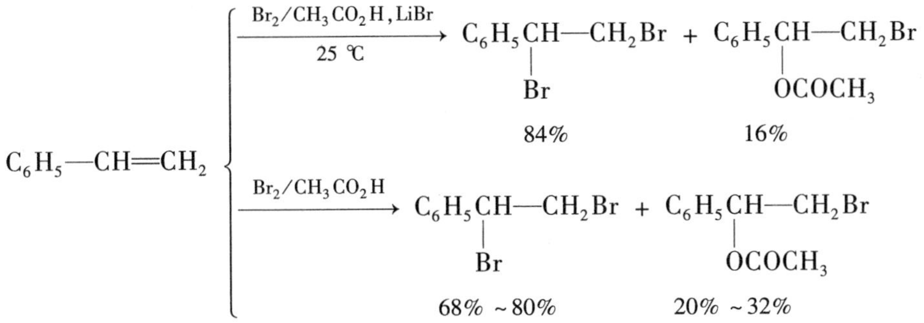

④ 温度。反应温度一般不宜太高，如烯烃与氯的加成，需控制在较低的反应温度下进行，以避免取代等副反应的发生。

2. 卤素与烯烃的自由基加成

由于反应条件的不同，卤素与烯烃的加成可分为离子型和自由基型两种，后者通常为光或自由基引发剂催化。例如

$$CH_2{=}CHCN + Cl_2 \xrightarrow[h\nu,\ 10\ ^\circ C]{CCl_4} ClCH_2CHClCN$$

75%

烯烃与卤素的自由基加成反应历程为

$$X_2 \xrightarrow[\text{均裂}]{\text{光或引发剂}} 2X\cdot$$

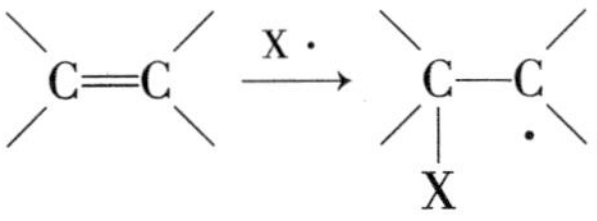

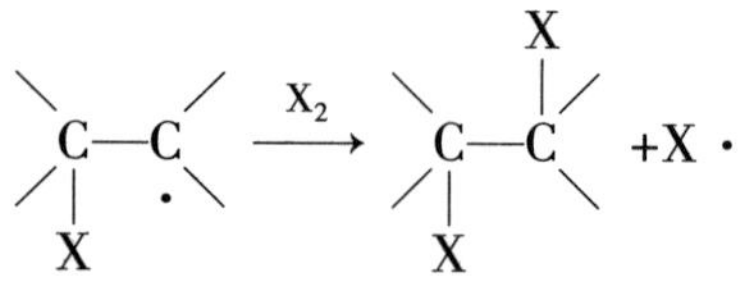

常用的自由基引发剂除光照以外，还有过氧化苯甲酰（BPO）、偶氮二异丁腈（AIBN）等。

3. 卤素与丙二烯和共轭双烯的加成

丙二烯和共轭双烯与溴或氯的反应，是通过对烯烃所描述的类似过程进行反应的，不过往往得到比较复杂的反应混合物。在这些反应中任何初始生成的烯丙基卤化物都可能发生烯丙基重排反应（若让它们余留在反应混合物中）。例如

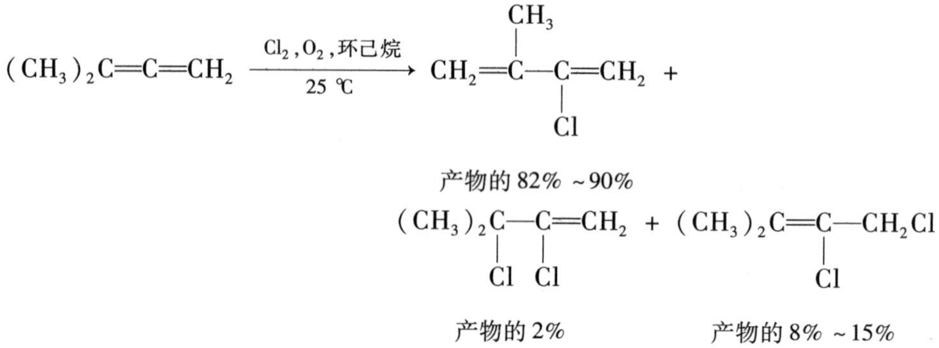

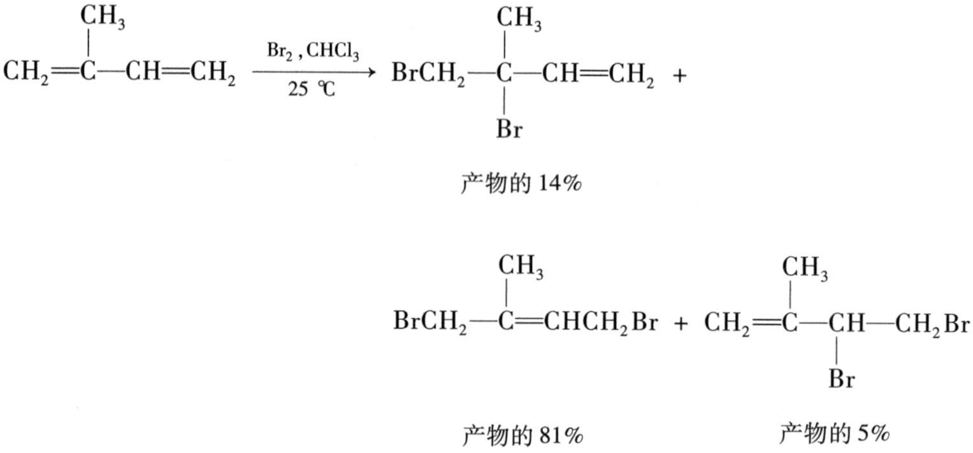

2.1.2　卤素与炔烃的加成

卤素与炔烃的加成反应分两步进行，第一步主要生成二卤代烯烃，第二步生成四卤代烷。反应的难易仍然取决于卤素、炔键邻近基团的性质、溶剂和反应温度等。

氯与炔烃的加成，多半为光催化的自由基反应。刚开始时反应缓慢，但经过一段时间后，反应变得十分剧烈。若加入三氯化铁或铁粉等，可使反应平稳地进行。

溴与炔烃的加成一般属离子型亲电加成反应，该反应容易控制，产物主要为反式二溴代烯烃。

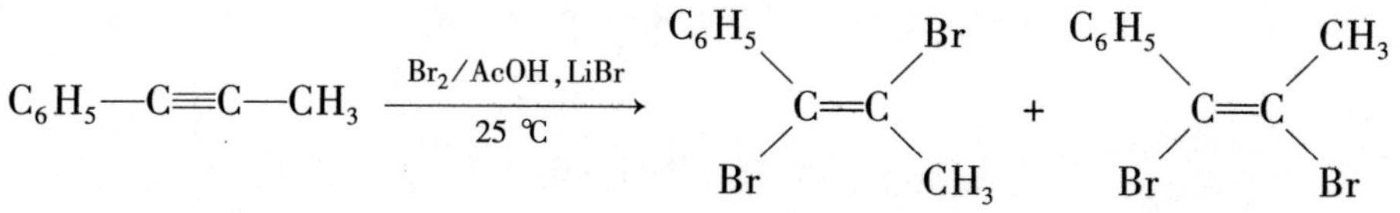

产物的98%　　　　产物的2%

反应中添加溴化锂是为了提高溴负离子的浓度，减少因亲核溶剂的存在而引起的副反应。溶剂对溴与炔烃加成产物的顺、反异构体比例也有一定的影响。例如

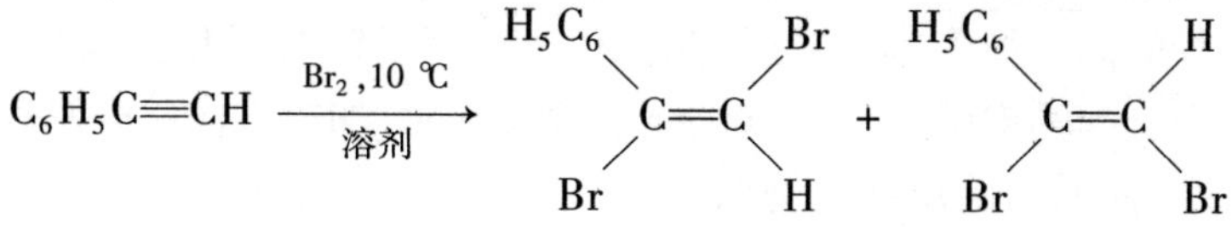

$CHCl_3$	82%	18%
CH_3CO_2H	70%	30%
CH_3CO_2H+LiBr	97%	3%

2.1.3　卤化氢与烯烃的加成

氟化氢、氯化氢、碘化氢与烯烃的加成，以及在隔绝氧气和避光的条件下，溴化氢与烯烃的加成，均属于离子型亲电加成反应。反应结果生成相应的卤代饱和烃，加成定位方向遵守马氏规则。卤化氢的反应活性顺序为 HI>HBr>HCl>HF。

$$CH_2{=}CH(CH_2)_2CH_3 + HCl \longrightarrow CH_3CHCl(CH_2)_2CH_3$$

$$C_6H_5CH_2CH{=}CH_2 + HBr \xrightarrow[0\ ℃,12\ h]{AcOH} C_6H_5CH_2\underset{\displaystyle Br}{\underset{|}{C}}HCH_3 \quad 71\%$$

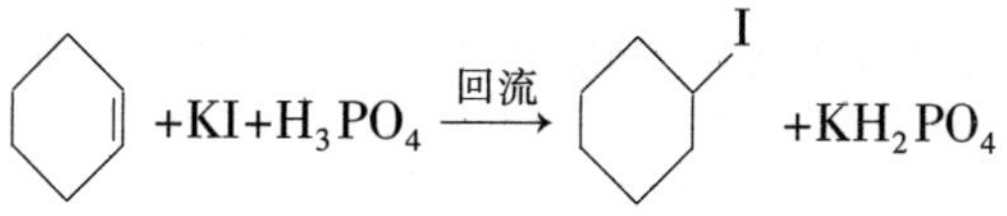

90%

在光照或过氧化物存在下，溴化氢与烯烃进行自由基加成反应，加成产物与马氏规则相反。

$$(CH_3)_2C{=}CHCH_3 + HBr \xrightarrow{BPO} (CH_3)_2CH\underset{\displaystyle Br}{\underset{|}{C}}HCH_3$$

1. 反应历程

(1)离子型亲电加成反应历程

反应首先是卤化氢与烯烃反应，形成碳正离子，然后碳正离子再与卤负离子结合，生成卤代烃。

$$RCH{=}CH_2 + H{-}X \longrightarrow [RCH^{\oplus}{-}CH_3 + X^{\ominus}] \longrightarrow R{-}\underset{\displaystyle X}{\underset{|}{C}}H{-}CH_3$$

由于 Lewis 酸能促进卤化氢分子的离解，因而有加速这类反应的作用。

(2)自由基加成反应历程

$$H{-}Br \xrightarrow{h\nu} H\cdot + Br\cdot$$

或

$$(C_6H_5COO)_2 \xrightarrow{\triangle} 2C_6H_5\cdot \ + 2CO_2$$

$$\big\downarrow \text{H—Br}$$

$$C_6H_6 + Br\cdot$$

$$RCH{=\!=}CH_2 \ + Br\cdot \longrightarrow R\dot{C}\text{—}HCH_2Br \xrightarrow{\text{H—Br}} RCH_2CH_2Br + Br\cdot$$

2. 影响反应定位方向的主要因素

(1) 烯键上取代基的电子效应

卤化氢与烯烃的离子型亲电加成反应的第一步，即烯键质子化是发生在电子云密度较大的烯键碳原子上。当烯键碳原子接有供电子取代基时，加成方向符合马氏规则；接有吸电子取代基时，加成方向反马氏规则。例如

$$(CH_3)_2C{=\!=}CHCH_3 \xrightarrow{HCl} (CH_3)_2CCl\text{—}CH_2CH_3$$

$$CH_2{=\!=}CHCHO \xrightarrow{HCl} CH_2ClCH_2CHO$$

溴化氢与烯烃的自由基加成，因溴自由基属于亲电试剂，所以它进攻的部位也主要是电子云密度较大的烯键碳原子。

(2) 活性中间体碳正离子或碳自由基的稳定性

碳正离子或碳自由基的稳定性顺序为叔>仲>伯。该活性中间体若与苯环、烯键、烃基等相接，由于共轭或超共轭效应的存在，而使其更加稳定，卤加成更易在此碳原子上进行。

$$(CH_3)_3C\text{—}CH{=\!=}CH_2 \xrightarrow{\text{H—Cl}} \underset{\substack{|\\ Cl}}{(CH_3)_2C}\text{—}CH(CH_3)_2$$

主产物

上例表明，反应倾向于生成更稳定的碳正离子，因而发生了碳正离子的重排反应。

(3) 取代基的空间效应

$$CH_3(CH_2)_6CH{=\!=}CH_2 \ + HBr \xrightarrow{\text{过氧化物}} \underset{82\%}{CH_3(CH_2)_6CH_2CH_2Br}$$

由于 $CH_3(CH_2)_6$—基团空间效应的影响，溴自由基与端位烯键碳原子的碰撞会远远多于第二位碳原子，因此产物以 1-溴代壬烷为主。这类反应已成为 1-溴代烷的重要合成方法。

2.1.4　次卤酸及其酯与烯烃的加成

次卤酸及其酯与烯烃的加成反应历程属离子型亲电加成。次卤酸分子的极化方向为 $H\overset{\delta-}{O}\longleftarrow\overset{\delta+}{X}$，反应起始于 $X^{\oplus}$ 对烯键的亲电进攻，经历三元环卤鎓离子过渡态，最终生成 β-卤代醇。

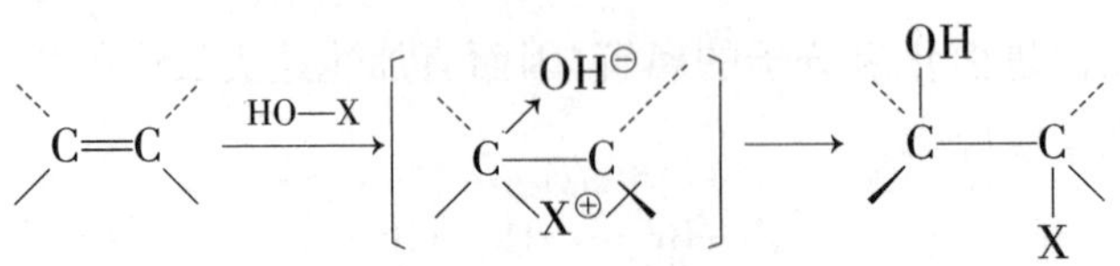

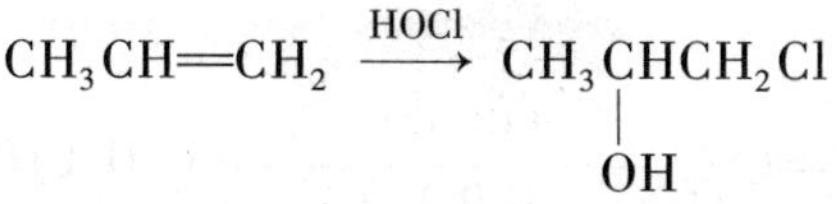

$$CH_2{=}CHCH_2Cl \xrightarrow{HOCl} HOCH_2CHClCH_2Cl$$

次卤酸很不稳定，极易分解，需现用现制。次氯酸、次溴酸可用氯气或溴素与中性或含汞盐的碱性水溶液反应而制得，也可直接用次氯酸盐或次氯酸叔丁酯在中性或弱酸性条件下与烯烃反应，合成β-氯代醇。

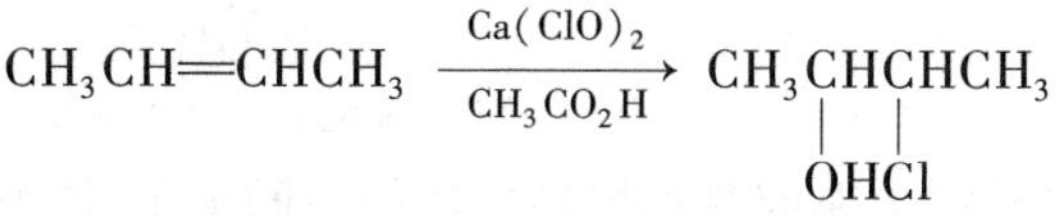

55%

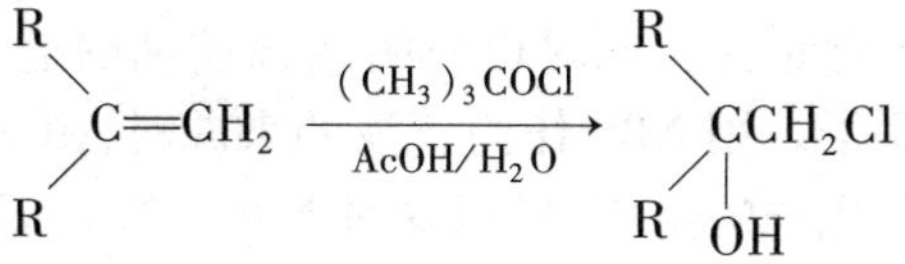

在氧化汞或碘酸盐的存在下，碘与烯烃反应，可制得β-碘代醇。氧化汞、碘酸盐的作用是去除还原性较强的碘负离子。

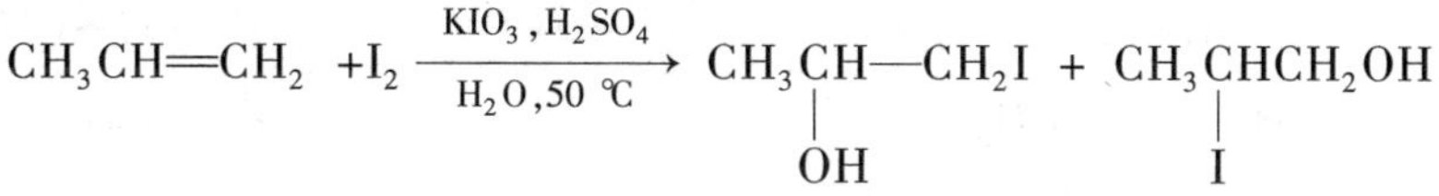

产物的 92%　　　　产物的 8%

环氧氯丙烷的合成与应用：上述合成的 $HOCH_2CHClCH_2Cl$ 脱卤化氢后可得到环氧氯丙烷，环氧氯丙烷是合成甘油、环氧树脂、硝化甘油炸药、玻璃钢、电绝缘制品的主要原料，也是生产增塑剂、稳定剂、表面活性剂及氯丁橡胶的原料。通过双酚 A 与环氧氯丙烷反应可得到双酚 A 环氧树脂

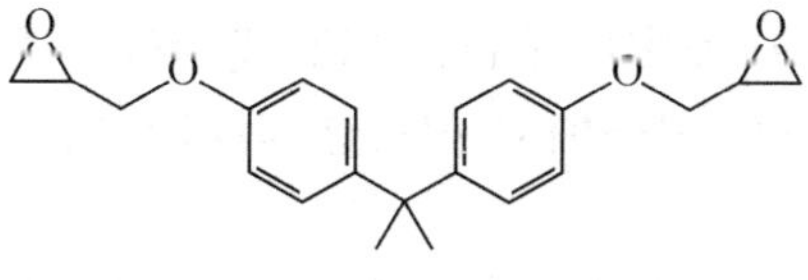

双酚 A 环氧树脂是无色至淡黄色的液体，具有低黏度和高透明度，具有优良的热稳定性和电性能，具有较高的机械强度和耐化学腐蚀性，可以作为黏合剂、封装材料和涂层材料使用。在电子电气领域用于制造电路板、绝缘材料和封装材料等。在建筑领域可以用于地面涂装、防水处理和修补材料等。还可以用于制造高温胶黏剂、复合材料和航空材料等。

2.1.5　N-卤代酰胺与烯烃的加成

在酸催化下，N-卤代酰胺[包括 N-溴(氯)代丁二酰亚胺 NBS(NCS)、N-溴(氯)代乙酰胺 NBA(NCA)等]与烯烃加成，是制备β-卤代醇的又一重要方法。该法具有高度的立体选择性，产率高，纯度好，且反应温和，操作方便。

该反应历程与卤素和烯烃的离子型亲电加成类似，不同的只是卤正离子是由质子化的 N-卤代酰胺提供，—OH 等负离子来自反应溶剂。

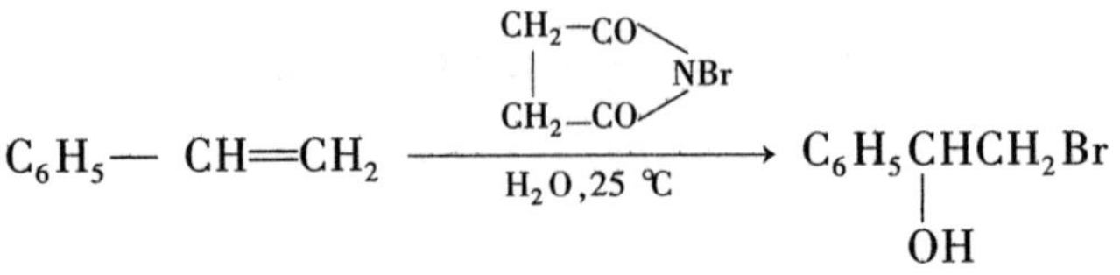

82%

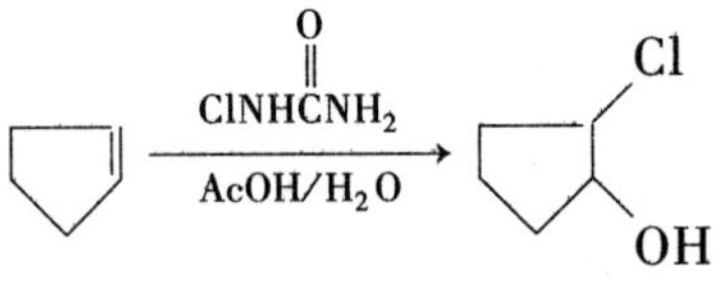

52% ~56%

由前面的讨论可以预期，由溴或氯和烯烃形成的中间离子，能够与反应介质中的任何亲核试剂反应，例如，烯烃与甲醇溶液中的溴反应，同时在亲核的溶剂中有过量卤负离子存在，也将增加产物中二卤化物的含量比。同时也表明亲核试剂的进攻倾向性，即进攻烯烃中能使正电荷更稳定的那个碳原子。用 NBS 作为正溴的来源时，由于溴负离子的浓度保持在低限而最大限度地减少了二溴化物的生成，所以这种类型的反应具有很高的制备价值。使用辅助溶剂如二甲亚砜或二甲基甲酰胺等反应的选择性更好，对制造溴醇更为有利。

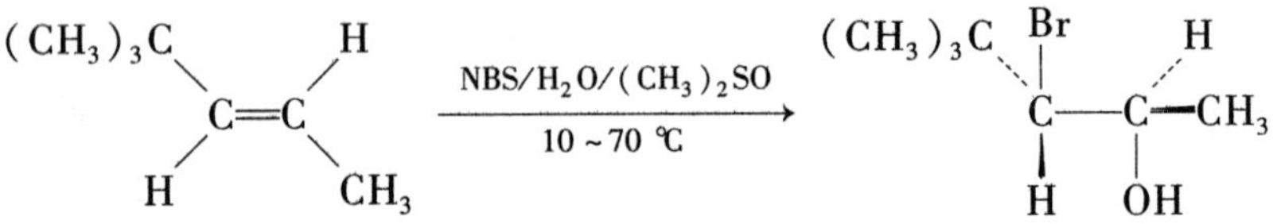

90%

2.2　卤取代反应

2.2.1　烷烃的卤取代反应

烷烃氢原子的卤取代反应，大多属于自由基取代历程。就烷烃氢原子的活性而言，若无立体因素的影响，叔 C—H>仲 C—H>伯 C—H，这与反应过程中形成的碳自由基的稳定性是一致的。

卤化试剂有氯、溴、硫酰氯、磺酰氯、次卤酸叔丁酯、N-卤代仲胺、N-溴代丁二酰亚胺(NBS)等。它们在高温、光照或自由基引发剂存在下产生卤自由基。就卤素的反应选择性而言，Br · >Cl · 。次卤酸叔丁酯、N-卤代仲胺、N-溴代丁二酰亚胺等的选择性均好于卤素。

$$CH_3CH_2CH_3+Cl_2 \xrightarrow[N_2]{h\nu} ClCH_2CH_2CH_3+CH_3CHClCH_3$$

15　:　1　　　　1　:　3.9

$$CH_3CH_2CH_3+Br_2 \xrightarrow[N_2]{h\nu} BrCH_2CH_2CH_3+CH_3CHBrCH_3$$

15　:　1　　　　1　:　82

2.2.2　烯丙位或苄位氢的卤取代反应

烯丙位和苄位氢原子的化学性质比较活泼，在高温、光照或自由基引发剂的存在下，容易发生卤取代反应。

$$CH_3—CH═CH_2 + Cl_2 \xrightarrow{450\sim500\ ℃} ClCH_2—CH═CH_2$$

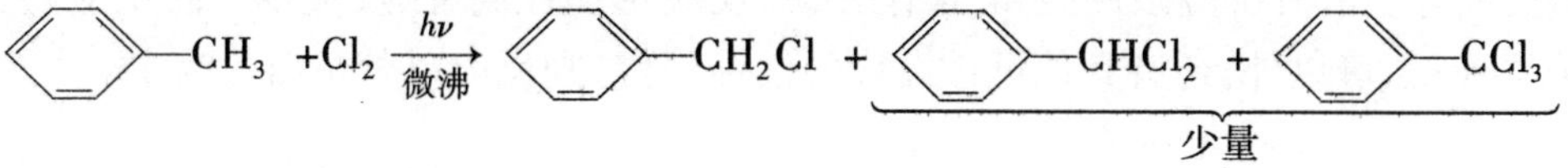

70%

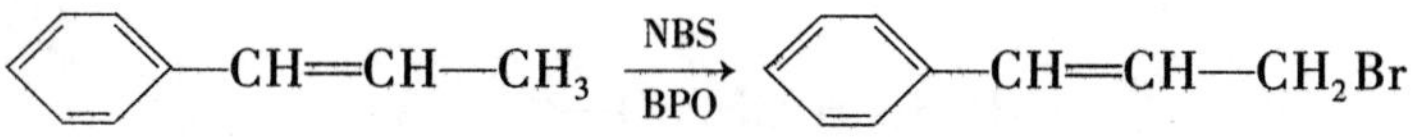

75%

烯丙位或苄位氢的卤取代,大多经历自由基取代历程。下面讨论影响此类反应的主要因素。

1. 取代基

苄位及其邻、对位,或烯丙位碳原子上若接有供电子基团,活性中间体碳自由基的稳定性则加强,反应增快;若接有吸电子基团,则反应受阻。如苄位二卤代物的制造要比一卤代物困难得多,原因正是如此。

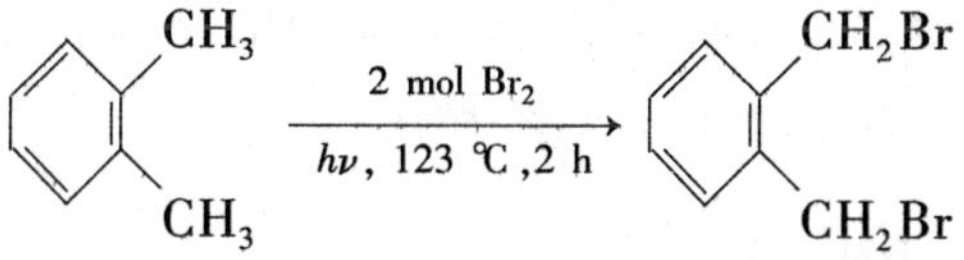

48% ~53%

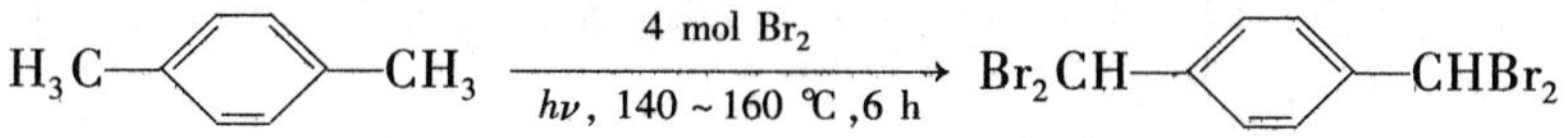

51% ~55%

反应物分子中若存在多种烯丙基碳—氢键,同样,因碳自由基的稳定性关系,它们的反应活性顺序为叔 C—H>仲 C—H>伯 C—H。例如

$$C_3H_7—CH_2CH═CHCH_3 \xrightarrow[BPO]{NBS/CCl_4} C_3H_7CH(Br)CH═CH—CH_3$$

58% ~64%

为了形成更稳定的碳自由基,某些烯丙位卤代还伴有双键的重排反应,结果得到混合产物。例如

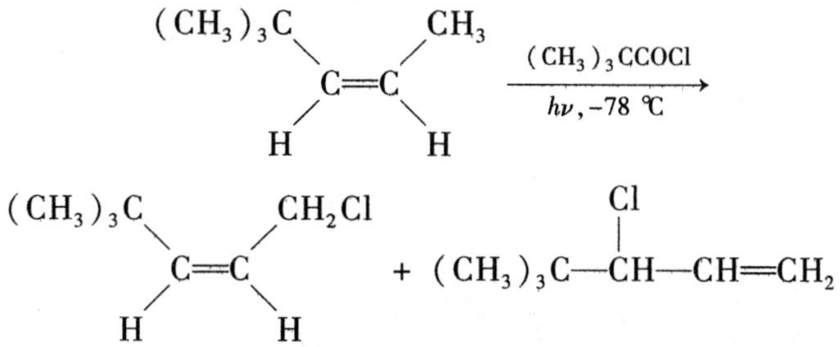

76%　　　　24%

2. 卤化试剂

烯丙位和苄位氢的卤取代反应常用的卤化试剂有卤素、硫酰氯、次氯酸叔丁酯、N-溴代丁二酰亚胺等。后者反应条件温和,操作方便,反应选择性高,副反应少。若反应物分子除具有苄位碳-氢键以外,还有其他可被卤代的活性部位,则反应以苄位卤代为主。

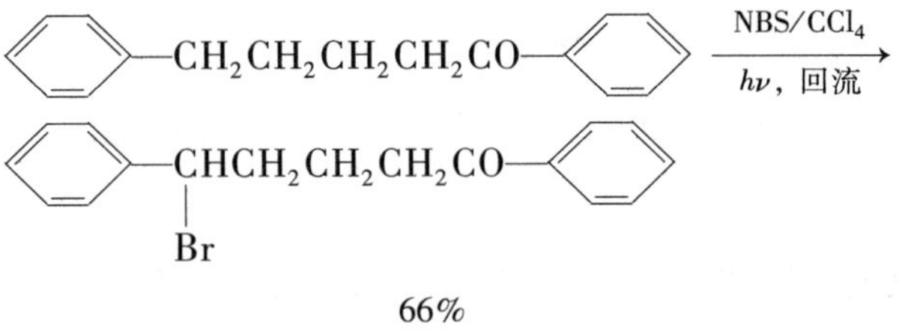

3. 温度

烯丙位卤代一般在高温下进行,低温有利于烯键与卤素的加成。苄位氢原子的卤代亦是如此。

4. 溶剂

反应大多采用四氯化碳、苯、石油醚等无水非极性惰性溶剂,以避免终止自由基反应及其他副反应的发生。反应物若是液体,也可不用溶剂。

2.2.3 羰基 α-H 的卤取代反应

羰基 α-H 比较活泼,在酸(包括 Lewis 酸)或碱(无机碱或有机碱)催化下,可被卤原子取代,生成 α-H 卤代羰基化合物。

卤化试剂有卤素、硫酰氯、N-溴代丁二酰亚胺、ω-三卤苯乙酮、过溴化吡啶氢溴酸盐($C_5H_5NH \cdot Br_3$)、过溴化苯基三甲铵盐($C_6H_5N^{\oplus}(CH_3)_3Br_3^{\ominus}$)、四溴环己二烯酮及卤化铜等。常用的溶剂是四氯化碳、氯仿、乙醚、醋酸等。

1. 反应历程

羰基 α-H 的卤取代反应历程与催化剂的性质有关。

(1)酸催化反应

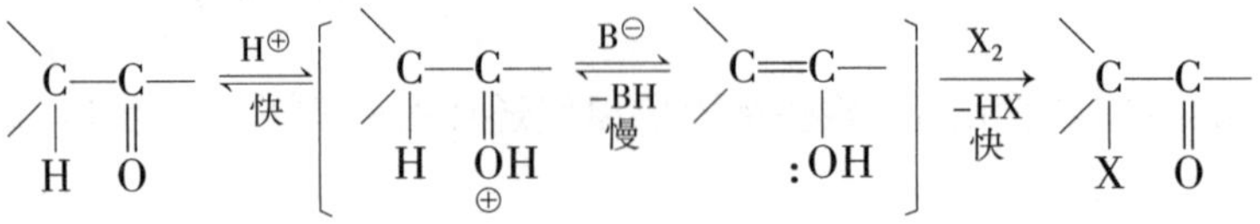

在酸催化下,不对称酮的 α-卤代主要发生在与供电子基团相连接的 α-碳原子上,因为供电子取代基有利于酸催化下烯醇的稳定化。

酸催化反应初期,因烯醇化速度较慢,所以往往加入微量的氢卤酸,以缩短诱导期。但是,在用溴或碘进行的羰基 α-卤代反应中,生成的溴化氢或碘化氢虽具有加快烯醇化速度的作用,但又有还原作用,而且还可能引起异构化及缩合等副反应的发生,从而影响 α-卤代反应的产率。因此,常在反应液中添加适量的醋酸钠、吡啶、氧化钙、氢氧化钠等碱性物质,或加入适量的氧化剂(如氯酸钾等),以除去反应中生成的溴化氢或碘化氢。

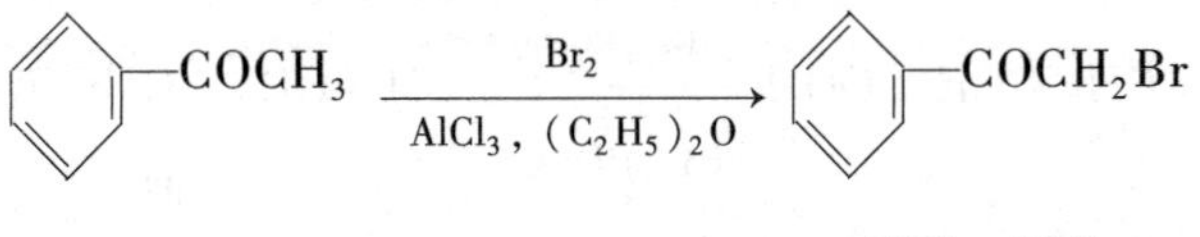

88%～90%

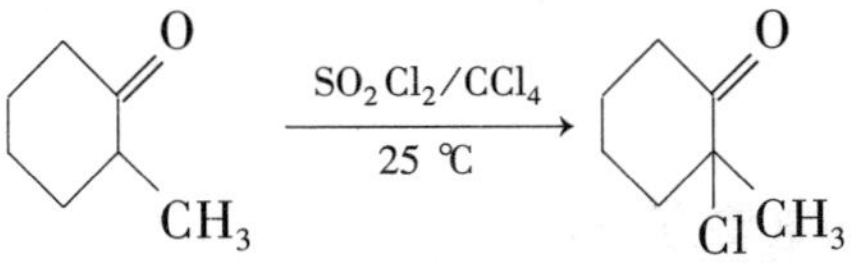

83%～85%

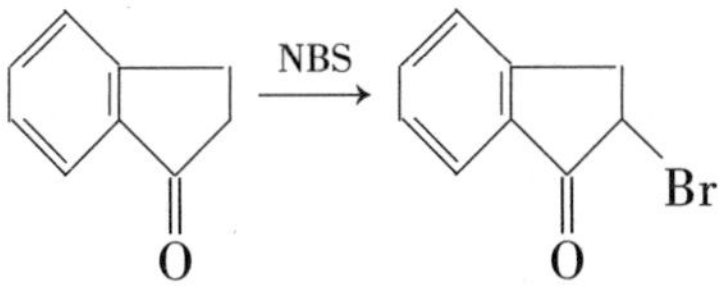

90%

(2)碱催化反应

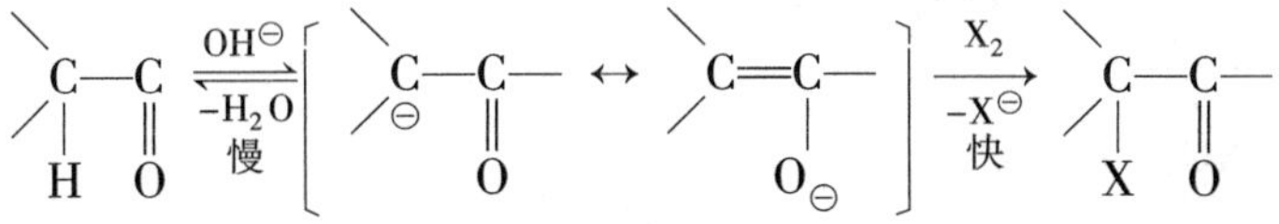

对于碱催化反应，α-卤代容易在与吸电子取代基相连接的α-碳原子上进行，这是因为吸电子取代基有利于碱催化下α-碳负离子的形成。反应进行到α-位彻底卤代为止，这是甲基酮降解生成少一个碳原子羧酸的有效方法。

$$(CH_3)_3C\overset{O}{\overset{\|}{C}}CH_3 \xrightarrow[\text{②}H^{\oplus},<10\ ℃]{\text{①}Br_2,\ NaOH,\ H_2O} [(CH_3)_3CCOCBr_3] \longrightarrow (CH_3)_3CCO_2H + HCBr_3$$

71%～74%

2. 醛的α-H卤取代反应

醛不可直接用卤素进行α-卤代反应，因为在酸或碱催化下，醛基碳原子上和α-碳原子上的氢都可以被卤素取代，结果使醛氧化成羧酸，而且还可能有聚合等其他副反应发生。解决这一问题的办法除了可先将醛转化成烯醇酯，然后进行卤代和水解反应以外，还可在少量的1，4-二氧六环存在下，于-12～5 ℃，使醛与溴和1，4-二氧六环的络合物反应，生成α-溴代醛。

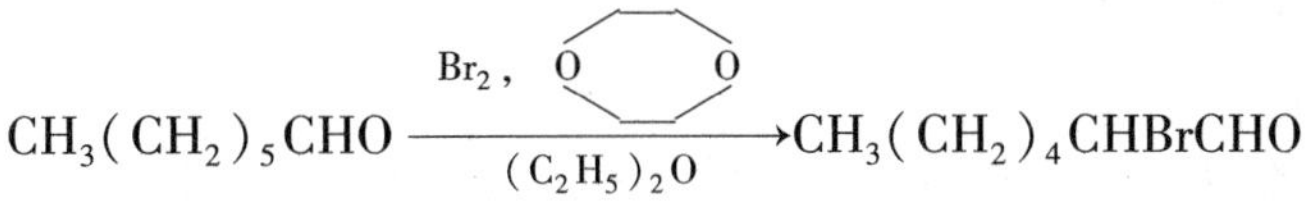

68%

3. 羧酸的α-H卤取代反应

由于羧酸的α-H不够活泼，因此，一般是先将羧酸转化成α-氢原子活性较大的酰氯或酸酐，然后再用卤素或N-溴代丁二酰亚胺等卤化试剂进行α-卤代。常用的方法是羧酸在催化量的三卤化磷或红磷存在下与卤素反应。

$$CH_3(CH_2)_3CH_2COOH \xrightarrow[\text{6 h},\ 65\sim100\ ℃]{Br_2,\ PCl_3} CH_3(CH_2)_3\underset{\substack{|\\ Br}}{C}HCOOH$$

83% ~89%

2.2.4　芳烃的卤取代反应

芳烃直接卤代是合成卤代芳烃的重要方法。

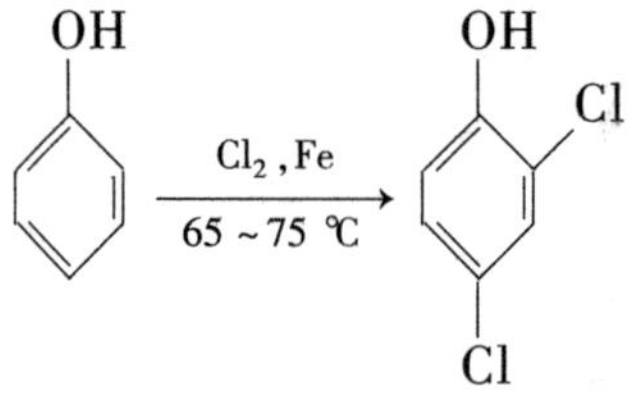

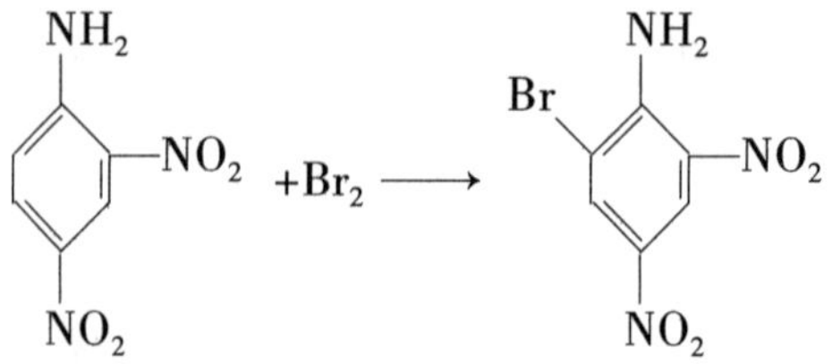

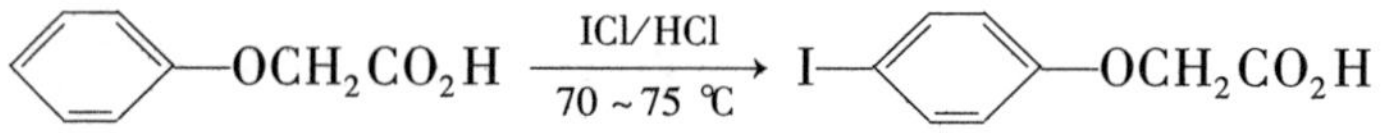

这类反应常用三氯化铝、三氯化铁、三溴化铁、四氯化锡、氯化锌等 Lewis 酸作为催化剂,其作用是促使卤素分子的极化离解。

$$X_2 + MXn \longrightarrow X^{\oplus} + MX_{n+1}^{\ominus}$$

$$(X = Cl, Br, I;\ M = Al, Fe, Sn, Zn, \cdots)$$

1. 反应历程

芳烃卤代一般属于离子型亲电取代反应。首先,由极化了的卤素分子或卤正离子向芳环做亲电进攻,形成 σ-络合物,然后很快失去一个质子而得卤代芳烃。

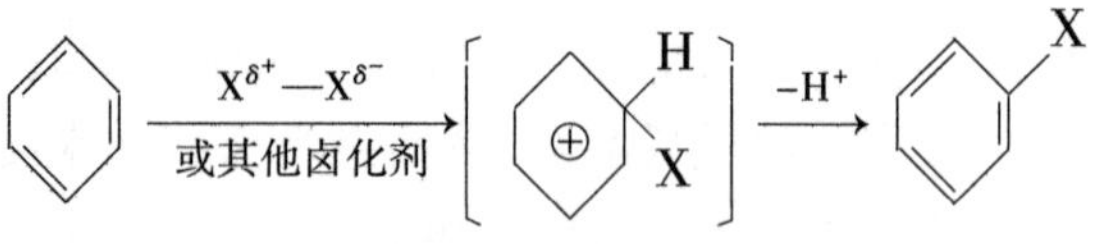

σ-络合物

2. 影响反应的主要因素

(1)芳烃取代基

芳环上取代基的电子效应对芳烃卤代的难易及卤代的位置均有很大的影响。芳环上连有供电子基,卤代反应容易进行,且常发生多卤代现象,需适当地选择和控制反应条件,或采用保护、清除等手段,使反应停留在单、双卤代阶段。就供电子取代基而言,卤代反应主要生成邻、对位异构体,两种异构体的比例与取代基的空间效应、电子效应均有关,在一般情况下,优先生成对位异构体。

芳环上若存在吸电子基团,反应则较困难,一般需用 Lewis 酸催化剂,并在较高的温度下进行卤代,或采用活性较大的卤化试剂,使反应得以顺利进行。

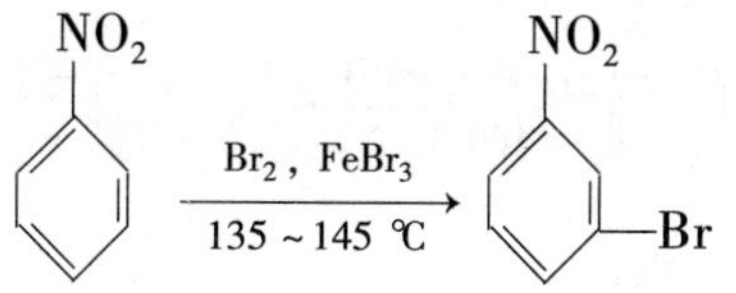

60% ~75%

(2)芳核

由于多 π 芳杂环(如吡咯、呋喃、噻吩)分子中碳原子上的电子云密度比苯大,所以卤代反应比苯容易进行。反之,缺 π 芳杂环(如吡啶)的卤代反应比苯难,但若环上连有供电子基团,卤代亦可在较温和的条件下进行。

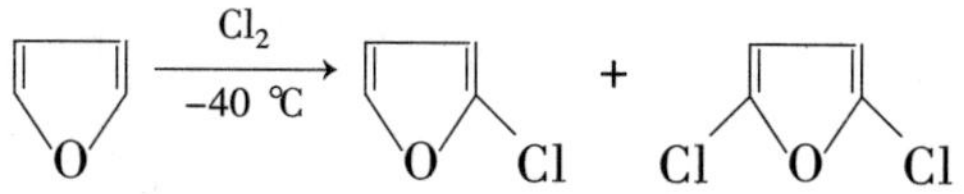

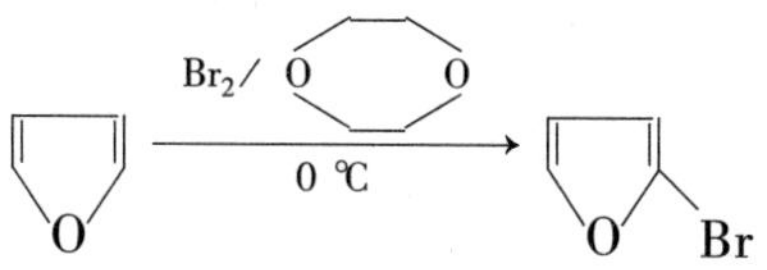

80%

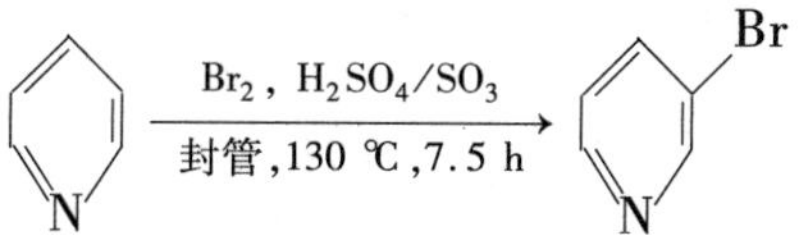

86%

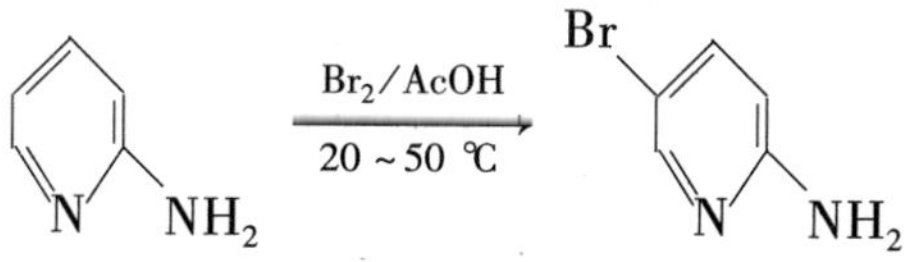

62% ~67%

(3)卤化试剂

直接用氟与芳烃作用制取氟代芳烃,因反应十分激烈,需在氩气或氮气稀释下于-78 ℃进行,故无实用意义。

合成其他卤代芳烃用的卤化试剂有卤素、N-溴(氯)代丁二酰亚胺、次氯酸、三聚氯氰等。若用碘进行碘代反应,因生成的碘化氢具有还原性,可使碘代芳烃还原成原料芳烃,所以需同时加氧化剂(如硝酸、过碘酸、过氧化氢等),或加碱(如氨水、氢氧化钠、碳酸氢钠等),或加入能与碘化氢形成难溶于水的碘化物的金属氧化物(如氧化汞、氧化镁等)将其除去,方可使碘代反应顺利进行。若采用强碘化剂 ICl(一氯化碘)进行芳烃的碘代,则可获得良好的效果。

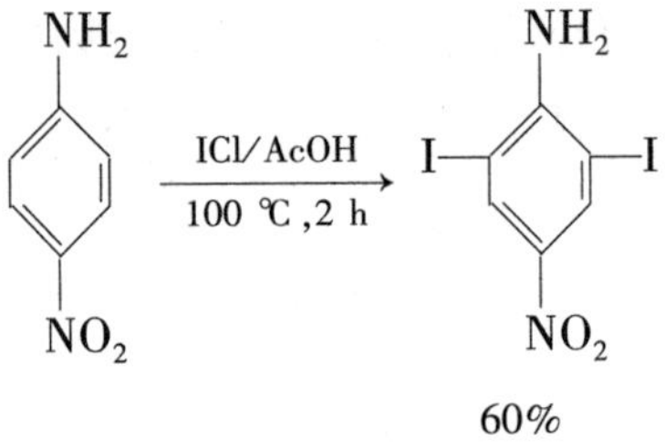

在芳烃的卤代反应中,必须注意选择合适的卤化试剂,因其往往会影响反应的速度、卤原子取代的位置、数目及异构体的比例等。

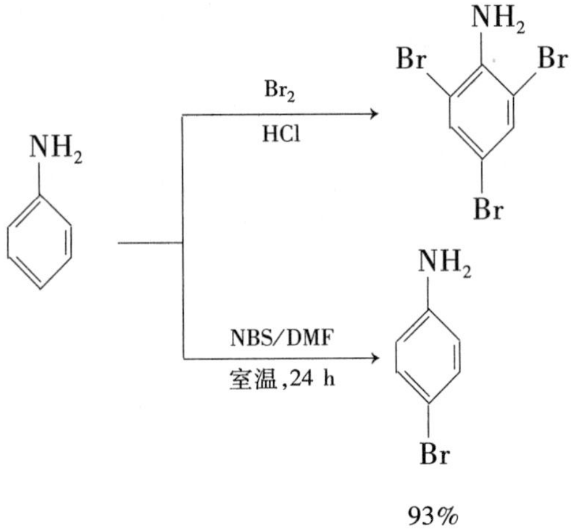

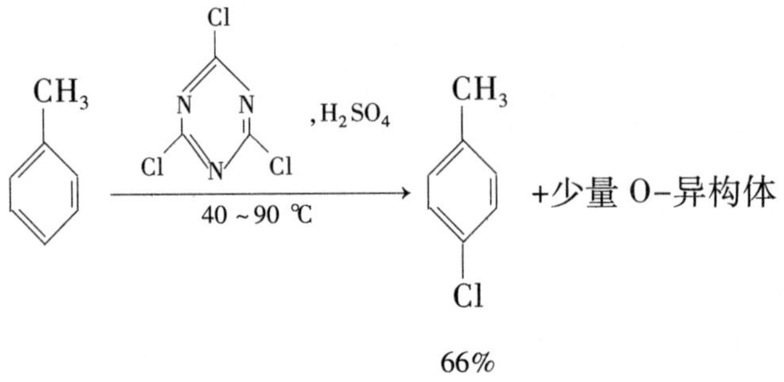

(4)介质

对于卤代反应容易进行的芳烃,可用稀盐酸或稀硫酸作介质,不需加其他催化剂;对于卤代反应较难进行的芳烃,可用浓硫酸作介质,并加入适量的催化剂。反应若需用有机溶剂,则该溶剂必须在反应条件下显示惰性。例如,水杨酸的氯代可用醋酸作溶剂;萘的氯代可用四氯化碳或氯苯作溶剂。溶剂的更换常常影响到卤代反应的速度,甚至影响到产物的结构及异构体的比例。一般来讲,采用极性溶剂的反应速度要比用非极性溶剂快。

(5)反应温度

温度高,容易发生多卤代及其他副反应,故选择适宜的反应温度亦是成功的关键。

思考题:直接用 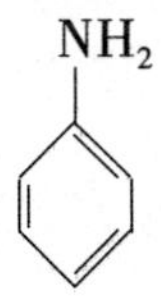 和 Br_2 反应制备 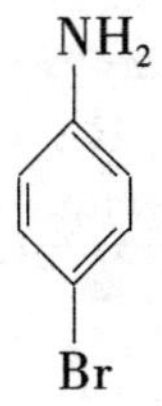 是否可行？为什么？如何能制备得到 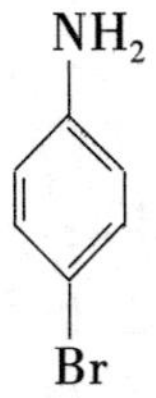 ？

2.3　卤置换反应

卤原子能够置换有机物分子中与碳原子相连的羟基、磺酸基及其他卤原子等多种官能团,这些卤置换反应已成为卤代烃的重要合成方法。

2.3.1　醇羟基的卤置换反应

1. 醇与氢卤酸的反应

$$ROH + HX \rightleftharpoons RX + H_2O$$

$$(X = Cl, Br, I)$$

醇与氢卤酸的反应是可逆的。若使醇或氢卤酸过量,并不断地将产物或生成的水从平衡混合物中移走,可使反应加速,产率提高。去水剂有硫酸、磷酸、无水氯化锌、氯化钙等,亦可采用恒沸带水剂,如苯、环己烷、甲苯、氯仿等。

反应历程:

醇和氢卤酸的反应属于酸催化下的亲核取代反应,其中叔醇、苄醇一般按 S_N1 历程,而其他醇大多按 S_N2 历程进行反应。

S_N1 历程:

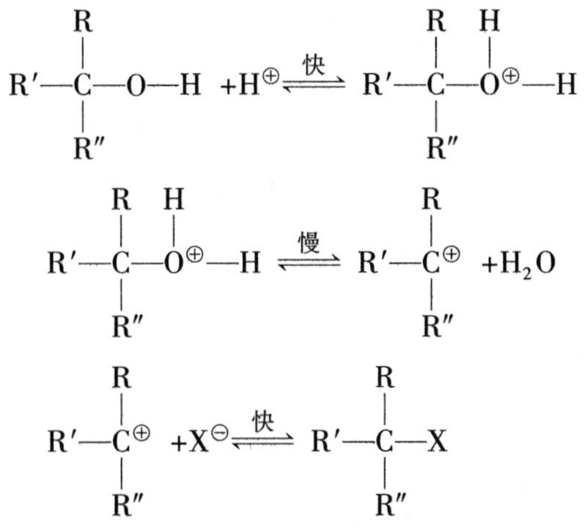

S_N2 历程：

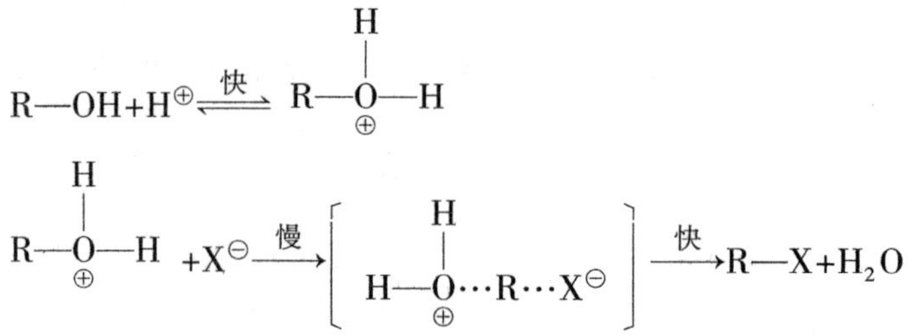

醇的反应活性为苄醇、烯丙醇>叔醇>仲醇>伯醇。氢卤酸的反应活性为 HI>HBr>HCl。

伯醇卤置换制取氯代烃或溴代烃也可采用卤化钠加浓硫酸作为卤化剂。但是，碘置换不可用此法，因为浓硫酸可使氢碘酸氧化成碘；也不宜直接用氢碘酸作卤化剂，因氢碘酸具有较强的还原性，易将反应生成的碘代烃还原成原料烃。醇的碘置换一般用碘化钾加磷酸作为碘化试剂，用碘加赤磷的办法亦可。

$$HOCH_2(CH_2)_4CH_2OH \xrightarrow[100\sim120\ ^\circ C,5\ h]{KI-多聚磷酸} ICH_2(CH_2)_4CH_2I$$

83% ~85%

$$n\text{-}C_{15}H_{31}CH_2OH \xrightarrow{I_2/P} n\text{-}C_{15}H_{31}CH_2I$$

78%

在高温下，醇与氢卤酸发生卤置换时，常有重排、消除等副反应伴随发生，重排正是为了满足形成更稳定的碳正离子的需要。

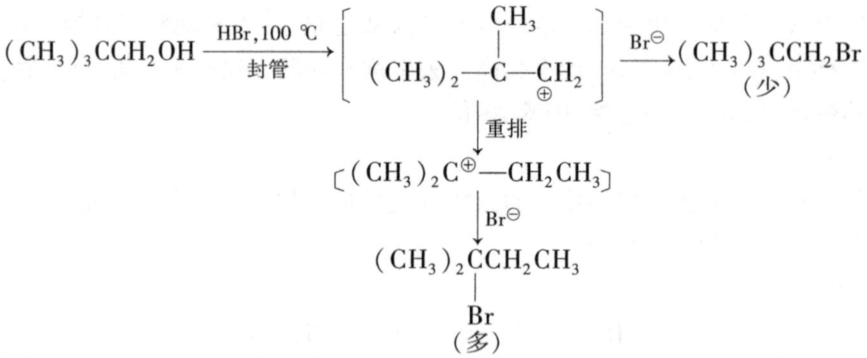

2. 醇与含磷卤化物的反应

$$3ROH+PX_3 \longrightarrow 3RX+P(OH)_3$$

$$ROH+PCl_5 \longrightarrow RCl+POCl_3+HCl$$

$$ROH+POCl_3 \longrightarrow RCl+ Cl_2P(=O)—OH$$

上述反应大多属于 S_N2 历程，分别表示为

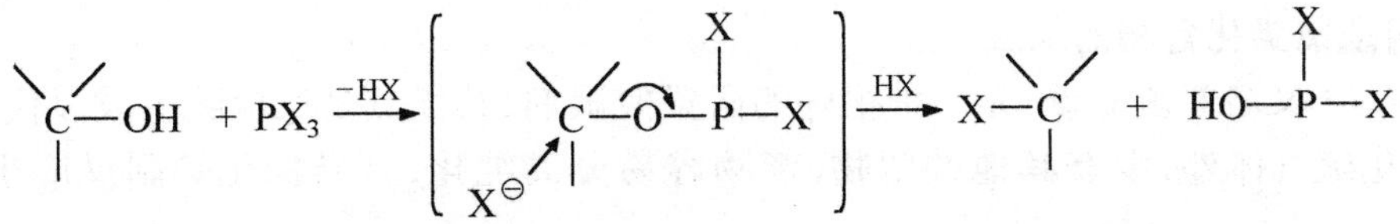

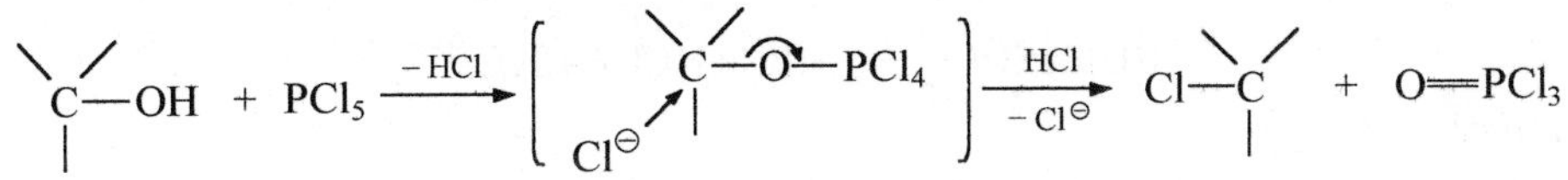

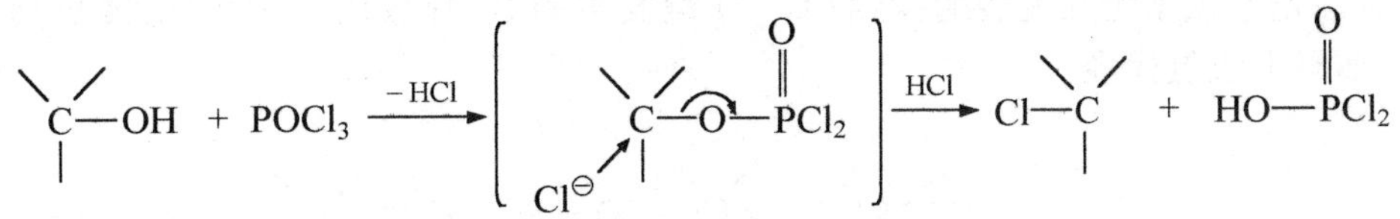

这类卤化试剂的反应活性均比氢卤酸大，其顺序为 $PCl_5>PCl_3>POCl_3$。它们与醇进行的卤置换产率均较高，尤其是在吡啶等有机碱的存在下，反应效果更好，重排等副反应少。

由五氯化磷和 N，N－二甲基甲酰胺（DMF）作用而得的氯化氯亚甲基二甲铵〔$(CH_3)_2N^{\oplus}$═$CHCl$〕$Cl^{\ominus}$，在1，4－二氧六环或乙腈等溶剂中，可作为具有旋光活性的仲醇的氯化试剂，效果突出，反应结果生成构型反转的氯代烃。

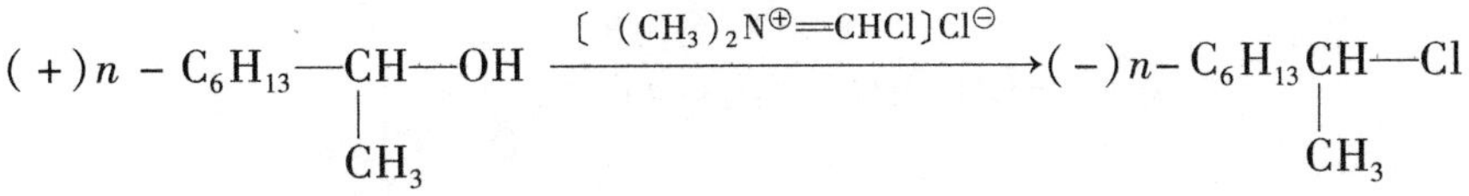

84% ~88%

二溴化三正丁基膦、二碘化三苯基膦、二溴化亚磷酸三苯酯、三苯基膦－四氯化碳、三苯基膦－六氯代丙酮、三苯基膦－NBS（NCS）等是一类选择性好、重排等副反应少，且反应条件温和的新型复合卤化试剂。其反应机理是复合卤化试剂中的三价磷原子极易和氧结合，在卤素或卤代烷存在下，能够夺取醇分子中的氧原子，发生卤置换反应，得到的亦是构型反转的卤代烃。特别适用于具有光学活性、对酸敏感的醇或甾体醇的卤置换。

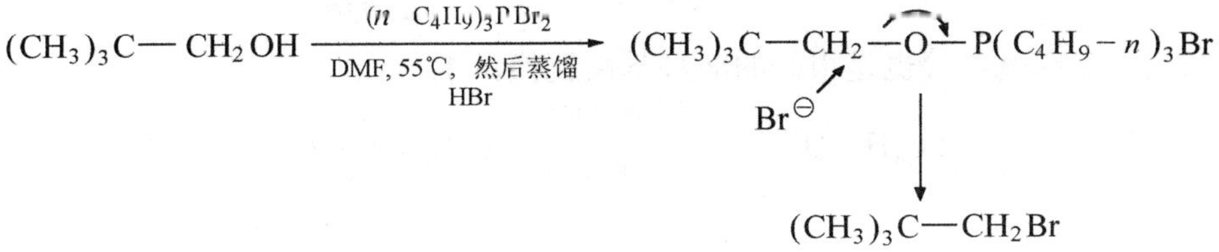

91%

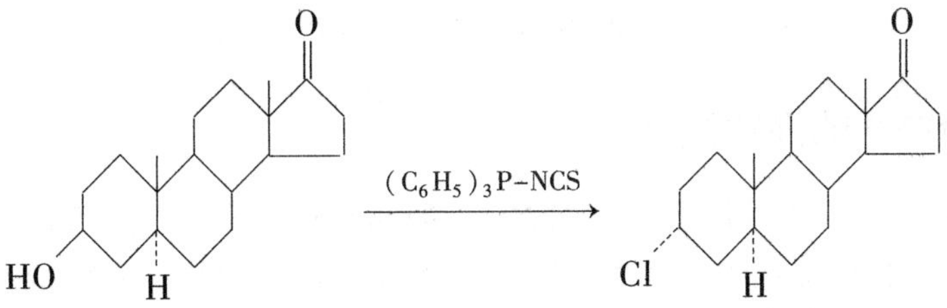

92%

3. 醇与酰氯类化合物的反应

氯化亚砜(又名亚硫酰氯)是一种很好的卤置换试剂,其优点是反应除生成卤代烃和氯化氢、二氧化硫气体外,没有其他残留物,产物容易分离纯化,且异构化等副反应少,产率较高。

$$ROH+SOCl_2 \longrightarrow RCl+HCl\uparrow +SO_2\uparrow$$

反应历程:

反应首先形成氯化亚硫酸酯,然后 C—O 键发生断裂,释放出二氧化硫,氯负离子做亲核进攻,结果生成氯代烃。

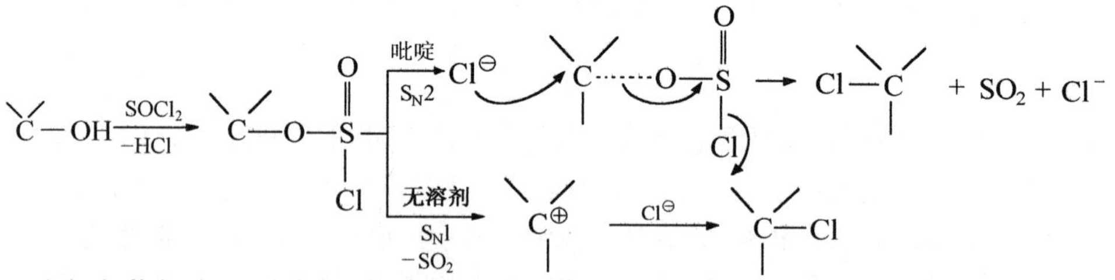

反应中若加入少量有机碱(如吡啶等)作催化剂,则可加快反应速率。氯化亚砜若与二甲基甲酰胺(DMF)或六甲基磷酰胺(HMPTA)合用,反应速度和选择性均大大提高。

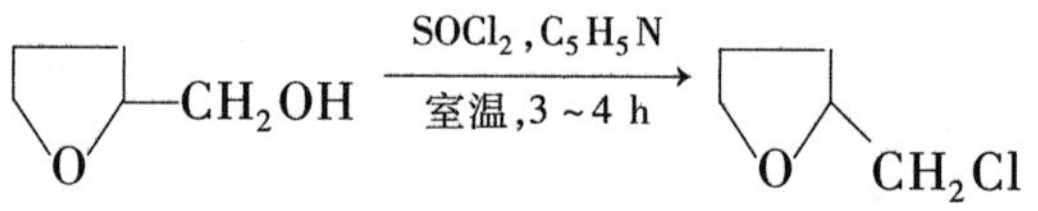

75%

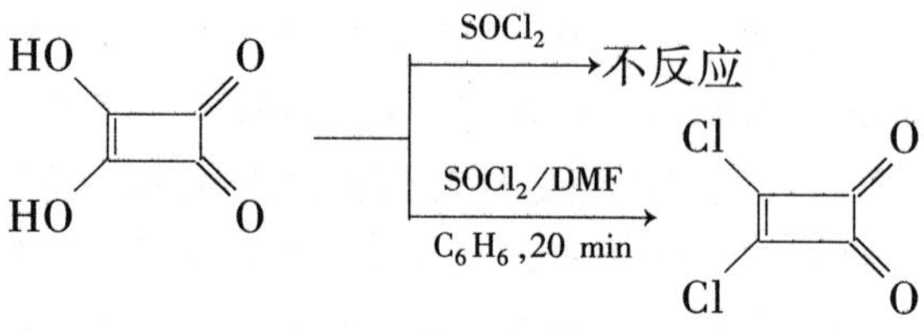

75%

乙酰氯、甲基磺酰氯等也是很好的醇羟基卤置换试剂。

$$(C_6H_5)_3C—OH \xrightarrow[C_6H_6,回流]{CH_3COCl} (C_6H_5)_3C—Cl$$

93% ~95%

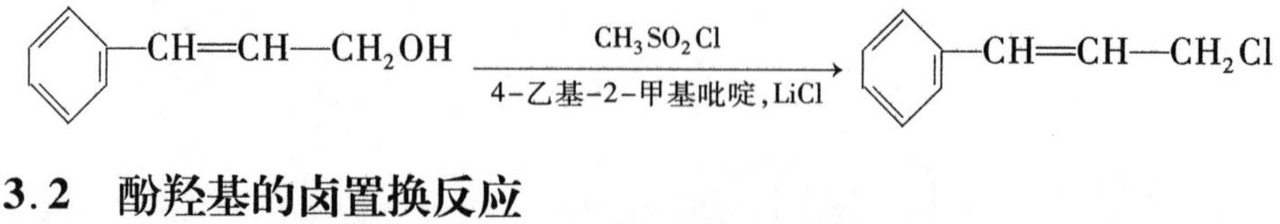

2.3.2　酚羟基的卤置换反应

酚羟基的活性较小,由酚制备氯代芳烃,一般需用强卤化试剂,如五氯化磷(或其与三氯氧磷的混合物),在较剧烈的条件下反应。由于五氯化磷受热易离解成三氯化磷和氯,温度越高,离解度越大,置换能力也随之而下降;且因氯的存在可能产生芳核上的卤代或烯键加成等副反应,故用五氯化磷进行卤置换反应时,温度不宜过高。

除此之外,酚还可用有机磷复合卤化试剂进行卤置换,如二卤代三苯基膦,其反应活性更大,反应条件一般比较温和。对于活性较小的酚羟基,也可在较高温度和常压下进行卤置换。

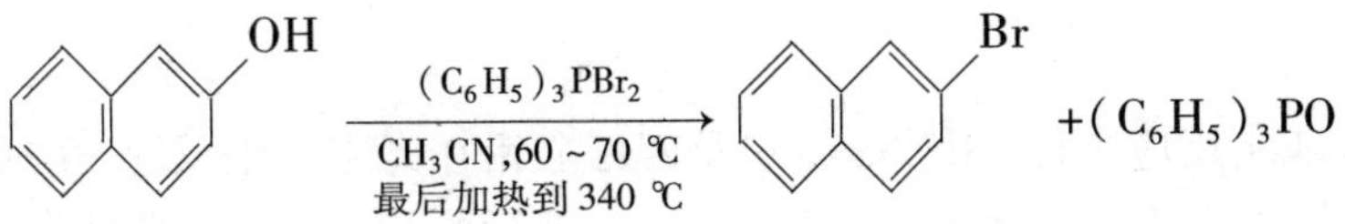

70%~78%

2.3.3 羧羟基的卤置换反应

与醇羟基卤置换一样,羧羟基亦常用三卤化磷、五氯化磷、三氯氧磷、氯化亚砜、三苯基膦卤化物等作为卤化试剂,制备相应的酰卤。

这类反应仍然属于亲核取代反应。羧酸的反应活性顺序是:脂肪酸>带有供电子取代基的芳香羧酸>无取代基的芳香羧酸>带有吸电子取代基的芳香羧酸。

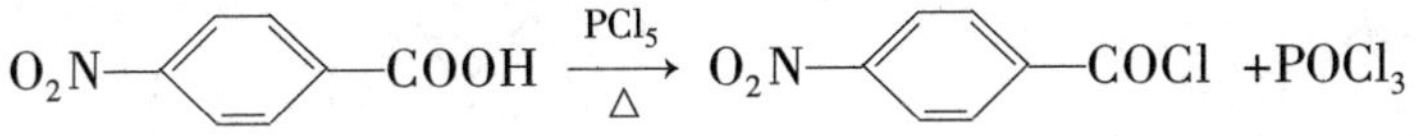

96%

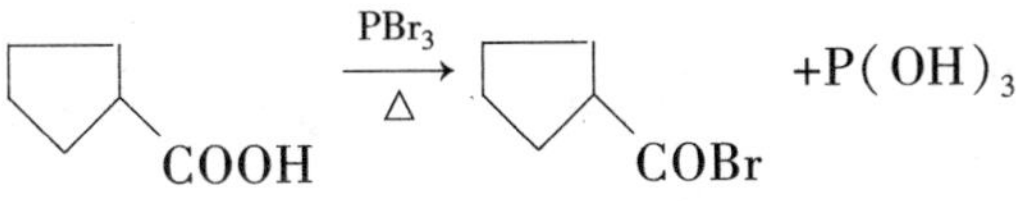

90%

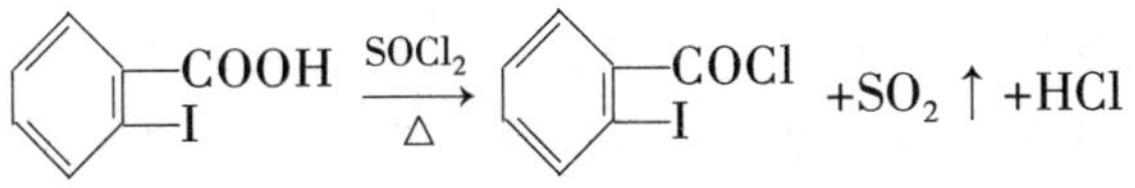

94%

此外,还可用光气、草酰氯、苯甲酰氯、三聚氯氰等作卤化试剂,与羧酸反应制取酰氯。

2.3.4 羧酸脱羧卤置换反应

羧酸银在无水条件下,以四氯化碳为溶剂,与溴或碘反应,脱去二氧化碳,生成比羧酸少一个碳原子的卤代烃,称为 Hunsdiecker 反应。

$$RCOOAg+Br_2 \xrightarrow{CCl_4} R—Br+CO_2\uparrow +AgBr$$

反应是按自由基历程进行的。

$$R—\overset{\overset{O}{\|}}{C}—OAg + X_2 \xrightarrow{-AgX} R—\overset{\overset{O}{\|}}{C}—O—X \xrightarrow{-X\cdot} R—\overset{\overset{O}{\|}}{C}—O\cdot \xrightarrow{-CO_2} R\cdot \xrightarrow{X\cdot} R—X$$

C_2~C_{18}饱和脂肪酸进行 Hunsdiecker 反应,制取卤代烃,一般均有良好的产率,特别适用于由二元羧酸合成 ω-溴代羧酸及其衍生物。

$$CH_3OOC(CH_2)_4COOH \xrightarrow[KOH]{AgNO_3} CH_3OOC(CH_2)_4COOAg \xrightarrow[CCl_4,-CO_2]{Br_2} CH_3OOC(CH_2)_4Br$$

为了克服羧酸银热稳定性差及无水操作困难等缺点,可改用羧酸与过量的氧化汞及卤素直接反应,制取相应的卤代烃(S. T. Cristol 反应)。

$$CH_3(CH_2)_{16}COOH+HgO+Br_2 \xrightarrow[0\ ℃]{CCl_4} CH_3(CH_2)_{16}Br$$

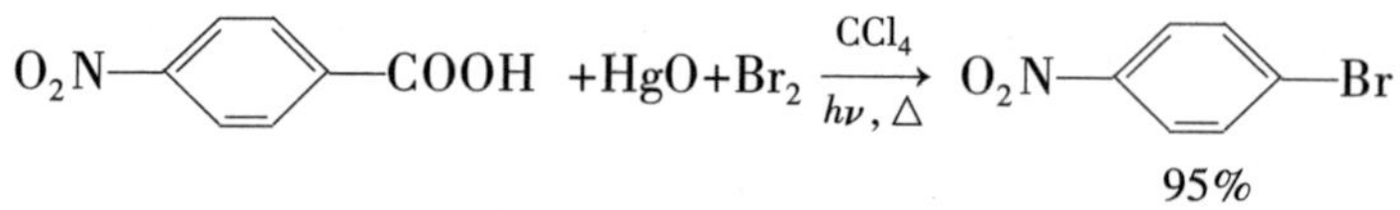

与 Hunsdiecker 反应类似,用羧酸与碘及四乙酸铅在光引发下反应,生成碘代烃;或将羧酸在金属卤化物(如氯化锂)存在下,与四乙酸铅进行脱羧反应,生成氯化烃,产率均较高,且没有重排等副反应发生,尤其适用于仲或叔氯代烃的制备。若用 N-氯代丁二酰亚胺(NCS)代替氯化锂,以 DMF 为溶剂,与羧酸、四乙酸铅进行脱羧卤置换,亦可获得较高产率的卤代烃。

$$CH_3(CH_2)_4COOH+I_2+Pb(OAc)_4 \xrightarrow{h\nu} \underset{100\%}{CH_3(CH_2)_4I}$$

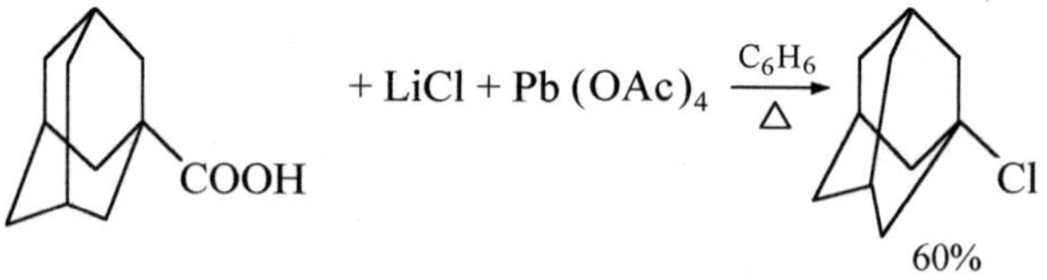

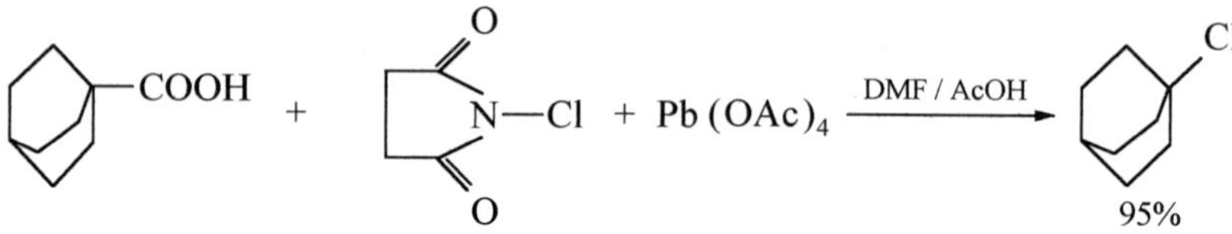

人名反应介绍:羧酸银用卤素处理生成卤代烷的反应称为 Hunsdiecker-Borodin 反应。Borodin 1833 年出生于圣彼得堡,1861 年从乙酸银中制得溴甲烷。Borodin 也是名作曲家,他的音乐作品歌剧《青蛙王子》广为人知。Hunsdiecker 1903 年生,在科隆受教育,她与丈夫 Heinz 一起发展了羧酸银溴化反应。Heinz 和 Hunsdiecker 将 Borodin 的合成方法扩展成了一个通用的 Hunsdiecker-Borodin 反应(Hunsdiecker 方法)。该反应得到了发展和应用,下列两个反应分别发表在 1988 年 *Tetrahedron Lett.* 和 *Org. Synth.* 杂志上。

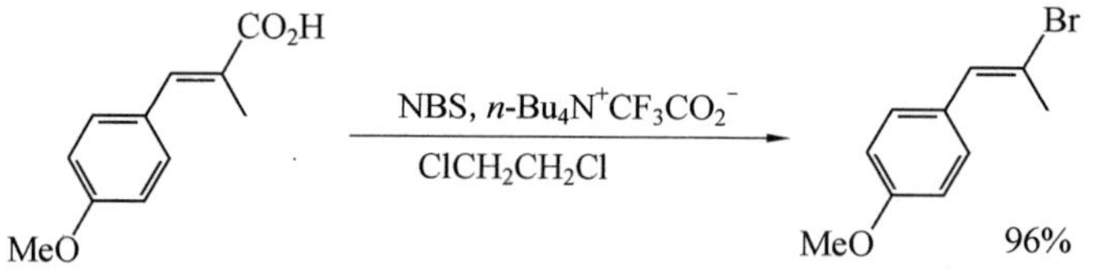

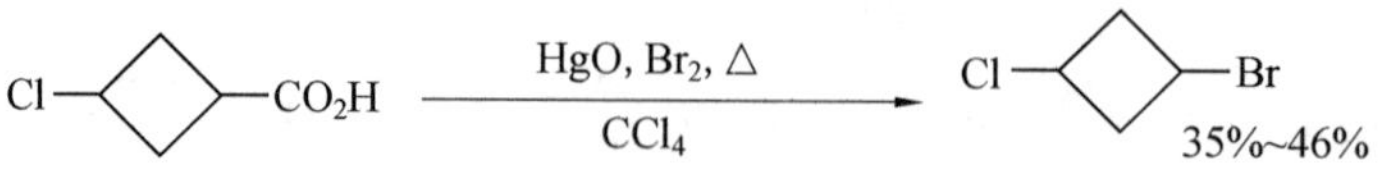

2.3.5　卤代烃的卤置换反应

卤代烃分子中的氯或溴原子,与无机卤化物的氟原子进行交换,这是合成用一般方法难以得到的氟代烃的重要方法。

常用的氟化剂有氟化钾、三氟化锑、五氟化锑、氟化汞等,其中以氟化汞的反应性最强,其次是五氟化锑。三氟化锑、五氟化锑均能选择性地作用于同一碳原子上的多卤原子,而不与单卤原子发生交换。

$$CCl_3CH_2CH_2Cl \xrightarrow[165\ ℃,2\sim3\ h]{SbF_3/SbF_5} CF_3CH_2CH_2Cl$$

75%

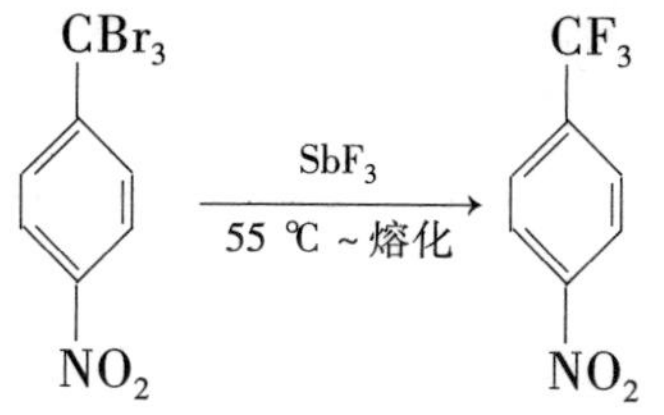

90%

制取氟代烃必须选用耐腐蚀材料作反应器,如不锈钢、镍、聚乙烯等。操作中要注意环境的通风,并加强防毒、防腐蚀措施。

2.3.6　芳香重氮化合物的卤置换反应

以芳胺为原料,经过重氮化,然后进行卤置换反应,这是合成卤代芳烃的重要方法,特别是在氟代芳烃、碘代芳烃的制备上应用更广。

氯化亚铜或溴化亚铜在相应的氢卤酸存在下,分解重氮盐,生成氯代或溴代芳烃的反应称为 Sandmeyer 反应。若改用铜粉与氢卤酸,则称为 Gattermann 反应。

$$ArN_2^{\oplus}X^{\ominus} \xrightarrow[HX]{CuX} ArX + N_2\uparrow$$

例如

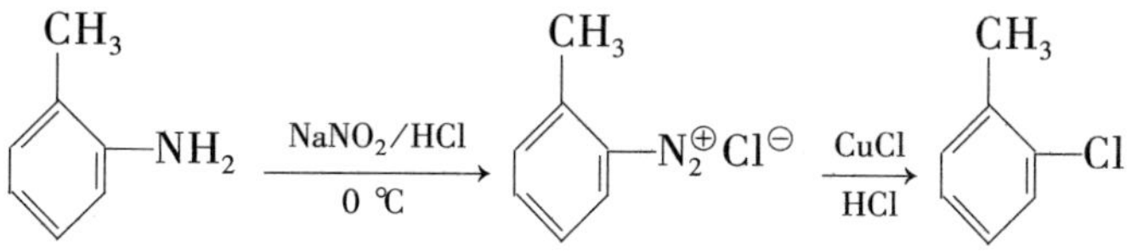

74% ~79%

制备碘代芳烃不需加铜盐,直接用重氮盐与碘化钾或碘加热反应即可。

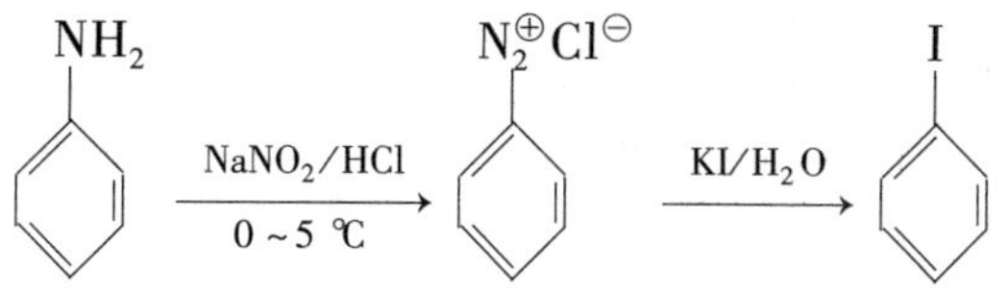

76%

重氮盐与氟硼酸盐反应,生成不溶于水的重氮氟硼酸盐;或芳胺在氟硼酸存在下重氮化,生成重氮氟硼酸盐。后者经加热分解,可制得产率较高的氟代芳烃,称为 Schiemann 反应。

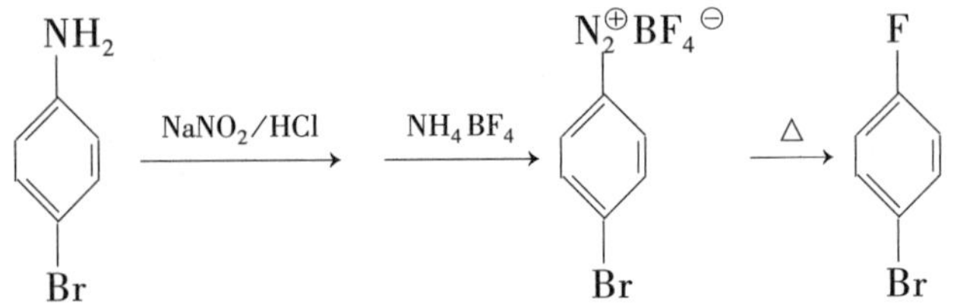

71% ~82%　　77%

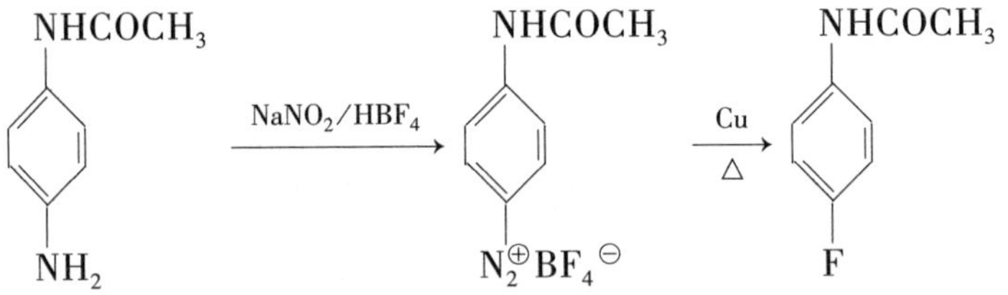

82%

思考题：用苯直接溴化能否得到 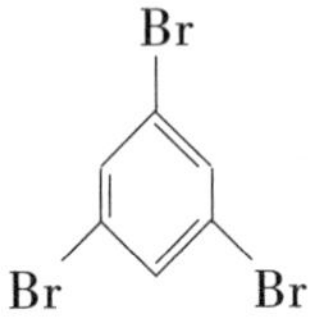 ？为什么？如何能制备得到 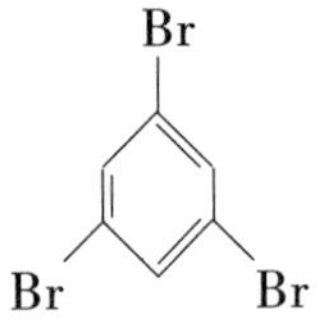 ？

2.4 反应实例

1. 丙酰氯（CH_3CH_2COCl）的制备

$$CH_3CH_2COOH \xrightarrow[45\ ℃]{PCl_3} CH_3CH_2COCl + P(OH)_3$$

丙酸与三氯化磷在 45 ℃下反应，反应物经冷凝蒸馏，即得到丙酰氯。

本品用于合成农药敌稗的中间体，也是制备各种丙酸衍生物的中间体。

2. 1,10-二碘代癸烷［$I(CH_2)_{10}I$］的制备

$$HO(CH_2)_{10}OH \xrightarrow[吡啶]{SOCl_2} Cl(CH_2)_{10}Cl \xrightarrow{NaI/CH_3COCH_3} I(CH_2)_{10}I$$

配料比：n(癸二醇)∶n(氯化亚砜)∶n(吡啶)= 1.00∶2.66∶0.06；n(1,10-二氯癸烷)∶n(碘化钠)∶n(丙酮)= 1.00∶1.61∶5.80。

冷却下，将氯化亚砜滴加到癸二醇、吡啶的混合液中，室温搅拌 3 h，回流反应 3 h，蒸去过量的氯化亚砜，然后减压蒸馏，收集 126 ~ 127 ℃/933.25 Pa 馏分，得到 1,10-二氯癸烷，产率为 88%。

将上述所得的二氯癸烷与碘化钠、丙酮一起回流反应 8 h，冷却，过滤，得到 1,10-二碘癸烷，产率为 100%。

本品为医药等有机合成中间体。

3. 2,6-二硝基-4-三氟甲基-N,N-二正丙基苯胺(氟乐灵)的制备

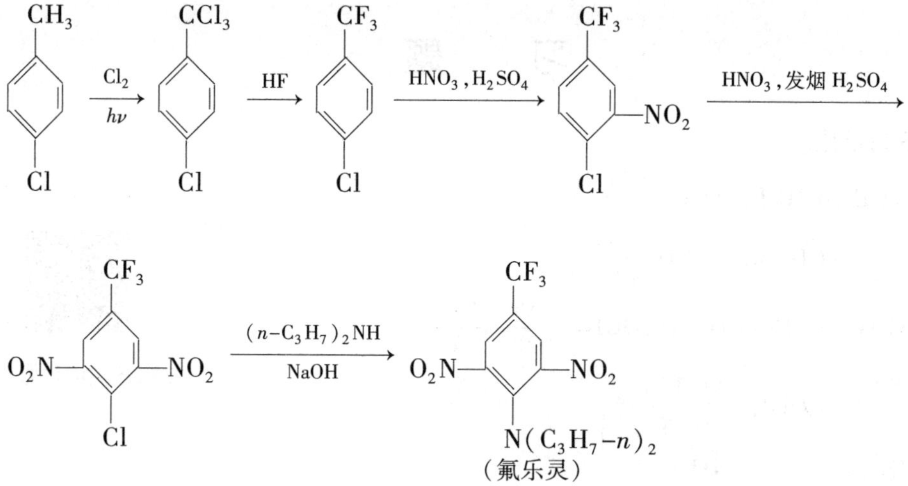

对氯甲苯在氯化器中与液氯反应,生成三氯甲基对氯苯。接着进入氟化器,与无水氟化氢反应,生成三氟甲基对氯苯。经两次硝化,再在碱性条件下,与二正丙胺进行胺化反应。经过滤、洗涤、干燥,即得氟乐灵原粉,熔点为48.5~49.0 ℃。

本品为芽前高效除草剂。

4. 氯化石蜡的制备

$$C_{25}H_{52}+7Cl_2 \xrightarrow{80\sim95\ ℃} \underset{\text{氯化石蜡}}{C_{25}H_{45}Cl_7}+HCl$$

将平均链长为C_{25}的固体石蜡用活性白土脱色精制,然后在加压熔融状态下与氯反应,经吹风干燥,压滤得产品。

本品主要作为聚氯乙烯的助增塑剂、润滑油增稠剂、石油制品阻燃剂和抗凝剂等。

5. 1-氯代二氢茚的制备

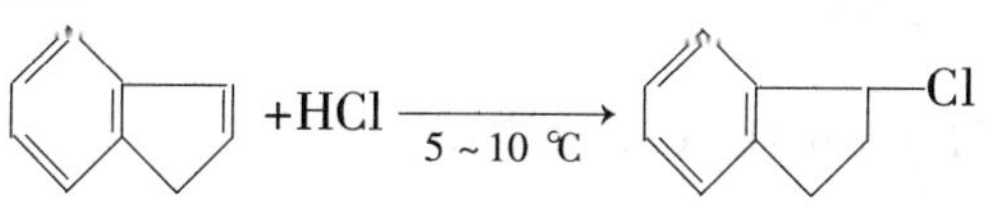

76%~85%
1-氯代二氢茚

反应器中加入新蒸的茚,于5~10 ℃通入干燥的氯化氢,直至增重0.30~0.34倍。减压蒸馏,收集90~103 ℃/1 999.83 Pa馏分,产率为76%~85%。

本品为有机合成试剂。

6. 3-溴丙酸甲酯的制备

$$CH_2=CHCOOCH_3+HBr \xrightarrow{C_2H_5OC_2H_5} \underset{84\%}{BrCH_2CH_2COOCH_3}$$

配料比:n(中丙烯酸甲酯):n(无水溴化氢)= 1 : 1。

在反应瓶中加入干燥的丙烯酸甲酯及无水乙醚,在冰浴冷却下,通入无水溴化氢,通毕,塞住反应瓶,于室温下放置24 h。然后旋转浓缩除去乙醚,升温至80~85 ℃,接着减压蒸馏,收集 64 ~66 ℃/1.3 kPa 馏分,产率为 84%。

本品为有机合成中间体。

习　　题

完成下列反应。

1. $CH_3CH{=}CHCF_3 + HCl \xrightarrow{\text{室温}} ?$

2. 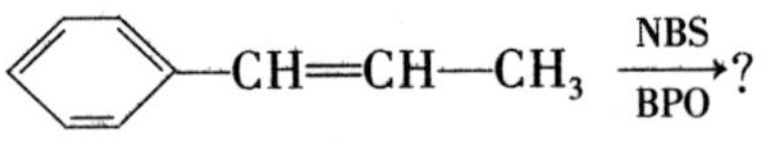

3. $n\text{-}C_5H_{11}{-}CH{=}CH{-}OCOCH_3 \xrightarrow[CCl_4,\text{回流}]{NBS, BPO} ?$

4. 

5. 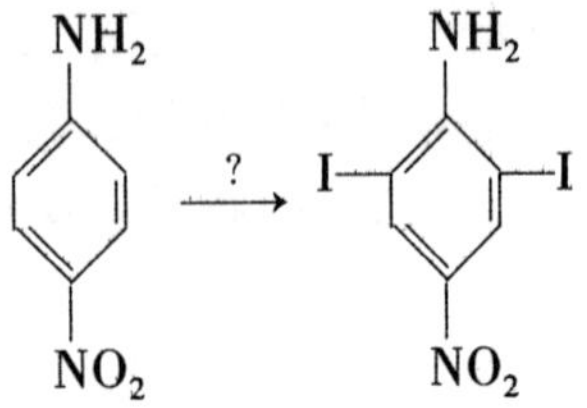

6. $CH_3CH_2CH_2CHO \xrightarrow{?} CH_3CH_2CH(Br)CHO$

7. 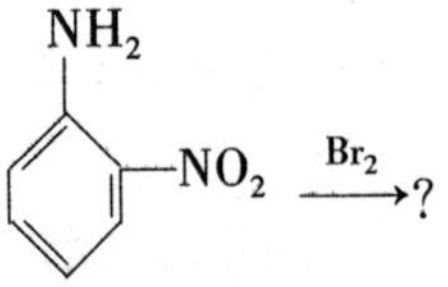

8. $CH_3CHClCH_2CCl_3 \xrightarrow{SbF_3} ?$

9. $CH_3(CH_2)_4CH_2OH \xrightarrow{?} CH_3(CH_2)_4CH_2I$

10. $CH_3(CH_2)_{14}COOH \xrightarrow{?} CH_3(CH_2)_{14}Br$

11. $(C_6H_5)_3C{-}OH \xrightarrow[C_6H_6]{CH_3COCl} ?$

12. 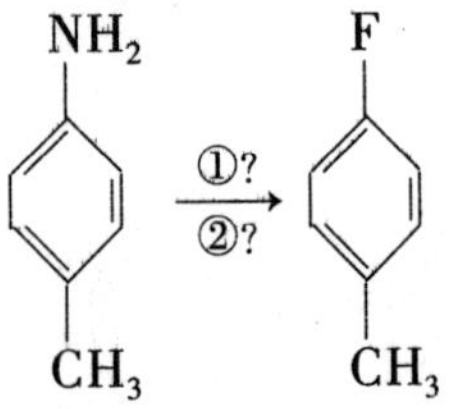

13. 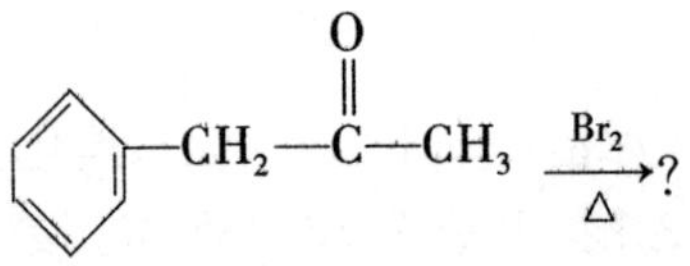

习题答案请扫码查看

14. 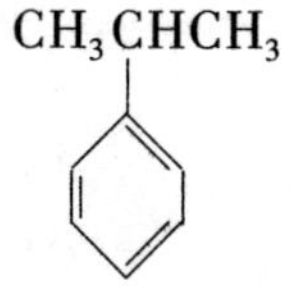 $+Cl_2 \xrightarrow{h\nu} ?$

15. 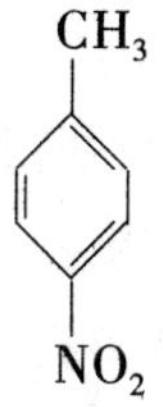 $+Br_2 \xrightarrow{Fe} ?$

16. $CH_3CH{=}CHCl + HBr \xrightarrow{\text{过氧化物}} ?$

第3章 磺化反应

磺化反应是指将磺酸基（$—SO_3H$）引入有机化合物分子中的反应。磺化反应过程中，磺酸基的硫原子与有机化合物分子中的碳原子相连接，得到的产物为磺酸化合物。

磺化反应在有机合成中具有多种应用和重要意义，因而在化学工业的许多行业中得到广泛应用。

① 有机化合物分子中引入磺酸基后，可使其具有乳化、润湿、发泡等多种表面活性，所以广泛应用于表面活性剂的合成。据 1980 年统计，美国磺化产物的 80% 左右是表面活性剂，其中合成洗涤剂的主要成分十二烷基苯磺酸钠占很大的比例。

② 磺化还可赋予有机化合物水溶性和酸性，在工业上常用以改进染料、指示剂等的溶解度和提高酸性，如

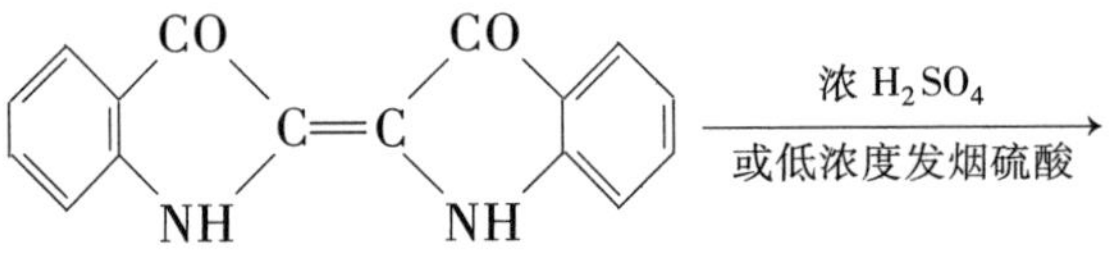

（靛蓝 还原染料）

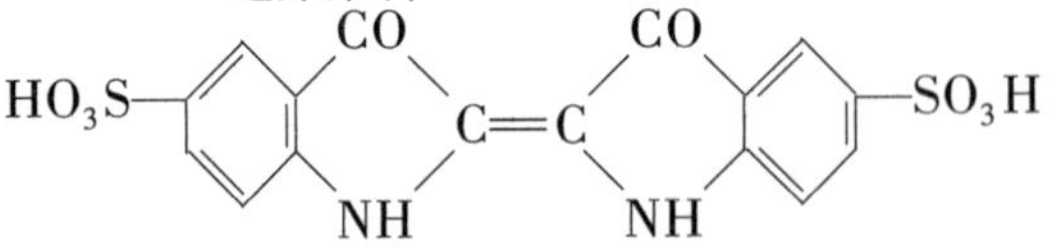

（5,5－靛蓝二磺酸 可溶性酸性染料）

药物中引入磺酸基后易被人体吸收，并可提高水溶性，配制成针剂或口服液，其生理药理作用改变不大，因此医药工业也常用到磺化反应，如

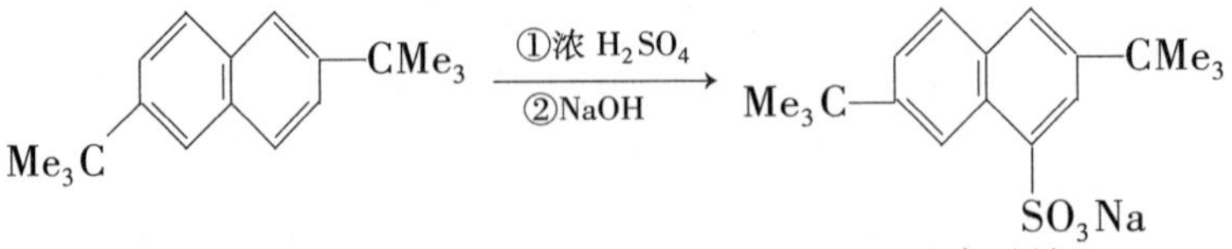

（地布酸钠）

③ 选择性磺化常用来分离异构体。如二甲苯有三个异构体，即邻位体、对位体与间位体，这三者的沸点十分接近（分别为 144.4 ℃、138.3 ℃、139.1 ℃），难以用分馏法分离。如果使它们进行磺化反应，则间位二甲苯最先磺化并溶于水层中，而邻、对位二甲苯便可与间二甲苯分离。

④ 磺酸基可作为导向基进行阻塞占位，根据需要在完成特定反应后再脱掉磺酸基，如

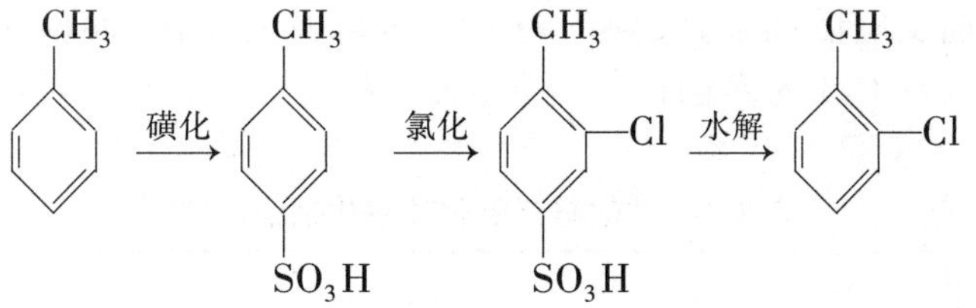

此外，磺化反应还应用于磺酸型离子交换树脂的制备、香料的合成等多种精细化工产品的生产。

院士风采：黄维垣院士（1921.12.15—2015.11.17），我国有机氟化学的奠基人之一。黄维垣早年从事甾体化学和天然产物化学的研究，因国家需要，20世纪50年代末转向有机氟化学和含氟材料的研究，先后研制成功氟油、氟塑料、氟橡胶、含氟表面活性剂及氟碳代血液。1982年发现亚磺化脱卤反应，继而发展了全氟烷基亚磺酸盐和全氟烷基磺酰卤的化学。黄维垣先生一生艰苦奋斗、自主创新、唯实求真、谦虚严谨，为我国有机氟化学的开创与发展做出了重要贡献。他的非凡业绩和高尚品格，为后人树立了光辉的榜样。

3.1 磺化反应的基本原理

3.1.1 磺化剂

工业上常用的磺化剂有硫酸、发烟硫酸、三氧化硫、氯磺酸和亚硫酸盐等。各种磺化剂具有不同的特点，适用于不同的场合。

稀硫酸能用于容易磺化的有机化合物，如

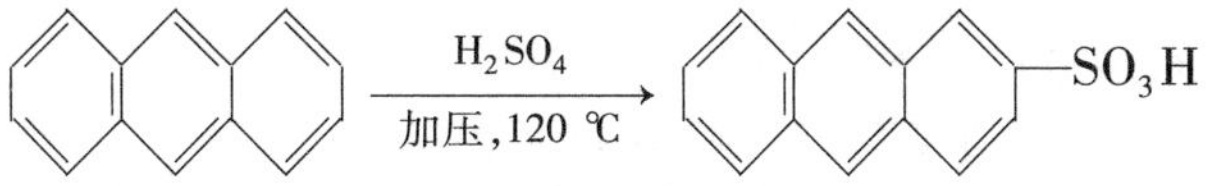

由于稀硫酸磺化反应活性较低、速度慢、转化率低等原因，现已很少使用，而更多地采用浓硫酸、发烟硫酸和三氧化硫进行磺化。

浓硫酸作为磺化剂时，每生成1 mol磺化产物，便会生成1 mol水，这将使硫酸浓度逐渐下降，反应速度减慢。当浓度下降到一定程度后，磺化反应便不能进行，因而往往使用过量的硫酸。这些过量的硫酸在完成磺化反应后要用碱中和，这将耗用大量的碱，同时又使产物中含有大量的硫酸盐杂质。但是，浓硫酸作磺化剂反应温和，副反应少，易于控制，加入的过量硫酸可降低物料的黏度并帮助传热，所以工业上的应用仍很普遍。

三氧化硫作磺化剂时，不生成水，反应速度快，反应活性强，常为瞬间完成的快速反应，而且反应进行得完全，无废酸生成，产物含盐量很低，设备小，投资少，优点十分突出。尽管反应放热量大，物料黏度高，传质较困难，副反应易于发生，物料易分解，但这些不足之处往往可以通过设备的优化、反应条件的控制、适当添加稀释剂等方法有效地予以克服。因此，近年来三氧化硫磺化法越来越受到重视，应用范围不断扩大。硫酸与三氧化硫磺化剂的比较见表3.1。发烟硫酸则介于它们二者之间。

此外，三氧化硫还可与有机碱络合形成新的磺化剂，如SO_3–二噁烷、SO_3–吡啶等。

氯磺酸作磺化剂反应活性较强，副产物 HCl 可以及时排出，使反应易于进行得完全。但由于其价格较贵以及 HCl 的腐蚀性等问题，故工业上应用较少，主要用于制备芳基磺酰氯和 N–磺化反应。

表 3.1　硫酸与三氧化硫磺化剂的比较

项目	H_2SO_4	SO_3
沸点	330 ℃（分解）	44.8 ℃
反应速度	慢	瞬间
反应热	放热少，需加热	强放热，需冷却
副反应	很少	有时较多
废酸	有	无
中和产物含盐量	很高	少量
反应物黏度	低	有时高
在有机卤化物中的溶解度	很低	互溶
适用性	普遍	不断扩大

亚硫酸盐，如亚硫酸钠、亚硫酸氢钠也可用来作为磺化剂，适用于以亲核取代为主的一系列磺化反应。

氯磺化剂–氯气和 SO_2、氧磺化剂–氧气和 SO_2 也可用于引入磺酸基—SO_3H，但工业上仅限于一些难以磺化的饱和烷烃的磺化。

各种常用磺化剂的活性评价和应用见表 3.2 和表 3.3。

表 3.2　各种常用磺化剂的活性评价

试剂	分子式	物理状态	活泼性
三氧化硫	SO_3	液态	高
		气态	极高
发烟硫酸（20%、30%、65%）	$H_2SO_4 \cdot SO_3$	液态	高
氯磺酸	$ClSO_3H$	液态	极高
浓硫酸（96% ~100%）	H_2SO_4	液态	低
二氧化硫和氯气	SO_2+Cl_2	气体混合物	低
二氧化硫和氧气	SO_2+O_2	气体混合物	低
亚硫酸钠	Na_2SO_3	固体	低
亚硫酸氢钠	$NaHSO_3$	固体	低

注：表中的百分数均为质量分数。

表 3.3 各种常用磺化剂的应用

试剂	主要用途	应用范围	备注
三氧化硫(液)	芳香族化合物	很窄	易氧化焦化,需加溶剂
三氧化硫(气)	广泛用于有机化合物	日益增加	需加入空气进行稀释,使其体积分数为 2% ~8%
发烟硫酸	烷基芳烃、洗涤剂和染料	很广	
氯磺酸	醇类、染料、医药	中等	放出 HCl
浓硫酸	芳香族化合物	广泛	
二氧化硫和氯气	饱和烃氯磺化	很窄	需催化、除水
二氧化硫和氧气	饱和烃氧磺化	很窄	需催化
亚硫酸钠	卤代烷	较多	需加水、加热
亚硫酸氢钠	木质素	较多	需加水、加热

3.1.2 磺化反应机理

磺化剂浓硫酸、发烟硫酸以及三氧化硫中可能存在 SO_3、H_2SO_4、$H_2S_2O_7$、HSO_3^+、$H_3SO_4^+$ 等亲电质点,这些亲电质点都可参加磺化反应,但反应活性差别很大。一般认为 SO_3 是主要的磺化质点,在硫酸中则以 $H_2S_2O_7$ 和 $H_3SO_4^+$ 为主。$H_2S_2O_7$ 的活性比 $H_3SO_4^+$ 强,而选择性则是 $H_3SO_4^+$ 较高。

$$SO_3+H_2SO_4 \rightleftharpoons H_2S_2O_7$$
$$H_2S_2O_7+H_2SO_4 \rightleftharpoons H_3SO_4^++HS_2O_7^-$$

1. 芳烃的磺化机理

磺化是芳烃的特征反应之一,它较容易进行,且有如下两步反应历程:

第一步形成 σ-络合物:

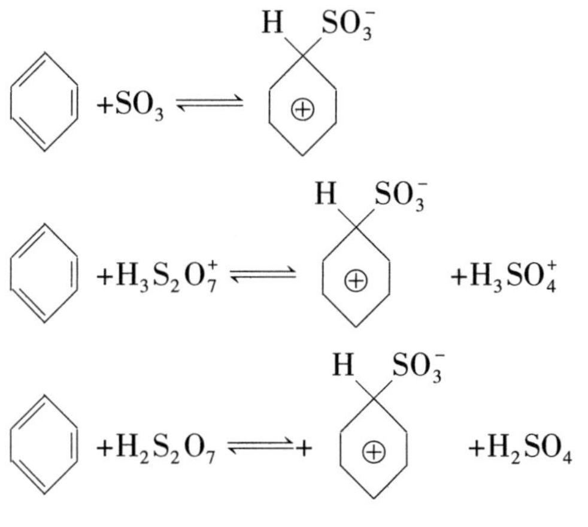

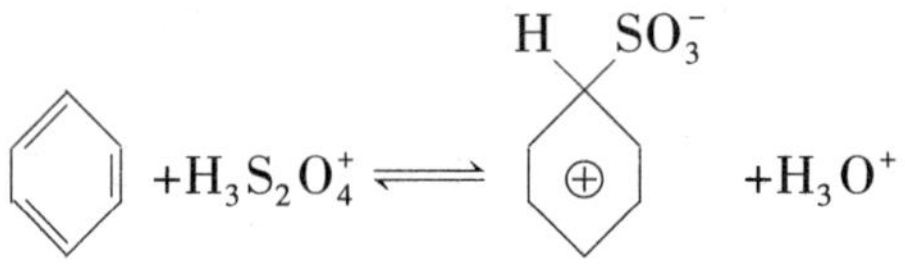

σ-络合物

第二步脱去质子：

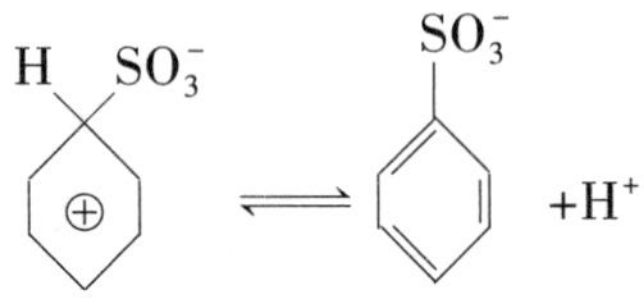

研究证明，用浓硫酸磺化时，脱质子较慢，第二步是整个反应速度的控制步骤。用稀硫酸磺化时，生成 σ-络合物较慢，第一步限制了整个反应的速度。

芳烃的磺化产物芳磺酸在一定温度下于含水的酸性介质中可发生脱磺水解反应，即磺化的逆反应。此时，亲电质点为 H_3O^+，它与带有供电子基的芳磺酸作用，使其磺基水解。

$$ArSO_3H+H_2O \rightleftharpoons ArH+H_2SO_4$$

带有吸电子基的芳磺酸，其磺基不易水解。

磺基不仅可以发生水解反应，且在一定条件下还可以从原来的位置转移到其他热力学更稳定的位置上，这称为磺基的异构化。

磺化—水解—再磺化和磺基异构化的共同作用，使烷基苯等芳烃衍生物最终的磺化产物含有邻、间、对位的各种异构体。而随着温度的变化、磺化剂种类及浓度的不同，各种异构体的比例也不同，尤其是温度对其影响更大。

2. 烯烃的磺化机理

烯烃的磺化属于烯烃的亲电加成反应，α-烯烃用 SO_3 磺化，其产物主要为末端磺化物。亲电体 SO_3 与链烯烃反应生成磺内酯和烯基磺酸等，其反应历程为

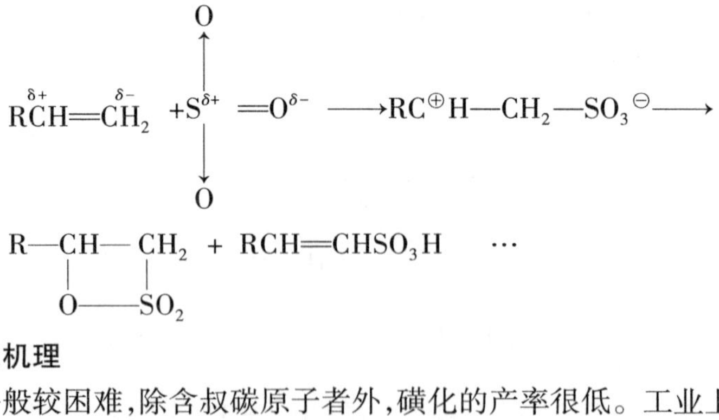

3. 烷烃的磺化机理

烷烃的磺化一般较困难，除含叔碳原子者外，磺化的产率很低。工业上制备链烷烃磺酸的主要方法是氯磺化法和氧磺化法。

烷烃的氯磺化和氧磺化就是在氯或氧的作用下，二氧化硫与烷烃化合的反应，二者均为自由基的链式反应。现以链烷烃为例说明如下：

氯磺化的反应式为

$$RH+SO_2+Cl_2 \longrightarrow RSO_2Cl+HCl$$

$$RSO_2Cl+2NaOH \longrightarrow RSO_3Na+H_2O+NaCl$$

自由基反应首先需要供给反应物能量,以激发产生自由基,同时开始链反应。氯磺化常用紫外光作激发剂,使氯变成氯自由基,即

$$Cl_2 \xrightarrow{\text{光能}} 2Cl\cdot$$

Cl·夺取烷烃的氢,得到自由基R·,即

$$RH+Cl\cdot \longrightarrow R\cdot +HCl$$

R·再进行一系列的链传递和链终止反应,即

$$R\cdot +SO_2 \longrightarrow RSO_2\cdot$$

$$RSO_2\cdot +Cl_2 \longrightarrow RSO_2Cl+Cl\cdot$$

$$Cl\cdot +Cl\cdot \longrightarrow Cl_2$$

$$RSO_2\cdot +Cl\cdot \longrightarrow RSO_2Cl$$

烷基自由基R·与SO_2的反应比它与氯的反应约快100倍,从而可以很容易地生成烷基磺酰自由基,避免生成烷烃的卤化物。烷基磺酰氯经水解便得到烷基磺酸盐。

烷烃的氧磺化也是在紫外光照射下激发的自由基反应,如

$$RH \xrightarrow{\text{光能}} R\cdot +H\cdot$$

$$R\cdot +SO_2 \longrightarrow RSO_2\cdot$$

$$RSO_2\cdot +O_2 \longrightarrow RSO_2OO\cdot$$

$$RSO_2OO\cdot +RH \longrightarrow RSO_2OOH+R\cdot$$

生成的过氧化烷基磺酸与二氧化硫和水反应生成烷基磺酸,即

$$RSO_2OOH+SO_2+H_2O \longrightarrow RSO_3H+H_2SO_4$$

应当指出,这样制得的烷基磺酸绝大部分是仲碳磺酸,因为仲碳原子上的氢比伯碳原子上的氢活泼约2倍。低碳烷烃的氧磺化是一个催化反应,一旦自由基链反应开始后无须再提供激发剂。高碳烷烃的氧磺化需要不断提供激发剂,工业上常加入醋酐使反应得以连续进行。

3.1.3 磺化反应的影响因素

影响磺化反应的因素很多,现只择其主要者加以说明。

1. 被磺化物的性质

被磺化物的结构、性质,对磺化的难易程度有着很大影响。例如,饱和烷烃的磺化较芳烃的磺化困难得多,而芳烃结构上存在供电子基时,磺化反应较易进行;若存在吸电子基,则磺化比较困难。苯及其衍生物用SO_3磺化时,其反应速度的大小顺序为

苯>氯苯>溴苯>对硝基苯甲醚>间二氯苯>对硝基甲苯>硝基苯

芳烃环上已有取代基时,其体积的大小也影响着磺化速度。环上已有取代基的体积越大,磺化速度越慢。例如,烷基苯用硫酸磺化的速度大小顺序为

邻二甲苯>乙苯>异丙苯>叔丁苯

这是因为磺基的体积较大,如果环上已有的取代基体积也较大时,占据了有效空间,则磺酸基便难以进入。

2. 反应温度和时间

在工业上,要提高生产效率,则需要缩短反应时间,同时又要保证产品质量和产率。磺

化反应的温度每增 10 ℃,反应时间缩短为原来的约 1/3。但在升温的同时,副反应也增多,产品质量将会下降。所以,除个别情况采用高温和短时的方案外,大多数情况下均采用较低温度和较长的反应时间。这样,反应产物纯度较高,色泽较浅,也能保证产率。

温度除对反应速度有影响外,还会影响磺酸基的引入位置。如甲苯用浓硫酸磺化时,温度对各种异构体的产率有影响,详见表 3.4。

表 3.4　温度对甲苯磺化异构体质量分数的影响　　%

磺化产物	w(异构磺酸)					
	35 ℃	75 ℃	100 ℃	150 ℃	175 ℃	190 ℃
邻甲苯磺酸	31.9	20.0	13.3	7.8	6.7	6.8
间甲苯磺酸	6.1	7.9	8.0	8.9	19.9	33.7
对甲苯磺酸	62.0	72.1	78.7	83.2	70.7	56.2

又如萘磺化时,温度对磺化产物的比例亦有影响,如表 3.5 所示。

表 3.5　温度对萘磺酸异构体质量分数的影响

温度/℃	80	90	100	110.5	124	138.5	161 ℃
w(α-异物体)/%	96.5	90.0	83.0	72.6	52.4	28.4	18.4
w(β-异物体)/%	3.5	10.0	17.0	27.4	47.6	71.6	81.6

由表 3.5 可见,低温有利于磺酸基进入 α 位,高温则有利于磺酸基进入 β 位。

当要求产物含有一定比例的二磺酸时,温度将起重要作用。如工业上用发烟硫酸磺化 4-氨基偶氮苯时,0 ℃反应 36 h,只有一磺化产物;10 ~ 20 ℃反应 24 h,一、二磺化产物各占一半;19 ~ 30 ℃反应 12 h,全部生成二磺化产物。

以上均说明,温度对磺化的影响很大。另外还有一些例子说明,温度和时间对产物的定位影响很小,如蒽醌同系物等。

3. 磺化催化剂和磺化助剂

加入磺化催化剂或其他助剂,往往对反应产生明显的影响,其表现有如下几个方面。

(1)影响取代位置

在许多芳烃的磺化反应中,加入汞催化剂可起到改变定位的作用,例如

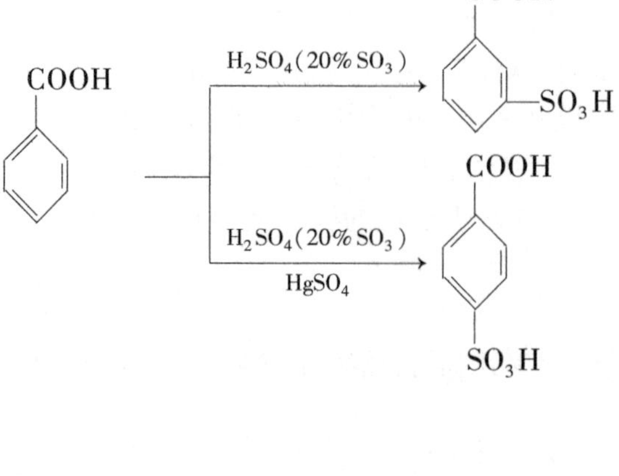

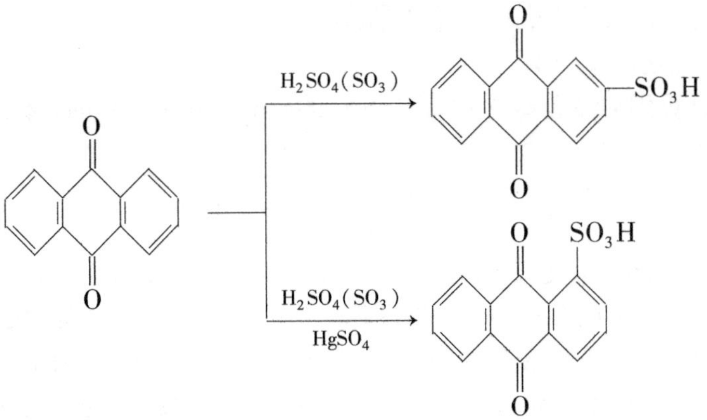

在蒽醌的发烟硫酸磺化中，有汞时几乎完全生成 α-磺酸盐，无汞时则只能生成 β-磺酸盐。除了汞催化剂外，钯、铊、铑、五氧化二矾等也有类似的作用。

(2)抑制副反应

芳烃如苯、甲苯、二甲苯等在用 SO_3 或其他强磺化剂磺化时，或者浓度和温度较高时，极易生成砜等副产物。加入醋酸可抑制砜的生成，硫酸钠和苯磺酸钠也有同样作用。在羟基蒽醌的磺化中往往加入硼酸，使其与游离酚的羟基反应形成硼酸酯，以阻止氧化副反应的发生。

(3)促使反应进行

加入催化剂能使反应速度加快，反应产率提高，反应条件变得温和，有时甚至能使一些难以进行的反应得以顺利进行。例如，用 SO_3 或发烟硫酸磺化吡啶时，加入少量汞，可使产率从50%提高到71%。在2-氯苯甲醛与亚硫酸的反应中，加入铜盐，可使不甚活泼的芳基上的氯原子易于发生取代反应而生成磺酸盐。在氯磺化和氧磺化这类自由基链反应中，也要加入一些催化剂，如光催化剂、过氧化物等来引发自由基的生成。

3.2 磺化方法

3.2.1 硫酸磺化法

采用硫酸或发烟硫酸作为磺化剂，所需硫酸的最低浓度称为临界浓度，即废酸的浓度，并用 w 表示。当硫酸浓度低于 w 值时，磺化反应不能进行。临界浓度 w 值常用含三氧化硫的质量分数表示。对于不同的被磺化物，磺化的 w 值不同，易磺化者 w 值较小，难磺化者 w 值较大。例如，苯磺化的 w 值等于66.4，甲苯磺化的 w 值等于65.8，而硝基苯磺化的 w 值为81.6，此值已接近100%的 H_2SO_4 浓度，故硝基苯只能用发烟硫酸才能磺化。

当磺化剂硫酸的浓度确定后，可按下式求得硫酸的用量：

$$X=\frac{80(100-w)n}{w'-w}\times M$$

式中 X——磺化剂硫酸的用量(kg)；

w——磺化的临界浓度(SO_3 的质量分数)；

n——引入磺酸基的个数；

w'——磺化剂硫酸的浓度(SO_3 的质量分数);

M——被磺化物的量($\times 10^3$ mol)。

〔实例〕 试计算用质量分数为81.6% SO_3 的硫酸磺化 2×10^3 mol 苯,以制备苯磺酸,需要硫酸的用量为多少。

〔解〕

$$X=\frac{80(100-66.4)\times 1}{81.6-66.4}\times 2=353.68\ \text{kg}$$

由上式可见,当硫酸浓度越大时,磺化剂用量 X 越小,这表明使用高浓度的酸可节省酸的用量。只要不引发过多的副反应,一般均倾向于使用高浓度的过量的酸。让酸过量的重要原因还在于反应生成的水对酸有稀释作用,因为不断反应不断稀释的结果,必然使酸的浓度降低到 w 值,反应也随之中断。为了保持酸的浓度,节省酸的用量,还常常采用脱水的方法除去反应生成的水。

(1)物理脱水法

向反应体系通入过量的被磺化物,可不断带走生成的水。如苯及甲苯磺化,用过量的苯与水共沸蒸出生成的水;或者利用高温直接蒸出水分。当 β-萘磺酸在 160 ~ 165 ℃高温下进行制备时,由于高温不断蒸除生成的水,仅需加入过量质量分数为 40% 的酸,否则需加入过量几倍的酸。

(2)化学脱水法

将 BF_3、$SOCl_2$ 等能与水作用生成气体的物质加入磺化物中,从而排出水分,如

$$H_2O+SOCl_2 \longrightarrow 2HCl+SO_2\uparrow$$

但化学脱水法费用昂贵,仅用于实验室磺化反应中,而未见用于工业生产。

磺化剂硫酸或发烟硫酸随着浓度的改变,其熔点变化很大,其他物理性质也有变化。工业上通常将发烟硫酸制成质量分数为 20% ~25%、60% ~65% 两种浓度,因为这两种浓度的发烟硫酸具有最低熔点,便于贮存、运输和使用。

过量硫酸或发烟硫酸磺化法的应用很广。在操作上,为防止生成的二磺酸过多,一般采用向被磺化物中缓慢加入磺化剂的方法。对于固体原料,可在低温下与磺化剂混合,再慢慢升温反应,但此法产生的废酸废渣较多,且生产能力较小。

3.2.2 三氧化硫磺化法

三氧化硫活性大,反应能力强,且不生成水,不需过量太多,加入量接近理论量即可进行磺化反应。因而其越来越受到重视,应用日益增多。

三氧化硫在室温下很容易聚合,常见的聚合形式有三种,它们的形态、性能各不相同,详见表3.6。

其中最简单的是 γ 型三聚体,市场上的三氧化硫均以此种形式出售。只有 γ 型可作为磺化剂使用。当 γ 型三聚三氧化硫暴露于有水的环境中,即使只有微量水蒸气,也会转变成 β 型或 α 型。为了避免这种进一步的聚合,需加入稳定剂。一般加入 0.1% 的硼、磷或硫的衍生物,如硼酐、二苯砜、硫酸二甲酯等,这样便可增加 γ 型三聚三氧化硫的稳定性。

三氧化硫作为磺化剂有三种应用形式:一是直接用液态 SO_3;二是直接用气态 SO_3;三是由液态 SO_3 蒸发得到气态 SO_3 或用发烟硫酸加热蒸发出 SO_3。

表3.6　三氧化硫的性质

聚合形式	结构	形态	熔点/℃	蒸气压/kPa		
				23.9 ℃	51.7 ℃	79.4 ℃
γ型	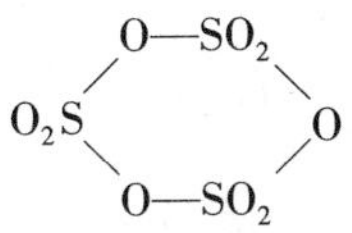	液态	16.8	190.3	908.0	3 280.6
β型	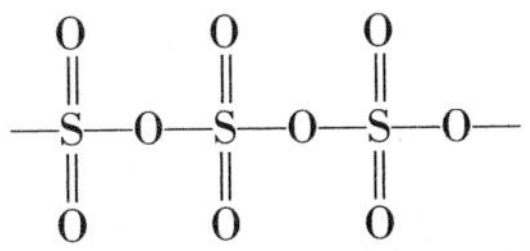	丝状纤维	32.5	166.2	908.0	3 280.6
α型	与β型相似,但包含层与层的连接键	针状纤维	62.3	62.0	699.1	3 280.6

由于三氧化硫具有强氧化性,故要特别注意控制温度等工艺条件,防止爆炸事故发生。同时,要防止多磺化、氧化、焦化等副反应发生。工业上往往不用纯的 SO_3,而是适当加入稀释剂,以使反应趋于缓和。一般可用干燥空气、氮气、SO_2 气体稀释气体 SO_3;可用液体 SO_2 和四氯乙烯、四氯化碳和三氯氟甲烷等低沸点卤代烃稀释液体 SO_3。

3.2.3　氯磺酸磺化法

氯磺酸 $ClSO_3H$ 是一种液体,沸点为 152 ℃,易溶于氯仿、四氯化碳、硝基苯和液态 SO_2 中。氯磺酸可由 SO_3 和 HCl 直接反应制备,沸腾时离解成 SO_3 和 HCl,与有机物反应时,引入 SO_3 的同时放出 HCl,因而其分子式写成 SO_3HCl 更确切些。它主要用来制备芳香族磺酸或磺酰氯、醇的硫酸酯和氨基磺酸盐。

氯磺酸为一种强酸,是很好的磺化剂。与有机化合物反应时,视其用量大小可生成磺酸或磺酰氯。如采用等量或稍过量的氯磺酸磺化芳烃,则生成芳磺酸。

$$ArH+ClSO_3H \longrightarrow ArSO_3H+HCl$$

采用过量很多的氯磺酸(如1∶4~5)磺化芳烃则生成芳磺酰氯。

$$ArH+ClSO_3H \longrightarrow ArSO_3H+HCl$$

$$ArSO_3H+ClSO_3H \rightleftharpoons ArSO_2Cl+H_2SO_4$$

用氯磺酸制备苯磺酰氯,还常加入氯化钠,使其与生成的硫酸反应,转变成硫酸氢钠和氯化氢,上述可逆反应将向右移动,生成更多芳磺酰氯,大大提高了产率。

用氯磺酸作磺化剂时,一般采用分批加料的方法将有机物缓慢地加入氯磺酸中,然后消化一段时间,最后反应物放入冰水中,分离不溶于水的磺酰氯,或用其他方法分离异构体。若反过来加料,将氯磺酸加入有机物中,会产生更多的副产物砜。对于固体有机化合物,加入氯仿等溶剂更为方便。

氯磺酸的磺化能力很强,仅次于三氧化硫,为了使反应均匀,有时要加入硝基苯、邻硝基乙苯、邻二氯苯或二氯乙烷、四氯乙烷、四氯乙烯等作稀释剂。例如

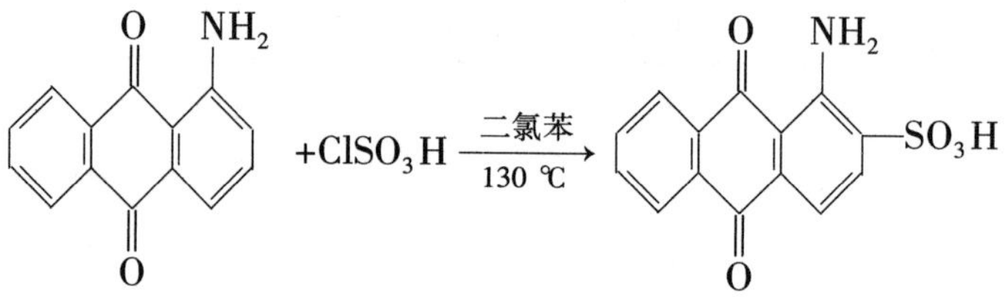

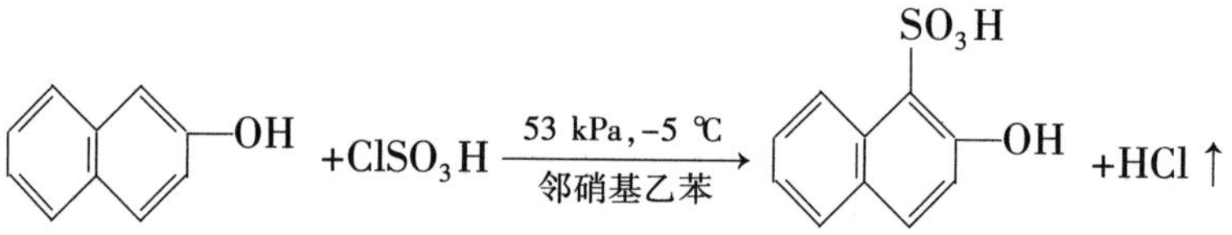

3.2.4 氯磺化法和氧磺化法

氯磺化和氧磺化的化学反应十分相似，都是自由基链反应。

氯磺化常常用光作为自由基的引发剂，主要副反应是氯化和多磺化。为了减少副反应，工业上采取低转化率(50% ~70%)、SO_2 过量(SO_3 : Cl_2 的用量比为 3 : 1)的方法加以控制，未反应的有机物需再循环。反应中生成的 HCl 有强腐蚀性，故对设备要求较高。此法多应用于要求引入磺酰氯基的产品和难磺化的饱和烷烃的磺化。

氧磺化常常加入醋酐参与反应，即

$$RH+SO_2+O_2+(CH_3CO)_2O \longrightarrow RSO_2OOCOCH_3+CH_3COOH$$

$$RSO_2OOCOCH_3+SO_2+2H_2O \longrightarrow RSO_3H+CH_3COOH+H_2SO_4$$

反应生成的醋酸可再制成醋酐，循环使用，硫酸也可回收。

3.2.5 亚硫酸盐磺化法

Na_2SO_3、K_2SO_3、$(NH_4)_2SO_3$ 和 $NaHSO_3$ 在一定条件下与含有活泼卤原子的有机化合物反应，—SO_3Na 置换卤原子可生成磺酸盐。例如

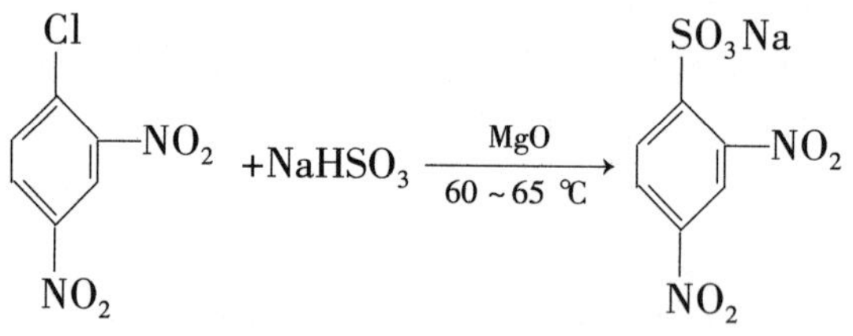

此类反应在表面活性剂和染料中间体合成中常有应用。

一些不易由亲电取代制得的硝基化合物磺酸盐，可通过—SO_3^- 置换而容易地得到。例如

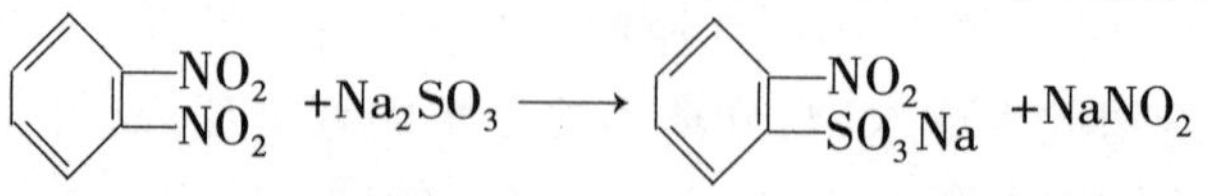

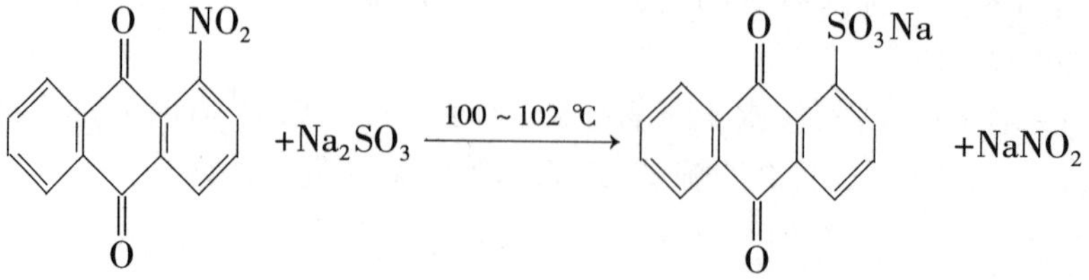

芳香族硝基化合物中，不同位置的—NO_2 被—SO_3Na 置换的速度不同，利用这一性质可以分离异构体，如二硝基苯和三硝基苯(TNT)的精制均可采用此法。

芳香族硝基化合物与 $NaHSO_3$ 反应，可同时发生还原和磺化。例如

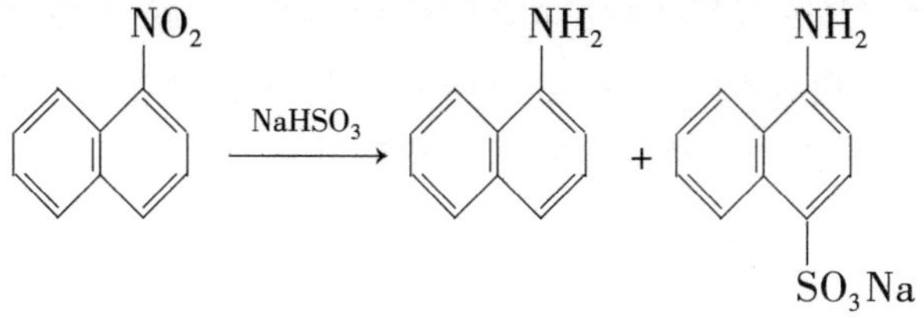

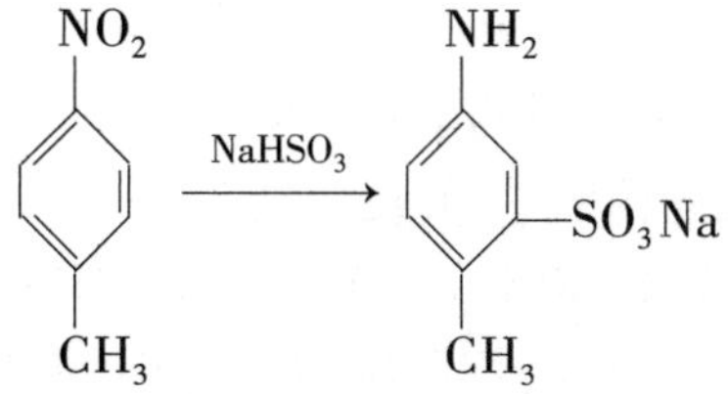

这些反应的产物多为染料中间体。

在操作上，大多数亚硫酸盐反应是把反应剂混合在水或水-乙醇溶液中进行，必要时再加热。

3.2.6　烘焙磺化法

一些芳香族伯胺的酸式硫酸盐在高温下烘焙，便生成氨基磺酸。例如

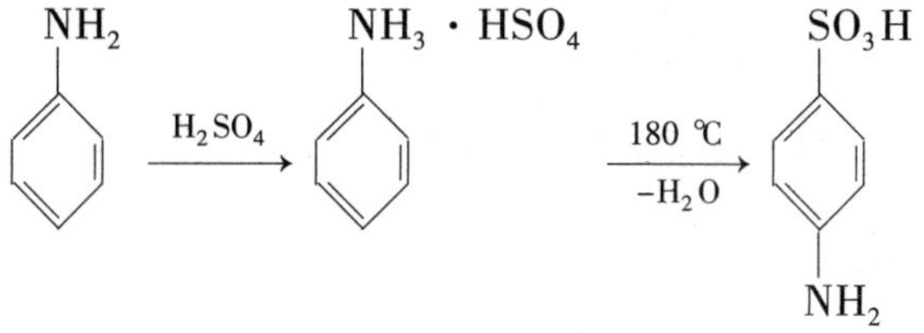

—SO_3H 主要引入氨基的对位；如对位已被占据，则引入邻位。例如

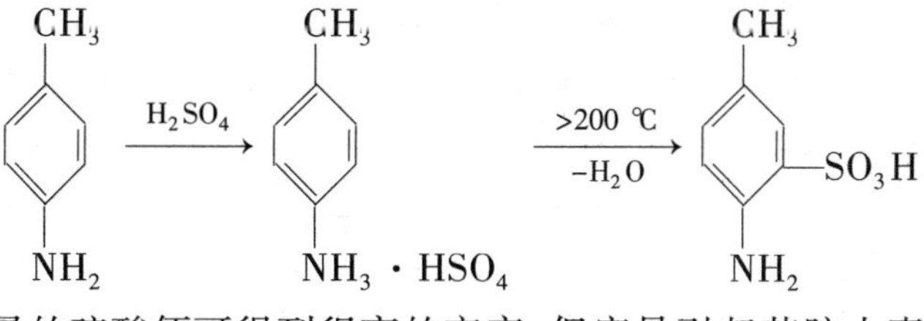

该法仅用理论量的硫酸便可得到很高的产率，但容易引起苯胺中毒，且操作不便，故目前已多改为有机溶剂脱水。如用邻氯甲苯、二氯乙烷等溶剂作为惰性共沸剂，可以迅速连续地在较低温度下脱除水分。

思考题：设计甜味剂甜蜜素 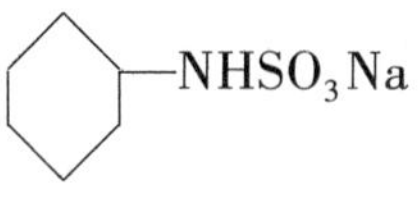 的合成方法有哪些？

3.3　磺化产物的分离方法

磺化产物的后处理有两种情况：一种是磺化后不分离出磺酸，接着进行硝化和氯化等反

应;另一种是需要分离出磺酸或磺酸盐,再加以利用。磺化物的分离可以利用磺酸或磺酸盐溶解度的不同来完成,分离方法主要有以下几种。

3.3.1 稀释酸析法

某些芳磺酸在质量分数为50% ~80%的硫酸中的溶解度很小,磺化结束后,将磺化液加入水适当稀释,磺酸即可析出。例如,对硝基邻氯苯磺酸、对硝基邻甲苯磺酸、1,5-蒽醌二磺酸等可用此法分离。

3.3.2 直接盐析法

利用磺酸盐的不同溶解度向稀释后的磺化物中直接加入食盐、氯化钾或硫酸钠,可以使某些磺酸盐析出,可以分离不同异构磺酸,其反应式为

$$ArSO_3H+KCl \rightleftharpoons ArSO_3K\downarrow +HCl\uparrow$$

例如,2-萘酚的磺化制2-萘酚-6,8-二磺酸(G酸)时,向稀释的磺化物中加入氯化钾溶液,G酸即以钾盐的形式析出,称为G盐。过滤后的母液中再加入食盐,副产的2-萘酚-3,6-二磺酸(R酸)即以钠盐的形式析出,称为R盐。有时也加入氨水,使其以铵盐形式析出。

3.3.3 中和盐析法

为了减少母液对设备的腐蚀性,常常采用中和盐析法。稀释后的磺化物用氢氧化钠、碳酸钠、亚硫酸钠、氨水或氧化镁进行中和,利用中和时生成的硫酸钠、硫酸镁、硫酸铵可使磺酸以钠盐、镁盐或铵盐的形式盐析出来。

$$2ArSO_3H+Na_2SO_3 \xrightarrow{\text{中和}} 2ArSO_3Na+H_2O+SO_2\uparrow$$

3.3.4 脱硫酸钙法

为了减少磺酸盐中的无机盐,某些磺酸,特别是多磺酸,不能用盐析法将它们很好地分离出来,这时需要采用脱硫酸钙法。磺化物在稀释后用氢氧化钙的悬浮液进行中和,生成的磺酸钙能溶于水,用过滤法除去硫酸钙沉淀后,得到不含无机盐的磺酸钙溶液。将此溶液再用碳酸钠溶液处理,使磺酸钙盐转变为钠盐,再过滤除去碳酸钙沉淀,就得到不含无机盐的磺酸钠盐溶液。它们可以直接用于下一步合成,或是蒸发浓缩成磺酸钠盐固体。例如二-(1-萘基)甲烷-2,2-二磺酸钠(扩散剂NNO)的制备就是采用此法处理的。

脱硫酸钙法操作复杂,还有大量硫酸钙滤饼需要处理,因此在生产上应尽量避免采用。

3.3.5 萃取分离法

除了上述四种方法以外,近年来为了减少"三废",提出了萃取分离法。例如将萘高温磺化、稀释水解除去α-萘磺酸后的溶液,用叔胺(例如N,N-二苄基十二胺)的甲苯溶液萃取,叔胺与β-萘磺酸形成络合物被萃取到甲苯层中,分出有机层,用碱液中和,磺酸即转入水层,蒸发至干,即得到β-萘磺酸钠,纯度可达86.8%,产率可达97% ~99%。叔胺可回收再用。这种分离方法为芳磺酸的分离和废酸的回收开辟了新途径。

思考题:如何以甲苯为原料制备较纯的邻氯甲苯?

3.4 反应实例

1. 十二烷基苯磺酸钠的制备

十二烷基苯磺酸钠,作为表面活性剂的重要品种、合成洗涤剂的主要活性成分,其生产规模很大。从前以发烟硫酸磺化为主,但随着三氧化硫磺化的各种优越性逐渐为人们所认识以及工艺技术不断开发完善,它已成为生产高质量烷基苯磺酸钠的主要手段。

三氧化硫磺化十二烷基苯,可采用液态三氧化硫经液态二氧化硫稀释,或用己烷、二氯己烷等其他溶剂稀释的方法,得到质量很好的磺化产物。但因生产能力很低,又要回收大量稀释剂,所以并未形成工业化生产规模。目前工业上以气态三氧化硫磺化工艺应用最多,所有新建的生产车间均已用其代替旧工艺。预计除苯、甲苯、二甲苯、异丙苯等低分子烷基苯的磺化仍可沿用硫酸作磺化剂,以及共沸除水的老工艺外,苯系衍生物的磺化将主要以气态三氧化硫为磺化剂。此外,α-烯烃磺酸盐、高级醇硫酸酯盐、脂肪醇醚硫酸盐等产品的制备,也可采用类似的工艺与设备来完成。

气态三氧化硫磺化十二烷基苯具有如下几方面的特点:

① 反应属于气-液非均相反应,反应速度快,瞬间即可完成;而扩散速度慢,常以扩散速度控制整个反应速度。

② 反应为强烈放热反应,每千克烷基苯放热 711.75 kJ,大部分热量在反应初期放出。控制反应速度,快速移走热量是生产的关键。

③ 反应系统黏度急剧增加。烷基苯在 50 ℃时,黏度为 1×10^{-3} Pa · s,而磺化产物的黏度为 1.2 Pa · s,黏度增加使传质传热困难,容易产生局部过热,加剧过磺化等副反应。

④ 副反应极易发生。过程中的反应时间、SO_3 用量等因素如控制不当,将产生许多副产物,主要为砜、砜酐、多磺酸、苯环和烷基链的氧化产物。SO_3 要用空气稀释才可使用。

基于以上分析来考虑磺化反应器的设计和磺化工艺,便产生了很多不同类型、各具特点的磺化装置。最初采用间歇式操作,但易产生局部过热,产品质量不稳定,生产能力小,20世纪60年代起它逐步被连续式操作所代替。连续法中,按磺化反应器的结构不同,可分为有搅拌多釜串联式(罐组式)和无搅拌膜式两种工艺类型。

有搅拌多釜串联式连续磺化工艺的串联釜数一般为 2 ~ 5 个,液态烃由第一釜逐次溢流到下一釜,气态 SO_3 和空气由各釜底部经分配器分配通入釜内。物料在第一釜内黏度最低,传热传质容易,此时通入 SO_3 的量最大,大部分反应在第一釜中完成,以后各釜将依次减少通入量。温度和停留时间的控制分釜进行,一般要依次提高温度,减少停留时间。

膜式连续磺化工艺过程中所用的膜式反应器有多种结构形式,可归纳为双膜式和单膜式两大类。双膜式的主体由两个同心圆筒构成,两圆筒环隙中通入 SO_3 和空气,与外筒内壁、内筒外壁上的两层有机物料膜接触并开始反应。单膜式反应器的主体由多个圆管组成,有机物料通过分配器在管内壁上形成单层液膜,三氧化硫与空气由管中间通过。有的装置还增加了二次风,即在三氧化硫与有机物液膜之间通入一层空气流,磺化剂要穿过空气层才能与液膜接触,以延缓三氧化硫与有机物的接触和反应时间。这样可以有效地降低反应管内的高峰温度,减少产品着色和副反应发生。

此外，还有将多釜式和膜式相结合的联合装置和冲击-喷射式磺化反应装置等。

2. 磺化油 DAH 的制备

$$CH_3(CH_2)_7CH{=\!=}CH(CH_2)_7COOH+C_4H_9OH \xrightarrow[\text{回流}]{H_2SO_4}$$

$$CH_3(CH_2)_7CH{=\!=}CH(CH_2)_7COOC_4H_9 \xrightarrow[0\sim5\ ℃]{H_2SO_4} CH_3(CH_2)_7\underset{\displaystyle OSO_3H}{\underset{|}{C}}H(CH_2)_8COOC_4H_9$$

在反应器中加入蓖麻油、丁醇和浓硫酸，搅拌、加热升温至 90 ℃，保温 8 h，静置 12 h，分出下层甘油。将得到的蓖麻油酸丁酯加入磺化反应釜中，搅拌冷却至 0～5 ℃，加入 98% 浓硫酸，搅拌 1 h。将得到的磺化物用三乙醇胺中和，pH 控制在 7～7.5 范围内，温度不超过 45 ℃，得到产品。

本品为一种阴离子型表面活性剂，具有润湿、乳化、分散、润滑等作用，广泛应用于纺织、制革、造纸、金属加工等工业，也可用作农药乳化剂。

习　　题

完成下列反应。

1. 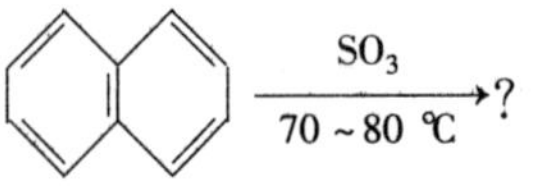

2. 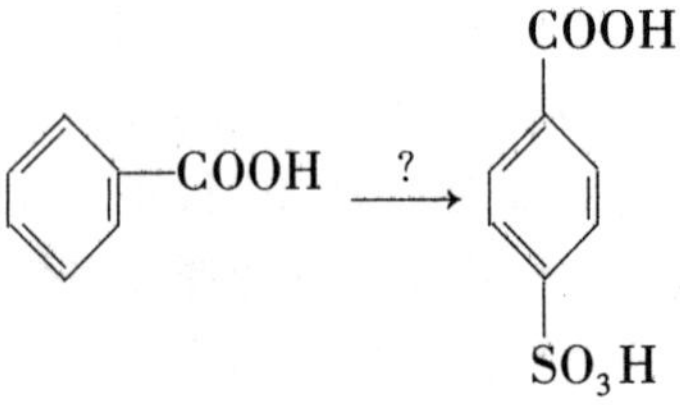

3. 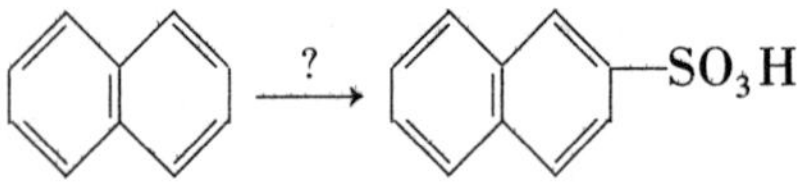

4. 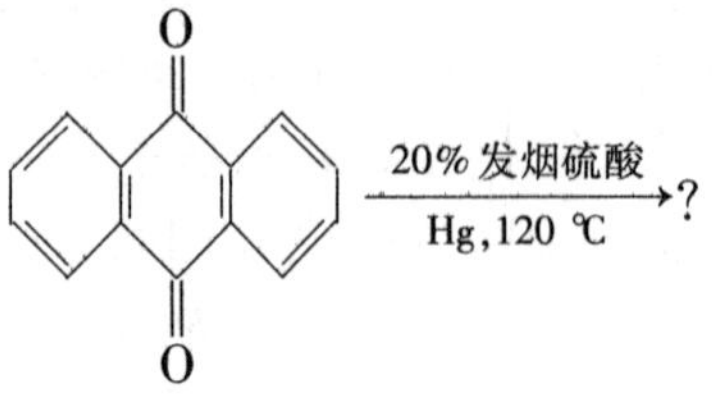

5. 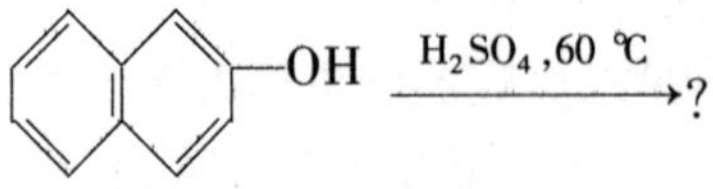

6. 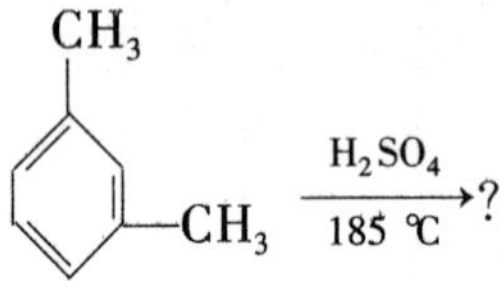

习题答案请扫码查看

7. 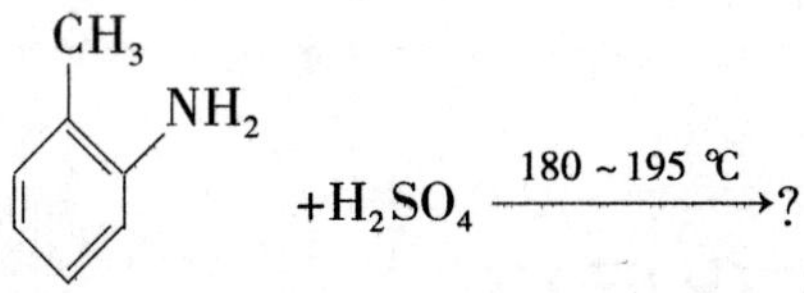

8. 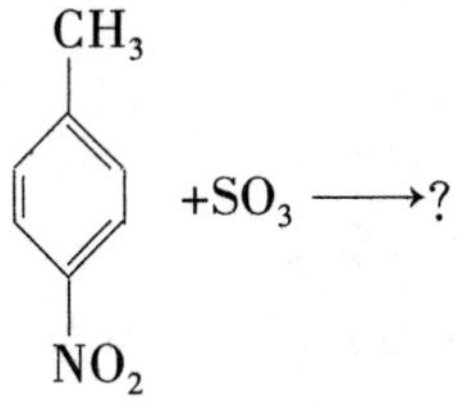

第 4 章　烷基化反应

把烃基引入有机化合物分子中的 C、N、O 等原子上的反应称为烷基化反应，也可简称为烷化。所引入的烃基可以是烷基、烯基、芳基等，其中引入烷基最为重要。如果将烷化的定义范围再扩大，还应包括引入氯甲基、羟甲基、羧甲基、氯乙基等基团的反应。本章主要讨论芳环、氨基上的氢被烷基取代的烷基化反应技术。

烷基化在有机合成中是非常重要的一类反应，其应用广泛，合成的产品很多。如通过烷基化合成的醚类、烷基胺类是重要的有机合成中间体，尤其重要的是芳环上引入烃基的 Friedel-Crafts 反应所生成的苯乙烯、乙苯、异丙苯、十二烷基苯等烃基苯，是塑料、医药、溶剂、合成洗涤剂等的重要原料。有些烷基化产物本身就是医药、染料、香料、催化剂、表面活性剂等功能性产品。此外，某些药物、染料等精细化工产品可通过引入烷基提高产品的油溶性。

4.1　C-烷基化反应

4.1.1　芳环上的 C-烷基化反应

C-烷基化是在催化剂作用下在芳环上引入烷基制备侧链芳烃的过程，该反应称为 Friedel-Crafts 烷基化反应。

1. 烷基化剂

C-烷基化反应常用的烷基化剂有卤烷、烯烃和醇类，有时也用醛、酮、环烷烃等。

卤烷是常用的烷基化剂。不同的卤素原子以及烷基的结构不同时，卤烷的反应活性也不同。当卤烷中的卤素相同，而烷基不同时，其反应活性顺序为

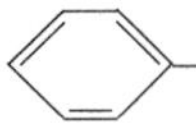

$$—CH_2X>R_3CX>R_2CHX>RCH_2X>CH_3X$$

可见氯化苄的反应活性最大，只需用少量不活泼的催化剂，如氯化锌，甚至用铝、锌即可与芳环发生烷基化反应。氯甲烷因活性最低，必须用大量的氯化铝，经加热才能和芳环发生烷基化反应。此外，应该注意，不能用卤代芳烃如氯苯或溴苯来代替卤烷，因为连接在芳环上的卤素反应活性较低，不能进行烷基化反应。

烯烃是另一类常用的烷基化剂。由于烯烃是各类烷基化剂中最便宜的，也是石油工业可以大量提供的原料，故广泛应用于工业上的芳烃、芳胺和酚类的 C-烷基化。常用的烯烃有乙烯、丙烯和长链 α-1 烯烃，用以大规模制取乙苯、异丙苯和高级烷基苯。

醇、醛和酮都是反应能力较弱的烷基化剂，它们只适用于活泼芳香族衍生物的烷基化反应。醛和酮常用于合成二芳基或三芳基甲烷衍生物。

2. 催化剂

C-烷基化反应是在催化剂存在下进行的。能作为此类反应的催化剂种类很多。通常工业上使用的有两大类：一类是 Lewis 酸，主要是金属的卤化物，其中最常用的是三氯化铝；另一类是质子酸，其中最主要的是氢氟酸、硫酸和磷酸。此外，还有一些其他类型的催化剂，如酸性氧化物、有机铝化合物、硅烷等。

无水三氯化铝是各种 Fiedel-Crafts 反应中使用最广泛的催化剂。它由金属铝或氧化铝和焦炭在定温下与氯气作用而制得，一般制成粉状或小颗粒状。无水三氯化铝具有很强的吸水性，遇水会立即分解，放出氯化氢和大量的热，严重时甚至会引起爆炸；与空气接触也会吸潮水解，并放出氯化氢，同时结块并失去活性。

$$AlCl_3+H_2O \longrightarrow AlCl_2(OH)+HCl$$

因此，无水三氯化铝应装在隔绝空气和耐腐蚀的密闭容器中，使用时也要注意保持干燥，并要求其他原料和溶剂以及反应器都是干燥无水的。

无水氟化氢的催化活性很高，常温就可以使烯烃与苯反应。氟化氢的沸点为 19.5 ℃，与有机物的互溶性较差，所以烷基化时需要注意扩大相与相之间的接触面；反应后氟化氢可以与有机物分层而回收，残留在有机物中的氟化氢可以加热蒸出，这样氟化氢可循环利用，消耗损失较少。采用氟化氢作催化剂，不易引起副反应。当使用其他催化剂有副反应时，改用氟化氢是较好的。氟化氢遇水后具有强腐蚀性，且其价格较贵，因而限制了它的应用，目前在工业上主要用于十二烷基苯的制备。

以烯烃、醇、醛和酮为烷基化剂时广泛使用硫酸作催化剂。在用硫酸作催化剂时，必须注意选择适宜的硫酸浓度。因为当使用不同的硫酸浓度时，可能会发生芳烃的磺化、烷化剂的聚合、酯化、脱水和氧化等副反应。

磷酸是较缓和的催化剂。正磷酸的熔点为 42.3 ℃，在高温时能脱水变为焦磷酸。

$$2H_3PO_4 \rightleftharpoons H_4P_2O_7+H_2O$$

工业上使用的磷酸催化剂多是将磷酸沉积在硅藻土、硅胶或沸石载体上的固体磷酸催化剂，常用于烯烃的气相催化烷基化。

3. C-烷基化反应历程

用各种烷基化剂进行 C-烷基化反应都属于芳香族亲电取代反应历程。工业上最常用的烷基化剂是烯烃和卤烷，其次是醇、醛和酮。催化剂的作用是使烷化剂极化成活泼的亲电质点，这种亲电质点进攻芳环生成 σ-络合物，再脱去质子而变成最终产物。

(1)用烯烃烷基化的反应历程

烯烃用质子酸催化时，质子首先加到烯烃分子上形成活泼质点碳正离子

$$R—CH═CH_2 + HF \rightleftharpoons R\,C^{\oplus}H—CH_3+F^{\ominus}$$

用三氯化铝作催化剂时，还必须有少量氯化氢催化剂催化。$AlCl_3$ 能与 HCl 作用生成络合物，该络合物又能与烯烃反应而形成活泼的亲电质点碳正离子。

$$HCl+AlCl_3 \longrightarrow H^{\delta+}\cdots\overset{\delta-}{Cl}\cdot AlCl_3$$

$$RCH═CH_2 + H^{\delta+}\cdots\overset{\delta-}{Cl}\cdot AlCl_3 \rightleftharpoons R\,C^{\oplus}H—CH_3AlCl_4^{\ominus}$$

形成的活泼质点碳正离子紧接着与芳烃形成 σ-络合物，进一步脱去质子生成烷化物。

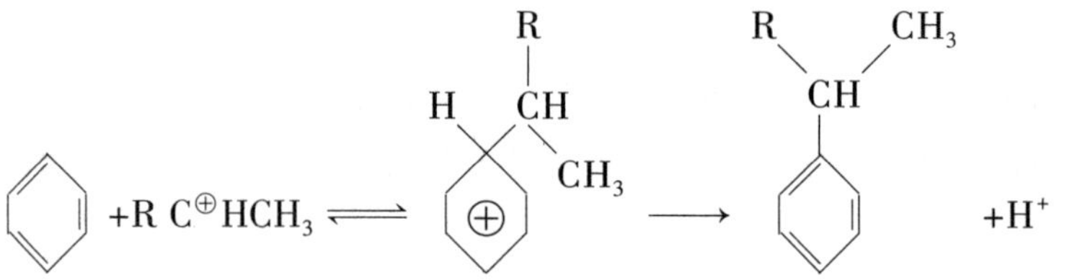

(2)用卤烷烷基化的反应历程

催化剂三氯化铝使卤烷极化，产生分子络合物、离子对或离子络合物。

$$R—Cl+AlCl_3 \rightleftharpoons \overset{\delta+}{R}—Cl:\overset{\delta-}{A}lCl_3 \rightleftharpoons R^{\oplus}\cdots AlCl_4^{\ominus}$$

（分子络合物）（离子对或离子络合物）

由于碳正离子的稳定性顺序是 $R_3C^{\oplus}>R_2C^{\oplus}H>R\ C^{\oplus}H_2$，因此伯烷不易生成 $R^{\oplus}$，一般以分子络合物参加反应，而叔卤烷与仲卤烷则比较容易生成 $R^{\oplus}$或离子对。

(3)用醇、醛、酮进行烷基化的反应历程

$$ROH+H^+ \rightleftharpoons RO^{\oplus}H_2 \rightleftharpoons R^{\oplus}+H_2O$$

$$ROH+AlCl_3 \xrightarrow{-HCl} ROAlCl_2 \rightleftharpoons R^{\oplus}+AlOCl_2^-$$

$$R—\overset{O}{\overset{/\!/}{C}}—H\ +H^+ \rightleftharpoons R—C^{\oplus}(OH)(H)$$

$$R—\overset{O}{\overset{\|}{C}}—R'\ +H^+ \rightleftharpoons R—\underset{+}{\overset{OH}{\overset{|}{C}}}—R'$$

4. 芳环上 C-烷基化反应的特点

(1)C-烷基化是连串反应

由于烷基是供电子基，所以芳环上引入烷基后，芳环的电子云密度反而比原先的芳烃高，使芳环更加活化。例如苯分子中引入乙基或异丙基后，它们进一步烷基化的速度比苯快1.5～3.0倍。因此，苯在烷基化时生成的单烷基苯很容易进一步烷基化成为二烷基苯或多烷基苯。但是，随着烷基数目增多，空间阻碍效应也增加，这会使烷基化速度减慢，故烷基苯的继续烷基化的速度是加快还是减慢，需视两种因素的强弱而定，另外与所用的催化剂种类也有关。一般而言，单烷基苯的烷基化速度比苯快，当苯环上取代的烷基数目增多后，由于受到空间阻碍的影响，实际上四元以上烷基苯的生成量是很少的。为了控制三烷基苯和多烷基苯的生成量，必须选择适宜的催化剂和反应条件，其中最重要的是控制反应原料苯和烷基化剂的用量比，常使苯过量较多，反应后再加以回收利用。

(2)C-烷基化是可逆反应

烷基苯在强酸催化剂存在下能发生烷基的转移和歧化，即苯环上的烷基可以从一个位置转移到另一个位置，或者从一个分子转移到另一个分子上。当苯不足量时，有利于二烷基苯或多烷基苯的生成；当苯过量时，则有利于发生烷基的转移，使多烷基苯向单烷基苯转化。

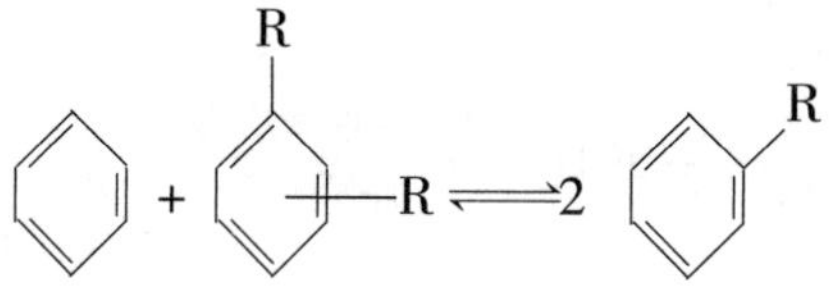

因此在制备单烷基苯的过程中，可以利用这一特性，使副产生成的多烷基苯与未反应的过量的苯发生烷基转移成为单烷基苯，以增加单烷基苯的总产率。

(3)烷基可能发生重排

C-烷基化反应中的烷基正离子可能重排成较为稳定形式的烷基正离子。例如

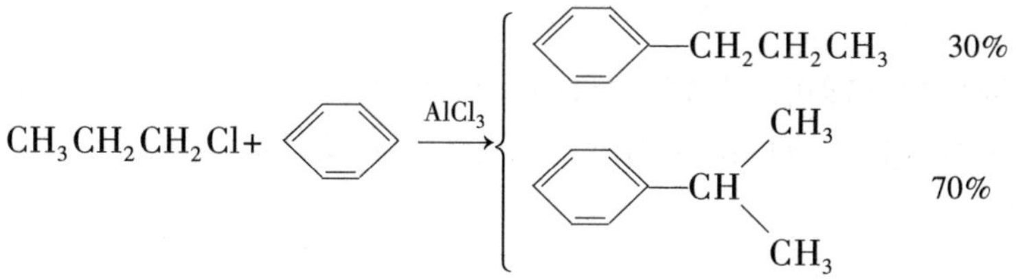

当用碳链更长的卤烷或烯烃与苯进行烷基化时，则烷基正离子重排的现象就更加突出了，生成的烷基化产物异构体的种类也增多。如合成洗涤剂的主要原料十二烷基苯，可以用苯与1-氯代十二烷或 α-十二烯烃经 C-烷基化而生成，烷基化产物的异构体组成参见表4.1。

表 4.1　十二烷基苯异构体组成

烷基化剂	w(异构体)/%					
	1-位	2-位	3-位	4-位	5-位	6-位
1-氯代十二烷	0.8	26.5	20.5	14.9	16.2	14.1
α-十二烯烃	—	41.2	19.8	12.8	14.5	11.7

可见，与苯相连接的烷基碳原子的位置都是以2-位和3-位为主；而用 α-十二烯烃时，则没有1位相连的异构体。

(4)取代苯环上再次引入烷基时，其反应位置与反应条件有关

一般在较温和的反应条件下，如低温、低浓度、弱催化剂、较短反应时间，取代基进入的位置遵循亲电取代反应规律；若反应条件强烈，即用强催化剂、较高浓度、较高反应温度、较长反应时间，特别是催化剂过量，则常常得到非规律性产物。例如，甲苯和氯甲烷在 $FeCl_3$ 或 BF_3 催化下，反应产物主要为对二甲苯；若在高温及过量 $AlCl_3$ 存在下反应，则主要生成间二甲苯。

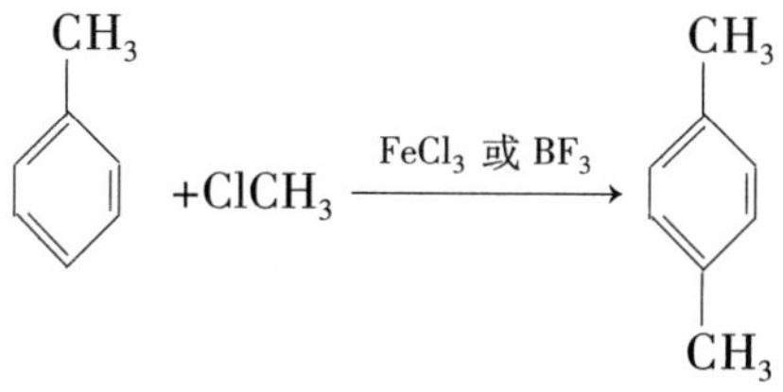

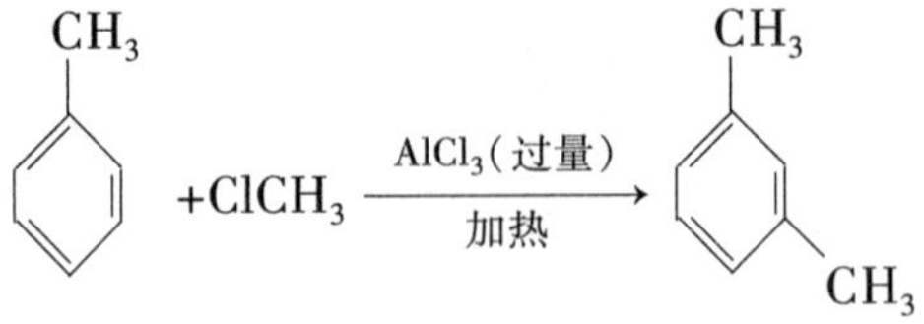

5. 反应实例

芳环上的 C-烷基化反应所用原料及反应装置必须充分干燥，并防止湿气进入。

此类反应一般为放热反应，通常在室温下将烷基化剂滴加到芳香族化合物、催化剂和溶剂混合物中。当反应激烈放热时，宜用冰冷却反应混合物。烷基化试剂全部加完后，将反应物加热(<100 ℃)15～30 min，以便使反应完全。冷却反应物，并将其倒入冰和盐酸的混合物中，使之分解。

注意：反应完毕后立即进行分解，因长时间放置会导致 $AlCl_3$ 和反应产物发生副反应。

芳环上的 C-烷基化反应广泛应用于精细化工产品及其中间体的合成。例如

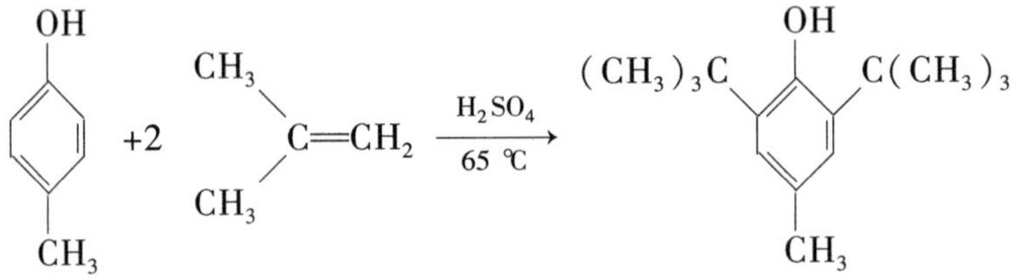

抗氧化剂 BHT

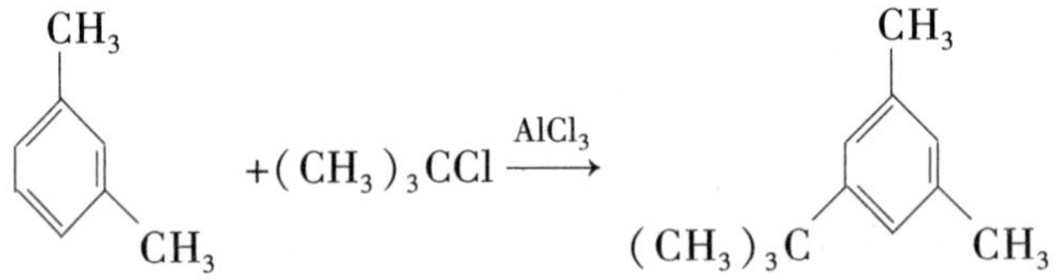

麝香中间体

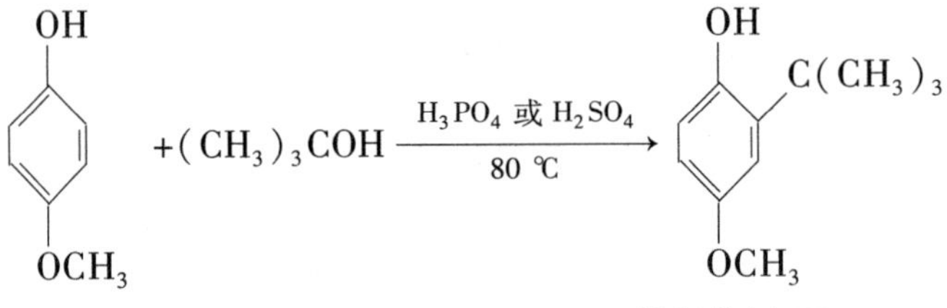

抗氧化剂 BHA

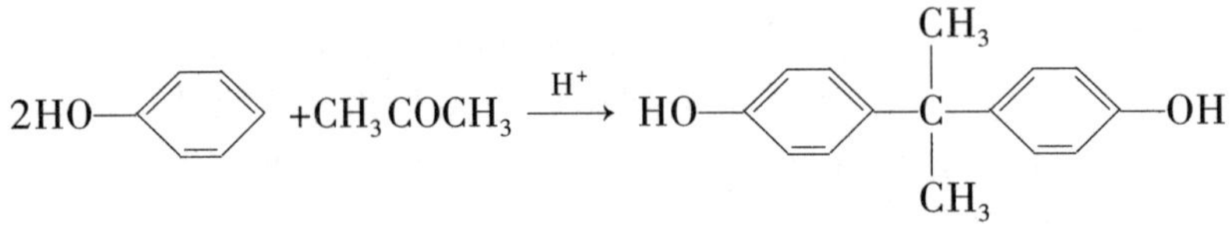

塑料抗氧化剂双酚 A

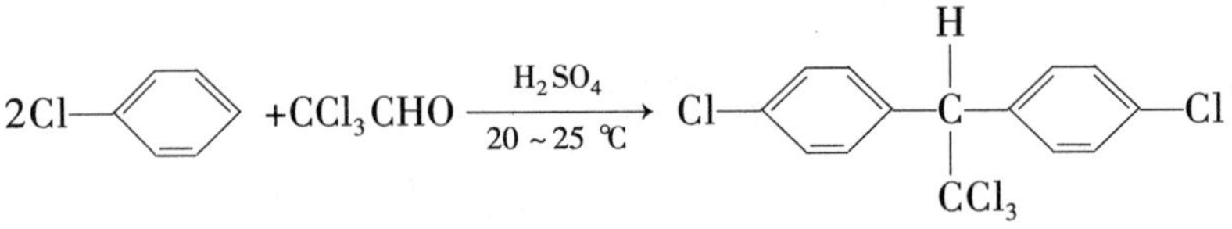

杀虫剂 DDT

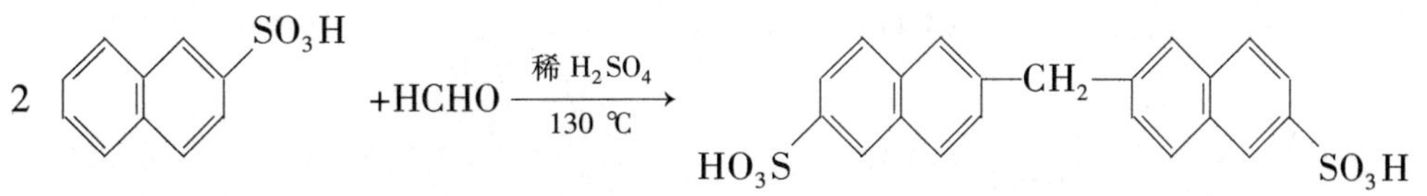

纺织印染助剂扩散剂 N

思考题：VK 是凝血维生素，具有防止新生婴儿出血疾病、预防内出血及痔疮、减少生理期大量出血、促进血液正常凝固等生理作用，请思考如何设计 VK 中间体

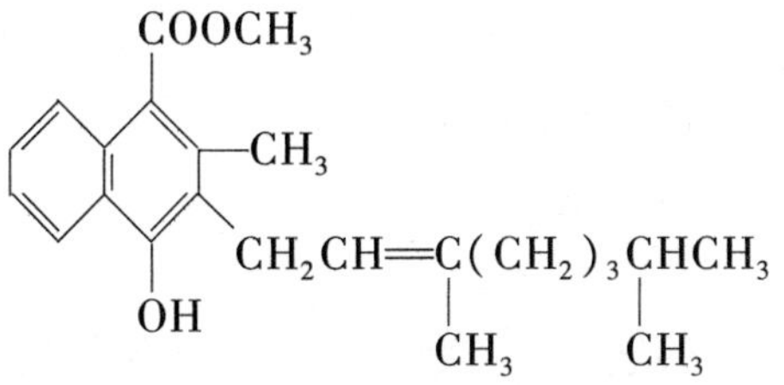

的合成路线。

4.1.2 活泼亚甲基化合物的碳烷基化反应

在一个饱和碳原子上，若连有某些不饱和官能团如硝基、羰基、氰基、酯基或苯基时，与该碳相连的氢都具有一定的酸性。换句话说，这个饱和碳原子由于这些不饱和基团的存在而被致活了，故这类化合物被称为活泼亚甲基化合物。

与亚甲基相连的不饱和基团，致活亚甲基使其酸性增加的能力按大小顺序排列：

$$—NO_2 > —COR > —SO_2R > —COOR > —CN > —C≡CH > —C_6H_5 > —CH=CH_2$$

一般被一个硝基或者两个及两个以上的羰基、酯基、氰基等活化了的亚甲基都具有比一般醇大的酸性。此类化合物在非质子溶剂中用较强的碱处理，或用碱金属醇化物的无水醇溶液处理时，亚甲基上的 H 易被碱夺取而形成烯醇负离子，这些烯醇负离子都能和卤代烷或其他烷基化试剂反应，其结果是活泼亚甲基上的 H 被烷基取代。例如，乙酰乙酸乙酯和正溴丁烷在乙醇钠催化下进行反应，得到 α-乙酰基乙酸乙酯。

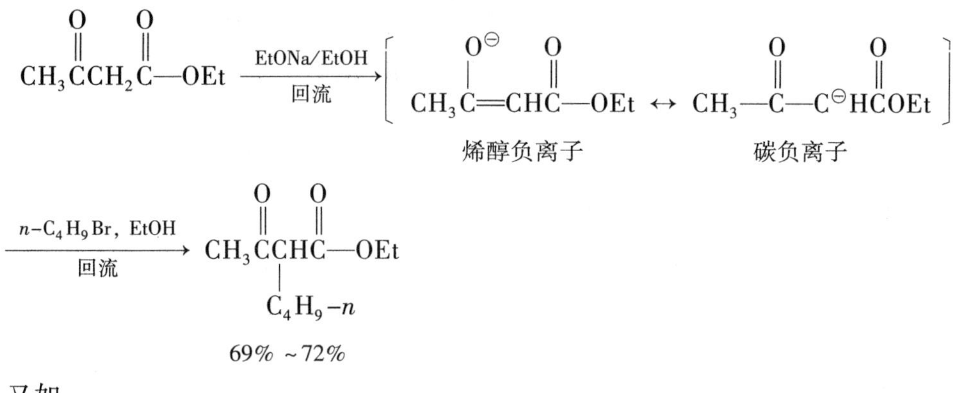

又如

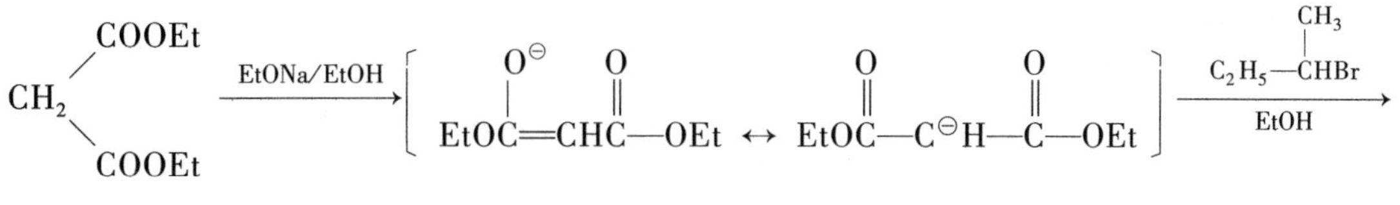

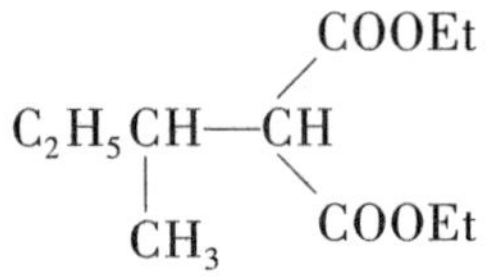

83% ~84%

亚甲基上致活基团的致活能力越强，则亚甲基上氢的酸性越大。如β-二酮（或称1，3-二酮）类化合物大都具有足够的酸性，用碱金属氢氧化物或碱金属碳酸盐就可以生成烯醇盐。例如

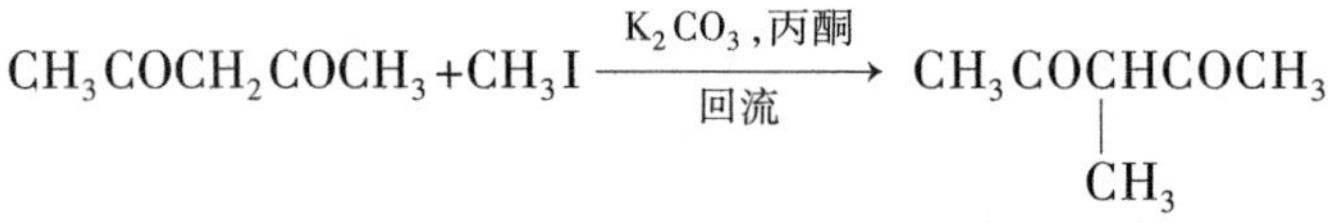

75% ~77%

活泼亚甲基化合物的碳烷基化反应是有机合成中由小分子化合物制备大分子化合物的一类重要反应，在医药、农药、添加剂等精细化工领域有着广泛的应用。有关应用实例将在缩合反应一章中进行讨论。

思考题：若用丙酮和 $PhCH_2Cl$ 反应直接合成 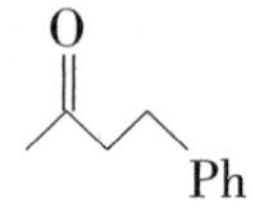 是否可行？为什么？若不行，写出可行的制备方法。

4.1.3　炔烃的碳烷基化反应

乙炔及单取代的炔化物（R—C≡CH）由于有两个或一个氢原子和碳碳三键相连，因而具有弱酸性，其酸性比水（H_2O）弱，比氨（NH_3）强。乙炔与强碱如氨基钠作用可得炔化钠，炔化钠可作为亲核试剂与卤代烷及羰基化合物反应，生成炔烃衍生物。

$$HC\equiv CH + NaNH_2 \rightarrow HC\equiv CNa \xrightarrow{RX} HC\equiv CR \xrightarrow{NaNH_2} NaC\equiv CR \xrightarrow{R'X} R'C\equiv CR$$

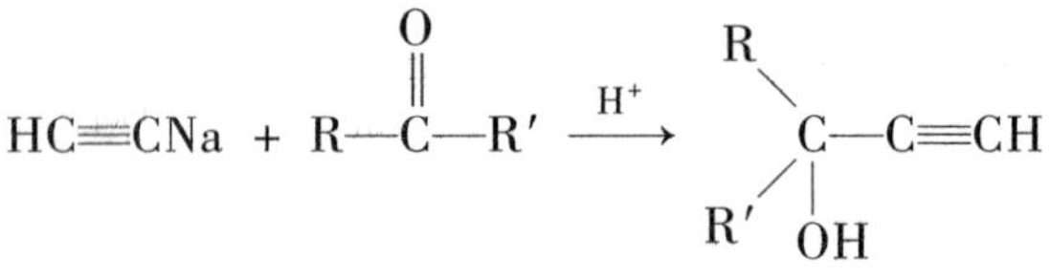

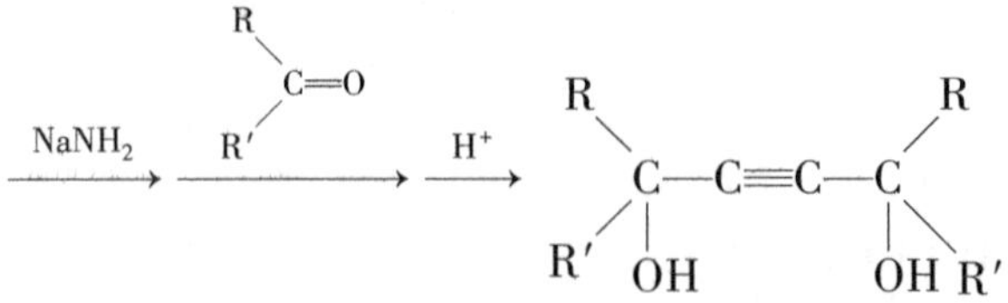

金属炔化物与卤代烷反应较容易进行。卤代烷反应活性随卤素原子量的增加而增加，即 RI>RBr>RCl>RF；而随烷基（—R）的增大而减小。实际应用中以溴代烷最为合适。

若金属炔化物为炔基锂，则其化学性质活泼，可溶于多种溶剂如液氨、六甲基磷酰胺（HMPT）。末端炔烃在六甲基磷酰胺及己烷的混合溶剂中用丁基锂处理，然后在 0 ℃下与卤代烷反应，可得 73% ~90% 产率的长链非末端炔烃。例如

$$n\text{-}C_4H_9C\equiv CH \xrightarrow[HMPT,C_6H_{14}]{n\text{-}C_4H_9Li} n\text{-}C_4H_9C\equiv CLi \xrightarrow[HMPT]{n\text{-}C_5H_{11}Cl}$$

$$n\text{-}C_4H_9C\equiv CC_5H_{11}\text{-}n$$

5-十一炔　90%

金属炔化物可和羰基化合物(醛或酮)的羰基发生亲核加成反应,结果在羰基碳原子上引入一个炔基,这在工业上具有很大意义。例如维生素 A 的中间体六碳醇就是用乙炔化钙和甲基乙烯基酮反应制得的,反应式为

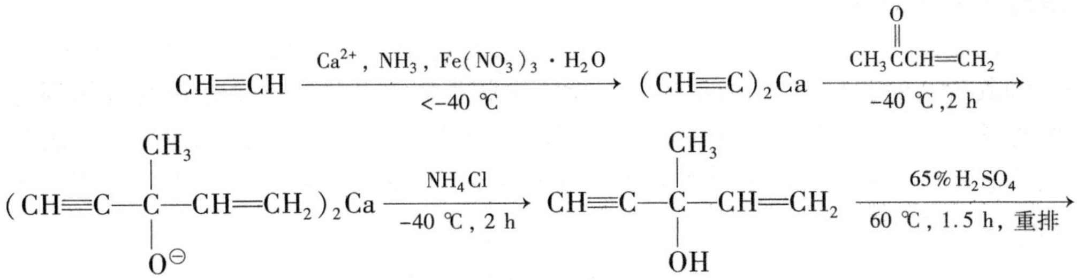

1-乙炔基-1-乙烯基乙醇

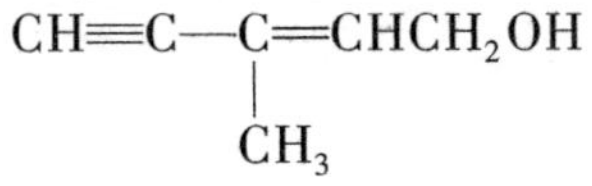

六碳醇 41%

在许多情况下,不需预先制备金属炔化物,而直接用炔烃(—C≡CH)在强碱催化剂(如氢氧化钾、氨基钠等)或金属炔化物催化下,与羰基化合物反应即可。例如,乙烯基乙炔在氢氧化钾存在下,容易和许多酮类化合物反应生成乙烯基乙炔基醇化合物。

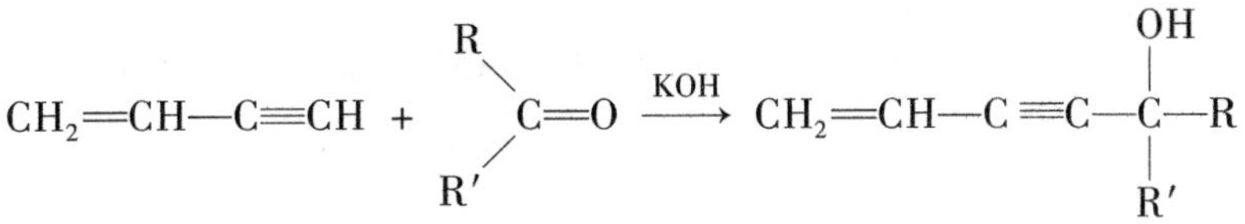

此类不饱和醇经聚合后,具有良好的黏结性能,可用作黏合剂。

此外,丁炔二醇是重要的有机化工产品及合成高分子材料的原料。丁炔二醇是由乙炔和甲醛在乙炔酮催化下合成的。

$$CH\equiv CH + HCHO \xrightarrow[110\sim120\ ^\circ C,\ 4.413\times10^5\ Pa]{Cu(C\equiv CH)_2} HOCH_2C\equiv CCH_2OH$$

丁炔二醇

4.2　N-烷基化反应

氨、脂肪族或芳香族胺类的氨基中的氢原子被烷基取代,或者通过直接加成而在氮原子上引入烷基的反应均称为 N-烷基化反应。

氨基是合成染料分子中重要的助色团,而 N-烷基化具有深色效应。此外在制造医药、表面活性剂及纺织印染助剂时也常要用各种伯、仲或叔胺类中间体。

N-烷基化反应分为取代型、加成型和缩合-还原型。

4.2.1　取代型 N-烷基化反应

取代型 N-烷基化反应的通式可写为

$$RNH_2 \xrightarrow[-HZ]{R'Z} RNHR' \xrightarrow[-HZ]{R''Z} RNR'R'' \xrightarrow{R'''Z} R\,N^{\oplus}R'R''R'''Z^{\ominus}$$

式中，R′Z 为烷基化试剂；Z 为—OH、—X、—OSO_3H 等基团。

常用的取代型烷基化剂有：醇，如甲醇、乙醇、异丙醇、丁醇等；卤烷，如氯甲烷、碘甲烷、氯乙烷、溴乙烷、氯化苄等；强酸的酯类，如硫酸二甲酯、硫酸二乙酯、对甲苯磺酸甲酯等。

1. 用醇的 N-烷基化反应

醇的烷基化活性较弱，所以反应需要在较强烈的条件下才能进行，但某些低级醇（甲醇、乙醇等）因其价格便宜，工业上仍常选用作为活泼胺类的烷基化剂。用醇作烷基化剂进行液相反应时常用强酸（如浓硫酸）作催化剂，其催化作用是由于强酸离解出的质子，能与醇反应生成活泼的烷基正离子。烷基正离子与氨的氮原子上的未共用电子对能形成中间络合物，然后脱去质子成为伯胺。

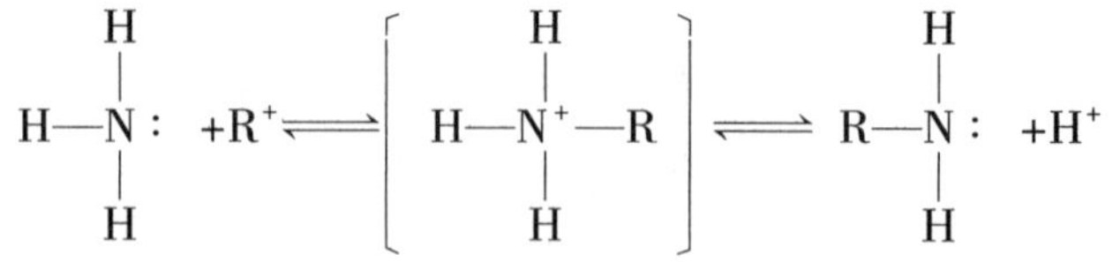

由于伯胺氮原子上还有未共用电子对，能和烷基正离子继续反应生成仲胺，再由仲胺进一步烷基化成为叔胺，最后由叔胺生成季铵离子。

由此可见，胺类用醇进行的烷基化是一个亲电取代反应。胺的碱性越强，反应越易进行。对于芳香族胺类，如果环上带有其他供电子基团时，则芳胺容易发生烷基化；而环上带有吸电子基团时，则烷基化较难进行。

胺类用醇的烷基化是连串反应，又是可逆反应。现以苯胺用醇烷基化为例。

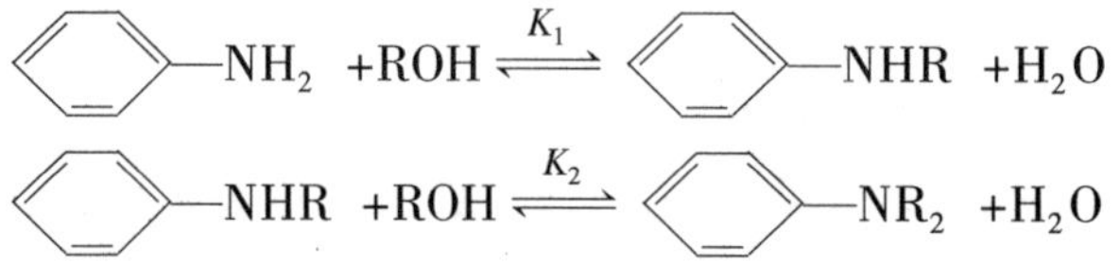

一烷基化和二烷基化产物的相对生成量与该两反应的平衡常数 K_1 和 K_2 有关，而 K_1 与 K_2 的大小与所用的醇的性质有关，由热力学数据计算表明，苯胺用甲醇在 200 ℃进行甲基化时，K_2 比 K_1 约大 1 000 倍；而用乙醇在 200 ℃进行乙基化时，K_1 比 K_2 约大 4 倍。所以实际上苯胺用甲醇烷基化的产物主要是 N，N-二甲基苯胺；而用乙醇烷基化的主要产物是 N-乙基苯胺。

此外，烷基化反应中还存在有烷基的转移，即烷基化程度不同的胺类之间存在着平衡，如以甲基磺酸作催化剂时，N-甲基苯胺可重新转化为苯胺和 N，N-二甲基苯胺。

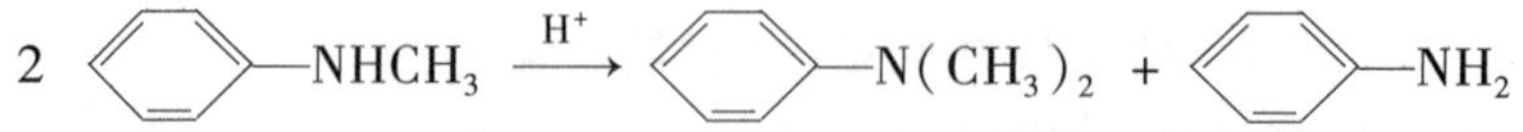

当苯胺进行甲基化和乙基化时，若目的是制备一烷基化的仲胺，则醇的用量稍大于理论量即可；若目的是制备二烷基化的叔胺，则醇的用量一般为理论量的 140% ～160%。尽管如此，在制备仲胺时，得到的仍常为伯、仲、叔胺的混合物。

用醇烷基化时，每摩尔胺一般用强酸催化剂 0.05 ～0.3 mol，反应温度约为 200 ℃，不宜过高，温度过高，则 N-烷基化产物将重排成 C-烷基化产物。例如

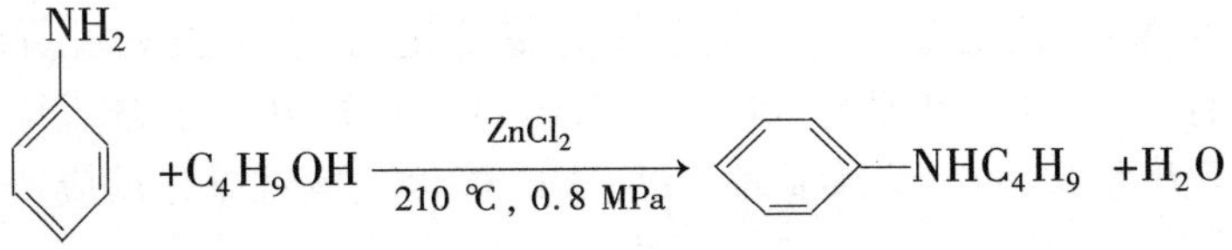

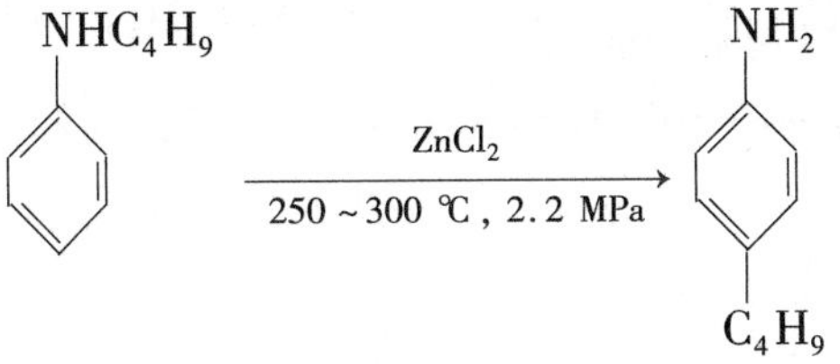

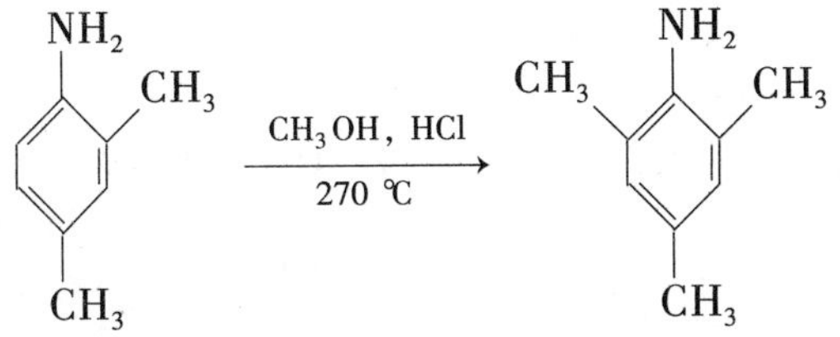

胺类用醇进行烷基化除了上述液相方法外，对于易气化的醇和胺，反应还可以用气相方法，一般使胺和醇的蒸气在高温 280 ~ 500 ℃通过氧化物催化剂（如三氧化二铝、二氧化钛、二氧化硅等）。例如，工业上大规模生产的甲胺就是由氨和甲醇气相烷基化反应生成的。

$$NH_3+CH_3OH \xrightarrow[350\sim500\ ℃]{Al_2O_3 \cdot SiO_2} CH_3NH_2+H_2O$$

反应在温度为 350 ~ 500 ℃、压力为 1 ~ 3 MPa 及催化剂 $Al_2O_3 \cdot SiO_2$ 的催化下完成。烷基化反应并不停留在一甲胺阶段，结果同时得到一甲胺、二甲胺和三甲胺三种胺的混合物，其中二甲胺的用途最广，一甲胺的需要量占第二位。为了减小三甲胺的生成，烷基化反应时，一般使氨和甲醇的摩尔比大于 1，即氨过量，再加适量水和三甲胺（三甲胺可与水进行逆向分解反应），使烷基化反应向一烷基化和二烷基化转移。例如，在 500 ℃，$n(NH_3):n(CH_3OH)=2.4:1.0$ 时，反应后可得到其组成为一甲胺（质量分数为 54%）、二甲胺（质量分数为 26%）、三甲胺（质量分数为 20%）的烷基化产物。工业上这三种甲胺的产品往往是质量分数为 40% 的水溶液。一甲胺和二甲胺为制造医药、农药、染料、炸药、表面活性剂、橡胶硫化促进剂等的原料，三甲胺则用于制造离子交换树脂、饲料添加剂和植物激素等。

2. 用卤烷的 N-烷基化反应

卤烷是 N-烷基化常用的烷基化剂，其反应活性较醇强，但其价格比相应的醇高，常用于不太活泼的氨基的烷基化或季铵化。但也有些卤烷如氯化苄、氯乙酸等比相应的醇容易制备，因此苄基化或羧甲基化多用卤烷为烷基化剂。

当卤素相同时，分子量小的卤烷反应活性比分子量大的卤烷要强些；如果烷基相同，则卤烷的反应活性顺序是

$$RI>RBr>RCl$$

脂肪胺的反应活性大于芳香胺，苄胺的活性介于脂肪胺和芳香胺之间。

用卤烷进行的胺类烷基化反应是不可逆反应，反应中有卤化氢生成，它会使胺类形成盐，而难于再烷基化，所以反应时要加入一定量的碱性试剂（如 NaOH、Na_2CO_3、$Ca(OH)_2$ 等），以中和卤化氢，使烷基化反应能顺利进行。

工业上生产 N,N–二乙基苯胺是以氯乙烷为烷基化剂,将苯胺和过量的氯乙烷加入装有氢氧化钠溶液的高压釜中,升温至 120 ℃。当压力为 1.2 MPa 时,靠反应热可自行升温至 210～230 ℃,在压力为 4.5～5.5 MPa 时,反应 3 h,即可完成烷基化反应。

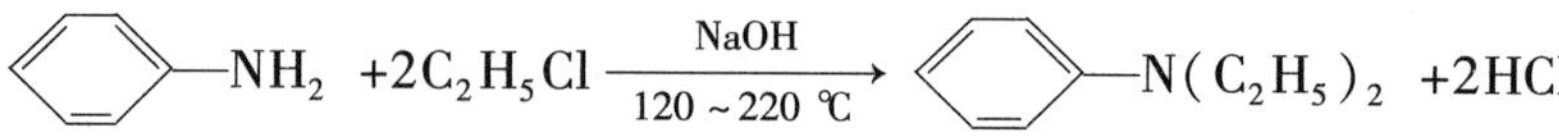

N–乙基苯胺或 N–氰乙基苯胺在 90～100 ℃与氯化苄作用,可得到相应的苄基衍生物。

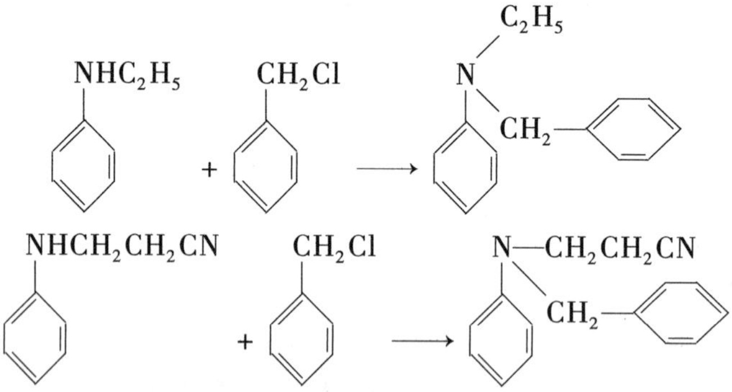

苯胺与氯乙酸在水介质中反应,得到羧甲基苯胺,它是合成靛蓝染料的中间体。

$$C_6H_5NH_2 \xrightarrow{ClCH_2COOH} C_6H_5NHCH_2COOH \xrightarrow{ClCH_2COOH} C_6H_5N(CH_2COOH)_2$$

叔胺用卤烷烷基化后可得到季铵盐。N,N–二甲基十八胺和 N,N–二甲基十二胺的苄基化产物是重要的阳离子表面活性剂和相转移催化剂。如将 N,N–二甲基十八胺在 80～85 ℃加入接近等物质的量的氯化苄,然后在 100～105 ℃反应至 pH 达 6.5 左右,产率接近 95%。

$$C_{18}H_{37}-\underset{CH_3}{\overset{CH_3}{\underset{|}{\overset{|}{N}}}} + ClCH_2C_6H_5 \longrightarrow C_{18}H_{37}-\underset{CH_3}{\overset{CH_3}{\underset{|}{\overset{|}{N^+}}}}-CH_2C_6H_5Cl^-$$

三甲胺用溴代十二酸进行季铵化,可制得两性表面活性剂。

$$(CH_3)_3N + C_{10}H_{21}\underset{Br}{\underset{|}{C}}HCOOH \xrightarrow{30\ ℃} C_{10}H_{21}\underset{COO^-}{\underset{|}{C}}H\overset{+}{N}(CH_3)_3$$

3. 用酯的 N–烷基化反应

硫酸酯、磷酸酯和芳磺酸酯都是很强的烷基化剂,这类烷基化剂的沸点较高,反应可在常压下进行。由于酯类的价格比醇和卤烷都高,所以其实际应用不如醇和卤烷广泛。

硫酸酯与胺类发生烷基化反应的通式为

$$R'NH_2 + ROSO_2OR \longrightarrow R'NHR + ROSO_2OH$$

$$R'NH_2 + ROSO_2ONa \longrightarrow R'NHR + NaHSO_4$$

硫酸酯很容易释放出它所含的第一个烷基,而释放出第二个烷基则比较困难。硫酸酯中最常用的是硫酸二甲酯 ,但它的毒性较大,能通过呼吸道及皮肤接触使人体中毒,使用时应十分注意。用硫酸酯烷基化时需加碱中和所生成的酸。

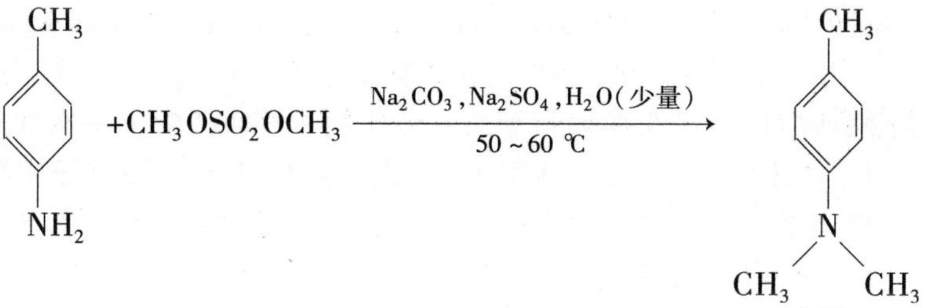

95%

用磷酸酯与苯胺或其他芳胺反应可以得到产率高、纯度好的 N,N-二烷基芳胺,其反应式为

$$3ArNH_2+2(RO)_3PO \longrightarrow 3ArNR_2+2H_3PO_4$$

芳磺酸酯也是一种强烷基化剂,用于芳胺烷基化的反应通式为

$$ArNH_2+ROSO_2Ar' \longrightarrow ArNHR+Ar'SO_3H$$

烷基化用的芳磺酸酯应在反应前预先制备,由芳磺酰氯与相应的醇在氢氧化钠存在下于低温反应,即成为芳磺酸酯。

4.2.2　加成型 N-烷基化反应

加成型烷基化剂有:烯烃衍生物,如丙烯腈、丙烯酸、丙烯酸酯等;环氧化物,如环氧乙烷、环氧氯乙烷、环氧氯丙烷等。

1. 用烯烃的 N-烷基化反应

脂肪族或芳香族胺类均能与烯烃发生 N-烷基化反应,这是通过烯烃的双键与氨基中的氢加成而完成的。常用的烯烃为丙烯腈或丙烯酸酯。

$$RNH_2 \xrightarrow{CH_2=CHCOOR'} RNHCH_2CH_2COOR' \xrightarrow{CH_2=CHCOOR'} RN(CH_2CH_2COOR')_2$$

伯胺可以引入两个烷基,但在引入第一个烷基衍生物后,反应活性将下降。二烷基化时需要加催化剂。常用的催化剂是铜盐,如 $CuCl_2$、CuCl、CH_3COOCu,还有极性催化剂如乙酸、三乙胺、三甲胺及吡啶等。

将苯胺与丙烯酸甲酯以 1∶(3~4)的摩尔比混合,并加入乙酸和对苯二酚,在120~150 ℃时可进行如下反应:

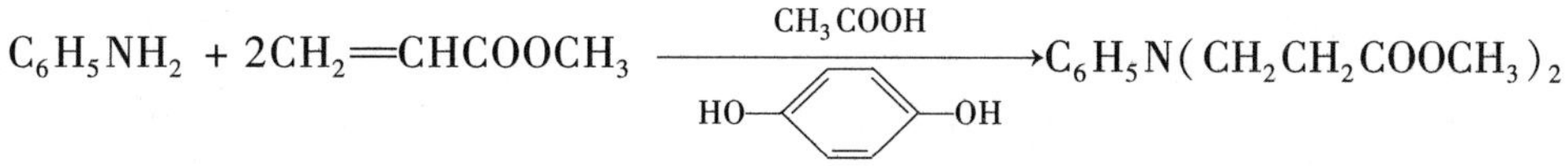

产品中含有的少量仲胺,可以用化学方法在下一步合成染料的同时将它除去。

N-乙基苯胺在无水三氯化铁作用下,于 130 ℃与丙烯腈反应,产率可达 88%~90%。

$$C_6H_5NHC_2H_5+CH_2=CHCN \xrightarrow{FeCl_3} C_6H_5N(C_2H_5)(CH_2CH_2CN)$$

脂肪胺氰乙基化以后再加氢,可以得到丙二胺衍生物,它们可用作环氧树脂的固化剂。

$$(C_2H_5)_2NH \xrightarrow{CH_2=CHCN} (C_2H_5)_2NCH_2CH_2CN \xrightarrow{[H]} (C_2H_5)_2NCH_2CH_2CH_2NH_2$$

2. 用环氧乙烷的 N-烷基化反应

环氧乙烷是一种活性较强的烷基化剂,其分子具有三元环结构,容易开环,发生加成反应生成含亚乙氧基的产物。环氧乙烷能和分子中有活性氢的化合物（如水、醇、氨、胺、羧酸及酚等）发生加成反应。碱性或酸性催化剂均能加速这类加成反应。在较高温度及压力条件下，宜选用无机酸或酸性离子交换树脂等酸性催化剂。环氧乙烷的一次加成产物，由于引入的是羟乙基（$—CH_2CH_2OH$），仍含有活泼氢，因此可再与环氧乙烷分子加成，如此逐步生成含两个、三个或更多个亚乙氧基的加成产物。如需要得到含一个亚乙氧基的主要产物，则环氧乙烷用量应远远低于化学计算量。

环氧乙烷的沸点较低（10.7 ℃），其蒸气与空气的混合物的爆炸范围很宽，空气的体积分数为 3% ~98% 时都在爆炸范围内，所以在通环氧乙烷前后，务必用氮气置换容器内的气体。

芳胺与环氧乙烷发生加成反应，生成 N-β-羟乙基芳胺，如再与另一分子环氧乙烷作用，可进一步制成叔胺。

$$\mathrm{ArNH_2 + \underset{\diagdown\ O\ \diagup}{CH_2—CH_2} \xrightarrow{k_1} ArNHCH_2CH_2OH}$$

$$\mathrm{ArNHCH_2CH_2OH + \underset{\diagdown\ O\ \diagup}{CH_2—CH_2} \xrightarrow{k_2} ArN(CH_2CH_2OH)_2}$$

这两个反应的速度常数 k_1 和 k_2 相差不大，当只需引入一个羟乙基时，环氧乙烷的质量分数为理论量的 30% ~50%，有时用量更少，以免生成过多的叔胺。当环氧乙烷与苯胺的摩尔比为 0.5 : 1，反应温度为 65 ~70 ℃，并加入少量水，反应生成的产物主要是 N-β-羟乙基苯胺。如果使用稍大于 2 mol 的环氧乙烷，并在 120 ~140 ℃和 0.5 ~0.6 MPa 压力下进行反应，则得到的主要产物是 N,N-二（β-羟乙基）苯胺。如果环氧乙烷用量再进一步增大，将有利于生成 N-聚乙二醇芳胺衍生物

$$\mathrm{ArN[(CH_2CH_2O)_mCH_2CH_2OH]_2}$$

氨与环氧乙烷发生加成烷基化反应，首先生成乙醇胺。

$$\mathrm{NH_3 + \underset{\diagdown\ O\ \diagup}{CH_2—CH_2} \longrightarrow H_2NCH_2CH_2OH}$$

乙醇胺还可继续与环氧乙烷作用，生成二乙醇胺和三乙醇胺。

$$\mathrm{H_2NCH_2CH_2OH \xrightarrow{\underset{\diagdown\ O\ \diagup}{CH_2—CH_2}} HN(CH_2CH_2OH)_2 \xrightarrow{\underset{\diagdown\ O\ \diagup}{CH_2—CH_2}} N(CH_2CH_2OH)_3}$$

三种乙醇胺均是无色黏稠液体，可用减压精馏的方法收集不同沸程的三种乙醇胺产品。乙醇胺有碱性，可脱除气体中的酸性杂质（二氧化硫、二氧化碳等），以净化许多工业气体。乙醇胺是重要的化工原料，可用于制造表面活性剂、乳化剂和破乳剂。

4.2.3　缩合-还原型 N-烷基化反应

缩合-还原型烷基化剂是各种脂肪族和芳香族的醛、酮。

氨或胺类化合物和许多醛或酮可发生缩合-还原型烷基化。

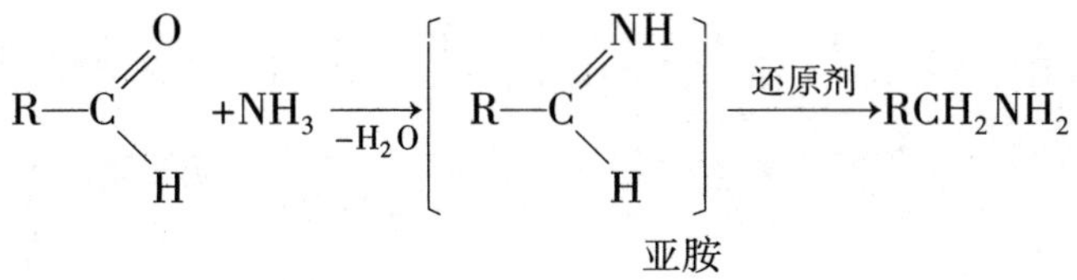

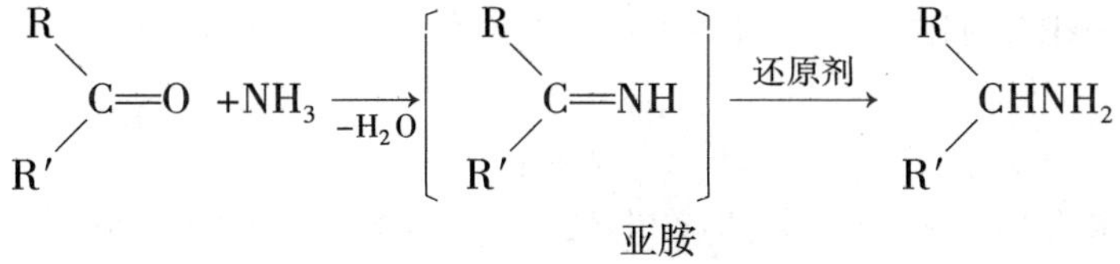

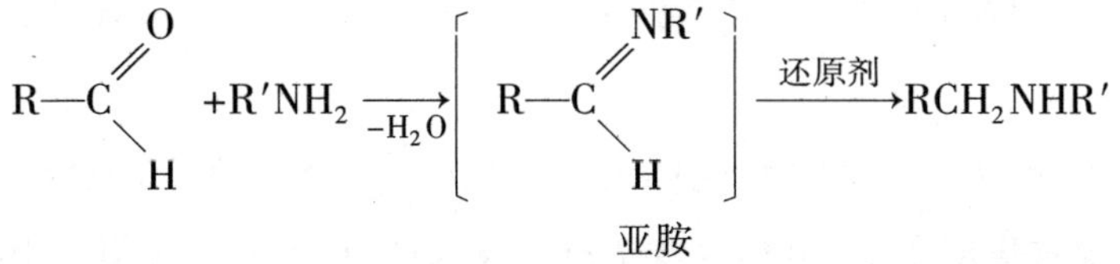

氨的还原烷基化生成伯胺，伯胺也可进行还原烷基化生成仲胺，生成的仲胺还可进一步还原烷基化而生成叔胺。

还原烷基化可在催化加氢条件下进行，防老剂4010NA的工业制备便是如此。

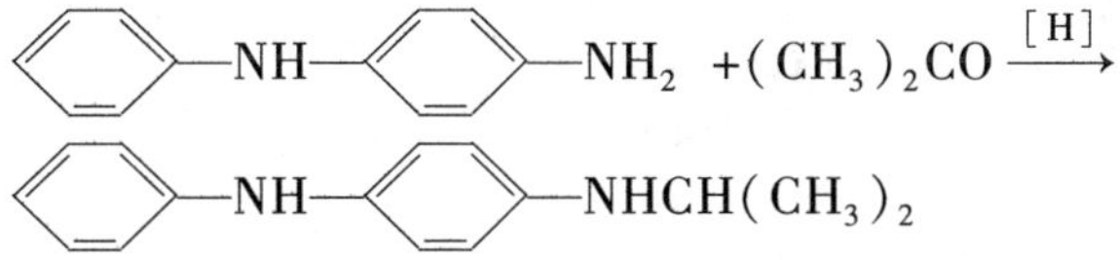

仲胺和羰基化合物反应生成烯胺，烯胺再与烷基化剂反应，是广泛用于醛或酮的选择性烷基化的间接方法。烯胺通常用至少含有一个α-H的醛或酮和一个仲胺在酸催化下反应而得。

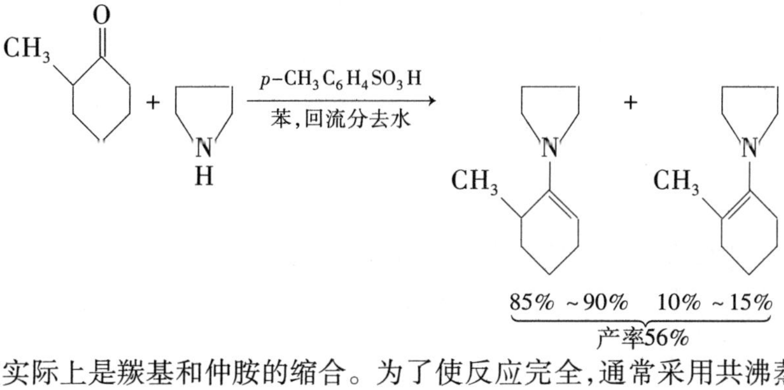

上述反应实际上是羰基和仲胺的缩合。为了使反应完全，通常采用共沸蒸馏法除去反应过程中生成的水；也可在强脱水剂如四氯化钛催化下，由酮和仲胺反应生成烯胺。

常用的仲胺有 、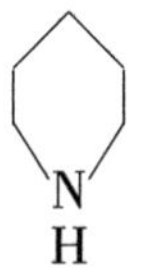、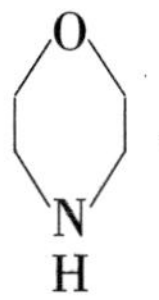、Et_2NH、$(CH_3)_2NH$ 等。一般环状仲胺比非环状仲胺生成的烯胺更稳定。不对称酮与仲胺往往优先形成取代基较少的烯胺。

烯胺分子中的电子分布是：β-碳原子上有较大的负电荷，可作为亲核试剂。

$$\underset{\text{烯胺}}{R{-}CH{=}CH{-}\ddot{N}R'_2} \leftrightarrow R{-}\underset{\ominus}{C}H{-}CH{=}\underset{\oplus}{N}R'_2 \xrightarrow{H^+} \underset{\text{亚铵盐}}{RCH_2{-}CH{=}N^{\oplus}R'_2}$$

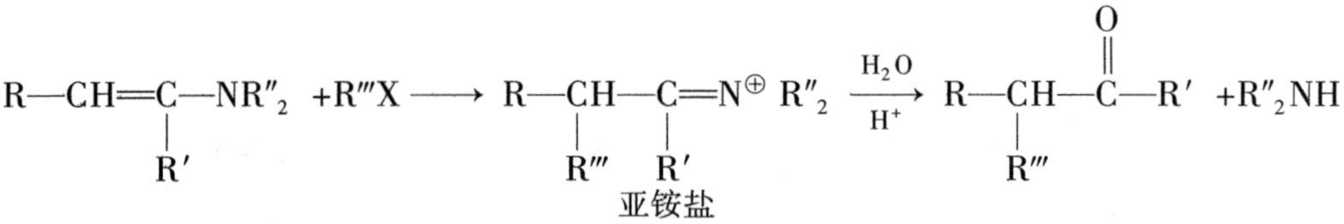

亚铵盐在强酸介质中相当稳定,但在弱酸(如含水醋酸)中即水解生成酮和仲胺。烯胺水解的难易程度随着胺的不同而变化,在一般使用的二级胺中,形成烯胺后水解由易到难的顺序是

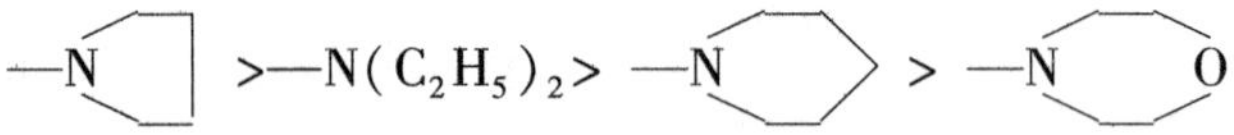

在烯胺的碳烷基化反应中,主要的竞争反应是氮烷基化,氮烷基化产物在水解后可回收未经碳烷基化的酮。当烯胺和很活泼的烷基化试剂如甲基卤化物、烯丙基卤化物、苄基卤化物或 α-卤代羰基化合物反应时,可得到较好产率的碳烷基化产物。

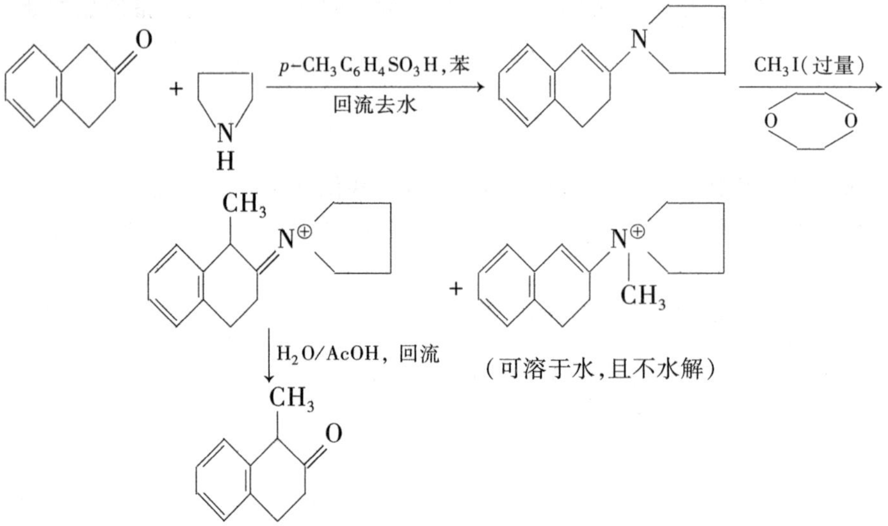

醛和空间位阻较大的仲胺形成烯胺,再和烷基化试剂进行碳烷基化反应,最终水解可得 α-烷基取代的醛衍生物。用此法可避免碱催化醛进行 α-碳烷基化反应时,醛自身的醇醛缩合反应发生。

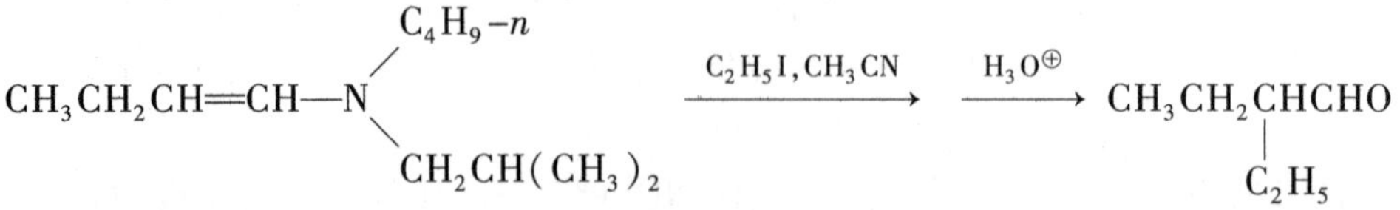

思考题:若用 CH_3CH_2CHO 和 C_2H_5I 直接反应制备 $CH_3\underset{C_2H_5}{\underset{|}{C}}HCHO$ 会出现什么问题?应如何制备 $CH_3\underset{C_2H_5}{\underset{|}{C}}HCHO$?

4.3　O-烷基化反应

醇或酚等化合物也可以和烷基化试剂如卤烷、醇、强酸的酯类、环氧乙烷等发生反应，从而在醇或酚的氧原子上引入烷基。O-烷基化反应在醚尤其在芳醚的制备上具有重要意义。例如

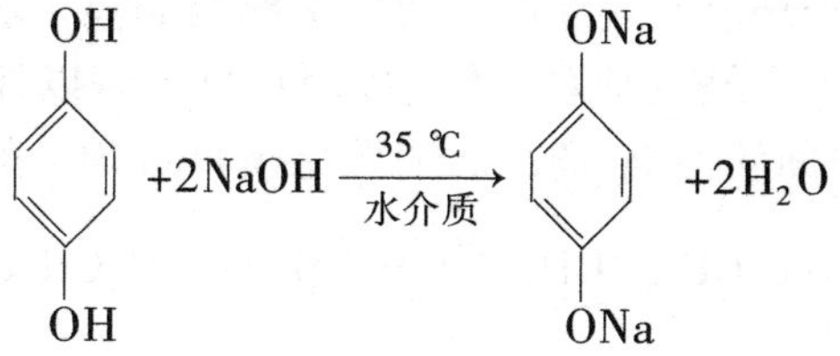

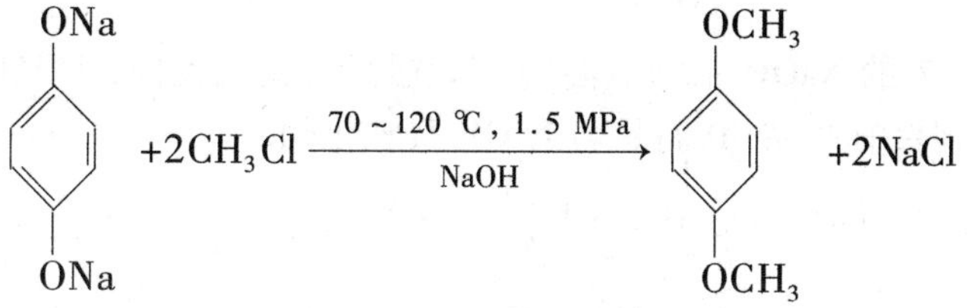

此类反应比较容易进行，一般只要将所用的酚先溶解于稍过量的氢氧化钠水溶液中，使它形成酚钠盐，然后在不太高的温度下加入适量卤烷，即可得到良好的结果。

对于某些活泼的酚类，也可以用醇类作烷基化剂。

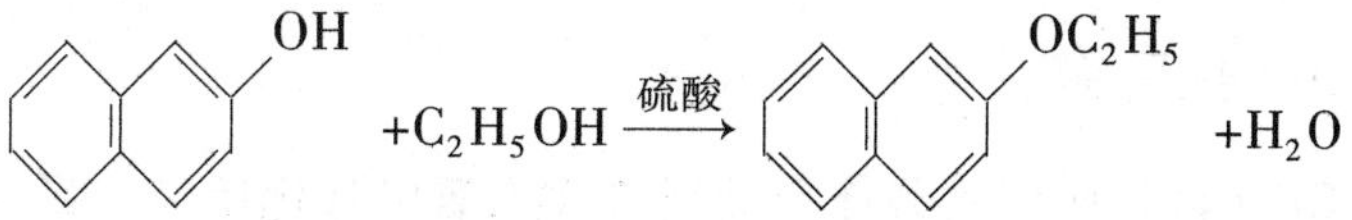

硫酸酯及磺酸酯均是良好的烷基化剂。在碱性催化剂存在下，硫酸酯与酚、醇在室温下即能顺利反应，生成较高产率的醚类。

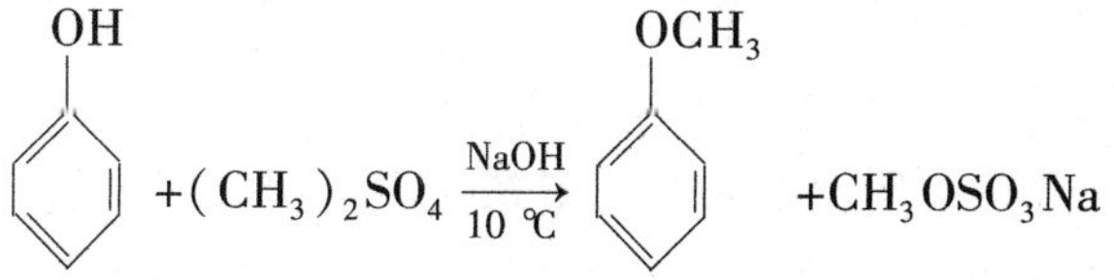

72% ~75%

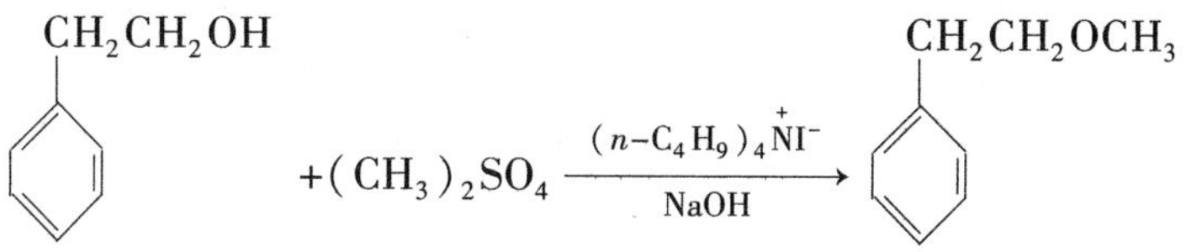

90%

环氧化合物易与醇、酚类发生反应，生成羟基醚。

低级脂肪醇如甲醇、乙醇和丁醇，用环氧乙烷烷基化可生成相应的乙二醇单甲醚、单乙醚和单丁醚。

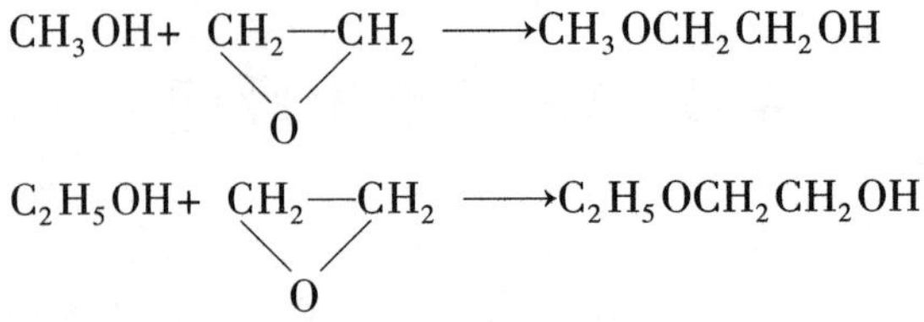

这些产品都是重要的溶剂。

高级脂肪醇和烷基酚与环氧乙烷加成生成的聚醚是非离子表面活性剂的主要品种，反应一般用碱催化。例如用十二醇为原料，通过控制环氧乙烷以控制聚合度为 20～22 的聚醚，是一种优良的非离子表面活性剂，商品名为乳化剂 O 或匀染剂 O。

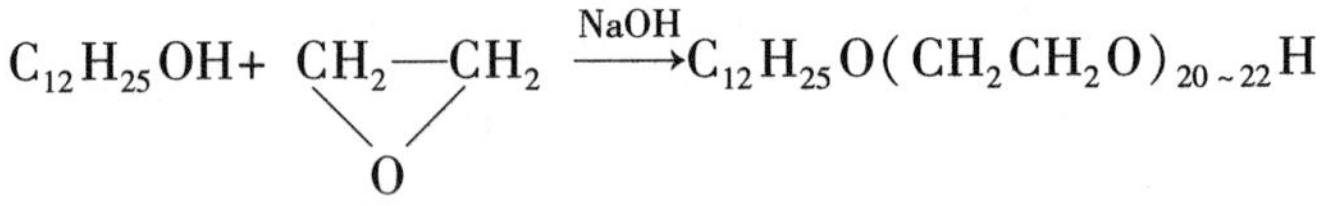

将辛基苯酚与 1% 的 NaOH 水溶液混合，真空脱水，氮气置换，于 160～180 ℃通入环氧乙烷，中和漂白，得到聚醚产品，其商品名为 OP 型乳化剂。

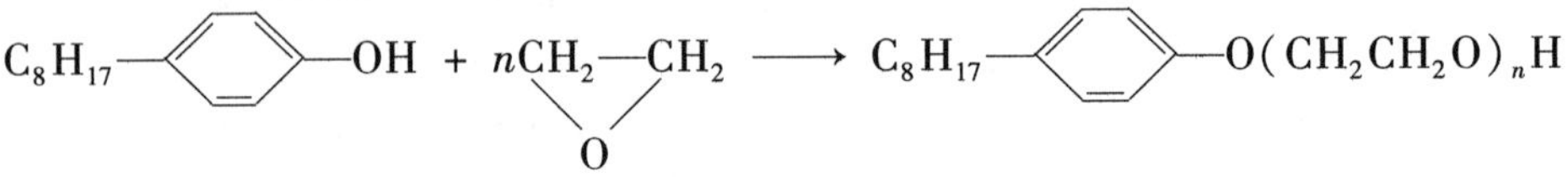

4.4　形成碳碳单键的其他类型烷基化反应

4.1.4　氯甲基化反应

将氯甲基（—CH_2Cl）直接引入芳环上的反应称为氯甲基化反应。最简单的例子是在无水氯化锌存在下，甲醛（或多聚甲醛）、氯化氢和苯反应，生成氯化苄。

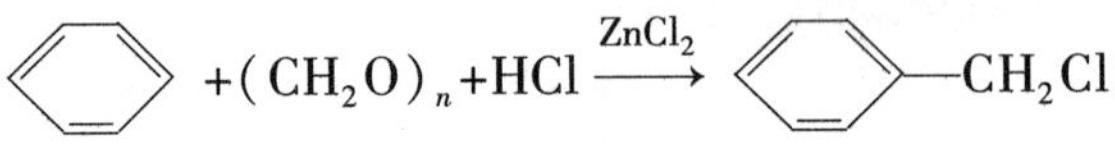

许多芳环（芳杂环）如苯、蒽、菲、联苯以及它们的衍生物都可进行氯甲基化反应。若环上带有供电子基团，反应容易进行。如二甲苯和三甲苯一次可引入两个氯甲基；若环上有羟基，则反应特别容易进行，结果发生缩合反应而得酚醛树脂。所以，在酚的环上引入氯甲基，应先把酚羟基转变成酯或醚后，才能进行氯甲基化反应。芳胺极易反应，但副产物较多，不能分离出单一产物。

芳环上存在吸电子基团时，将阻碍氯甲基化反应的进行。例如，硝基苯进行氯甲基化时，产率很低。

芳酮一般也不易发生氯甲基化反应，但有烷基存在时可使芳环活化，而能进行氯甲基化反应。

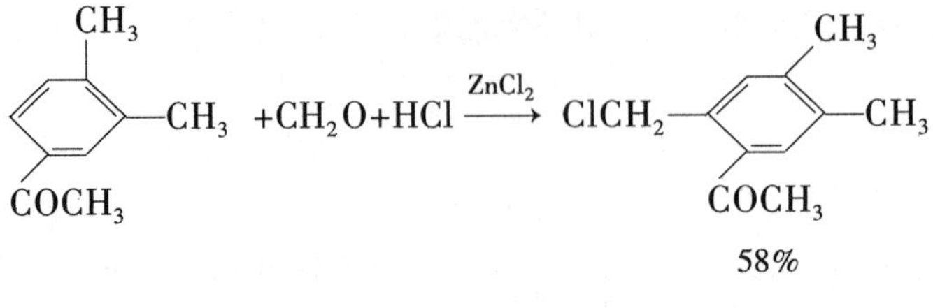

常用的氯甲基化试剂除甲醛或多聚甲醛外，还可用甲醛缩二甲醇、甲醛缩二乙醇、氯甲醚、二氯甲醚等。目前，用氯甲醚的较多。这些试剂都要与盐酸合用。

反应用催化剂除氯化锌外，还可以用三氯化铝、四氯化锡及质子酸如盐酸、硫酸、磷酸和醋酸等。

萘进行氯甲基化反应主要得到 α-氯甲基萘。例如，将萘和多聚甲醛、盐酸在醋酸或磷酸催化下反应，可得 α-氯甲基萘。

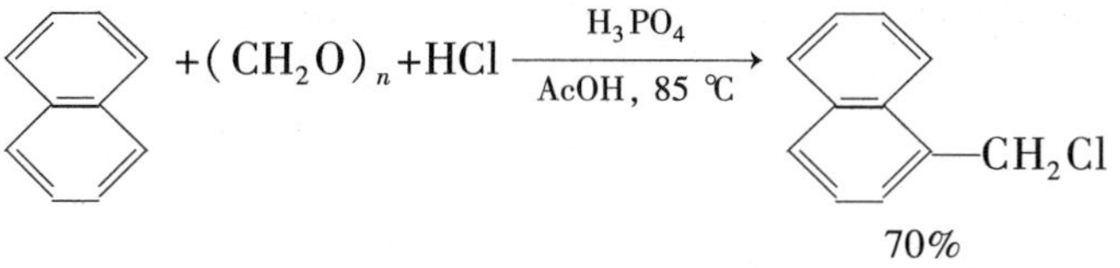

氯甲基化反应可用来制备结构比较复杂的化合物，例如

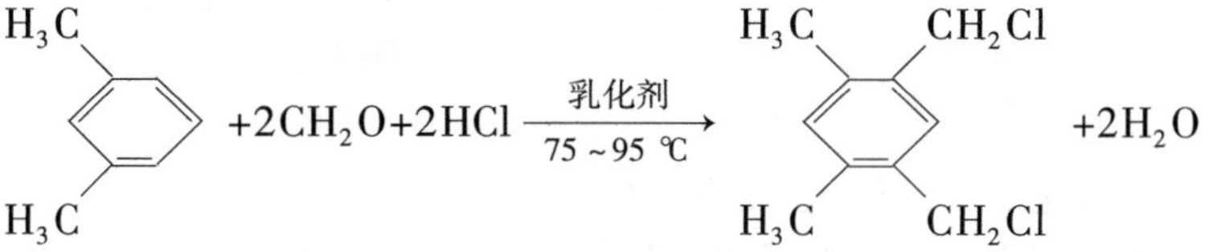

氯甲基化反应的价值在于能由活性较大的苄基氯转变成其他基团，如苄基氯很容易被羟基、氰基等亲核基团取代而得到一系列新的衍生物。

4.1.5　氰化反应

氰化钠或氰氢酸是较强的亲核试剂，它们能与卤代烷或醛、酮进行亲核取代或亲核加成反应，形成腈或 α-羟基腈，由此可以合成较原卤化物或醛、酮多一个碳的腈化合物。腈化合物中的氰基是较活泼的基团，通过还原或水解等不同的方法可以使氰基转变成相应的胺或羧酸等化合物。

1. 卤代烃的氰化反应

卤代烃与氰化物作用是合成腈的常用方法。其通式为

$$RX+NaCN \longrightarrow RCN$$

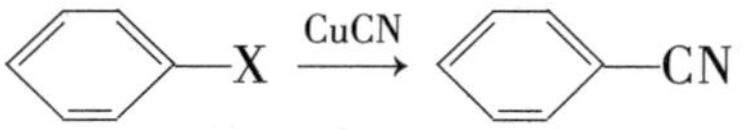

金属氰化物与卤代烃的作用是按亲核取代反应历程进行的。一般来讲，脂肪族卤代烃比芳香族卤代烃容易进行反应。在脂肪族卤代烃中，烃基的结构对生成腈的产率有一定的影响。伯卤代烃生成腈的产率最高，仲卤代烃次之，叔卤代烃因容易发生消除卤化氢的副反应而导致腈的产率较低。在反应中，卤代烃的活性是 RI>RBr>RCl。例如

$$ClCH_2CH_2CH_2Br \xrightarrow{NaCN} ClCH_2CH_2CH_2CN$$

反应中所用金属氰化物以氰化钠最为常用，其次是氰化钾，氰化亚铜常用作芳香族卤化物的氰化试剂。

反应常在乙醇溶液中进行，反应比较缓慢。

有时，采用较高沸点的溶剂如乙二醇、N，N-二甲基甲酰胺等可以促进反应的进行。用于该反应的最好溶剂是二甲基亚砜。在二甲基亚砜中，伯卤代烃与氰化钠可迅速反应，且生成的腈产率较高；仲卤代烃的反应速度不如伯卤代烃，但在反应 3 h 后，也能得到中等产率

的腈(60% ~70%)。用二甲基亚砜、丙酮等作溶剂可以防止较活泼的卤代烃(如氯化苄)在用醇作溶剂与氰化钠进行反应时的醇解副反应。若卤代烃是液体,则卤代烃本身即可用作溶剂进行反应;若采用相转移催化技术,则反应可在水溶液中迅速进行,生成高产率的腈。

$$HOCH_2CH_2Cl + NaCN \xrightarrow[45\sim50\ ℃,5\sim6\ h]{} \underset{79\%}{HOCH_2CH_2CN}$$

$$C_8H_{17}Br + KCN \xrightarrow[80\ ℃]{冠醚/H_2O} \underset{97\%}{C_8H_{17}CN} + KBr$$

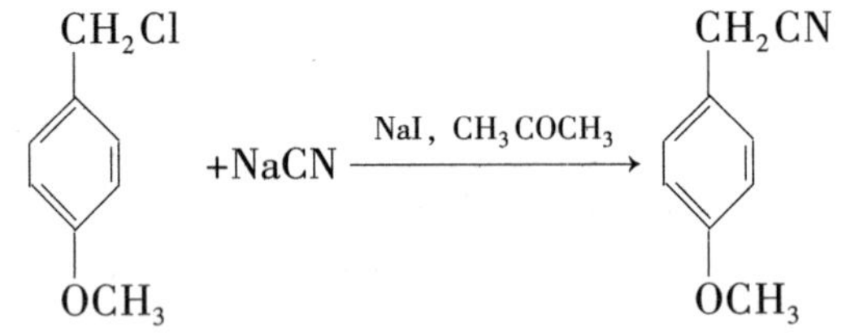

74% ~81%

芳香族卤代烃与氰化亚铜作用,可生成相应的芳香腈。一般以吡啶、喹啉或 N,N-二甲基甲酰胺等为溶剂,在 150 ~260 ℃温度之间进行反应。例如

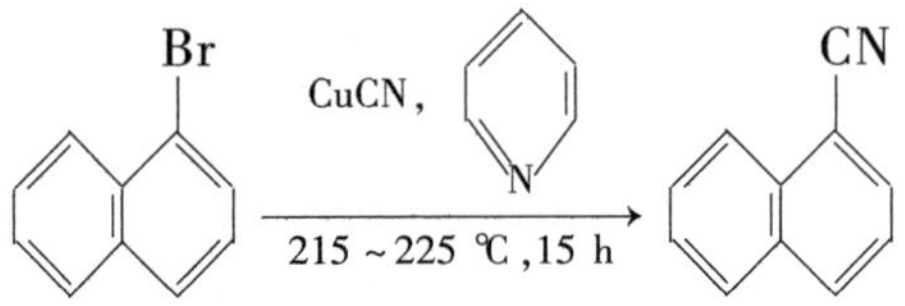

82% ~90%

2. 醛或酮与氰化氢加成

羰基化合物与氰化氢加成,生成 α-羟基腈。

$$RR'C{=}O + HCN \longrightarrow R{-}C(OH)(R'){-}CN$$

α-羟基腈是制备 α-羟基酸的原料。羟基酸可进一步失水,成为 α,β-不饱和酸。例如,甲基丙烯酸甲酯(有机玻璃的单体)就是由该反应合成而得的。

$$(CH_3)_2C{=}O + HCN \xrightarrow{NaOH} \underset{78\%\ 丙酮羟氰}{(CH_3)_2C(OH)CN} \xrightarrow[H_2SO_4]{CH_3OH} \underset{90\%\ 甲基丙烯酸甲酯}{CH_2{=}C(CH_3){-}C(O){-}OCH_3}$$

羰基化合物与氰化氢发生加成反应的速度和产率与羰基化合物的结构以及反应介质的酸碱度有关。大多数脂肪醛、脂肪甲基酮以及芳香醛与氰化氢的反应是能顺利进行的,而且能得到较高产率的 α-羟基腈;芳香烷基酮或脂肪酮的两个烷基较大时,由于空间位阻效应,α-羟基腈的产率大为降低,二芳基酮甚至不发生反应。羰基化合物与氰化氢反应在酸性介质中,反应速度较慢;在碱性介质中(如加入少量碱性物质,即氢氧化钠、氢化钾、胺、阴离子

交换树脂等)，则反应速度大大加快。例如

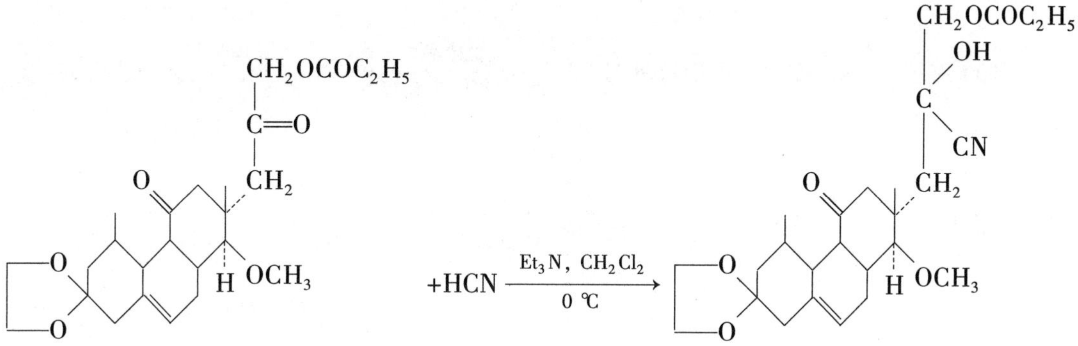

96%

为了避免使用易挥发的剧毒的氰化氢，可以采用向羰基化合物与氰化钠(钾)的混合物中加无机酸的方法进行反应；或者用氰化钠与羰基化合物和亚硫酸氢钠的加成物作用的方法制备 α-羟基腈。例如

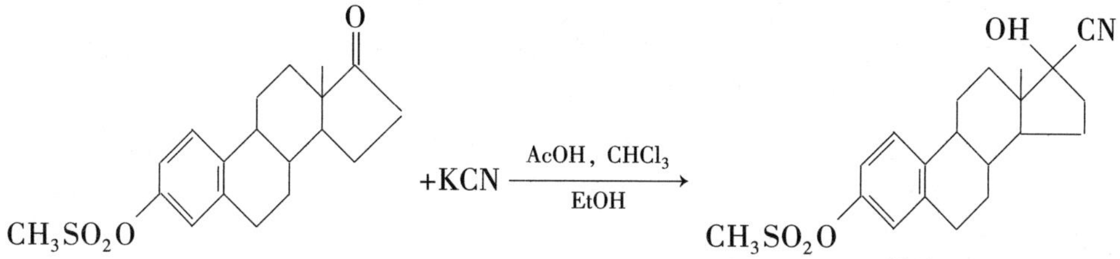

80%

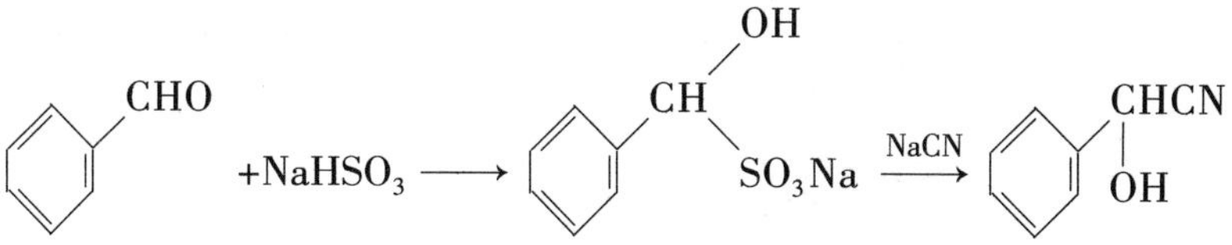

4.5 反应实例

1. 1-苯基-3-氯代丙烯(肉桂基氯 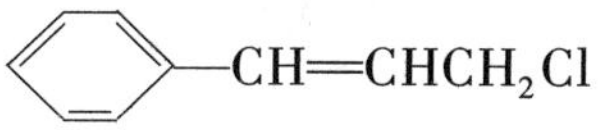)的制备

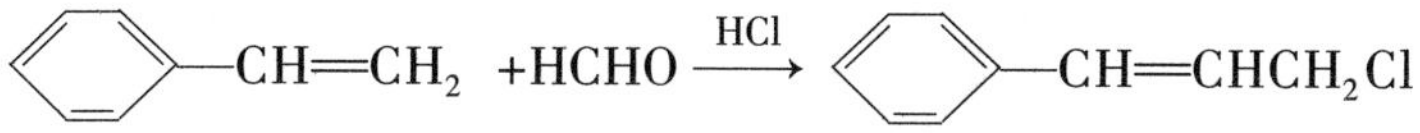

70%

配料比：n(苯乙烯)：n(甲醛)：n(盐酸(质量分数为 30%))：n(氯化钙) = 1.00：0.086：4.00：0.007。

搅拌下将苯乙烯加入已有盐酸、甲醛的反应釜内，升温回流 3 h，得肉桂基氯。该反应是烯烃的氯甲基化反应，和芳环的氯甲基化反应相同。

本品为合成医用麻醉性镇痛药布桂嗪的中间体。

2. 2–甲基–5–硝基苄基乙酰胺基丙二酸二乙酯的制备

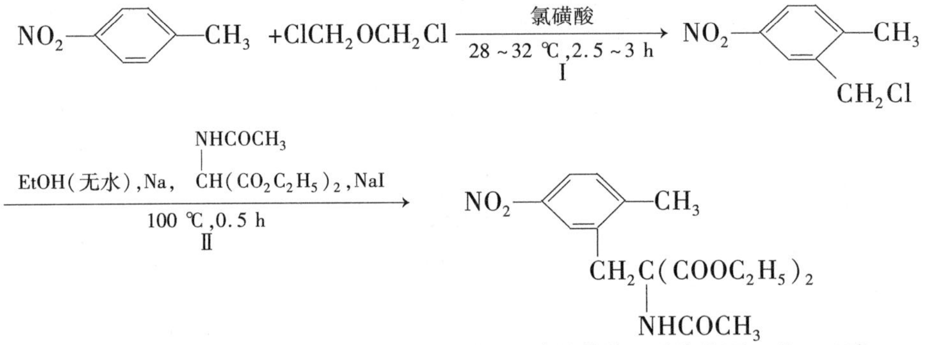

2–甲基–5–硝基苄基乙酰胺基丙二酸二乙酯

配料比：(Ⅰ)n(对硝基甲苯(精制))：n(二氯甲醚(粗品))：n(氯磺酸)= 1.00：1.95：1.00；

(Ⅱ)n(氯甲基化物)：n(乙酰胺基丙二酸二乙酯)：n(无水乙醇)：n(金属钠)= 1.00：1.17：5.00：0.12。

对硝基甲苯和二氯甲醚在氯磺酸催化下，于28 ~32 ℃反应2.5 ~3 h后，反应液冷却放置过夜，用冰水使其析出结晶，得氯甲基化物。然后在金属钠、无水乙醇及少量碘化钠存在下，使氯甲基化物和乙酰胺基丙二酸二乙酯进行烷基化反应，得固体产物2–甲基–5–硝基苄基乙酰胺基丙二酸二乙酯。

本品为医用抗肿瘤药硝卡芥的中间体。2–氯甲基–4–硝基甲苯可用锌粉、硫酸还原得3,4–二甲基苯胺，用于合成维生素 B_2。

3. 3,5–二叔丁基–4–羟基苯基丙酸甲酯的制备

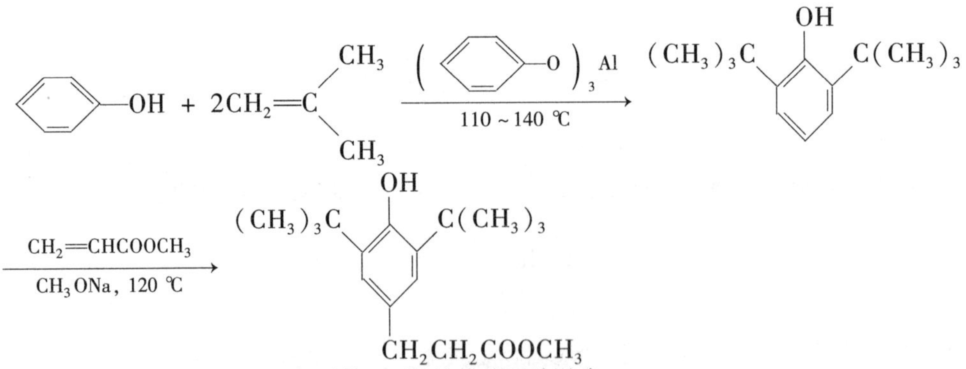

3,5–二叔丁基–4–羟基苯基丙酸甲酯

苯酚与异丁烯在催化剂三苯酚铝存在下进行烷基化反应，制得2,6–二叔丁基苯酚，后者再与丙烯酸甲酯在甲醇钠溶液中进行加成反应，得3,5–二叔丁基–4–羟基苯丙酸甲酯。

本品为性能优良的高分子材料抗氧剂(1010,1076 等)的重要中间体。

4. α–乙酰基–γ–丁内酯的制备

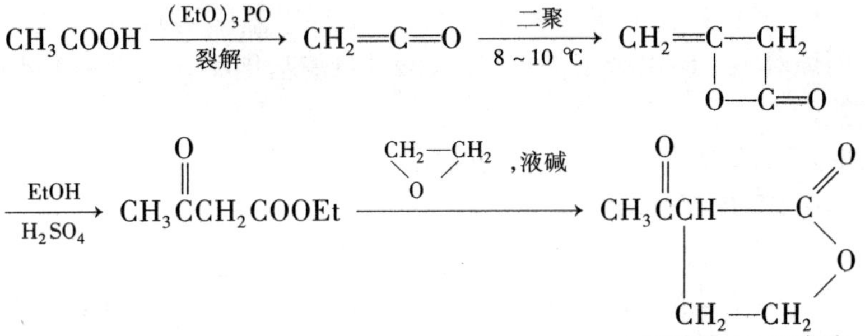

α–乙酰基–γ–丁内酯

冰醋酸在磷酸三乙酯存在下，于 70 ~ 80 ℃裂解，再二聚得双乙烯酮。双乙烯酮在浓硫酸催化剂存在下与无水乙醇进行酯化反应，得到乙酰乙酸乙酯。乙酰乙酸乙酯再与环氧乙烷缩合得到 α–乙酰基–γ–丁内酯。

本品为有机合成中间体，可用于合成维生素等。

5. 5–(1–甲基丁基)–5–烯丙基巴比妥酸的制备

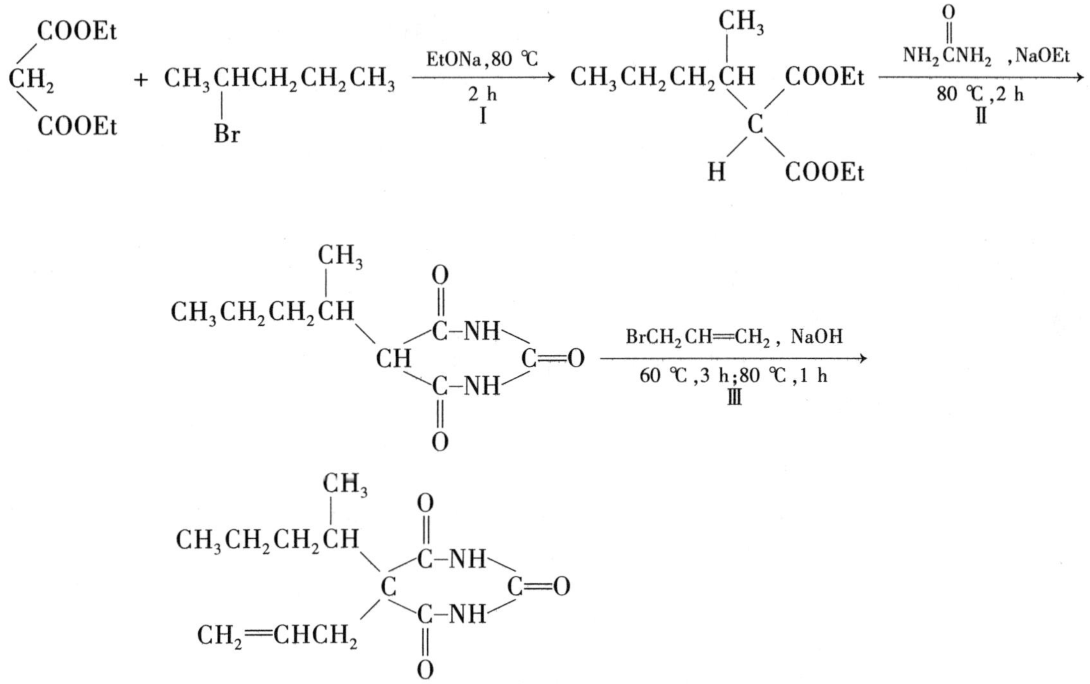

5–(1–甲基丁基)–5–烯丙基巴比妥酸

配料比：(Ⅰ)n(丙二酸二乙酯)：n(2–溴戊烷)：n(乙醇钠(质量分数为 16%))：n(乙酸乙酯)= 1.00：0.94：2.73：0.62；

(Ⅱ)n(一取代物)：n(尿素)：n(乙醇钠(质量分数为 16%))：n(乙酸乙酯)= 1.00：0.57：4.65：0.10；

(Ⅲ)n(5–(1–甲基丁基)巴比妥酸)：n(溴丙烯)：n(氢氧化钠)= 1.00：0.62：0.20。

首先丙二酸二乙酯和2-溴戊烷在醇钠存在下进行烷基化反应，得2-(1-甲基丁基)丙二酸二乙酯。产物在醇钠催化下与尿素环合，得5-(1-甲基丁基)巴比妥酸。最后在氢氧化钠作用下，溴丙烯对5-(1-甲基丁基)巴比妥酸进行烷基化反应，得5-(1-甲基丁基)-5-烯丙基巴比妥酸。

本品制成钠盐后，即为巴比妥类催眠药烯戊巴比妥。

6. 2-苯基-2-乙基戊二腈的制备

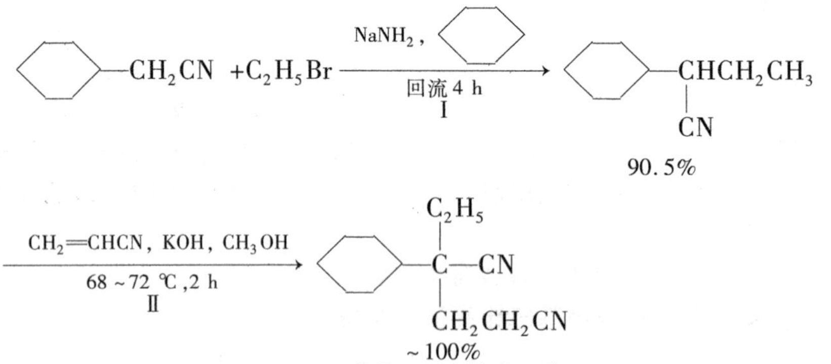

2-苯基-2-乙基戊二腈

配料比：(Ⅰ) n(溴乙烷)：n(苯乙腈)：n(氨基钠)：n(苯) = 1.00：0.86：0.35：2.50

(Ⅱ) n(2-苯基丁腈)：n($KOH-CH_3OH$(质量分数为30%))：n(丙烯腈) = 1.00：0.15：1.22。

溴乙烷和苯乙腈在苯溶液中以氨基钠为催化剂进行烷基化反应，得2-苯基丁腈。然后，将丙烯腈加入2-苯基丁腈的 $KOH-CH_3OH$ 溶液中，反应2 h后，水洗，分取油层即得2-苯基-2-乙基戊二腈。

本品主要用于合成医用非巴比妥类镇静催眠药格鲁米特。

7. 氰基乙酸乙酯的制备

$$ClCH_2COOH + EtOH \longrightarrow ClCH_2COOEt \xrightarrow{NaCN} NCCH_2CO_2Et$$

氯乙酸和醇作用生成氯乙酸乙酯，精制后的氯乙酸乙酯和氰化钠进行氰化反应得氰乙酸乙酯粗品，经过滤、常压蒸馏、减压精馏得精品氰基乙酸乙酯。

本品在医药上可用作咖啡因和维生素 B_6 的中间体，也可用作彩色胶片的油溶性成色剂和合成黏合剂的原料。

8. 2,2-二甲基-3-氰基-1,3-丙二醇的制备

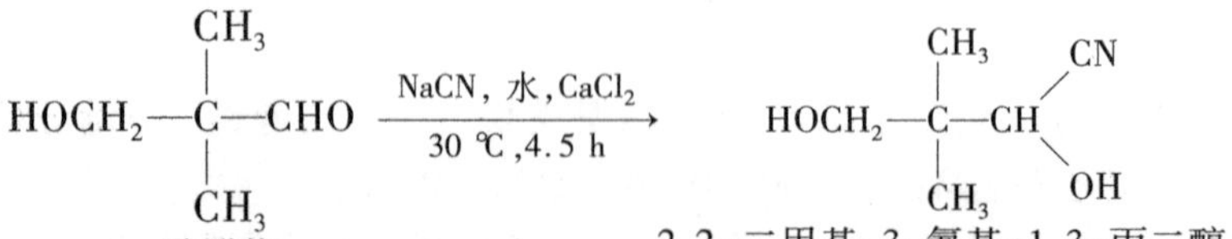

醇醛物　　　　2,2-二甲基-3-氰基-1,3-丙二醇

配料比：n(醇醛物)：n(氰化钠)：n(氯化钙)：n(水) = 1.00：0.43：0.49：适量。

在30 ℃下将醇醛物水溶液缓慢加入氰化钠和氯化钙的混合水溶液中，加毕，于30 ℃保温反应4.5 h，得2,2-二甲基-3-氰基-1,3-丙二醇。

本品为有机合成中间体，可用于合成医药混旋泛酸钙。

9. 2,6-二乙基苯胺的制备

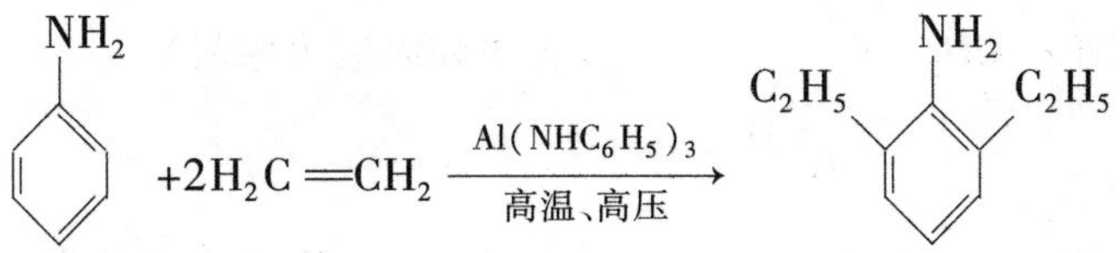

在氮气存在下将苯胺与催化剂苯胺铝混合加入反应釜，搅拌、加热至 140 ℃，当釜压不再升高时停止加热，冷却后排出釜内气体，再次升温，分批次通入乙烯，300～330 ℃下反应 1～4 h。冷却后导出反应液，减压蒸馏得到产品，产率 90%。

本品可作为农药除草剂、杀虫剂、医药和染料的中间体。

习　　题

一、完成下列反应

1. 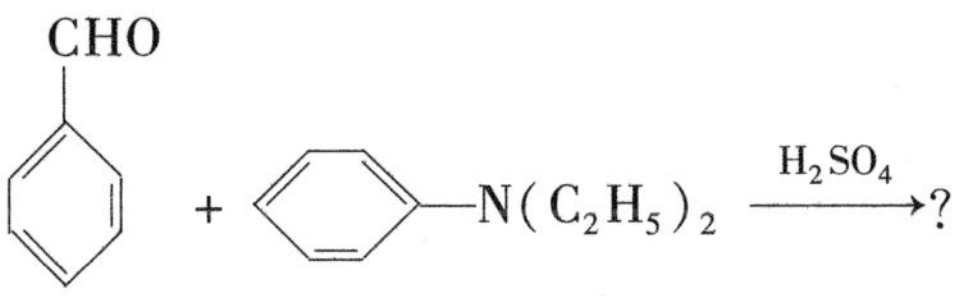

2. 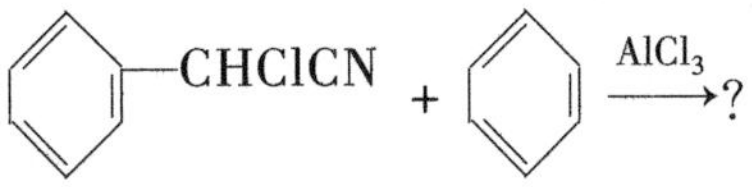

3. 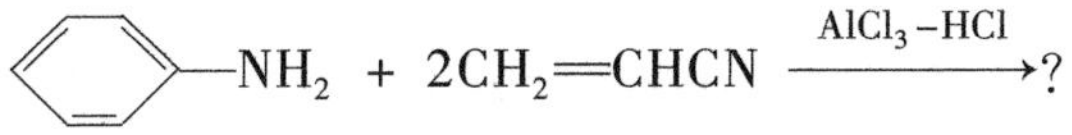

4. 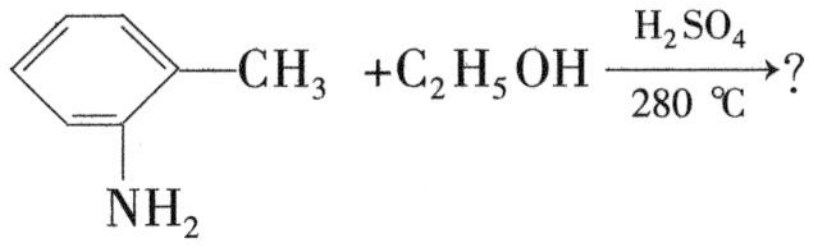

5. $NaC{\equiv}CNa + CH_3\underset{\displaystyle Br}{\underset{|}{C}}HCH_2CH_2CH_3 \xrightarrow{\text{溶剂}} ?$

6. $(CH_3)_2CH{-}CH_2{-}CHO + R_2NH \xrightarrow[\text{②蒸馏}]{\text{①}K_2CO_3} ? \xrightarrow{C_2H_5I} \xrightarrow{H_3O^+} ?$

习题答案请扫码查看

二、合成下列化合物

1. 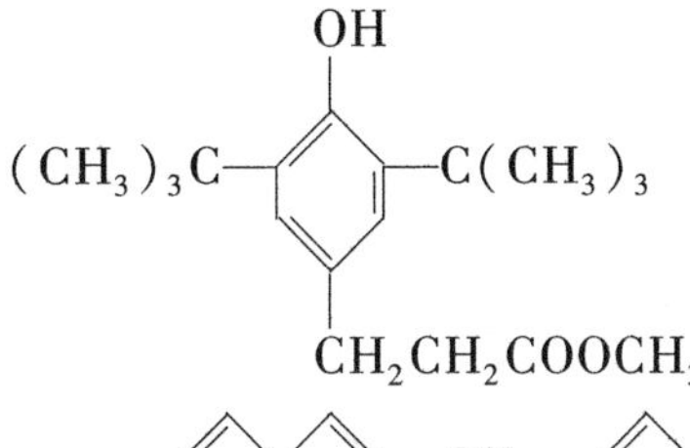
（以苯酚为原料）

2. 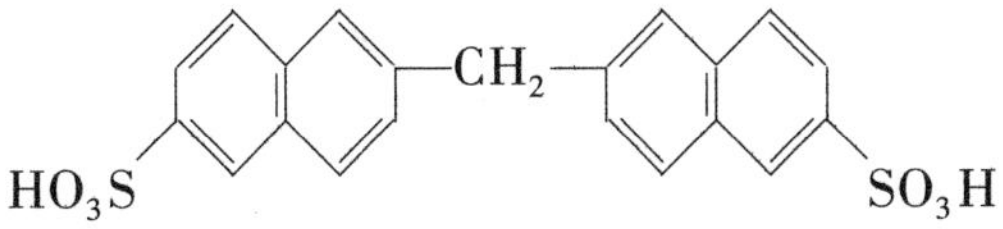
（以萘为原料）

3. 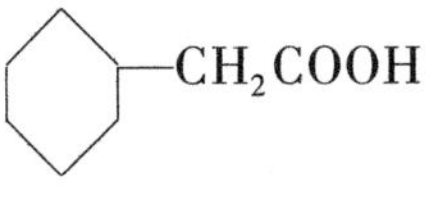
（以环己醇为原料）

4. 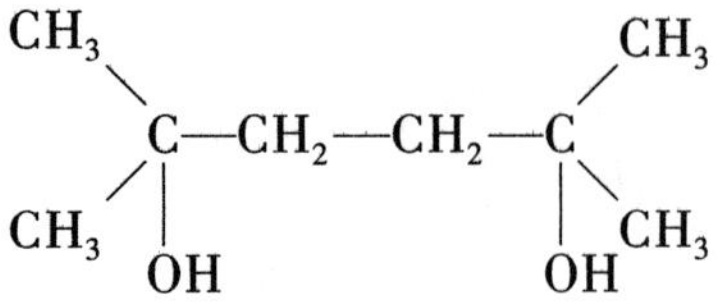（以乙炔和丙酮为原料）

5. 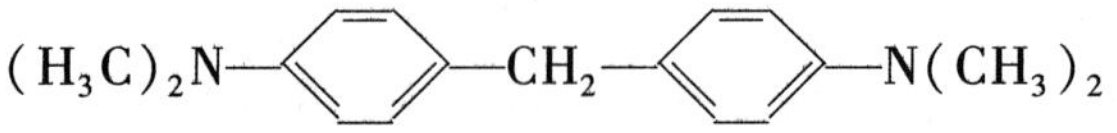（以苯胺为原料）

第5章　酰基化反应

在有机化合物分子中的碳、氮、氧、硫等原子上引入脂肪族或芳香族酰基的反应称为酰基化反应，简称为酰化。而酰基是指从含氧的无机酸、有机羧酸或磺酸分子中除去羟基后所剩余的基团。将酰基引入氮原子上合成酰胺化合物的反应称为氮酰化（N-酰化），将酰基引入碳原子上合成芳酮或芳醛的反应称为碳酰化（C-酰化）。

酰化反应可用下述通式表示：

$$R-\overset{\overset{\displaystyle O}{\|}}{C}-Z\ +GH \longrightarrow R-\overset{\overset{\displaystyle O}{\|}}{C}-G\ +HZ$$

式中，RCOZ 为酰化剂，其中的 Z 代表—X、—OCOR′、—OH、—OR′、—NHR′等；GH 为被酰化物，其中的 G 代表 ARNH—、R′NH—、R′O—、Ar—等。

本章主要介绍 N-酰化和 C-酰化的基本原理、方法和实例。

5.1　N-酰化反应

5.1.1　N-酰化的基本原理

N-酰化是将胺类化合物与酰化剂反应，在氨基的氮原子上引入酰基而成为酰胺化合物的反应。胺类化合物可以是脂肪族或芳香族胺类。常用的酰化剂有羧酸、羧酸酐、酰氯以及酯等。N-酰化反应有两种目的：一种是将酰基保留在最终产物中，以赋予化合物某些新的性能；另一种是为了保护氨基，即在氨基氮上暂时引入一个酰基，然后再进行其他合成反应，待反应完成后，最后经水解脱除原先引入的酰基。从反应的基本原理及合成方法来看，两者并无重大区别。

胺类化合物的酰化是发生在氨基氮原子上的亲电取代反应。酰化剂中酰基的碳原子上带有部分正电荷，它与氨基氮原子上的未共用电子对相互作用，形成过渡态络合物，再转化成酰胺。以芳香族胺类化合物为代表，酰化反应历程可表示为

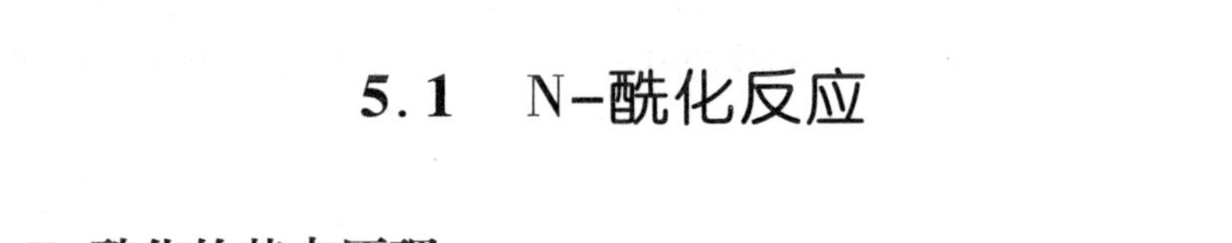

式中，Z 代表—OH、—OCOR、—Cl、—OC_2H_5 等。氨基氮原子上的电子云密度越大或空间阻碍越小，反应活性越强。胺类化合物酰化活性的一般规律为：伯胺>仲胺；脂肪族胺>芳香族胺；无空间阻碍的胺>有空间阻碍的胺。芳环上有供电子基团时，反应活性增加；反之，有吸电子基团时，反应活性下降。

羧酸、酸酐和酰氯都是常用的酰化剂，当它们具有相同的烷基 R 时，酰化反应活性的大小次序为

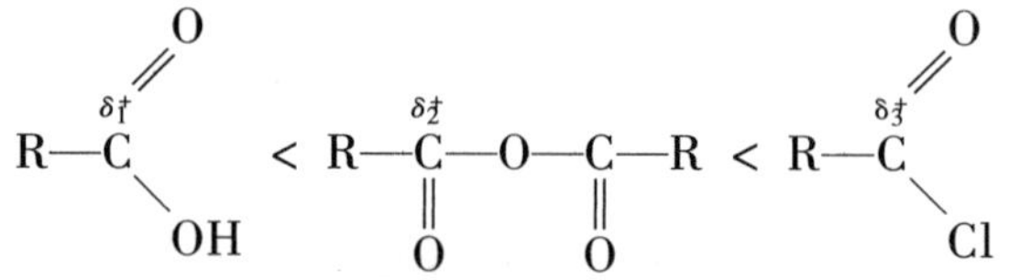

因为酰氯中氯原子的电负性最大,酸酐的氧原子上又连接了一个吸电子的酰基,因而吸电子的能力较酸为强。因此,这三类酰化剂的羰基碳原子上的部分正电荷大小顺序为

$$\delta_1^+<\delta_2^+<\delta_3^+$$

其反应活性随 R 碳链的增长而减弱。因此,如要引入长碳链的酰基,必须采用比较活泼的酰氯作酰化剂;引入低碳链的酰基可采用羧酸(甲酸或乙酸)或酸酐作酰化剂。

对于同一类型的酰氯,当 R 为芳环时,由于它的共轭效应,使羰基碳原子上的部分正电荷降低,因此芳香族酰氯的反应活性低于脂肪族酰氯(如乙酰氯)。如

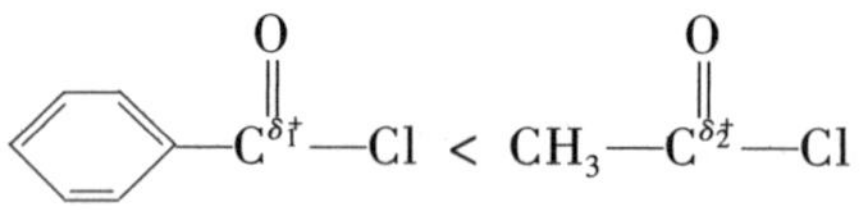

$$\delta_1^+<\delta_2^+$$

对于酯类,凡是由弱酸构成的酯(如乙酰乙酸乙酯)均可用作酰化剂;而由强酸形成的酯,由于酸根的吸电子能力强,使酯中烷基的正电荷增大,因此常用作烷化剂,而不是酰化剂,如硫酸二甲酯等。

5.1.2　N-酰化方法

1. 用羧酸的 N-酰化

用羧酸对胺类进行酰化的反应是一个可逆反应。酰化反应通式为

$$R'NH_2+RCOOH \rightleftharpoons R'NHCOR+H_2O$$

由于羧酸是一类较弱的酰化剂,一般只适用于对碱性较强的胺类进行酰化。为了使反应进行到底,可使用过量的反应物,通常是用过量的羧酸,并同时不断移去反应生成的水。移去反应生成水的方法常常是在反应物中加入甲苯或二甲苯进行共沸蒸馏脱水,也可采用化学脱水剂如五氧化二磷、三氯氧磷等移去反应生成的水。如果羧酸和胺类均为不挥发物,则可在直接加热反应物料时蒸出水分;如果胺类为挥发物,则可将胺通入到熔融的羧酸中进行反应。另外,也可将胺及羧酸的蒸气通入温度为 280 ℃的硅胶或温度为 200 ℃的三氧化二铝上进行气固相酰化反应。

为了加速 N-酰化反应,有时需加入少量强酸作为催化剂,例如苦味酸、盐酸、氢溴酸或氢碘酸,使反应速度加快。

用于 N-酰化的羧酸主要是甲酸或乙酸,用乙酸作酰化剂时,一般采用冰醋酸,乙酸的浓度过低对反应不利。为了防止羧酸的腐蚀,要求使用铝制反应器或搪玻璃反应器。

2. 用酸酐的 N-酰化

酸酐对胺类进行酰化反应的通式为

$$R'NH_2+(RCO)_2O \longrightarrow R'NHCOR+RCOOH$$

这一反应是不可逆的,反应中没有水生成。酸酐的酰化活性较羧酸强,最常用的酸酐是乙酐,在 20～90 ℃反应即可顺利进行,乙酐的用量一般过量 5%～10%。乙酐在室温下的水

解速度很慢，因此对于反应活性较高的胺类，在室温下用乙酐进行酰化时，反应可以在水介质中进行，因为酰化反应的速度大于乙酐水解的速度。

用酸酐对胺类进行酰化时，一般可以不加催化剂。如果是多取代芳胺，或者带有较多吸电子基，以及空阻较大的芳香胺类，需要加入少量强酸作催化剂，以加速反应。

对于二元胺类，如果只酰化其中一个氨基时，可以先用等摩尔比的盐酸，使二元胺中的一个氨基成为盐酸盐加以保护，然后按一般方法进行酰化。例如，间苯二胺在水介质中加入适量盐酸后，再于 40 ℃用乙酐酰化，先制得间氨基乙酰苯胺盐酸盐，经中和可得间氨基乙酰苯胺，它是一个有用的中间体。

3. 用酰氯的 N-酰化

用酰氯酰化的反应通式为

$$RCOCl+R'NH_2 \longrightarrow R'NHCOR+HCl$$

该反应是不可逆的。反应中放出的氯化氢能与游离胺化合成盐，从而降低酰化反应速度。因此，反应时需要加入碱性物质，如 $NaOH$、Na_2CO_3、$NaHCO_3$、CH_3COONa、$N(C_2H_5)_3$ 等，以中和生成的氯化氢，使氨基保持游离状态，从而提高酰化反应的产率。

(1)用脂肪酸酰氯酰化

脂肪酸酰氯为强酰化剂，向氨基上引入长碳链酰基时，它常被采用。例如，壬酰氯（$C_8H_{17}COCl$）在一定条件下，可将 3,4-二氯苯胺进行酰化得到壬酰化产物。

氯代乙酰氯是一种非常活泼的酰化剂。由于甲基中的氢原子被氯取代后，更增加了酰基碳原子上的部分正电荷，因此酰化反应可以在低温下完成。如

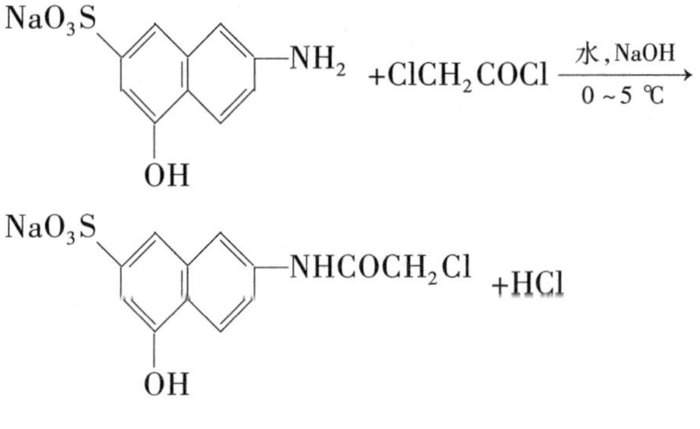

(2)用芳羧酰氯及芳磺酰氯酰化

常用的芳羧酰氯及芳磺酰氯有

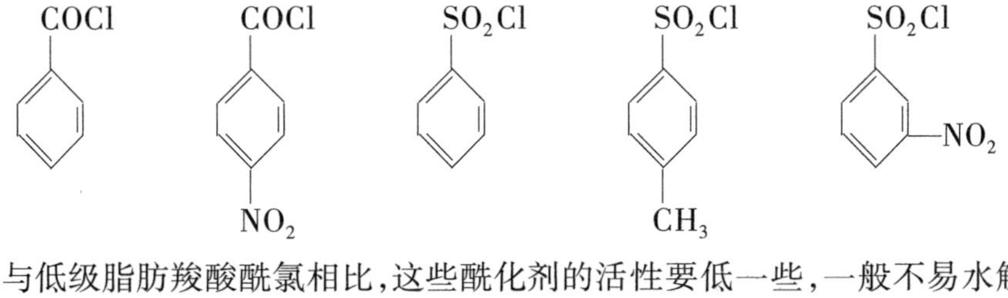

与低级脂肪羧酸酰氯相比，这些酰化剂的活性要低一些，一般不易水解，所以能在强碱介质中直接滴加酰氯进行酰化反应。

用芳磺酰氯酰化的条件与芳羧酰氯相似。芳香族伯胺或仲胺用芳磺酰氯酰化能生成许多有价值的中间体，例如

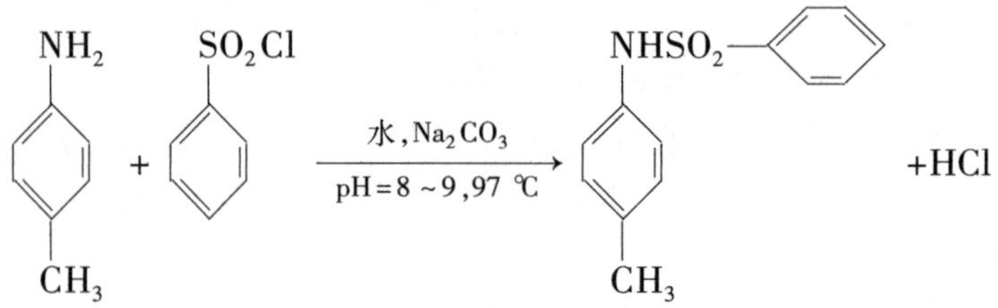

(3)用光气($COCl_2$)酰化

光气是碳酸的二酰氯,它是一种很活泼的酰化剂,在常温常压下是气体,剧毒。使用时要特别加强安全措施,严防漏气,并要有良好的通风设施。此外,光气酰化反应后的尾气必须进行安全处理,把剩余的光气加以破坏后才能排空。反应产物中溶解的光气,也应先行脱除,再进行其他操作处理。

利用光气与胺类进行酰化反应时可以合成许多重要产品,其中主要是脲衍生物及异氰酸酯。

① 在水介质中酰化。光气在水介质中,在低温就能和两分子芳胺反应生成二芳基脲衍生物,反应放出的氯化氢可用碱中和。例如,J 酸用光气酰化可制得猩红酸,它是重要的染料中间体。

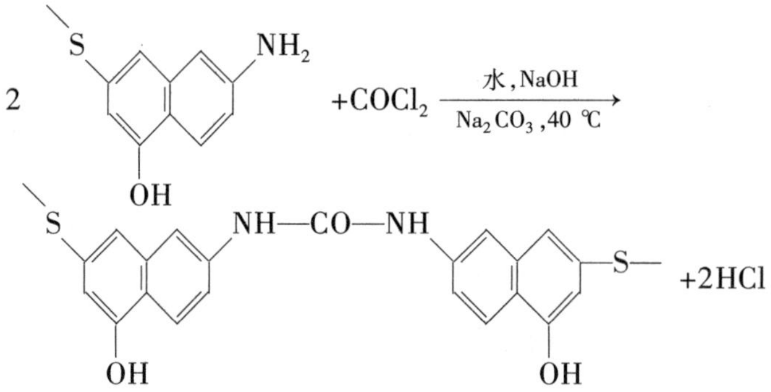

② 在有机溶剂中酰化。光气在有机溶剂(如甲苯、氯苯、邻二氯苯)中,在低温下能与等物质的量的芳胺作用,先生成芳胺基甲酰氯,再进行加热处理转变为芳基异氰酸酯。

$$ArNH_2+COCl_2 \xrightarrow{\text{低温}} ArNHCOCl+HCl$$

$$ArNHCOCl \xrightarrow{\text{高温}} Ar—N{=}C{=}O + HCl$$

甲苯二异氰酸酯就是按上述方法制得的,其总反应式为

它是合成泡沫塑料、涂料、耐磨橡胶和高强度黏合剂的重要中间体。

4. 用二乙烯酮的 N-酰化

二乙烯酮是两分子乙烯酮的聚合体。二乙烯酮的工业制法是由乙酸在高温(800 ℃)下裂解,首先生成乙烯酮,然后再进行二聚合成。

$$CH_3COOH \rightleftharpoons CH_2{=}C{=}O + H_2O$$

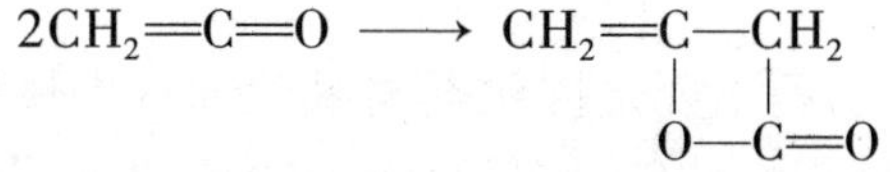

二乙烯酮在室温下是无色液体,具有强烈的刺激性,其蒸气的催泪性极强。二乙烯酮与芳胺反应是合成乙酰乙酰芳胺的最好方法。

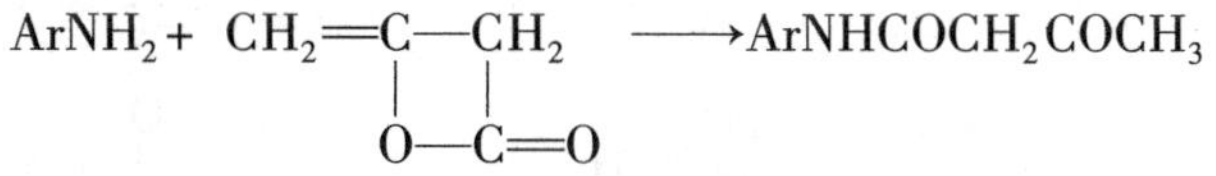

这类酰化反应可在低温(0 ~20 ℃)下进行,二乙烯酮用量为理论量的 1.05 倍,产率一般高于 95%,反应可在水介质中进行,有时也可用乙醇作溶剂。

过去制备乙酰乙酰芳胺均用乙酰乙酸乙酯为酰化剂,但因乙酰乙酸乙酯制备较复杂,且酰化能力较弱,所以目前常常采用二乙烯酮作酰化剂。

5. N-酰化终点的控制

在芳胺的酰化产物中,未反应的芳胺能发生重氮化,而酰化产物则不能。利用这一特性可在滤纸上作渗圈试验,定性检查酰化终点。利用重氮化方法还可以进行定量测定,用标准亚硝酸钠溶液滴定未反应的芳胺,其质量分数控制在 0.5% 以下。

6. 酰基的水解

酰胺在一定条件下可以水解,生成相应的羧酸和胺。

$$RNHCOR' + H_2O \longrightarrow RNH_2 + R'COOH$$

该反应生成的胺就是原先的胺。因此,将氨基化物酰化成为酰胺是保护氨基的一个最方便的方法,已经得到广泛应用,它能防止氧化和烷化等反应。常用的简单酰基对水解的稳定性顺序为

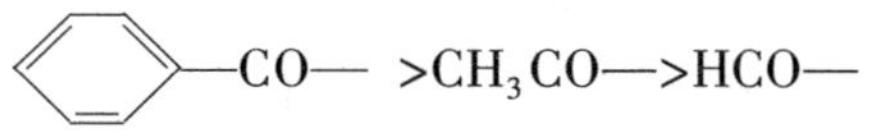

水解反应可以在碱性溶液或酸性溶液中进行。选择水解条件时,必须同时注意酰胺键的稳定性和胺类的稳定性,防止有些胺类对介质 pH 的敏感性,或在较高水解温度下的氧化副反应等,碱性水解常采用氢氧化钠水溶液,对有些加热后仍不溶的胺,可用氢氧化钠的醇-水溶液。酸性水解大多采用稀盐酸溶液,有时可加入少量硫酸以加速水解。水解反应一般在回流温度下进行。

5.2　C-酰化反应

5.2.1　芳环的 C-酰化反应

1. Friedel-Crafts 酰化反应

在三氯化铝或其他 Lewis 酸(或质子酸)催化下,酰化剂与芳烃发生环上的亲电取代,生成芳酮的反应,称为 Friedel-Crafts 酰化反应。

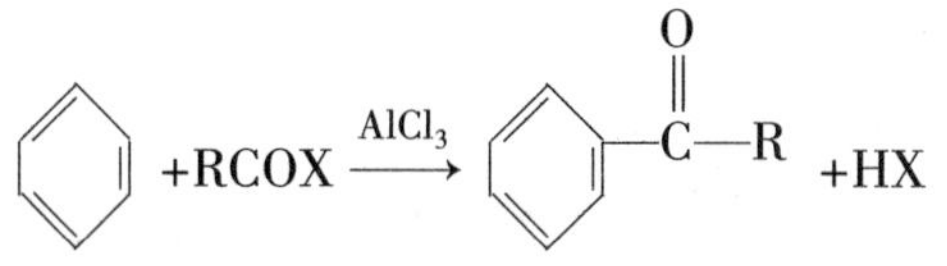

酰化剂除酰卤外，还可以是酸酐、羧酸、羧酸酯等。

(1)反应机理

Friedel-Crafts 酰化反应历程主要是催化剂与酰化剂首先作用，生成酰基正离子活性中间体，进攻芳环上电子云密度较大的碳，取代该碳上的氢，生成芳酮。

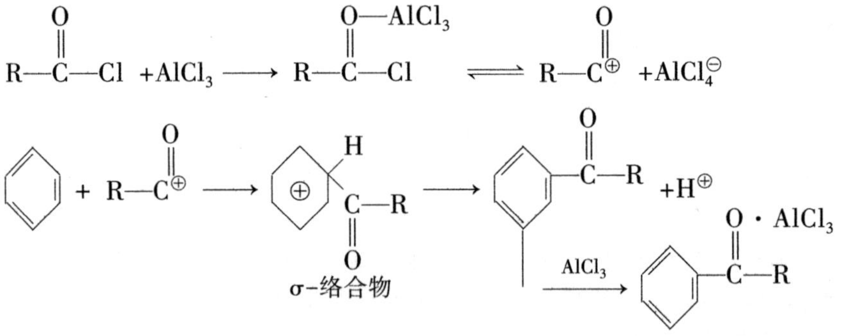

$$H^{+}+AlCl_4^{-} \longrightarrow HCl+AlCl_3$$

反应后生成的酮和三氯化铝以络合物的形式存在，需要稀酸处理才能得到游离的酮。因此 Friedel-Crafts 酰化反应与烷基化反应不同，$AlCl_3$ 的用量必须超过反应物的物质的量。若用酸酐作酰化剂，因为酸酐分子中含两个羰基，一分子酸酐可与两分子 $AlCl_3$ 形成络合物，所以 $AlCl_3$ 的用量与酸酐的用量的摩尔比应大于 2。

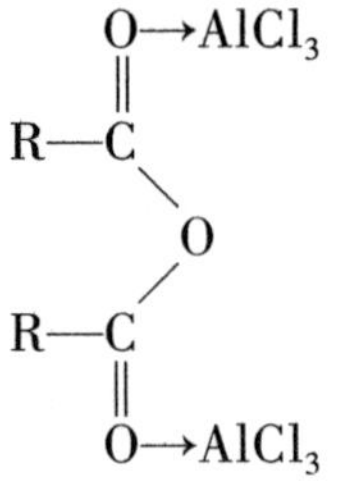

(2)影响反应的因素

① 酰化剂。在酰化剂中酰卤和酸酐是最常用的酰化剂。各种酰化剂的反应活性顺序为

酰卤>酸酐>羧酸

酰卤的酰基相同，则含有不同卤素的酰卤的反应活性顺序为

RCOI>RCOBr>RCOCl>RCOF

在酰卤中酰氯用得较多。脂肪族酰卤中烃基的结构对反应影响较大，当酰基的 α-碳原子是叔碳时，容易在 $AlCl_3$ 作用下形成叔碳正离子而使反应所得产物主要是烷基化物。

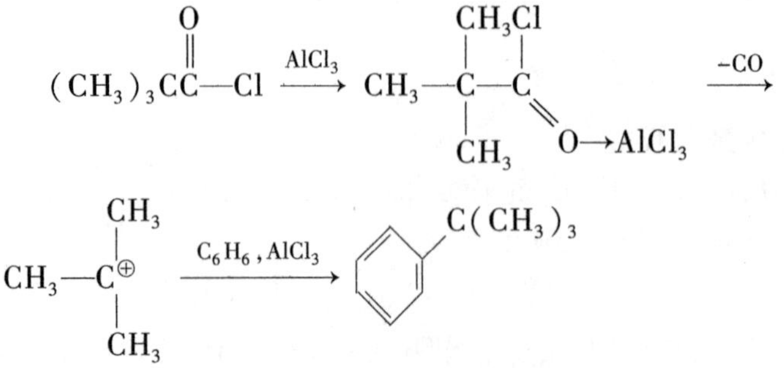

67.2%

常用的酸酐多数为二元酸酐，如丁二酸酐、顺丁烯二酸酐、邻苯二甲酸酐及它们的衍生物。二元酸酐可用于制备芳酰脂肪酸，该酸经锌汞齐-盐酸还原可得长链羧酸，接着进行分子内酰化即得环酮。

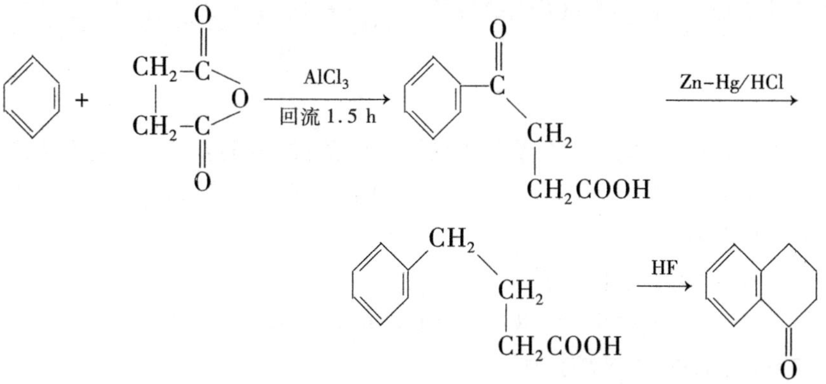

羧酸可以直接用作酰化剂，但不宜用 $AlCl_3$ 作催化剂，一般用硫酸、磷酸，最好是氟化氢。

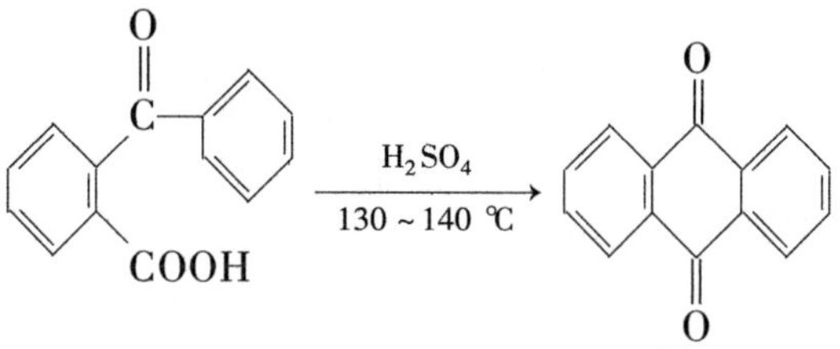

98%

酯也可用作酰化剂，但用得较少。

② 被酰化物的结构。与 Friedel-Crafts 烷基化反应相似，酰基化反应属亲电取代反应，所以芳环上进行酰基化反应的活性和烷基化反应一样。

取代芳环的酰基化反应按下列规律进行：当芳环上具有邻、对位定位基时，酰基主要进入对位，若对位被占，则进入邻位。

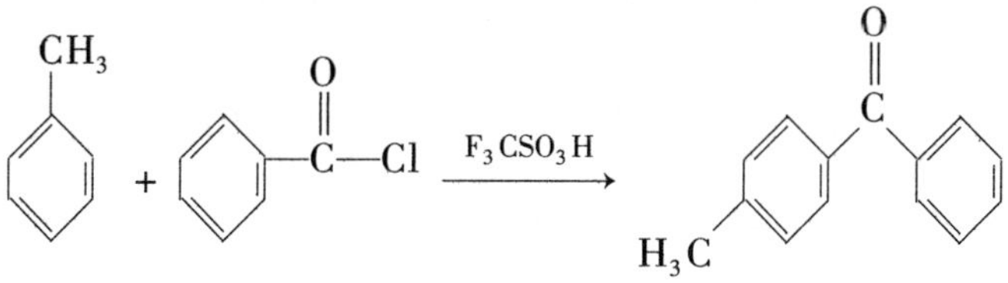

85%

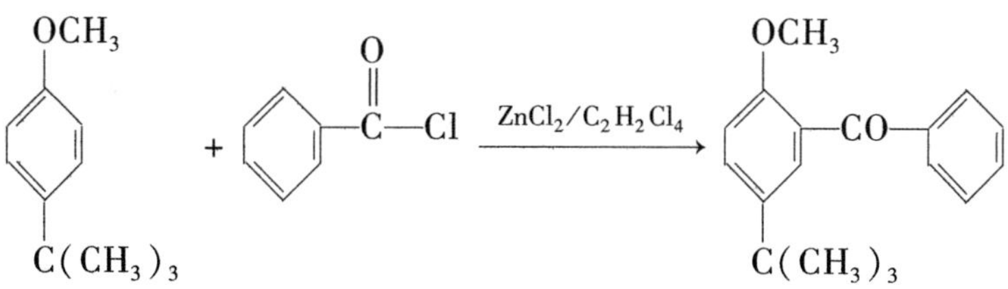

66%

与烷基化反应不同的是，酰基化反应在进行一取代后，就可以停止下来。所以，Friedel-Crafts 反应用于合成芳酮比合成芳烃更为有利，产品亦易于纯化。

多 π 电子的杂环(如呋喃、噻吩、吡咯等)容易进行酰基化反应;缺 π 电子的杂环(如吡啶、嘧啶等)则很难进行酰化反应。

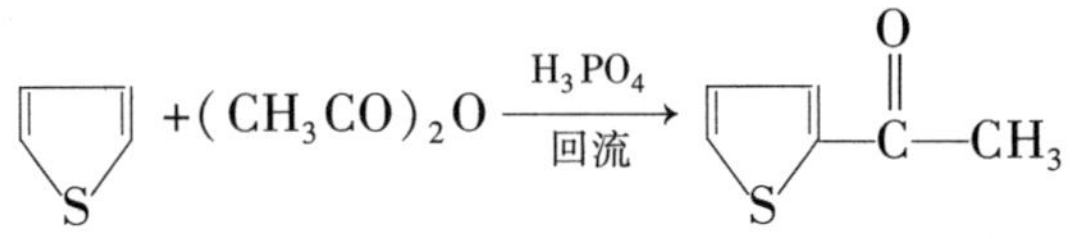

79%

③ 催化剂和溶剂。催化剂的选择常根据反应条件来确定。当酰化剂为酰氯和酸酐时,常以 Lewis 酸如 $AlCl_3$、BF_3、$SnCl_4$、$ZnCl_2$ 等为催化剂;若酰化剂为羧酸,则多选用 H_2SO_4、HF 及 H_3PO_4 等为催化剂。

Lewis 酸的催化活性大小次序为

$$AlBr_3 > AlCl_3 > FeCl_3 > ZnCl_2 > SnCl_4 > CuCl_2$$

质子酸的催化活性大小次序为

$$HF > H_2SO_4 > H_3PO_4$$

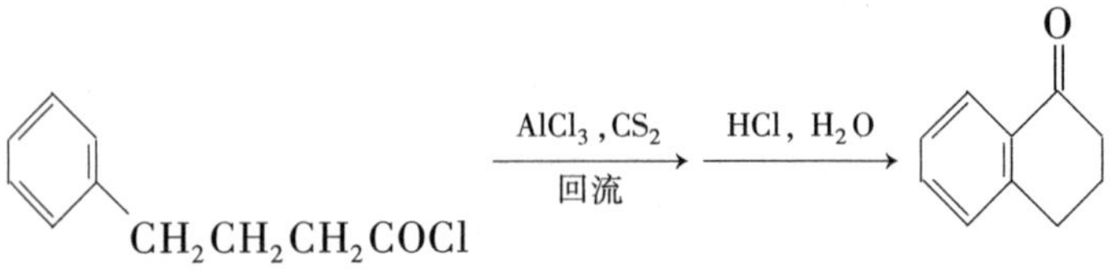

74% ~91%

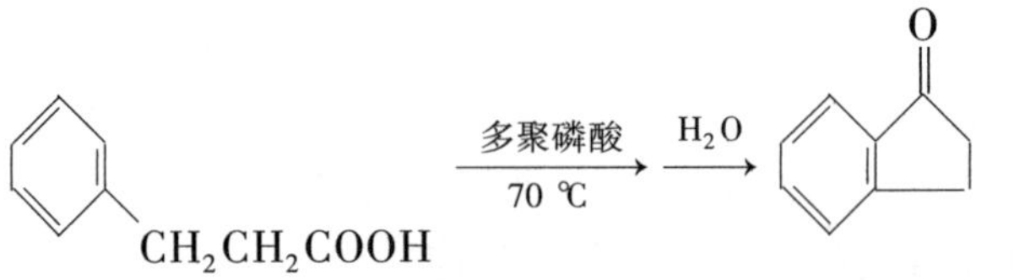

94%

溶剂的选择十分重要,它不仅可以影响反应的产率,而且可能影响酰基引入的位置。例如

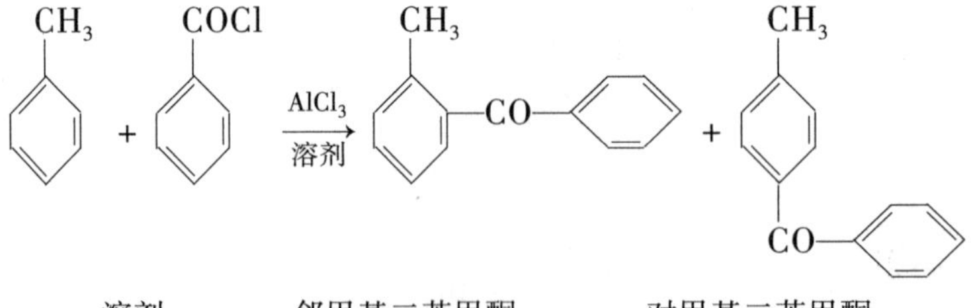

溶剂	邻甲基二苯甲酮		对甲基二苯甲酮
二氯乙烷	1	:	9.3
苯甲酰氯	1	:	9.6
硝基苯	1	:	12.7

常用的溶剂有二硫化碳、硝基苯、四氯化碳、二氯甲烷、石油醚等。硝基苯可与 $AlCl_3$ 形成复合物,而使催化剂的活性下降,所以只适用于较易酰化的反应。用氯代烷作溶剂时,反应温度不宜过高,以免在高温下参与芳环的取代反应。

思考题：己雷琐辛（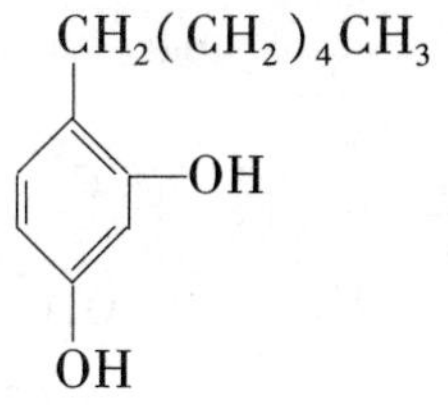）在医药、添加剂、化工等领域都有着重要应用，若用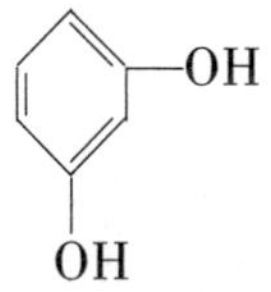和 $CH_3CH_2CH_2CH_2CH_2CH_2Cl$ 直接反应合成己雷琐辛是否可行？为什么？用什么方法能够得到较高产率的己雷琐辛？

2. Hoesch 反应

腈类化合物与氯化氢在 Lewis 酸氯化锌催化下，与含羟基或烷氧基的芳烃进行反应，可生成相应的酮亚胺，再经水解得含羟基或烷氧基的芳香酮，此反应被称为 Hoesch 反应。该反应以腈为酰基化试剂，间接地在芳环上引入酰基，是合成酚或酚醚类芳酮的一个重要方法。

Hoesch 反应可看成是 Friedel-Crafts 酰基化反应的特殊形式。反应历程是腈化物首先与氯化氢结合，在无水氯化锌的催化下，形成具有碳正离子活性的中间体，向苯核作亲电进攻，经 σ-络合物转化为酮亚胺，再经水解得芳酮。

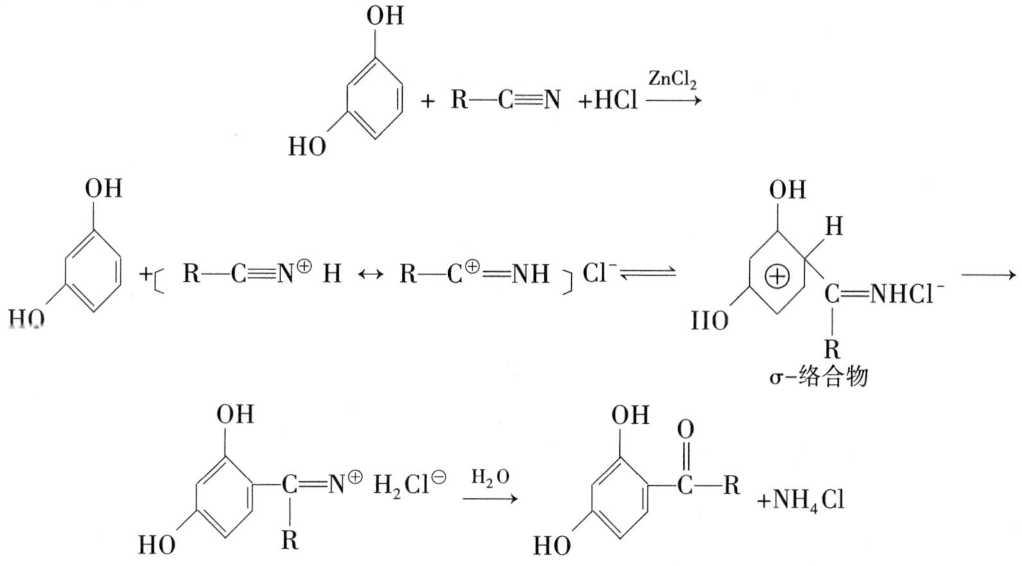

该反应一般适用于由间苯二酚、间苯三酚和酚醚以及某些杂环（如吡咯等）制备相应的酰化产物。腈化物（RCN）中的 R 可以是芳基、烷基、卤代烃基，其中以卤代烃基腈活性最强，可用于烷基苯、卤苯等酰化物的制备。芳腈的反应性低于脂肪腈。

催化剂一般用无水氯化锌，有时也用三氯化铁等。溶剂以无水乙醚最好，冰醋酸、氯仿-乙醚、丙酮、氯苯等也可使用。反应一般在低温下进行。

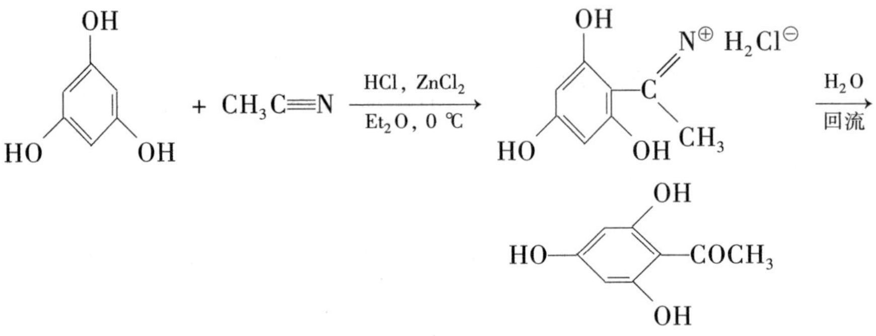

74% ~83%

反应应用与拓展：Hoesch(赫施,1882—1932)出生于德国,曾跟 Fischer(费歇尔)学习。第一次世界大战时在土耳其伊斯坦布尔大学任教授,战后经商。1915 年提出酚或酚醚等与质子酸在 Lewis 酸催化作用下与脂肪腈或芳香腈反应生成酮亚胺,再经水解得到含羟基或烷氧基的芳香酮的反应, Houben(霍本)于 1926 年改进了该反应,因此将该反应称为 Houben-Hoesch 反应。该反应近期发展和应用如下, 2 个反应分别于 2008 年和 1994 年发表在 *ARKIVOC* 和 *Tetrahedron Lett.* 杂志上。

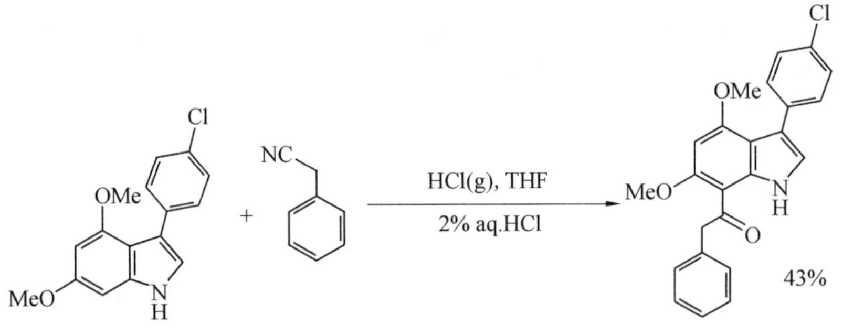

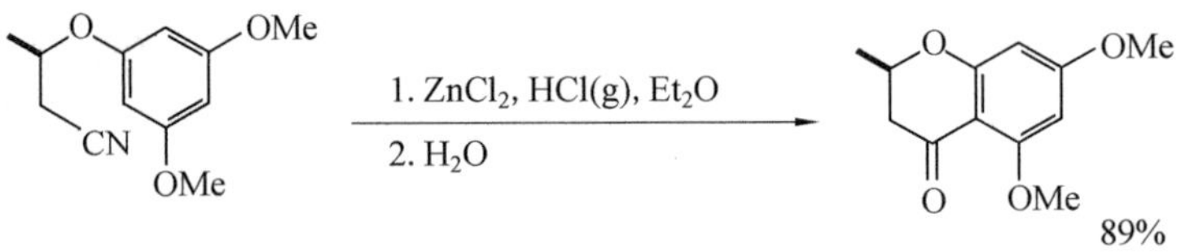

89%

3. 芳环上的甲酰化反应

(1)Gattermann 反应

Gattermann 发现可以用两种方法在芳环上引入甲酰基。

一种方法是氰化氢法,即以氢氰酸和氯化氢为酰化剂,氯化锌或三氯化铝为催化剂,使芳环上引入一个甲酰基。

$$ArH+HCN+HCl \xrightarrow{ZnCl_2} Ar\underset{\displaystyle H}{\underset{|}{C}}{=}NH \cdot HCl \xrightarrow{H_2O} ArCHO$$

为了避免使用有剧毒性的氢氰酸,改用无水氰化锌[$Zn(CN)_2$]和氯化氢来代替氢氰酸和氯化氢,这样可在反应中慢慢释放氢氰酸,使反应更为顺利。该反应可用于烷基苯、酚醚及某些杂环如吡咯、吲哚等的甲酰化。对于烷基苯,要求反应条件较剧烈,譬如需用过量的三氯化铝来催化反应。对于多元酚或多甲基酚，反应条件可温和些，甚至有时可以不用催化剂。

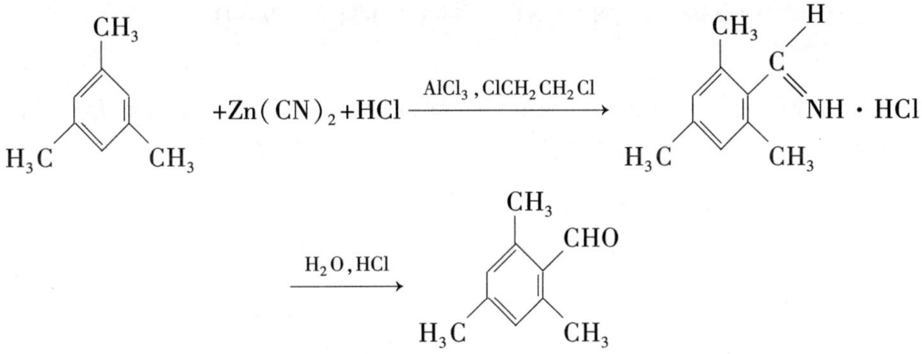

81%

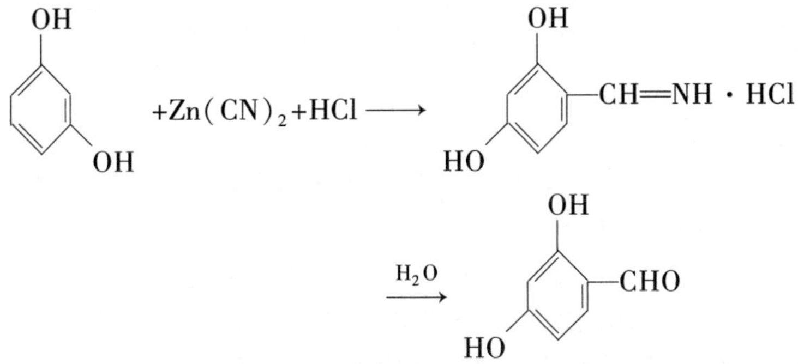

95%

另一种方法是用一氧化碳和氯化氢在催化剂三氯化铝、氯化亚铜存在下，与芳环反应，使芳环上引入一甲酰基。此法被称为一氧化碳法，或称 Gattermann-Koch 反应。

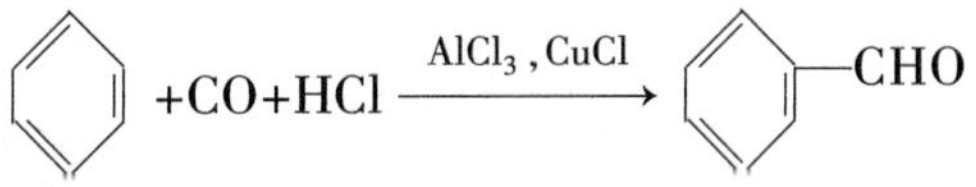

此反应主要用于烷基苯、烷基联苯等具有供电子取代基的芳甲醛的合成。氨基取代苯，其化学性质太活泼，易在该反应条件下与生成的芳醛缩合成三芳基甲烷衍生物。单取代的烷基苯在进行甲酰化时，几乎全部生成对位产物。

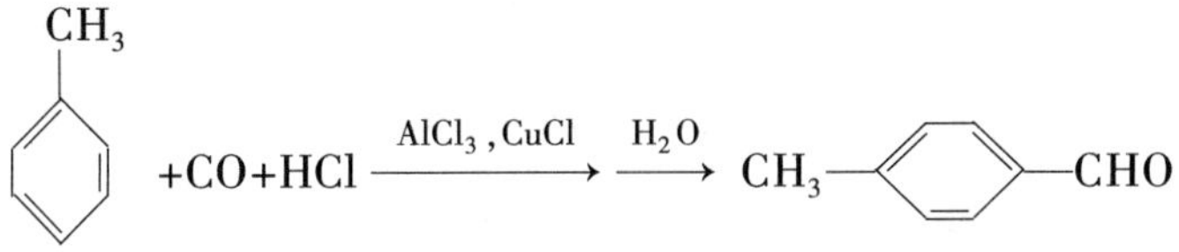

51%

反应所用催化剂除以 $AlCl_3$ 作主催化剂外，还要加辅助催化剂如 CuCl、$NiCl_2$、$CoCl_2$、$TiCl_4$ 等。反应一般在常压下进行，产率在 30% ~50% 之间，若在加压（以 3.5 MPa 左右为宜）下进行，产率可提高到 80% ~90%，温度一般以 25 ~30 ℃为宜。

该法不适用于酚及酚醚的甲酰化。

(2) Vilsmeier 反应

以氮取代的甲酰胺为甲酰化剂，在三氯氧磷作用下，在芳环或芳杂环上引入甲酰基的反应称为 Vilsmeier 反应。

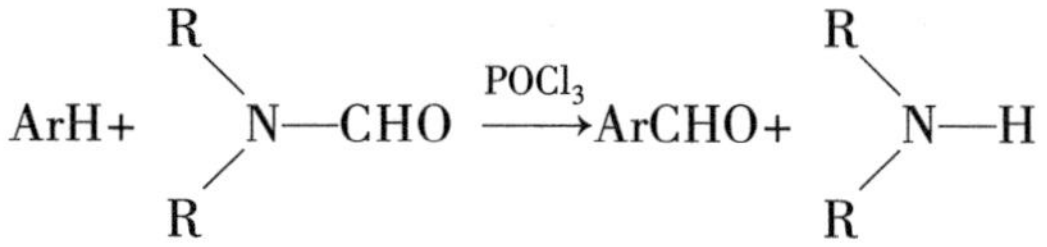

反应机理一般认为是甲酰胺与三氯氧磷生成加成物，然后进一步离解为具有碳正离子的活性中间体，再对芳环进行亲电取代反应，生成 α-氯胺后很快水解成醛。

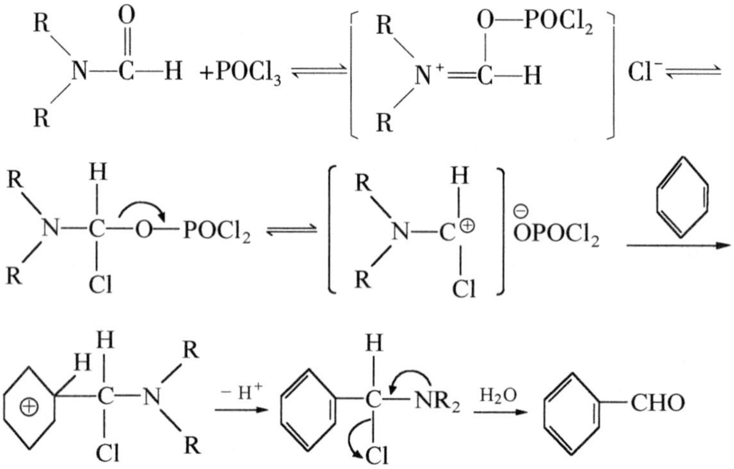

Vilsmeier 反应是在 N,N-二烷基苯胺、酚类、酚醚及多环芳烃等较活泼的芳香族化合物的芳环上引入甲酰基的最常用的方法。对于某些多 π 电子的芳杂环如呋喃、噻吩、吡咯及吲哚等化合物环上的甲酰化，用该方法进行反应也能获得较好的产率。

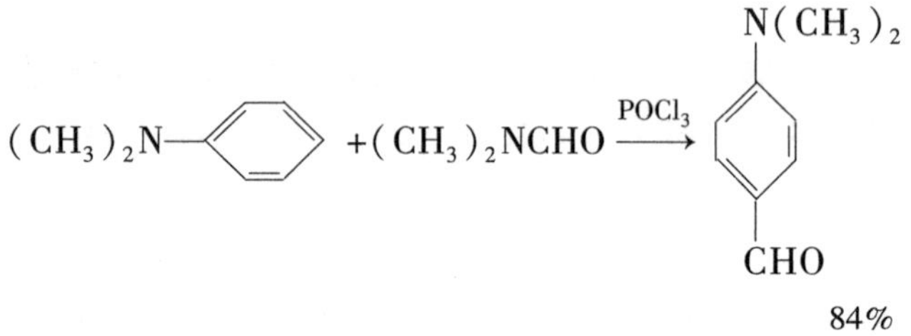

84%

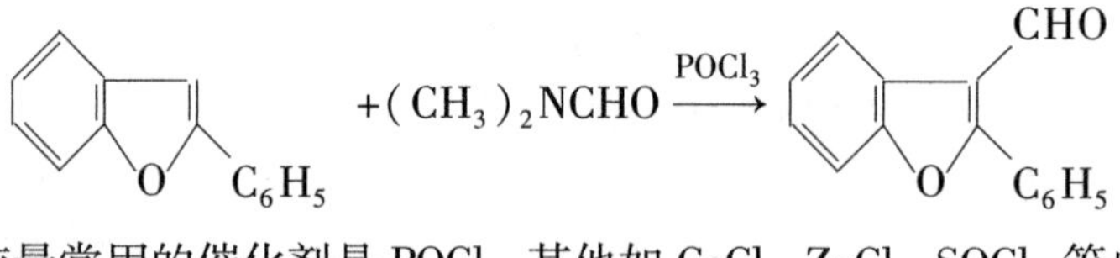

Vilsmeier 反应最常用的催化剂是 $POCl_3$，其他如 $CoCl_2$、$ZnCl_2$、$SOCl_2$ 等也可用作催化剂。

5.2.2 活泼亚甲基化合物的 C-酰化反应

具有活泼亚甲基的化合物（如乙酰乙酸乙酯、丙二酸酯、氰基乙酸酯等）可与酰基化试剂进行 C-酰化反应，由此可制备 1,3-二酮或 β-酮酸酯类化合物。

在强碱存在下，活泼亚甲基上的氢容易被酰基取代，生成碳酰化产物。其反应历程类似于活泼亚甲基化合物的碳烷基化反应。

酰氯是常用的酰化剂，有时酸酐和酯也可以用作酰化剂。

乙酰乙酸乙酯的活泼亚甲基碳酰化后得 β,β-二酮酸酯。二酮酸酯可在一定条件下选择性地分解,得到新的β-酮酸酯或 1,3-二酮衍生物。例如β,β-二酮酸酯在水溶液中加热回流,可选择性地去掉乙氧羰基,得 1,3-二酮衍生物;若在氯化铵水溶液中反应,则可使含碳少的酰基(通常为乙酰基)被选择性地分解除去,得到另一种新的β-酮酸酯。

$$CH_3COCH_2COOEt+PhCOCl \xrightarrow{Na,\ Et_2O} CH_3COCH(COPh)COOEt$$

$$\longrightarrow \begin{cases} \xrightarrow[\text{回流}]{H_2O} CH_3COCH_2COPh+CO_2+EtOH \\ \xrightarrow[42\ ℃]{NH_4Cl,NH_4OH,H_2O} PhCOCH_2COOEt+CH_3CO_2NH_4 \end{cases}$$

5.2.3 烯胺的 C-酰化反应

醛或酮与仲胺形成的烯胺,其β-位碳原子具有强亲核性,它不仅能与烷基化剂发生烷基化反应,而且能与酰化剂如酰卤等进行酰基化反应。这是在醛酮的α-碳上间接引入酰基,得到 1,3-二羰基化合物的有效方法。

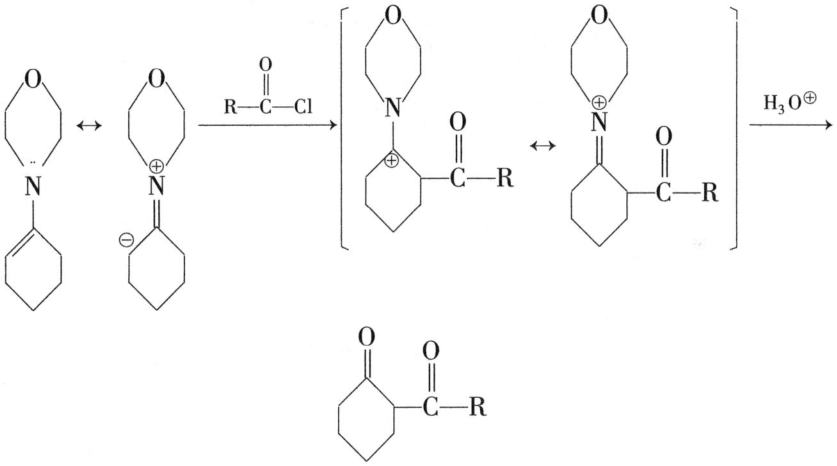

酰化剂可以是各种酰氯、酸酐、氯甲酸乙酯等。用该法制备 1,3-二酮的特点是副反应少,反应中不需要加其他催化剂,因而可避免碱催化下可能发生的醛或酮的自身缩合反应。

烯胺的碳酸酰基化反应的主要应用在于制得的α-酰基环酮在碱作用下开环,得到长链的酮酸,然后经黄鸣龙法还原可得到饱和的长链羧酸,后者用金属氢化物还原后可得直链高碳醇。例如,三十烷醇的制备方法之一是用 1-吗啉-1-环己烯与二十四烷酰氯反应,先得 2-二十四烷酰基环己酮,然后用氢氧化钾溶液处理开环,得到 7-氧代三十烷酸,再经两步还原,即得三十烷醇。合成过程为

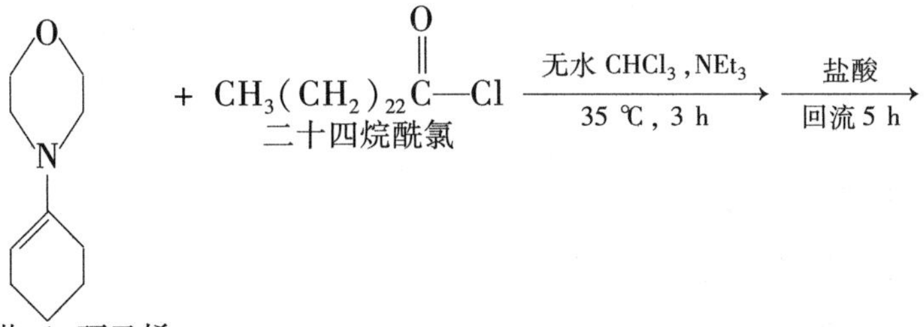

1-吗啉-1-环己烯

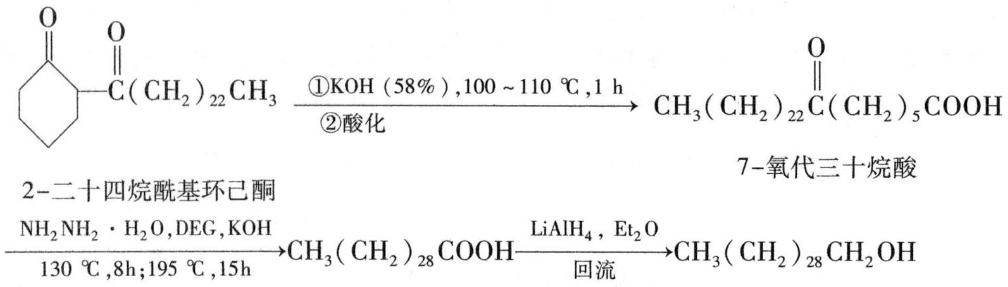

2-二十四烷酰基环己酮　7-氧代三十烷酸

三十烷酸　三十烷醇

5.3 反应实例

1. 2,4-二羟基己苯(己雷琐辛)的制备

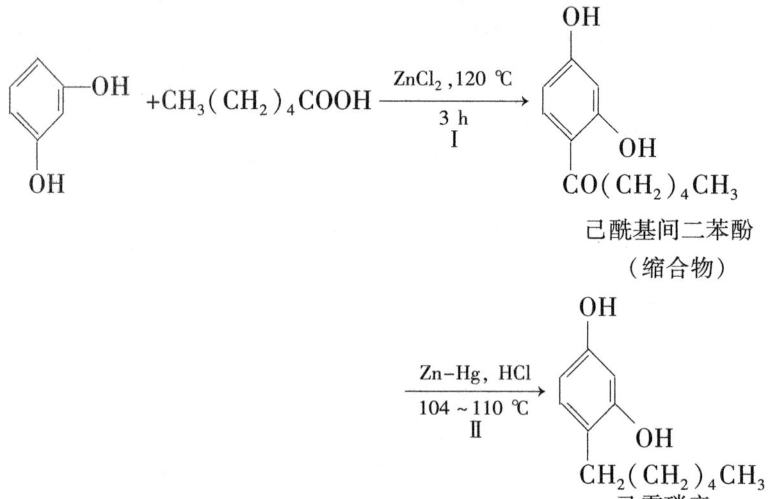

己酰基间二苯酚（缩合物）

己雷琐辛

配料比：(Ⅰ)n(间苯二酚)：n(己酸)：n(氯化锌)= 1.00：5.00：1.50；(Ⅱ)n(己酰基间二苯酚)：n(锌汞齐)：n(盐酸)= 1.00：1.30：4.00。

间苯二酚与己酸(同时用作溶剂)在氯化锌存在下，于 120 ℃反应 3 h 得缩合物，该缩合物经用锌汞齐盐酸还原后得产品己雷琐辛。

本品为医用口服驱虫药。

2. 邻甲氧基-对[双-(2-氯乙基)氨基]-苯甲醛的制备

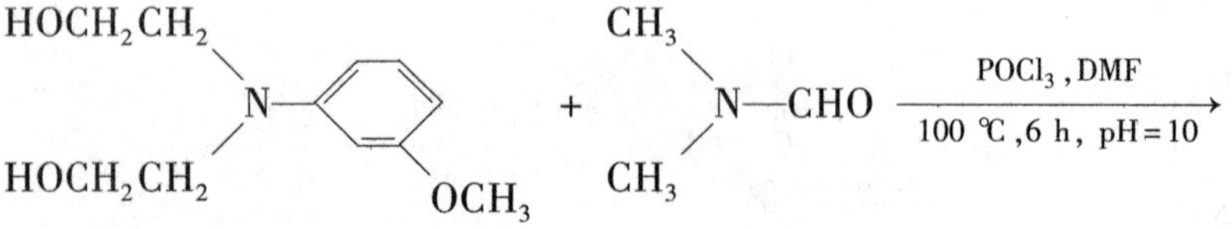

间甲氧基-N,N-二羟乙基苯胺
（二羟乙基苯胺）

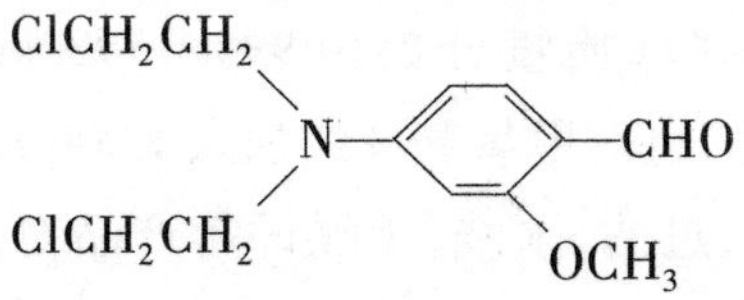

75%

配料比:n(二羟乙基苯胺):n(二甲基甲酰胺):n(三氯氧磷)=1.00:2.20:1.20。

将二甲基甲酰胺加到二羟乙基苯胺中,于 0 ℃左右开始滴加 $POCl_3$,室温反应 2 h 后,放置过夜,再在 100 ℃下反应 6 h,在碎冰中用氢氧化钠溶液碱化至 pH=10,过滤,滤饼用水及醇洗并抽干,得产品邻甲氧基-对[双(2-氯乙基)氨基]-苯甲醛。

本品主要用于合成抗肿瘤药甲氧芳芥。

3. α-乙酰噻吩的制备

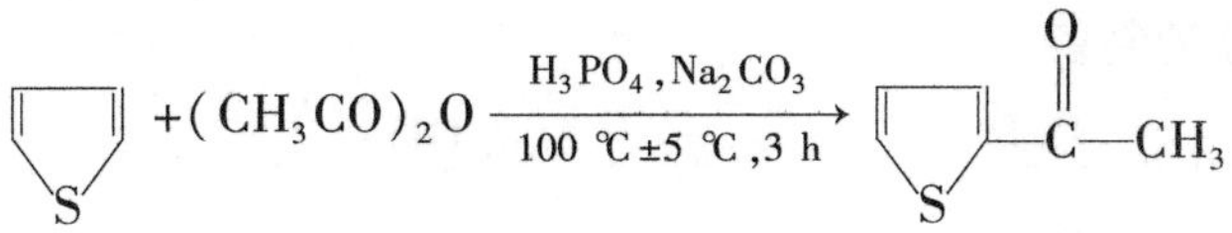

72.2%

α-乙酰噻吩

配料比:n(噻吩):n(乙酸酐):n(磷酸):n(碳酸钠)=1.00:1.21:0.12:0.12。

噻吩和乙酸酐首先加热至 55~60 ℃,然后加入磷酸,升温至 100 ℃±5 ℃,反应 3 h 后,加碳酸钠中和,分馏得乙酰噻吩。

本品为有机合成中间体,可用于制备医用驱虫药噻乙吡啶等。

4. 2-羟基-3-萘甲酸的制备

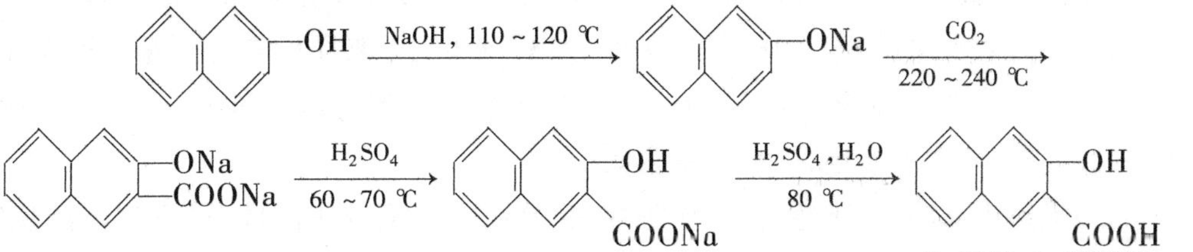

2-羟基-3-萘甲酸

2-萘酚与碱反应生成 2-萘酚盐,经减压蒸馏脱水后,得无水 2-萘酚钠盐。通入二氧化碳进行羧基化反应,生成 2,3-酸双钠盐,用硫酸中和后得 2,3-酸。

本品主要为色酚 AS 及其他各种色酚的中间体,也可用作医药、有机颜料的中间体。

5. 苯胺及其衍生物的 N-酰化反应

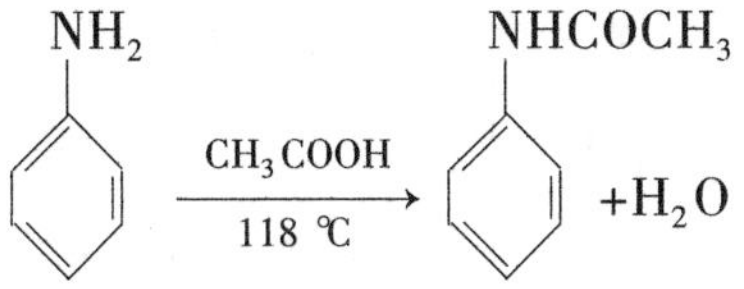

苯胺与冰乙酸的摩尔比为 1:(1.3~1.5)的混合物,在 118 ℃反应数小时,然后蒸出过量乙酸和反应生成的水,剩下的反应物 N-乙酰苯胺用减压蒸馏的方法提纯。

对甲氧基苯胺的 N-乙酰化也用类似的方法。方法一是对甲氧基苯胺和冰乙酸反应,反应数小时后将反应物中过量乙酸和反应生成的水一起蒸出,反应产物用减压蒸馏的方法提纯。每吨产品消耗对甲氧基苯胺（质量分数为99%）773 kg，冰乙酸（质量分数为98%）450 kg。方法二是用乙酐乙酰化，将对甲氧基苯胺加入1 000 mL的三口瓶中，在50 ℃加入乙酐，在70 ℃反应10 min，冷却，过滤，水洗，干燥即得产品对乙酰氨基苯甲醚，产率95%左右。其反应式为

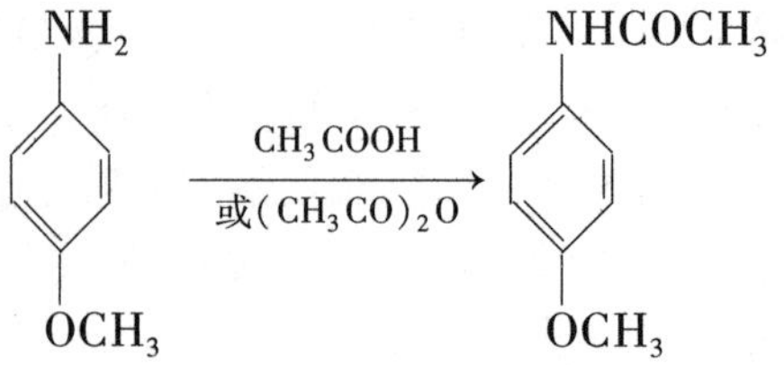

对乙酰氨基苯甲醚是重要的医药、染料中间体。

6. 对乙酰氨基酚的制备

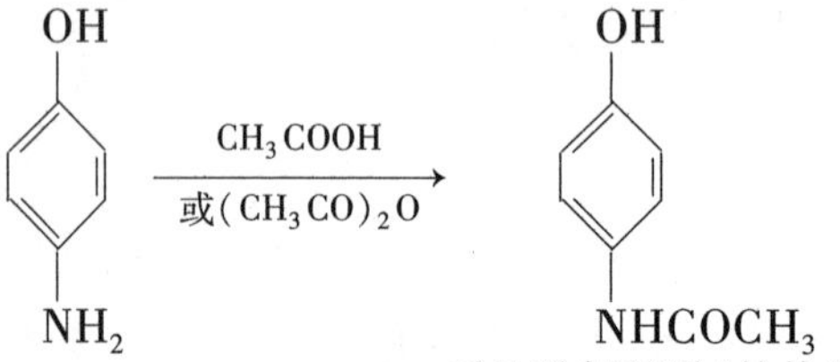

对乙酰氨基酚（扑热息痛）

方法一：将对氨基酚加入稀乙酸中，再加入冰乙酸，升温至150 ℃反应7 h，加入乙酐，再反应2 h，检查终点，合格后冷却至25 ℃以下，过滤，水洗至无乙酸味，甩干，即得粗品。

方法二：将对氨基酚、冰乙酸及含酸质量分数为50%以上的酸母液一起蒸馏，蒸出稀酸的速度为每小时馏出总量的1/10，待内温升至130 ℃以上，取样检查对氨基酚残留量的质量分数低于2.5%，加入稀酸（质量分数为50%以上），冷却，结晶，过滤，先用少量稀酸洗涤，再用大量水洗至滤液接近无色，即得粗品。

本品为解热镇痛药，用于感冒、牙痛等症；也是有机合成的中间体、过氧化氢的稳定剂、照相用化学药品等。

7. N–乙酰乙酰苯胺的制备

N–乙酰乙酰苯胺可由双乙烯酮与苯胺制备，其反应式为

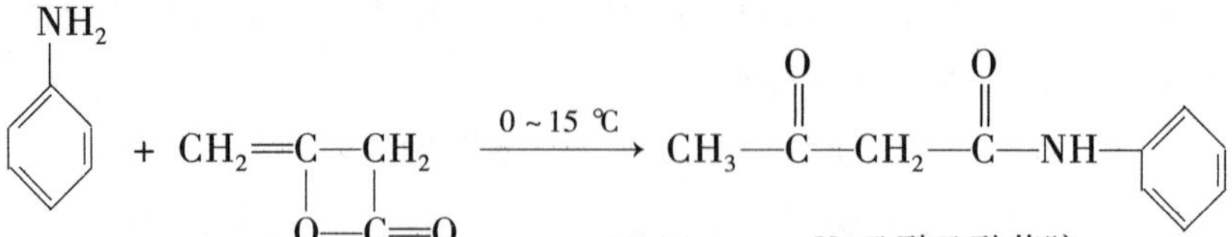

N–乙酰乙酰苯胺

将苯胺与双乙烯酮在0 ~ 15 ℃下反应，生成乙酰乙酰苯胺，再经过滤，烘干即得成品。此法与用乙酰乙酸乙酯的酰化方法相比，具有工艺简单、质量好、产率高的优点。每吨产品消耗苯胺（质量分数为99.5%）548 kg，双乙烯酮（质量分数为96%）501 kg。

本品是染料、颜料及农药的中间体。

8. 色酚 AS 的制备

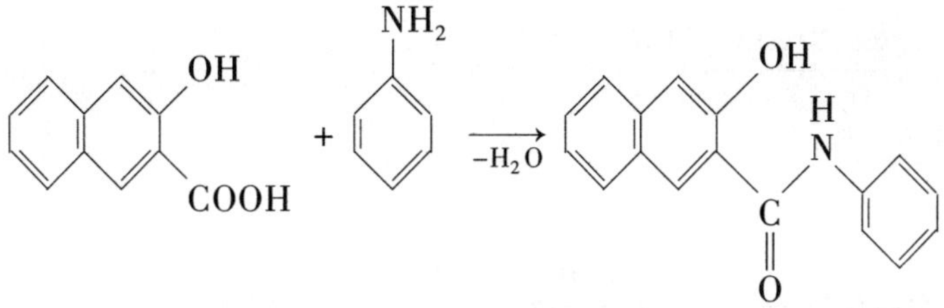

配料比:n(2-羟基-3-萘甲酸):n(苯胺):n(三氯化磷) = 1.0∶1.16∶0.40。

2-羟基-3-萘甲酸是很弱的酰化剂,其与芳胺的酰化过程需要在三氯化磷的存在下进行,将2-羟基-3-萘甲酸、苯胺和配制好的三氯化磷溶于溶剂氯苯中,在温度 70 ~ 130 ℃下进行缩合,反应过程放出氯化氢气体用水吸收,然后加入纯碱中和,控制 pH 在 8 ~9 范围内,蒸馏回收氯苯,再加入 90 ℃以上热水,进行抽滤,洗涤后,进耙式干燥器中干燥得成品。

本品为一种冰染染料。

习　题

完成下列反应。

1. 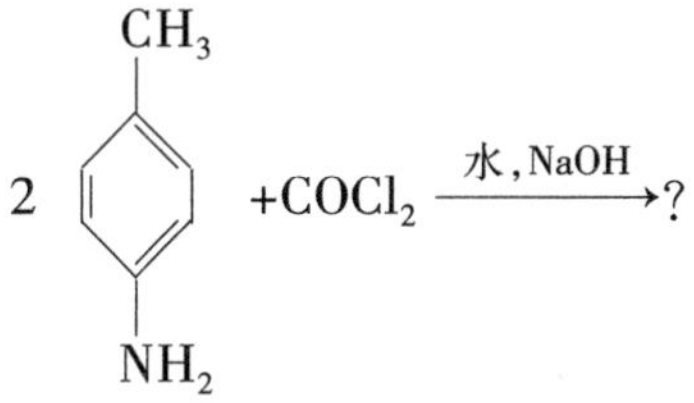

2. 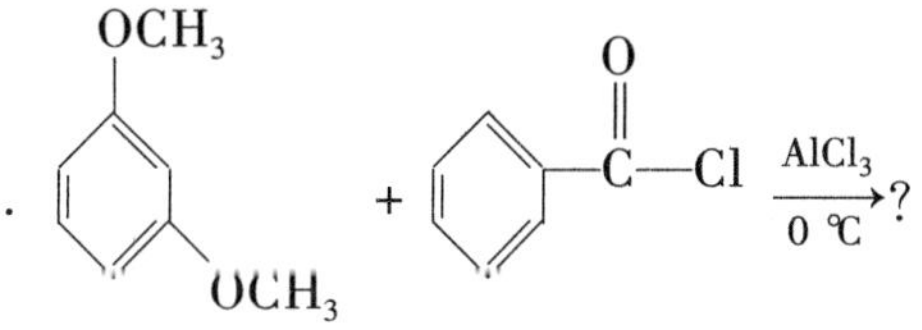

习题答案请扫码查看

3. 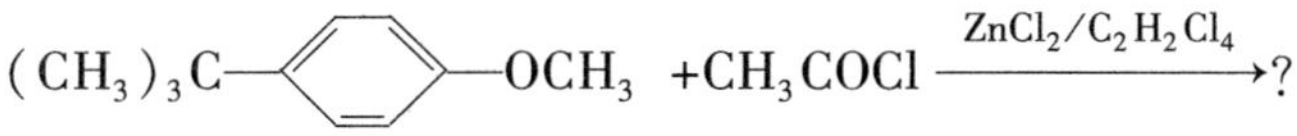

4. 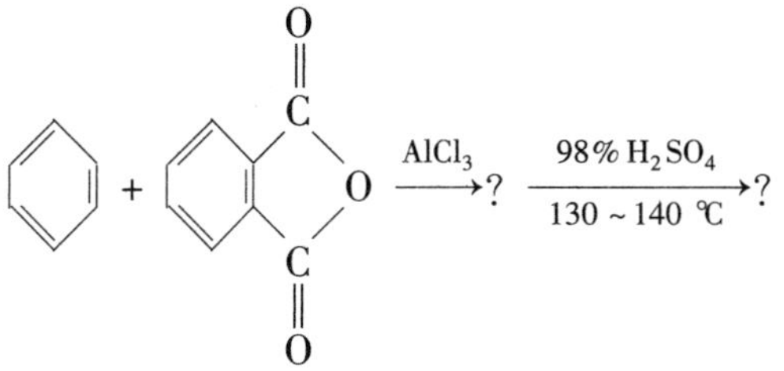

5. 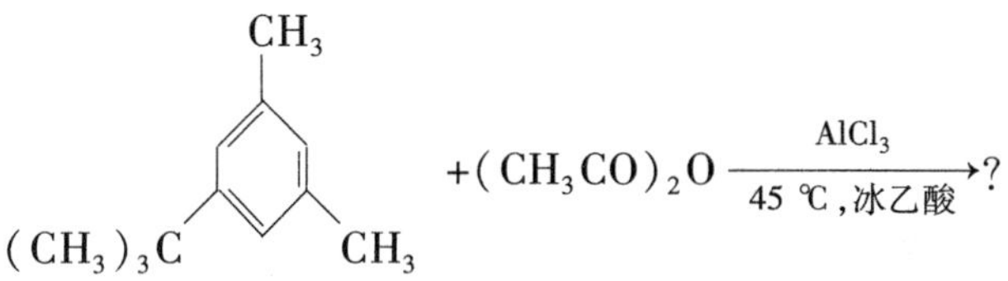

6. 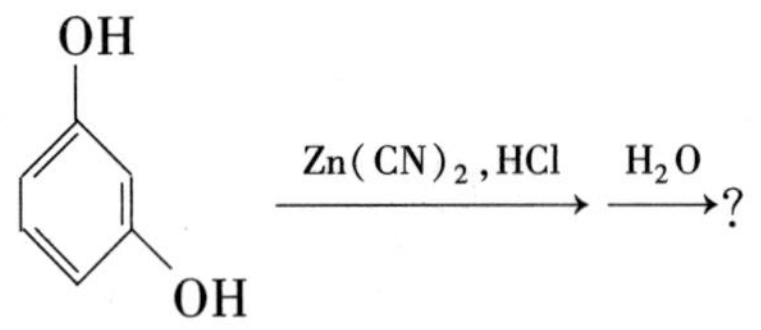
OH
OH
Zn(CN)2,HCl
H2O
?

7. 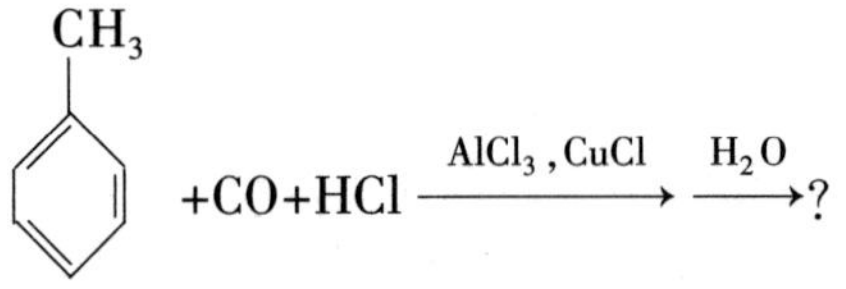
CH3
+CO+HCl
AlCl3,CuCl
H2O
?

8. 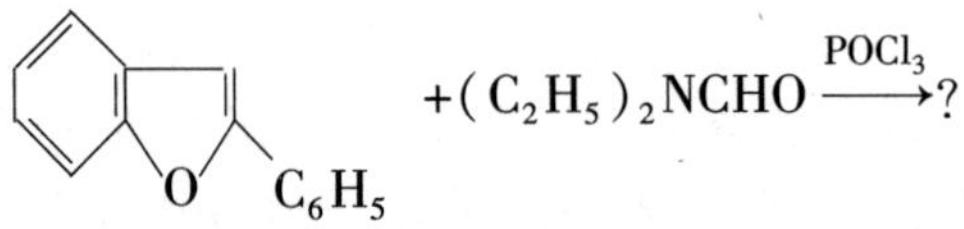
O
C6H5
+(C2H5)2NCHO
POCl3
?

第6章 氧化反应

从广义上讲,凡使有机物分子中碳原子总的氧化数增大的反应均称为氧化反应;从狭义上讲,凡使反应物分子中的氧原子数增加、氢原子数减小的反应称为氧化反应。

常见的氧化反应有三种类型,即催化氧化、化学试剂氧化和电解氧化。

此外,利用微生物进行氧化反应在有机合成中也日益受到人们的重视。例如大米经乳酸菌发酵,合成乳酸;白薯干经黑曲霉发酵、氧化成柠檬酸等,这类反应具有选择性高,反应条件温和、"三废"少等特点。

6.1 催化氧化

工业上最价廉易得而且最有实际意义的氧化剂是空气。有些有机物在室温下与空气接触,就能发生氧化反应,但反应速度缓慢,产物复杂,此现象被称为自动氧化。为了提高氧化反应的选择性,并加快反应速度,在实际生产和科研中,常选用适当的催化剂。在催化剂存在下进行的氧化反应称为催化氧化。

催化氧化不消耗化学氧化剂,且生产能力大,对环境污染小,故工业上大吨位的产品多数采用这种空气催化氧化法。例如石蜡经催化氧化制得高碳脂肪酸,是制备肥皂和润滑脂的原料;苯和萘经催化氧化制得顺丁烯二酸酐、邻苯二甲酸酐等,都是有机合成工业中的重要原料。

催化氧化反应又可根据反应的温度和反应物的聚集状态,分为液相催化氧化和气相催化氧化。

6.1.1 液相催化氧化反应

液相催化氧化是将氧气通入带有催化剂的液态反应物中进行氧化反应,反应温度一般为100~250 ℃。

液相催化氧化属于自由基链式反应,其反应历程包括链的引发、链的传递和链的终止三个步骤。以钴盐催化烃的氧化为例,其反应历程可用下式表示:

链的引发 $$R—H+Co^{3+} \longrightarrow R\cdot + H^{+} + Co^{2+}$$

链的传递 $$R\cdot + O_2 \longrightarrow R—O—O\cdot$$

$$R—O—O\cdot + RH \longrightarrow ROOH + R\cdot$$

$$ROOH + Co^{2+} \longrightarrow R—O\cdot + OH^{-} + Co^{3+}$$

$$R—O\cdot + R—H \longrightarrow ROH + R\cdot$$

所得的醇在强烈的反应条件下,又可继续被催化氧化,生成醛(酮)或羧酸。

链的终止 $$R\cdot + R\cdot \longrightarrow R—R$$

$$R\cdot + R—O—O\cdot \longrightarrow ROOR$$

酚类、胺类、醌类、硫化物、甲酸等抑制剂的存在，均会造成链的终止。水亦有此作用。

液相催化氧化工业上常用的催化剂为过渡金属的有机酸盐，如乙酸钴、丁酸钴、环烷酸钴、乙酸锰等，有的还加入三聚乙醛或乙醛、丁酮、有机或无机溴化物等作为氧化促进剂。实验室除了用上述催化剂外，还采用铂炭、铜盐、氧化铬等催化剂。

目前工业上生产苯甲酸常采用甲苯液相催化氧化法，其反应式为

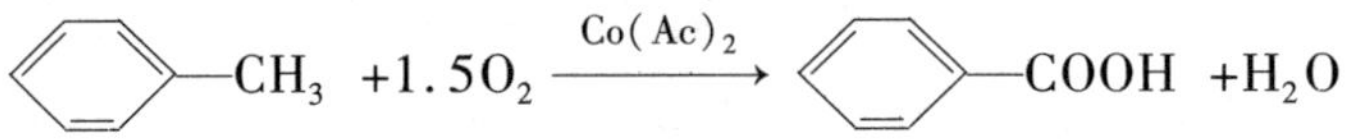

该反应用乙酸钴作催化剂，其用量为(1～1.5)×10^{-4} g/L，反应温度为150～170 ℃，压力为1 MPa，产率可达97%～98%，产品纯度可达99%以上。苯甲酸又名安息香酸，是一种重要的精细有机化工产品，可用作食品防腐剂、塑料增塑剂，以及染料、医药和香料的中间体。

目前铂催化剂常用于醇类和碳水化合物的催化氧化，尤其是醇类的氧化研究得较多。

伯醇很容易被催化氧化，低分子量的醇可溶于水，一般可用水作溶剂。高碳数的醇可以在庚烷溶液中进行催化氧化，反应产物一般为相应的醛。例如

$$CH_3(CH_2)_{10}CH_2OH \xrightarrow[60\ ℃,15\ min]{O_2,PtO_2/庚烷} CH_3(CH_2)_{10}CHO \quad 77\%$$

若反应在碱性介质中进行，则产物一般为相应的羧酸。多元伯醇一般只有一个羟基氧化成羧基。例如

$$CH_3CH_2OH \xrightarrow[20\ ℃,30\ min]{O_2,Pt/C,H_2O,OH^-} CH_3COOH \quad 100\%$$

$$CH_3(CH_2)_{10}CH_2OH \xrightarrow[60\ ℃,2\ h]{O_2,Pt/C,H_2O,OH^-} CH_3(CH_2)_{10}COOH \quad 96\%$$

$$\begin{array}{l} CH_2—OH \\ | \\ CH_2—OH \end{array} \xrightarrow[100\ ℃,6\ h]{O_2,Pt/C,\ H_2O,OH^-} \begin{array}{l} CH_2—OH \\ | \\ COOH \end{array} \quad 100\%$$

反应物分子中若存在烯键，一般不受影响。如

$$\begin{array}{c} \quad\quad\quad CH_3 \\ \quad\quad\quad | \\ CH_3CH{=}C—CH_2OH \end{array} \xrightarrow[60\ ℃]{O_2,PtO_2,庚烷} \begin{array}{c} \quad\quad\quad CH_3 \\ \quad\quad\quad | \\ CH_3CH{=}C—CHO \end{array} \quad 77\%$$

仲醇的催化氧化速度比伯醇要慢，反应产物为相应的酮。但脂环醇的氧化速度较快。

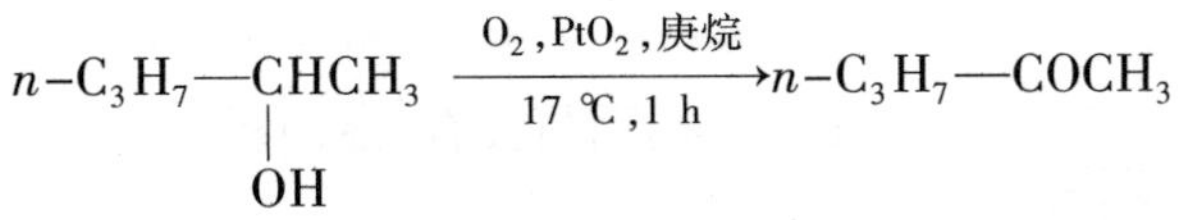

77%

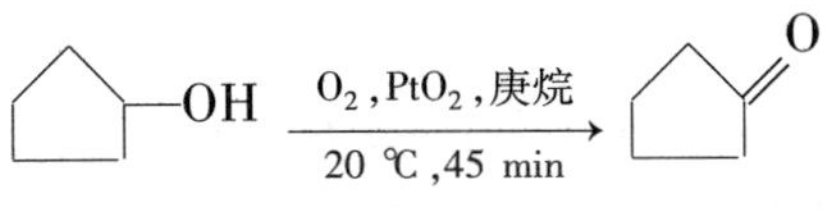

82%

除铂催化剂外，铜催化剂用得也较多，也可以将醇氧化成相应的醛或酮。例如

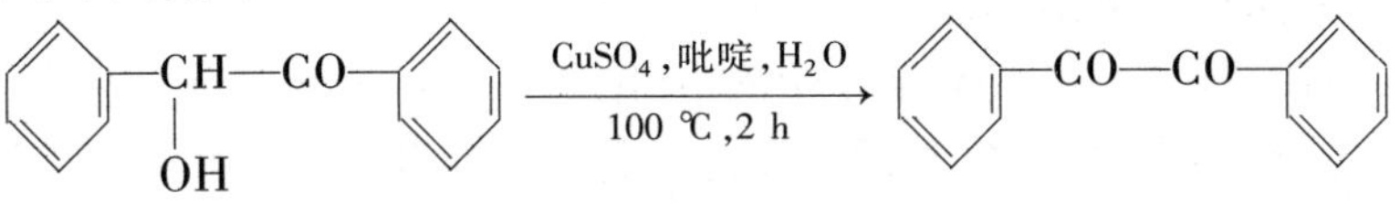

86%

液相催化氧化反应由于具有成本低、反应温度低、无腐蚀、无污染等特点，其应用也越来越广泛，尤其适用于工业连续化生产。可以说，多数有机化合物的氧化反应，如果能找到适当的催化剂和操作条件，都有可能利用催化氧化来实现。

思考题：氧化反应在日常生活中有哪些有益应用？

6.1.2　气相催化氧化反应

将有机物的蒸气与空气的混合物在高温（300～500 ℃）通过固体催化剂，使有机物发生适度氧化，生成所期望的氧化产物的反应被称为气相催化氧化。气相催化氧化都是连续化生产，它的优点如下：①反应速度快，生产效率高，工艺比较简单，便于自动控制；②与化学氧化相比，它不消耗较贵的化学氧化剂；③与液相空气氧化相比，它不需要溶剂，对反应器没有腐蚀性。但气相催化氧化也有局限性，一是难以得到活性高、选择性好的催化剂；二是要求有机原料和氧化产物在反应条件下有足够的热稳定性。

气相催化氧化属于多相催化反应，所用的催化剂是以过渡金属氧化物为主要活性组分，其中钒的氧化物最重要。辅助成分主要有 K_2O、SO_3、P_2O_5 等，载体有硅胶、浮石、氧化铝、氧化钛、碳化硅等。

工业上采用气相催化氧化法，以萘为原料制备邻苯二甲酸酐，其反应方程式为

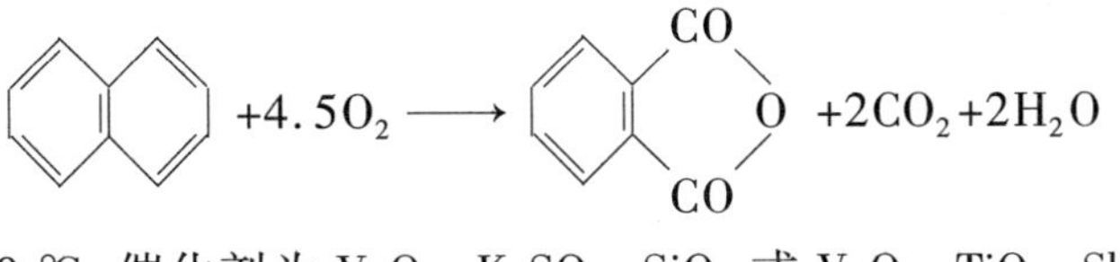

反应温度为 350～470 ℃，催化剂为 V_2O_5-K_2SO_4-SiO_2 或 V_2O_5-TiO_2-Sb_2O_3 等。该法也适用于由邻二甲苯制备邻苯二甲酸酐。邻苯二甲酸酐是工业上生产增塑剂的主要原料。

研究进展：2016 年武汉大学化学与分子科学学院张勋高等人以碳包铁纳米晶（Fe@C）为载体，采用浸渍法制备了一种磁可分离的 Pd/Fe@C 催化剂，可使苯甲醇高选择性生成苯甲醛，苯甲醇转化率为 96%，苯甲醛选择性为 95%，催化剂易于磁分离和回收，循环使用 4 次仍保持较佳的催化性能。

6.2 化学试剂氧化

通常把空气和纯氧以外的氧化剂称为化学氧化剂。使用化学氧化剂的氧化称为化学试剂氧化。

化学试剂氧化有其独特的优点,即低温反应,容易控制,操作简便,方法成熟。只要选择适宜的氧化剂就可以得到良好的结果。由于化学氧化剂的高度选择性,它不仅能用于芳酸和醌类的制备,还可用于芳醇、芳醛、芳酮和羟基化合物的制备,尤其是对于产量小、价格高的精细化工产品有着广泛的应用。

化学试剂氧化的缺点是消耗较贵的化学氧化剂。虽然某些氧化剂的还原产物可以回收,但仍有废水处理问题;另外,化学试剂氧化大都是分批操作,设备生产能力低,有时对设备腐蚀严重。由于以上缺点,以前曾用化学试剂氧化制备的某些中间体,例如苯甲酸、苯酐、蒽醌等,现在工业上都已改用催化氧化法。

各种化学氧化剂都有其各自的特点,下面分别对一些重要氧化剂的应用进行扼要的介绍。

6.2.1 高锰酸钾

高锰酸钾是广泛使用的一类强氧化剂。其钠盐有潮解性,而钾盐具有稳定的结晶状态,故常用钾盐作氧化剂。高锰酸钾在酸性、中性和碱性介质中都有氧化性。由于它在酸性介质中的氧化选择性差,故工业上多在中性或碱性中使用,可用下式表示:

$$MnO_4^- + 2H_2O + 3e^- \rightleftharpoons MnO_2 + 4OH^-$$

反应中有副产物氢氧化钾生成,可采用加酸或加入硫酸镁(或硫酸锌)的方法将其除去,以保持反应在接近中性或弱碱性的介质中进行。

$$2KOH + MgSO_4 \longrightarrow K_2SO_4 + Mg(OH)_2 \downarrow$$

高锰酸钾作为氧化剂主要用于芳环或芳环侧链氧化成羧基、烯键顺-邻二羟基化或羰基化,以及烯键裂解为羧基或羰基等。

1. 芳环或芳环侧链氧化成羧基

芳环稳定,一般不易被氧化。但多环芳烃容易被氧化开环而成芳酸,特别是连接有氨基或羟基的芳环更容易被氧化。如下例:

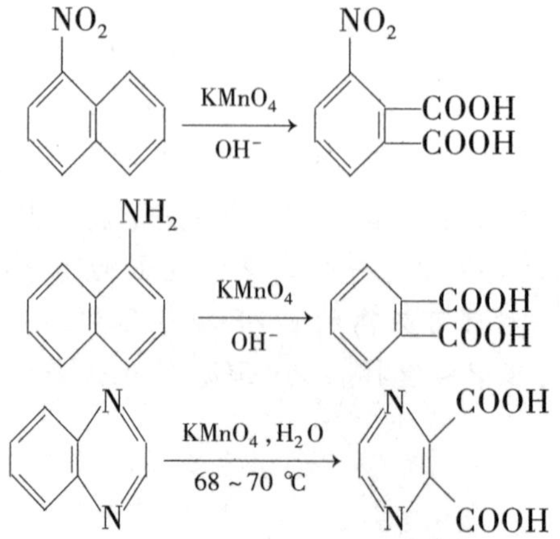

芳环侧链不论长短均可被氧化成羧基，且较长的侧链比甲基更易被氧化。杂环的侧链亦可以被氧化成羧基。

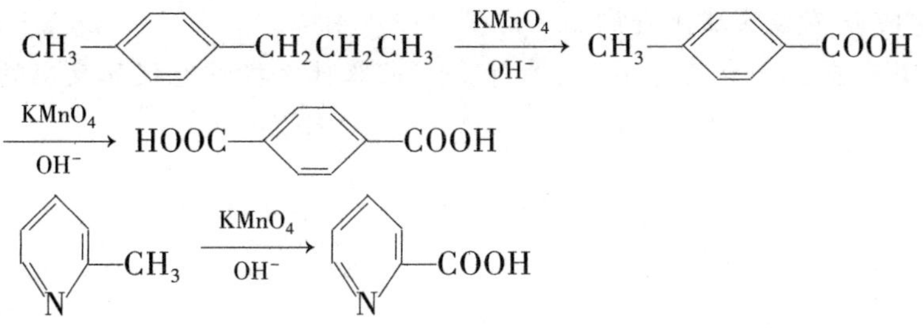

50% ~51%

芳环侧链氧化成羧基的反应一般在水溶液中于60 ~100 ℃进行。水中溶解度小的芳烃可采用不与 $KMnO_4$ 反应的有机溶剂，如二氯甲烷等，在相转移催化剂存在下，与 $KMnO_4$ 水溶液进行两相之间的反应。

2. 烯键顺-邻二羟基化或羰基化

在较强的碱性溶液中和较低的温度下，高锰酸钾稀溶液可使烯烃氧化、水合，得到顺式邻二羟基化合物。

$$CH_3(CH_2)_7CH{=}CH(CH_2)_7COOH \xrightarrow[\text{过量 NaOH}]{\text{稀 }KMnO_4} CH_3(CH_2)_7\underset{}{CH(OH)}{-}CH(OH)(CH_2)_7COOH$$

81%

在弱碱性溶液中（pH=9 ~9.5），氧化产物一般为 α-羟基酮。

$$CH_3(CH_2)_7CH{=}CH(CH_2)_7COOH \xrightarrow[\text{用 }H_2SO_4\text{ 调 pH 为 }9.0\sim9.5]{KMnO_4}$$

$$CH_3(CH_2)_7CH(OH){-}C({=}O)(CH_2)_7COOH + CH_3(CH_2)_7C({=}O){-}CH(OH)(CH_2)_7COOH$$

若以醋酐为溶剂，高锰酸钾氧化的结果使烯烃变为醋酸酯和 α-二酮。

$$C_4H_9{-}CH{=}CH{-}C_4H_9 \xrightarrow[Ac_2O]{KMnO_4} C_4H_9{-}C({=}O){-}C({=}O){-}C_4H_9 + C_4H_9{-}C({=}O){-}CH(OAc){-}C_4H_9$$

66% 15%

3. 烯键裂解为羧基或羰基

浓的或过量的高锰酸钾在较高的温度下，可使烯键裂解，生成羧酸或酮。

$$CH_3(CH_2)_7CH{=}CH(CH_2)_7COOH \xrightarrow[OH^-]{\text{过量 }KMnO_4}$$

$$CH_3(CH_2)_7COOH+HOOC(CH_2)_7COOH$$

这类反应存在着下述缺点：反应选择性较差，副反应较多，且有大量的 MnO_2 生成，后处理困难。改进的办法是用高碘酸钠和高锰酸钾的混合物（$n(KMnO_4):n(NaIO_4)=1:6$），在 pH=7.7的水溶液中，对烯烃进行氧化反应。高锰酸钾先将烯烃氧化成 α-二醇或 α-羟基酮，接着高碘酸钠将 α-二醇或 α-羟基酮裂解成羰基化合物，同时高碘酸钠又将低价锰化合物氧化成高锰酸盐，使其能反复用于氧化反应，所以高锰酸钾仅需催化量即可。反应条件温和，产率较高。

此外，高锰酸钾水溶液可将三级烷基胺氧化成硝基化合物；将氮原子的 α 位具有 C—H 键的烷基胺氧化成亚胺或羰基化合物。

思考题：以下反应的产率只有30%，为什么？采取什么措施能提高反应的产率？

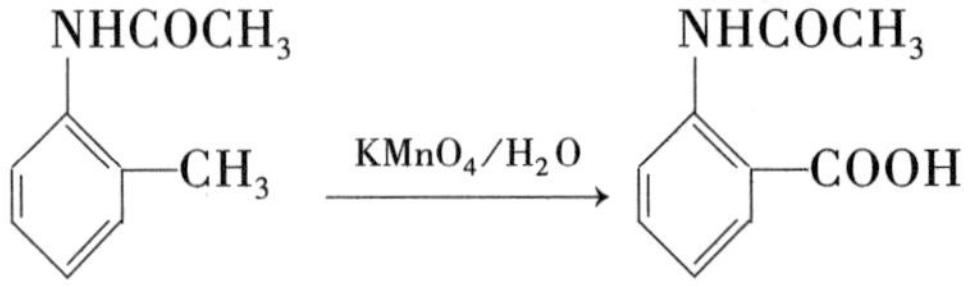

6.2.2　活性二氧化锰

在碱存在下，高锰酸钾和硫酸锰反应，可制得高活性含水二氧化锰。它是温和的氧化剂，常在室温下进行氧化反应，氧化产物可停留在醛的阶段。尤其适用于烯丙醇或苄醇氧化，制取 α,β-不饱和醛、酮，且双键构型不受影响，反应选择性较好，产率较高，但需较长的反应时间。常用的溶剂有：水、丙酮、戊烷、苯、石油醚、氯仿、四氯化碳。MnO_2 还可用于酸性介质中苯胺的氧化，产物为对苯醌。

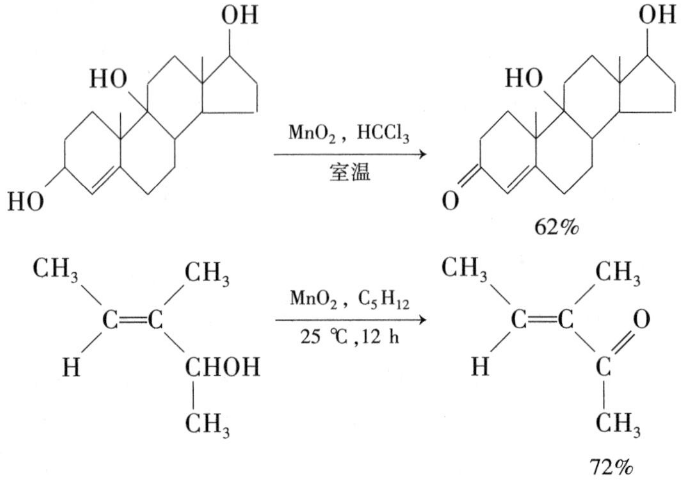

活性二氧化锰一般要新鲜制备的，而且要过量较多，反应时间又长，故常常使用二氧化锰与硫酸的混合物进行反应。

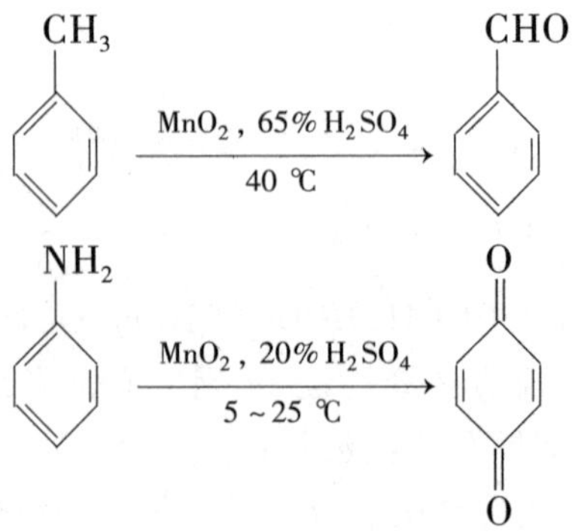

6.2.3 铬化合物

六价的铬化合物是重要的氧化剂，常用的是重铬酸盐和三氧化铬（铬酸酐）。重铬酸钠比重铬酸钾价格便宜，且在水中的溶解度大，故生产上一般都使用重铬酸钠。重铬酸钠通常在各种浓度的硫酸中使用。

铬化合物主要用于芳环侧链、酚、芳胺及醇的氧化，产物类型通常与反应介质的 pH 有关。

1. 芳环侧链的氧化

① 在酸性介质中，芳环侧链不论长短，都被氧化成 α-羧酸。反应可能是从攻击侧链 α-碳原子开始的。

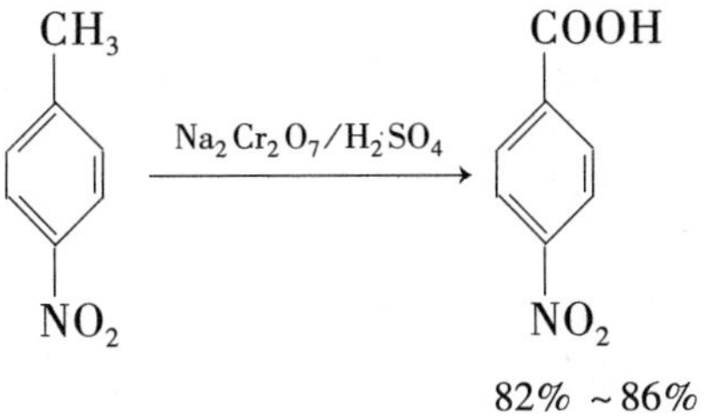

烷基苯氧化成芳酸，用铬酸不如用高锰酸钾产率高，但若苯环上具有吸电子基团，则铬酸氧化效果为佳。

② 在中性介质中，高温高压条件下，芳环侧链末端被氧化。

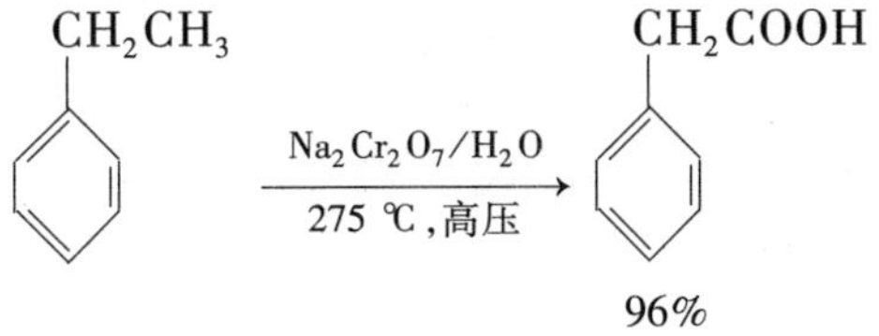

③ 在弱酸性介质中，并环芳烃氧化得酮，稠环芳烃 α-位氧化得醌。

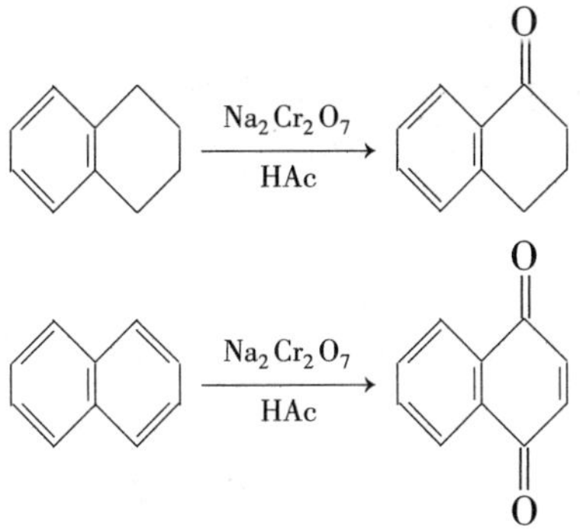

2. 酚、芳胺的氧化

重铬酸钠可将酚、芳胺氧化成醌。如下例：

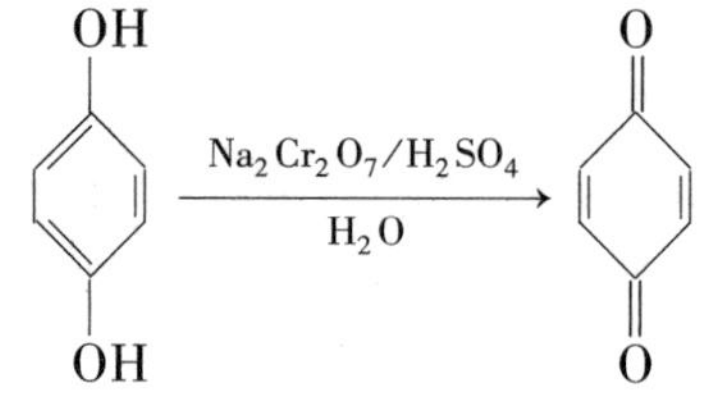

86% ~92%

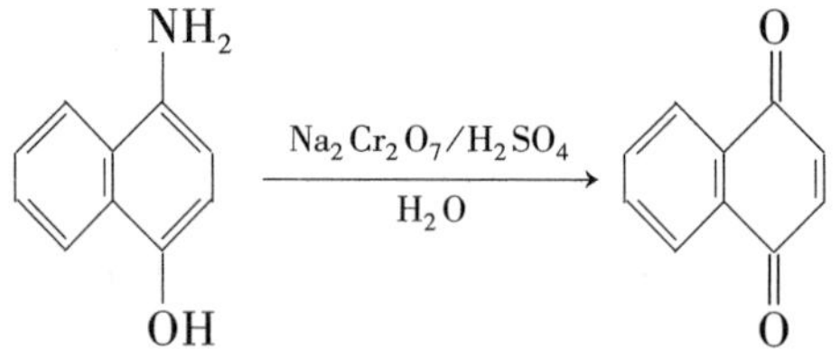

78% ~81%

3. 醇的氧化

仲醇常用重铬酸盐加硫酸或醋酸的办法氧化成相应的酮。为了防止反应产物进一步氧化等副反应的发生,反应常用低温条件,并加入其他有机溶剂,如苯、二氯甲烷等,使反应在两相体系中进行。反应结束后,多余的氧化剂可用滴加甲醇或异丙醇的方法加以消除。伯醇用重铬酸盐加酸的办法氧化,仅适用于低沸点脂肪醛的制备,并需边反应,边将生成的醛蒸出,以防生成的醛在反应体系中继续氧化成羧酸。

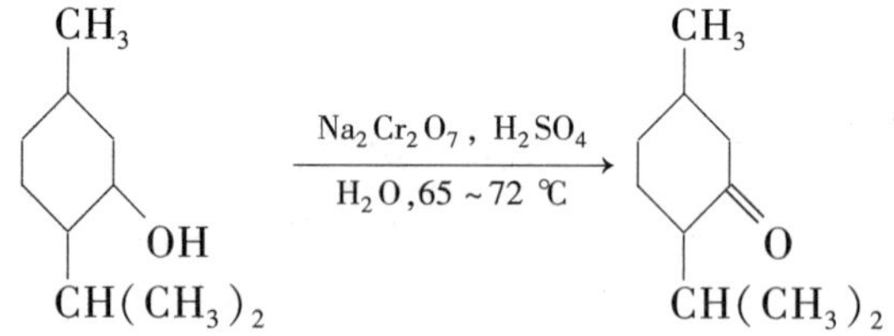

94%

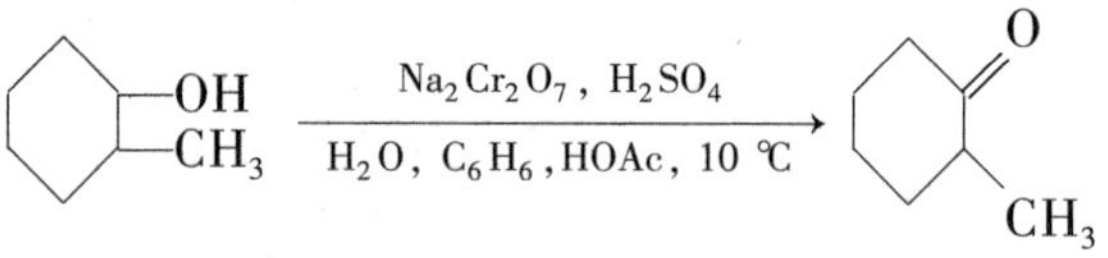

85% ~88%

$$CH_3CH_2CH_2OH \xrightarrow[H_2O,\text{沸腾}]{K_2Cr_2O_7,\ H_2SO_4} CH_3CH_2CHO$$

45% ~49%

苄醇氧化成芳醛,是采用重铬酸钠水溶液在中性条件下进行的,产率较高。

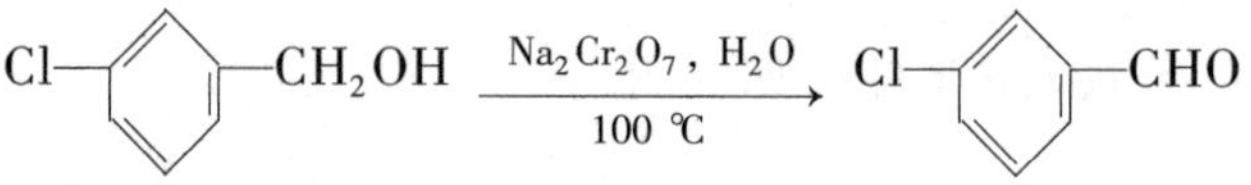

96%

琼斯(Jones)试剂(Jones 试剂的组成为:267 g CrO_3+230 mL 浓 H_2SO_4+400 mL H_2O 的

混合液稀释至1 L。亦可加丙酮作为助溶剂)可将不饱和醇氧化成不饱和酮,不饱和键及其构型以及其他对氧化剂敏感的基团(如氨基、烯丙位碳氢键等)均不受影响。反应一般在室温下进行,反应终点可从反应液颜色的变化(Cr^{6+}橙色→Cr^{3+}绿色)得到控制。

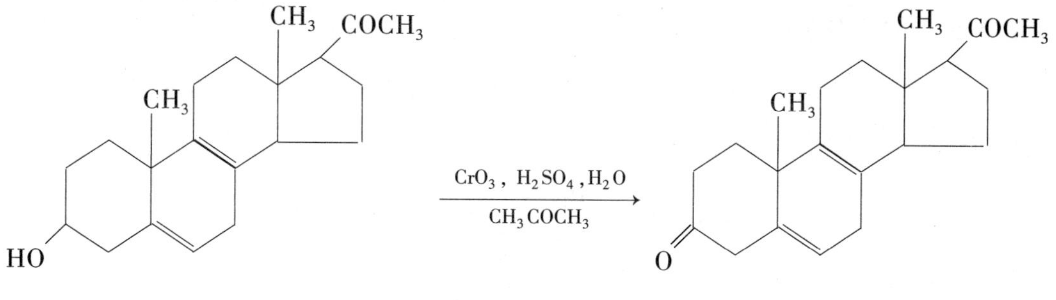

89%

思考题:设计 $PhCH_2CH_2COOH$ 的合成方法。

6.2.4 硝酸

硝酸也是一种强氧化剂,稀硝酸的氧化能力比浓硝酸更强。浓硝酸在低温时主要是硝化剂,而稀硝酸在较高温度下则是氧化剂。硝酸价格便宜,在条件允许的情况下,用硝酸作氧化剂是比较经济的。

用硝酸作氧化剂的优点是它在反应后生成氧化氮气体,反应液中无残渣,分离提纯氧化产品较为容易。其缺点是介质的腐蚀性很强,氧化反应较剧烈,反应的选择性不好,而且除氧化反应外,还容易引起硝化和酯化等副反应。

硝酸常用来氧化芳核或杂环侧链成羧酸,氧化含有对碱敏感的基团的醇成相应的酮或羧酸,氧化活泼亚甲基成羰基,氧化氢醌成醌,氧化亚硝基化合物成硝基化合物等。例如

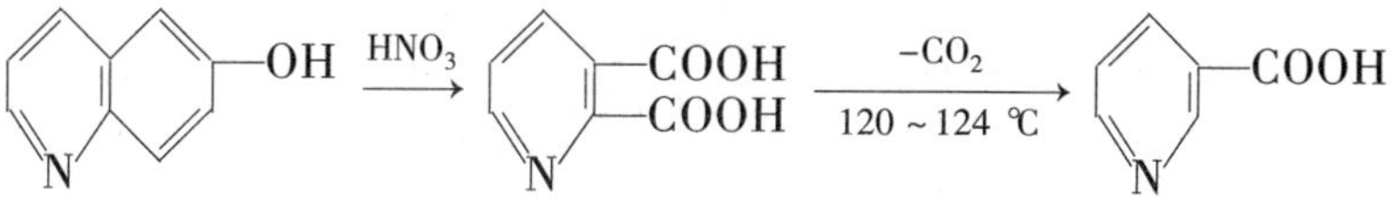

90% ~98%　　62%

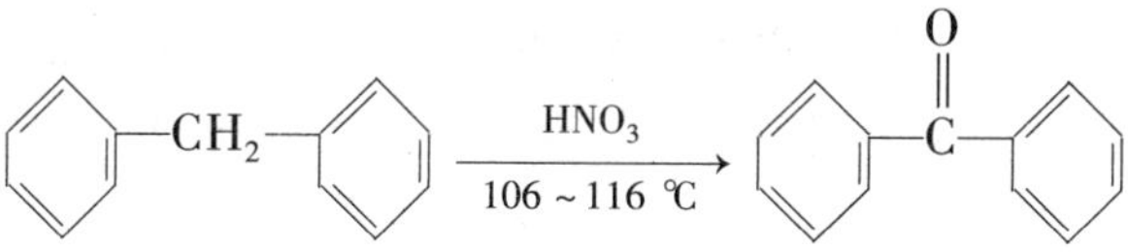

90%

分子中含有对碱敏感的基团(如卤素)时,由于不能选用碱性介质的高锰酸钾氧化,故要用硝酸氧化,如

$$ClCH_2CH_2CH_2OH \xrightarrow[25 \sim 30\ ℃]{HNO_3} ClCH_2CH_2COOH$$

78% ~79%

工业上以五氧化二钒作催化剂,用硝酸氧化环己醇,可得到合成纤维的单体己二酸

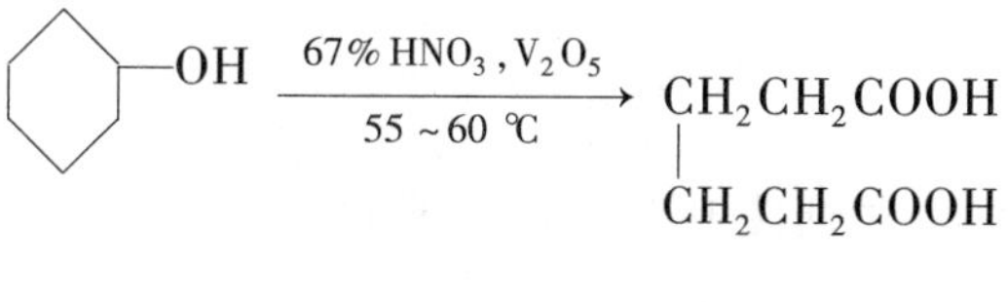

对苯二甲醛是制分散染料的中间体，也可用硝酸氧化制取。

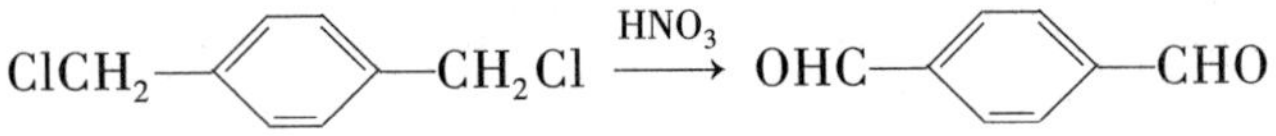

6.2.5　过氧化物

过氧化氢和有机过氧化物是一种特殊的氧化剂。在有机合成中，过氧化氢与氢氧化钠一起，主要用于生成有机过氧酸。如

$$(CH_3CO)_2O \xrightarrow[NaOH,40\ ℃]{H_2O_2} CH_3\overset{\overset{O}{\|}}{C}—O—OH$$

有机过氧化物作为氧化剂有两个特点：

第一个特点是有利于在羰基与其邻位碳原子间插入一个氧原子，即使酮转变为酯，特别是将环酮氧化为内酯。

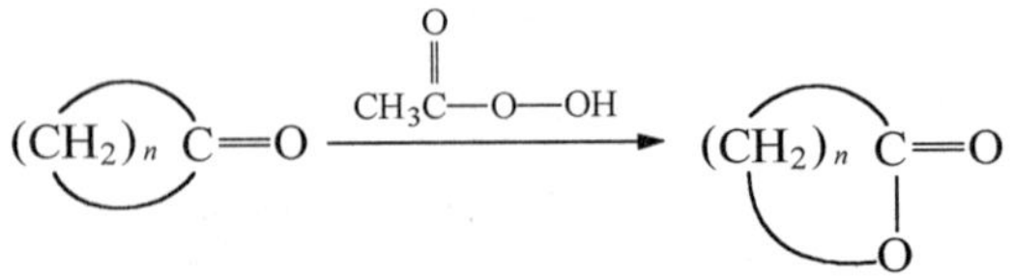

这种反应一般在酸性介质中进行，以乙酸、氯仿、二氯甲烷或醚为溶剂。如

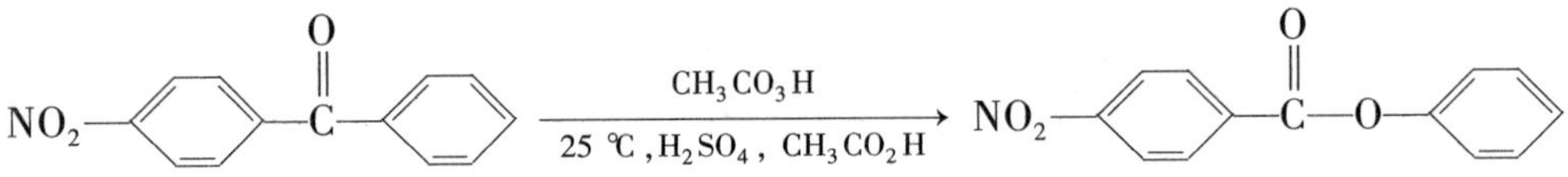

95%

第二个特点是可将碳碳双键氧化成环氧化物。如

$$n-C_3H_7CH{=}CH_2 \xrightarrow[Na_2CO_3,\ CH_2Cl_2]{CF_3CO_3H} n-C_3H_7\overset{\overset{O}{\diagup\ \diagdown}}{CH—CH_2}$$

6.2.6　含卤氧化剂

含卤氧化剂品种较多，氯气是其中最便宜的一种，用它作氧化剂，常有氯化反应伴随发生。目前常用的含卤氧化剂主要有：次氯酸钠、高碘酸、三氯化铁、N-溴代丁二酰亚胺（NBS）、N-溴代乙酰胺（NBA）、N-氯代乙酰胺（NCA）等。

1. 次氯酸钠

在0 ℃左右将氯气通入氢氧化钠溶液至饱和，即得次氯酸钠溶液。氧化反应通常在碱性溶液中进行。

次氯酸钠可将稠环或具有侧链的芳香烃氧化成羧酸。

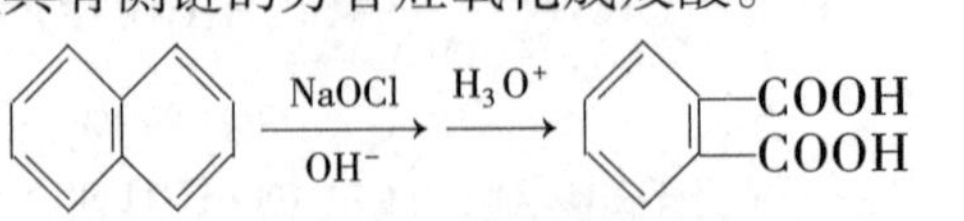

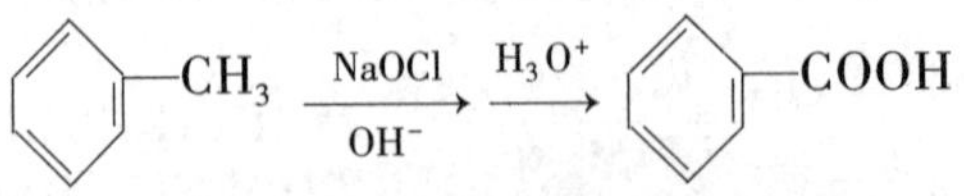

次氯酸钠能够使羰基 α-位活泼亚甲基或甲基氧化断裂，生成羧酸。该反应首先是活泼

亚甲基或甲基上的氢原子被氯取代，然后再发生碳碳键断裂氧化成羧酸。

$$R—COCH_3 \xrightarrow[OH^-]{NaOCl} [RCOCCl_3] \xrightarrow{H_2O} RCOOH+HCCl_3$$

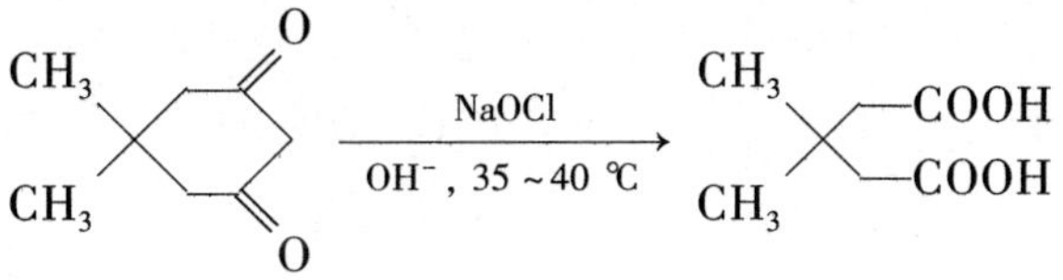

维生素 C 中间体双酮己糖酸就是以双酮糖为原料，硫酸镍为催化剂，用次氯酸钠氧化制得的。

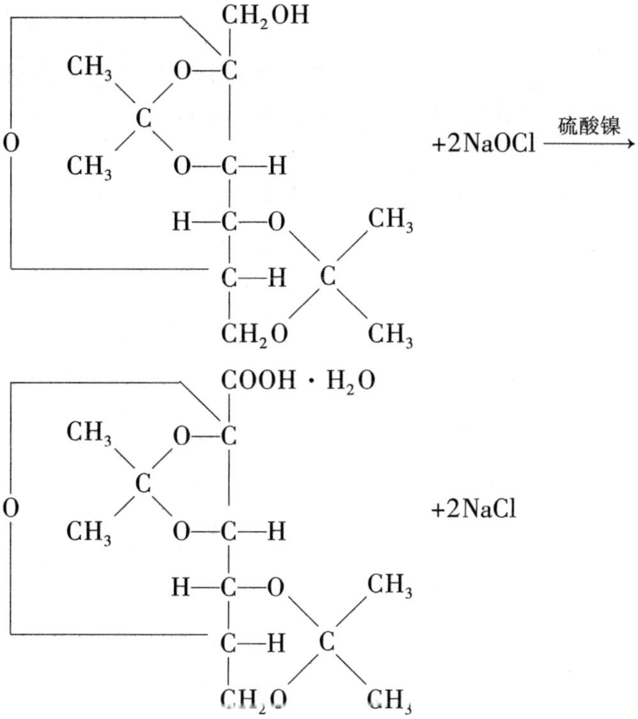

双酮己糖酸

2. 高碘酸

高碘酸 H_5IO_6（或 $HIO_4 \cdot 2H_2O$）及其盐类能氧化 1,2-二醇、α-氨基醇、α-羟基酮、1,2-二酮，发生碳碳键的断裂，生成羰基化合物或羧酸。反应常是定量进行，所以亦可用于判断化合物的结构。若上述两官能团不在相邻位置，则此反应不能进行。

$$R—CH(OH)—CH(OH)—R' \xrightarrow[室温]{H_5IO_6} RCHO+R'CHO+HIO_3+3H_2O$$

$$R—C(=O)—C(=O)—R' \xrightarrow[室温]{H_5IO_6} RCOOH+R'COOH+HIO_3+H_2O$$

$$R—CH(OH)—CH(NH_2)—R' \xrightarrow[室温]{H_5IO_6} RCHO+R'CHO+NH_3+HIO_3+2H_2O$$

实验表明：1,2-环己二醇的顺式异构体比反式异构体易被高碘酸氧化，反应速率约快30倍。一些刚性的环状1,2-二醇，其反式异构体与高碘酸不反应。因此有人认为高碘酸氧化过程中有环酯化合物形成。反应历程为

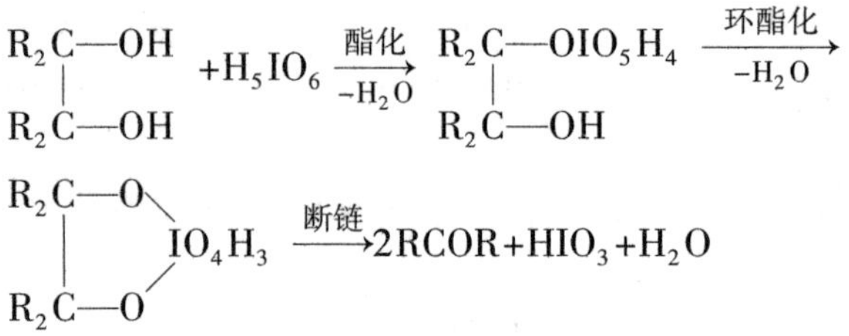

该反应通常在室温下进行，操作简便。常用水作溶剂；或用水作辅助溶剂，与甲醇、乙醇、叔丁醇、1,4-二氧六环、乙酸混用。因此难溶于水的化合物不宜用高碘酸作氧化剂。

3. 三氯化铁

三氯化铁是一种弱氧化剂，用它作氧化剂可防止反应产物进一步被氧化，常用于多元酚或芳胺的氧化，产物为醌，产率较高。反应一般在酸性条件下进行。

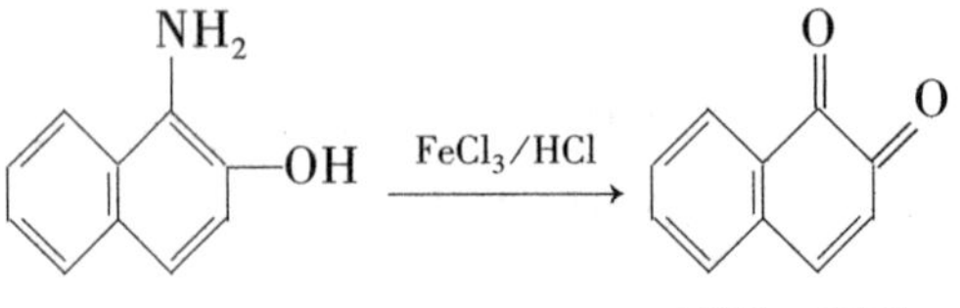

89% ~94%

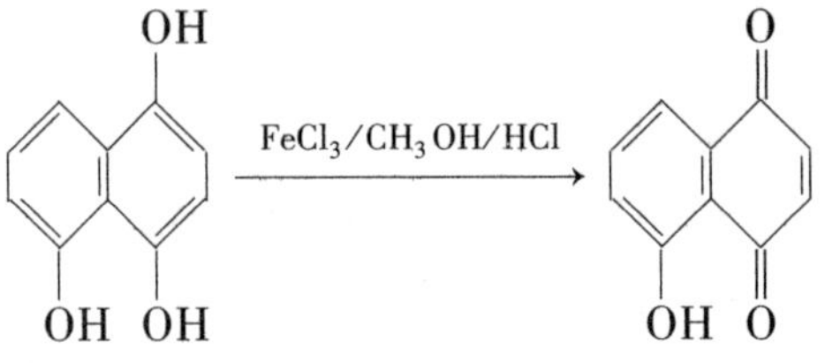

94%

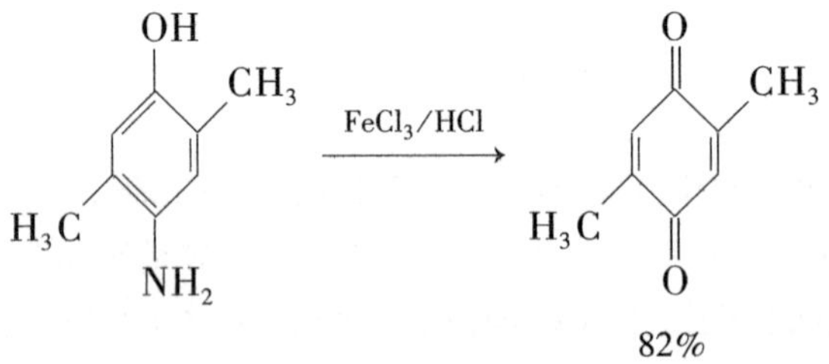

82%

4. N-溴代丁二酰亚胺(NBS)、N-溴代乙酰胺(NBA)、N-氯代乙酰胺(NCA)

NBS、NBA、NCA属同一类具有一定选择性的氧化剂，以含水丙酮或含水1,4-二氧六环为溶剂，可使伯醇、仲醇氧化成相应的醛或酮。就脂环醇而言，a-羟基比e-羟基容易氧化，该立体选择性在甾醇的氧化中已广泛应用。

反应历程可能为

$$NBS \longrightarrow Br^+$$

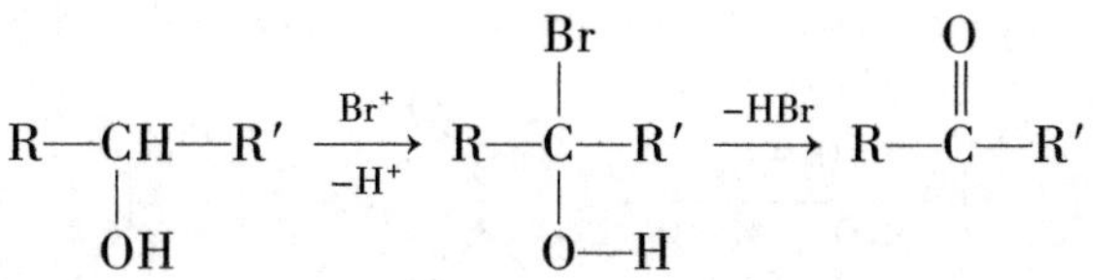

NBS作为氧化剂，其反应选择性与Br^+的多少有关，在碳酸氢钠的含水丙酮溶液中，Br^+生成量较少，氧化胆酸仅7a-羟基(a)被氧化，选择性较强；若用叔丁醇为溶剂，Br^+生成量较多，则胆酸的三个羟基都被氧化。

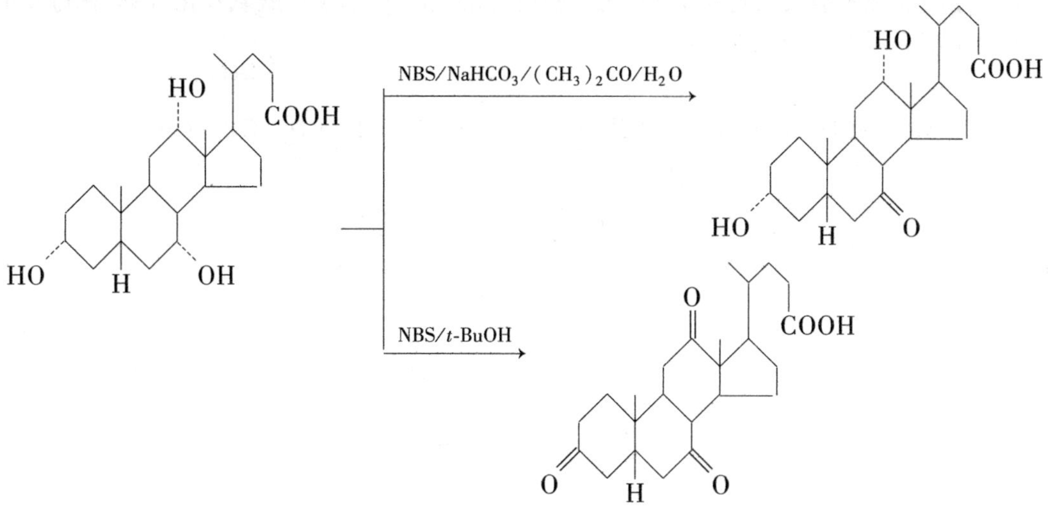

6.2.7　二氧化硒

二氧化硒是一种白色晶体，常压下可升华，熔点340 ℃，相对密度3.95(15 ℃)，极易溶于水，可溶于醋酸、甲醇、乙醇、1,4-二氧六环、苯等有机溶剂。二氧化硒有毒，且对皮肤有腐蚀作用。

二氧化硒是一种选择性较好的氧化剂，主要用于将与羰基相连的甲基或亚甲基氧化成羰基；烯丙位烃基氧化成相应的醇羟基或进一步氧化成羰基化合物；1,4-二酮氧化成2,3-不饱和1,4-二酮。该反应常用1,4-二氧六环、醋酐、醋酸、乙醇、水等作溶剂，二氧化硒在溶液中先转化成为亚硒酸$(HO)_2SeO$或相应的亚硒酸二烷基酯，反应中Se^{4+}被还原成红黑色的不溶性金属硒。反应完毕后，剩余的二氧化硒必须除去，方法是通入二氧化硫或加入醋酸铅溶液。

1. 氧化羰基α-位活泼甲基或亚甲基成羰基

$$CH_3CH_2CHO \xrightarrow[\text{溶剂}]{SeO_2} CH_3COCHO$$

$$C_6H_5COCH_3 \xrightarrow[H_2O,\text{二氧六环},\text{回流}]{SeO_2} C_6H_5COCHO$$

69% ~72%

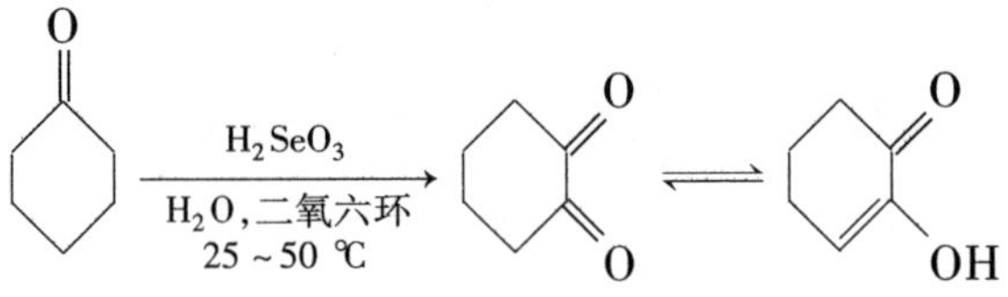

60%

2. 氧化烯丙位烃基成相应的醇或羰基化合物

烯丙位烃基被亚硒酸氧化生成醇，在用醋酐为溶剂时氧化成乙酰氧基化合物，在过量的二氧化硒存在下可进一步氧化成酮。

$$CH_3-CH=CH-CH_2-CH_3 \xrightarrow{(HO)_2SeO} CH_3CH=CH-CH(OH)-CH_3$$

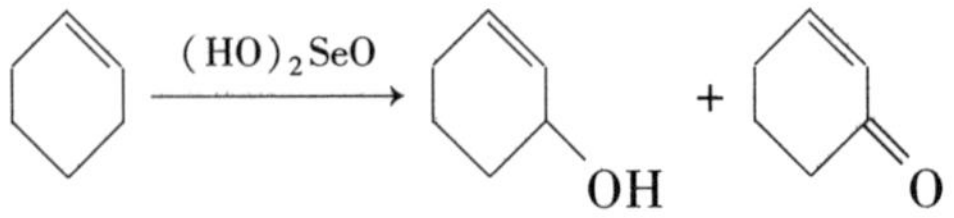

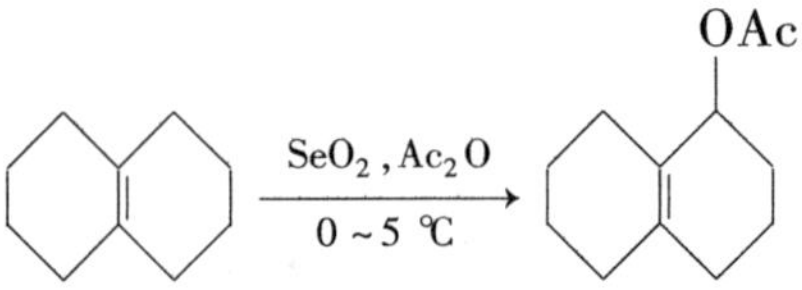

若反应物有多个烯丙位存在，该氧化反应的选择性规则大致如下：

① 首先氧化双键碳上取代基较多一边的烯丙位烃基。

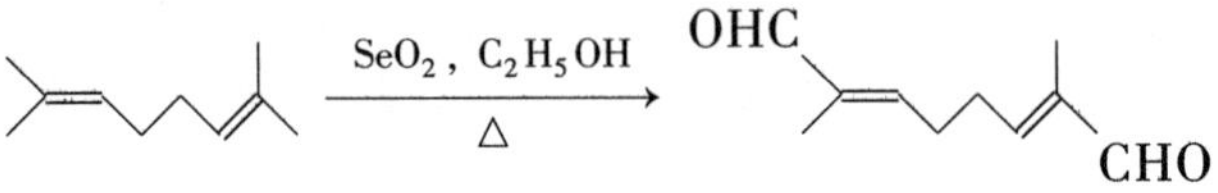

② 以遵守上述规则为前提，氧化活性顺序为 $CH_2>CH_3>CH$。

$$CH_3-CH_2-\overset{\displaystyle CH_3}{\overset{|}{C}}=CHCH_3 \xrightarrow{SeO_2}$$

$$CH_3-\overset{\displaystyle OH}{\overset{|}{C}H}-\overset{\displaystyle CH_3}{\overset{|}{C}}=CHCH_3 + CH_3CH_2-\overset{\displaystyle CH_2OH}{\overset{|}{C}}=CHCH_3$$

34　　　　　:　　　　　1.0

③ 对于环状烯烃，双键碳上取代基较多一端的环上烯丙位碳氢键被氧化成羟基。

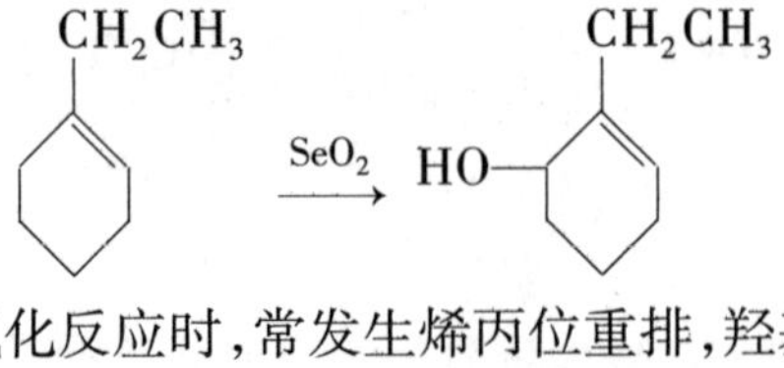

④ 末端烯烃在进行该氧化反应时，常发生烯丙位重排，羟基引入末端。

$$CH_3CH_2CH_2CH_2CH=CH_2 \xrightarrow{SeO_2} CH_3CH_2CH_2CH=CHCH_2OH$$

3. 1,4-二酮氧化成2,3-不饱和1,4-二酮

$$C_6H_5COCH_2CH_2COC_6H_5 \xrightarrow[CH_3COOH,\ 90\ ℃]{SeO_2,\ H_2O} C_6H_5COCH{=}CHCOC_6H_5$$

被消除的两个氢原子若互为顺式,其反应速度比互为反式要快得多。

二氧化硒和亚硒酸氧化法在工业上有着重要的应用。工业重要原料三聚乙二醛就是以亚硒酸为氧化剂制备的。

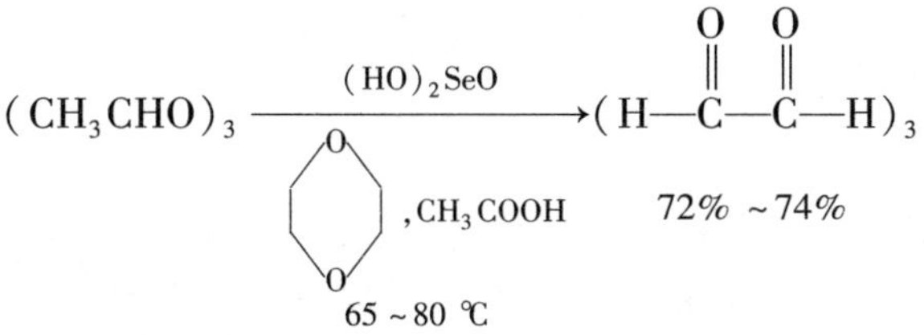

其工艺过程如下:

配料比:n(亚硒酸):n(三聚乙醛):n(1,4-二氧六环):n(乙酸(质量分数为50%))= 1.00:1.22:2.43:0.18。

按配料比将亚硒酸、三聚乙醛、1,4-二氧六环和质量分数为50%的乙酸加到反应器中,于65 ~80 ℃回流6 h。

静置后,倾出上层清液,残余物用水洗,洗下的水溶液与分出的上层清液合并。蒸除多余的三聚乙醛及溶剂1,4-二氧六环,倾出上层清液,剩余物用水洗涤,液体合并,加入质量分数为25%的乙酸铅水溶液,直到溶液不再与乙酸铅产生沉淀。过滤,滤液通入硫化氢至饱和。加入活性炭,于40 ℃搅拌,除净硫化氢。过滤,滤液浓缩至近于全干,然后真空干燥,即得成品。本品可用做黏合剂及医药、染料、油漆等的原料。

环己二酮也可通过亚硒酸氧化法而制得。

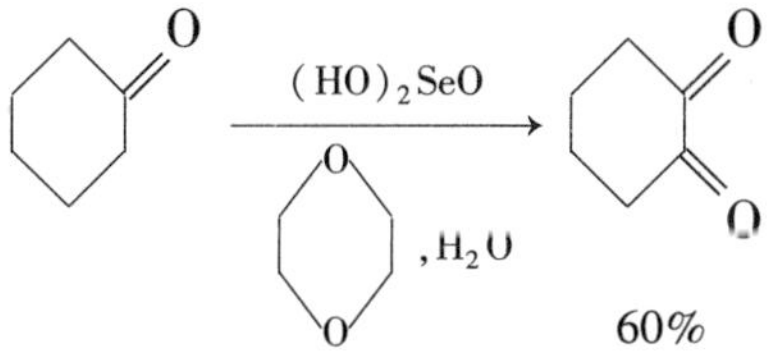

其工艺过程如下:

配料比:n(亚硒酸):n(环己酮):n(1,4-二氧六环):n(水)= 1.00:4.40:1.20:0.26。

将环己酮加入到反应器中,于100 ℃加热搅拌。滴加亚硒酸与1,4-二氧六环、水组成的溶液,滴加完毕,在100 ℃继续搅拌5 h,然后室温搅拌6 h。滤去硒,用乙醇回流提取,提取液与原反应液合并。蒸馏,收集60 ~90 ℃/2 133.15 Pa馏分。重蒸一次,收集75 ~79 ℃/2 133.15 Pa馏分,在34 ℃凝结成无色晶体(在空气中放置后渐显浅黄绿色),即得产品。

环己二酮为重要的有机合成中间体,在工业上有重要用途。

6.2.8 四乙酸铅

四乙酸铅可由四氧化三铅与含有少量醋酐的冰醋酸于65 ℃反应而得。它是一种晶状固体,熔点175 ~180 ℃,约在140 ℃分解,遇水也立即分解成棕黑色的二氧化铅和乙酸,遇醇也会迅速反应，因此忌用水和醇作反应溶剂。常用的溶剂有：冰醋酸、苯、氯仿、二氯甲烷、三氯乙烯、硝基苯、乙腈等。氧化反应结束后，剩余的四乙酸铅可用滴加乙二醇的办法将其除去。

四乙酸铅的溶解性和导电性表明它是一种共价化合物；乙酸基的红外吸收表明每个酰氧基的两个氧原子都是与铅原子配位的。下式表示了四乙酸铅的可能结构：

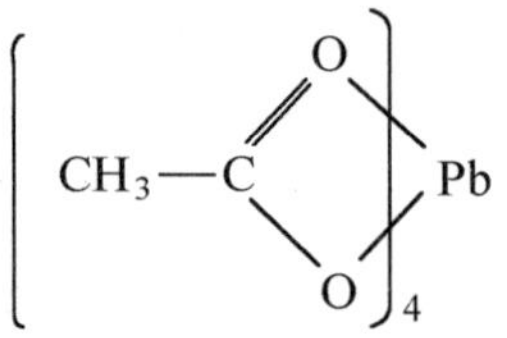

四乙酸铅用作氧化剂，其反应选择性较高，主要用于1,2-二醇氧化断裂成醛或酮，伯醇、仲醇氧化成醛或酮，具有δ-H的醇氧化环合成四氢呋喃衍生物，羧酸氧化脱羧成烯烃。

1. 1,2-二醇氧化断裂成醛或酮

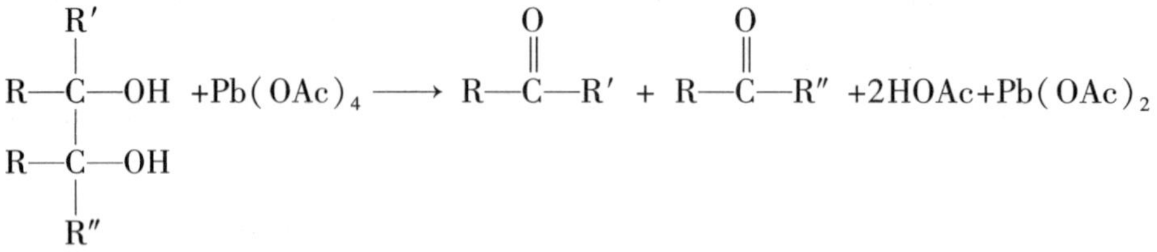

例如

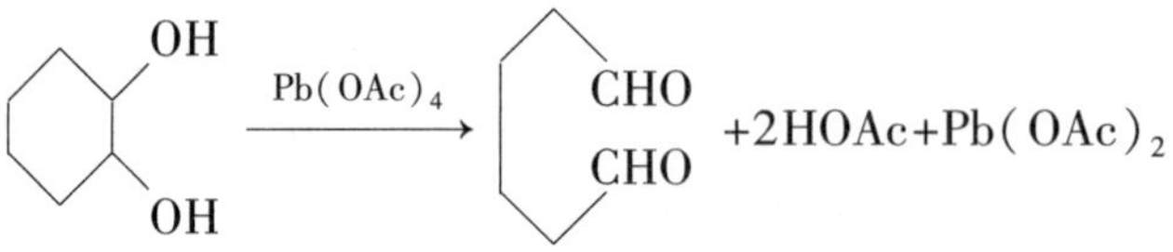

反应历程：一般认为是经过一个环状中间体。

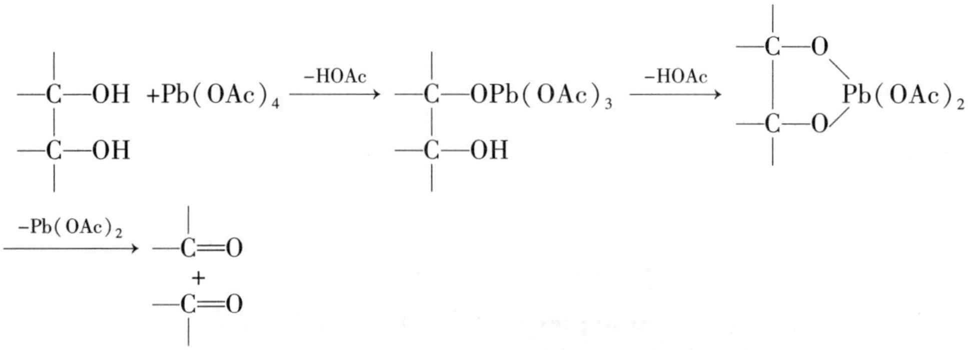

反式1,2-二醇亦可以被四乙酸铅氧化，但不如顺式异构体容易进行。可是若采用吡啶作溶剂，则可加快反式1,2-二醇氧化断裂的速度。而其他试剂，如高碘酸在一般情况下是不可能的。因此有人对反应历程又做出如下的解释：可能经历了非环状中间体的酸或碱的催化消除的过程。

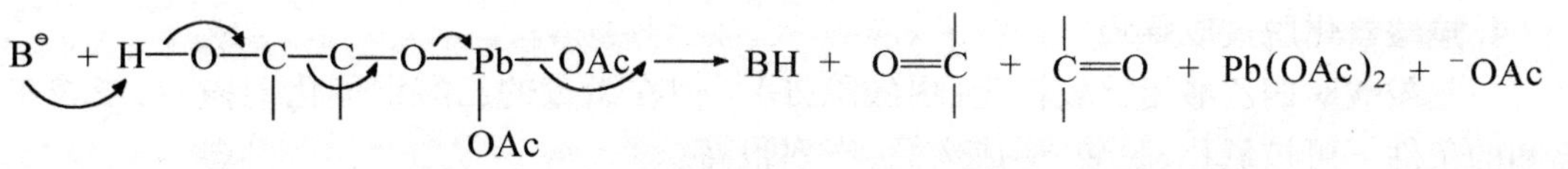

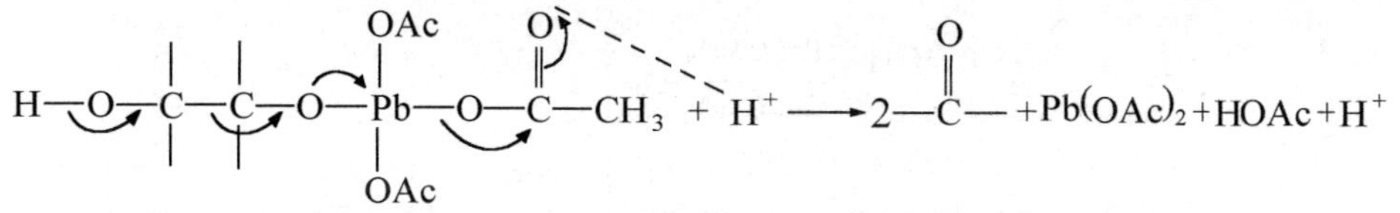

α–氨基醇、α–羟基酸、α–酮酸、α–氨基酸、乙二胺等都可发生类似的反应。

2. 伯醇、仲醇氧化成醛或酮

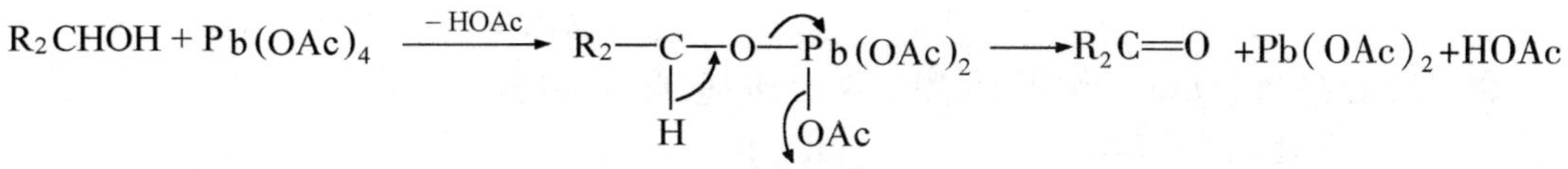

此反应一般用于特殊结构的醇的氧化，如将不饱和醇氧化成不饱和醛。

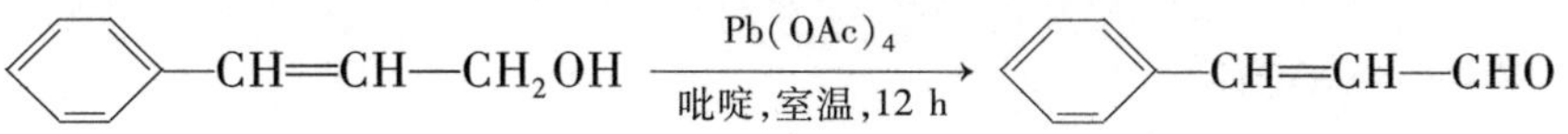

91%

3. 具有 δ–H 的醇氧化环合成四氢呋喃衍生物

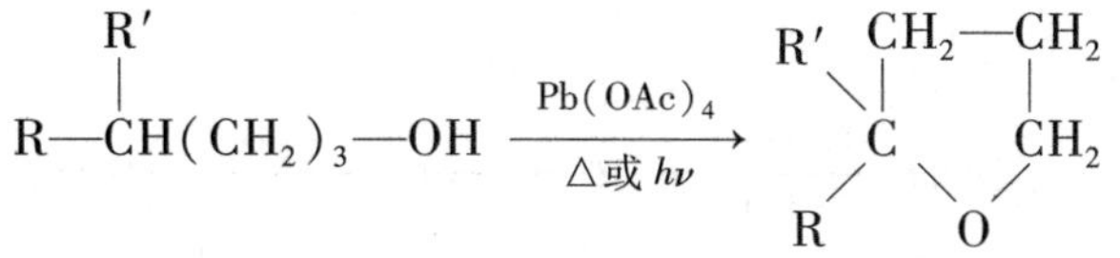

例如

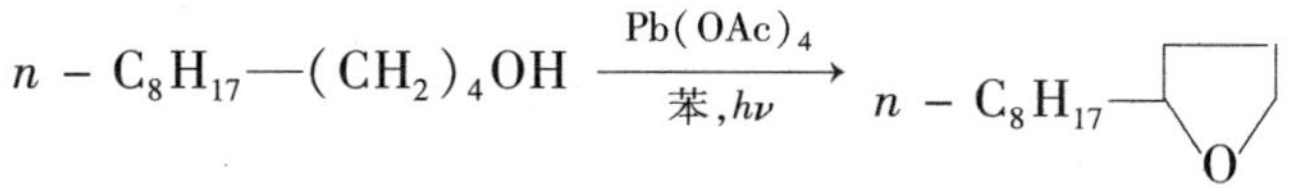

49%

反应历程如下。

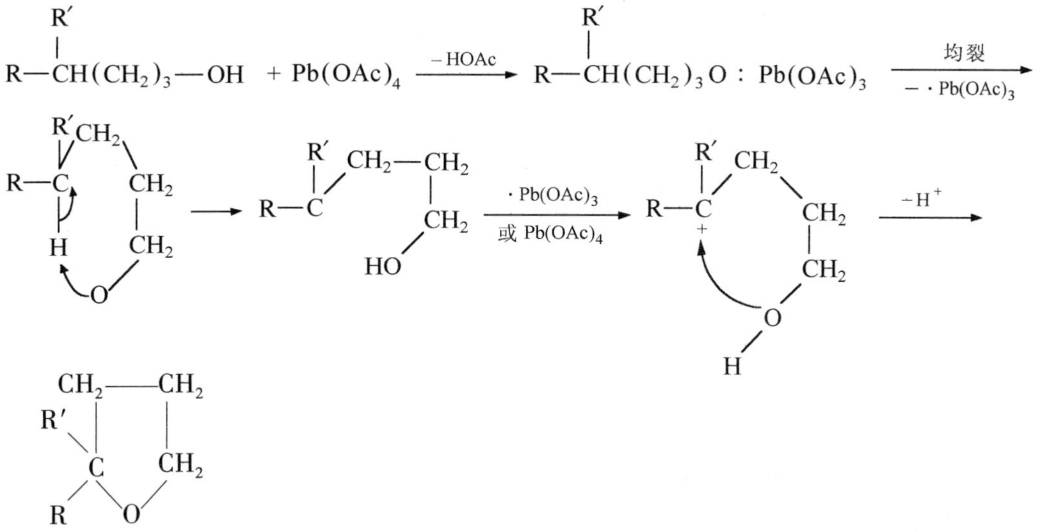

4. 羧酸氧化脱羧成烯烃

一元羧酸对四乙酸铅比较稳定(甲酸除外)。但在微量的乙酸铜催化下,一元羧酸在较温和的条件下可被氧化、脱羧,形成烯烃,产率很高。

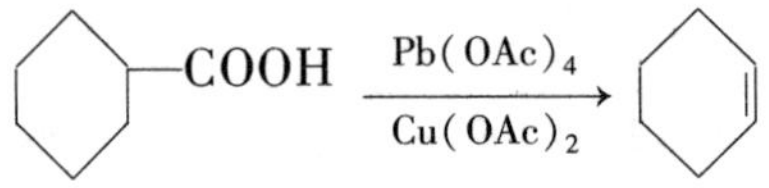

约 100%

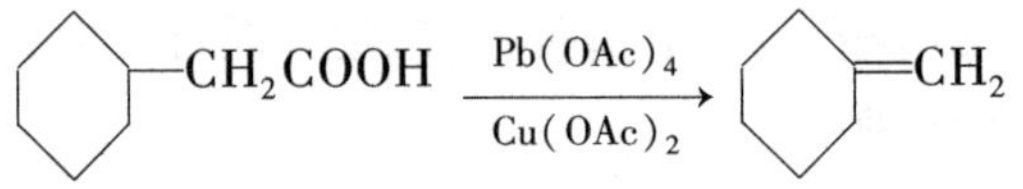

84%

邻二羧酸在 $Pb(OAc)_4$ 作用下,脱去两个羧基,形成烯烃。

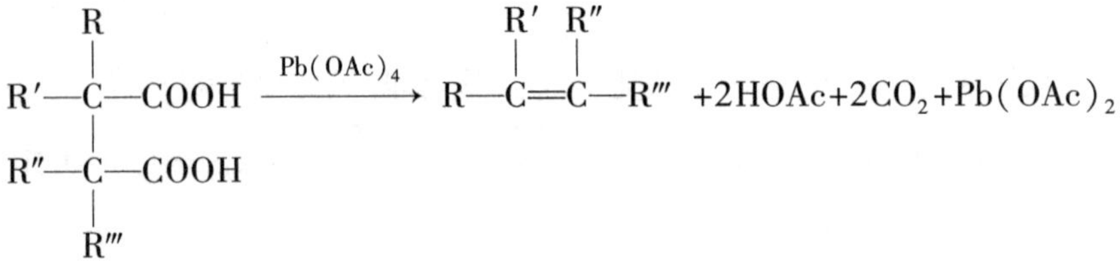

反应历程如下:

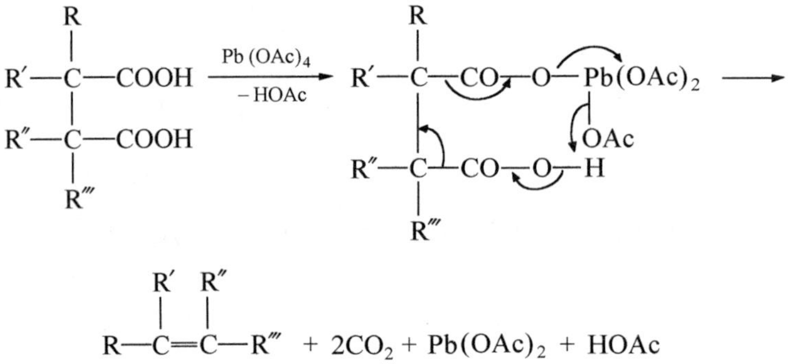

工业上四乙酸铅可用于氧化酒石酸二丁酯制备有机合成中间体乙醛酸丁酯。

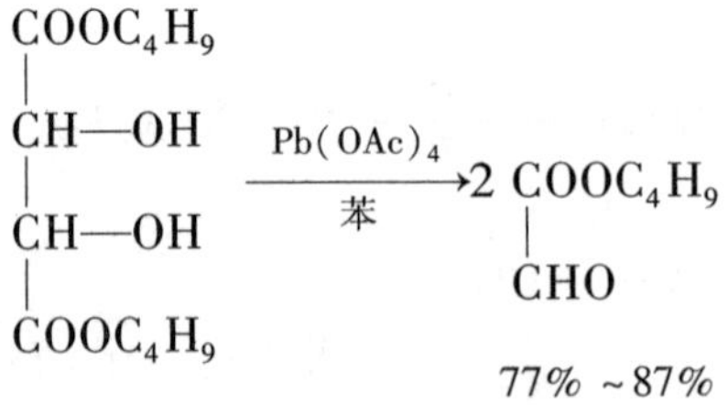

77% ~87%

其工艺过程如下:

配料比:n(酒石酸二丁酯):n(四乙酸铅):n(无水苯)= 1.00:1.78:3.38。

将无水苯和酒石酸二丁酯放入装有金属丝式搅拌器、温度计和加料管的反应器中,搅拌,将四乙酸铅晶体分小量加入,维持温度在 30 ℃以下,加完后继续搅拌 7 h。抽滤,固体用苯洗涤,滤液与洗液合并,在 6 666.1 Pa 压力下蒸去苯和醋酸。残留液在 N_2 保护下减压蒸馏,收集 65 ~79 ℃/2 666.44 Pa 馏分,得粗产品,产率 77% ~87%。在 N_2 保护下再减压蒸馏,可得纯品。

有机合成中间体α-吡啶甲醛也可用四乙酸铅氧化α-吡啶甲醇而得到。

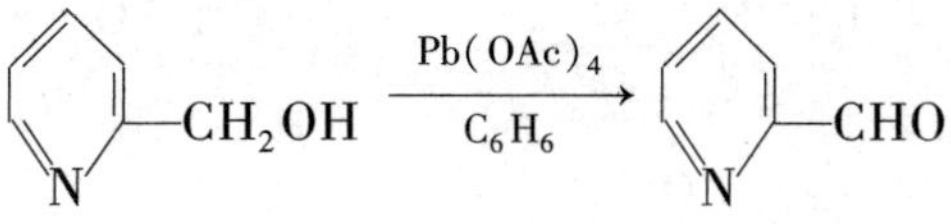

65.4%

其工艺过程如下：

配料比：n(四乙酸铅)：n(α-吡啶甲醇)：n(无水苯)＝4.06：1.00：16.77。

将四乙酸铅、无水苯加到反应器中，搅拌并加热至沸腾，停止加热，滴入α-吡啶甲醇与3.35倍质量的无水苯组成的溶液，滴加完毕，回流1 h。加入数滴乙二醇，以除去过量的四乙酸铅。冷后抽滤，用苯洗涤滤渣，苯溶液用质量分数为10%的碳酸钾溶液洗去其中的醋酸，水层用氯仿提取，合并有机相，干燥，蒸去溶剂后进行减压蒸馏，收集70～73 ℃/1 733.19 Pa馏分，产率65.4%。

6.2.9 二甲基亚砜

二甲基亚砜(DMSO)是实验室中常用的一种非质子极性溶剂，与水、乙醇、丙酮、乙醚、氯仿、苯等均可混溶。它又是一种很有用的选择性氧化剂，如：它能选择性地氧化某些活性卤化物，生成相应的羰基化合物；在强亲电性试剂和质子供给体的存在下，它很容易将伯醇、仲醇氧化成相应的醛或酮。该反应条件温和，产率较高，在生物碱、甾体化合物和糖类等含有易变官能团的复杂有机化合物的氧化上应用较多。

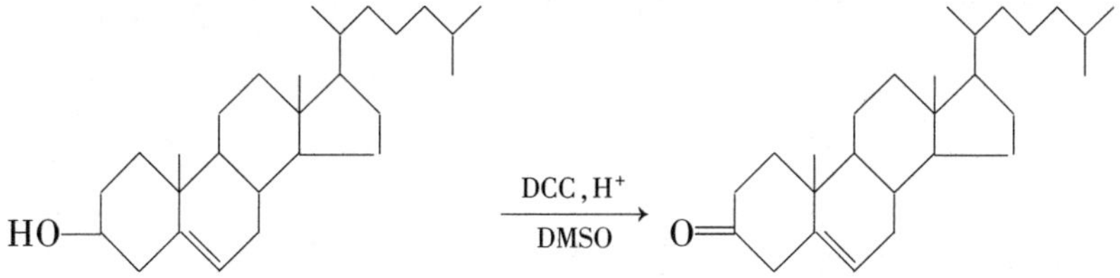

66%

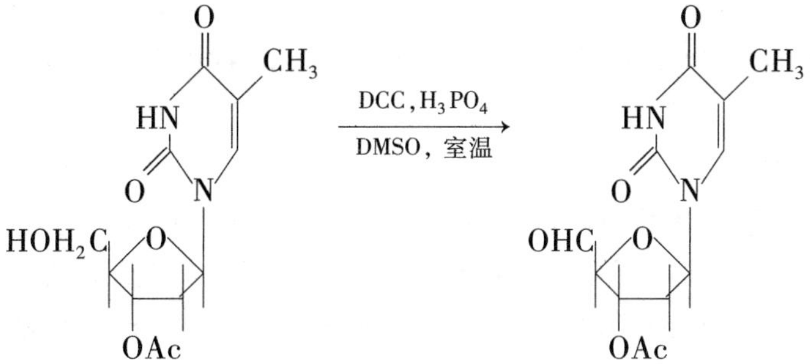

90%

其中，DCC为二环己基碳二亚胺，即$C_6H_{11}—N═C═N—C_6H_{11}$。

DMSO作为氧化剂用于有机合成有下列几种情况。

1. DMSO单独使用

DMSO能单独氧化α-卤代羧酸酯、α-卤代羧酸、α-卤代苯乙酮、卤苄、伯碘代烷等活性卤化物，生成相应的醛或酮，但对醇的氧化较困难。

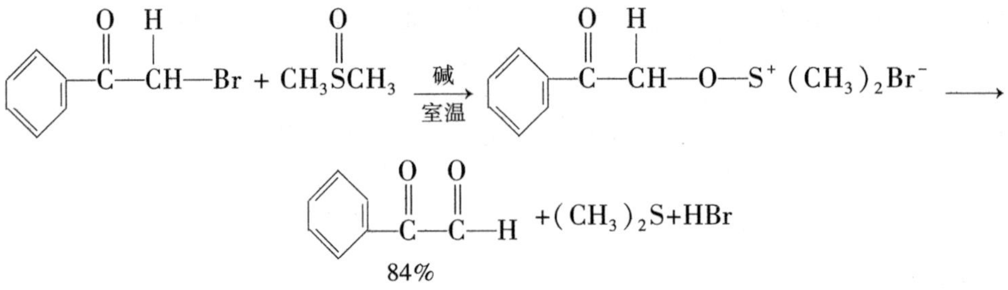

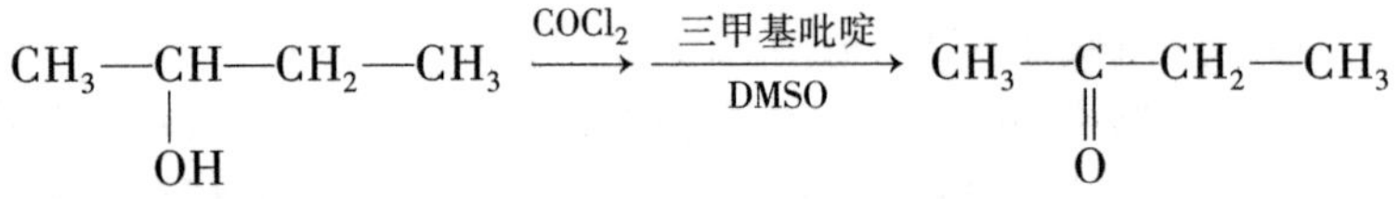

常用的碱是 $NaHCO_3$、C_2H_5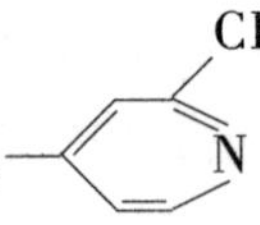、$(C_2H_5)_3N$ 等。

2. DMSO/DCC 氧化剂

将 DMSO/DCC 溶液加入醇类化合物中，并用三乙酸吡啶盐（TFA · Py）作质子供给体和接受剂（也可用磷酸），该氧化反应不仅条件温和（一般在室温下进行），而且选择性高，产率好，被称为弗茨纳-慕发特法（Pfitzner-Moffatt method）。该法可用于氧化伯、仲醇成为相应的醛或酮，而对分子中的烯键、酯基、氨基、叔-羟基等均无影响。

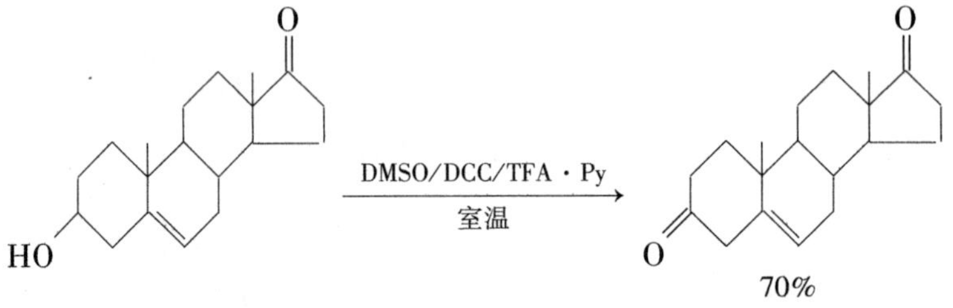

该法对空间位阻大的羟基（a-羟基）氧化产率不高。DCC 毒性较大，反应生成的二环己基脲不易分离。

3. DMSO/AC_2O 氧化剂

用醋酐代替 DCC，可避免使用 DCC 时存在的上述缺点。该氧化剂可将羟基氧化成羰基而不影响其他基团的存在，但常有羟基乙酰化和形成甲硫基甲醚的副反应伴随发生，使该法产率低，且立体选择性不如 DMSO/DCC。然而，位阻较大的 a-羟基比 e-羟基氧化产率高，因为 a-羟基发生乙酰化副反应较难。

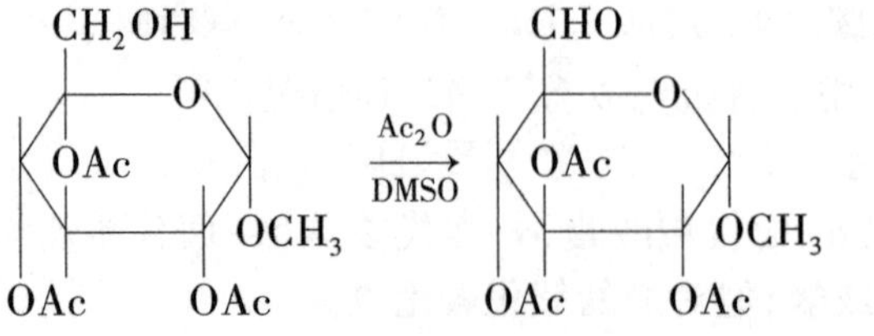

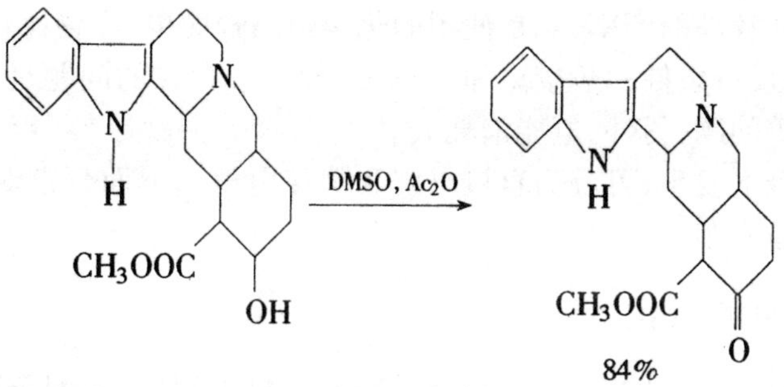

二甲亚砜作为氧化剂在工业上的应用举例如下：

(1)苯乙酮醛的制备

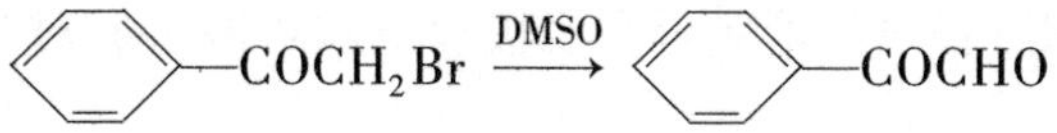

将α-溴代苯乙酮溶于 DMSO 中,室温放置9 h后,倒入冰水中。提取,用水洗涤,干燥,脱除溶剂,残留物溶于少量乙酸乙酯中,冷后得无色针状晶体,熔点 123～124 ℃,产率 84%。苯乙酮醛为重要的有机合成中间体。

(2)雄甾-4-烯-3,17-二酮的制备

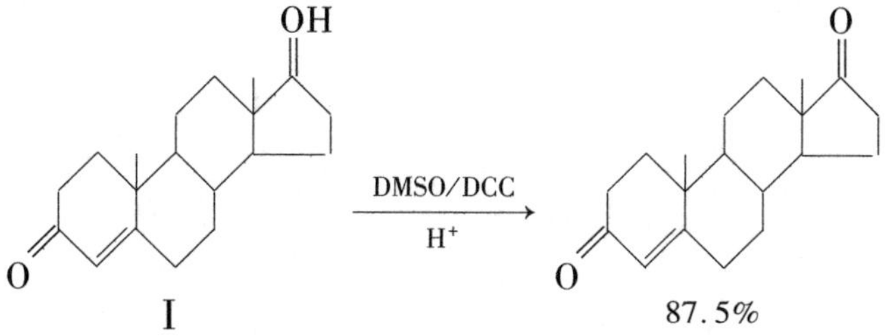

配料比:n(Ⅰ)∶n(DMSO)∶n(DCC)∶n(无水苯)∶n(5 mol/L 无水磷酸 DMSO 溶液)=1.00∶3.51∶2.18∶1.75∶0.07。

按配料比将睾酮(Ⅰ)溶于 DMSO 中,DCC 溶于无水苯中,两种溶液混合。加5 mol/L 无水磷酸的 DMSO 中的溶液,室温放置2 h。加入乙酸乙酯和草酸的甲醇饱和溶液。30 min 后,滤去二环己脲,并用乙酸乙酯洗涤。滤液用碳酸氢钠溶液洗涤后再水洗,经无水硫酸钠干燥,蒸去溶剂,残留物冷却后固化。用甲醇重结晶,即得雄甾-4-烯-3,17-二酮。产率 87.5%,熔点 169～170 ℃。本品可用于医药。

院士风采:哈工大马军院士团队在氧化领域取得突出贡献,创建了不同价态铁锰氧化剂除污染理论体系。开发出高锰酸盐和高铁酸盐预氧化除污染技术、臭氧催化氧化深度处理技术、基于新生态微界面特性的强化除重金属技术和纳米复合膜水处理技术、过硫酸盐高级氧化技术等,应用于受污染水源水净化工程、污水深度处理及回用工程,在多次重大污染应急工程中发挥了重要作用。

6.3 电解氧化

电解氧化具有与化学试剂氧化或催化氧化不同的特点,一是在适当的条件下容易得到

较高的专一选择性和较高的产率;二是使用的化学药品较简单,产物比较容易分离并能得到高纯度的产品;三是反应条件一般较温和,“三废”较少。存在的问题是电解需要解决电极、电解槽和隔膜材料等问题,另外,电能消耗大。

电解氧化在阳极上发生,可分为直接电解和间接电解。下面分别对直接电解氧化和间接电解氧化进行简单介绍。

6.3.1　直接电解氧化

直接电解氧化是在电解质存在下,选择适当的材料为阳极,并配合以辅助电极为阴极,化学反应直接在电解槽中发生。这种方法设备和工序都较简单,但不容易找到合适的电解条件。

苯经阳极氧化可以得到苯醌,苯醌再在阴极被电解还原生成对苯二酚。

阳极反应为

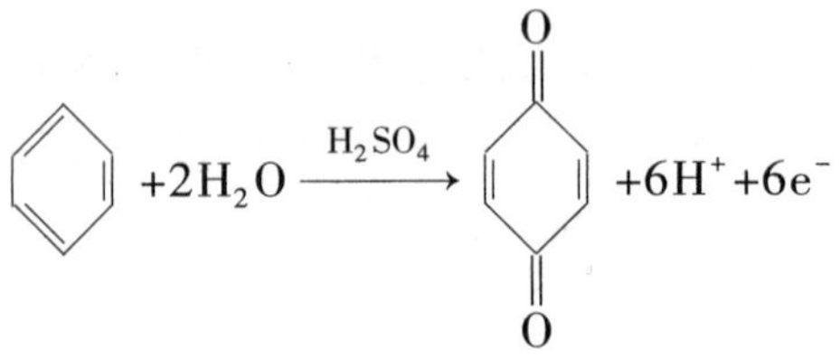

阴极反应为

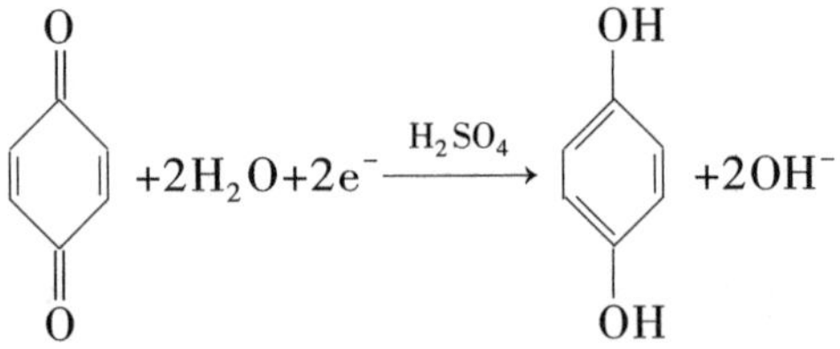

苯氧化以质量分数为10%的 H_2SO_4 溶液为电解质,镀钛的二氧化铅为阳极,铅为阴极,在电极电压为4.5 V、电流密度为4 A/dm^2、电解温度为40 ℃、压力为0.2～0.5 MPa、停留时间为5～10 s的情况下,对苯二酚的产率可达80%,电流效率为44%。

6.3.2　间接电解氧化

间接电解氧化指的是利用合适的变价离子作为传递电子的媒介,用高价的离子作为氧化剂,将有机物氧化,反应中生成的低价离子,在电解槽中被阳极氧化为高价离子,使得电解槽循环使用。在这种方法中,化学反应与电解反应不在同一设备中进行。

已发现,用于间接电解氧化的离子对有 Ce^{4+}/Ce^{3+}、Co^{3+}/Co^{2+}、Mn^{3+}/Mn^{2+}、$Cr_2O_7^{2-}/Cr^{3+}$等。例如,$Cr_2O_7^{2-}/Cr^{3+}$用于蒽的氧化,在氧化器中发生如下反应:

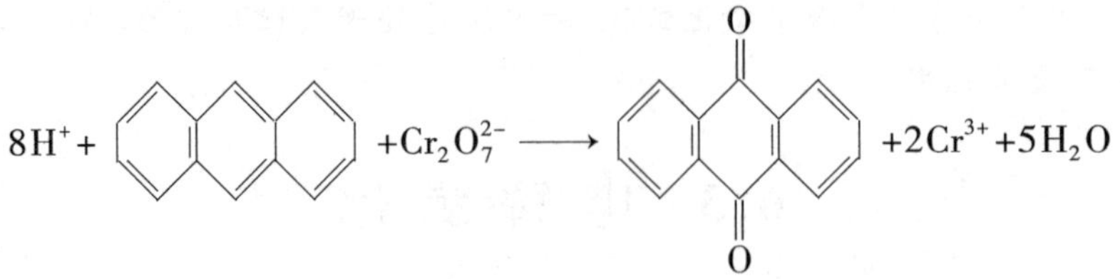

在电解槽中可使 Cr^{3+} 氧化成 $Cr_2O_7^{2-}$:

$$2Cr^{3+}+7H_2O-6e^- \longrightarrow Cr_2O_7^{2-}+14H^+$$

Ce^{4+}/Ce^{3+}是近年来研究较多的离子对。烷基芳烃用 Ce^{4+}/Ce^{3+}氧化时,可以在有机酸或无机酸的水溶液中进行。例如,甲苯在 6 mol/L 的 $HClO_4$ 中,于 40 ℃进行氧化,苯甲酸产率为 92%;在 3.5 mol/L 的 HNO_3 中,于 80 ℃进行氧化,也能得到近似的结果。

电解氧化的电极选择常会影响电解反应的方向和效率。因此,所用电极在工作条件下应该是稳定的;在介质中反应时阳极应该选择氧超电压高的材料,以避免氧气释出,如铂、镍、银等,阴极则选用氢超电压低的材料,以利于氢气释出,如镍、铁、碳、铝等。

我国利用电解氧化进行工业合成的例子还很少,一是由于电极、电解槽和隔膜等材料问题尚未很好解决,二是反应电能消耗较大。

6.4 反应实例

1. 糖精钠的制备

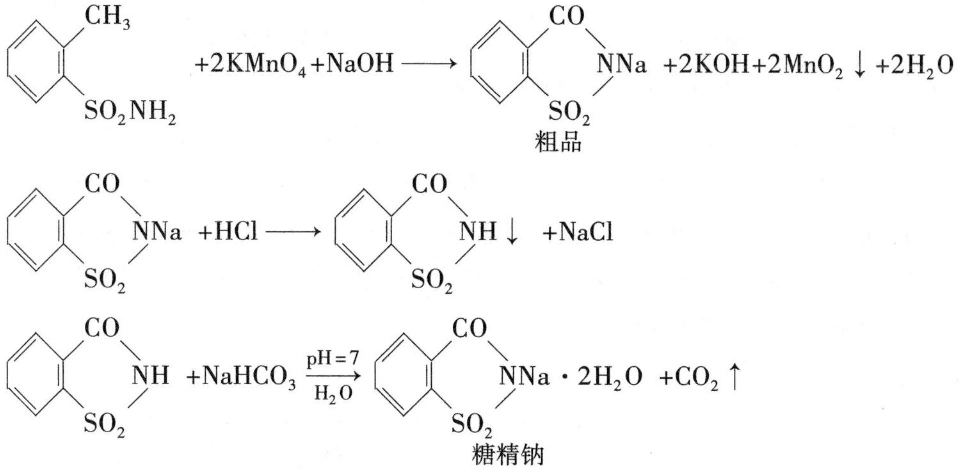

在碱性条件下,邻甲基苯磺酰胺被高锰酸钾氧化,生成邻磺酰胺基苯甲酸,然后经烧碱中和,过滤除杂,冷却结晶,过滤干燥,即得成品。

本品用作医药调味和食品工业的甜味剂。

2. 对苯二酚的制备

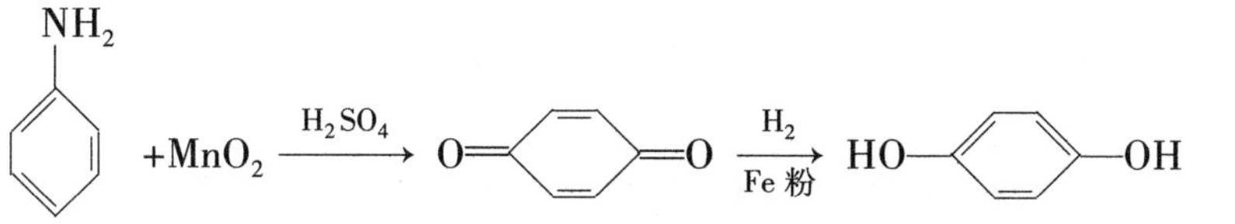

对苯二酚

苯胺在硫酸介质中,经二氧化锰氧化成对苯醌,再经铁粉还原,生成对苯二酚。经浓缩、脱色、结晶、干燥而得成品。

本品主要用以制取摄影胶片的黑白显影剂、蒽醌染料、偶氮染料、合成氨脱硫工艺辅助溶剂、橡胶防老剂、阻聚剂、涂料清漆的稳定剂和抗氧剂等。

3. 对羧基苯磺酰胺的制备

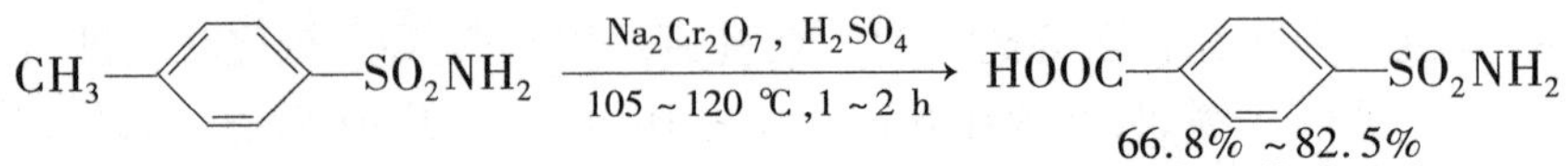

66.8%～82.5%
对羧基苯磺酰胺

配料比:n(对甲苯磺酰胺):n(重铬酸钠):n(硫酸)= 1.00:2.50:4.76。

将水、重铬酸钠、硫酸依次加入反应罐中,加热溶解,分批加入对甲苯磺酰胺,于 105～120 ℃反应 1～2 h。冷却、过滤、洗涤,得对羧基苯磺酰胺粗品,将粗品溶于氢氧化钠溶液,过滤,滤液用质量分数为 15% 的盐酸调至 pH=4～5,干燥得成品。

本品为医药等有机合成中间体。

4. 联苯甲酰的制备

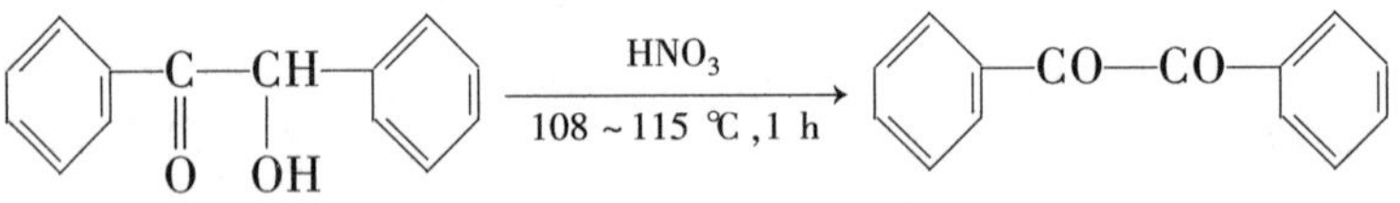

安息香　　　　　　　　联苯甲酰(97%～98%)

配料比:n(安息香):n(硝酸)= 1.00:0.50。

将安息香及硝酸(质量分数为 30% 或 50%)加入反应罐,缓缓加热,约 4 h 内升温至 108 ℃,于 108～115 ℃反应 1 h。加入 95～100 ℃热水,搅拌析出结晶。冷至 70 ℃以下,过滤、水洗,得联苯甲酰粗品。加入 5～6 倍水,用质量分数为 30% 的氢氧化钠调 pH=12,加热至 97～100 ℃,溶解 5 min。冷至 70 ℃以下,过滤、水洗、干燥,得精制产品,熔点≥93 ℃。

本品为光敏化剂和医药中间体。

5. 环氧丙烷的制备

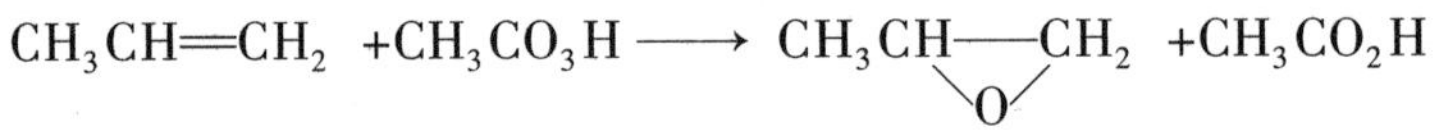

丙烯与含有稳定剂乙酸乙酯的过氧乙酸溶液在 50～80 ℃、0.91～1.22 MPa 下进行环氧化反应,产物经分离、精馏,得到精品环氧丙烷。

环氧丙烷是重要的有机合成中间体,可用来制取丙二醇、甘油、聚酯树脂、聚氨酯泡沫塑料、表面活性剂等。

6. 环己烷催化氧化制己二酸($HOOC(CH_2)_4COOH$)

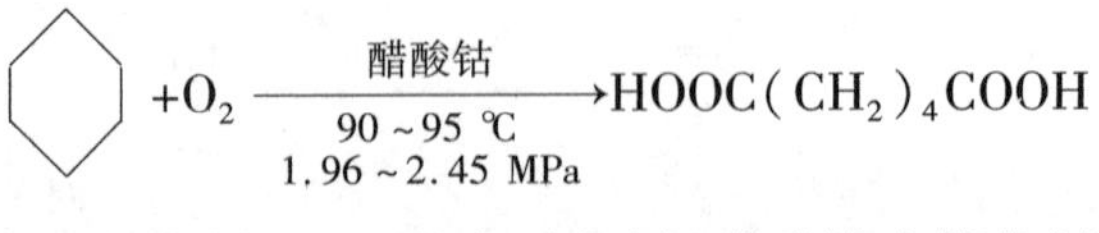

以环己烷为原料,醋酸为溶剂,环己酮为引发剂,醋酸钴为催化剂,在 90～95 ℃,1.96～2.45 MPa 压力下,与空气进行催化氧化反应,产物经回收环己烷、醋酸及催化剂醋酸钴之后,再经冷冻结晶、离心分离、重结晶、分离、干燥,即得成品。

己二酸主要用作制造尼龙 66 和聚氨酯泡沫塑料的原料及香料固定剂、增塑剂 DOA、涂料等的原料。

7. 液相氧化反应制异丙苯过氧化氢(CHP)

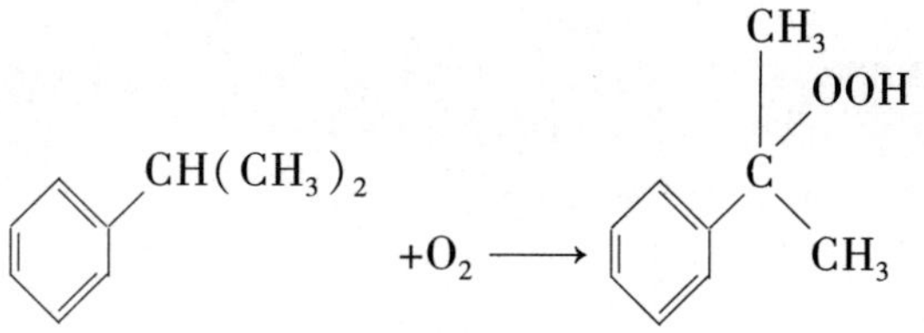

工业上采用泡罩塔式氧化塔,异丙苯经预热至一定温度后由氧化塔顶进入,空气自塔底鼓泡通入,氧化液自塔底排出,其中CHP质量分数在25%左右,冷却后进行浓缩。浓缩过程中为防止CHP分解,采用降膜式真空蒸发器,CHP质量分数可达80%。

本品可作为改性丙烯酸酯胶黏剂(SGA)固化的引发剂。

习　　题

一、完成下列反应

1. 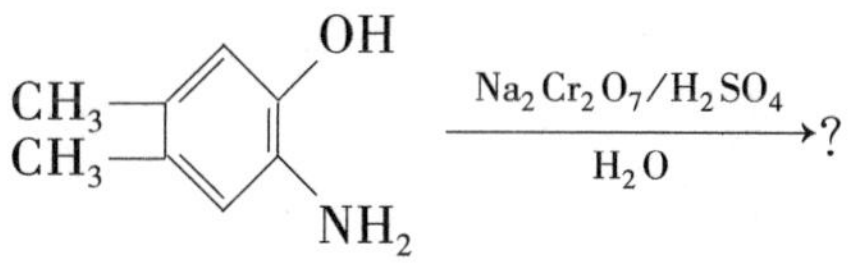

2. 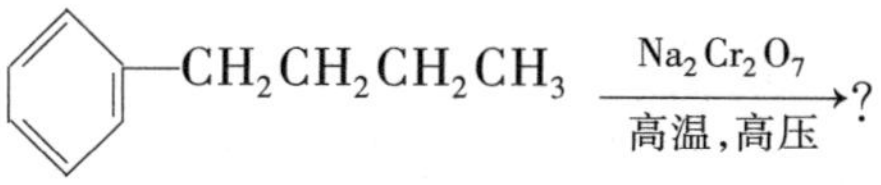

3. 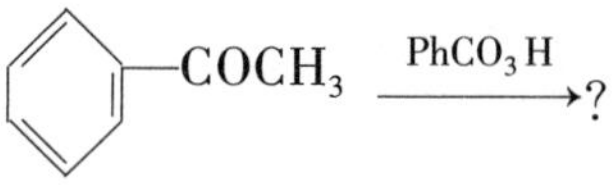

4. 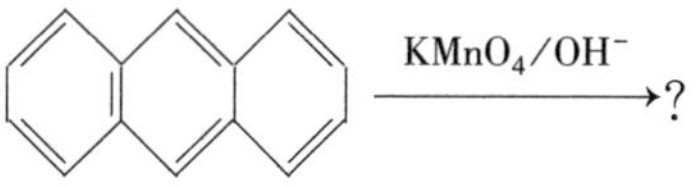

5. 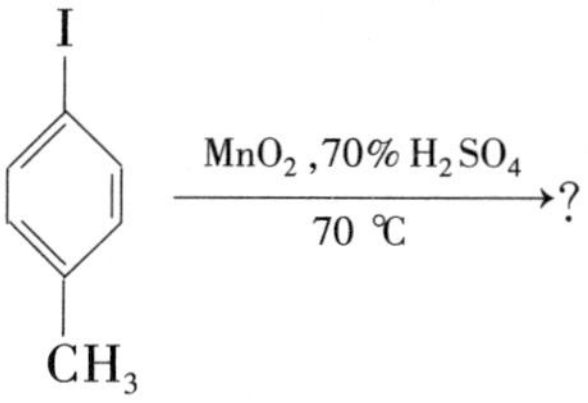

6. 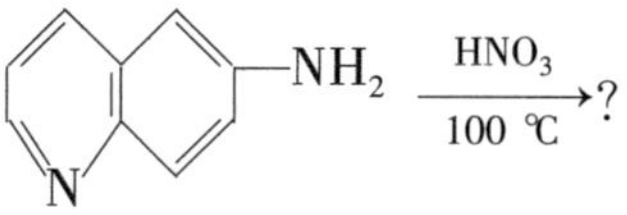

7. $C_6H_5CH{=}CH_2 + C_6H_5CO_3H \xrightarrow[0\ ℃]{HCCl_3} ?$

8. 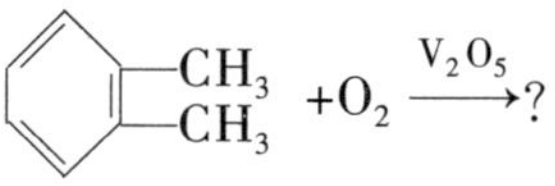

习题答案请扫码查看

9. 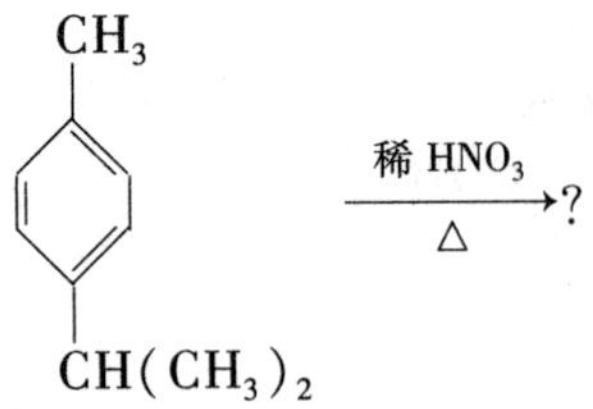

二、合成下列化合物

1. 苯乙酸(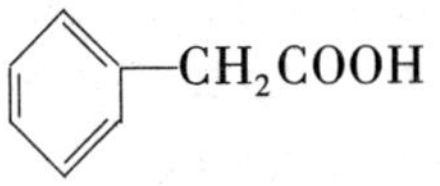)

2. 2-乙基己酸($CH_3(CH_2)_3\overset{C_2H_5}{\overset{|}{C}}HCOOH$)

3. 合成2,3-二羟基丁烷($CH_3\overset{OH}{\overset{|}{C}}H—\overset{OH}{\overset{|}{C}}HCH_3$)

第7章 还原反应

从广义上讲,凡使反应物分子得到电子或使参加反应的有机物碳原子上的电子云密度增大的反应均称为还原反应;从狭义上讲,凡使反应物分子的氢原子数增加或氧原子数减少的反应即为还原反应。

常用的还原反应有三种:催化还原、化学试剂还原、电解还原。

7.1 催化还原

7.1.1 催化还原反应的类型

在催化剂存在下,有机化合物与氢的反应称为催化还原。其中催化剂以固体状态存在于反应体系中的称为非均相催化还原;而催化剂溶解于反应介质的称为均相催化还原。

从反应结果来看,催化还原又分为两大类,即催化加氢和催化氢解。

催化加氢是指具有不饱和键的有机物分子在催化剂存在下,与氢分子作用,结果不饱和键全部或部分加氢的反应。该反应应用范围很广,烯烃、炔烃、硝基化合物、醛、酮、腈、芳环、芳杂环、羧酸衍生物等均可采用此法还原成相应的饱和结构。例如

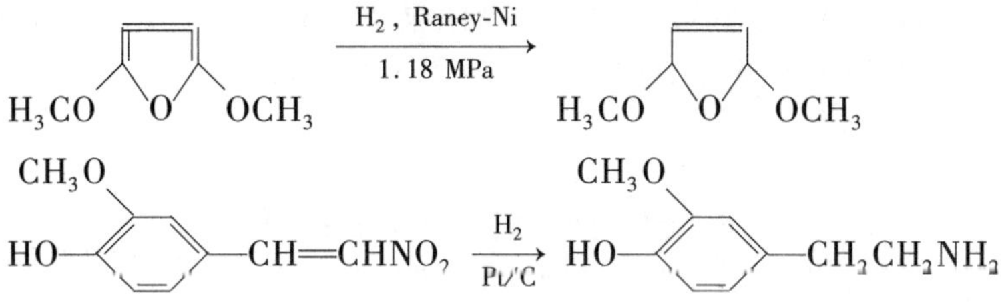

催化氢解通常是指在催化剂的存在下,含有碳-杂键的有机物分子在还原时发生碳-杂键断裂,结果分解成两部分氢化产物。可用下列通式表示:

$$-\overset{|}{\underset{|}{C}}-Z + H_2 \xrightarrow{\text{催化剂}} -\overset{|}{\underset{|}{C}}-H + HZ$$

其中,Z 为 X、O、S 等杂原子。

这类反应常见的有:脱卤氢解、脱苄氢解、脱硫氢解和开环氢解。例如

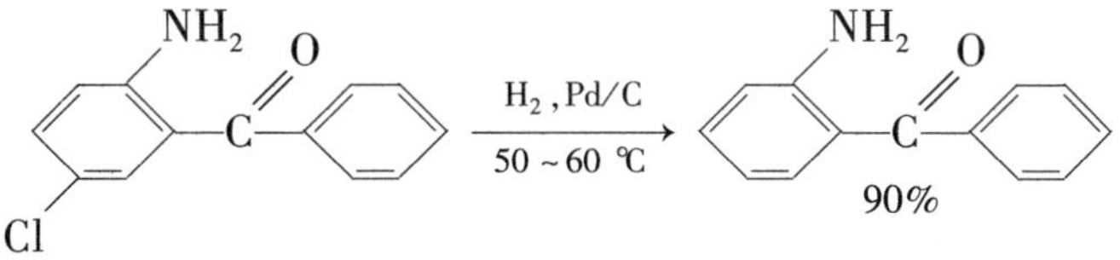

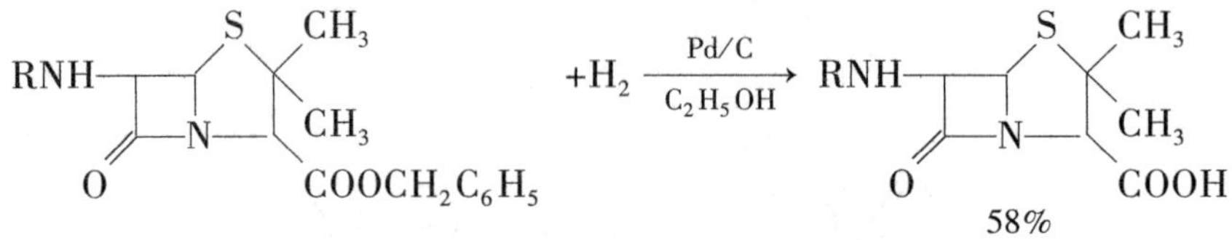

催化氢解反应在近代有机合成中已被广泛采用，如利用连接在氧原子或氮、硫原子上的苄基比较容易发生氢解这一特点，在多肽等复杂的天然化合物合成中用作保护基，反应结束后，可在温和的条件下将其脱除，而其他基团不受影响。

7.1.2　常用的催化剂及其制备方法

催化还原常用的催化剂主要是过渡金属元素镍、铂、钯、铑等高度分散的活化态金属。近几十年来，由金属氧化物的混合物所组成的新型加氢催化剂，如亚铬酸铜等，因其价格便宜，使用方便，也已广泛应用于工业生产。它们各自的适用范围及使用条件见表 7.1。

表 7.1　常用非均相氢化催化剂的适用范围及使用条件

催化剂	适用范围	使用条件
Raney 镍（Raney-Ni）	用于炔键、烯键、硝基、氰基、羰基、芳杂环、芳稠环、苯环的氢化，以及碳-卤键、碳-硫键的氢解	在中性或弱碱性条件下使用，酸性增加，活性下降。
P-2 型硼化镍（P-2 型 NiB）	选择性还原炔基成烯基、末端烯基成烃基。非末端烯基不反应，且不发生双键的异构化及苄基、烯丙基的氢解。对于不饱和醇、醚、醛、酮、羧酸等仅发生烯键的加氢还原反应	在中性或弱碱性条件下使用
钯黑、钯/炭	除 Raney-Ni 所能适用的范围以外，还可用于酯基和酰胺的催化氢解，且是最好的脱卤、脱苄催化剂	在中性或酸性条件下使用
Lindlar 催化剂、Pd/$CaCO_3$	选择性还原炔键成烯键，且顺式加氢，亦可将酰卤还原成醛	在中性条件下使用
铂黑、铂/炭、二氧化铂	适用范围基本上与钯催化剂相同，它对苯环及共轭双烯的催化加氢能力较钯强，但铂催化剂易中毒失去活性，特别不宜用于有机氯、有机硫和有机胺类化合物的还原	在中性或酸性条件下使用
铑催化剂	在温和的条件下催化芳环、杂环及腈的氢化还原，亦可用于脂肪羧酸的还原	在中性或醋酸介质中使用
亚铬酸铜	用于羰基化合物、羧酸衍生物特别是酯的氢解还原，对烯键不敏感	需高温、高压条件，不宜在酸性条件下使用

下面是镍、钯、铂、铑、亚铬酸铜等催化剂的制备方法。

1. Raney-Ni 催化剂

Raney-Ni 的基本原料是镍-铝合金，其中镍的含量一般在 30% ~ 50%，其余为铝。由于镍-铝合金组成的变化，以及在 Raney-Ni 的制备过程中所用碱的浓度、反应温度、反应时间和洗涤催化剂的条件等方面的差异，可以得到不同活性的 Raney-Ni，型号有 W-1、W-2、W-3、W-4、W-5、W-6、W-7、T-1、Raney-Urushbara 镍等。W-2 型活性适中，制法简便，能满足一般需要，为常用的 Raney-Ni 催化剂。W-4 ~ W-7 均属高活性镍催化剂，特别是 W-6，一般只用于低温（100 ℃以下）、低压（5.88 MPa 以下）的氢化反应，且用量不超过被氢化物的 5%。T-1 和 Raney-Urushbara 镍是近年来制得的一类性能优良的高活性镍催化剂。

在制备 Raney-Ni 的过程中，有大量的氢气释放出来，应注意安全。

卤素（尤其是碘）及含磷、硫、砷、铋、硅、锗、锡或铅的化合物，会引起 Raney-Ni 不同程度的中毒现象，使催化剂失活，使用时应予以注意。

Raney-Ni 的制备方法可用下列反应式表示：

$$2Ni\text{-}Al+2NaOH+2H_2O \longrightarrow 2Ni+2NaAlO_2+3H_2$$

常用的 W-2 型催化剂的制备过程如下：

配料比：m(镍-铝合金)：m(氢氧化钠)：m(蒸馏水)= 1.00：1.27：5.00。

按配料比将 NaOH 溶解于蒸馏水中，搅拌，冷至 10 ℃，将 Ni-Al 合金粉小批量加到上述碱液中，加入速度以控制反应液温度不超过 25 ℃为准。全部加完后，停止搅拌，使反应液升至室温。当氢气释放量减缓时，于水浴上徐徐加热，以防止气泡过多而使反应液溢出。加热过程中不断补加蒸馏水，以保持反应液体积基本恒定，直到氢气发生再度变缓为止。

静置，待镍粉沉下，倾去上层清液。加蒸馏水至原体积，搅拌，然后再次静置，倾出上层清液。依次用质量分数为 9.1% 的 NaOH 水溶液和蒸馏水洗涤，倾去清液。水洗重复数次，直到洗出液呈中性后，再水洗 10 次。最后用质量分数为 95% 的乙醇和无水乙醇再各洗三次，制得的 W-2 型 Raney-Ni 浸没在无水乙醇中封存备用。

2. P-2 型硼化镍

$$Ni(OCOCH_3)_2+NaBH_4 \xrightarrow[C_2H_5OH]{N_2} NiB+H_2$$

配料比：n(醋酸镍)：n(硼氢化钠)：n(乙醇(质量分数为 95%))= 1.00：0.21：35.86。

按配料比将醋酸镍溶解在质量分数为 95% 的乙醇中，通入氮气，搅拌下加入浓度为 1.0 mol/L的硼氢化钠乙醇溶液，反应 30 min，即得黑色 P-2 型硼化镍。可直接用于催化氢化反应。

以水为溶剂，可以制得 P-1 型硼化镍，其催化活性高于 P-2 型，但反应选择性远不如 P-2型。

3. 钯/炭催化剂(含质量分数为 5%的 Pd)

$$PdCl_2+HCHO+3NaOH \longrightarrow Pd+HCOONa+2NaCl+2H_2O$$

配料比：n(氯化钯)：n(活性炭(处理过))：n(水)：n(浓盐酸)：n(甲醛水溶液(质量分数为 37%))= 1.00：11.34：146.34：2.44：0.98。

将优质活性炭与质量分数为10%的硝酸一起在蒸汽浴上加热2～3 h，然后用水洗净硝酸，在100～110 ℃下烘干。

按配料比将处理过的活性炭悬浮在水中，加热至80 ℃，加入氯化钯与浓盐酸和2.5倍于盐酸体积的水组成的溶液。在快速搅拌下，加质量分数为37%的甲醛水溶液，然后再加质量分数为30%的氢氧化钠水溶液至反应液对石蕊试纸呈碱性。继续搅拌5 min，过滤，水洗数次。抽滤，先在空气中，然后置于盛有氢氧化钾（或无水氯化钙）的干燥器中干燥（注意：不能在烘箱中干燥，以防着火），封存备用。

4. Lindlar 催化剂

配料比：n（氯化钯）：n（浓盐酸）：n（碳酸钙）：n（0.7 mol/L 甲酸钠水溶液）：n（醋酸铅三水合物溶液（质量分数为8.3%））= 1.00：2.43：12.16：7.09：12.16。

按配料比将氯化钯与浓盐酸混合，在30 ℃振摇至全溶。用30.4倍于氯化钯质量的水，将溶液转移到三口容器中。插入pH计电极，搅拌下滴加3.0 mol/L氢氧化钠水溶液，调节pH至4.0～4.5。加水使体积稀释1倍。然后，加入碳酸钙，于75～80 ℃下搅拌，直到钯全部沉淀，溶液变为无色。在此温度下，加入质量分数为57% 0.7 mol/L甲酸钠溶液（溶液组成为：n（无水碳酸钠）：n（水）：n（甲酸）= 1.40：66.7：1.00），此时催化剂由棕色变为灰色，并有二氧化碳气体放出。再将剩余量的甲酸钠溶液加入到反应液中，继续在75～80 ℃搅拌40 min，催化剂变黑。

过滤，水洗，吸干，重复数次。湿催化剂置于容器中，加入54倍于氯化钯质量的水，然后加入质量分数为7.7%的醋酸铅水溶液，在75～80 ℃搅拌45 min。过滤，水洗，吸干。在60～70 ℃烘箱中烘干，储存备用。

5. 铂催化剂

铂催化剂包括铂黑、铂/炭和二氧化铂。二氧化铂最为常用，在使用时将其还原成铂，被称为 Adams 催化剂。

$$H_2PtCl_6 \xrightarrow[\triangle]{NaNO_3} PtO_2 \xrightarrow{H_2O} \underset{95\%\sim100\%}{PtO_2 \cdot H_2O}$$

配料比：n（氯铂酸）：n（水）：n（纯硝酸钠）= 1.00：2.86：10.00。

按配料比将氯铂酸溶于水中，加入纯硝酸钠，搅拌下用小火焰将混合物缓缓蒸发至干。加大火焰，当变为黄色固体时，剧烈搅拌，将温度升至350～370 ℃，反应物熔融，放出棕色二氧化氮（有毒），并渐渐析出棕色的氧化铂。用火焰加热反应混合物上部，15 min温度达400 ℃，气体发生渐缓。20 min后温度升至500～550 ℃，此时气体放出量变小，在此温度维持30 min。冷却，加入5倍于溶解氯铂酸所用的水。放置，倾去水液，留下棕色沉淀。水洗几次，过滤，用水洗至无硝酸根离子。此二氧化铂可以直接使用，也可放在干燥器中干燥，产率95%～100%。用氯铂酸铵与硝酸钠反应，亦可制得 Adams 催化剂。

二氧化铂在溶剂中与氢作用，即可还原成铂黑。用氯铂酸与氢化钠作用，也可制得高活性的铂黑或铂/炭催化剂。

6. 亚铬酸铜（$CuCr_2O_4$）催化剂

亚铬酸铜催化剂实际上是多种成分的混合物，$CuCr_2O_4$ 并不能表示其全部组成。制法如下：

配料比：n(硝酸钡)：n(水)：n(硝酸铜三水合物)：n(重铬酸铵水溶液(质量分数为 17.4%))：n(浓氯水)= 1.00：30.77：8.38：27.92：5.77。

按配料比将硝酸钡溶解于70 ℃的蒸馏水中，加入化学纯硝酸铜三水合物，于70 ℃搅拌至全溶。另将浓氨水与质量分数为 17.4% 的重铬酸铵蒸馏水溶液混合，在均匀搅拌下，再将此溶液慢慢加到上述硝酸钡铜溶液中。滤出铬酸钡铜铵盐，于 110 ℃烘干。置于镍制浅盘中，在 350 ~ 450 ℃马弗炉中加热 1 h。然后，磨成细粉，加到质量分数为 10% 的醋酸中搅拌 10 min。静置，倾去约 2/3 上层清液，再重复操作一次。然后用蒸馏水洗涤，抽滤，于 110 ℃烘干，磨细，得黑色粉末状亚铬酸铜。

7.1.3　影响催化还原反应的主要因素

催化还原反应的速度和选择性，主要由催化剂和被还原物的结构以及反应条件等因素所决定。

1. 催化剂的影响

从表 7.1 可知，不同的催化剂，其适用范围和所要求的反应条件，以及生成的还原产物有可能不同。例如，苯甲酸乙酯分别采用 Raney-Ni 和亚铬酸铜进行催化还原，其结果为

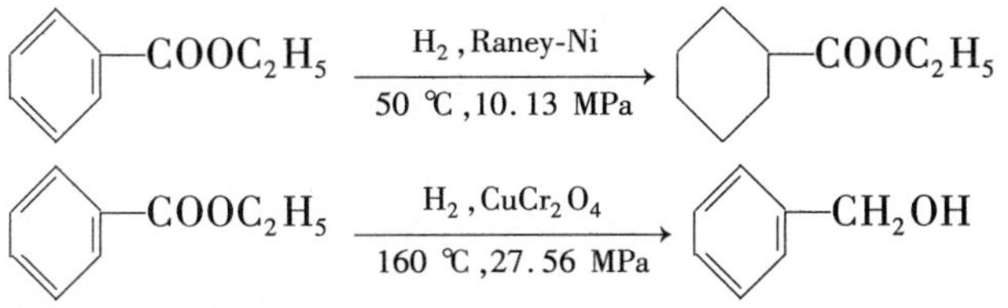

又如，Raney-Ni 和 NiB 虽都属镍系催化剂，但选择还原不饱和烃的能力不同。

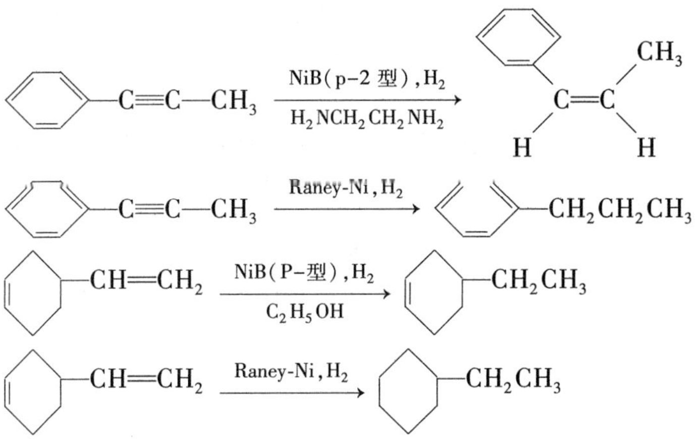

催化剂中若添加适量的抑制剂或助催化剂，则会明显地影响催化剂的活性与功能。前者使催化剂的活性降低，而反应选择性提高；后者可增加催化剂的活性，加快还原反应的进行。如在钯催化剂中加入适量的喹啉作抑制剂，并在较低温度下定量地通入氢气，可使炔烃的还原反应停留在烯烃阶段，而原有的烯键保留不变。

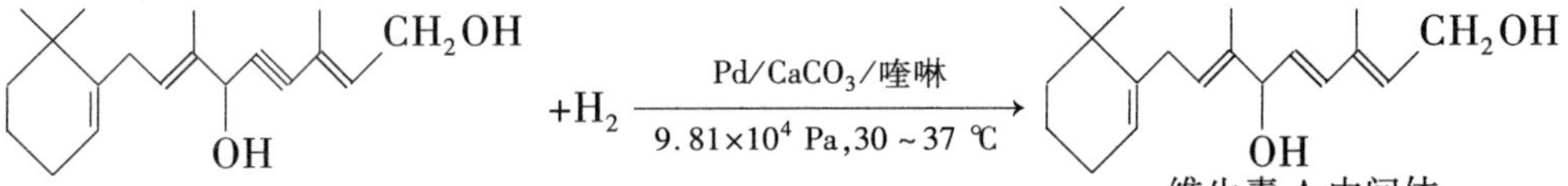

维生素 A 中间体

催化剂的用量应按照被还原基团和催化剂本身的活性大小而定，一般采用催化剂与反应物的质量分数为：w(Raney－Ni) = 10% ～15%；w(二氧化铂) = 1% ～2%；w(钯/炭) = 5% ～10%或 w(铂/炭) = 1% ～10%；w(钯黑或铂黑) = 0.5 ～1.0%；w(亚铬酸铜) = 10% ～20%。用量增大，反应速度加快，但不利于后处理和成本的降低。

2. 被还原物结构的影响

各种官能团催化还原的活性顺序大致如表 7.2 所示。

表 7.2　不同官能团催化还原的活性顺序(按由易到难排列)

被还原基团	还原产物	活性比较及条件选择
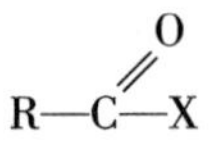	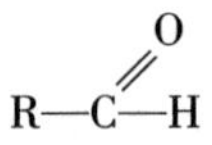	易还原，称为 Rosenmund 反应，宜用 Lindlar 催化剂
R—NO_2	R—NH_2	芳香族硝基活性>脂肪族硝基活性，可用 Ni、Pd/C、PtO_2 等催化剂在中性或弱酸性条件下还原
R—C≡C—R′	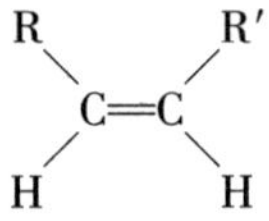	易还原。多采用 Lindlar 催化剂，在低压、低温下定量地通入氢气。亦可采用 P－2 型 NiB 为催化剂，乙二胺为控制剂，进行炔烃的顺式加氢生成烯烃
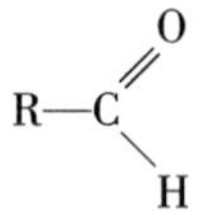	R—CH_2OH	芳香醛活性>脂肪醛活性，芳香醛还原为苄醇时可能氢解。可采用 PtO_2 为催化剂，Fe^{2+} 为助催化剂，并在温和条件下进行
RCH ═CHR′	RCH_2CH_2R'	孤立双键活性>共轭双键活性；位阻小的双键活性>位阻大的双键活性。顺式加成可用 Ni、Pd/C、PtO_2 等催化剂
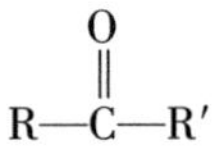	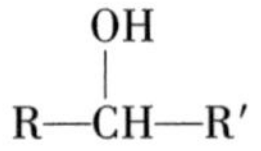	活性酮和位阻小的酮易氢化。在 H^+ 和温度高的条件下，芳酯酮易氢解，采用 Ni 催化剂，少量 $PtCl_2$ 为助催化剂，低温氢化效果较好
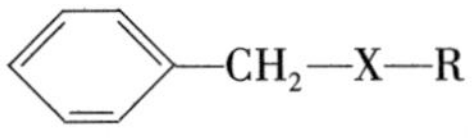 X＝O，N 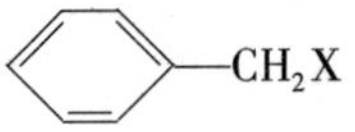 X＝Cl，Br	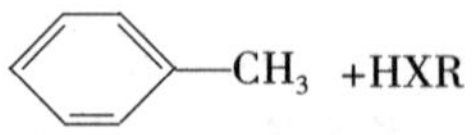 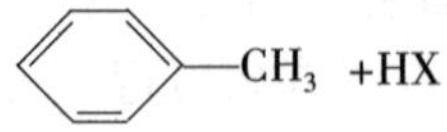	氢解活性：$PhCH_2$—Cl(Br)>$PhCH_2$—O—>$PhCH_2$—N<，苄氧基脱苄宜于中性条件，脱卤宜于碱性条件，苄胺基脱苄宜于酸性条件，可用 Ni、Pd、Pt、$CuCr_2O_4$ 等催化剂

续表 7.2

被还原基团	还原产物	活性比较及条件选择
$R-C\equiv N$	RCH_2NH_2	用 Ni 在 NH_3 存在下氢化，或用 Pd、Pt 在酸性条件下氢化。中性条件有仲胺副产物
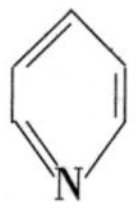 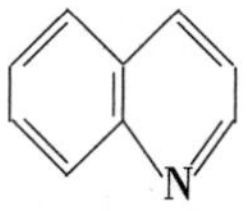 	 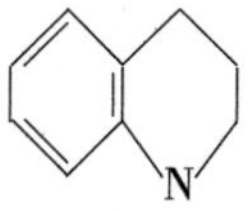 	季铵盐活性>游离胺活性。 在酸性条件下，以 PtO_2、Pd/C 为催化剂较好，Ni 活性较差，需在高温和加压下进行
稠环芳烃	部分氢化	活性：菲>蒽>萘。芳香性较小的环首先氢化。用 Pt、Pd、Ni、Ph 催化
$R-C(=O)-OR'$	$RCH_2OH+R'OH$	常用 $CuCr_2O_4$ 为催化剂在高温高压下氢化
$R-C(=O)-NH_2$	RCH_2NH_2	内酰胺易氢化，酯酰胺难氢化，需在高压下进行，以$CuCr_2O_4$为催化剂
	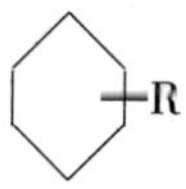	活性：$PhNH_2$>PhOH>$PhCH_3$>Ph-H。苯环难于氢化，常用 Ni、Rh、Ru 为催化剂，并在加压下进行
$R-C(=O)-OH$	RCH_2OH	难于用一般的催化氢化法还原。需用 RhO_2 或 RuO_2 为催化剂，在 200 ℃，1.2×10^8 Pa 下反应方可进行
$R-C(=O)-ONa$		不能氢化

3. 反应温度和压力的影响

反应温度升高，氢压加大，反应速度也相应加快，但也容易引起副反应增多，反应选择性下降。例如

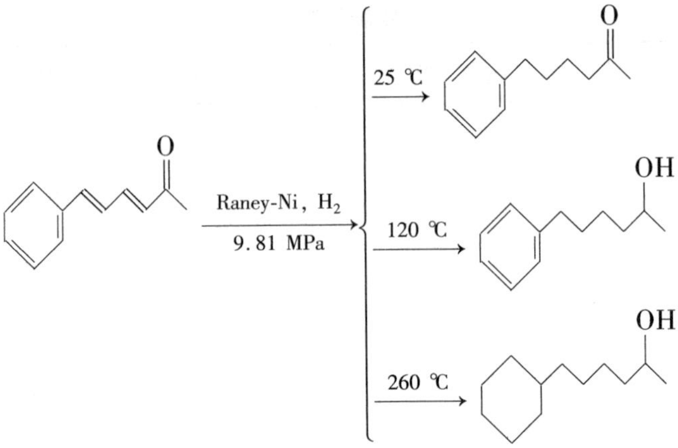

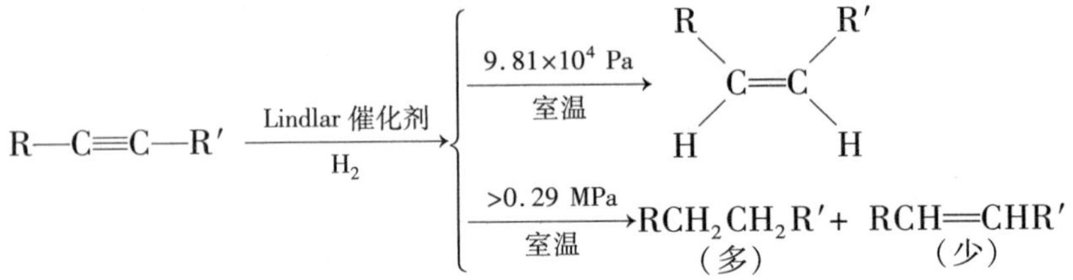

4. 溶剂的极性与酸碱度的影响

催化剂的活性通常随着溶剂的极性和酸性的增加而增强。低压催化氢化常用的溶剂有乙酸乙酯、乙醇、水、醋酸等。同一催化剂在这些溶剂中所表现出来的活性顺序是

$$CH_3COOH>H_2O>C_2H_5OH>CH_3COOC_2H_5$$

高压催化氢化不能用酸性溶剂,以免腐蚀高压釜。常用的溶剂为乙醇、水、环己烷、甲基环己烷、1,4-二氧六环等。

介质的酸碱度不仅可影响反应速度和选择性,而且对产物的构型也有较大的影响。

还需注意的是:选用的溶剂沸点应高于反应温度,并对产物有较大的溶解度,这样有利于产物从催化剂表面解吸出来。

5. 搅拌效率的影响

对于多相且放热的反应,需采用高效率的搅拌,以免局部过热,增加副反应的发生。

[研究进展:大连理工大学牛明铭等人将具有“高温混溶、室温分相”功能的聚乙二醇4000(PEG4000)与甲苯-正庚烷组成的两相体系用于纳米钯催化的肉桂醛选择性加氢反应中,肉桂醛转化率和氢化肉桂醛选择性分别为99%和98%。钯纳米催化剂经简单分相即可与产物分离,且循环使用8次,其活性和选择性基本保持不变。

中国科学院山西煤炭化学研究所郭向云设计出新型Au/SiC光催化体系,在室温常压和可见光照的条件下,成功实现α,β-不饱和醛选择性加氢生成α,β-不饱和醇。在Au/SiC光催化体系中,Au纳米颗粒的表面等离子体共振效应产生的强局域电磁场,激发Au纳米颗粒产生高能量的“热”电子。这些“热”电子注入SiC的导带,使Au和SiC表面分别正电荷和负电荷化,前者活化异丙醇生成活性氢,后者协同SiC/Au界面的空间位阻效应,吸附和活化α,β-不饱和醛分子中的C=O键,从而使其高选择性地转化为α,β-不饱和醇。

7.1.4 均相催化氢化反应

非均相催化氢化具有工艺简便，原料低廉，对许多基团的加氢、氢解均有较高的催化活性且易分离回收等优点，因此在工业生产上得到了推广应用。但这类催化剂存在着明显的缺陷，例如当被还原物分子中存在多个不饱和基团时，往往缺乏反应选择性；副反应较多，常有不同程度的双键异构化或氢解反应伴随发生等，致使催化氢化反应达不到预想的效果。

均相催化剂（亦称络合或配位催化剂）的出现，基本上弥补了非均相催化剂的上述不足之处。

1. 均相催化的特点

均相催化具有如下优点：

(1) 氢化效率高，反应条件温和，大多数反应可在室温和常压下进行，而且避免了非均相催化反应的传质问题，大大加快了反应速度。

(2) 反应选择性高，副反应少。例如均相催化可以选择性还原双键，而对分子中存在的另一些基团不影响。

$$PhCH{=}CHCO_2CH_2Ph \xrightarrow{H_2,催化剂} PhCH_2CH_2CO_2CH_2Ph$$

(3) 不易中毒，故可用来还原含硫的化合物。

$$CH_2{=}CH{-}CH_2{-}S{-}Ph \xrightarrow{H_2,催化剂} CH_3CH_2CH_2SPh$$

(4) 可用于不对称合成，制取高产率的光学活性物质。

均相催化的缺点是原料成本高，且对氧敏感，常用惰性气体回流除氧，以保证氢化反应的顺利进行。尽管如此，其优点仍然引起人们极大的兴趣和重视，无论在催化理论的研究上，还是在有机合成的应用方面，都具有深远的意义。

2. 常用均相催化剂的制备及应用

均相催化的关键是找到能溶解于反应溶剂中的催化剂，近年来发现铂系（Rh、Ru、Ir 等）金属盐与三苯基膦形成的有机金属络合物大都是能溶于有机溶剂的高效均相催化剂，其中最主要的是三（三苯基膦）氯化铑（Wilkinson cat）和三（三苯基膦）二氯化钌。

(1) 三（三苯基膦）氯化铑 $[(C_6H_5)_3P]_3RhCl$

$$\underset{\text{I}}{RhCl_3 \cdot 3H_2O} + \underset{\text{II}}{(C_6H_5)_3P} \longrightarrow [(C_6H_5)_3P]_3RhCl + (C_6H_5)_3PCl_2$$

配料比：n（Ⅰ）：n（Ⅱ）：n（乙醇（质量分数为95%））= 1.00：6.00：210。

在氮气流保护下，将三水合氯化铑溶于1/6用量的乙醇（质量分数为95%）中，加入三苯基膦与剩余乙醇组成的热乙醇溶液，加热回流2 h。过滤，所得晶体用脱氧无水乙醚洗涤，得暗红色结晶，熔点157～159 ℃，产率88%。

用同样方法可以制备相应的溴或碘的络合物。

三（三苯基膦）氯化铑可溶于苯、乙醇、丙酮等有机溶剂。能选择性地还原双键和三键，而不影响其他被还原基团（如硝基、氰基、重氮基等）的存在。反应一般在室温、常压下进行。

(2) 三（三苯基膦）二氯化钌 $[(C_6H_5P]_3RuCl_2$

$$\underset{\text{I}}{RuCl_2 \cdot 3H_2O} + \underset{\text{II}}{(C_6H_5)_3P} \longrightarrow [(C_6H_5)_3P]_3RuCl_2$$

配料比：n((Ⅰ))：n((Ⅱ))：n(甲醇)= 1.00：6.00：250。

将Ⅰ溶于甲醇中，回流 5 min。冷后加入Ⅱ，再回流 3 h。从热溶液中析出有光泽的黑色结晶，冷却后于氮气保护下过滤，用脱氧乙醚洗涤晶体，然后真空干燥。熔点 132 ~ 134 ℃，产率 74%。

三(三苯基膦)二氯化钌在热氯仿、丙酮、苯和乙酸乙酯中有一定的溶解度。但该溶液不稳定，会逐渐由黄褐色变成绿色。该催化剂能选择性地还原 α,β-不饱和酮的烯键和多烯化合物的末端烯键。

3. 均相催化氢化的应用

均相催化氢化在有机合成上的应用日趋增多，主要包括以下几个方面。

(1)选择性还原末端烯键

由于均相催化剂含有立体位阻较大的三苯基膦结构，而多取代烯烃的立体位阻也大，两者不易形成络合物，因此可以选择性地还原末端烯键，而保留分子中的多取代烯键。

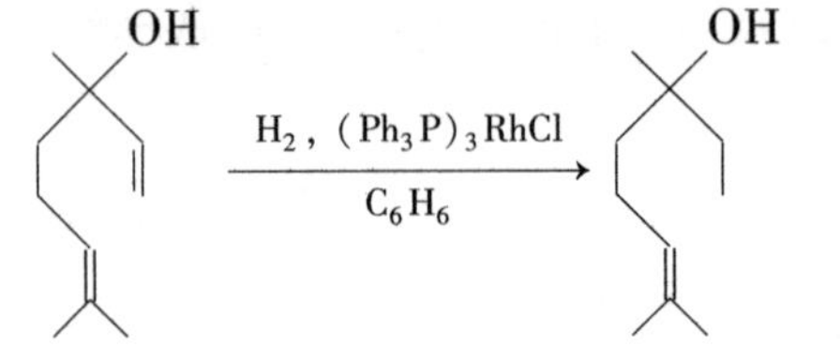

同理，均相催化剂还可以选择性还原空间位阻小的烯键和炔键。

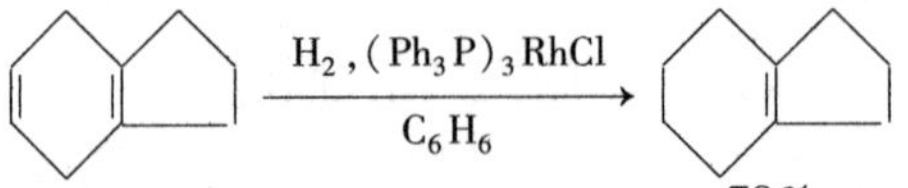

78%

(2)选择性还原 α,β-不饱和醛、酮、硝基、氰基等化合物的烯键

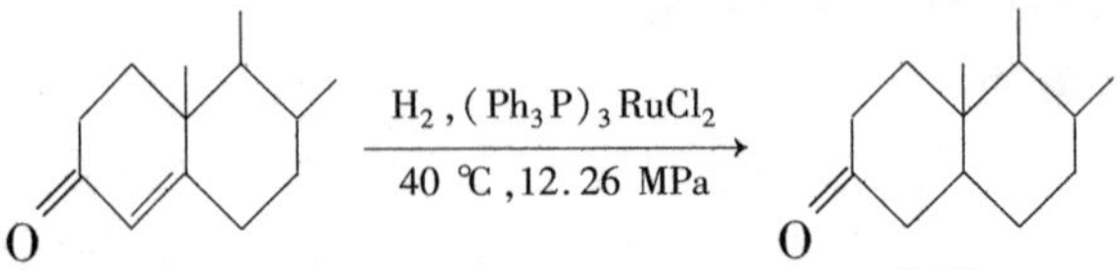

94%

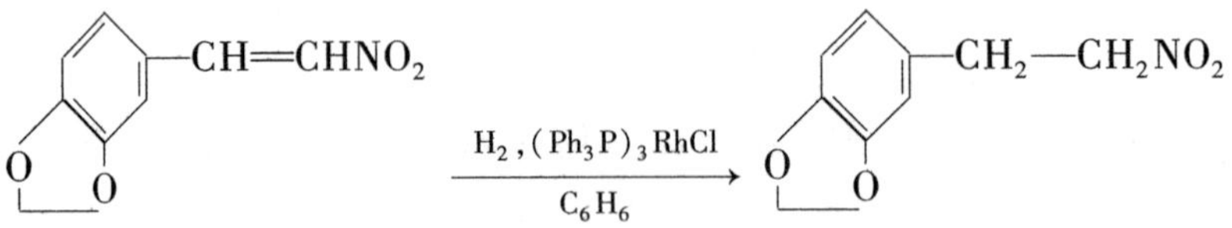

(3)炔烃顺式加氢

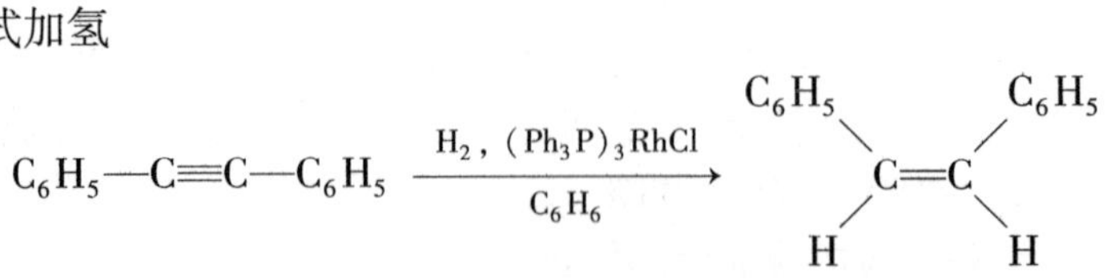

(4)不发生双键迁移的氢化

均相催化氢化不像非均相催化氢化，前者不发生双键的迁移。例如

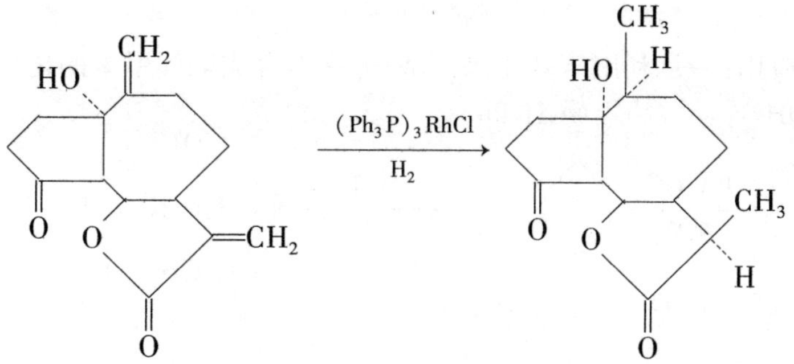

研究进展:中国科学院山西煤炭化学研究所覃勇团队利用扩散限制的原子层沉积,在介孔分子筛孔口选择性沉积金属氧化物构筑中空铆钉结构,实现均相催化剂在孔道内的物理封装,实现了有效分离和重复使用。将均相催化剂进行固载化,能够结合均相催化剂与多相催化剂的优点,被称为"均相催化剂多相化",是当前催化领域非常重要的研究方向。

7.1.5 催化氢解

氢解常在铂或钯的催化下进行,氢解主要有脱卤氢解、脱苄氢解、脱硫氢解和开环氢解。

1. 脱卤氢解

酰氯在催化剂和控制剂的存在下,不是被还原成醇而是停留在醛的阶段,这类反应称为茹森曼德(Rosenmund)还原。控制剂多用喹啉-硫化物(Q-S)。例如

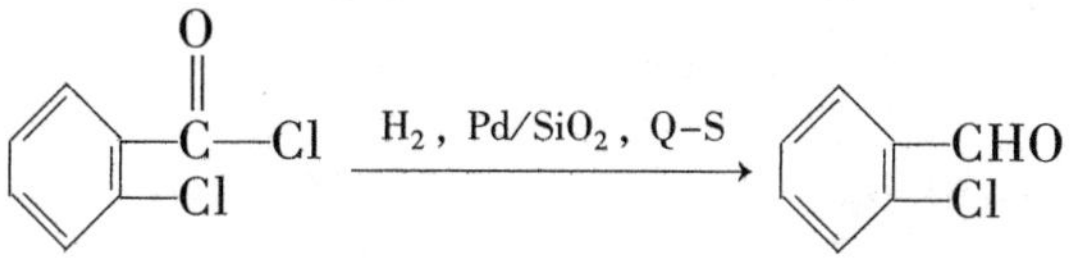

70%

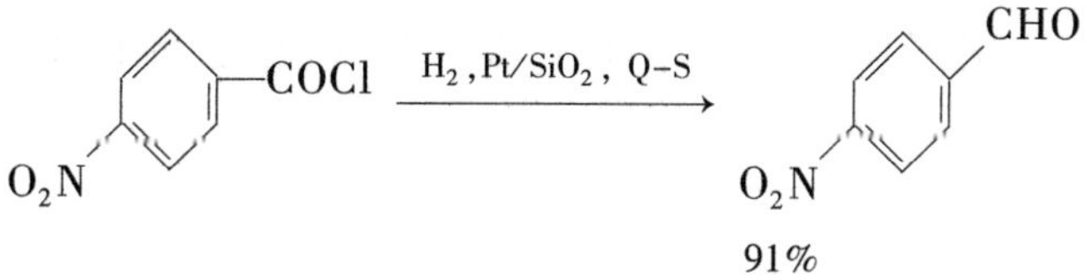

91%

$$CH_3CO_2CH_2CH_2\overset{O}{\overset{\|}{C}}\text{—}Cl \xrightarrow{H_2,\,Pd/BaSO_4,\,Q\text{-}S} CH_3CO_2CH_2CH_2CHO$$

2. 脱苄氢解

和杂原子(O、N、X 等)直接相连的苄基(或烯丙基)或取代苄基可以氢解成甲苯或取代甲苯。

$$\left.\begin{array}{l} PhCH_2OH \\ PhCH_2OR \\ PhCH_2OCOR \\ PhCH_2NR_2 \\ PhCH_2X \end{array}\right\} \xrightarrow{H_2} \begin{array}{l} PhCH_3+H_2O \\ PhCH_3+HOR \\ PhCH_3+RCO_2H \\ PhCH_3+R_2NH \\ PhCH_3+HX \end{array}$$

脱苄氢解的应用:一是利用苄基作保护基;另一是合成取代甲苯的化合物。例如

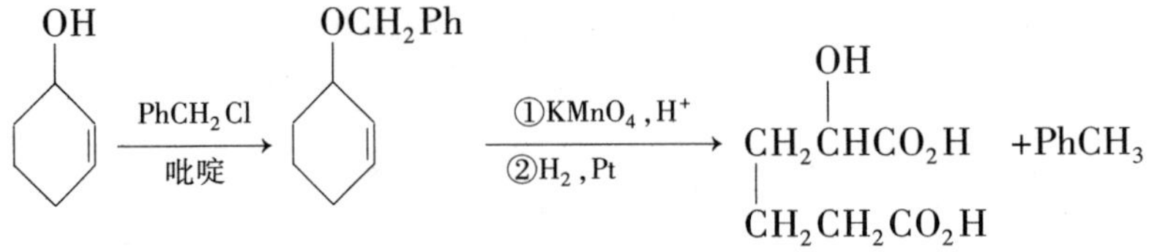

氢解的难易次序是:$PhCH_2\overset{+}{N}R_3 > PhCH_2OR > PhCH_2NR_2$。

3. 脱硫氢解

几乎所有的有机硫化物都可以氢解脱硫。由于硫化物容易使铂或钯催化剂中毒,所以碳—硫键的氢解常用 Raney-Ni 催化剂。

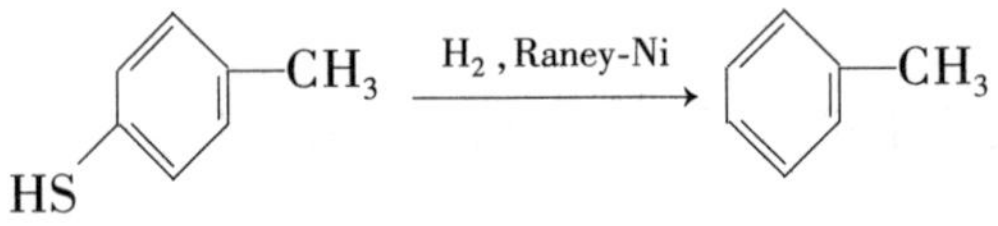

80%

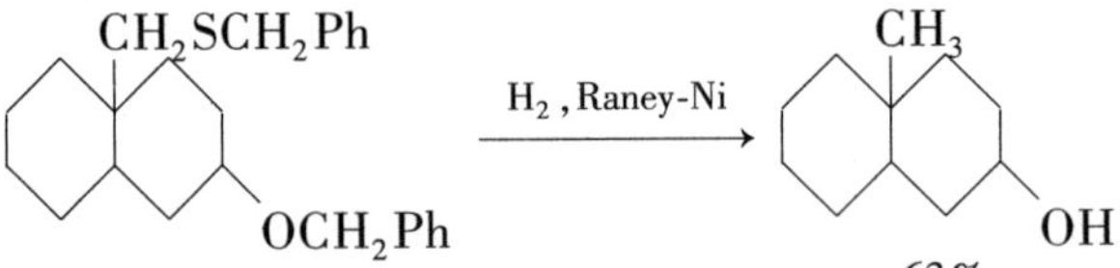

63%

4. 开环氢解

小环一般都可以发生加氢开环。三元环类似于双键,最易发生加氢开环;四元环需要较剧烈的条件;五元以上的碳环化合物通常不能氢解开环,但五元以上的某些杂环(如 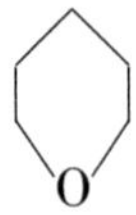)较易氢解开环。

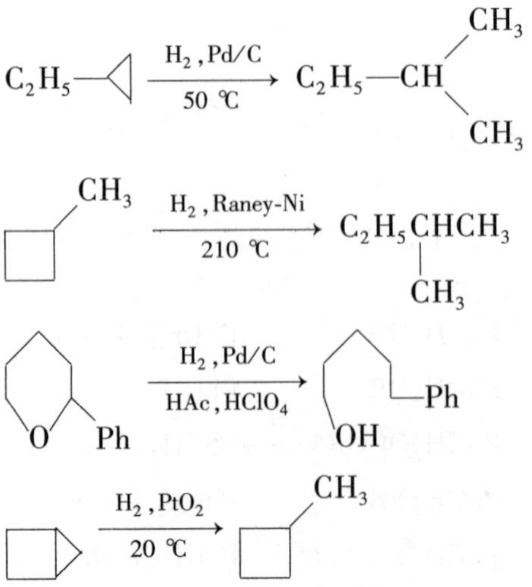

思考题：由 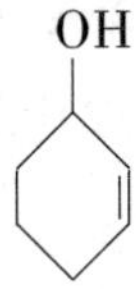 直接用 $KMnO_4$ 氧化制备 $\underset{\displaystyle CH_2CH_2CO_2H}{\overset{\displaystyle OH}{CH_2CHCO_2H}}$ 是否可行？为什么？如何才能得到较高产率的产物？

7.2　化学试剂还原

当分子中有多个可被还原的基团时，如果需要氢化还原的是较易还原的基团，而保留较难还原的基团，则选用催化氢化的方法为佳；反之，若需还原的是较难还原的基团，而保留较易还原的基团，则选用反应选择性较高的化学试剂还原法为好。例如要选择性地还原不饱和酮、酸、酯和酰胺中的羰基成羟基，而分子中的烯键保留，则氢化铝锂是最合适的还原剂。有的化学还原剂还具有立体选择性。

常用的化学还原剂有：金属、金属复氢化物、含硫化合物、肼及其衍生物、硼烷等。

7.2.1　活泼金属与供质子剂

许多有机化合物能被金属还原。这些还原反应有的是在供质子溶剂（如酸、醇、氨等）存在下进行的，有的是反应后用供质子溶剂处理而完成的。常用的活泼金属有：锂、钠、钾、钙、锌、镁、锡、铁等。有时采用金属与汞的合金（汞齐），以调节金属的反应活性和流动性。

当金属与不同的供质子剂配合时，和同一被还原物质作用，往往可得到不同的产物。

1. 钠和钠汞齐

（1）钠-醇

以醇为供质子剂，钠或钠汞齐可将羧酸酯还原成相应的伯醇，酮还原成仲醇，即所谓的Bouvealt-Blanc还原反应。主要用于高级脂肪酸酯的还原，例如十二烷醇的制备。

$$C_{11}H_{23}COOC_2H_5 \xrightarrow{Na,C_2H_5OH} \underset{65\%\sim75\%}{C_{11}H_{23}CH_2OH}$$

用同样的方法可以制得十一烷醇（产率70%）、十四烷醇（产率70%～80%）、十六烷醇（产率70%～80%）。

钠-醇的还原及催化氢解两个方法都可用来将油脂还原为长链的醇，如果要得到不饱和醇，必须使用钠-醇的方法。

（2）钠-液氨-醇

在液氨-醇溶液中，钠可使芳核得到不同程度的氢化还原，称为Birch还原。反应过程为

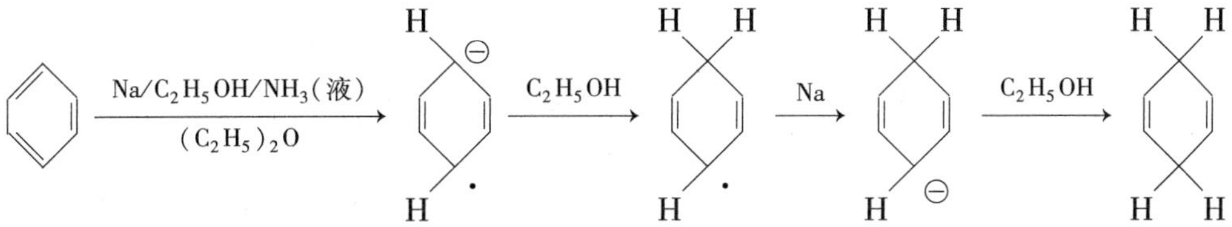

芳核上取代基的性质对反应有很大影响，一般吸电子取代基使芳核容易接受电子，形成负离子自由基，因而使还原反应加速，生成1,4-二氢化合物；而供电子取代基则不利于形成负离子自由基，反应缓慢，生成的产物为2,5-二氢化合物。例如

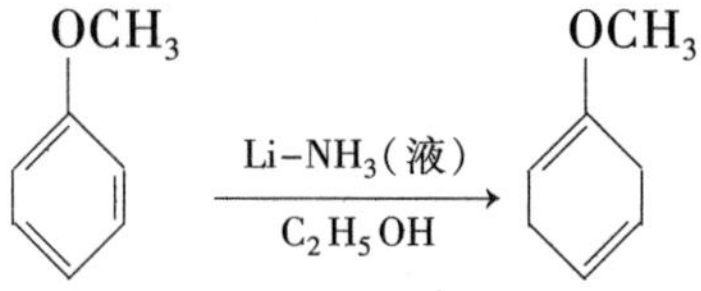

79%

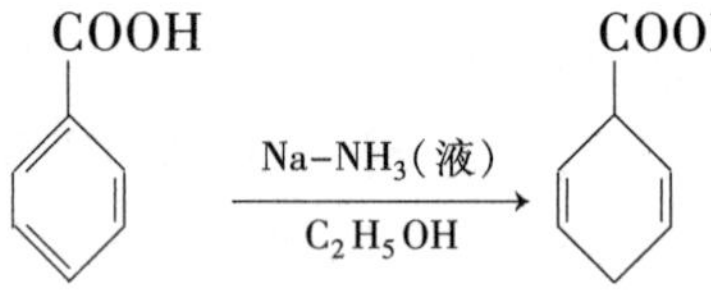

89% ~93%

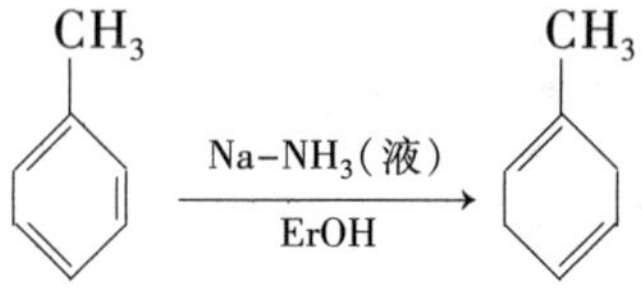

83%

当芳环上有—X、—NO_2、—C═O 等基团时不能进行 Birch 还原。

液氨在使用上不方便，改进方法是采用低分子量的甲胺、乙胺等代替液氨使用比较安全方便。

2. 锌和锌汞齐

(1)酸性条件

在强酸性条件下，锌或锌汞齐可使醛、酮的羰基分别还原成甲基、亚甲基，这类反应被称为 Clemmensen 还原。

Clemmensen 还原在合成分子量较大的烷烃、芳烃、多环化合物等方面应用较多，产率较高。羰基化合物分子中若含有羧基、酯基、酰胺基、孤立双键等，在还原反应中这些基团可不受影响，但硝基及与羰基共轭的双键，则同时被还原成胺和饱和烷基。对于α-酮酸及其酯类只能将酮羰基还原成羟基。例如

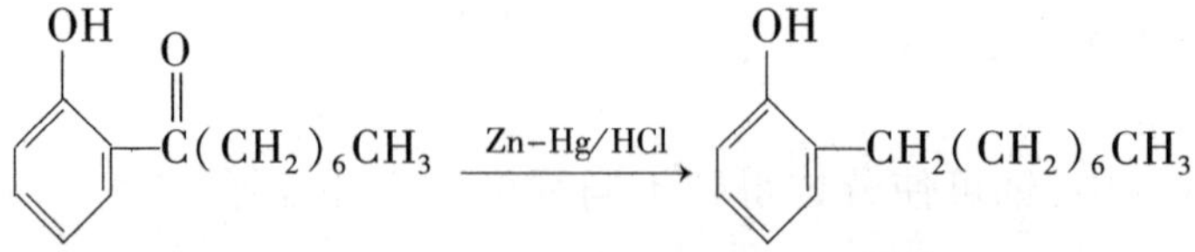

86%

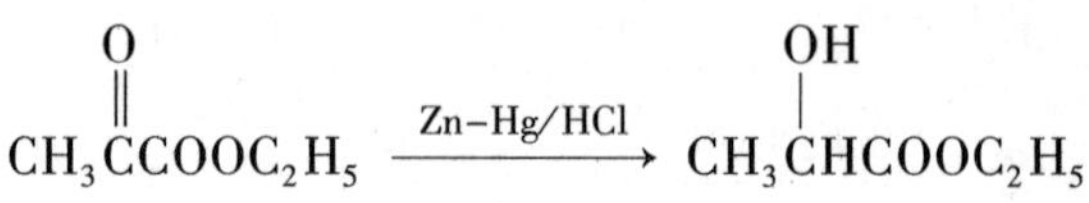

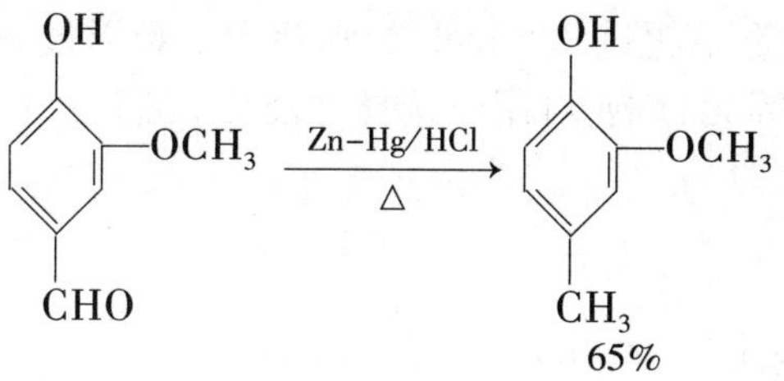

由于该反应多数是采用锌汞齐(或锌粉)和浓盐酸与被还原物一起回流的操作方法，所以对酸敏感的羰基化合物(如带有吡咯、呋喃环等基团的羰基化合物)，不宜用此法。脂肪醛、酮和脂环酮在此反应中因易树脂化或产生双分子还原，生成片呐醇等副产物，因而产率较低。对于难溶于盐酸的羰基化合物的还原，常在共溶剂如醋酸、乙醇、二氧六环等存在下进行。

(2)碱性条件

在碱性条件下，锌可使酮还原成仲醇，但对于 α-位具有氢原子的酮还原产率较低。最有用的是用锌还原芳香族硝基化合物，通过对反应液 pH 的控制，可得不同的还原产物。在中性或微碱性条件下得芳羟胺，在碱性条件下发生双分子还原反应，生成偶氮苯或氢化偶氮苯。

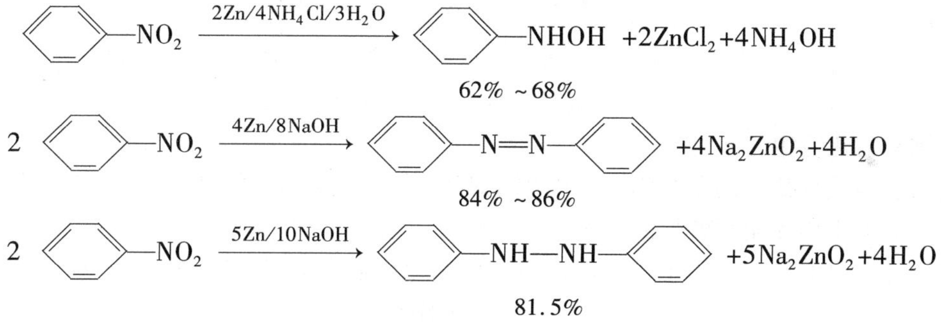

3. 铁粉

铁粉与盐酸、醋酸或硫酸合用，是一种具有较强还原能力的还原剂，常用来将硝基化合物还原成相应的胺。

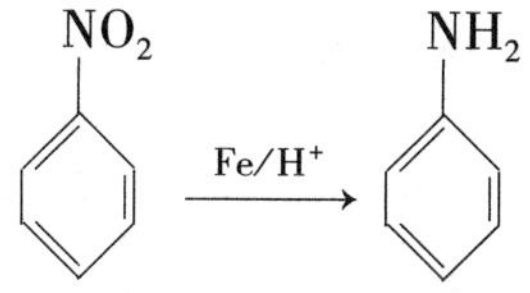

当芳环上有吸电子基团时，由于硝基上氮原子的电子云密度下降，容易接受铁释放出的电子，因而还原较易进行，反应温度亦较低；反之，若芳环上有供电子基团时，则还原较难进行，反应温度较高。

铁粉的组成对反应活性有显著的影响。一般采用含硅的铸铁粉，而熟铁粉、钢粉及化学纯的铁粉效果都较差。即使是铸铁粉，在用于还原反应之前也应经稀酸处理，除去覆盖在金属表面上的杂质，以提高其反应活性。铸铁粉越细，反应越快，但过细会造成后处理的困难，一般以 60～100 目为宜。反应中为防止铁粉沉于反应器底部，必须强烈搅拌。

在氯化亚铁等电解质存在下，由于水是供质子剂，所以只需用较理论计算量少得多的酸即可进行反应。在工业上酸的用量仅为理论计算量的 1/40，而实验室小量反应虽用酸量较多,但 1.0 mol 硝基化合物需要的酸也不超过 0.5 mol,否则会产生难以过滤的氢氧化铁。

本反应一般对卤素、烯键、羰基等无影响,可用于选择性还原,在工业上常用于一些重要的染料中间体的制备。例如

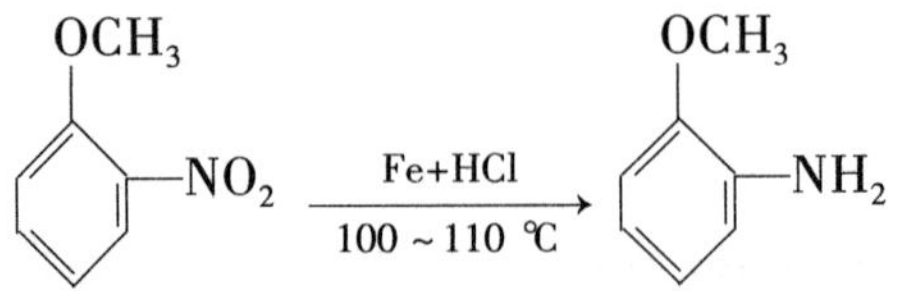

75%

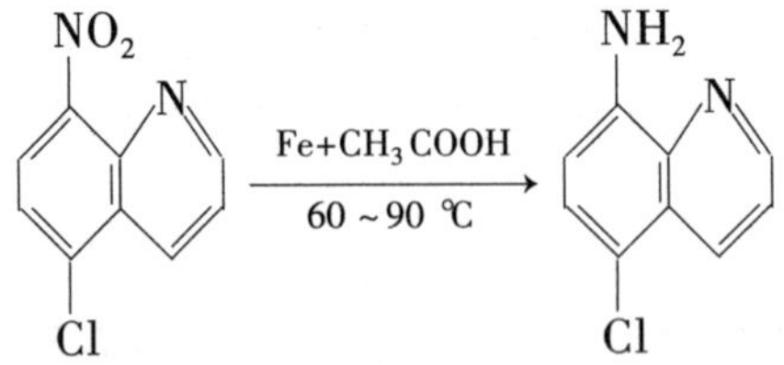

79%

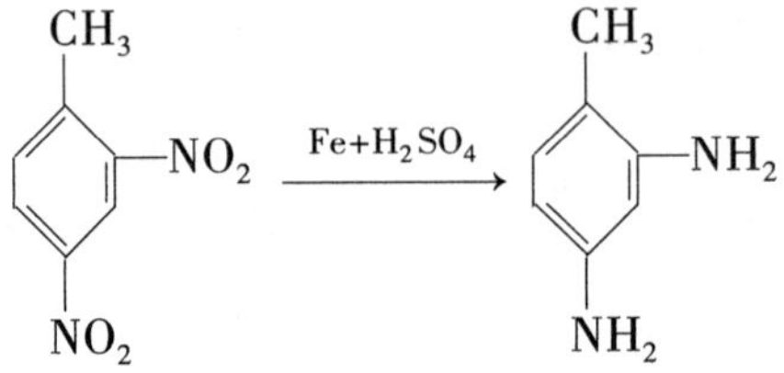

4. 锡和氯化亚锡

锡与乙酸或稀盐酸的混合物也可以用于硝基、氰基的还原,产物为胺,是实验室常用的方法。工业上不用锡而用廉价的铁粉。

使用计算量的氯化亚锡可选择性还原多硝基化合物中的一个硝基,且对羰基等无影响。

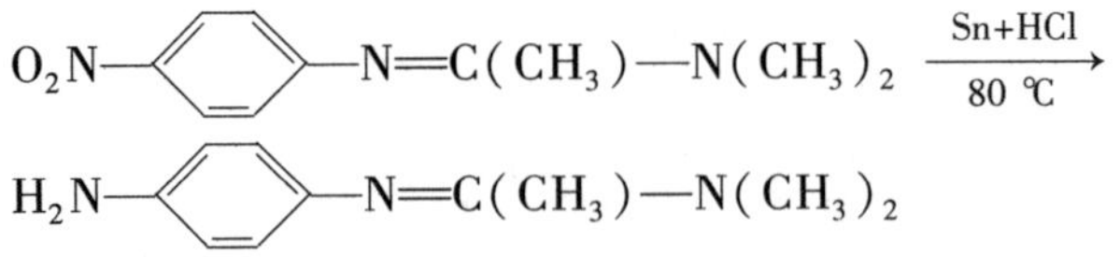

N′-(对氨基苯基)-N,N-二甲基乙脒

52.5% ~64.5%

7.2.2　含硫化合物

这类还原剂可用于硝基、亚硝基、偶氮基等的还原。特别重要的是硫化物可使多硝基化合物部分还原,如可将间-二硝基苯还原成间硝基苯胺。对于不对称间-二硝基苯衍生物的还原,究竟哪个硝基被选择性还原成氨基,有时取决于苯环上其他取代基的性质,如取代基为氨基、羟基,则邻位硝基优先被还原。

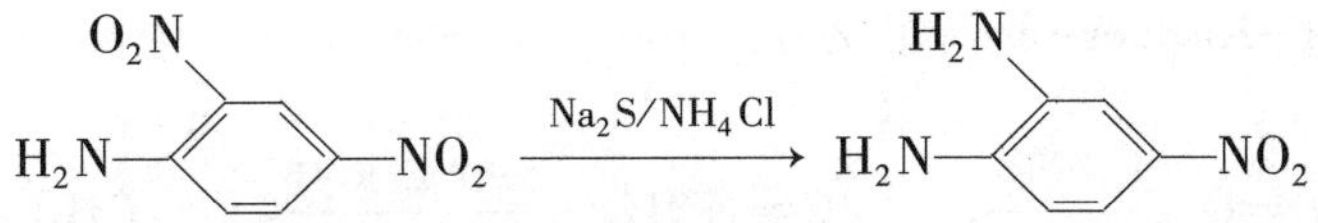

常用的含硫化合物有:硫化钠、二硫化钠、硫化铵、多硫化钠、亚硫酸钠、亚硫酸氢钠、连二亚硫酸钠(又名次亚硫酸钠,即保险粉)等。

硫化物在还原反应中是电子供给体,水或醇是质子供给体,反应后硫化物被氧化成硫代硫酸钠。而亚硫酸盐的还原机理是对不饱和键先进行加成,然后水解,从而实现还原过程。

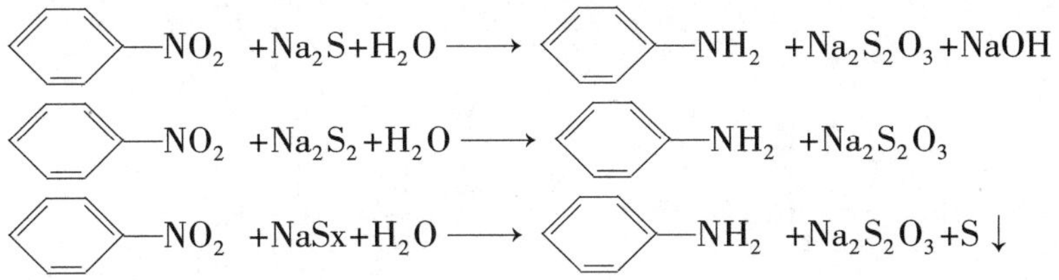

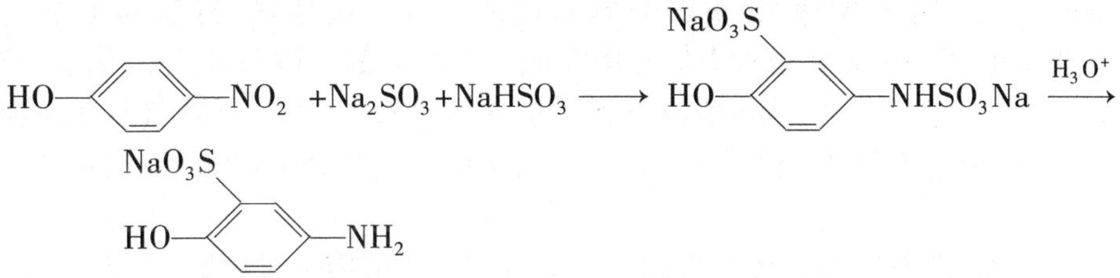

使用硫化钠作还原剂,因伴随有氢氧化钠生成,使反应液的 pH 逐渐增大,易产生双分子还原等副反应,且产物中常带入有色杂质。若在反应液中加入氯化铵以中和生成的碱,或加入过量的硫化钠,使反应迅速进行,不致停留在中间体阶段,或换用硫氢化钠、二硫化钠作还原剂,均可避免上述副反应的发生。

含硫化合物的还原在精细化工中常用于制备染料、农药等精细化学品的中间体。例如

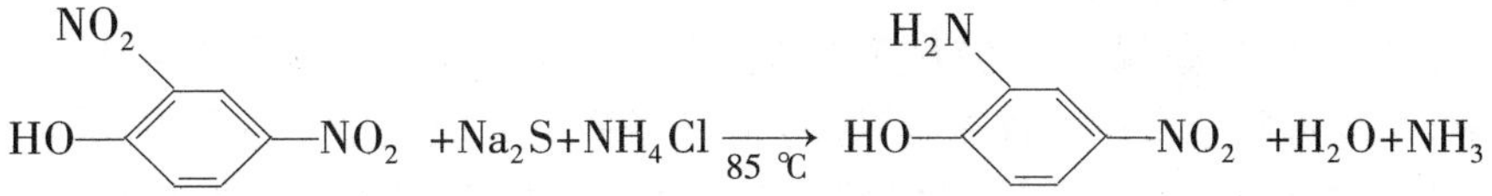

64%～67%

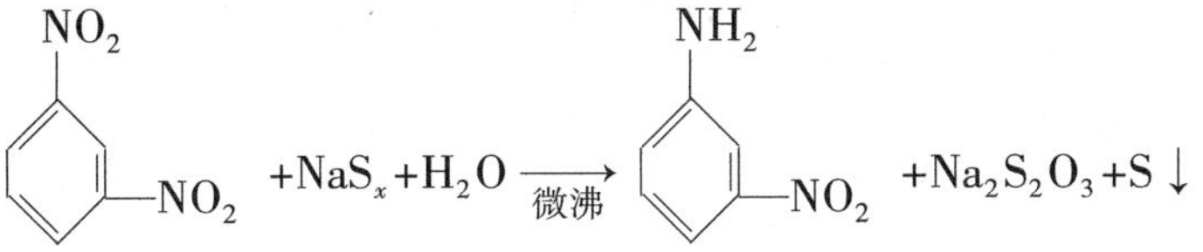

58%

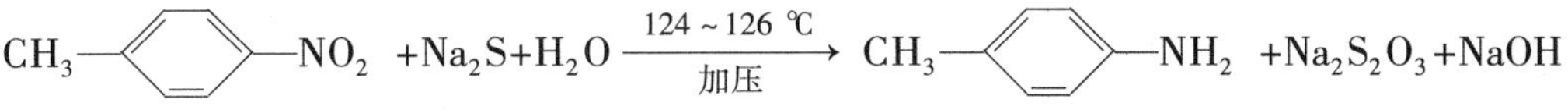

7.2.3　肼及其衍生物

肼及其衍生物(如芳基磺酰肼、二亚胺等)可对某些不饱和官能团进行选择性还原,其中与 Clemmensen 还原反应互为补充的 Wolff-Kishner-黄鸣龙反应极为重要。

1. 肼

醛、酮在强碱条件下与肼缩合成腙,然后高温分解,放出氮气,结果使羰基还原成亚甲基

的反应被称为 Wolff-Kishner-黄鸣龙反应。

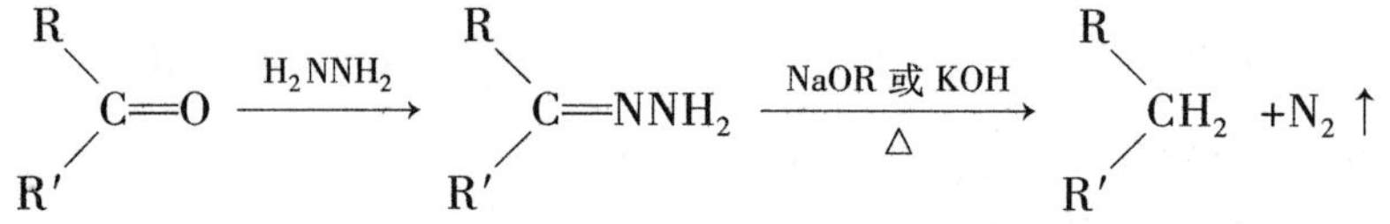

反应历程为

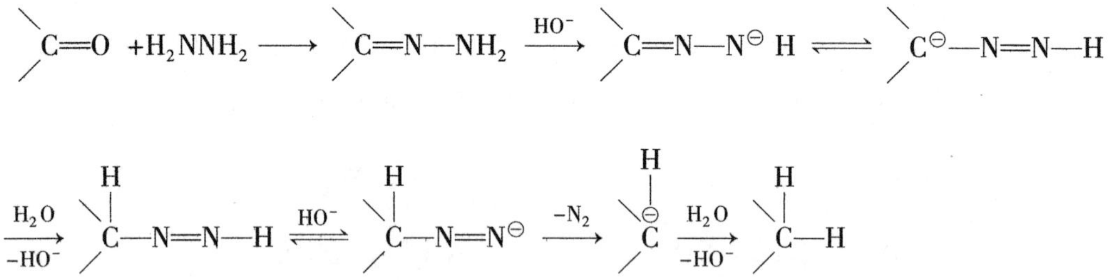

Kishner 法是把混有少量铂/素瓷的氢氧化钾和腙一道加热，将羰基还原成亚甲基。Wolff 法是把腙和醇钠一起在封管中加热而完成这一反应的。1946 年我国化学家黄鸣龙对此反应做了非常有益的改进，他将醛或酮和质量分数为 85% 的水合肼、氢氧化钾混合，在二乙二醇(DEG)中于常压下回流约 1 h，再蒸去水，然后升温至 180 ~ 200 ℃，反应 2 ~ 4 h，即得高产率的烃。

黄鸣龙还原法已在有机合成上得到广泛的应用。它可用于对酸敏感，带有吡咯、呋喃等杂环的羰基化合物的还原，对于甾族羰基化合物及难溶的大分子醛、酮和羧酸等尤为合适。

如果被还原的酮分子空间阻碍大，可采用无水肼以及由钠和二乙二醇反应得到的烷氧基钠，使最初反应物完全无水，反应可以顺利进行。或者在 130 ℃ 及酸催化下，用肼和肼的二盐酸盐于三乙二醇中与酮生成腙，然后加氢氧化钾使混合物呈碱性并热至 210 ~ 220 ℃，亦可使反应得到比较满意的结果。

若醛、酮分子中带有对高温和强碱敏感的基团，则先将醛、酮变为相应的腙，然后在 25 ℃左右加到叔丁醇钾的二甲基亚砜溶液中，在温和条件下完成碱催化的腙分解反应。应用无水条件，在沸腾的甲苯中，用叔丁醇钾处理腙，亦可使反应在较低的温度下进行。

$$(C_6H_5)_2C{=}N{-}NH_2 \xrightarrow[(CH_3)_2SO,25\ ℃]{t\text{-}C_4H_9OK} \underset{90\%}{(C_6H_5)_2CH_2} + (C_6H_5)_2C{=}N{-}N{=}C(C_6H_5)_2$$

$$(C_6H_5)_2C{=}N{-}NH_2 \xrightarrow[C_6H_5CH_3,\text{回流}]{t\text{-}C_4H_9OK} \underset{85\%}{(C_6H_5)_2CH_2}$$

α,*β*-不饱和酮或醛经过 Wolff-Kishner-黄鸣龙反应，烯键有可能发生移位。若羰基的 *α*-碳上存在有活泼的离去基团(如卤素等)，则容易发生消除反应而得烯烃。硝基则同时被还原成胺。

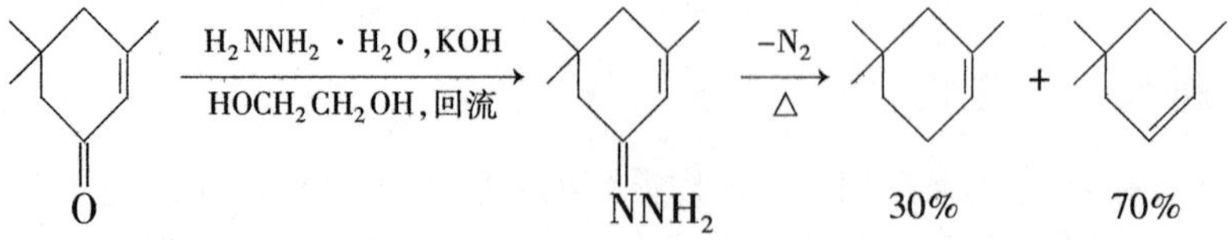

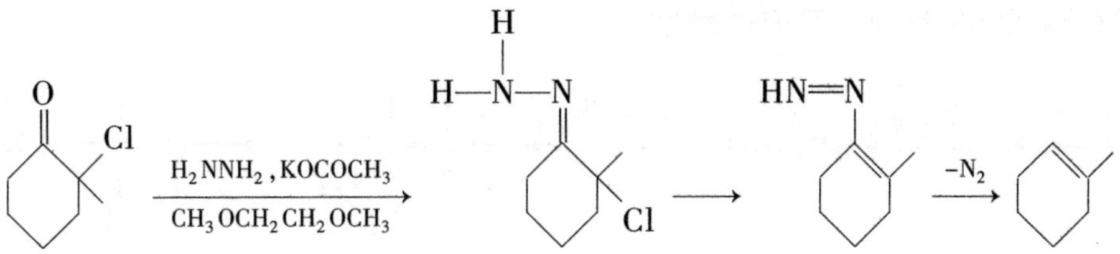

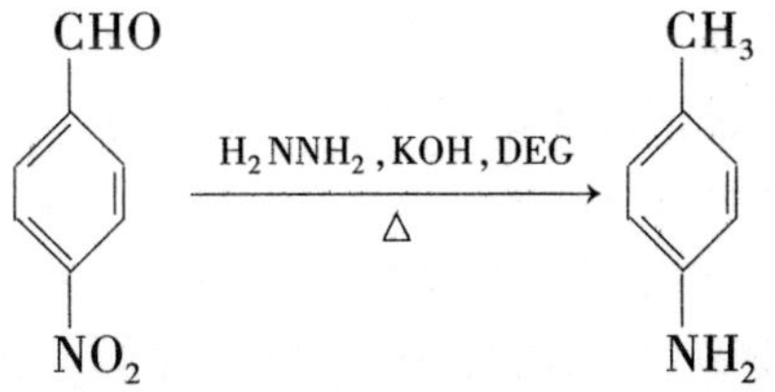

在氢化反应催化剂如 Raney-Ni 或 Pd/C 的存在下，用肼还原芳香族硝基化合物成芳胺也已被广泛应用。其原理是氢化催化剂促进肼分解成氮（或氨）和氢，即肼的分解作为氢的来源。

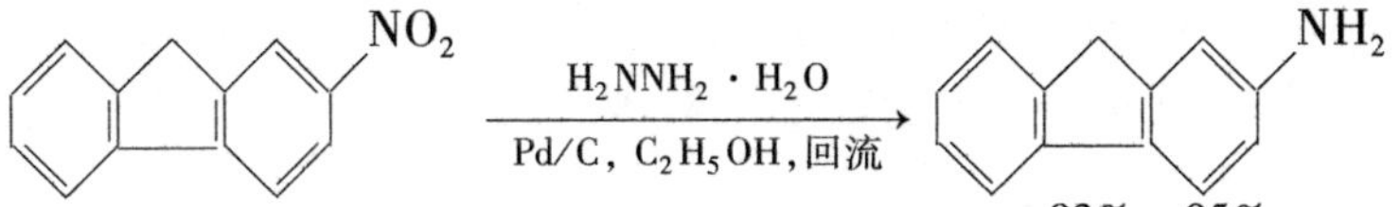

93% ~95%

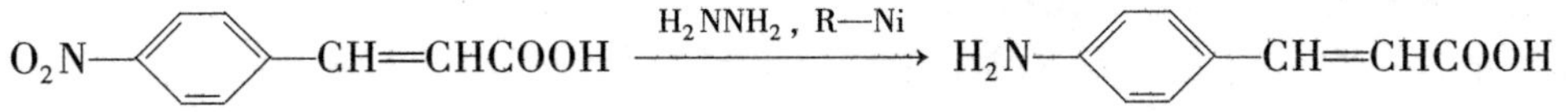

80% ~99%

2. 对-甲苯磺酰肼

用对-甲苯磺酰肼代替肼与羰基化合物反应，生成的腙再与氢化铝锂或氰基硼氢化钠反应，也可使对碱敏感的羰基化合物（如 β-二酮、β-酮酸酯等）在十分温和的条件下还原成相应的烃，而酯基、酰胺基、氰基、硝基、氯原子等不受影响。例如

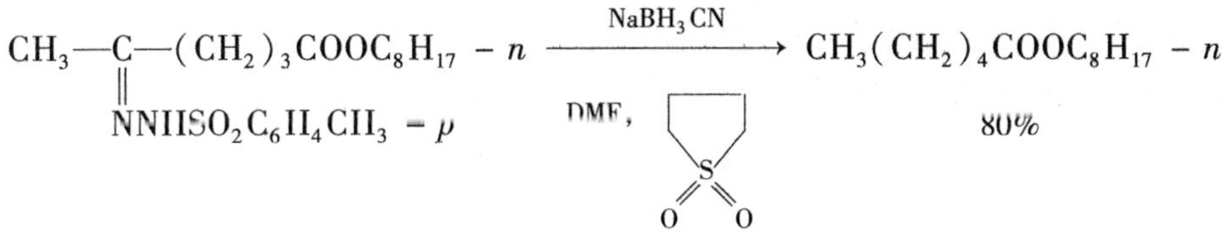

3. 二亚胺

二亚胺是一种不稳定的还原剂，自身能发生歧化反应而生成肼和氮气，所以通常是在待还原物存在下边制边用。

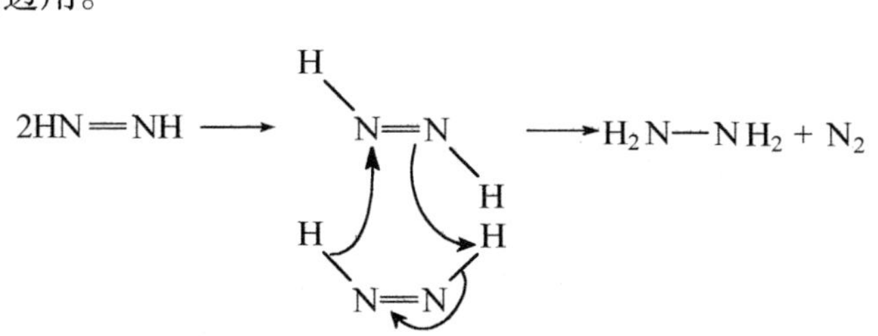

二亚胺可以通过肼的氧化、偶氮二羧酸的分解、磺酰肼在碱性介质中的热分解和蒽-二亚胺加成物的热分解等方法制得。

二亚胺可与烯烃进行烯键的加成反应，它与不对称烯烃的加成通常是从空间阻碍较小

的一侧进行顺式加氢反应。反应过程为

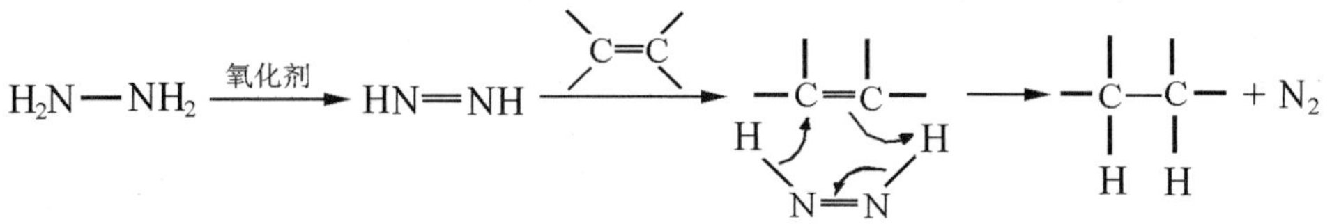

用于氧化肼而制备二亚胺的氧化剂有空气中的氧气、过氧化氢、氧化汞、碘酸钾、重铬酸钾、高铁氰化钾等，特别是有微量铜离子的存在下效果更好。

由于二亚胺与非极性重键（如 C═C、C≡C、N═N 等）的反应活性大于极性重键（如 C═O、C═S、C≡N 等）的反应活性，因此可以在羰基、硝基、氰基、砜基等存在下选择性地还原碳碳重键，且碳—卤键不受影响。对烯烃来讲，反式比顺式的氢化速度快、产率高。双键上取代基增多，则反应速度与产率明显下降。

7.2.4 氢负离子转移试剂

氢负离子转移试剂包括两种类型：一种是亲核试剂，如金属复氢化物、异丙醇铝/异丙醇；另一种是亲电试剂，如硼烷、氢化铝等。此类还原剂对多功能基分子具有良好的选择性，反应速度较快，产率好。

1. 金属氢化物和金属复氢化物

常见的这一类试剂有：氢化铝锂、硼氢化钠、硼氢化钾、氢化钾、氢化钠等。其中以氢化铝锂、硼氢化钠研究和应用得最多。

氢化铝锂、硼氢化钠都可看作是两种金属氢化物形成的复氢负离子的盐类。

$$LiH+AlH_3 \rightleftharpoons Li^+AlH_4^-$$

$$NaH+BH_3 \rightleftharpoons Na^+BH_4^-$$

AlH_4^- 和 BH_4^- 是亲核试剂，首先进攻极化重键（如 C═O 、C═N 、C≡N 、N═O 等）中的正电性原子，继而发生氢负离子转移，最后水解而得还原产物。

硼氢化钠、硼氢化钾的还原反应历程与氢化铝锂类似。

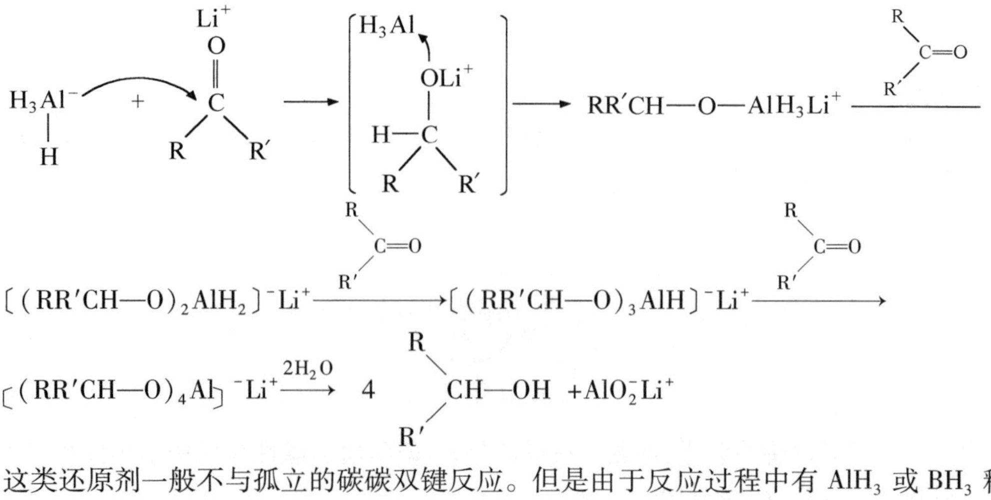

这类还原剂一般不与孤立的碳碳双键反应。但是由于反应过程中有 AlH_3 或 BH_3 释放出来的可能性，而它们是缺电子的，如果在酸性介质中或反应温度高于 100 ℃时，会发生

AlH_3 或 BH_3 对非极性碳碳双键的亲电进攻。因此溶剂和反应温度不仅会影响反应速度，而且会影响反应的方向和性质。

氢化铝锂的还原能力很强，在一般情况下除了孤立碳碳双键不受影响之外，醛、酮、酯、羧酸、酰氯、酰胺、硝基化合物、卤代烃等均可被还原，因此反应选择性较差。与其相反，硼氢化钠（钾）的还原能力虽较弱，但反应选择性高，被还原物分子中的脂肪族硝基、氰基、孤立双键、卤素、羧基、酯基、酰胺基等均可保留，为醛、酮的专用还原剂。若有氯化钙、三氯化铝等 Lewis 酸存在，硼氢化钠（钾）的还原能力能大大提高，可使酯甚至羧酸还原成相应的醇。

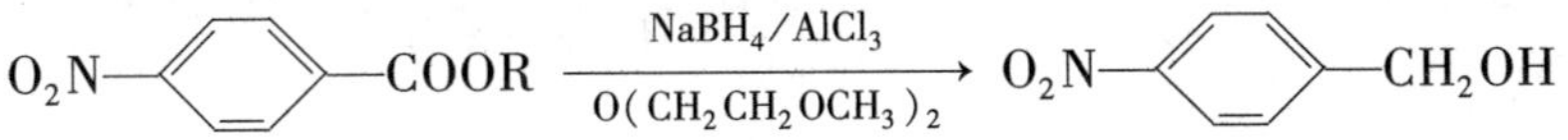

84%

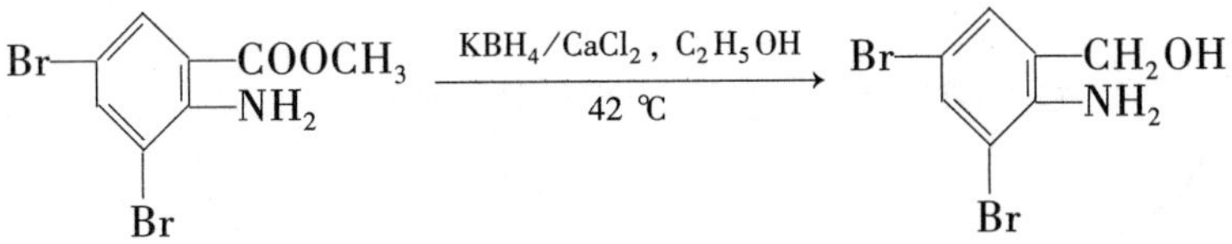

对于 α,β-不饱和醛或酮，尤其是 β-芳基-α,β-不饱和羰基化合物，其双键能否保留，取决于反应条件。若反应时间短（5 min 或更短），反应温度低（25 ℃以下），金属复氢化物用量少（如氢化铝锂的摩尔数为被还原物的 1/4），加料方式是将金属复氢化物加到不饱和羰基化合物中，则反应物分子中的羰基变成羟基，而双键保留；反之，双键、羰基均被还原。

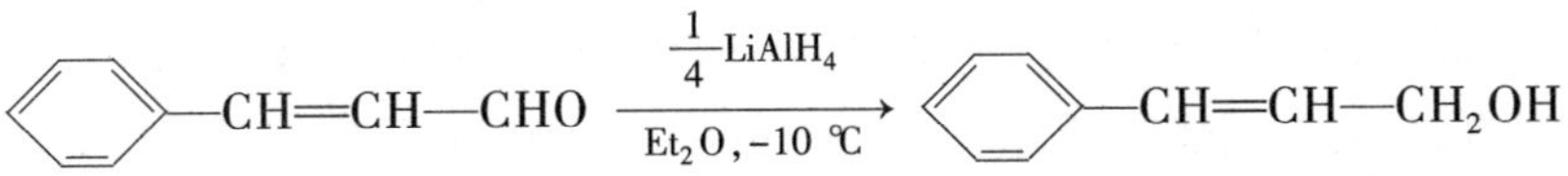

90%

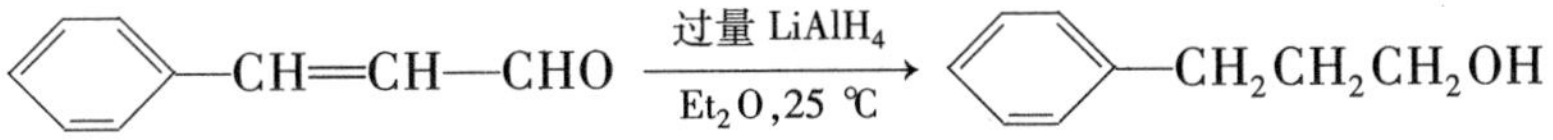

93%

用氢化铝锂作还原剂时，反应要求在严格的无水、无氧、无二氧化碳条件下，在非质子溶剂（如无水乙醚、无水四氢呋喃等）中进行。反应结束后，过量的氢化铝锂可通过小心加入含水乙醚、乙醇-乙醚、乙醇、乙酸乙酯或计算量的水，将它破坏掉。上述后处理若用计算量的水，生成的偏铝酸盐呈细粒状，易过滤除去；如果用过量的水，则会产生难以分离的氢氧化铝沉淀。

硼氢化钠（钾）因反应活性较低，在 25 ℃以下，特别是在碱性介质中遇水、醇都较稳定，因此一般采用乙醇作溶剂，或在相转移催化剂存在下用水作溶剂，在水-有机相两相体系中进行还原反应，操作既简便又安全。但硼氢化钠（钾）不能与强酸接触，以免产生易燃、剧毒的乙硼烷和因此而引起的副反应。反应一般要求在碱性或中性介质中进行，反应完毕后可用丙酮分解过量的硼氢化钠。对于需要较高温度和较长时间的还原反应，可选用异丙醇、二乙二醇二甲醚作溶剂。

氢化铝锂和硼氢化钠（钾）在有机合成中有着广泛的应用，例如医药中间体维生素 A 和四氢叶酸就是用这种方法合成的。

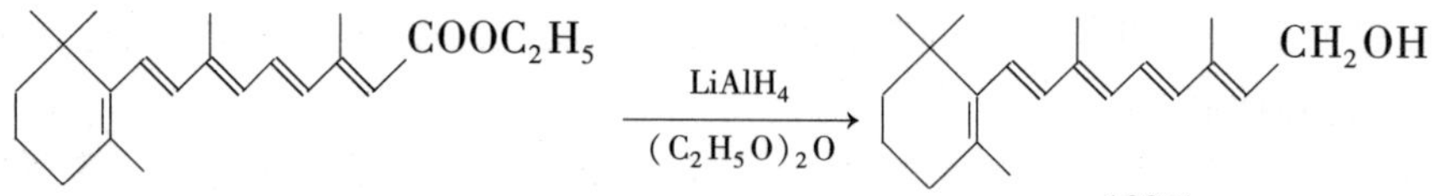

100%
维生素 A 中间体

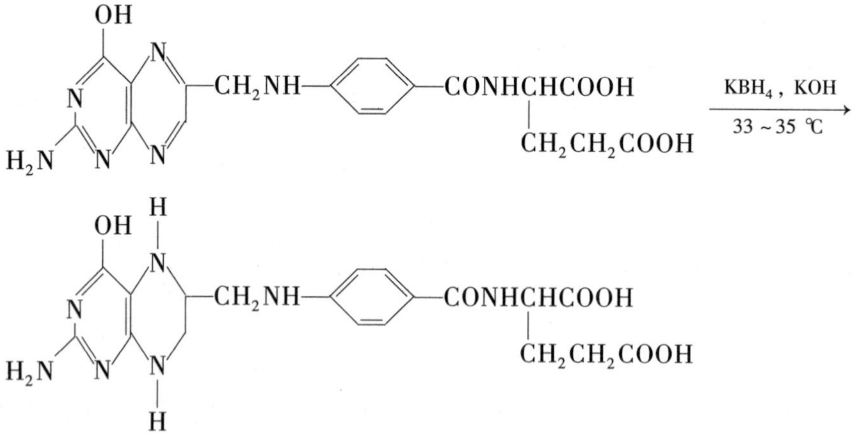

2. 异丙醇铝/异丙醇

异丙醇铝作为催化剂，异丙醇作为还原剂和溶剂（对于难反应的羰基化合物可加入甲苯或二甲苯作共溶剂，以提高反应温度），与羰基化合物一起加热回流，可使羰基还原成羟基，而分子中的其他官能团如烯键、炔键、卤原子、硝基、氰基、环氧基、缩醛、偶氮基等均不受影响，反应选择性高，是醛、酮的专用还原剂，被称为 Meerwein–Ponndorf–Verley 还原反应。除异丙醇铝和异丙醇用作还原剂外，乙醇铝、丁醇铝与相应的醇均有还原作用。反应历程为

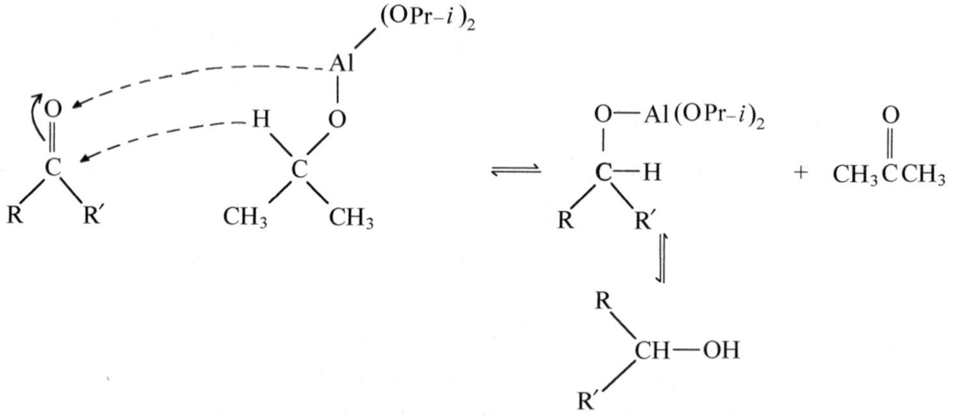

首先是羰基的氧原子和异丙醇铝的铝原子形成配位键，接着发生异丙基的氢原子以氢负离子的形式转移到羰基碳原子上，形成六元环过渡态，然后铝–氧键断裂，生成新的醇铝衍生物和丙酮，前者经醇解即得还原产物醇。

该反应为可逆反应，要使反应顺利往右进行，异丙醇铝和异丙醇需大大过量（酮和异丙醇铝的配料比不少于 1∶3），或者在制备异丙醇铝时，加入一定量的三氯化铝，使其生成一部分氯化异丙醇铝，可使反应速度加快，还原反应的产率提高。生成的丙酮必须随时蒸出，反应直至蒸出的液体不再含有丙酮为止。

由于异丙醇铝极易吸潮，遇水分解，所以需要无水操作条件。

β-二酮、β-酮酯等易于烯醇化的羰基化合物，或含酚羟基、羧基等酸性基团的羰基化合物，因羟基和羧基易与异丙醇铝形成铝盐，使还原反应受到抑制，故一般不用此法；含有氨基的羰基化合物因易与异丙醇铝形成复盐而影响反应的进行，可改用异丙醇钠为还原剂；对热敏感的醛，可用乙醇铝和乙醇作还原剂，在室温下，用氮气流驱赶乙醛的办法使反应进行。

某些羰基化合物的还原反应不是只停留在形成醇这一步，而是会进一步还原成烃，或失水成烯，或发生碳正离子的重排反应等。

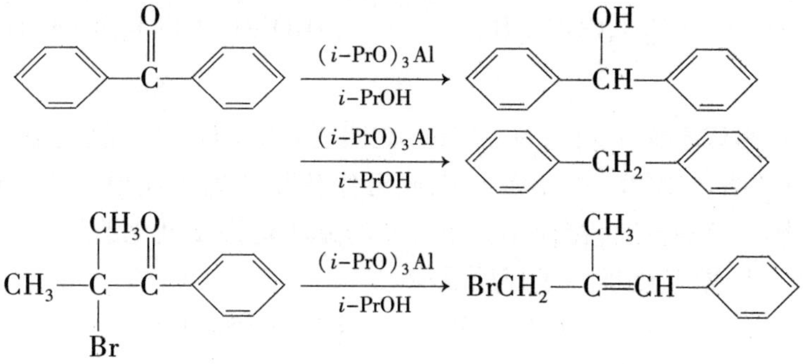

有机合成上常用的试剂丁-2-烯醇就是以异丙醇铝/异丙醇为还原剂还原巴豆醛而制得的。

$$CH_3—CH═CH—CHO \xrightarrow[i\text{-}PrOH]{(i\text{-}PrO)_3Al} CH_3—CH═CH—CH_2OH$$

配料比：n(丁二烯醛)：n(铝箔)：n(无水异丙醇)= 1.00：0.22：7.14。

铝箔先与1/3用量的无水异丙醇制得异丙醇铝，不经蒸馏，直接应用。加入丁-2-烯醛(即巴豆醛)和剩余的2/3用量的无水异丙醇，加热至110 ℃，经分馏柱，不断蒸出丙酮。直至馏出物中不含丙酮为止。减压蒸去异丙醇，残留液冷至40 ℃，用6 mol/L硫酸处理。分出油层，水洗一次后，再减压蒸馏，收集60～70 ℃/0.037～0.009 MPa直至100 ℃/0.003 MPa馏分。

水层合并，蒸至馏出液不再与溴的四氯化碳溶液反应为止。馏出液中加入碳酸钾，使其饱和并分出油层，与上述馏分合并。经无水碳酸钾干燥后，用高效分馏柱进行常压分馏，取117～120 ℃馏分，再分馏一次，即得纯品，产率为55.6%，沸点为121～122 ℃。

3. 硼烷

硼烷与金属复氢化物及异丙醇铝/异丙醇不同，它是亲电性氢负离子转移还原剂。如它还原羰基化合物，首先是由缺电子的硼原子进攻富电子的羰基氧原子，然后硼原子上的氢以氢负离子形式转移到缺电子的羰基碳原子上而使之还原成醇。

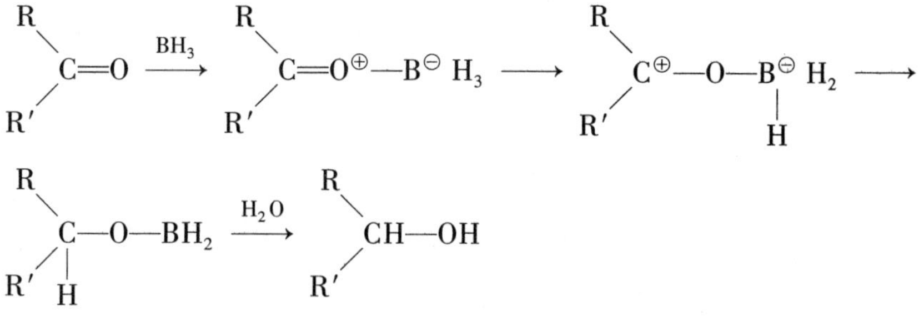

硼烷能还原羧基、双键、羰基、氰基等多种官能团，但硼烷有一个独特的反应特性，就是它还原羧基的速度比还原其他基团要快，条件也温和。如果控制硼烷的用量，并在低温下进行反应，可选择性地还原羧基成相应的醇，而分子中其他易被还原的基团，如硝基、氰基、酯基、醛或酮的羰基、卤素等均可保留，因此它是选择性还原羧酸的优良试剂。

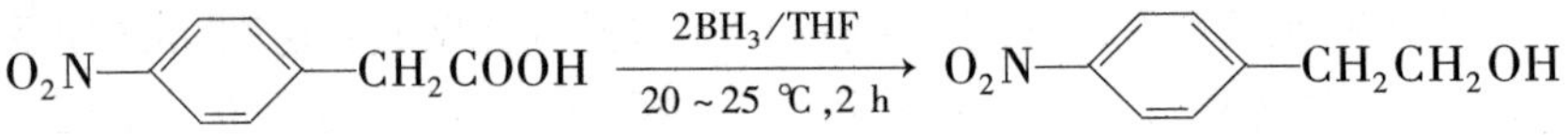

94%

$$HOOC(CH_2)_4COOC_2H_5 \xrightarrow[-18\ ℃,10\ h]{2BH_3/THF} HOCH_2(CH_2)_4COOC_2H_5$$

88%

乙硼烷 B_2H_6 可以看作是硼烷的二聚体，在四氢呋喃（THF）等醚类溶剂中，它能溶解并解离成硼烷和醚的络合物（$R_2O \cdot BH_3$），因此可代替硼烷用于还原反应。但因乙硼烷是有毒气体，且会自燃，一般避免直接使用。较方便的方法是将硼氢化钠与三氟化硼混合用于还原反应，乙硼烷一生成，就随即用于还原反应。

$$3NaBH_4+4BF_3 \longrightarrow 2B_2H_6+3NaBF_4$$

7.2.5　甲酸及其衍生物

在甲酸或甲酸铵、甲酰胺、N，N－二甲基甲酰胺（DMF）等甲酸衍生物存在下，羰基化合物与氨、胺反应，结果羰基被还原胺化，而分子中其他易被还原的基团，如硝基、亚硝基、烯键等不受影响，该反应被称为 Leuckart 反应。羰基化合物经甲酸铵或甲酰胺还原，得到伯胺，如以 N－烷基取代或 N，N－二烷基取代甲酰胺为还原剂，则得仲胺或叔胺。

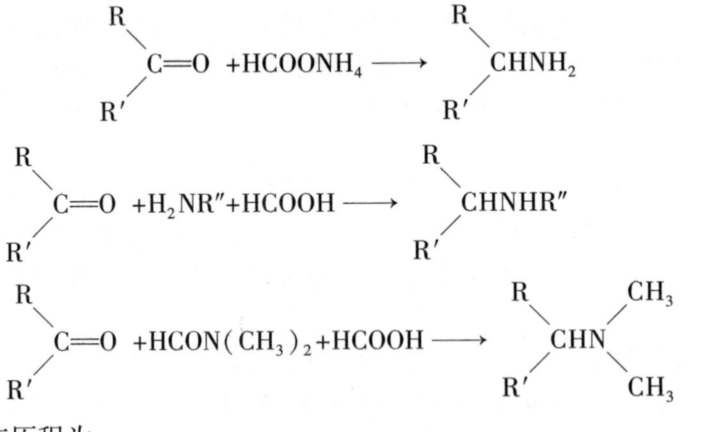

Leuckart 反应历程为

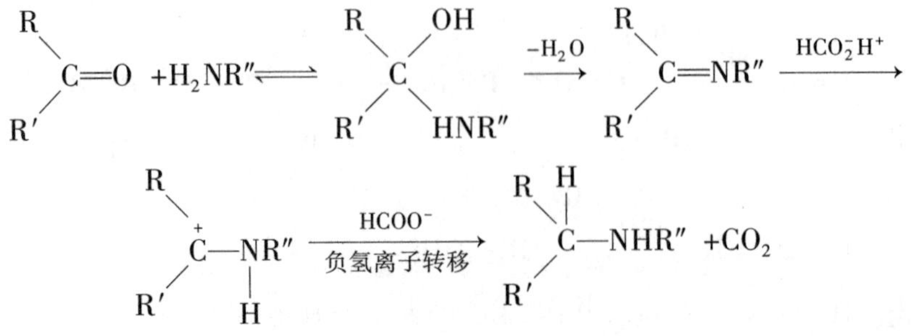

例如

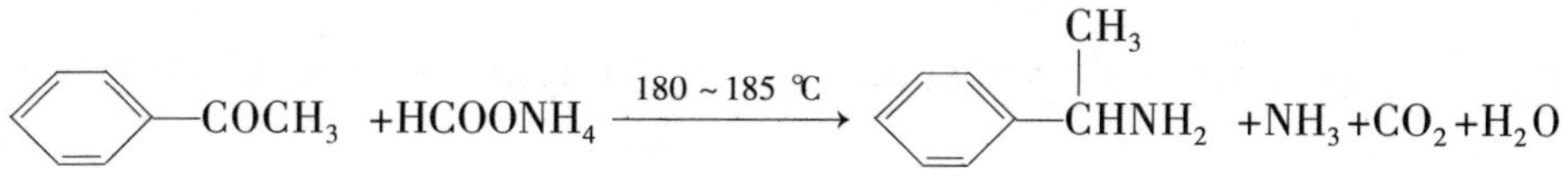

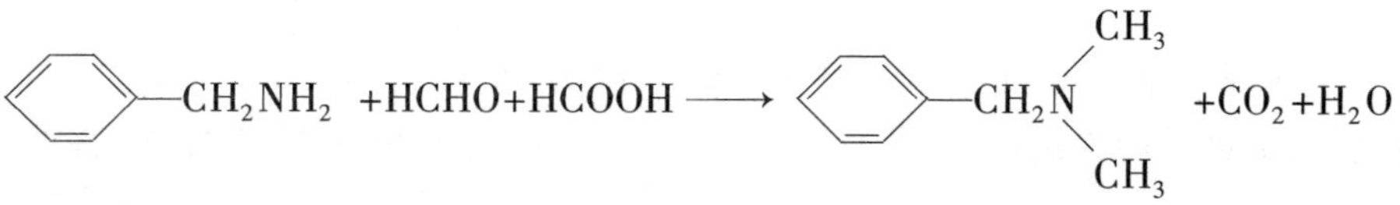

伯胺或仲胺也可通过本反应进行 N-甲基化。例如,季铵盐型阳离子表面活性剂的重要中间体 N,N-二甲基高碳脂肪胺的合成:

$$C_{18}H_{37}NH_2+2HCHO+2HCOOH \longrightarrow C_{18}H_{37}N(CH_3)_2+2CO_2+2H_2O$$

将十八胺或十二胺溶解在乙醇中,35 ℃时加入甲酸,然后在 50 ℃左右加入甲醛。胺与甲醛、甲酸的配料比为 1 : (5.9 ~ 6.4) : (2.6 ~ 2.9),在乙醇回流温度下反应一定时间,冷却,加碱中和,静置分出粗胺层,再用减压蒸馏的方法提纯叔胺。

7.3　电 解 还 原

电解还原是电解液离解产生的氢离子在电解池的负极上接受电子,形成原子氢,用于还原有机化合物的一种方法。该法有许多特点:它与催化氢化法相比,没有催化剂中毒的问题,操作方便;它与化学试剂还原法相比,具有产率高、纯度好、易分离、成本低的优点。因而无论在实验室还是在工业上,都有着广阔的应用前景。

电解还原的反应机理和最终产物受着多种变化因素的影响和制约,其中负极电压、负极材料及电解液的组成与酸碱度对反应影响最大。例如

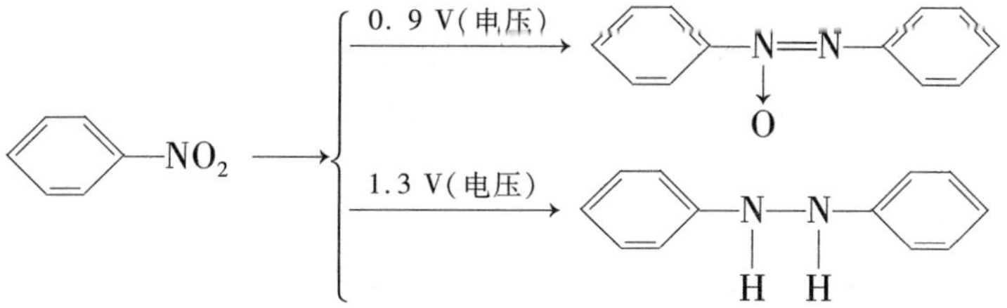

负极材料最常用的是纯汞和铅,其次是铂和镍;正极材料是炭棒、铂、铅、镍。电解液最好用水或某些盐的水溶液。对于难溶于水的有机物,在水中可加入适量的有机溶剂,如乙醇、乙酸、丙酮、乙腈、N,N-二甲基甲酰胺等,或直接采用具有足够介电常数的上述有机溶剂作为电解液。

电解还原应用最多的是硝基化合物和羧酸衍生物的还原。用强释氢超电压电极进行电解还原,可使羧酸还原成醛、醇,甚至烃;酯还原成醛或醇;酰胺和腈还原成胺。此外,还可用于还原羰基化合物成醇或烃;炔成烯;共轭烯烃成烃以及脱苄、脱卤等反应。

例如,邻氨基苯甲醇就可以通过电解还原的方法而制备得到。

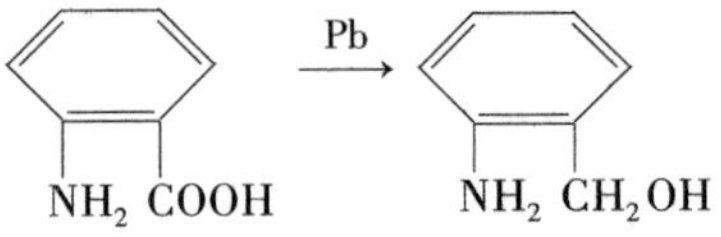

69% ~78%

邻氨基苯甲醇

配料比：n(邻氨基苯甲酸)：n(硫酸(质量分数为 15%))= 1.00：24.00。

电解池的正负极均为铅极，正负极液均是质量分数为 15% 的稀硫酸，电解池外用冰水冷却。

向负极区投入邻-氨基苯甲酸和 2/3 体积的质量分数为 15% 的硫酸水溶液，向多孔杯中注入剩余的 1/3 体积的质量分数为 15% 的硫酸，搅拌，通入 110 V 直流电，调节电阻使电流为 10 ~ 12 A，电压为 27.5 V，保持电解池温度为 20 ~ 30 ℃，通电达 60 ~ 70 A · h 后，放出的氢气量增多，表明反应已经完成，停止通电，此时邻-氨基苯甲酸全部溶完。

用固体碳酸铵或浓氨水中和负极液，过滤，然后加入固体硫酸铵至饱和。用氯仿抽提，氯仿液经无水硫酸钠干燥，蒸去溶剂，即得粗产品，呈淡棕色，产率 69% ~ 78%，熔点 75 ~ 80 ℃，用石油醚重结晶，即得纯品，纯品熔点为 80 ~ 81 ℃。邻氨基苯甲醇为农药，染料中间体。

7.4　反应实例

1. 1,4,5,8-四氢萘的制备

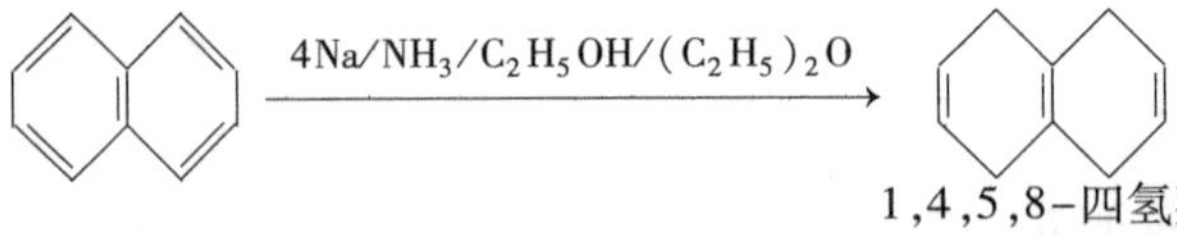

1,4,5,8-四氢萘

配料比：n(萘)：n(钠)：n(无水乙醇)：n(乙醚)：n(新蒸液氨)= 1.00：1.50：4.00：5.00：50.00。

将萘溶解在无水乙醇和乙醚的混合液中，滴加到快速搅拌并用干冰-丙酮浴冷却的新蒸液氨里，使萘呈细晶悬浮。把钠切成小块，慢慢地加入，快速搅拌，直到反应完全，钠全部消失。加水，滤出沉淀物。洗净、干燥、用甲醇重结晶，得四氢萘纯品，熔点为 42 ℃，产率为60.2%。

本品为重要的有机合成中间体。

2. 对氨基苯乙醚的制备

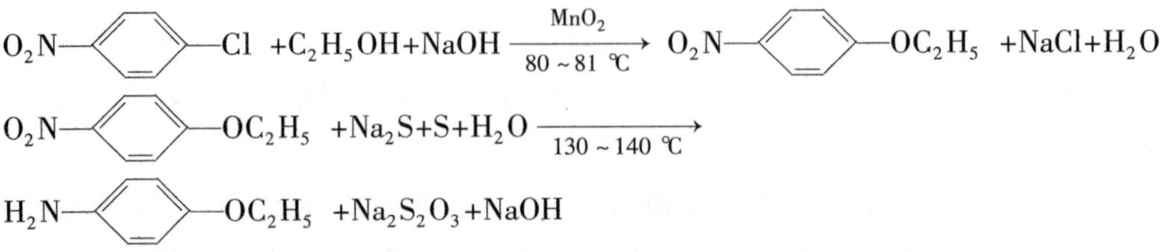

对氨基苯乙醚

以对硝基氯苯为原料，与乙醇、氢氧化钠在二氧化锰催化下，在 80 ~ 81 ℃下进行乙氧基化反应。经盐酸中和，过滤，滤液经常压蒸馏回收乙醇，用热水洗涤除去对硝基酚钠，即得对硝基苯乙醚粗品，再减压蒸馏，得精品。用硫化钠和硫黄加水在 130～140 ℃下还原，分出水层，得对氨基苯乙醚粗品。减压蒸馏收集 130 ℃/2 666.44 Pa 左右馏分，即得成品。

本品为酸性染料和有机颜料的中间体，非那西丁、安痨息等医药中间体，也可用来制备橡胶助剂等。

3. 十一烷二酸的制备

$$HOOC(CH_2)_4-\overset{\overset{\displaystyle O}{\|}}{C}-(CH_2)_4-COOH \xrightarrow[DEG,\triangle]{H_2NNH_2,KOH} \underset{\substack{87\%\sim93\% \\ \text{十一烷二酸}}}{HOOC(CH_2)_9COOH}$$

配料比：n(十一烷-6-酮二酸)：n(水合肼(质量分数为 85%))：n(DEG)：n(氢氧化钾)= 1.00：0.63：4.86：0.86。

按配料比将二乙二醇和氢氧化钾加入反应器中，小心缓缓加热，至氢氧化钾熔融并迅速溶解，此时停止加热。温度降至 80～100 ℃时，加入十一烷-6-酮二酸和质量分数为 85% 的水合肼，小心加热到自行反应，停止加热，等自行发热完毕，再加热回流 1 h。然后慢慢蒸馏，控制反应温度以防反应物溢出。当反应液达 205～210 ℃，停止蒸馏，再回流 3 h。停止加热，冷至 100～110 ℃，把反应物倒入水中，加入 6 mol/L 盐酸酸化到刚果红呈蓝色，并剧烈搅拌，使钾盐沉淀转变为酸。抽滤，用水重结晶。抽滤，水洗，干燥，产率为 87%～93%，熔点 110.5～112 ℃。

本品为增塑剂的原料。

4. 4,4-二硝基戊醇的制备

$$CH_3-\overset{\overset{\displaystyle NO_2}{|}}{\underset{\underset{\displaystyle NO_2}{|}}{C}}-CH_2CH_2\overset{\overset{\displaystyle O}{\|}}{C}H \xrightarrow[CH_3OH,H_2O]{NaBH_4} \underset{\text{4,4-二硝基戊醇}}{CH_3-\overset{\overset{\displaystyle NO_2}{|}}{\underset{\underset{\displaystyle NO_2}{|}}{C}}-CH_2CH_2CH_2OH}$$

配料比：n(4,4-二硝基戊醛)：n(硼氢化钠)：n(水)：n(甲醇)= 1.00：0.11：2.75：3.44。

将硼氢化钠溶于 1/2 用量的水中，加入少许 6 mol/L 氢氧化钠。另将 4,4-二硝基戊醛溶于甲醇和剩余的 1/2 用量的水组成的混合液中，并使其冰冷。滴加上述硼氢化钠溶液并不断搅拌。然后用尿素醋酸水溶液处理，再用 18 mol/L 硫酸酸化到 pH=3，用乙醚提取，醚层用无水硫酸钠干燥，蒸馏，取 114～118 ℃/159.99 Pa 馏分，即为产品，产率为 67.6%。

本品为重要的有机合成中间体。

5. 正-三十烷醇的制备

$$CH_3(CH_2)_{28}COOH \xrightarrow[\text{无水乙醚}]{LiAlH_4} \underset{\text{正-三十烷醇}}{CH_3(CH_2)_{28}CH_2OH}$$

配料比：n(正-三十烷酸)：n(氢化铝锂)：n(无水乙醚)：n(氢氧化钠(质量分数为 10%))= 1.00：0.21：55.3：5.35。

在干燥的反应瓶中，加入氢化铝锂和经金属钠干燥处理的无水乙醚。反应器上连接内装正-三十烷酸的索氏提取器，加热回流至羧酸全部溶解反应完全为止。在冰水冷却下小心滴入冷水，分解剩余的氢化铝锂，直到不再有气泡产生为止。慢慢加入质量分数为 10% 的氢氧化钠，过滤，水洗至中性。将滤液中的醚层分出，水层用乙醚提取，合并醚层，常压蒸出乙醚，所得固体与滤饼合并，用苯重结晶，得白色晶体产品，产率为 71.7%，熔点为 84 ~ 86.5 ℃。

本品为植物生长调节剂。

6. 山梨醇的制备

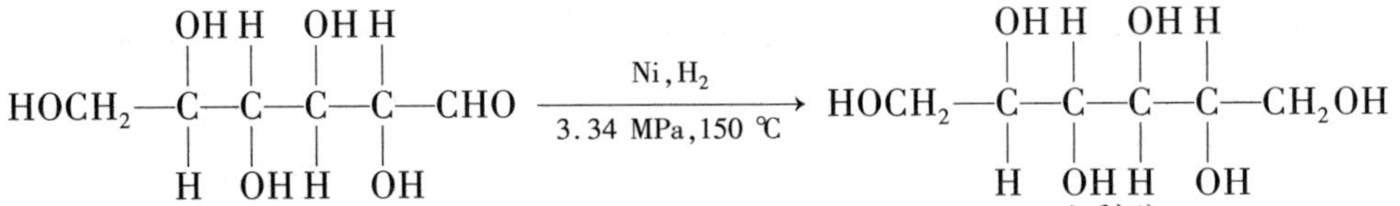

山梨醇

将溶解的葡萄糖水溶液定量加入到高压釜内，在镍催化剂存在下，保持釜压为 3.34 MPa，在 150 ℃下进行催化加氢，终点控制残糖不高于 0.5 g/100 mL。反应完毕后，将反应产物压至沉淀罐，再经交换得山梨醇成品。

山梨醇用作表面活性剂、维生素 C、胶黏剂、合成树脂的原料，也可用作湿润调节剂、保香剂、抗氧剂、甜味剂等。

7. 丁二酸的制备

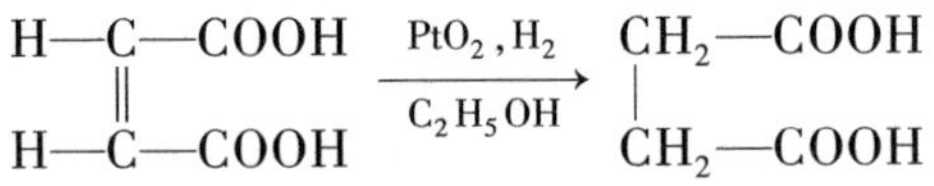

84% ~98%

琥珀酸

配料比：n(顺丁烯二酸)：n(二氧化铂)：n(乙醇)：n(氢气) = 1.00：0.009：10.15：适量。

将顺丁烯二酸溶于乙醇中，放入氢化瓶内，加入二氧化铂催化剂，在排除空气后通入氢气，常压反应，摇动到氢气不再吸收。滤去催化剂，用乙醇洗涤，滤液蒸去乙醇，残留物用水重结晶。产品为无色晶体，熔点为 185 ℃，沸点为 235 ℃(分解)，产率为 84% ~98%。

丁二酸又名琥珀酸，是有机合成的重要原料，应用于医药、染料、香料、油漆和照相材料等领域。

8. 1,6-己二醇的制备

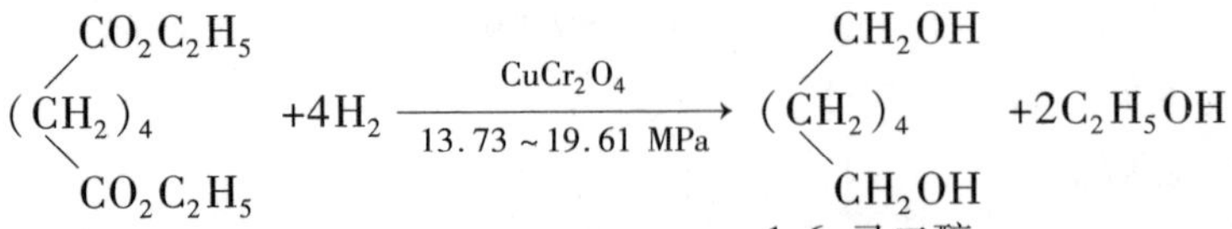

1,6-己二醇

配料比：n(己二酸二乙酯)：n(亚铬酸铜)：n(氢气) = 1.00：0.08：适量。

己二酸二乙酯与亚铬酸铜按配料比加入不锈钢高压釜中，排除空气后，通入氢气至压力为 13.73 ~ 19.61 MPa。开动搅拌，加热到 255 ℃并保持此温度，直至氢已吸收完全，氢压不再改变为止。停止搅拌，冷却，排除残压。滤除催化剂，用乙醇洗涤，洗下液体与原滤液合并。加入 1/4 体积的质量分数为 40% 的氢氧化钠溶液，回流 2 h，然后蒸除乙醇，用乙醚提取残留物，蒸除溶剂后，进行减压蒸馏，收集 143～144 ℃/533.29 Pa 的馏分，产率85%～95%。

1,6-己二醇用于配制油墨及染色用偶合剂等。

9. 环己胺的制备

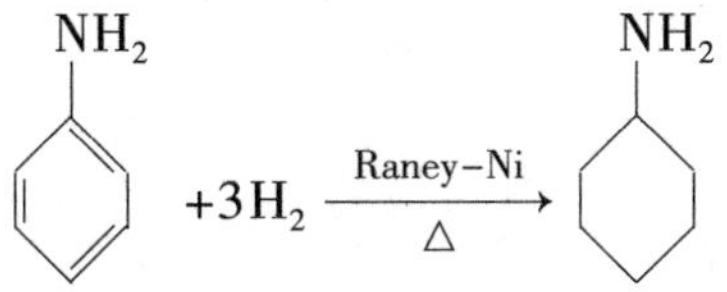

将苯胺在蒸发器内气化，之后按 1∶2 摩尔比与氢气混合进入反应器，在 Raney-Ni 催化剂存在下于 150～180 ℃常压下发生反应。生成物经氢气分离器后进入蒸馏塔，塔顶得到粗环己胺，进一步精馏后纯度为 98.5%。

本品可作为脱硫剂、橡胶促进剂、农药杀菌剂的中间体。

习 题

一、完成下列反应

1. 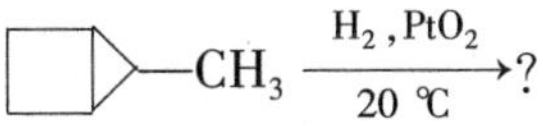

2. 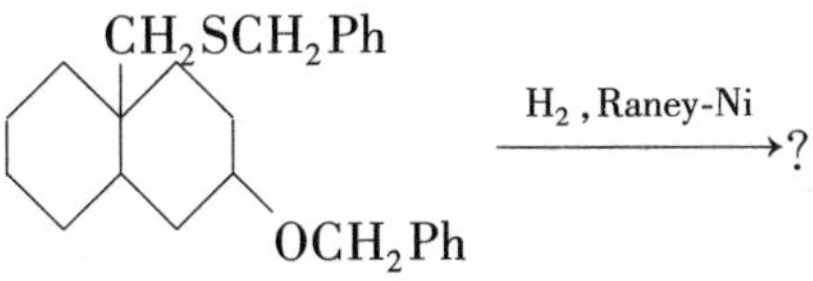

习题答案请扫码查看

3. 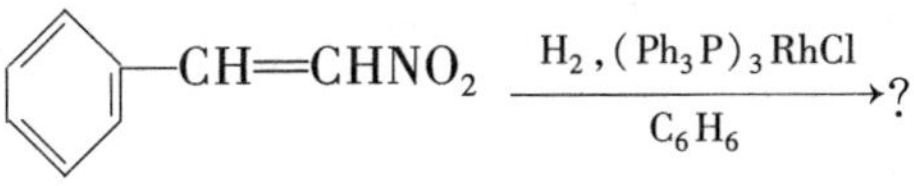

4. $C_6H_5COC_{17}H_{35} \xrightarrow[\text{二甲苯}]{\text{Zn-Hg, HCl}} ?$

5. $CH_3(CH_2)_7CH{=}CH(CH_2)_7COOC_2H_5 \xrightarrow{\text{Na, EtOH}} ?$

6. 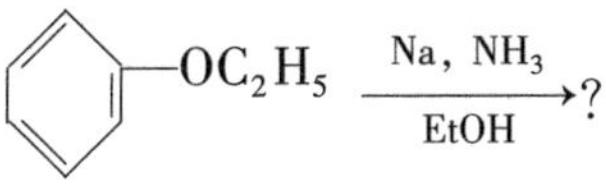

7. 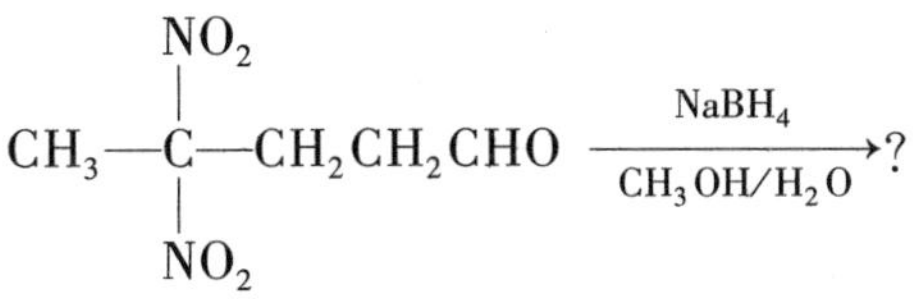

8. 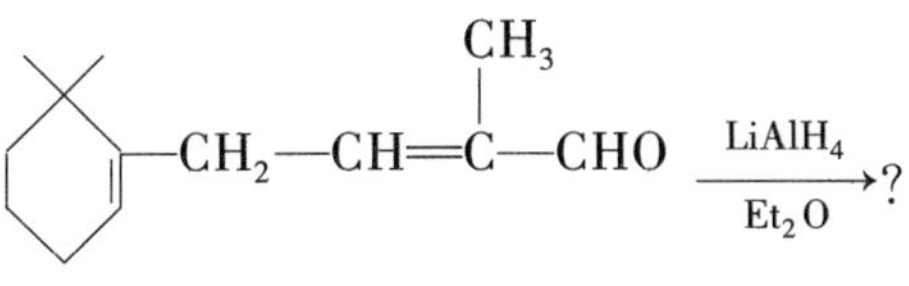

9. 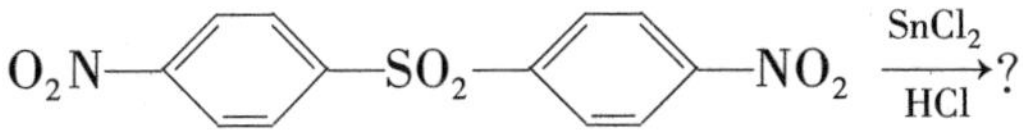

10. 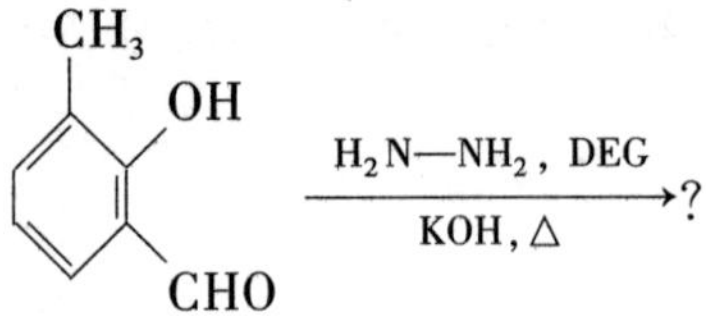

二、合成下列化合物

1. 己基间苯二酚（ 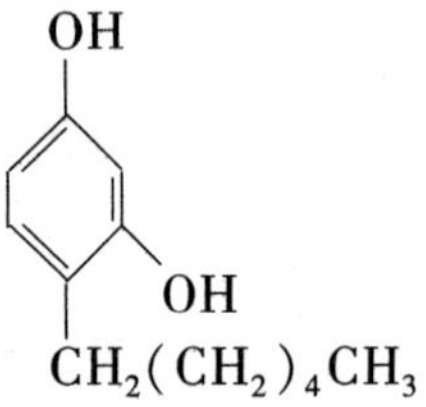 ）

2. 4-氨基苯基丁酸（ 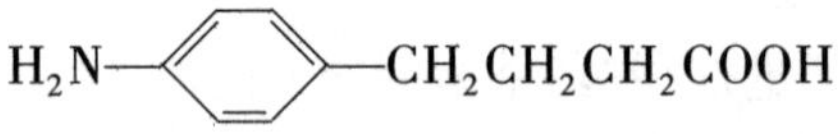 ）

3. 2-氨基-1-苯基丙烷（ 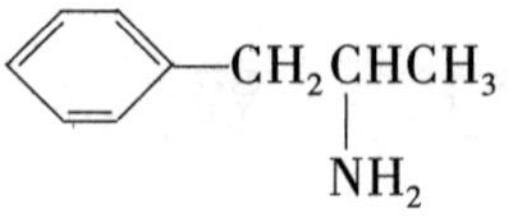 ）

第8章　缩合反应

缩合是精细有机合成中的一类重要单元反应，它包括的反应非常广泛，所以很难像磺化、卤化、烷基化等反应有一个确切的定义。缩合一般系指两个或两个以上分子通过生成新的碳-碳、碳-杂或杂-杂键，从而形成较大的单一分子的反应。在缩合反应过程中往往会脱去某一种简单分子，如 H_2O、HX、ROH 等。缩合反应能提供由简单有机物合成复杂有机物的许多合成方法，包括脂肪族、芳香族和杂环化合物，在香料、医药、农药、染料等许多精细化工生产中得到广泛应用。

8.1　醇醛或醇酮缩合反应

含 α-活泼氢的醛或酮，在碱或酸催化下，与另一分子醛或酮进行缩合，形成 β-羟基醛或酮，然后再失去一分子水，得 α,β-不饱和醛或酮，这类反应称为醇醛或醇酮缩合反应，是合成含羰基的长链烯烃的方法之一。

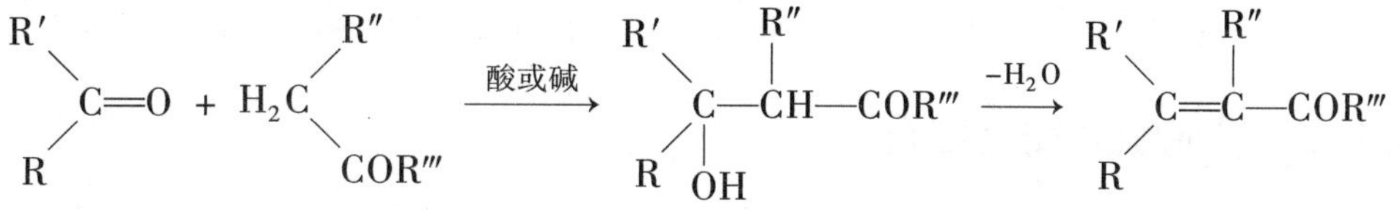

醇醛或醇酮缩合反应根据缩合物的不同，可以有含 α-氢的醛或酮的自身缩合以及不同的醛、酮分子间的缩合等反应类型。

8.1.1　醛或酮的自身缩合

在稀酸或稀碱催化剂的作用下（最常用的是稀碱催化剂），一分子醛的 α-氢原子加成到另一分子醛的氧原子上，其余部分加成到羰基碳原子上，生成 β-羟基醛。例如

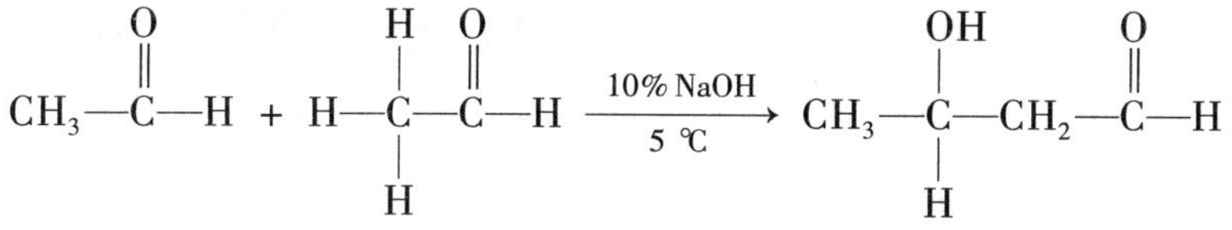

醇醛缩合产物 β-羟基醛分子中的 α-氢原子同时受 β-碳原子上羟基和邻近羰基的影响，性质很活泼，稍加热或在酸的作用下，即发生分子内脱水，生成 α,β-不饱和醛。

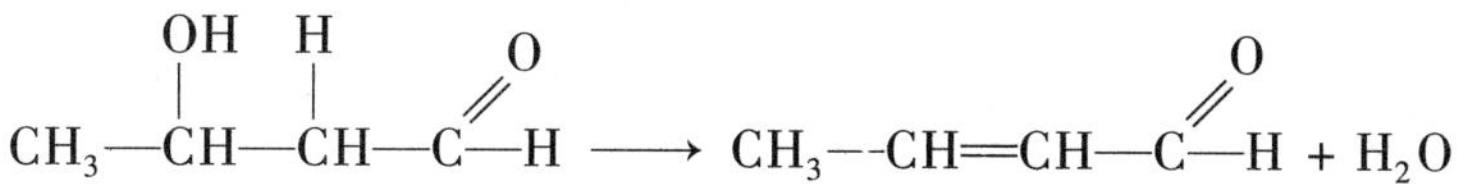

通过醛酮的自身缩合，可以得到比原料醛或酮的碳原子数增多一倍的产物，这在工业上有着重要的应用。例如在聚氯乙烯塑料工业中大量使用的增塑剂 2-乙基己醇就是通过以下反应合成的：

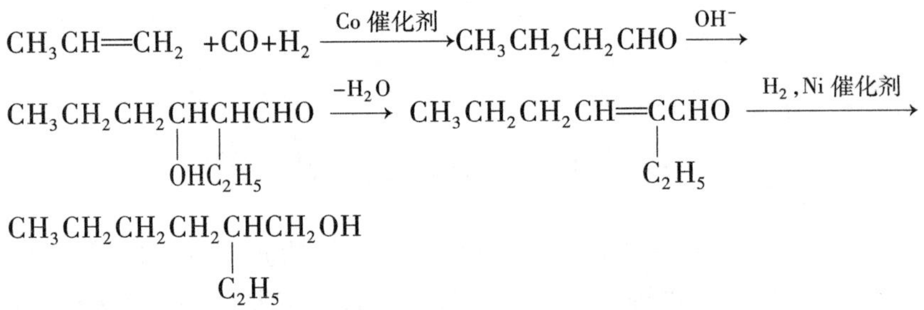

含 α-H 的酮的碱催化下也发生类似的醇酮缩合反应。例如

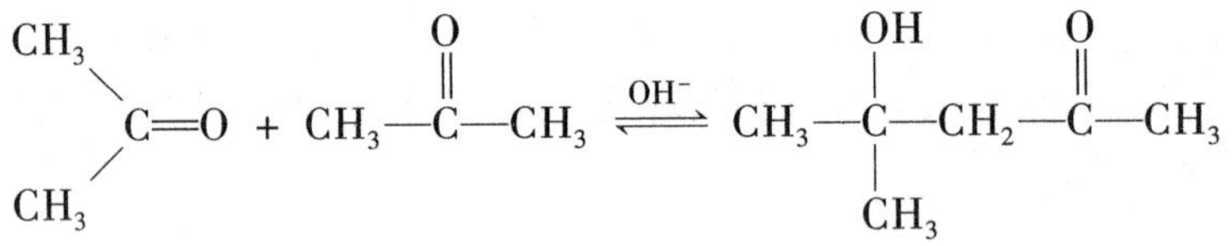

该反应的平衡大大地偏于反应物一方，故在平衡体系中，缩合产品的量很少，产率很低。但在实际操作中，采用把产物不断地移出平衡体系的方法，使平衡朝产物方向进行，也可以得到高产率的产品。

生成的二丙酮醇在碘的催化作用下，失水变成 α,β-不饱和酮。

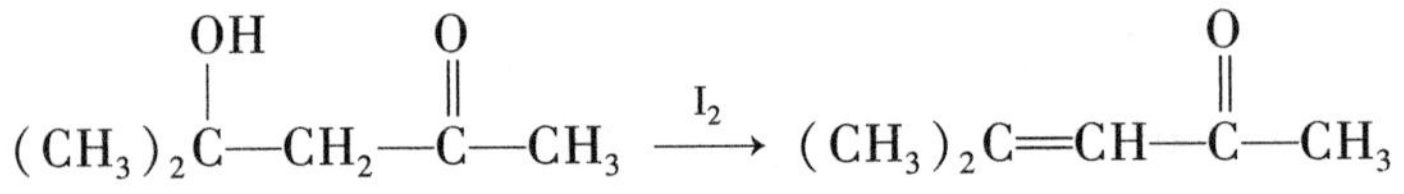

8.1.2 醛或酮的交叉缩合

醇醛或醇酮缩合反应更大的用途，是利用不同的醛或酮进行交叉缩合，得到各种不同的 α,β-不饱和醛或酮。

两种都具有 α-氢的不同的醛，在稀碱催化下，除了同一种醛本身分子间发生醇醛缩合外，相互之间还可以反应，共生成四种不同产物。例如在稀碱催化作用下乙醛与丙醛作用，生成下列四种产品：

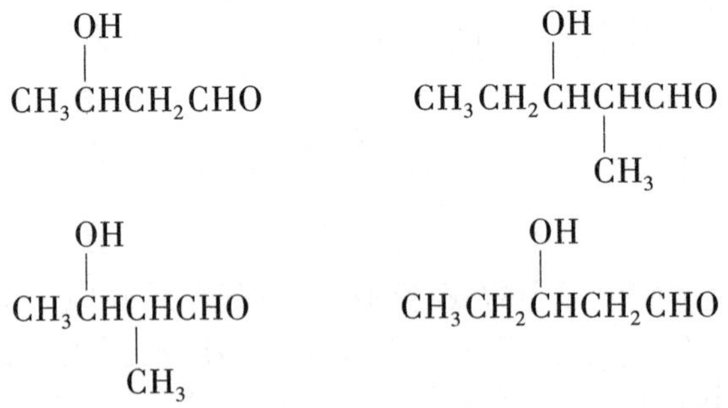

四种产物的混合物难以分离，因此两种具有 α-氢的不同醛进行醇醛缩合反应，其实际应用意义不大。

但如果其中一种醛不含 α-氢原子，则可以主要得到一种缩合产品。经常使用的这一类型反应是用一个芳香醛与一个脂肪族醛酮，在碱催化下进行缩合反应，得到产率很高的 α,β-不饱和醛或酮。这一类型的反应称为克莱森-施密特(Claisen-Schmidt)反应。

一些香料就是用这种方法合成的，如百合醛、仙客来醛和肉桂醛等。如

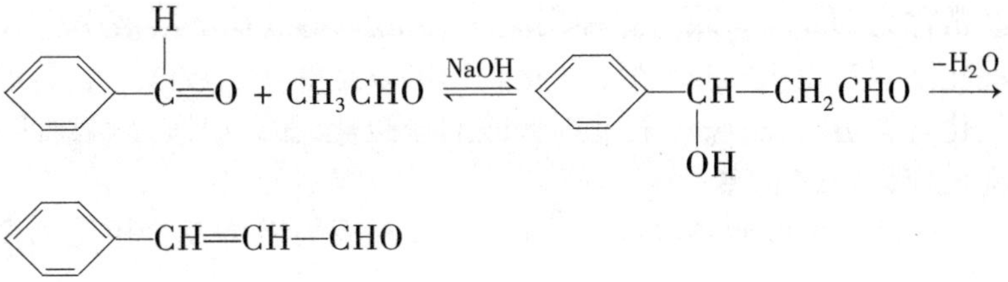

（β-苯丙烯醛，又名肉桂醛）

芳香醛与含 α-氢的酮的缩合反应为

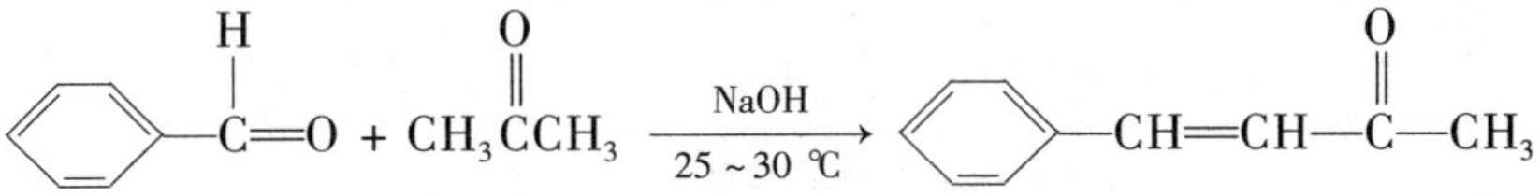

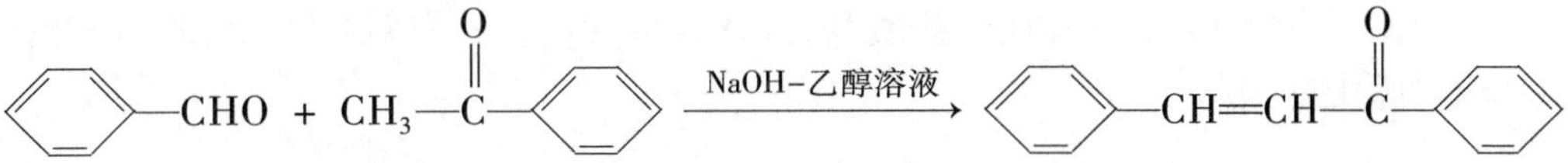

甲醛与苯甲醛相似，也没有 α-活泼氢，所以用甲醛与其他醛缩合可以生成一系列的羟甲基醛。工业上利用甲醛的这一性质与乙醛进行醇醛缩合反应而制备季戊四醇。

$$CH_2{=}O + CH_3CH{=}O \underset{\leftarrow}{\xrightarrow{OH^-}} \underset{OH}{CH_2}CH_2CHO$$

β-羟基丙醛

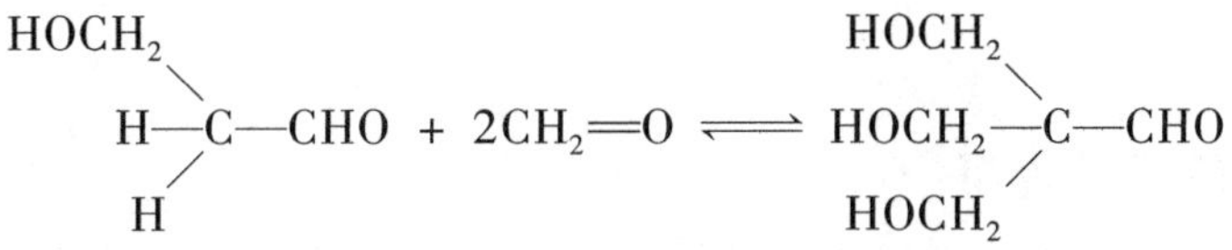

三羟甲基乙醛

三羟甲基乙醛和甲醛都没有 α-活泼氢，因此在碱的催化作用下，发生歧化反应，又称康尼查罗（Cannizzaro）反应，即醛基被还原成羟甲基，甲醛被氧化成甲酸。

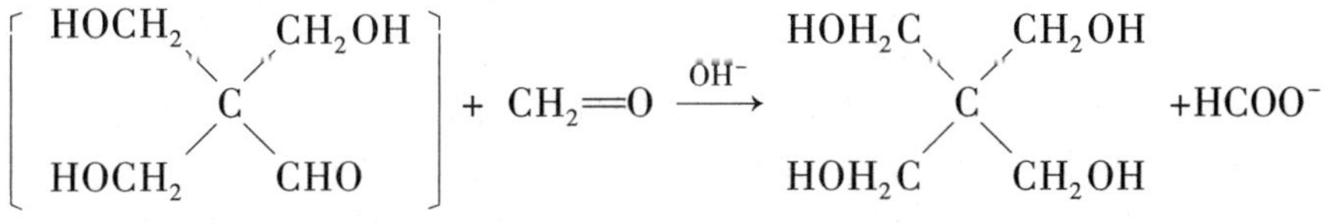

季戊四醇

季戊四醇是生产醇酸树脂、炸药、增塑剂和乳化剂的原料。

8.2　醇醛或醇酮型缩合反应

8.2.1　胺甲基化

甲醛与含有活泼氢的化合物以及胺进行缩合反应，结果活泼氢被胺甲基取代。该反应称为胺甲基化反应，也称迈尼许（Mannich）反应。例如

$$CH_3COCH_3+CH_2O+HN(CH_3)_2 \cdot HCl \xrightarrow[CH_3OH,\,CH_3COCH_3]{HCl}$$

$$CH_3COCH_2CH_2N(CH_3)_2 \cdot HCl \xrightarrow{NaOH} CH_3COCH_2{-}CH_2N(CH_3)_2$$

生成的产物经常称为 Mannich 碱。这种反应一般在水、醇或醋酸溶液中进行，甲醛可由多聚甲醛在酸性催化下解聚提供；含活泼氢的化合物可以是醛、酮、羧酸、酯、酚等，甚至含有芳环体系的活泼氢化合物也可以；胺一般是用仲胺的盐酸盐，如二甲胺、六氢吡啶等，反应时应加少量酸以保证反应介质的酸性。

通过 Mannich 反应可以制备β-氨基酮。如苯乙酮与甲醛及二甲胺盐酸盐反应可得β-二甲氨基苯丙酮盐酸盐。

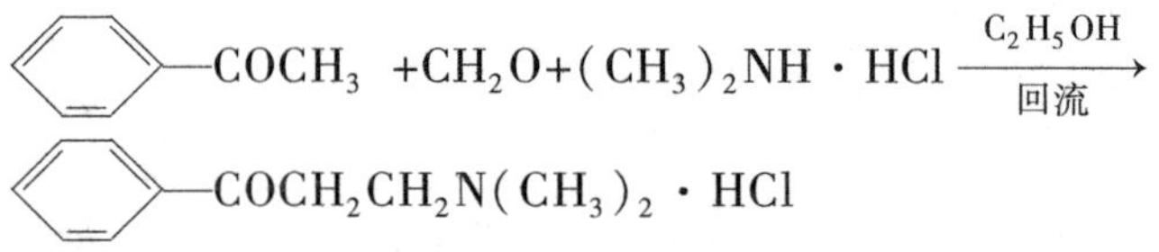

（β-二甲氨基苯丙酮盐酸盐）

用苯乙酮、多聚甲醛和六氢吡啶盐酸盐，经 Mannich 反应，可以制得药物苯海索的中间体N-苯丙酮哌啶盐酸盐。

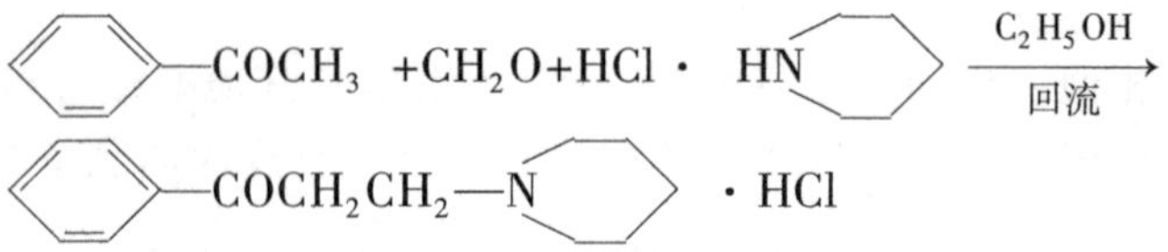

合成色氨酸的中间体草绿碱可由吲哚、二甲胺和甲醛经 Mannich 反应制取。

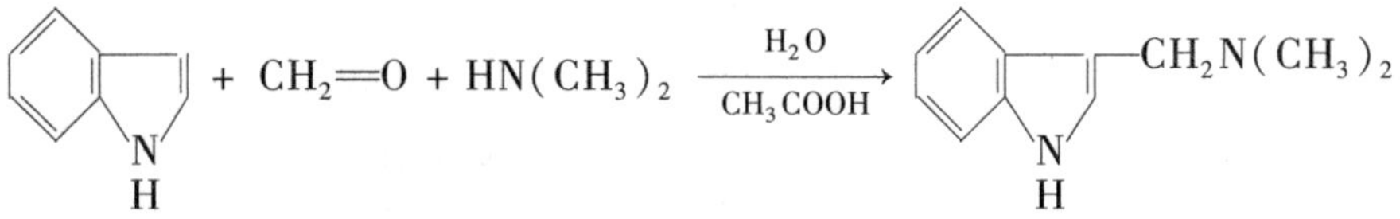

8.2.2 醛酮与羧酸缩合

芳香醛与酸酐在碱性催化剂作用下缩合，生成β-芳基丙烯酸类化合物的反应称为珀金(Pekin)反应，也称肉桂酸合成。例如

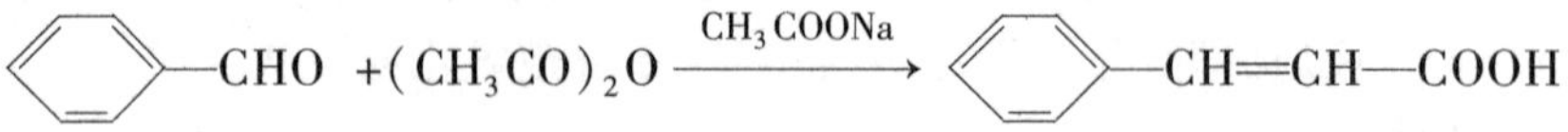

（肉桂酸）

该反应使用的碱性催化剂一般是与酸酐相应的脂肪酸盐，其碱性较弱，酸酐中的α-氢原子活性也较弱，所以肉桂酸合成反应时间较长，温度较高(150～200 ℃)，产率不够理想。

若采用芳醛和丙二酸在有机碱的催化作用下进行缩合，则由于丙二酸中亚甲基上的氢原子较活泼，可以在较低温度下顺利进行缩合，产率很高。例如，胡椒醛与丙二酸在吡啶及六氢吡啶的催化作用下生成胡椒丙烯酸，产率达 85%～90%。

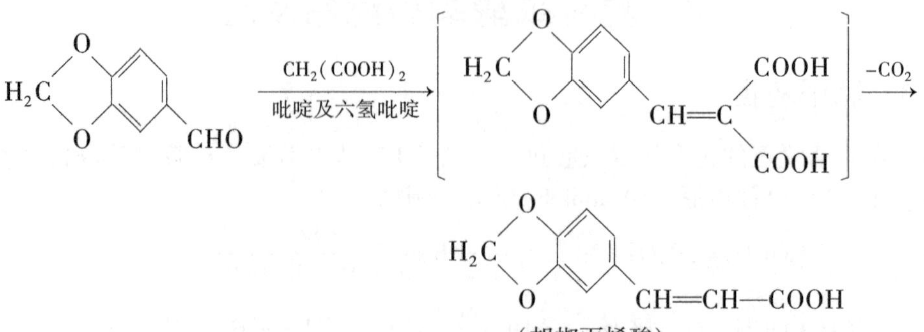

（胡椒丙烯酸）

这种用有机碱作催化剂来促进醇醛缩合的反应，称为 Knoevenagel 反应。一般来说，在这个反应中，α-氢原子必须要有足够的活性，也就是说需要有两个负性基团与亚甲基相连，如丙二酸或丙二酸酯、氰乙酸等。若一个很强的负性基团如硝基与亚甲基相连，也能使反应顺利进行。

$$CH_3(CH_2)_3\underset{\displaystyle C_2H_5}{\underset{|}{C}}HCHO + CH_2(COOC_2H_5)_2 \xrightarrow[RCOOH]{\text{六氢吡啶}} CH_3(CH_2)_3\underset{\displaystyle C_2H_5}{\underset{|}{C}}H{-}CH{=}C(COOC_2H_5)_2$$

87%

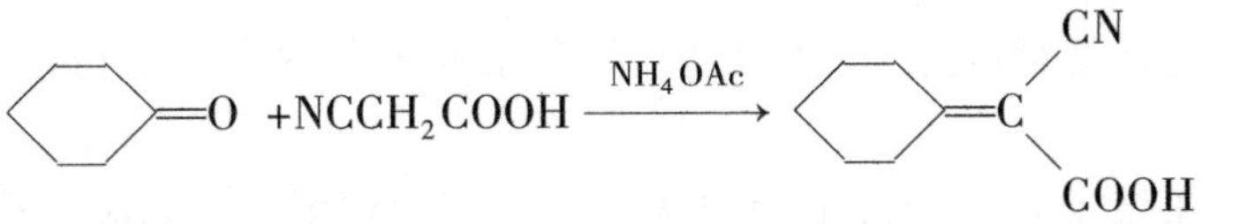

65% ~75%

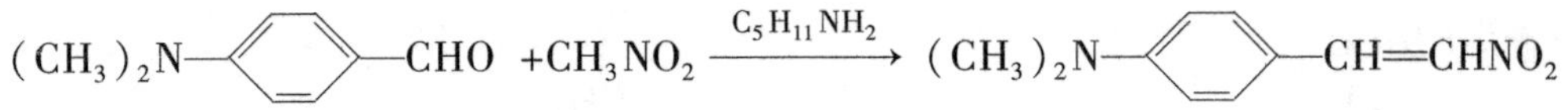

尽管肉桂酸合成存在一定的缺点，特别是在精细有机合成中，常用 Knoevenagel 反应代替，但由于肉桂酸合成法原料便宜易得，所以在工业生产上仍经常使用。例如糠醛与乙酸酐在乙酸钠的催化作用下，经肉桂酸合成可制得呋喃丙烯酸，它是医治血吸虫病的呋喃丙胺药物的原料。

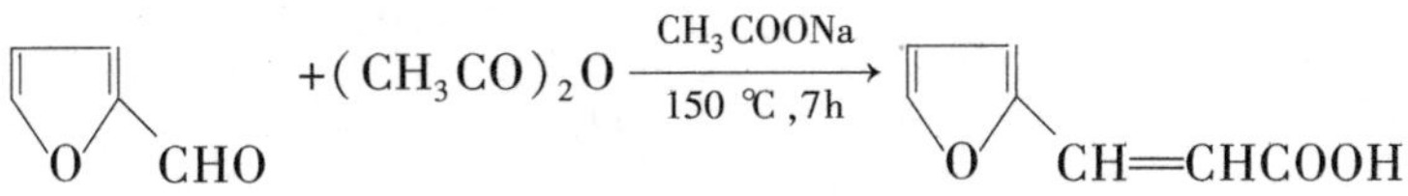

又如香豆素，它是重要的香料，也是利用肉桂酸合成法制取的。水杨醛与乙酸酐在乙酸钠的作用下，仅一步反应就得到香豆素，即香豆酸的内酯。

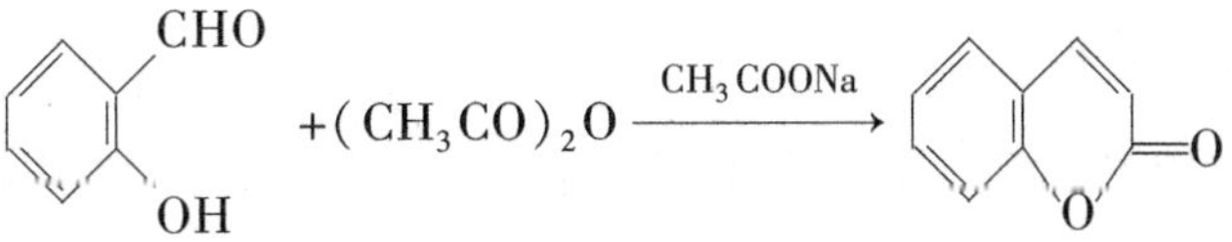

科学家介绍：William Henry Perkin（威廉·亨利·珀金，1838.3.12—1907.7.14），英国化学家，出生于伦敦，在皇家化学院跟随 Hofmann（霍夫曼）学习。1856 年试图在自家实验室合成奎宁，结果得到了苯胺紫，这是最早的合成染料；1858 年珀金和合作者合成了甘氨酸；1861 年合成了酒石酸；1867 年用芳醛类和脂肪酸酐在碱的存在下合成了不饱和酸（珀金合成法）；1868 年首次用水杨醛和乙酸酐合成香豆素（最早的人工合成香料）。珀金第一个向世界表明：有机化学可以让世界更加五彩缤纷。珀金还是一位出色的天才钢琴家。

8.2.3　醛或酮与 α-卤代羧酸酯缩合

醛或酮在强碱（如醇钠、氨基钠等）的作用下，和 α-卤代羧酸酯反应，缩合生成 α,β-环氧羧酸酯，这个反应称为 Darzens 反应。

Darzens 反应历程为

$$ClCH_2COOC_2H_5 \xrightarrow{NaNH_2} Cl\,C^{\ominus}HCOOC_2H_5$$

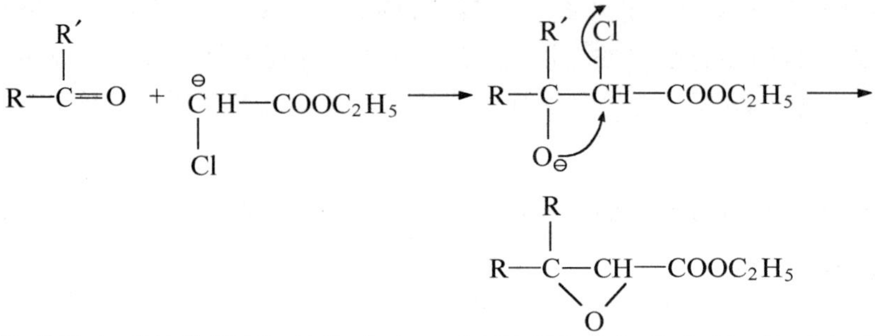

α-卤代羧酸酯在碱的作用下，首先失去一个质子形成负碳离子，然后负碳离子作为亲核试剂与羰基发生亲核加成，得到烷氧负离子，最后氧上的负电荷把负的卤原子挤走，即生成 α,β-环氧羧酸酯。

α,β-环氧羧酸酯的酯基在很温和的条件下便可水解除去，生成相应的 α,β-环氧酸。该酸很不稳定，受热后失去二氧化碳，变为醛或酮的烯醇。因此，Darzens 反应在制备醛或酮时有一定的用途。

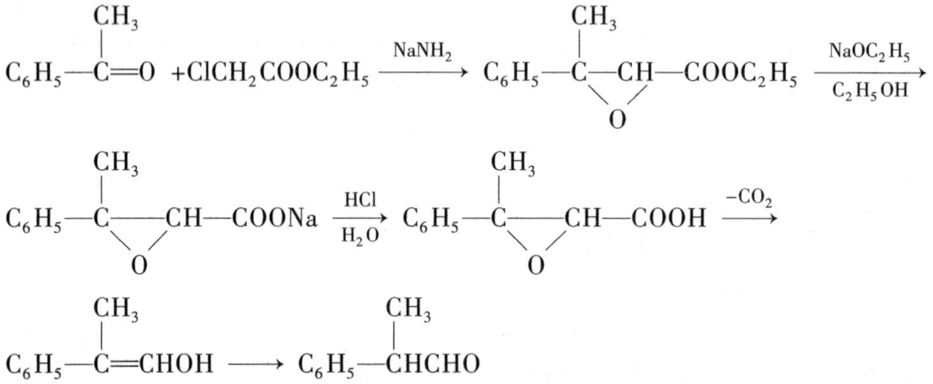

8.2.4　Witting 反应

醛或酮与烃代亚甲基三苯基膦缩合成烯类化合物的反应称为 Witting 反应。

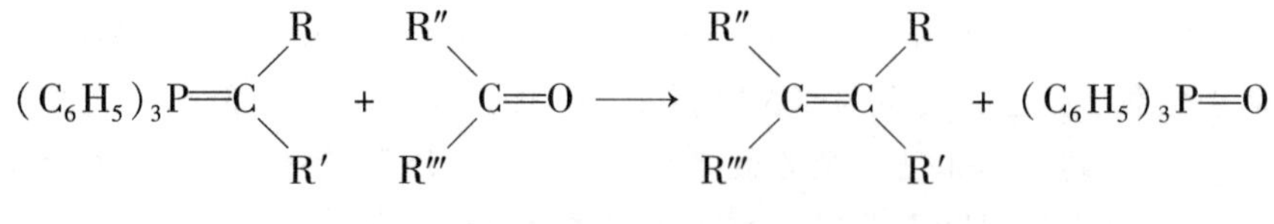

该反应的结果是把烃代亚甲基三苯基膦的烃代亚甲基与醛酮的氧原子交换，产生一个烯烃，因此是合成烯烃的一个重要方法。在合成某些天然有机化合物如萜类、甾体、维生素 A 和 D，以及植物色素等领域内，具有独特的作用。

烃代亚甲基三苯基膦是一种黄红色的化合物，它由三苯基膦与卤代烷反应而得。

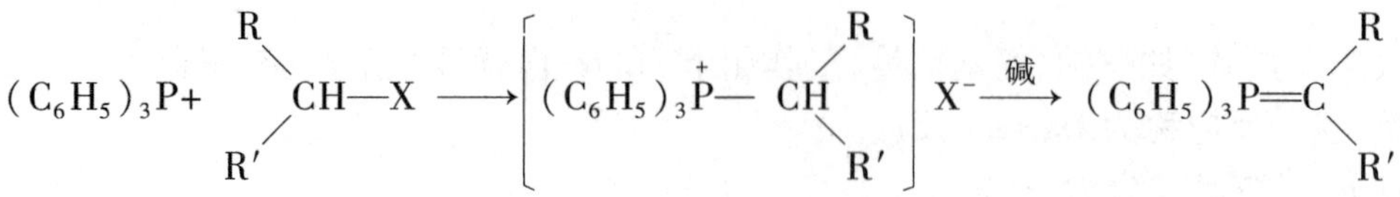

8.3　酯缩合反应

酯分子中的 α-活泼氢在醇钠的催化作用下，可与另一分子酯脱去一分子醇而互相缩合，这类反应称为酯缩合反应。例如，两分子乙酸乙酯在乙醇钠作用下脱去一分子乙醇而生成乙酰乙酸乙酯。

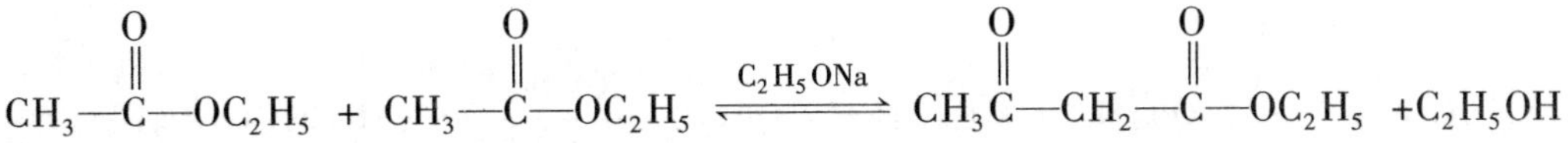

酯缩合反应相当于一个酯的 α-活泼氢被另一个酯的酰基所取代，凡含有 α-活泼氢的酯都有类似的反应。如果用含有 α-活泼氢的醛、酮代替反应物中提供 α-活泼氢的酯，用酰卤、酸酐代替提供酰基的酯，结果发生相同的反应。这样，酯缩合反应所包含的范围则很大，可用通式表示

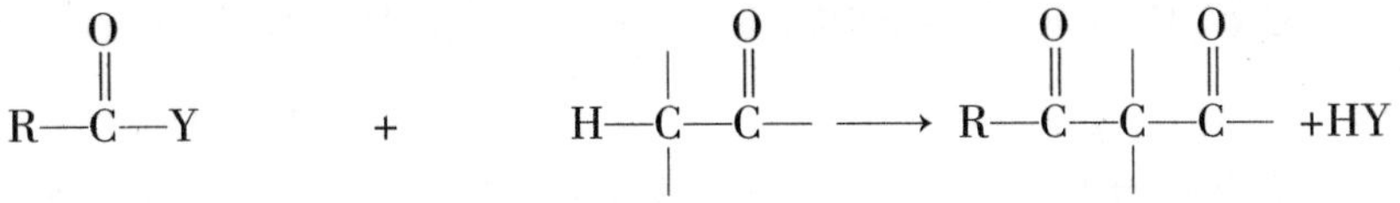

（酯、酰卤或酸酐等提供酰基）　（酯、醛或酮等提供 α-H）　（β-二羰基化合物）

这个类型的反应总称为 Claisen 缩合反应，它是制取 β-酮酸酯和 β-二酮的重要方法。

8.3.1　酯的自身缩合

酯的自身缩合最典型的例子是在乙醇钠的作用下，两分子乙酸乙酯发生缩合反应，脱去一分子乙醇，生成乙酰乙酸乙酯。反应历程为

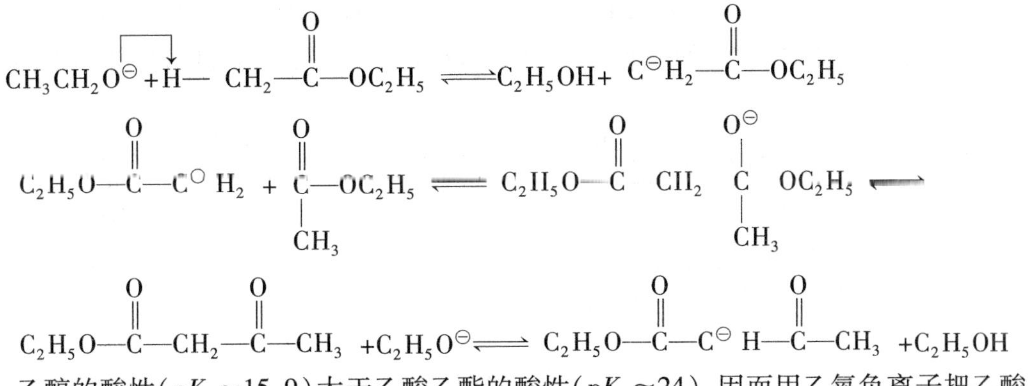

乙醇的酸性（$pK_a \approx 15.9$）大于乙酸乙酯的酸性（$pK_a \approx 24$），因而用乙氧负离子把乙酸乙酯变为 $C^{\ominus}H_2COOC_2H_5$ 负碳离子是很困难的，在平衡体系中仅有少量的负碳离子，但为什么这个反应会向右进行得相当完全呢？其原因在于最后一个平衡中的乙酰乙酸乙酯的酸性（$pK_a \approx 11$）大于乙醇的酸性，反应一旦生成乙酰乙酸乙酯就被乙氧负离子夺去一个质子而形成较稳定的乙酰乙酸乙酯负离子，从而使反应不断向右进行。同时在反应过程中不断地蒸出产生的乙醇，可使反应进行得更加完全。

8.3.2　混合酯缩合

与两个不同的但都含 α-活泼氢的醛进行醇醛缩合相类似，如果使用两个不同的但都含

有 α-活泼氢的酯进行混合缩合，理论上将得到四种不同的产物，且不容易分离，这在合成上没有多大的价值。因此混合酯缩合一般采用一个含有活泼氢而另一个不含活泼氢的酯进行缩合，这样就能得到单一的产物。常用的不含 α-活泼氢的酯有甲酸酯、苯甲酸酯和乙二酸酯。

乙二酸酯因有相邻的两个酯基而增加了羰基的活性，所以比较容易和其他酯发生缩合反应。

$$C_2H_5O\overset{\overset{\large O}{\|}}{C}—\overset{\overset{\large O}{\|}}{C}—OC_2H_5 + CH_3CH_2\overset{\overset{\large O}{\|}}{C}—OC_2H_5 \xrightarrow[\text{②}H^+]{\text{①}NaOC_2H_5} \begin{array}{l} CH_3CHCOOC_2H_5 \\ \quad\ \ | \\ \quad\ \ COCOOC_2H_5 \end{array}$$

如果与乙二酸酯缩合的是长碳链的脂肪酸酯，则产率很低，这时可采用把产物乙醇蒸出反应系统的方法来提高产率。

$$(COOC_2H_5)_2+C_{16}H_{33}COOC_2H_5 \xrightarrow[\text{②}H^+]{\text{①}NaOC_2H_5} \begin{array}{l} C_{15}H_{31}CHCOOC_2H_5 \\ \qquad\ \ | \\ \qquad\ \ COCOOC_2H_5 \end{array}$$

乙二酸酯的缩合产物中含有一个 α-羧基酸酯的基团，加热即可失去一分子一氧化碳，成为取代的丙二酸酯。例如苯基取代的丙二酸酯，不能用溴苯进行芳基化来制取，但可用下法制得：

$$C_6H_5CH_2COOC_2H_5+(COOC_2H_5)_2 \xrightarrow[\text{②}H^+]{\text{①}C_2H_5ONa}$$

$$\begin{array}{l} C_6H_5CHCO_2C_2H_5 \\ \qquad\ \ | \\ \qquad\ \ COCO_2C_2H_5 \end{array} \xrightarrow[-CO]{175\ ℃} \begin{array}{l} C_6H_5—CHCO_2C_2H_5 \\ \qquad\quad\ \ | \\ \qquad\quad\ \ CO_2C_2H_5 \end{array}$$

甲酸乙酯与苯乙酸乙酯在醇钠催化作用下，缩合可得 α-甲酰苯乙酸乙酯，再经催化氢化，可得颠茄酸酯。

$$C_6H_5CH_2CO_2C_2H_5+HCOOC_2H_5 \xrightarrow{CH_3ONa} \begin{array}{l} C_6H_5CHCO_2C_2H_5 \\ \qquad\ \ | \\ \qquad\ \ CHO \end{array} \xrightarrow[Ni]{H_2} \begin{array}{l} C_6H_5CHCOOC_2H_5 \\ \qquad\ \ | \\ \qquad\ \ CH_2OH \end{array}$$

苯甲酸酯的羰基不够活泼，缩合时要用更强的碱如 NaH，以使含 α-活泼氢的酯产生更多的负碳离子，才能保证反应的顺利进行。

$$C_6H_5COOCH_3+CH_3CH_2COOC_2H_5 \xrightarrow{NaH} C_6H_5CO\overset{\overset{\large CH_3}{|}}{\underset{-}{C}}COOC_2H_5 \xrightarrow{H^+}$$

$$C_6H_5CO\overset{\overset{\large CH_3}{|}}{C}HCOOC_2H_5$$

8.3.3　分子内的酯-酯缩合

二元酸酯可以发生分子内的和分子间的酯缩合反应。当分子中的两个酯基被三个以上的碳原子隔开时，就会发生分子内的缩合反应，形成五元环或六元环的酯，这种环化酯缩合反应又称为 Dieckmann 反应。例如

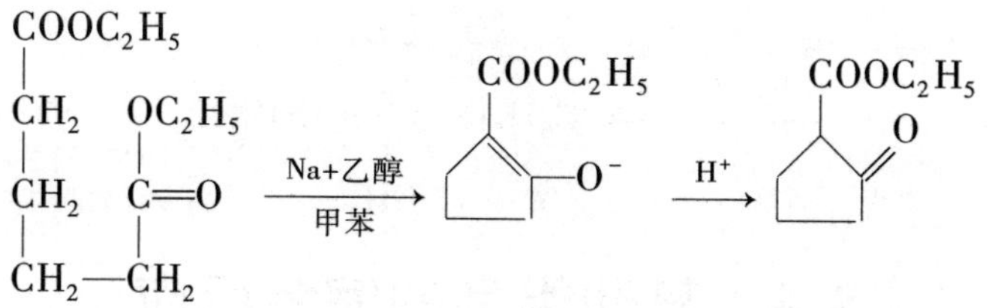

如果两个酯基之间只被三个或三个以下的碳原子隔开时，就不能发生闭环酯缩合反应，因为这样就要形成四元环或小于四元环的体系。但可以利用这种二元酸酯与不含 α-活泼氢的二元酸进行分子间缩合，同样也可得到环状羰基酯。例如在合成樟脑时，其中有一步反应就是用 β-二甲基戊二酸酯与草酸酯缩合，得到五元环的二 β-羰基酯。例如

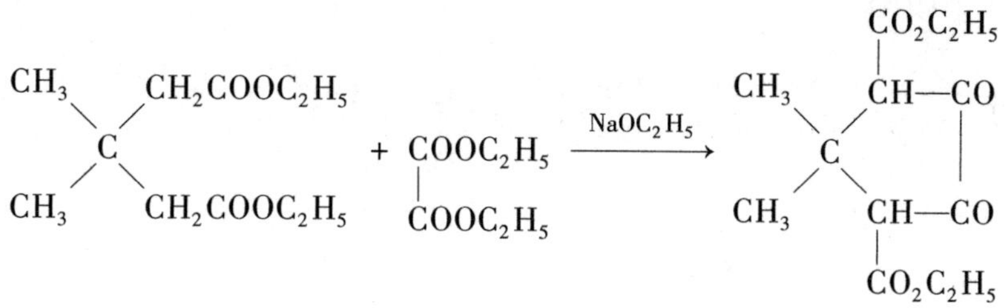

8.3.4 酯-酮缩合

1 mol 酮与 1 mol 酯进行混合缩合，即得到 β-二酮类化合物。因为酮的 α-活泼氢一般比酯的 α-活泼氢活泼，故在碱性催化剂作用下，酮应首先形成负碳离子，然后与酯的羰基进行亲核加成，缩合反应的结果是酮的 α-碳原子酰基化。例如

$$CH_3COOC_2H_5 + CH_3COCH_3 \xrightarrow{C_2H_5ONa} \underset{38\%\sim45\%}{CH_3COCH_2COCH_3} + C_2H_5OH$$

若用酮与不含 α-活泼氢的酯进行混合缩合，能得到纯度较高的产物。例如

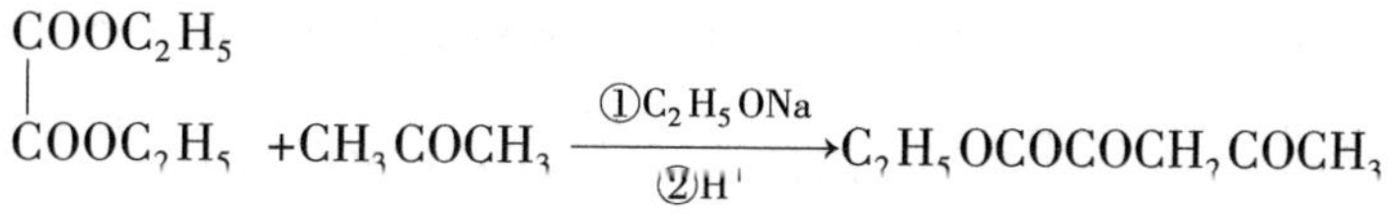

$$C_6H_5COOC_2H_5 + CH_3COC_6H_5 \xrightarrow[\text{②}H^+]{\text{①}C_2H_5ONa} C_6H_5COCH_2COC_6H_5$$

8.3.5 用酸酐或酰氯作酰化剂的缩合

用酸酐或酰氯作为酰化试剂，在 α-碳原子上进行酰基化反应，也可生成 β-二羰基化合物。

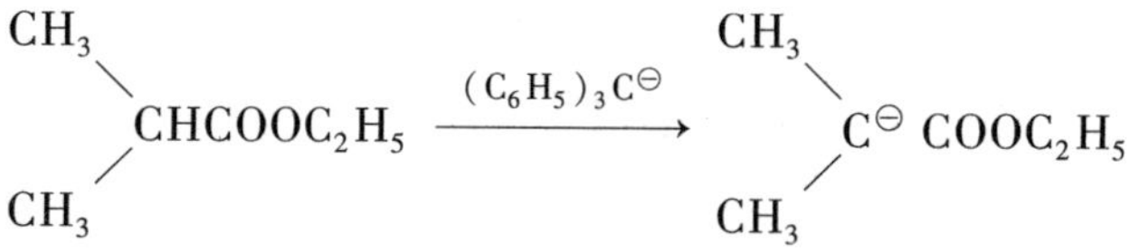

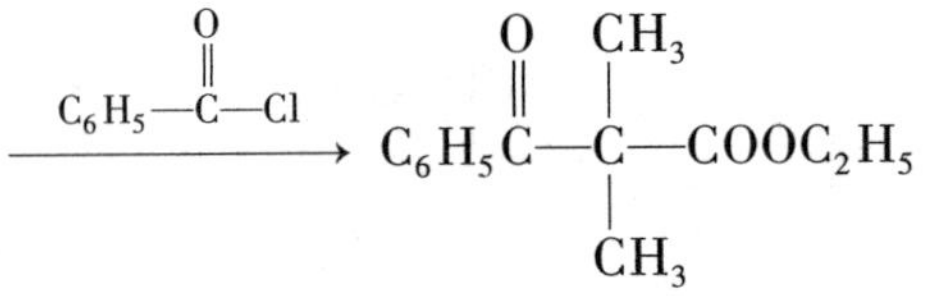

8.4　其他类型的缩合反应

8.4.1　安息香缩合

两分子芳醛在氰化钾(钠或钡)的作用下缩合,生成 α-羟基酮的反应称为安息香缩合。

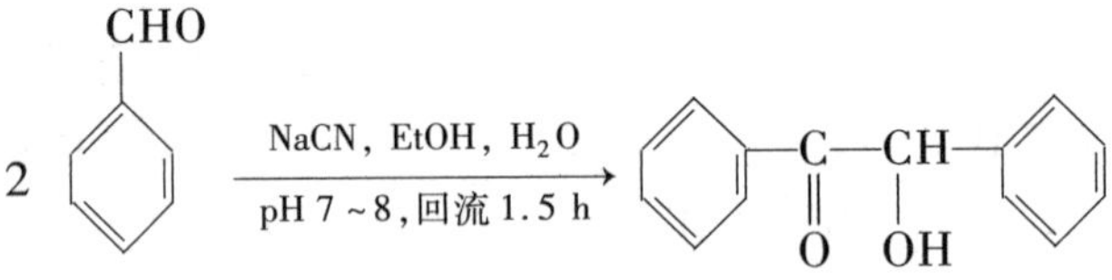

反应历程为

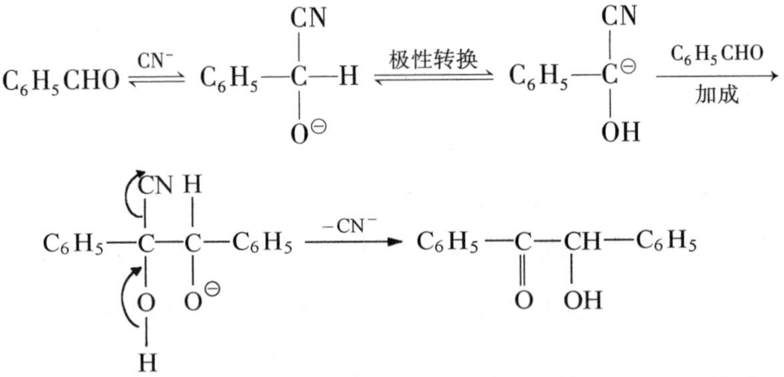

苯环上有供电子基团存在时,不能发生安息香缩合,但能与苯甲醛缩合,生成一个苯环有取代基而另一个苯环没有取代基的 α-羟基酮。该产物被称为不对称 α-羟基酮。例如

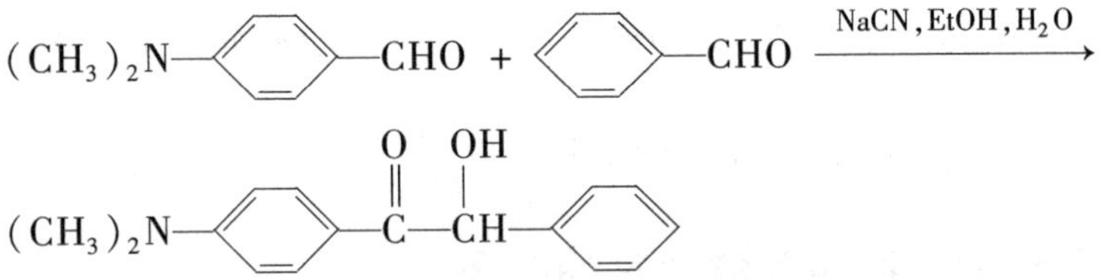

8.4.2　有机金属化合物与羰基化合物的缩合——Grignard 反应

Grignard 反应(即格氏反应)是人们最熟悉的金属化合物所进行的各种合成反应之一,其中最有实用价值的是格氏试剂与羰基化合物及环氧化物的反应。

1. 格氏试剂与羰基化合物的反应

格氏试剂能与羰基化合物进行加成,然后水解生成醇类化合物。一般由甲醛和格氏试剂反应可制得伯醇;其他醛类的反应产物为仲醇;由酮进行的格氏反应可制得叔醇。

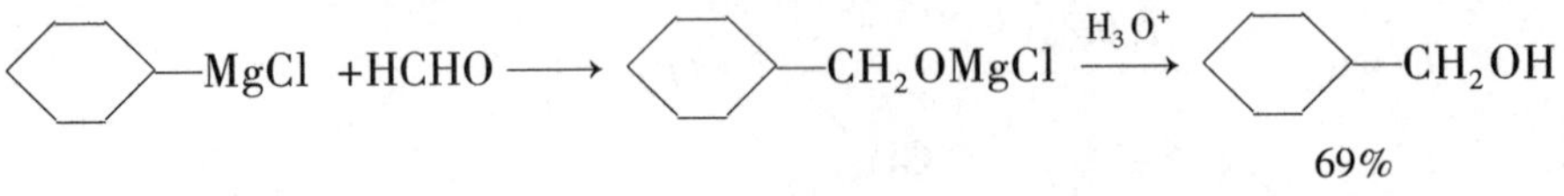

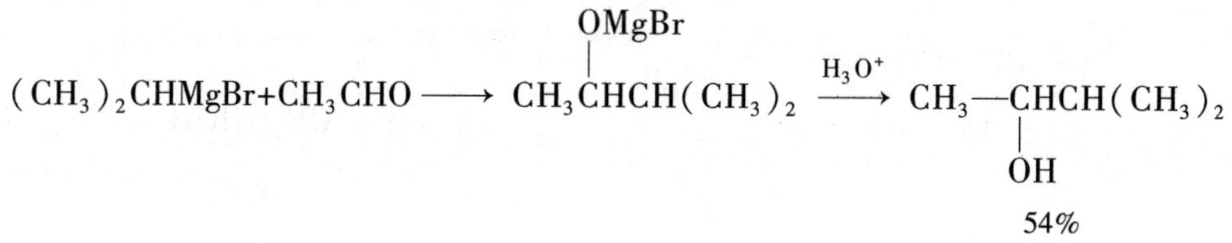

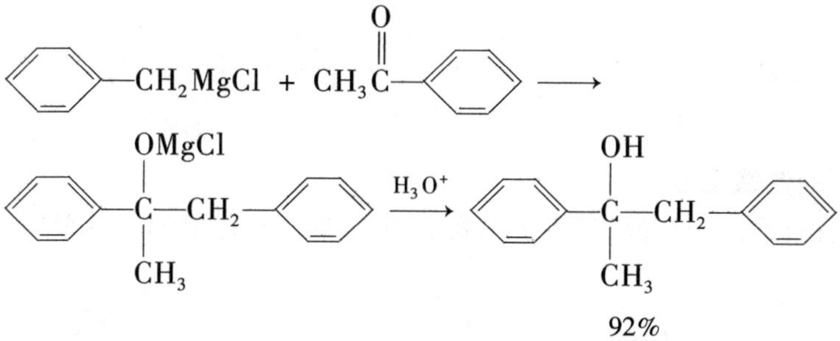

格氏试剂和二氧化碳反应，得到比原格氏试剂多一个碳的羧酸。此反应操作方便，纯度及产率也较高。

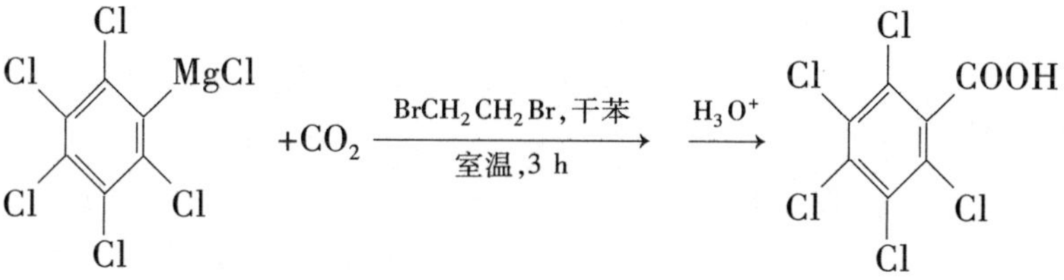

2. 格氏试剂与环氧乙烷的反应

格氏试剂与环氧乙烷反应是合成比原格氏试剂增加两个碳原子的伯醇的良好方法。

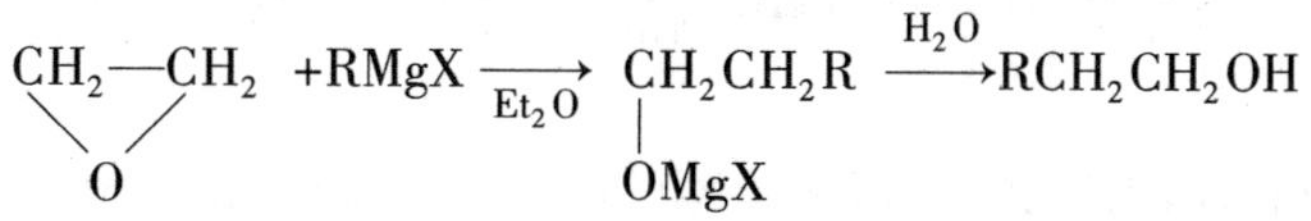

反应产率与反应物的结构有关。当用伯烃基格氏试剂与没有取代基的环氧乙烷反应时，可得最好产率（50%以上）的伯醇；若用叔烃基格氏试剂或带取代基的环氧乙烷时，则醇的产率很低。

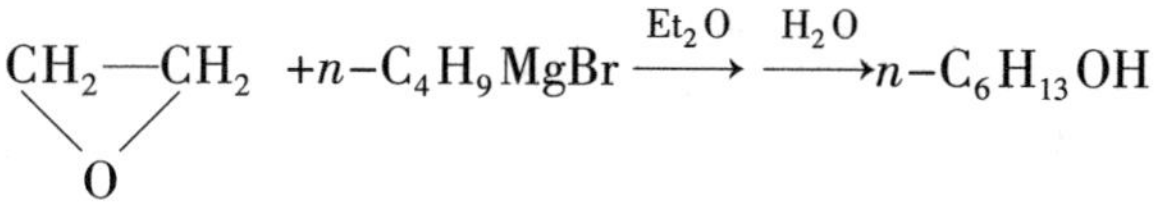

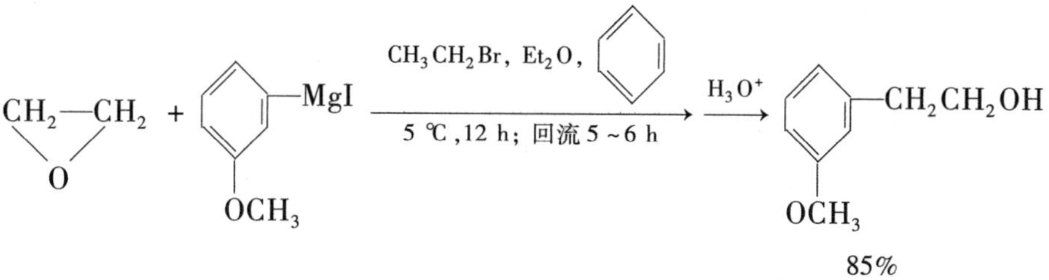

格氏试剂与不对称的环氧乙烷反应，主要生成取代基较多的醇。

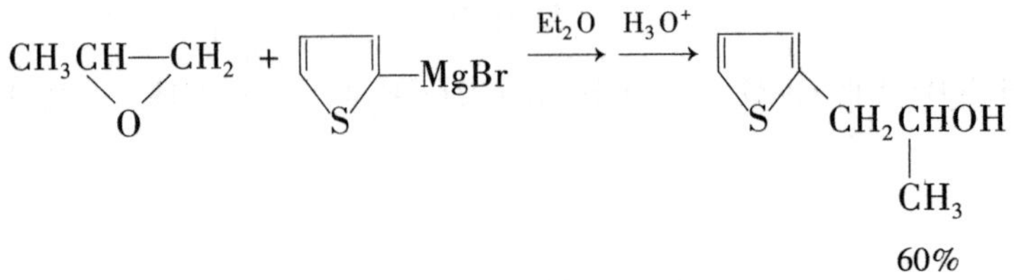

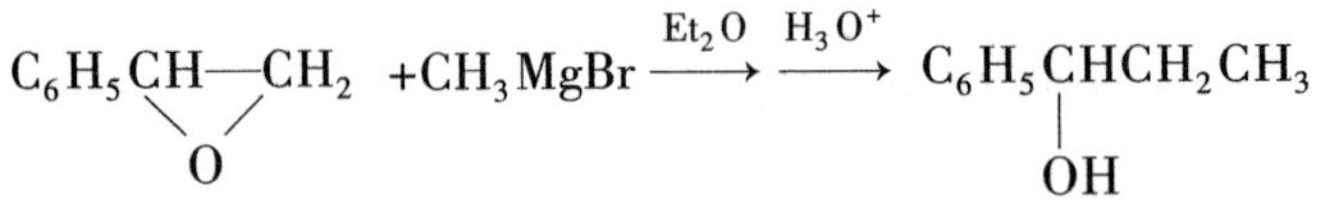

3. 格氏试剂的偶联反应

格氏试剂与卤代烃、硫酸酯、磺酸酯等的偶联反应是制备单烷基芳烃以及带有叔碳的脂肪烃的重要方法。

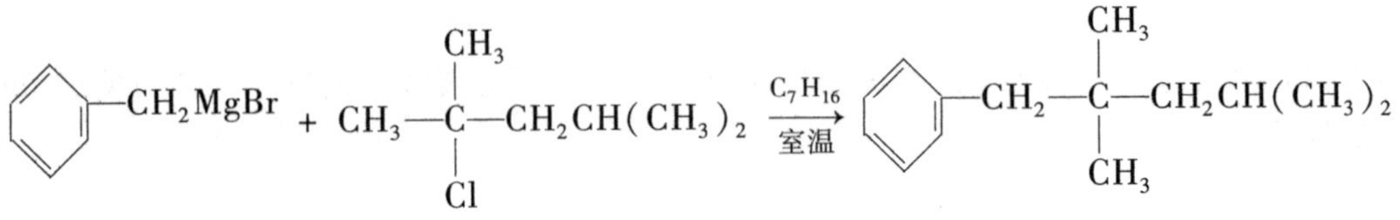

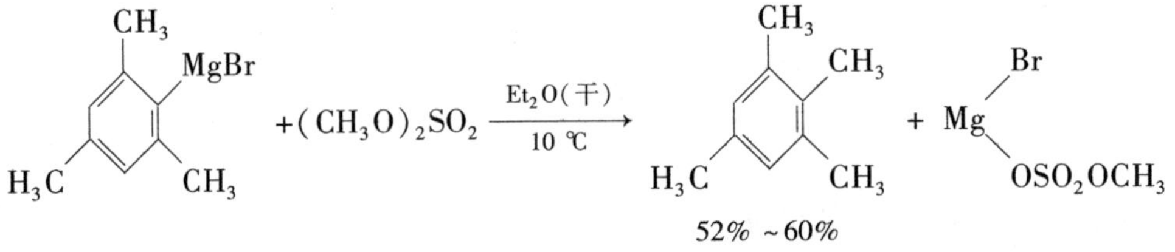

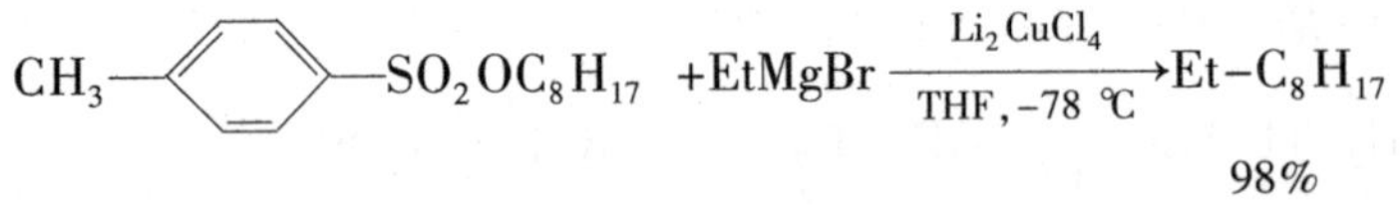

格氏试剂还可在亚铜盐、银盐、硫酰氯等试剂作用下自行偶联，制取对称烃，产物保持原有构型。

$$C_4H_9MgX + AgX \longrightarrow C_4H_9-C_4H_9$$

79%

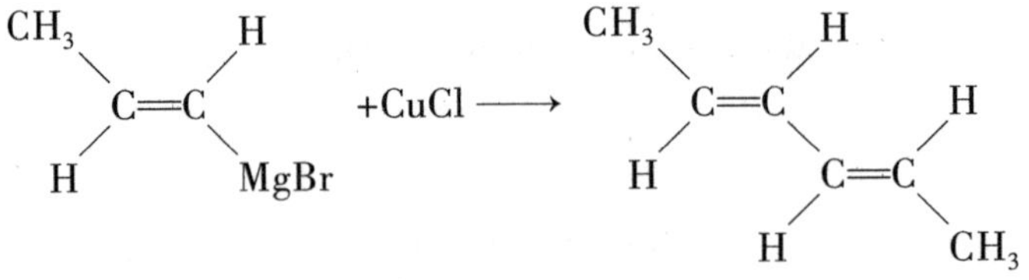

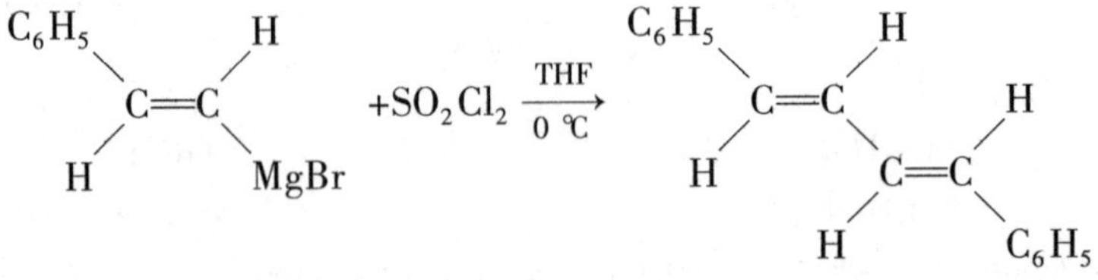

8.4.3　羰基合成反应

在铁、钴、镍等过渡金属羰基化合物的催化下，烯烃和一氧化碳在氢气存在下反应生成醛,或在水(或醇)存在下生成羧酸(或羧酸酯)的反应,被统称为羰基合成反应。

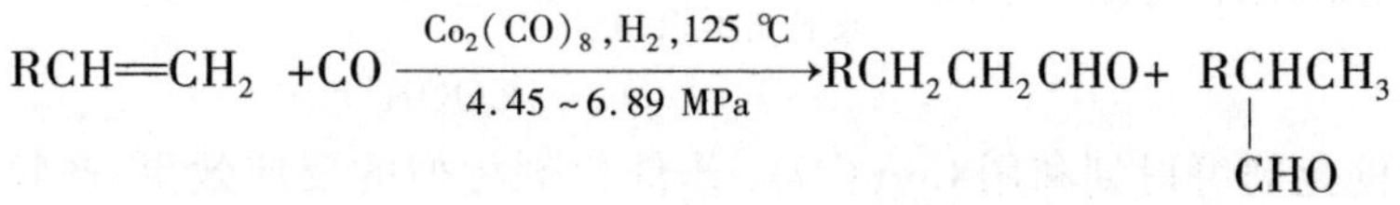

反应一般在较高温度和压力下进行。羰基钴在高温下稳定性低,但较高的一氧化碳压力可以防止其分解成金属钴。烯烃的反应活性与其本身的结构有关,一般来说,直链末端烯烃>直链非末端烯烃>支链末端烯烃;环烯的反应速度为 $C_5>C_6>C_7>C_8$,即甲酰基优先导入位阻小的一边,叔碳原子处不发生甲酰化。例如

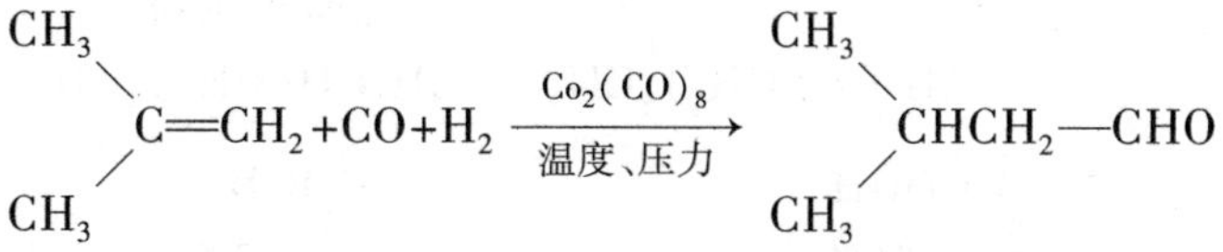

95%

该反应自1938年发现以来,已发展成为极其重要的由烯烃生产醛的方法。该醛一般被氢化成醇,作为溶剂或作为合成增塑剂和洗涤剂的中间体。工业上的两个主要产品是1-丁醇和2-乙基-1-己醇,都是由丙烯经羰基合成法制成丁醛后,分别用直接氢化法或醇醛缩合后再行氢化而得到的。

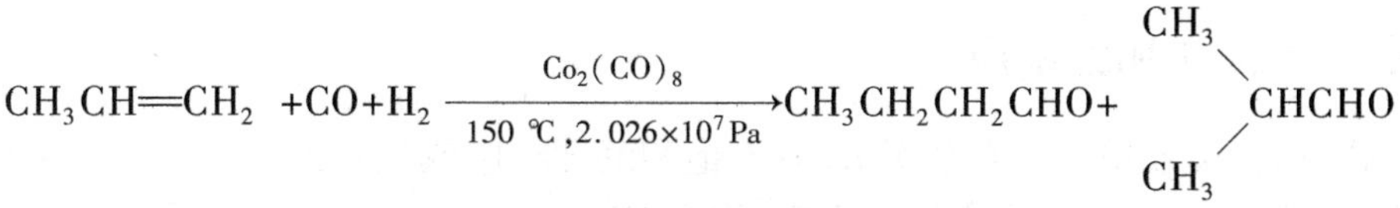

4 : 1

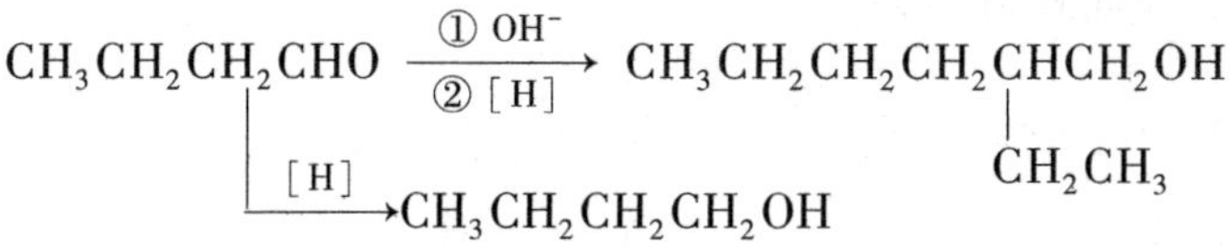

烯烃在羰基钴催化下进行的羰基合成反应的选择性较低,当用含有三苯基膦的铑化合物 $RhH(CO)(PPh_3)_3$ 作催化剂时,可大大提高生成直链醛的选择性,而且在极温和的条件下即可反应。例如,在过量 PPh_3 存在下,$RhH(CO)(PPh_3)_3$ 可在常压、25 ℃下催化1-己烯的羰基合成反应,生成1-庚醛。

$$CH_3(CH_2)_3CH{=}CH_2 + CO + H_2 \xrightarrow[25\ ℃,\ 1.013\ 25\times10^5\ Pa]{RhH(CO)(PPh_3)_3,\ PPh_3} CH_3(CH_2)_5CHO$$

94%

若提高反应温度和压力(如在90 ℃、3.039 MPa),并且以熔融的 PPh_3 为溶剂,以 $RhH(CO)(PPh_3)_3$ 为催化剂,则1-己烯的羰基合成反应在20 min后即可达到92%的转化率。该方法自1976年以来已用于丙烯和乙烯的羰基合成的工业化生产。

若将上述烯烃、一氧化碳和氢气的作用,改为烯烃、一氧化碳和水(或醇)的作用,则可得相应的酸(或酯)。其通式为

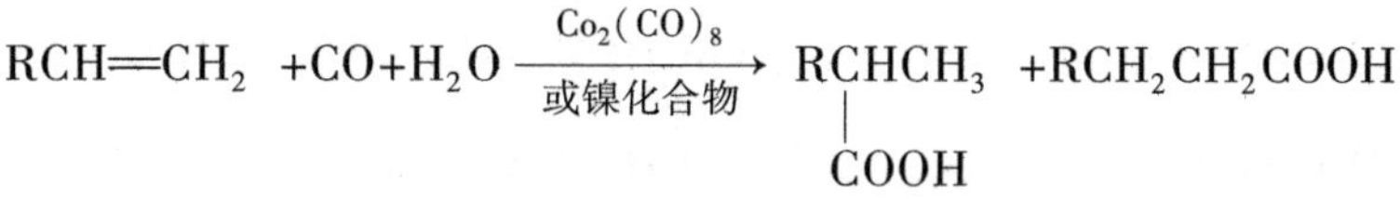

$$RCH{=}CH_2 + CO + R'OH \xrightarrow[\text{或钯、铂化合物}]{Co_2(CO)_8} \underset{\underset{COOR'}{|}}{RCHCH_3} + RCH_2CH_2COOR'$$

用 $Ni(CO)_4$ 作催化剂可得到和用 $Co_2(CO)_8$ 作催化剂相似的反应效果,产物都是直链羧酸和支链羧酸的混合物。若用含氯铂酸和氯化锡(Ⅱ)的双金属催化剂,则可以增加产生直链羧酸的选择性。例如

$$CH_2{=}CH(CH_2)_8CH_3 + CO + H_2O \xrightarrow[90\ ^\circ C,20\ MPa]{CH_3\overset{O}{\overset{\|}{C}}CH_3,\ H_2PtCl_6 : SnCl_2(1:5)} \underset{88\%}{\underset{COOH}{\underset{|}{CH_2}}CH(CH_2)_8CH_3} + \underset{12\%}{CH_3\underset{COOH}{\underset{|}{C}}H(CH_2)_8CH_3}$$

本法是由烯烃合成多一个碳的羧酸及其衍生物的重要工业生产方法。

$$CH_3CH{=}CH_2 + CO + H_2O \xrightarrow[130\ ^\circ C,12\ MPa]{Co_2(CO)_8} \underset{64\%}{CH_3CH_2CH_2COOH} + \underset{20\%}{CH_3\underset{COOH}{\underset{|}{C}}HCH_3}$$

8.4.4　Michael 加成反应

在碱催化下,活泼亚甲基化合物对 α,β-不饱和醛、酮、腈或羧酸衍生物等的碳碳双键发生亲核加成,生成1,5-二羰基化合物的反应,称为 Michael 加成反应。这也是活泼亚甲基化合物进行烷基化的一种途径。反应通式可写为

$$X\leftarrow \underset{Y}{\underset{|}{\overset{|}{C}}}—H + \overset{|}{\underset{|}{C}}{=}\overset{|}{\underset{|}{C}}\rightarrow Z \xrightarrow{\text{碱}} X—\underset{Y}{\underset{|}{\overset{|}{C}}}—\overset{|}{\underset{|}{C}}—\underset{H}{\underset{|}{\overset{|}{C}}}—Z$$

其中,X、Y、Z 为吸电子基,如—NO_2、—CN、—COOR、—CHO、—COR 等。

例如

$$PhCH{=}CHCOPh + H_2C(CO_2C_2H_5)_2 \xrightarrow{NaOC_2H_5} \underset{CH(CO_2C_2H_5)_2}{\underset{|}{PhCH}}CH_2COPh$$

其反应历程为

$$CH_2(CO_2C_2H_5)_2 + O^{\ominus}C_2H_5 \rightleftharpoons C^{\ominus}H(CO_2C_2H_5)_2 + C_2H_5OH$$

$$PhCH{=}CH—\overset{O}{\overset{\|}{C}}—Ph + C^{\ominus}H(CO_2C_2H_5)_2 \rightleftharpoons \underset{CH(CO_2C_2H_5)_2}{\underset{|}{PhCH}}—CH{=}\overset{O^{\ominus}}{\overset{|}{C}}—Ph$$

$$\underset{CH(CO_2C_2H_5)_2}{\underset{|}{PhCH}}—CH{=}\overset{O^{\ominus}}{\overset{|}{C}}—Ph + HOC_2H_5 \rightleftharpoons \underset{CH(COOC_2H_5)_2}{\underset{|}{PhCH}}CH_2—\overset{O}{\overset{\|}{C}}—Ph + C_2H_5O^{\ominus}$$

反应结果亲核试剂更容易加到 β-碳原子上，而生成共轭加成产物。因为亲核试剂攻击羰基的碳是生成一个稳定的氧负离子，然后攻击 β-C 则生成一个低碱性的、离域的烯醇负离子，后者更为稳定。因此，在这种亲核加成反应中，1,4-共轭加成是主要的过程。

Michael 加成反应常用的碱可以是较强的碱，如叔丁醇钾、乙醇钠（钾）、氢化钠、氨基钠、金属钠等，也可以用吡啶、六氢吡啶、三乙胺等较弱的碱。碱的选择一般取决于反应物的活性大小及反应条件。对于高活性反应物，常用六氢吡啶作催化剂，它具有副反应少的优点，但反应速度较慢；对于低活性物质，则需选择更强的碱。

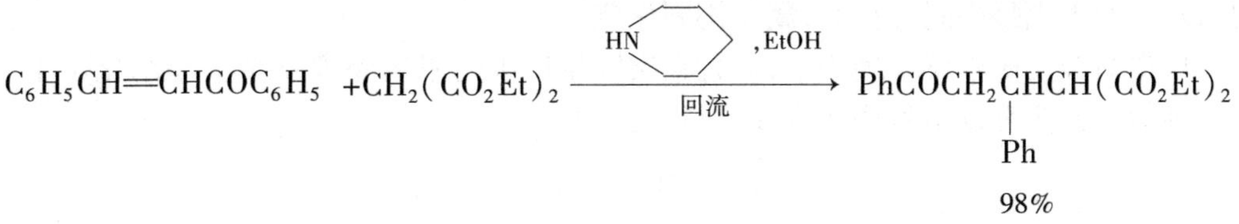

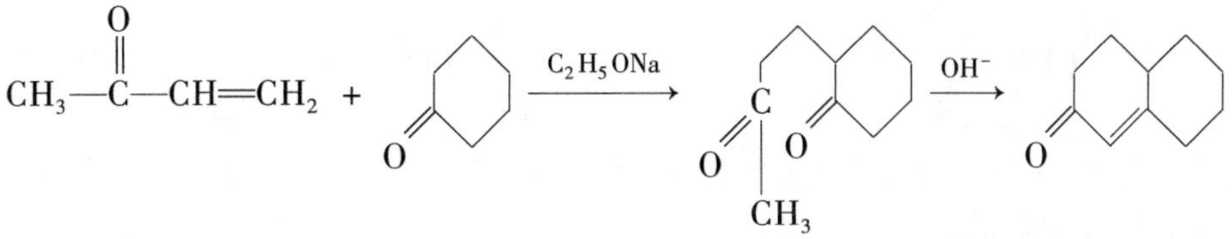

当 Michael 加成反应产物 1,5-二官能团化合物中有一个官能团是酯基时，可发生分子内的酯和酮羰基 α-碳的缩合反应得到环合产物 1,3-二环酮衍生物。例如，农用高效除草剂禾草灭中间体的合成：

$$CH_2(COOCH_3)_2 + (CH_3)_2C{=}CHCOCH_3 \xrightarrow{CH_3ONa}$$

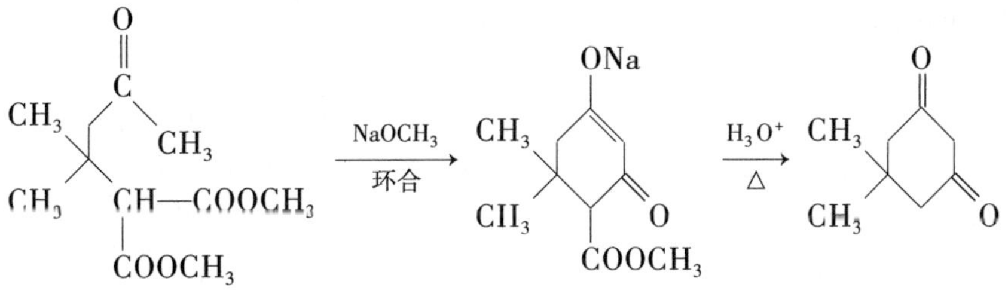

8.4.5　Diels-Alder 反应

Diels-Alder 反应又称双烯合成，是指含有烯键或炔键的不饱和化合物（其侧链还有羰基等吸电子基）能与链状或环状含有共轭双键系的化合物发生 1,4 加成反应（对于烯键和炔键化合物是 1,2 加成反应），生成六元环型的氢化芳香族化合物的反应。该反应发生于双烯体与亲双烯体之间。

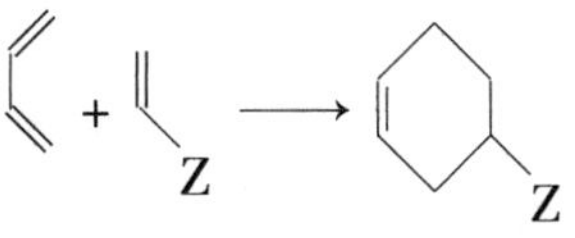

双烯体　亲双烯体

对于双烯体，凡在烯键上有供电子基团者，则可加速反应；在亲双烯体中，凡含有吸电子基团的都有利于反应顺利进行。

Diels–Alder 反应，没有任何小分子化合物释放出来。这种反应只需要光或热的作用，而且不受催化剂或溶剂的影响，反应的产率一般都较高，例如 1,3–丁二烯与丙烯醛的加成反应

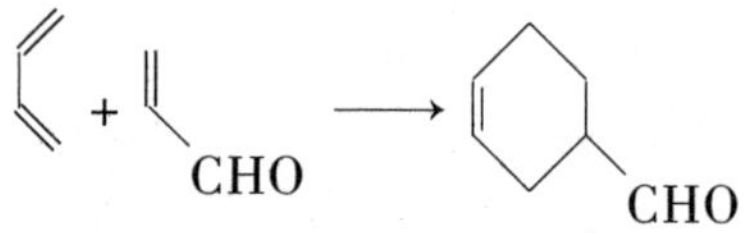

Diels–Alder 反应是经由环状过渡状态进行的，并不产生任何中间体，反应中旧键的断裂与新键的生成是协同进行的，属于协同反应。

这类缩合反应不仅在理论上，而且在实际生产上也具有重要价值。精细化工生产中利用这种缩合方法可以制备许多合成香料。例如

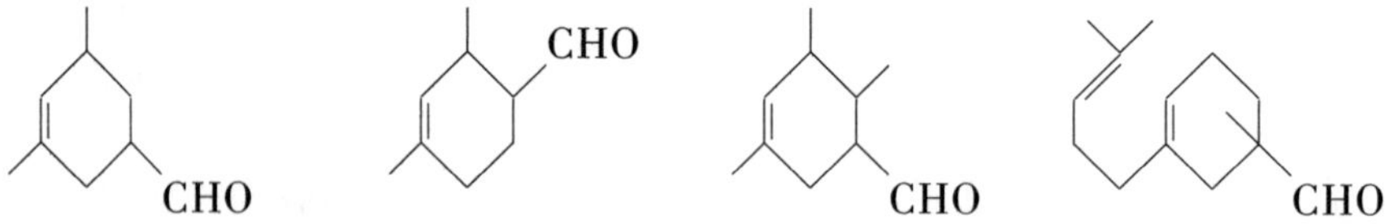

女贞醛　　　　异环柠檬醛　　　　柑青醛

女贞醛具有强烈的青草香，能增加香精的新鲜感和扩散力。女贞醛可由 2–甲基–1,3–戊二烯与丙烯醛加成缩合而得。

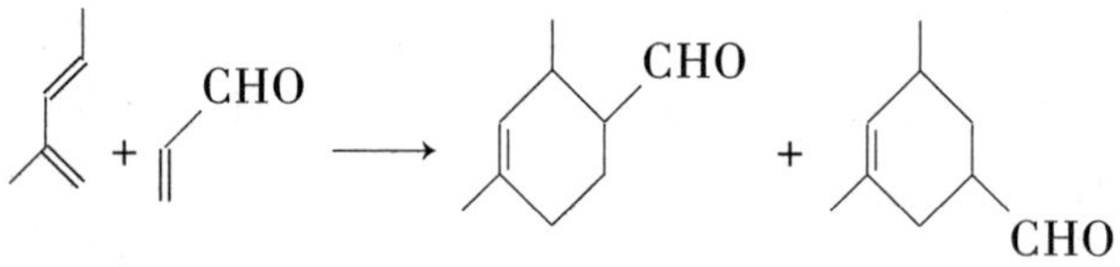

亲双烯体也可用醌类进行反应，例如丁二烯和萘醌加成缩合可生成四氢蒽醌，再经脱氢得到重要的中间体蒽醌。

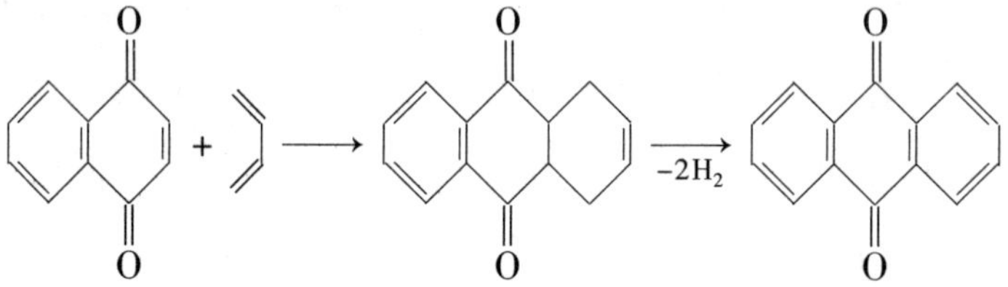

反应应用与拓展：Diels–Alder 反应是典型的[4+2]型的环加成反应，旧键的断裂与新键的形成是相互协调地在同一步骤中完成的协同反应，无中间体生成，1928 年由 Diels 和他的学生 Alder 发现，他们因此获得了 1950 年诺贝尔化学奖。

2018 年大连化物所李宁等利用 Diels–Alder 反应在绿色合成环己烷类含氧化学品方面取得新进展，以生物质平台化合物甲醛、巴豆醛和丙烯酸酯/富马酸酯为原料，发展了脯氨酸催化的三组分环加成反应，分别选择性合成 CHDM、CHDA 和 1,2–环己烷二甲酸酯，两步总产率均可达到 70% 以上，可以减少氧化过程，提高步骤经济性和原子经济性。1,2–环己烷二甲酸酯是一种无毒环保型增塑剂，广泛用于医疗用的输血袋、室内装潢材料、保鲜膜等。

2019 年何霞等基于 Diels–Alder 反应的自修复环氧树脂的制备和修复行为，先使环氧氯丙烷与糠胺反应合成含有呋喃环的双环氧基糠基缩水甘油胺（DGFA），再与双马来酰亚胺发生 Diels–Alder 反应制备出热可逆自修复环氧树脂 EP–DA。

2021 年张云鹏等基于热可逆 Diels–Alder 动态化学反应，开发了一种具有优异自修复性

能的环氧树脂。环氧树脂中造成的损坏可以在适当的热处理后完全修复，愈合后的环氧树脂表现出比原始环氧树脂高得多的弯曲强度和黏合性能。

8.5 反应实例

1. 乙酰丙酮酸乙酯的制备

$$\begin{array}{l}COOEt\\ |\\ COOEt\end{array} + CH_3COCH_3 \xrightarrow[40\sim45\ ℃,1\ h]{NaOCH_3} \xrightarrow[pH=3.5]{H_2SO_4} \underset{\text{乙酰丙酮酸乙酯}}{CH_3COCH_2COCOOEt}$$

配料比：n(草酸二乙酯)∶n(丙酮)∶n(甲醇钠)∶n(硫酸)= 1.00∶0.46∶0.43∶0.57。

将甲醇钠加入草酸二乙酯及丙酮中，40～45 ℃反应 1 h，冷却后滴加浓硫酸到 pH=3.5，即得乙酰丙酮酸乙酯。

本品为有机合成中间体，在医药工业上可用于合成磺胺药 SMZ。

2. 1-环己基-1-苯基-3-哌啶基-1-丙醇盐酸盐(苯海索盐酸盐)的制备

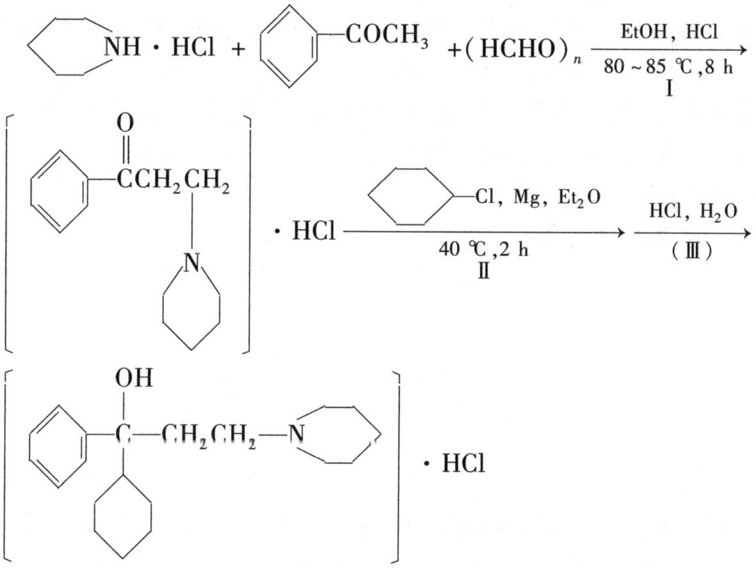

苯海索盐酸盐

配料比：(Ⅰ) n(哌啶盐酸盐)∶n(苯乙酮)∶n(多聚甲醛)∶n(乙醇)∶n(浓盐酸)= 1.00∶1.00∶0.42∶1.60∶0.04；

(Ⅱ) n(Mannich 盐)∶n(镁片)∶n(乙酸(无水))∶n(环己氯)∶n(碘)= 1.00∶0.24∶1.80∶1.40∶少量；

(Ⅲ) n(反应Ⅱ的全部产物)∶n(工业盐酸)∶n(水)= 1.00∶1.30∶3.30。

首先哌啶盐酸盐、苯乙酮、多聚甲醛在浓盐酸存在下进行 Mannich 反应，得到 N-苯丙酮哌啶盐酸盐(Mannich)。氯代环己烷和镁在无水乙醚中，以碘作引发剂，反应得环己基氯化镁(格氏试剂)。后者与 Mannich 盐反应，得到盐酸苯海索镁盐溶液，经酸水解后，生成苯海索盐酸盐。

本品为医用中枢性抗胆碱药，主要用于抗震颤麻痹症。

3.（6–甲氧基–2–萘基）甲基脱水甘油酸甲酯的制备

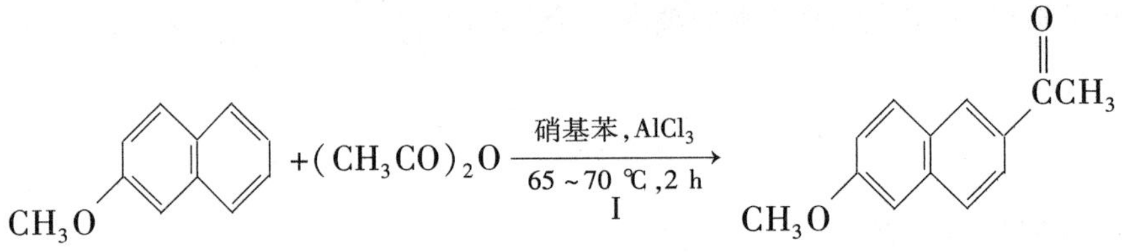

6–甲氧基–2–萘乙酮

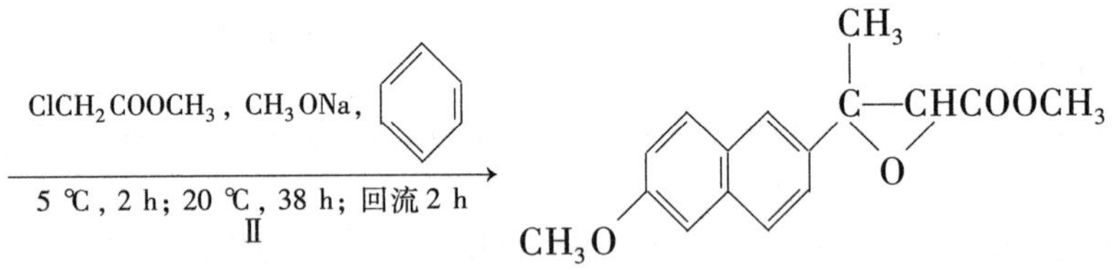

脱水甘油酯

配料比：（Ⅰ）n(β–甲氧基萘)∶n(无水 $AlCl_3$)∶n(醋酐)∶n(硝基苯)= 1.00∶1.42∶0.58∶6.00；

（Ⅱ）n(6–甲氧基–2–萘乙酮)∶n(氯代乙酸甲酯)∶n(甲醇钠)∶n(苯)= 1.00∶0.74∶0.54∶7.35。

在硝基苯溶剂中，β–甲氧基萘和醋酐在三氯化铝催化下反应，生成6–甲氧基–2–萘乙酮。后者在甲醇钠作用下与氯代乙酸甲酯缩合，生成脱水甘油酸酯。

本品为消炎镇痛药萘普生的中间体。

4. 四氢邻苯二甲酸酐的制备

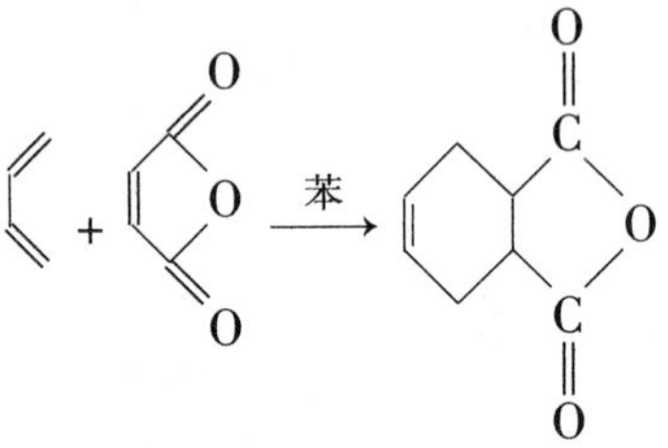

熔融的顺丁烯二酸酐与精制后的混合 C_4 馏分（参加反应的组分主要是丁二烯）在苯溶剂中进行双烯合成，得四氢邻苯二甲酸酐，然后反应液经抽滤、干燥得成品。

本品可用于合成农药敌菌丹、克菌丹等，也可用作合成增塑剂、环氧树脂固化剂和黏合剂等的中间体。

5. 二乙缩柠檬醛的制备

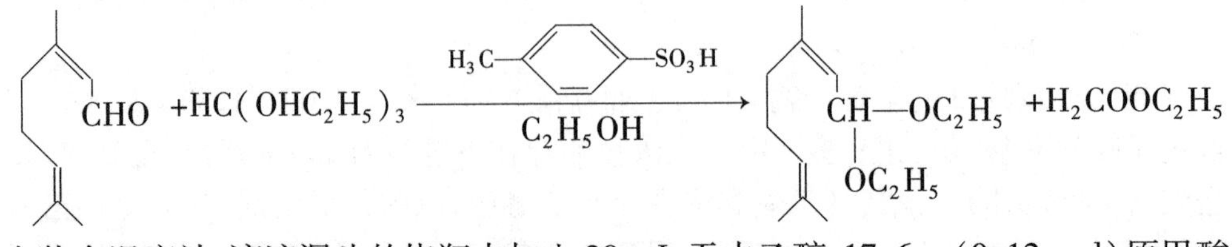

在装有温度计、滴液漏斗的烧瓶中加入 30 mL 无水乙醇、17.6 g (0.12 mol)原甲酸三乙酯、0.1 g 对甲基苯磺酸催化剂，电磁搅拌，用冰水浴冷却至 0 ~ 5 ℃，滴加 15.7 g (0.1 mol)柠檬醛。随着柠檬醛的滴加，反应液从黄色变成紫红色。用 0.1g NaOH 中和，反应液从紫红色变成淡黄色。用无水 K_2CO_3 干燥，常压蒸出低沸点溶剂后，减压蒸馏，在 114 ~ 118 ℃、33 kPa条件下收集产品。

本品为一种香料。

习　题

完成下列反应。

1. 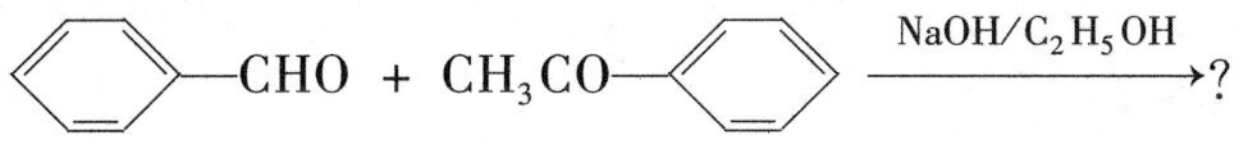

2. 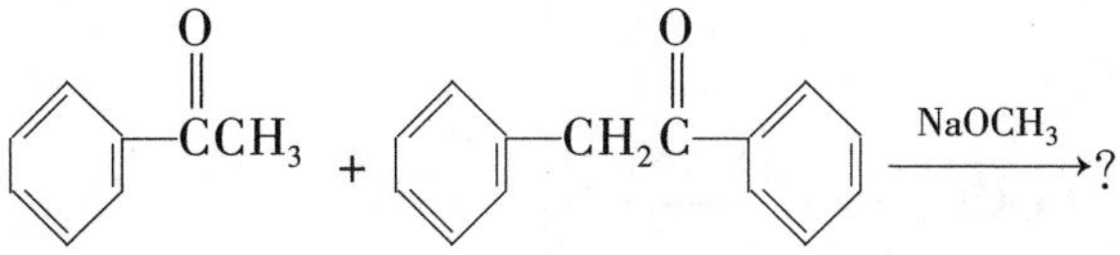

3. $C_6H_5COCH_3 + CH_2O + (CH_3)_2NH \cdot HCl \xrightarrow{\text{浓 HCl}} ?$

4. 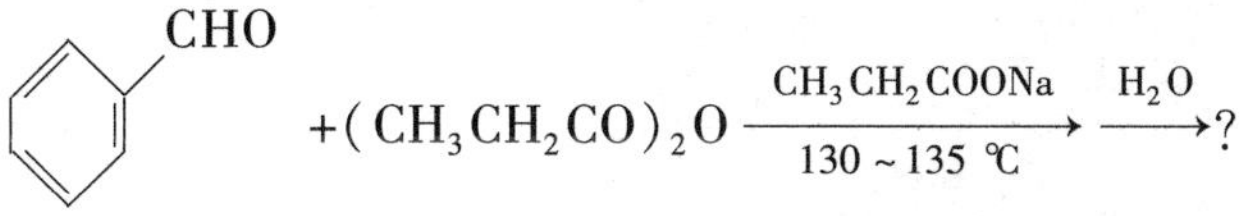

5. 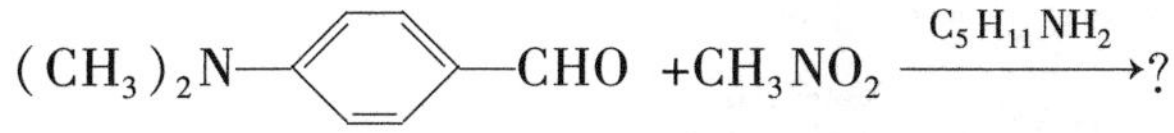

6. $CH_3(CH_2)_3CH(C_2H_5)CHO + CH_2(COOC_2H_5)_2 \xrightarrow[\text{RCOOH}]{\text{六氢吡啶}} ?$

7. $CH_3-\overset{O}{\overset{\|}{C}}-CH(CH_3)_2 + HCHO + (CH_3)_2NH \cdot HCl \xrightarrow{HCl, EtOH} \xrightarrow{OH^-} ?$

8. $CH_3CH{=}CH_2 + CO + H_2 \xrightarrow{Co_2(CO)_8} ? \xrightarrow{OH^-} \xrightarrow{-H_2O} ? \xrightarrow{H_2, Ni} ?$

9. $\begin{array}{l} CO_2C_2H_5 \\ | \\ CO_2C_2H_5 \end{array} + CH_3COCH_3 \xrightarrow[\text{②}H^+]{\text{①}C_2H_5ONa} ?$

10. 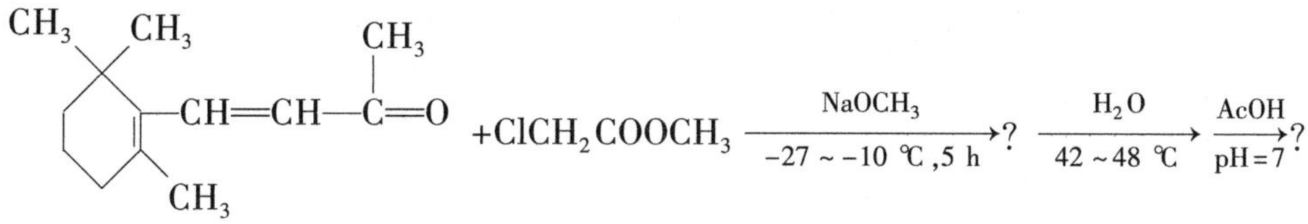

11. 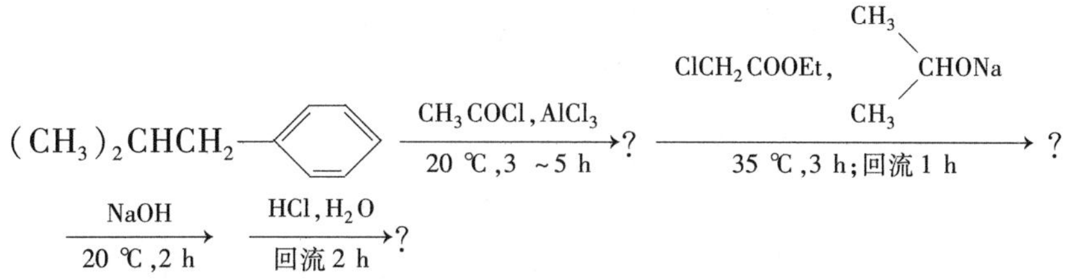

习题答案请扫码查看

12. $CH_3—N(CH_2CH_2COOCH_3)_2 \xrightarrow{NaOCH_3,甲苯} ? \xrightarrow[\triangle]{HCl} ?$

13. 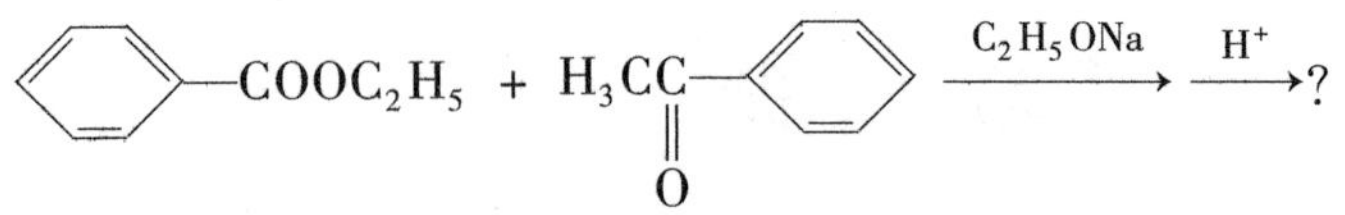

14. 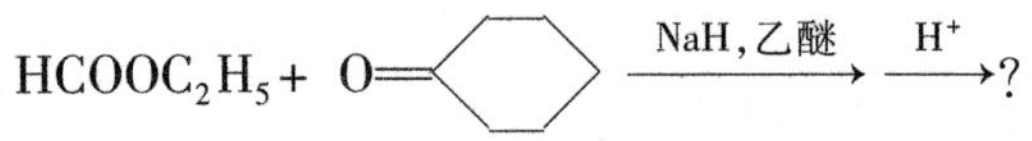

15. $CH_3CO_2Et+PhCH_2CN \xrightarrow[②H_3O^+]{①EtONa} ?$

16. $(CH_3)_2C(CH_2—COOC_2H_5)_2 + \begin{matrix} COOC_2H_5 \\ | \\ COOC_2H_5 \end{matrix} \xrightarrow{C_2H_5ONa} ?$

17. $(CO_2Et)_2+PhCH_2CN \xrightarrow[②H_3O^+]{①NaH/C_6H_{12}} ?$

18. $CH_3CH=CH_2 \ +CO+H_2O \xrightarrow[130\ ℃,1.246\times10^5\ Pa]{Co_2(CO)_8} ?$

19. $C_6H_5CH=CHCN \ +CH_2(CO_2C_2H_5)_2 \xrightarrow{NaOC_2H_5} ?$

20. $CH_3—CHO + CH_3—\underset{\underset{COCH_3}{|}}{C}=P(C_6H_5)_3 \xrightarrow{CH_2Cl_2} ?$

第9章　合成路线设计技巧

有机合成是利用易得的价廉原料，通过化学方法来合成有用的新产品或具有特殊结构的新化合物。过去人们主要是依靠经验，采用简单类比的方法进行合成，这对于简单有机物的合成来说是行之有效的。但是随着有机合成化学的发展，有机物的数目在以惊人的速率增加着，合成的对象也越来越复杂，复杂有机物的合成已成为我们经常遇到的问题。有效地合成复杂有机物，是一项量大而又困难的工作，用简单类比的方法是难以达到目的的。这就要求在实验之前制定一个合理的规划。

1967年，Corey首先提出了合成设计的概念和原则。合成设计又称为有机合成的方法论，即在有机合成的具体工作中，对拟采用的种种方法进行评价和比较，从而确定一条最经济有效的合成路线。它既包括了对已知合成方法进行归纳、演绎、分析和综合等逻辑思维形式，又包括在学术研究中的创造性思维形式。

近20年来，合成设计已日益成为有机合成中十分活跃的领域。Corey在提出了合成设计的概念和原则后，又发展了电子计算机辅助合成设计，并已取得了一定的成绩，但距实际应用还有一段距离。另外，Turner、Warren等亦相继从不同的角度对合成设计方法做了进一步阐述，他们的努力都为合成设计的发展奠定了重要基础。

合成设计涉及的学科众多，内容丰富。限于篇幅，本章主要介绍逆向合成方法、导向基和保护基的应用、合成路线的评价等内容，并通过对某些精细化学品的合成分析，引导大家学会灵活应用自己所学过的化学反应和实验技术，经过逻辑推理、分析比较，选择最适宜的合成路线进行有效的合成。

科学家介绍：Robot Burns Woodward（罗伯特·伯恩斯·伍德沃德，1917.4.10—1979.7.8）被誉为现代有机合成之父。他合成了胆甾醇、皮质酮、士的宁、利舍平、叶绿素等多种复杂有机化合物；探明了金霉素、土霉素、河豚素等复杂有机物的结构与功能；探索了核酸与蛋白质的合成。1965年获诺贝尔化学奖。

Elias James Corey（艾里亚斯·詹姆斯·科里），生于1928年7月，移民美国的黎巴嫩人。1967年提出具有严格逻辑性的“逆合成分析原理”，指导编制了第一个计算机辅助有机合成路线设计程序，合成了长叶烯、前列腺素、银杏内酯等有机化合物。最大贡献在于将“伍德沃德创立的合成艺术变为合成科学”，首先提出了系统化的逆合成概念，使得合成设计变成一门可以学习的科学，而不是带有个人色彩的绝学。1990年获诺贝尔化学奖。

9.1　逆向合成法常用术语

所谓逆向合成法，指的是在设计合成路线时，由准备合成的化合物——常称为目标分子（target molecule）开始，向前一步一步地推导到需要使用的起始原料。这是一个与合成过程相反方向的途径，因而称为逆向合成法（retrosynthesis）。

在逆推过程中，通过对结构进行分析，能够将复杂的分子结构逐渐简化，只要每一步逆

推得合理，当然就可以得出合理的合成路线。这种思考程序通常表示为

目标分子$\Longrightarrow$中间体$\Longrightarrow$起始原料

“$\Longrightarrow$”双线箭头表示“可以从后者得到”，它与反应式中“$\longrightarrow$”所表示的意义恰好相反。

从目标分子出发，运用逆向合成法往往可以得出几条合理的合成路线。但是，合理的合成路线并不一定就是生产上适用的路线，还需对它们进行综合评价，并经生产实践的检验，才能确定它在生产上的使用价值。

为了便于学习逆向合成法，首先介绍几个常用术语。

9.1.1 合成子与合成等效剂

合成子(synthon)是指逆向合成法中拆开目标分子所得到的各个组成结构单元。例如

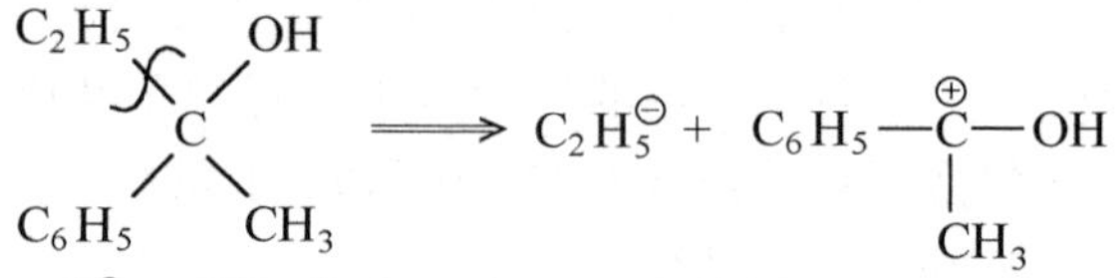

拆开的 $C_2H_5^{\ominus}$ 和 $C_6H_5-\overset{\oplus}{C}(CH_3)-OH$ 称为合成子。在合成中，形式上作为碳负离子使用的结构单元称为电子供给体合成子，简称 d-合成子，如 $C_2H_5^{\ominus}$；形式上作为碳正离子使用的结构单元称为电子接受体合成子，简称 a-合成子，如 $C_6H_5-\overset{\oplus}{C}(CH_3)-OH$ 。

合成等效剂(synthetic equivalant)是指能够起合成子作用的试剂。例如，合成子 $C_2H_5^{\ominus}$ 的合成等效剂是 C_2H_5MgX、C_2H_5Li 等一类试剂；$C_6H_5-\overset{O}{\overset{\|}{C}}-CH_3$ 则是 $C_6H_5-\overset{\oplus}{C}(CH_3)-OH$ 的合成等效剂。

9.1.2 逆向切断、逆向连接及逆向重排

1. 逆向切断(antithetical disconnection)

用切断化学键的方法把目标分子骨架剖析成不同性质的合成子，称为逆向切断。在被切断的位置上常画一条曲线来表示。例如

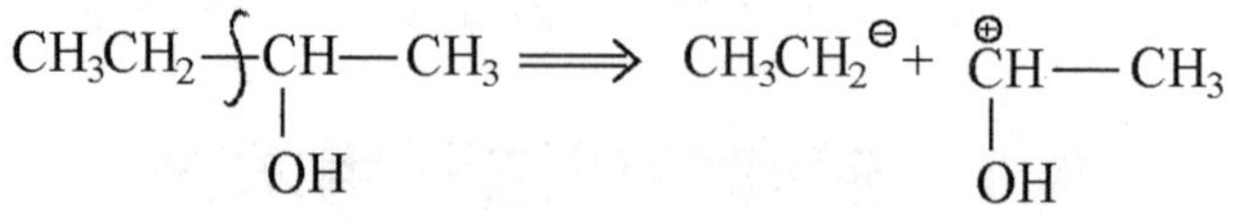

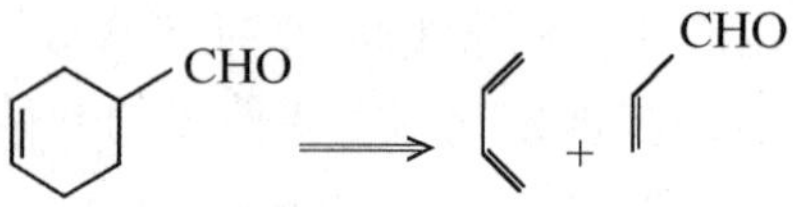

2. 逆向连接(antithetical connection)

将目标分子中两个适当的碳原子用新的化学键连接起来,称为逆向连接。它是实际合成中氧化断裂反应的逆向过程。例如

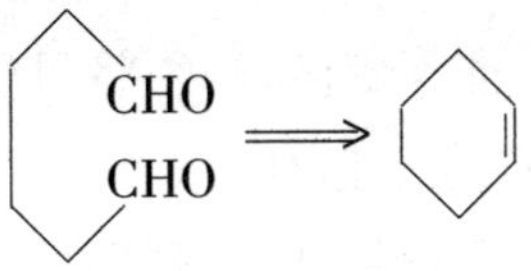

3. 逆向重排(antithetical rearrangement)

把目标分子骨架拆开和重新组装,则称为逆向重排。它是实际合成中重排反应的逆向过程。例如

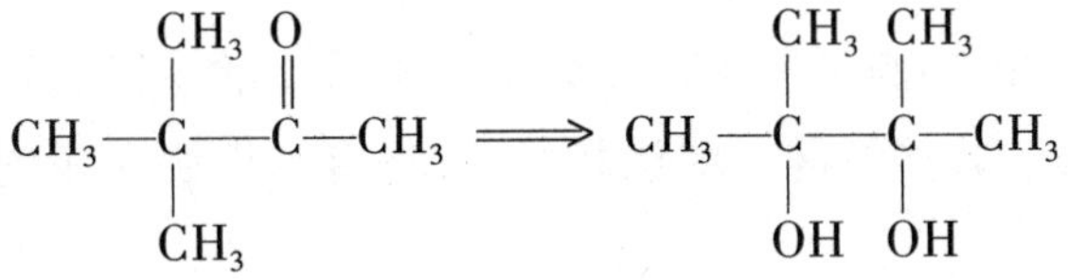

9.1.3　逆向官能团变换

所谓逆向官能团变换就是在不改变目标分子基本骨架的前提下变换官能团的性质或位置。一般包括下面三种变换。

1. 逆向官能团互换(antithetical functional group interconversion,FGI)

例如

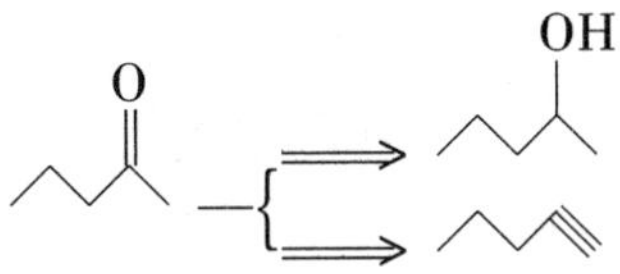

它仅是官能团种类的变换,而位置没有变化。

2. 逆向官能团添加(antithetical functional group addition,FGA)

例如

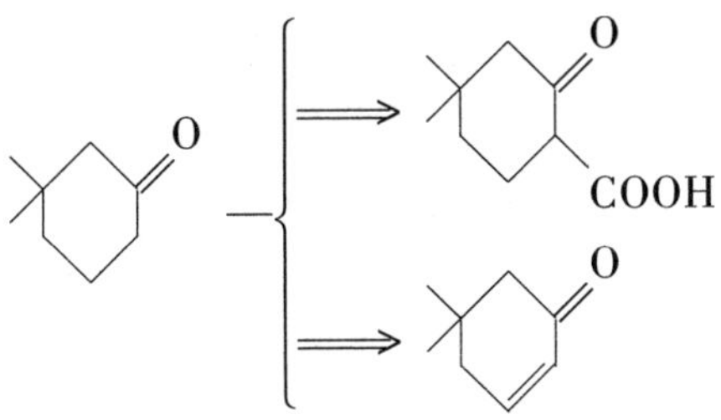

3. 逆向官能团除去(antithetical functional group removal,FGR)

例如

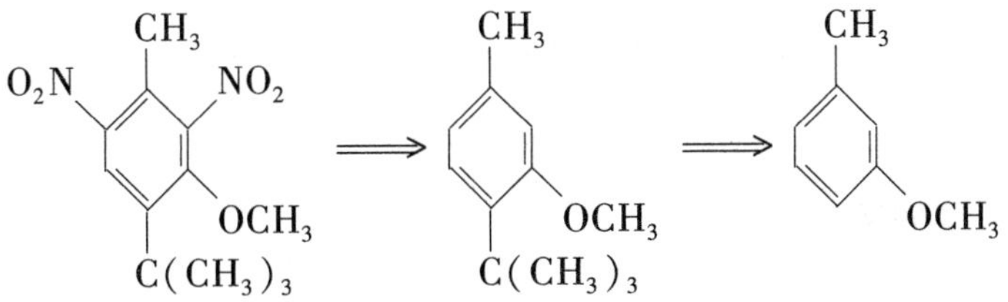

在合成设计中应用这些变换的主要目的是：

（1）将目标分子变换成合成上更容易制备的替代的目标分子（alternative target molecule）。

（2）为了作逆向切断、连接或重排等变换，必须将目标分子上原来不适用的官能团变换成所需的形式，或暂时添加某些必需的官能团。

（3）添加某些活化基、保护基或阻断基，以提高化学、区域或立体选择性。

9.2　逆向切断技巧

在逆向合成法中，逆向切断是简化目标分子必不可少的手段。不同的断键次序将会导致许多不同的合成路线。若能掌握一些切断技巧，将有利于快速找到一条比较合理的合成路线。

9.2.1　优先考虑骨架的形成

有机化合物是由骨架和官能团两部分组成的，在合成过程中，总存在着骨架和官能团的变化，一般有这四种可能：

（1）骨架和官能团都无变化，仅变化官能团的位置

例如

（2）骨架不变而官能团变化

例如

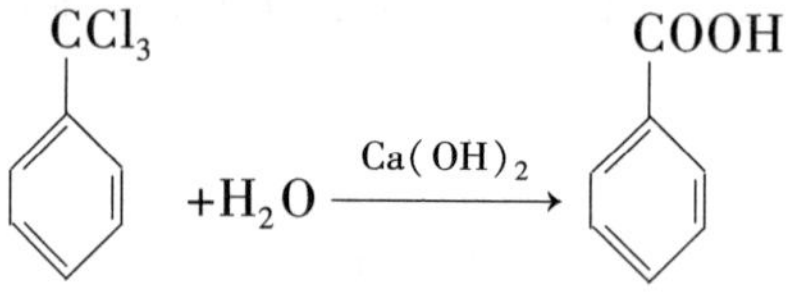

（3）骨架变而官能团不变

例如

$$CH_3(CH_2)_5CH_3 \xrightarrow[\text{紫外光}]{CH_2Cl_2} CH_3(CH_2)_6CH_3 + CH_3\underset{\displaystyle CH_3}{\underset{|}{C}}H(CH_2)_4CH_3 + CH_3CH_2\underset{\displaystyle CH_3}{\underset{|}{C}}H(CH_2)_3CH_3 + (CH_3CH_2CH_2)_2CHCH_3$$

（4）骨架、官能团都变

例如

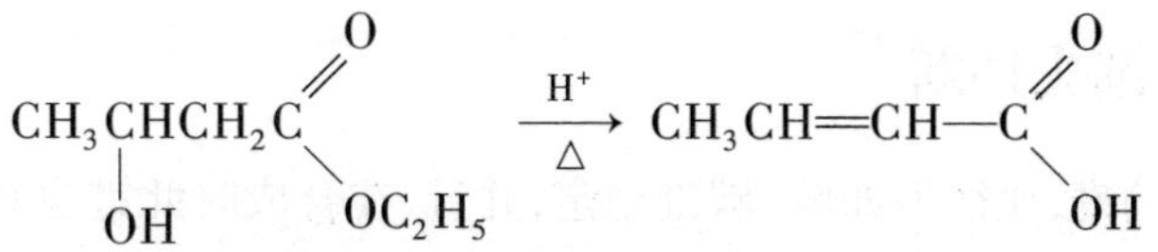

这四种变化对于复杂有机物的合成来讲最重要的是骨架由小到大的变化。解决这类问题首先要正确地分析、思考目标分子的骨架是由哪些碎片(即合成子)通过碳-碳成键或碳-杂原子成键而一步一步地连接起来的。如果不优先考虑骨架的形成,那么连接在它上面的官能团也就没有归宿。

但是,考虑骨架的形成却又不能脱离官能团。因为反应是发生在官能团上,或由于官能团的影响所产生的活性部位(例如羰基或双键的 α-位)上。因此,要发生碳-碳成键反应,碎片中必须要有成键反应所要求存在的官能团。例如:

设计 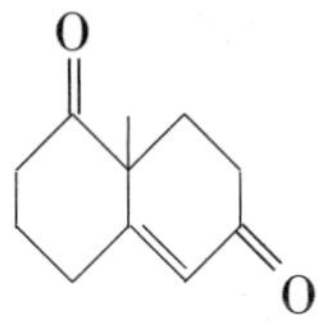 的合成路线。

分析:

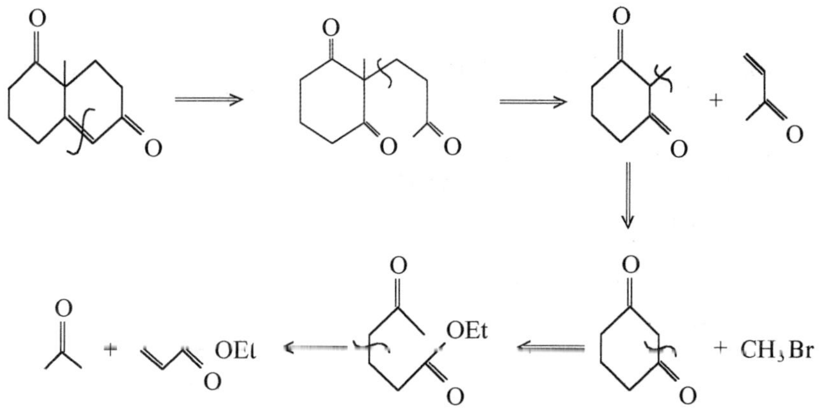

合成:

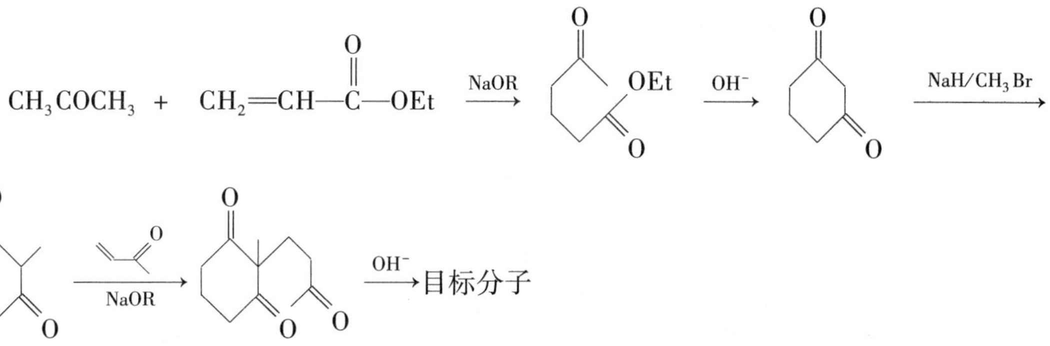

由上述过程可以看出,首先应该考虑骨架是怎样形成的,而且形成骨架的每一个前体(碎片)都带有合适的官能团。

9.2.2　碳-杂键先切断

碳与杂原子所成的键,往往不如碳-碳键稳定,并且,在合成时此键也容易生成。因此,在合成一个复杂分子时,将碳-杂键的形成放在最后几步完成是比较有利的。一方面避免这个键受到早期一些反应的侵袭;另一方面又可以选择在温和的反应条件下连接,避免在后期反应中伤害已引进的官能团。合成方向后期形成的键,在分析时应该先行切断。例如:

① 设计 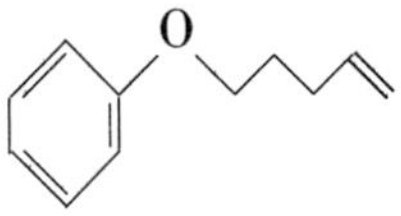 的合成路线。

分析:

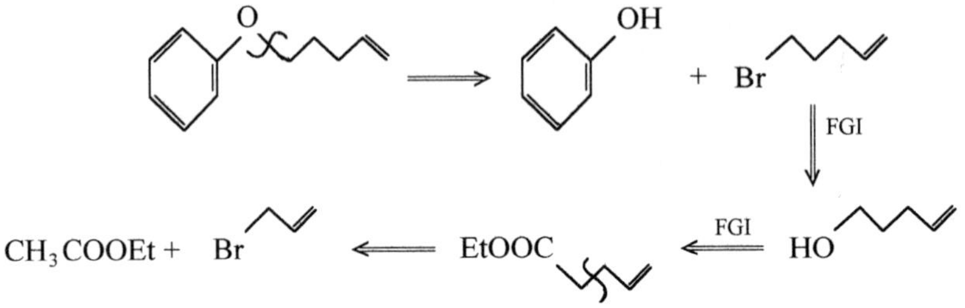

合成:

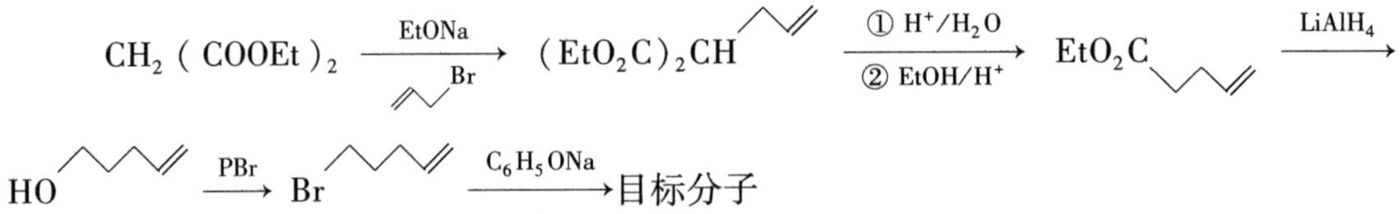

② 设计 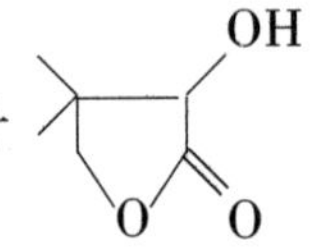 的合成路线。

分析:

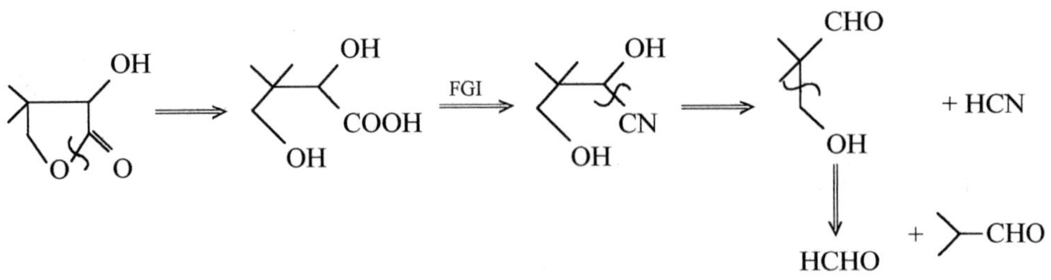

合成:

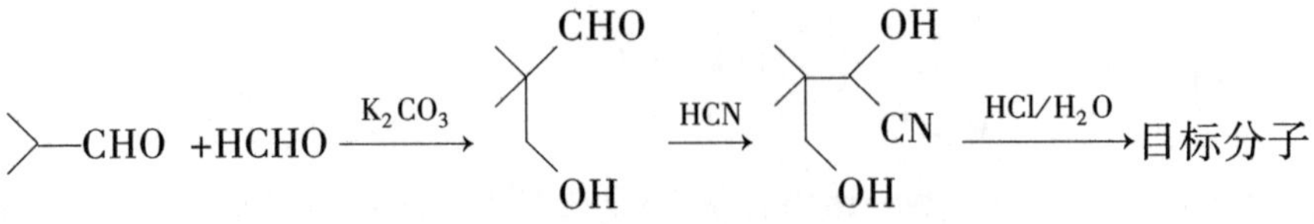

③设计 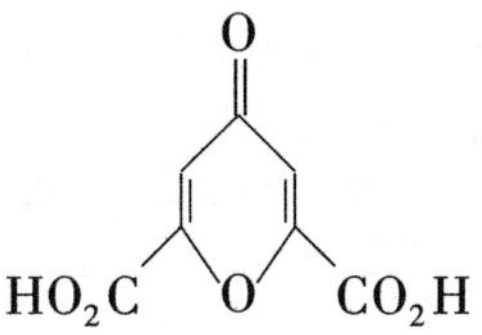 的合成路线。

分析：

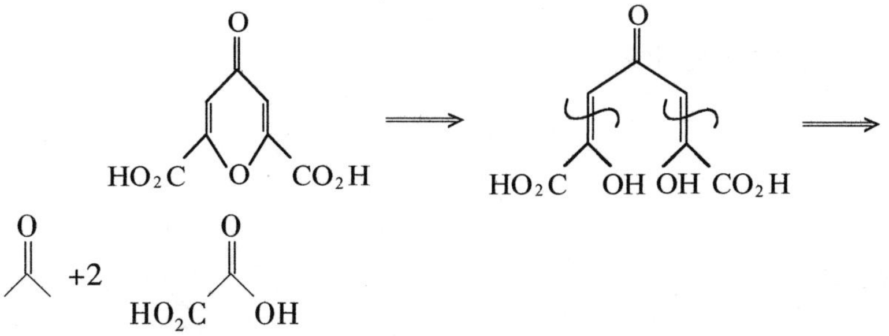

合成：

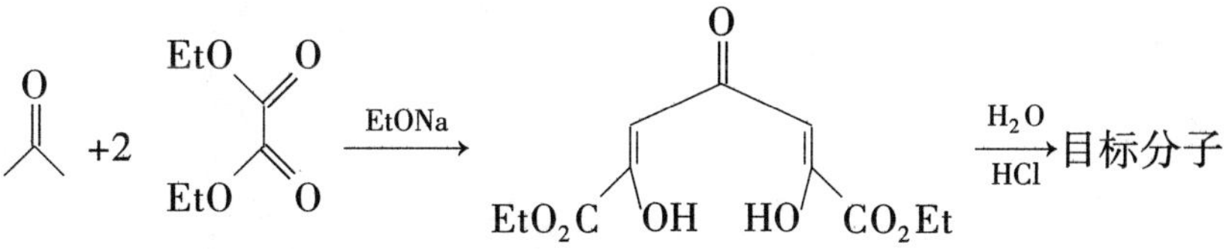

9.2.3 目标分子活性部位先切断

目标分子中官能团部位和某些支链部位可先切断，因为这些部位是最活泼、最易结合的地方。例如：

① 设计 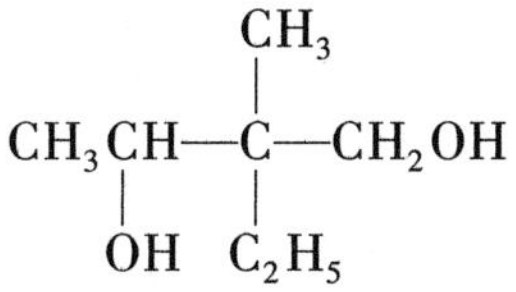 的合成路线。

分析：

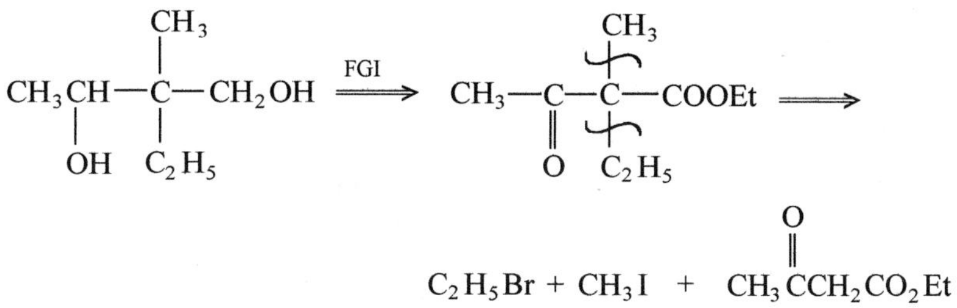

合成：

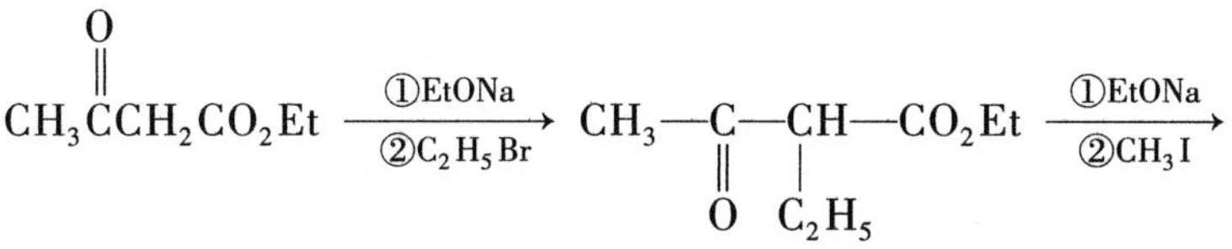

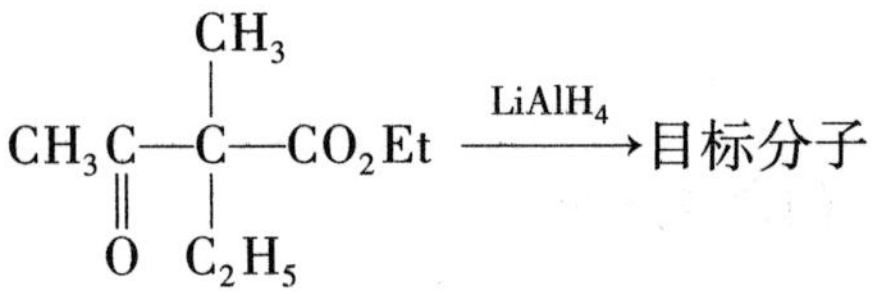

② 设计 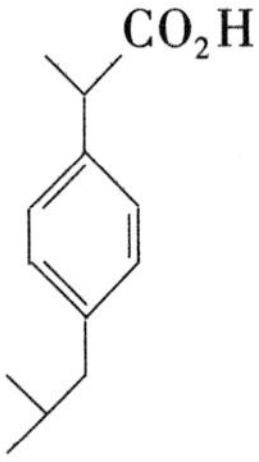 的合成路线。

分析：

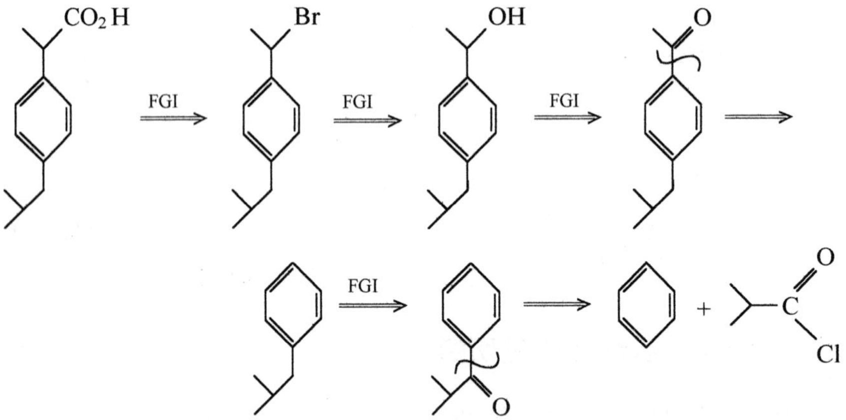

合成：

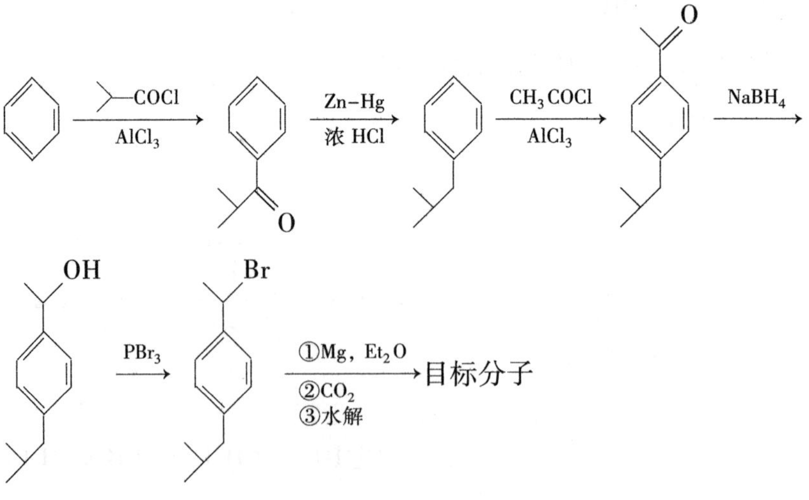

9.2.4　添加辅助基团后切断

有些化合物结构上没有明显的官能团指路,或没有明显可切断的键。在这种情况下,可以在分子的适当位置添加某个官能团,以利于找到逆向变换的位置及相应的合成子。但同时应考虑到这个添加的官能团在正向合成时易被除去。例如:

① 设计 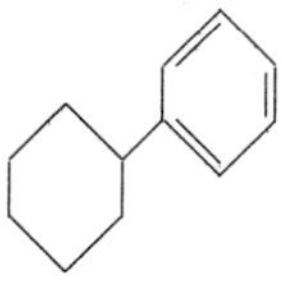 的合成路线。

分析:

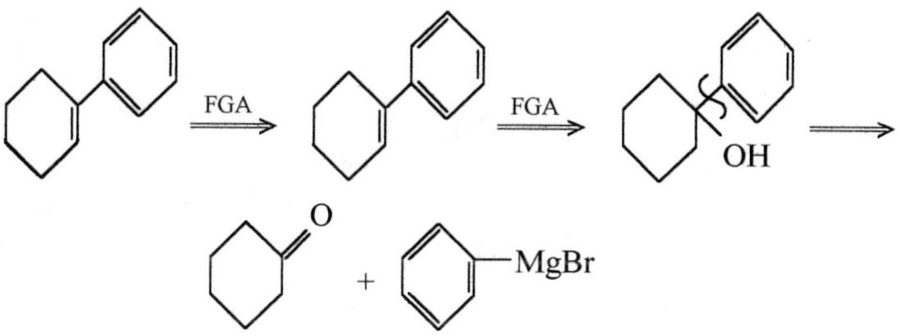

合成:

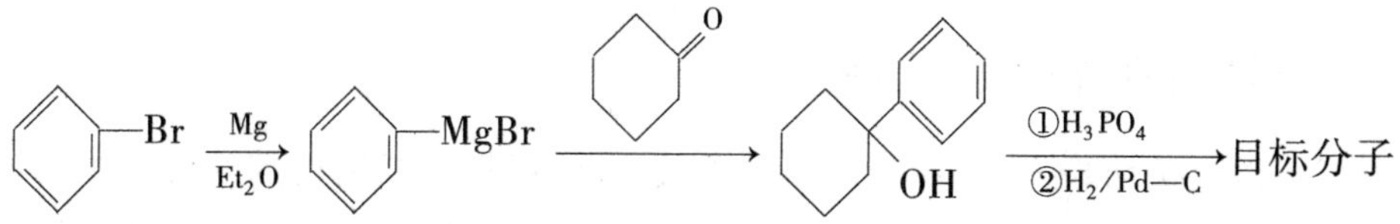

② 设计 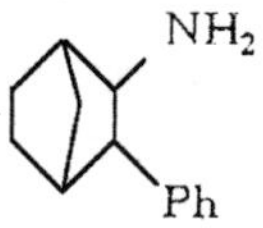 的合成路线。

分析:环己烷的一边碳上如果具有一个或两个吸电子基,在其对侧还有一个双键,这样的化合物可方便地应用 Diels-Alder 反应得到。

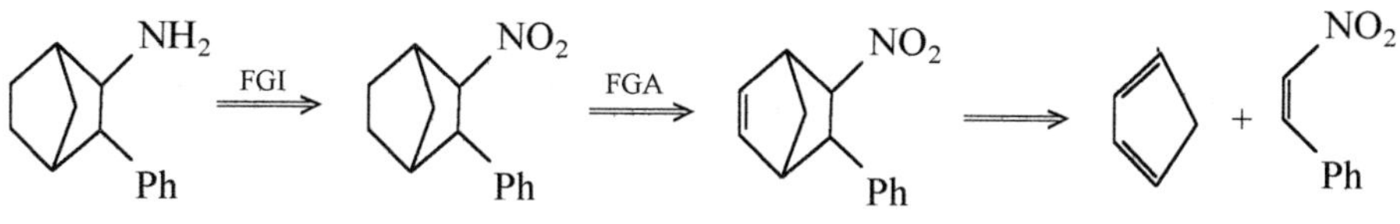

合成:

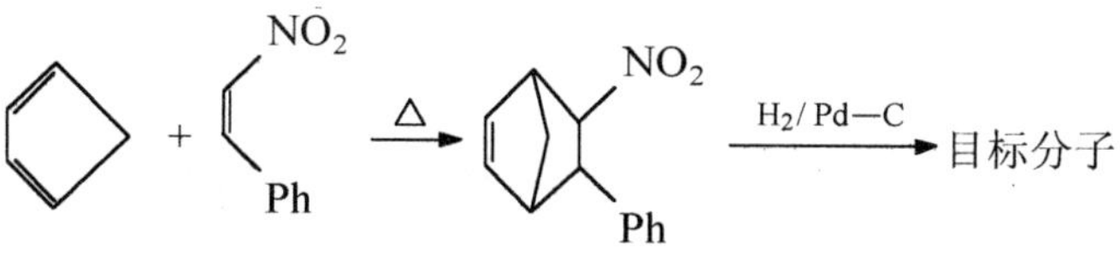

③ 设计 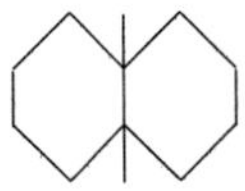 的合成路线。

分析：

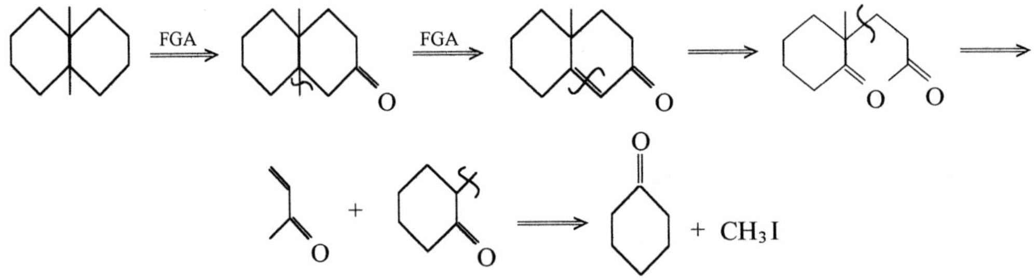

合成：

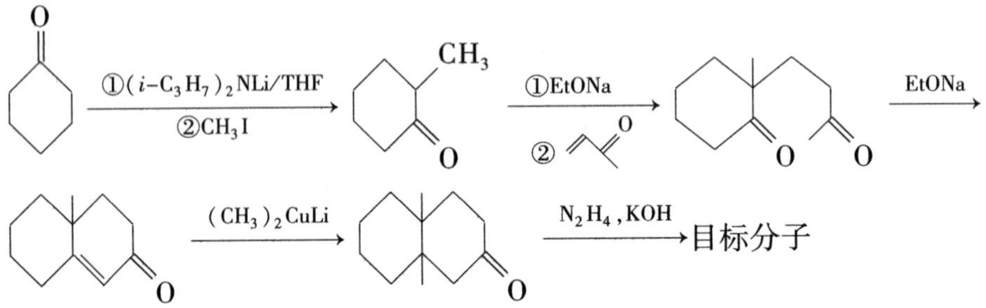

9.2.5　回推到适当阶段再切断

有些分子可以直接切断，但有些分子不可直接切断，或经切断后得到的合成子在正向合成时没有合适的方法将其连接起来。此时，应将目标分子回推到某一替代的目标分子后再行切断。经过逆向官能团互换、逆向连接、逆向重排，将目标分子回推到某一替代的目标分子是常用的方法。

例如，合成 $CH_3CH(OH)\overset{a}{\wr}CH_2CH_2OH$ 时，若从 a 处切断，得到的两个合成子中的 $^{\ominus}CH_2CH_2OH$ 找不到合成等效剂。如果将目标子分子变换为 $CH_3CH(OH)—CH_2CHO$ 后再切断，就可以由两分子乙醛经醇醛缩合方便地连接起来。

① 设计 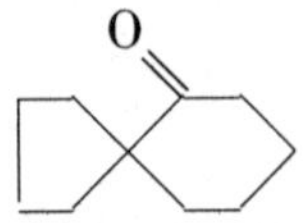 的合成路线。

分析：该化合物是个叔烷基酮，故可能是经过片呐醇重排而形成。

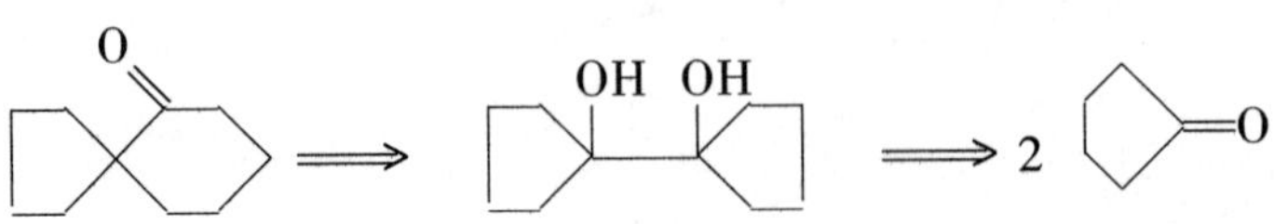

合成：

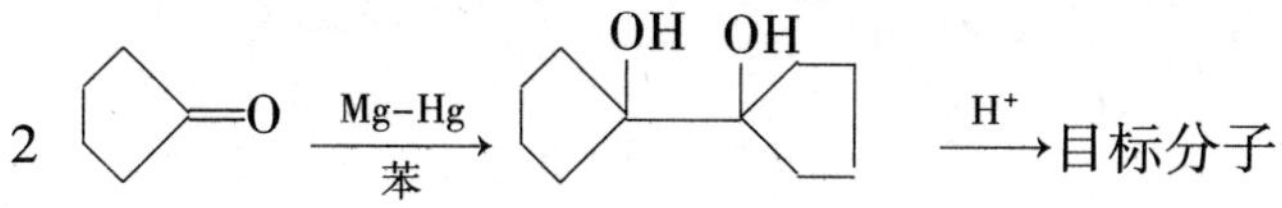

② 设计 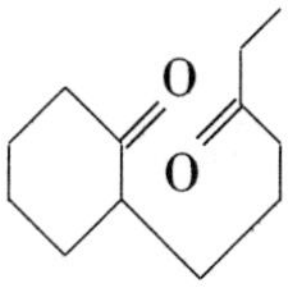 的合成路线。

分析：

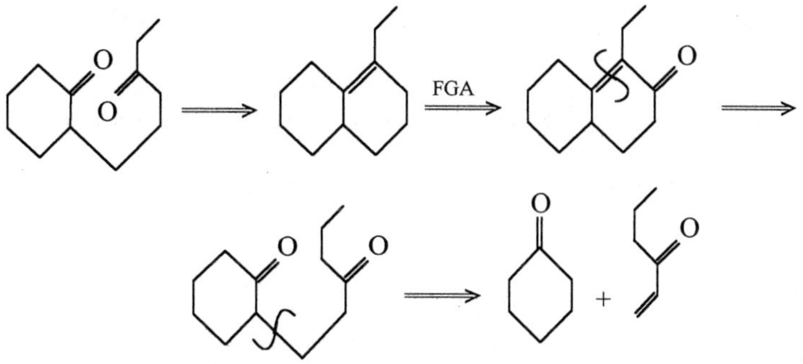

合成：

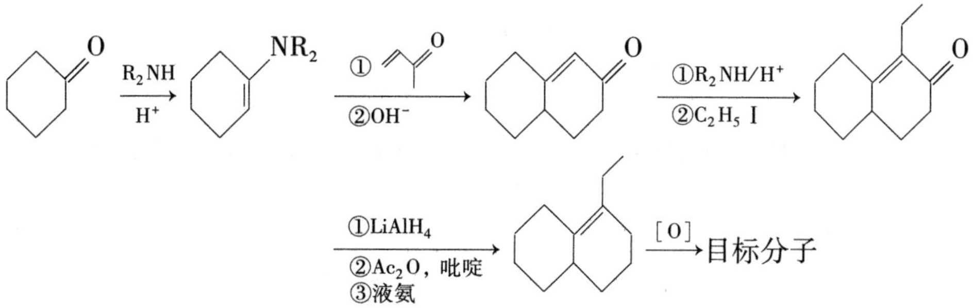

9.2.6　利用分子的对称性

有些目标分子具有对称面或对称中心，利用分子的对称性可以使分子结构中的相同部分同时接到分子骨架上，从而使合成问题得到简化。例如：

① 设计 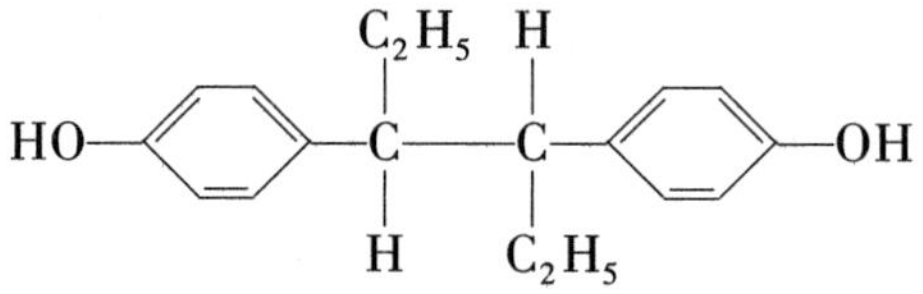 的合成路线。

分析：

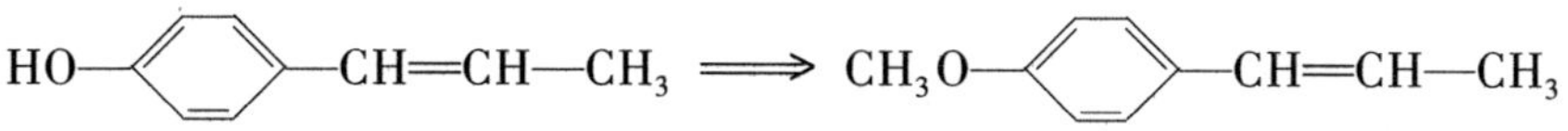

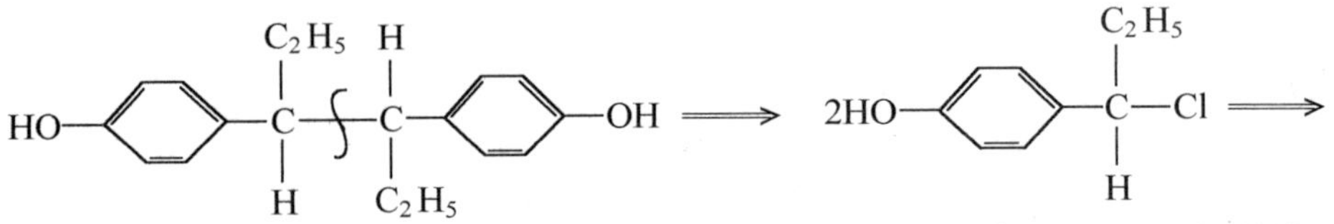

茴香脑[以大豆茴香油(含茴香脑 80%)为原料]

合成:

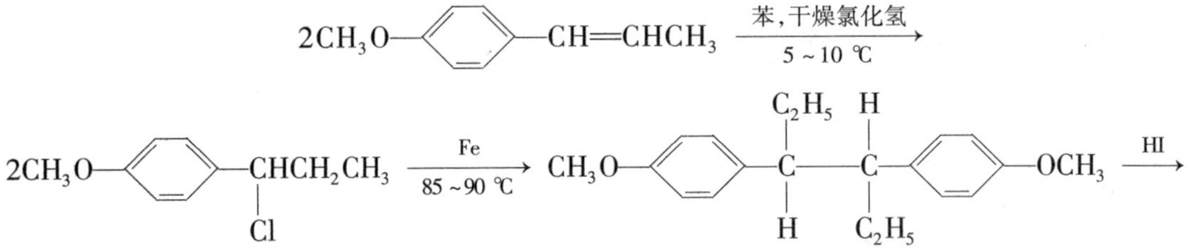

目标分子

有些目标分子本身并不具有对称性,但是经过适当的变换或切断,即可以得到对称的中间物,这些目标分子存在着潜在的分子对称性。

② 设计 $(CH_3)_2CHCH_2\overset{\overset{O}{\|}}{C}CH_2CH_2CH(CH_3)_2$ 的合成路线。

分析:分子中的羰基可由炔烃与水加成而得,则可以推得一对称分子。

$$(CH_3)_2CHCH_2\overset{\overset{O}{\|}}{C}CH_2CH_2CH(CH_3)_2 \xRightarrow{FGI} (CH_3)_2CHCH_2 + C\equiv C + CH_2CH(CH_3)_2 \Longrightarrow$$

$$2(CH_3)_2CHCH_2Br + HC\equiv CH$$

合成:

$$HC\equiv CH + 2(CH_3)_2CHCH_2Br \xrightarrow{NaNH_2/\text{液 } NH_3} (CH_3)_2CHCH_2C\equiv CCH_2CH(CH_3)_2$$

$$\xrightarrow[HgSO_4]{\text{稀 } H_2SO_4} \text{目标分子}$$

9.3 常见有机化合物的逆向切断方法

9.3.1 α-氰醇或 α-羟基酸

α-羟基酸可由 α-氰醇水解得到,α-氰醇可由醛、酮与氰化氢加成得到。

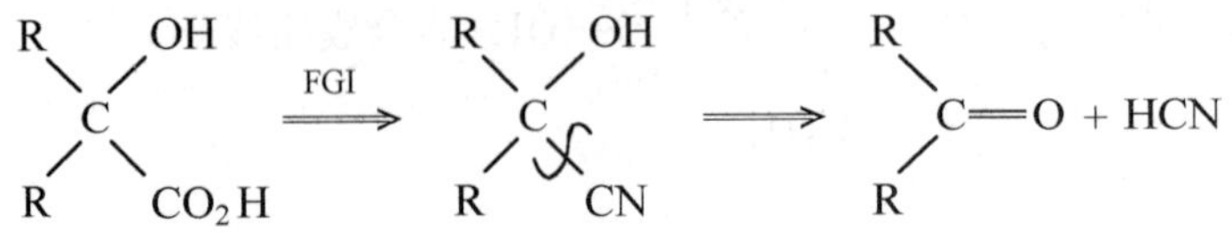

设计 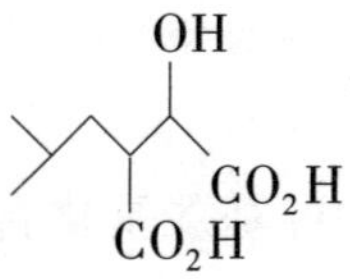

的合成路线。

分析：

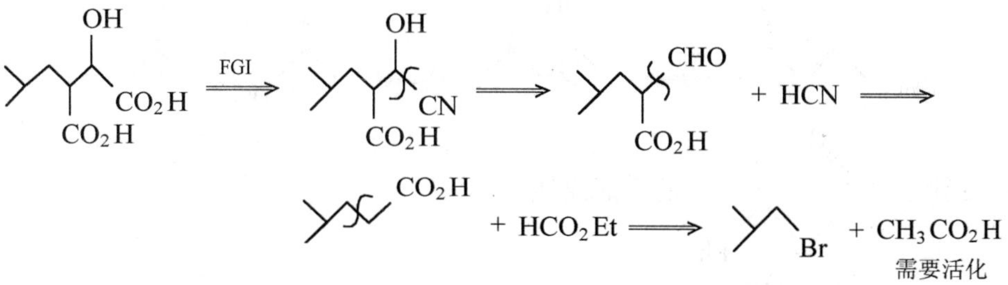

合成：

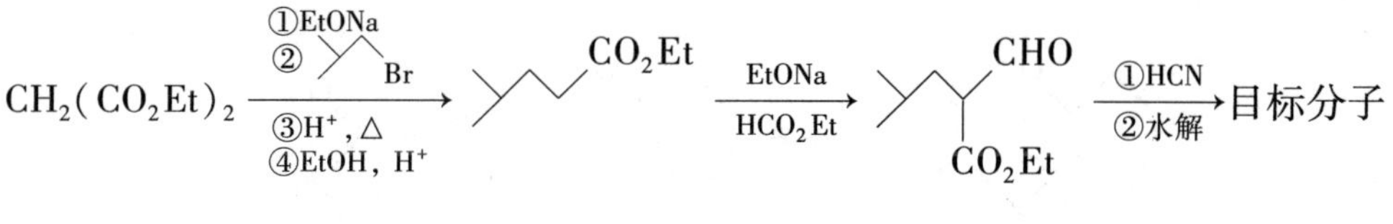

9.3.2 α-二醇

1. 对称的 α-二醇

对称的 α-二醇可利用酮的双分子还原得到。

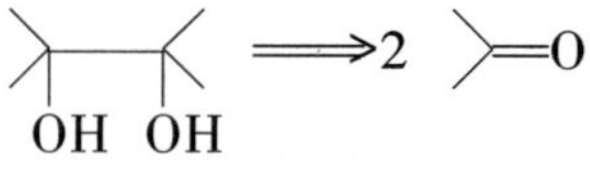

2. 不对称的 α-二醇

不对称的 α-二醇可回推到烯烃后再切断。

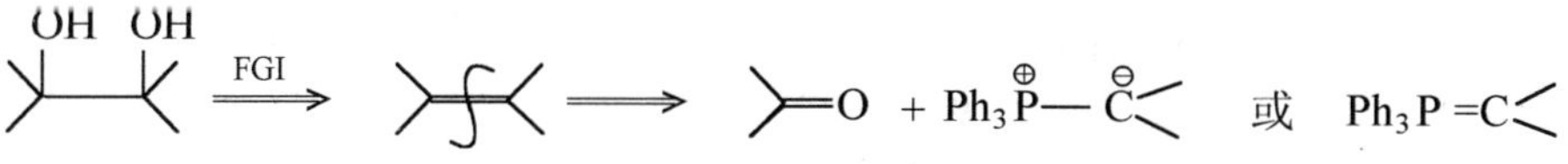

设计 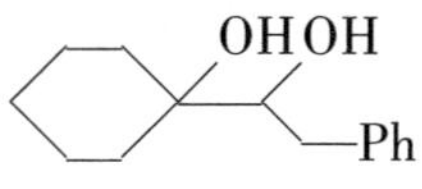

的合成路线。

分析：

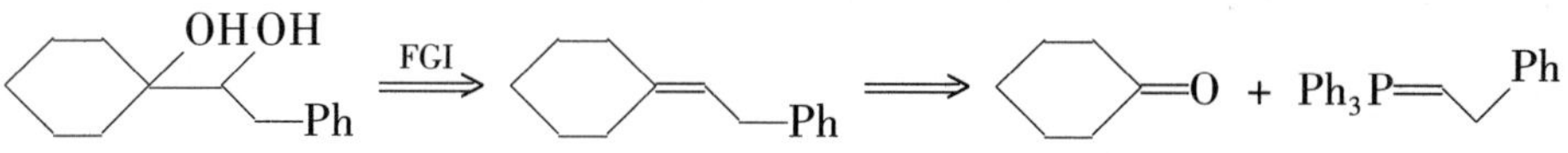

合成：

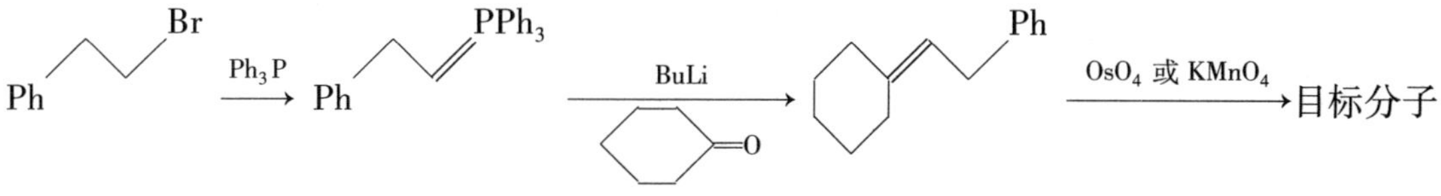

9.3.3 α,β-不饱和羰基化合物或β-羟基羰基化合物

α,β-不饱和羰基化合物可由β-羟基羰基化合物脱水得到,β-羟基羰基化合物可用醇醛缩合反应来制备。

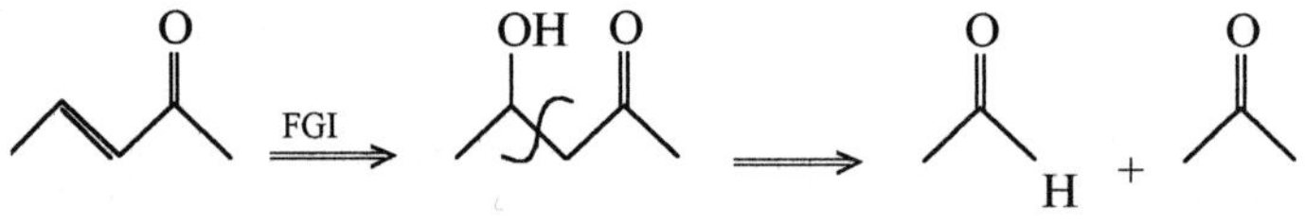

① 设计 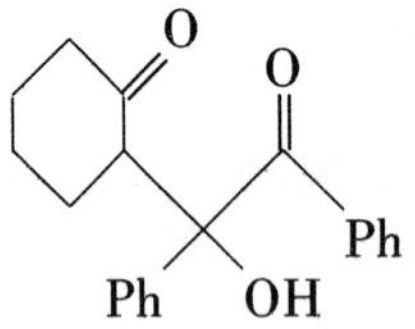 的合成路线。

分析：

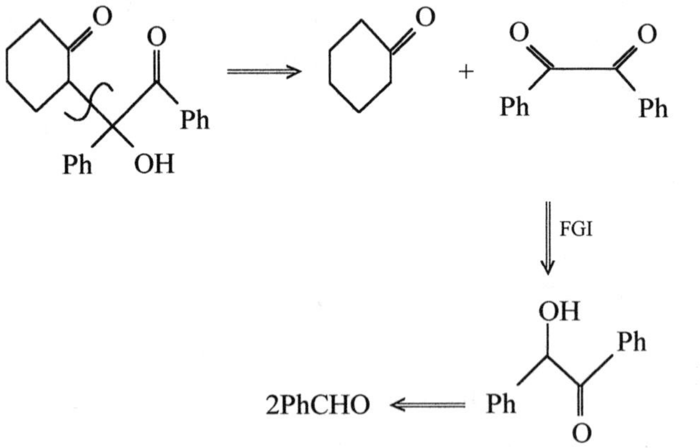

合成：

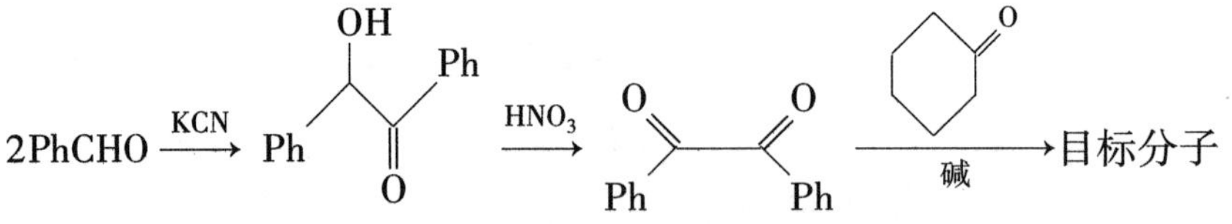

② 设计 $PhCH{=}CH{-}\overset{\overset{\displaystyle O}{\|}}{C}{-}CH{=}CHPh$ 的合成路线。

分析：

$$PhCH{=}CH{-}\overset{\overset{\displaystyle O}{\|}}{C}{-}CH{=}CHPh \Longrightarrow 2PhCHO + CH_3{-}\overset{\overset{\displaystyle O}{\|}}{C}{-}CH_3$$

合成：

$$2PhCHO + CH_3-\overset{\overset{\displaystyle O}{\|}}{C}-CH_3 \xrightarrow[20\sim25\ ^\circ C]{10\%\ NaOH} \text{目标分子}$$

9.3.4　1,3-二羰基化合物

Claisen 缩合是制备 1,3-二羰基化合物的重要反应,故对于 1,3-二羰基化合物常进行下述切断。

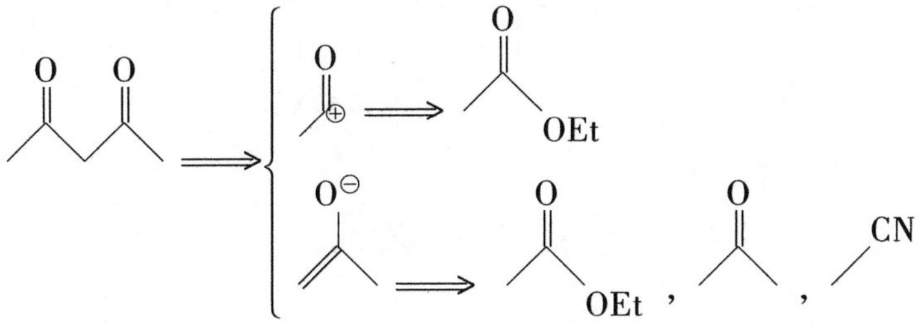

① 设计 $C_6H_5CH(CO_2Et)_2$ 的合成路线。

分析:

$$C_6H_5CH(CO_2Et)_2 \begin{cases} \xRightarrow{a} C_6H_5CH_2CO_2Et + (CO_2Et)_2 \\ \xRightarrow{b} C_6H_5CH_2CO_2Et + EtO-\overset{\overset{\displaystyle O}{\|}}{C}-OEt \end{cases}$$

合成:

a 法: $C_6H_5CH_2CO_2Et + (CO_2Et)_2 \xrightarrow{EtONa} C_6H_5-\underset{\underset{\displaystyle COCO_2Et}{|}}{CH}-CO_2Et \xrightarrow{\triangle}$ 目标分子

b 法: $C_6H_5CH_2CO_2Et + EtO-\overset{\overset{\displaystyle O}{\|}}{C}-OEt \xrightarrow{EtONa}$ 目标分子

② 设计 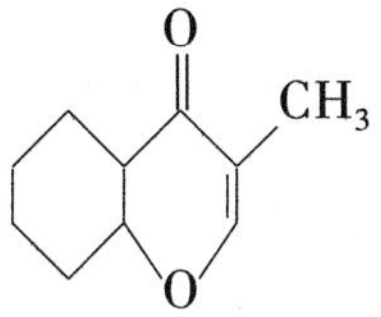 的合成路线。

分析:

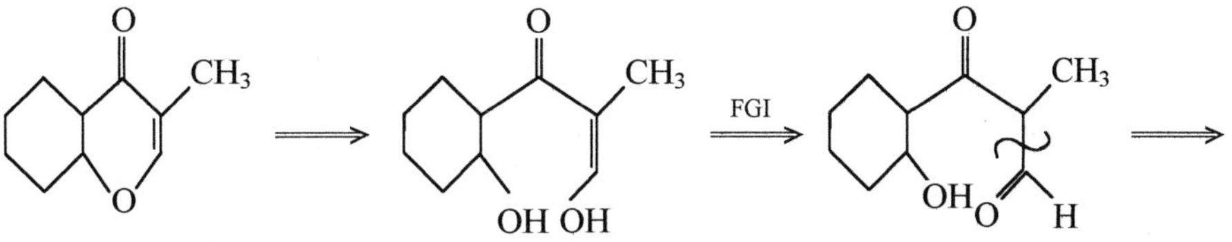

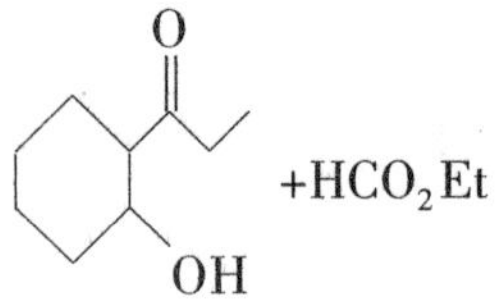

合成：

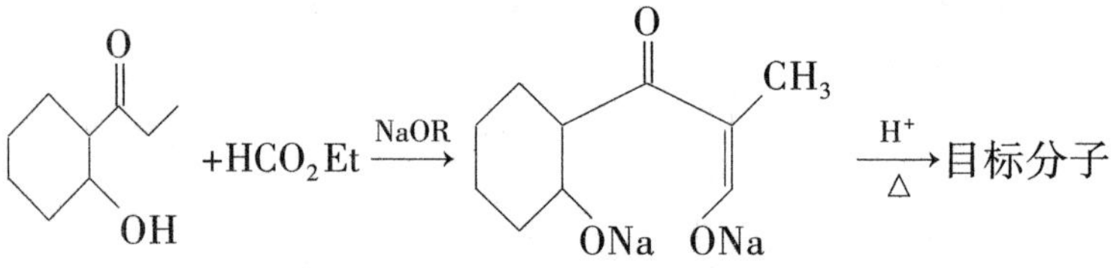

③ 设计 $(CH_3)_3C-\overset{\overset{\large O}{\|}}{C}-CH_2CO_2CH_3$ 的合成路线。

分析：

$$(CH_3)_3C-\overset{\overset{O}{\|}}{C}-CH_2 \wr CO_2CH_3 \Longrightarrow (CH_3)_3C-\overset{\overset{O}{\|}}{C}-CH_3 + (CO_2Me)_2$$

合成：

$$(CH_3)_3C-\overset{\overset{O}{\|}}{C}-CH_3 + (CO_2Me)_2 \xrightarrow[\text{②水解}]{\text{①MeONa, MeOH}}$$

$$(CH_3)_3C-\overset{\overset{O}{\|}}{C}-CH_2-\overset{\overset{O}{\|}}{C}-CO_2CH_3 \xrightarrow[175\ ^\circ C]{\text{磨成粉状的软玻璃}} \text{目标分子}$$

④ 设计 $C_6H_5-\overset{\overset{O}{\|}}{C}-\underset{\underset{(CH_2)_3CH_3}{|}}{CH}-CO_2Et$ 的合成路线。

分析：

$$C_6H_5\overset{\overset{O}{\|}}{C}-\underset{\underset{(CH_2)_3CH_3}{|}}{CH}-CO_2Et \overset{FGI}{\Longrightarrow} C_6H_5-\overset{\overset{O}{\|}}{C}-\underset{\underset{(CH_2)_3CH_3}{|}}{CH}-COOH \overset{FGI}{\Longrightarrow}$$

$$C_6H_5-\overset{\overset{O}{\|}}{C} \wr \underset{\underset{(CH_2)_3CH_3}{|}}{CH}-CN \Longrightarrow C_6H_5CO_2Et + CH_3(CH_2)_3CH_2CN$$

合成：

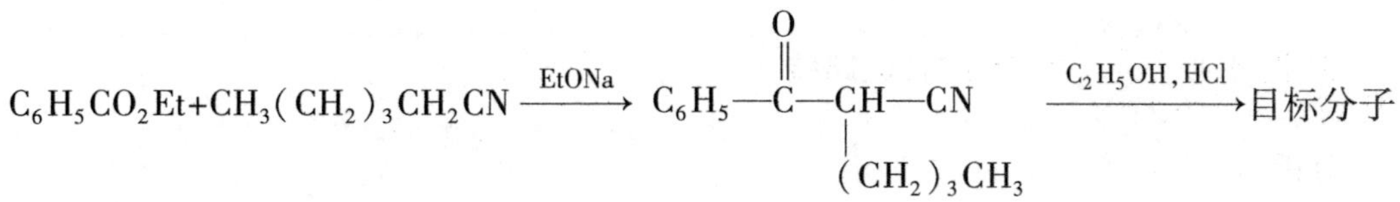

9.3.5　1,4-二羰基化合物

1,4-二羰基化合物可由 α-卤代酮或 α-卤代酸酯与含 α-活泼氢的羰基化合物作用而得。

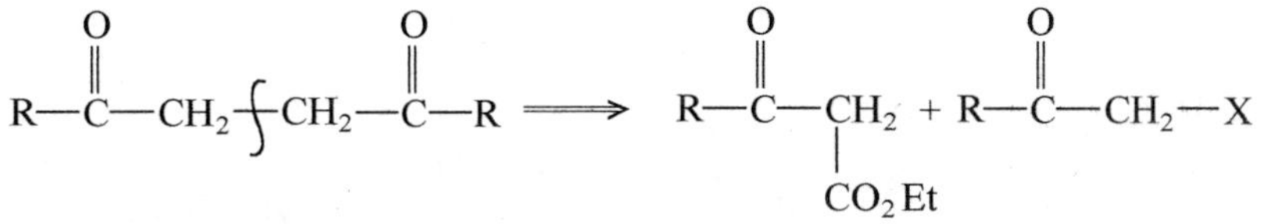

例如：

① 设计 $\mathrm{CH_3\overset{\overset{O}{\|}}{C}CH_2{-}CH_2\overset{\overset{O}{\|}}{C}CH_3}$ 的合成路线。

分析：

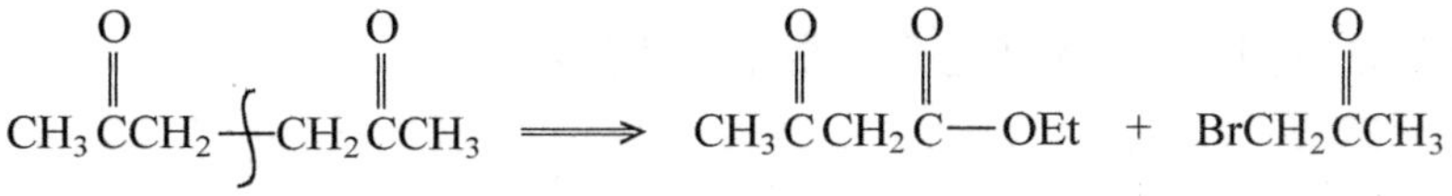

合成：

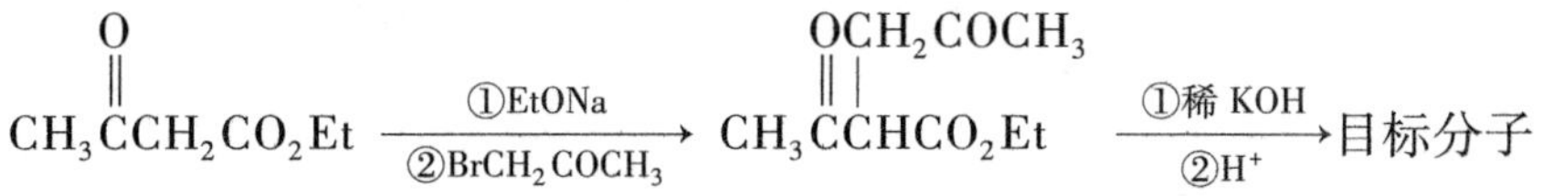

如果含 α-活泼氢的羰基化合物是普通的醛、酮，在醇钠作用下与 α-卤代酸酯反应时得到的是 α,β-环氧酸酯，即发生 Darzens 反应。例如

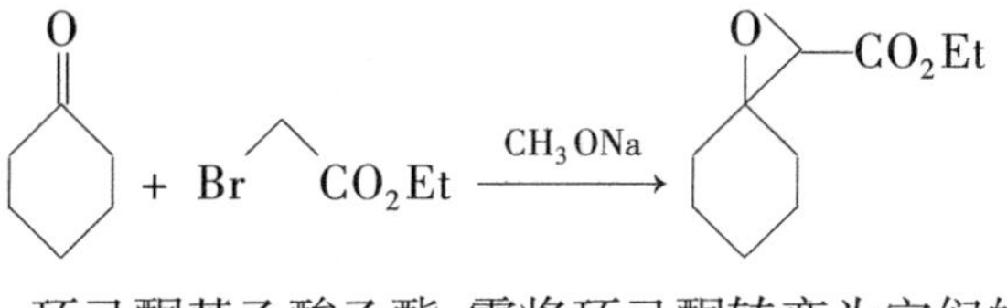

若要使它们得到 α-环己酮基乙酸乙酯，需将环己酮转变为它们的烯胺而达到目的。

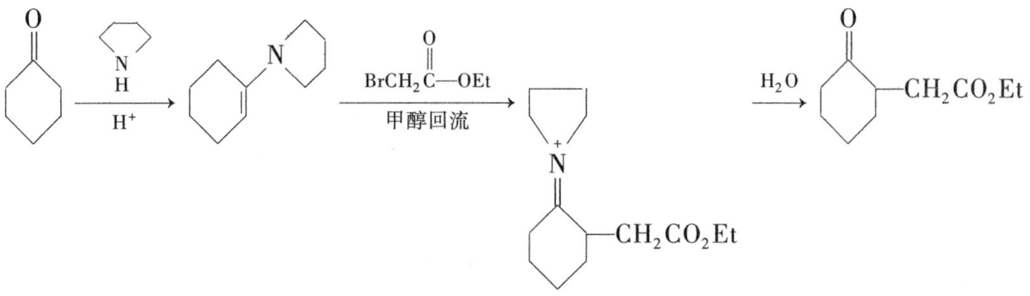

② 设计 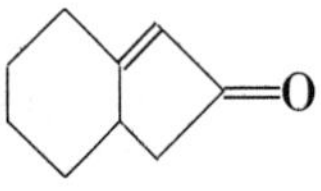 的合成路线。

分析：

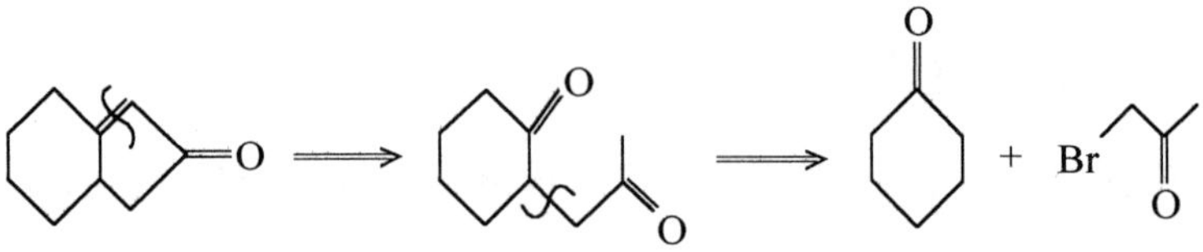

合成：

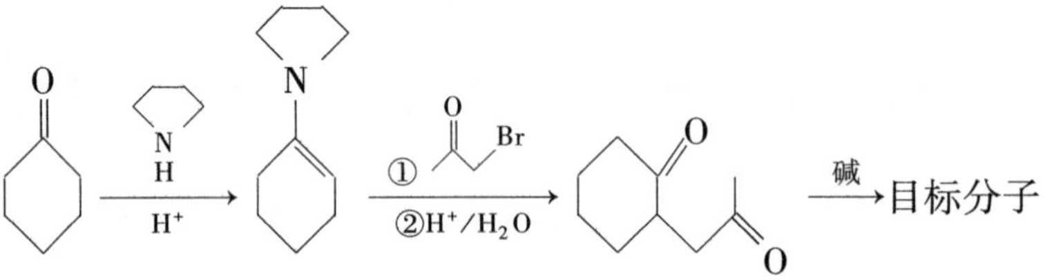

9.3.6　1,5-二羰基化合物

含有活泼氢的化合物与 α,β-不饱和化合物发生 Michael 加成反应是合成 1,5-二羰基化合物的重要反应，故 1,5-二羰基化合物常用下述切断法。

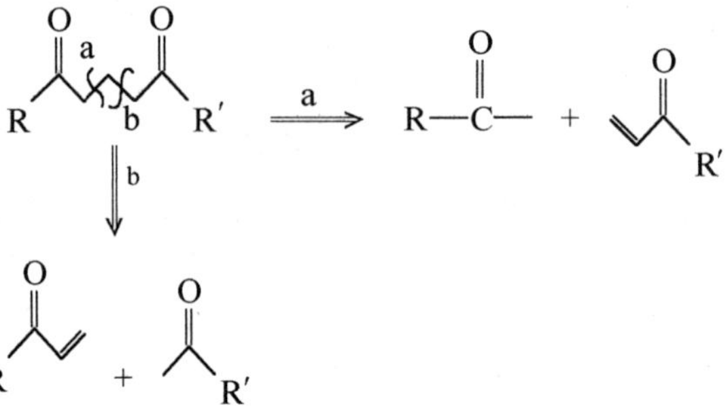

① 设计 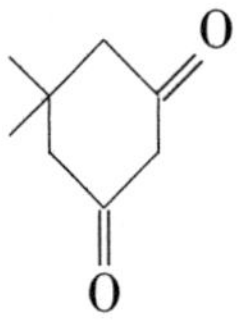 的合成路线。

分析：

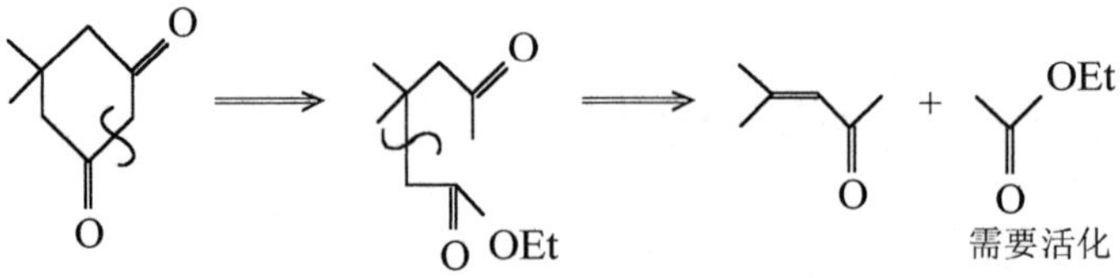

合成：

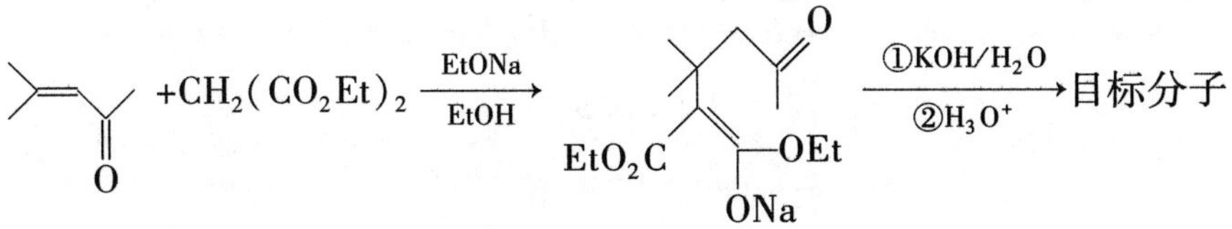

α,β-不饱和羰基化合物也可用 Mannich 碱代替。

② 设计 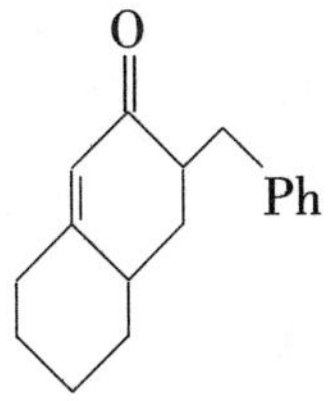 的合成路线。

分析：

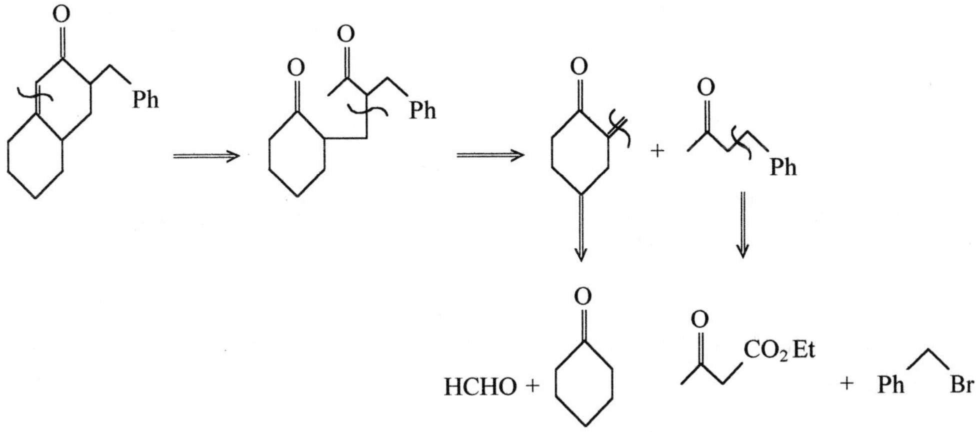

合成：

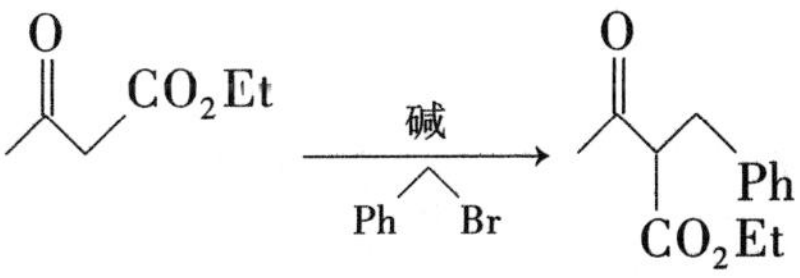

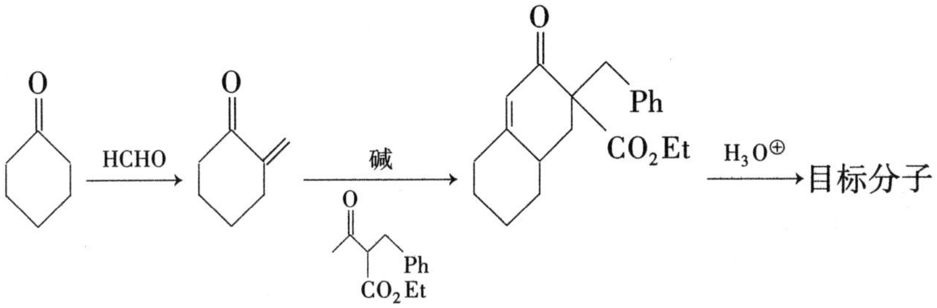

9.3.7　1,6-二羰基化合物

1,6-二羰基化合物可由环己烯或其衍生物氧化而得，故常作下述逆推。

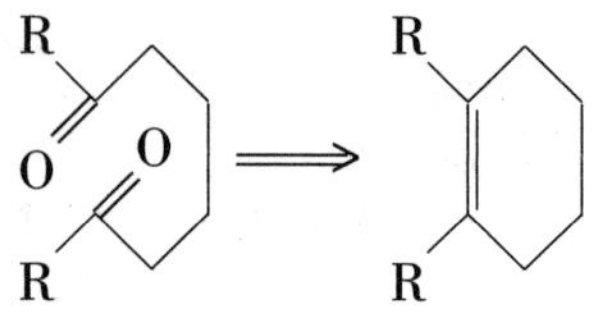

① 设计 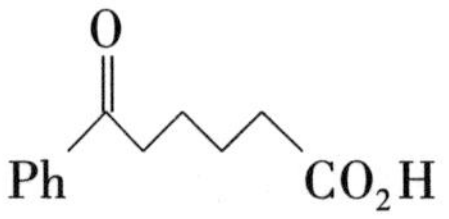 的合成路线。

分析：

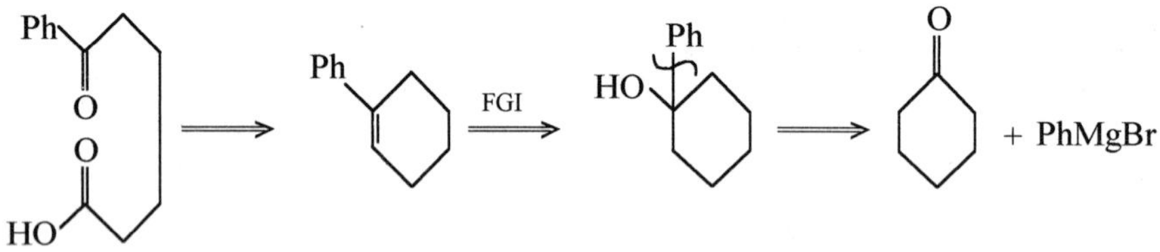

合成：

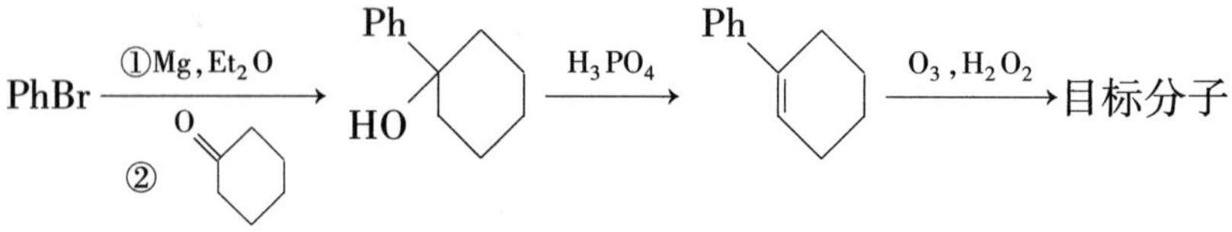

某些环己烯衍生物可用 Diels-Alder 反应制得；环己二烯衍生物也可用 Birch 还原法将苯部分还原而制得。

② 设计 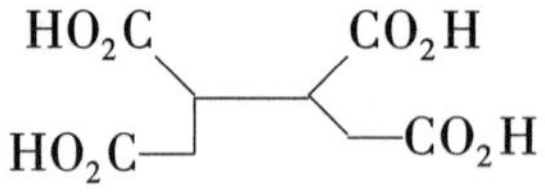 的合成路线。

分析：

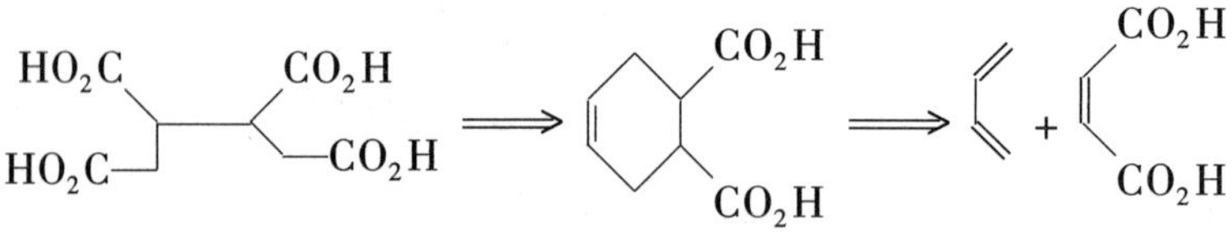

合成：

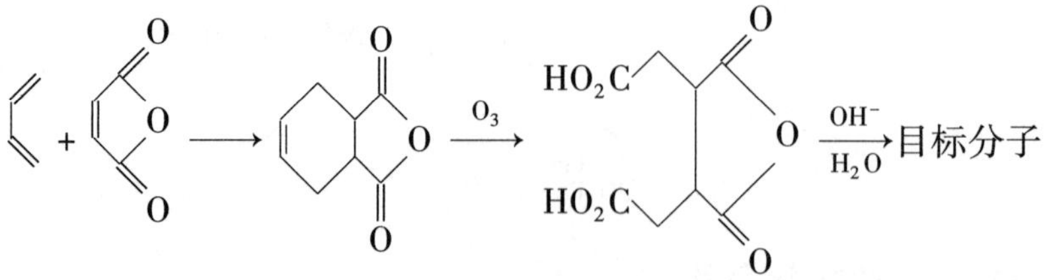

③ 设计 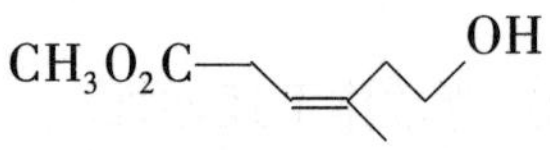 的合成路线。

分析：

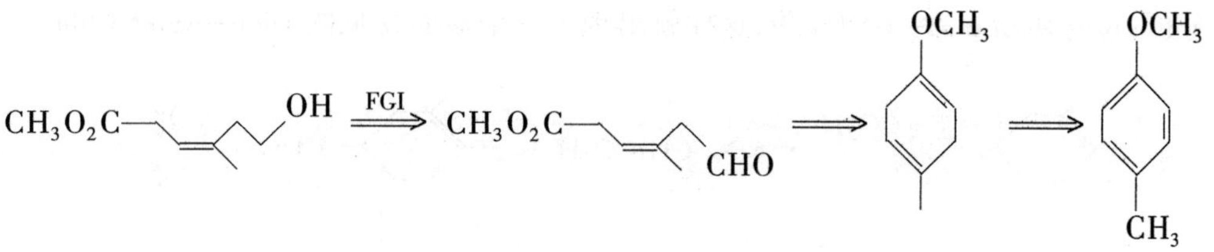

合成：

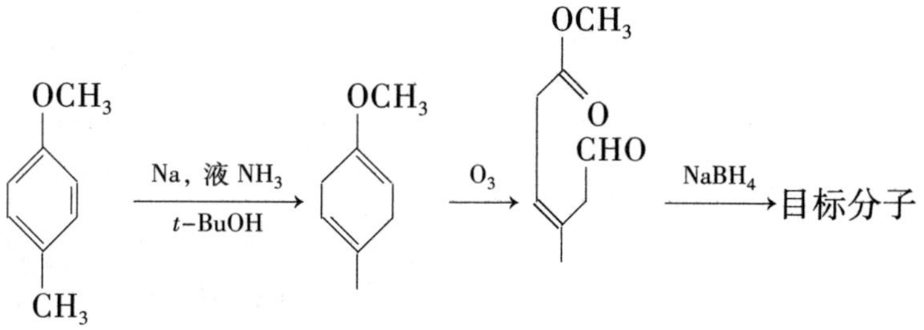

9.3.8　周环反应

合成中最重要的周环反应是 Diels-Alder 反应，实际上，它也是所有合成法中最重要的一个反应。

在环的双键的对面一侧上带有一个吸电子基团的环己烯可进行下述切断。

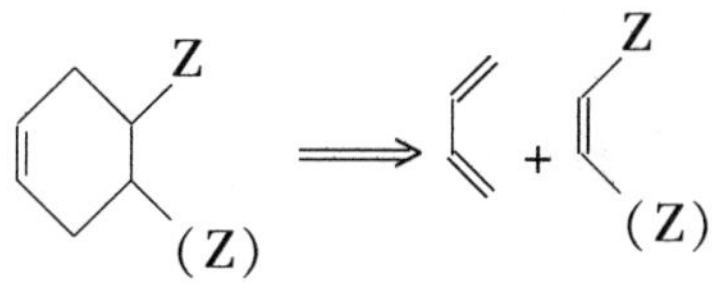

其中，Z 为—COR、—CO_2Et、—CN、—NO_2 等。

① 设计 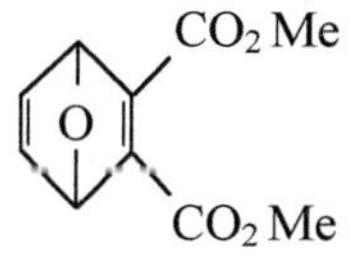 的合成路线。

分析：

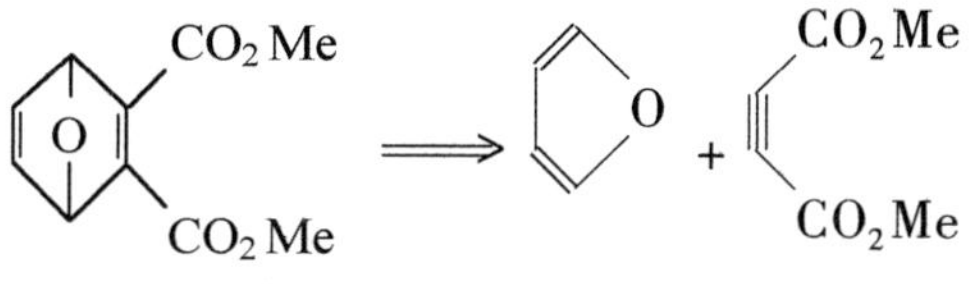

合成：

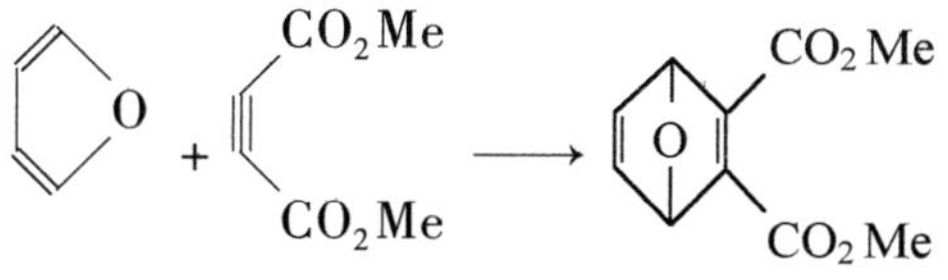

② 设计 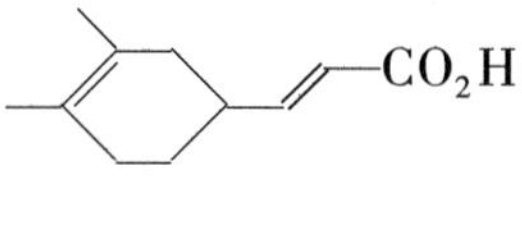 的合成路线。

分析：首先切断 α,β-不饱和酸，这样就出现了一个显而易见的 Diels-Alder 切断。

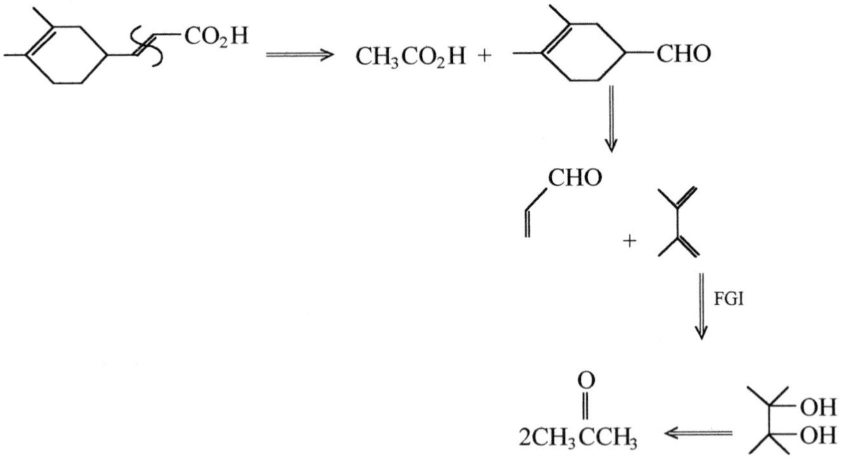

合成：

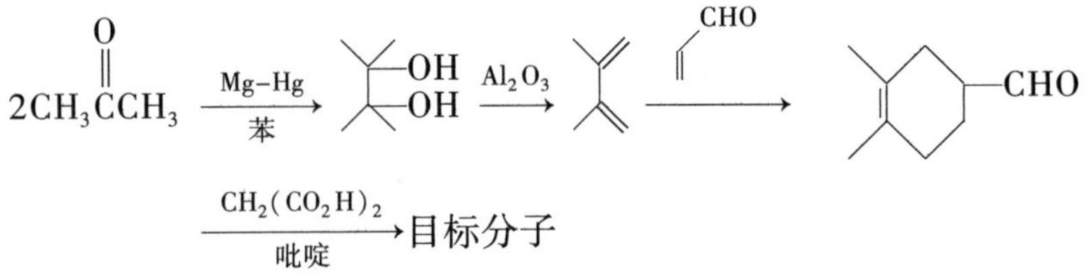

9.3.9　杂原子和杂环化合物

1. 杂原子——醚和胺

在碳链中的任何杂原子（通常是 O、N 或 S）都是好的切断之处。

① 设计  的合成路线。

分析：应该选取离芳香环较远的醚键，因为 PhBr 上的置换反应几乎是不可能进行的。

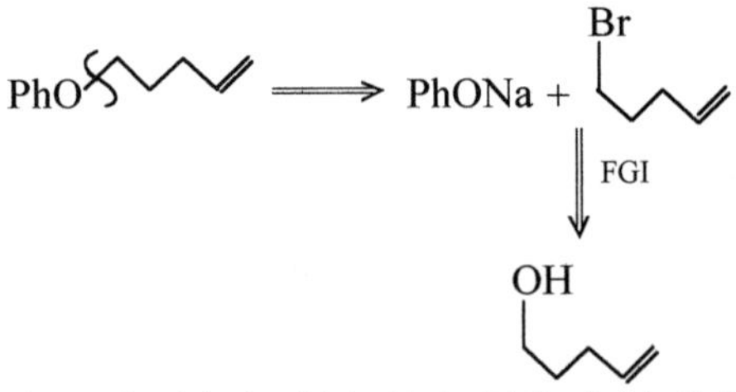

双键离羟基太远，所以在继续进行切断之前必须先进行下列变换：

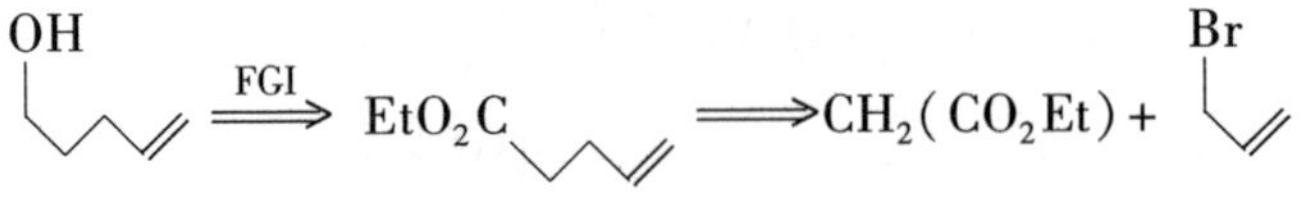

活泼的烯丙基溴

合成：

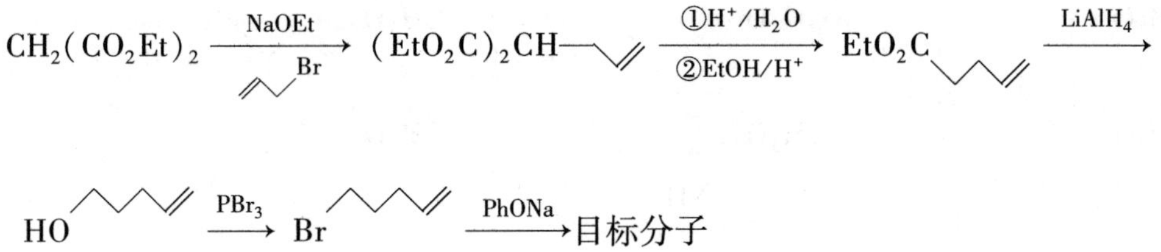

胺类的切断就比较麻烦了,因为并不能直接进行类似上述醚类的切断:

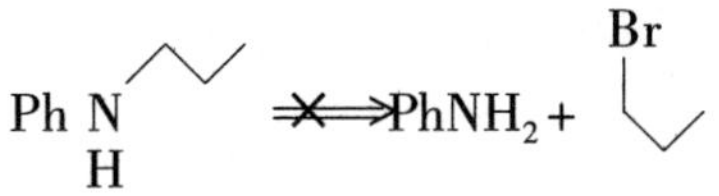

因为产物的亲核性比原料强,要避免多烷基化将是不可能的,所以要将胺进行酰基化,再把所生成的酰胺还原成所需要的胺。

② 设计 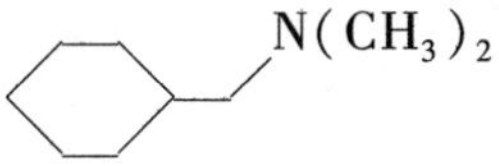 的合成路线。

分析:

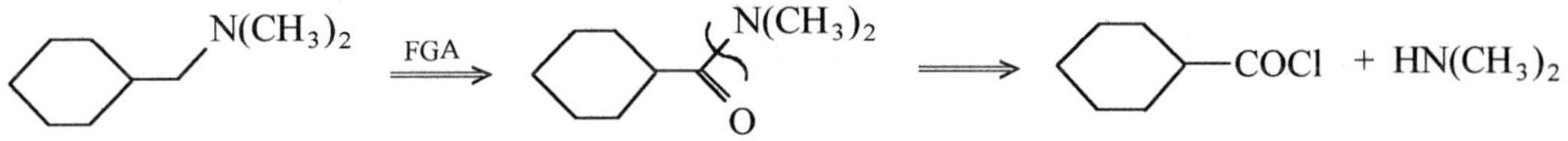

合成:

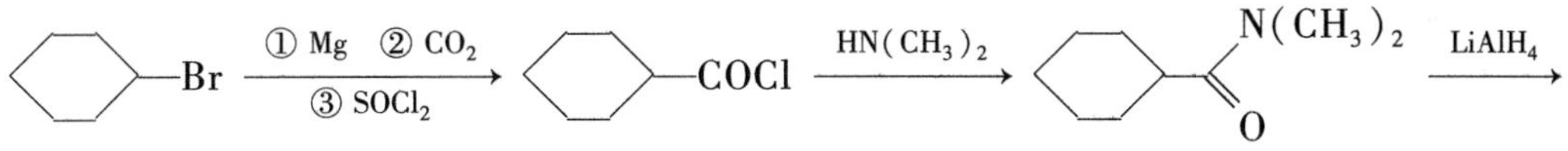

目标分子

③ 设计 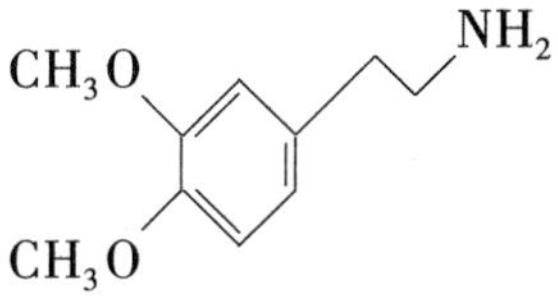 的合成路线。

分析:根据腈或硝基化合物的还原性,可以有两种一般的合成路线。

a. 腈的路线

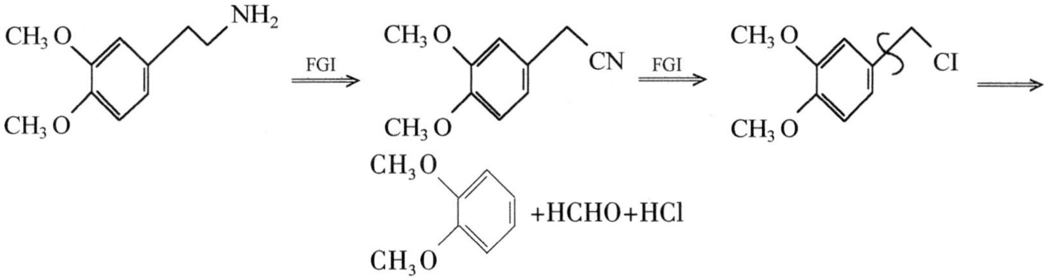

合成:

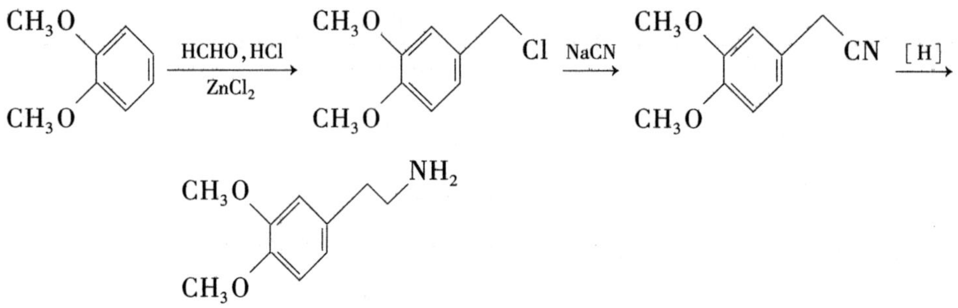

b. 硝基化合物的路线

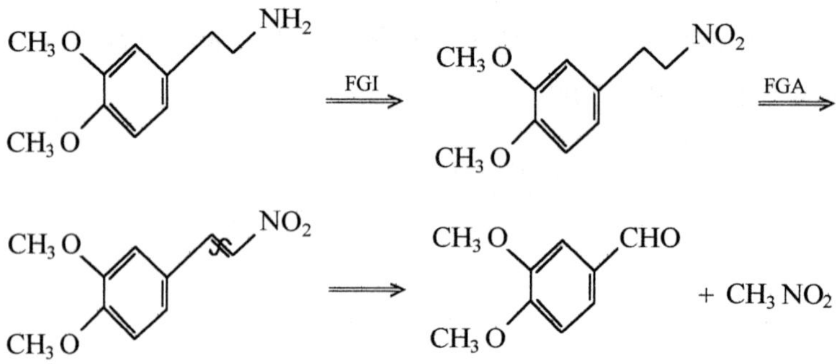

合成：

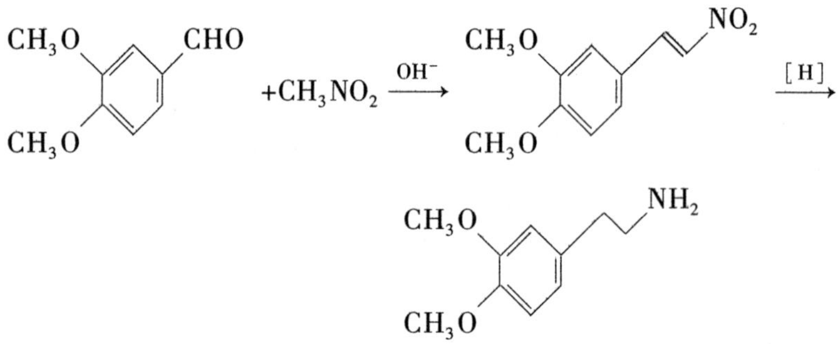

④设计 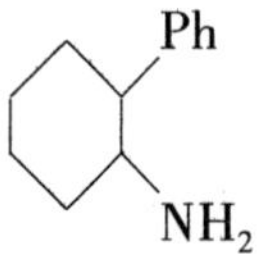 的合成路线。

分析：

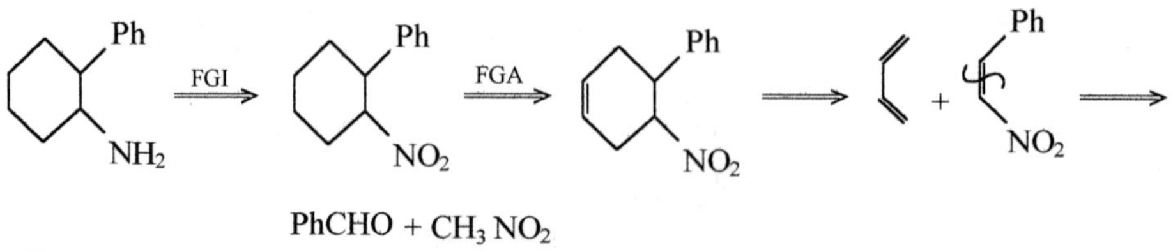

合成：

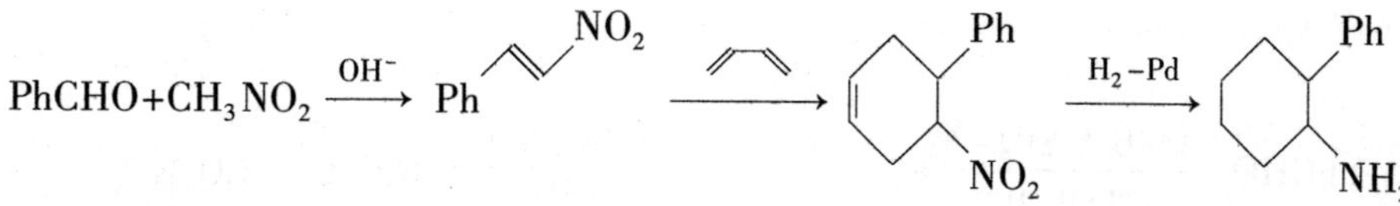

2. 杂环化合物

分子内反应比分子间反应既快又完全。因此,当希望构成一个环内的 C—N 键时,不再需要采取任何特殊的预防措施,利用氮亲核试剂和碳亲电试剂即可。例如,化合物

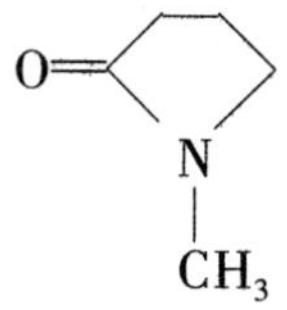

可采用下述方法进行切断。

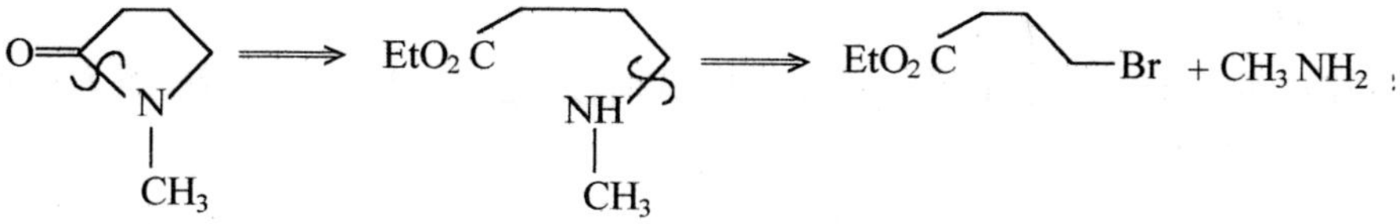

只要把 CH_3NH_2 和 γ-溴代酯混合起来,经过一步反应就能生成杂环。

① 设计

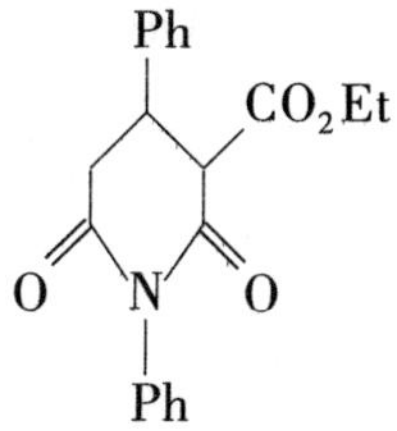

的合成路线。

分析:一次切断两个 C—N 键较快些。

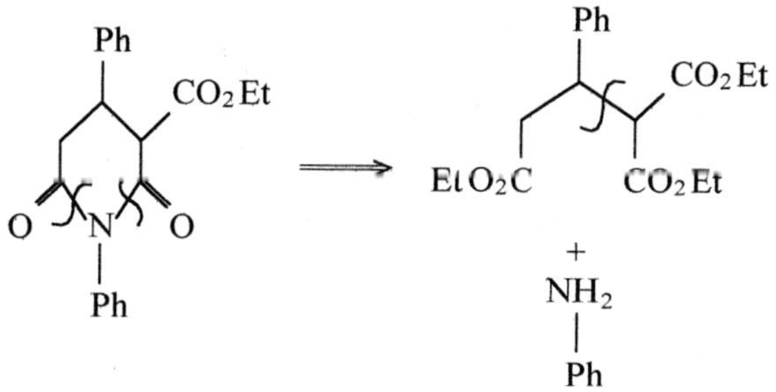

于是,这就变成了一个熟悉的如何利用丙二酸二乙酯经过 Michael 加成反应来合成 1,5-二羰基化合的问题。

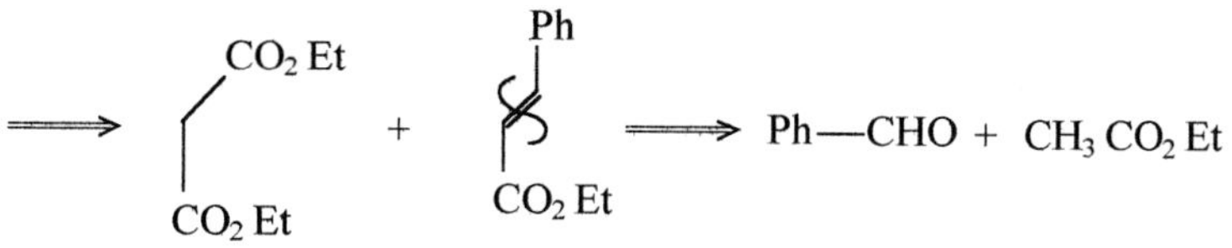

合成:

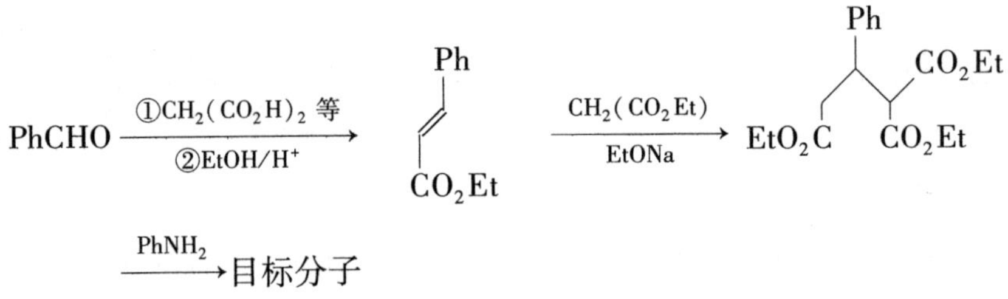

② 设计 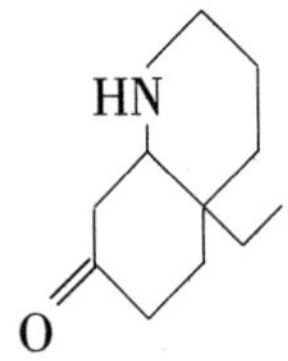 的合成路线。

分析：在这个例子中使用了另一种碳亲电试剂，亲电试剂是一个烯酮，因为用逆 Michael 反应可将 C—N 键切断。

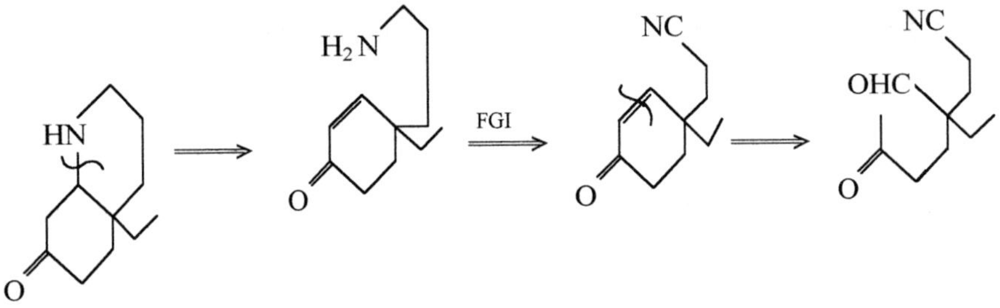

于是即得到两个可以按任何次序加以切断的 1,5-二羰基化合物。

合成：该化合物是斯托克(Stork)合成盾籽(aspidosperma)生物碱中的一个中间体。斯托克法实际是在本书提出的方法上的一种变通法。

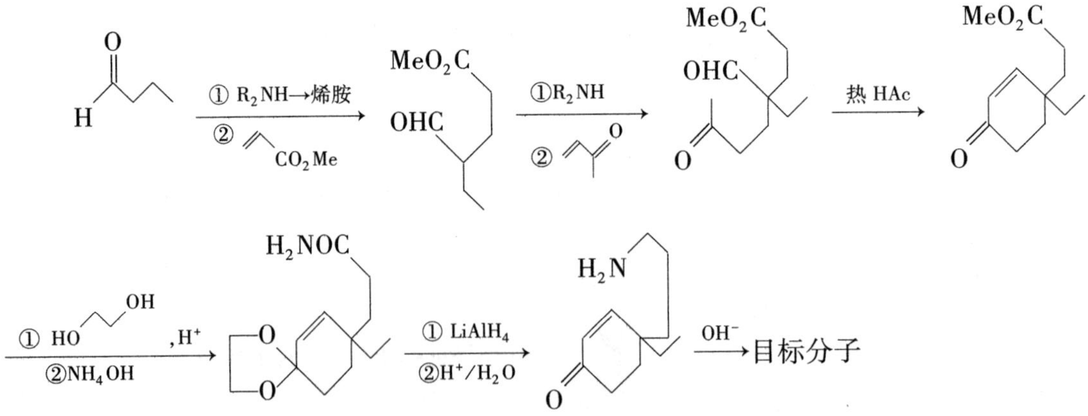

③ 设计 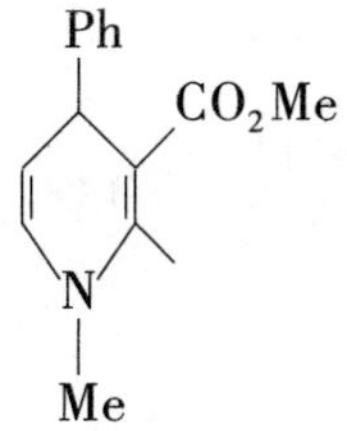 的合成路线。

分析：对于不饱和杂环化合物，如果环中的一个氮原子和双键相连，那么就成了一个环状的烯胺，和通常的烯胺合成一样，这种环状烯胺可从胺和羰基化合物中制得。

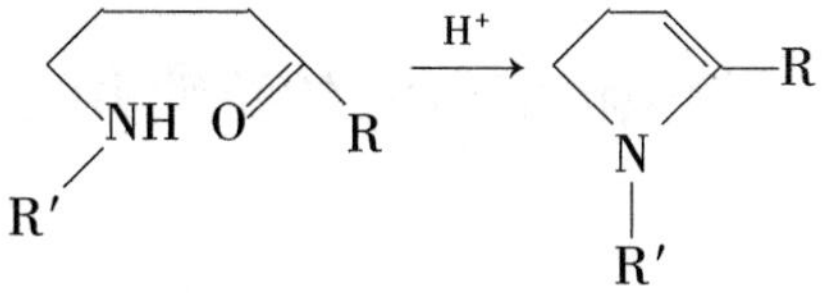

因此，对于这种环状烯胺可采用下述切断，切断时在恰当的位置上接上一个氨基和一个羰基。

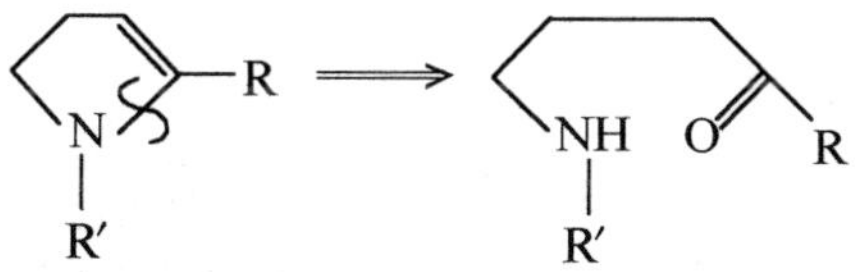

上述目标分子就可以利用这种方法进行切断。

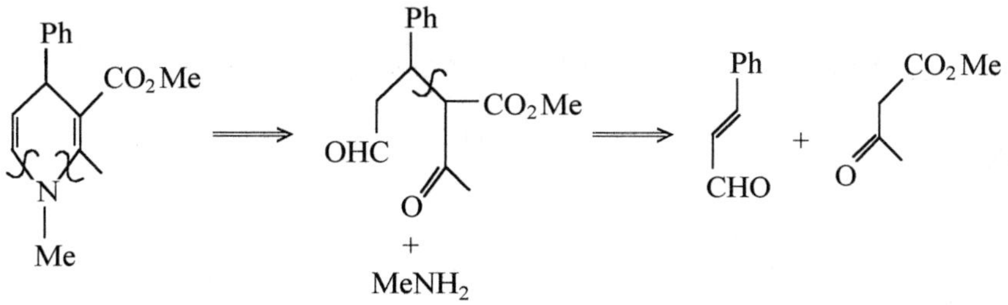

合成：

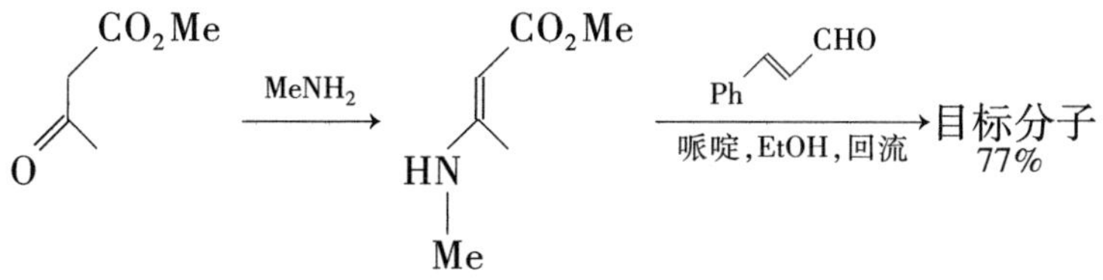

④ 设计 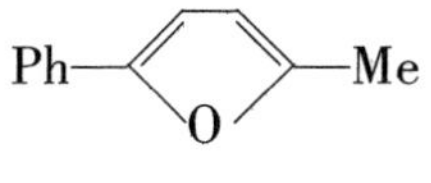 的合成路线。

分析：许多不饱和杂环化合物是直接从二羰基化合物制得的。

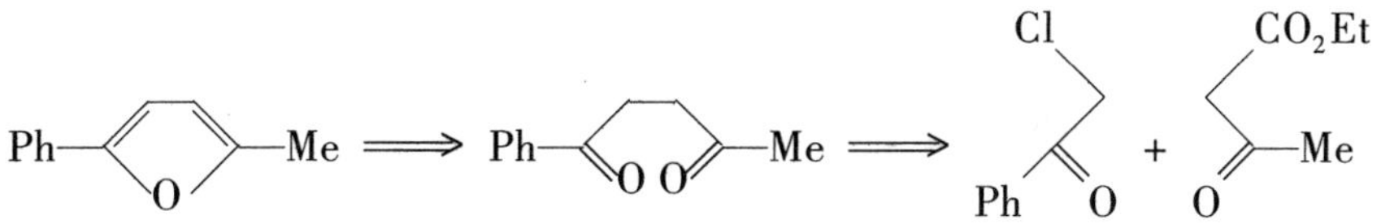

合成：

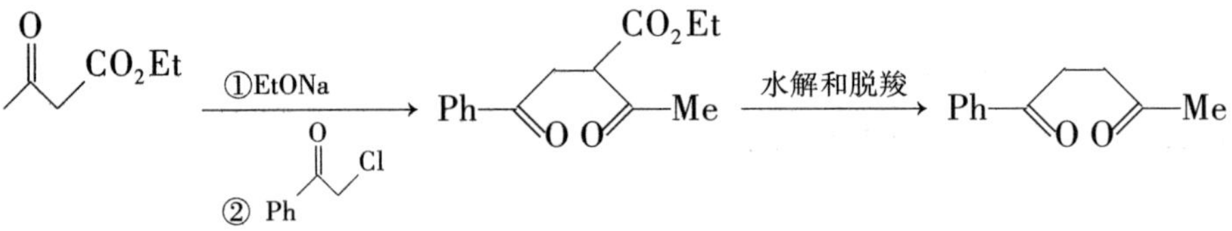

$\xrightarrow{H^+}$目标分子

总结前面的实例，杂原子的切断通常是可行的，在所有这些反应中，杂原子是亲核试剂，只需选择恰当的亲电试剂即可。

9.3.10　合成小环(三元环和四元环)的特殊方法

1. 三元环

以下列合成实例来说明三元环的合成方法。

① 设计 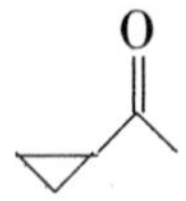 的合成路线。

分析：从动力学角度，三元环是容易形成的，但颇不稳定。虽然某些常规制法是可行的，但相当反复无常。亦已证明，对于环丙基酮采取下述切断方法是比较好的：

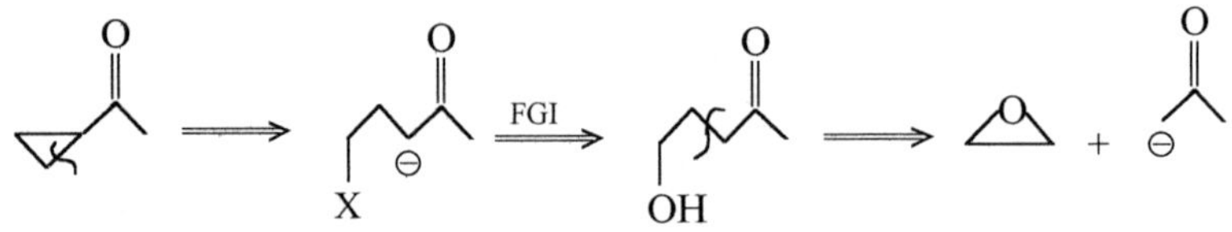

合成：

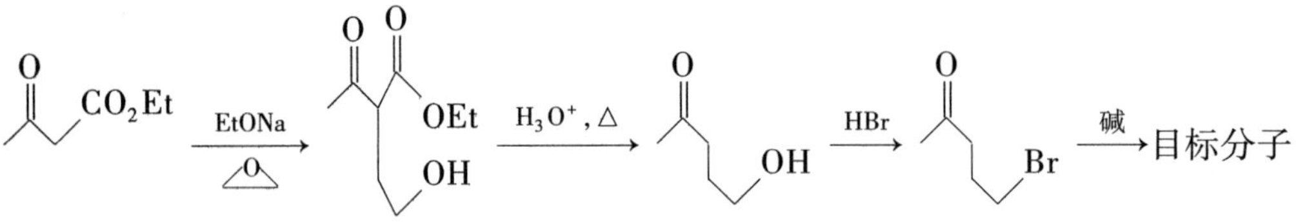

② 设计 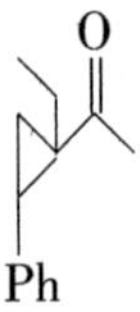 的合成路线。

分析：应考虑三元环的两种可供选择的切断。

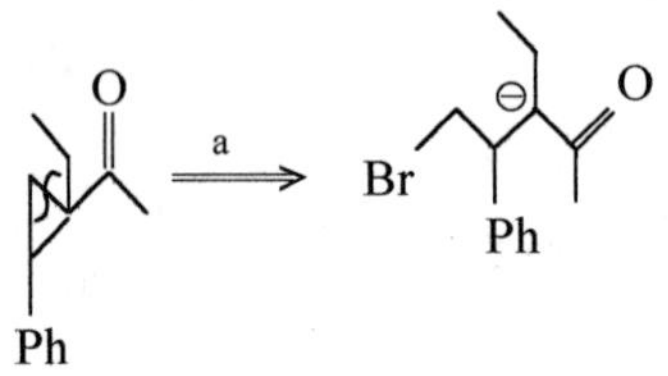
A

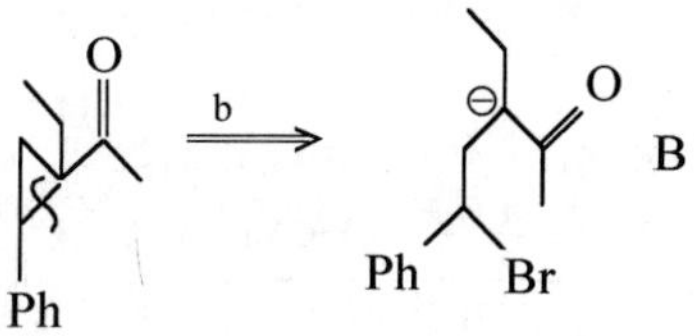

由于负离子进攻的目标是环氧化物中取代基较少的碳原子，能制得的是 B 而不是 A，因此可继续进行切断。

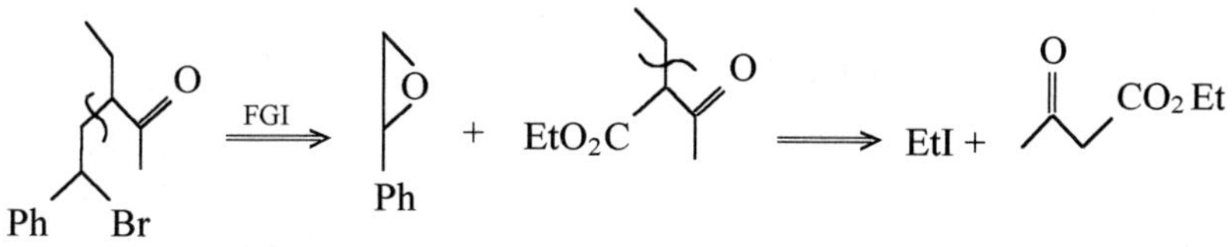

合成：

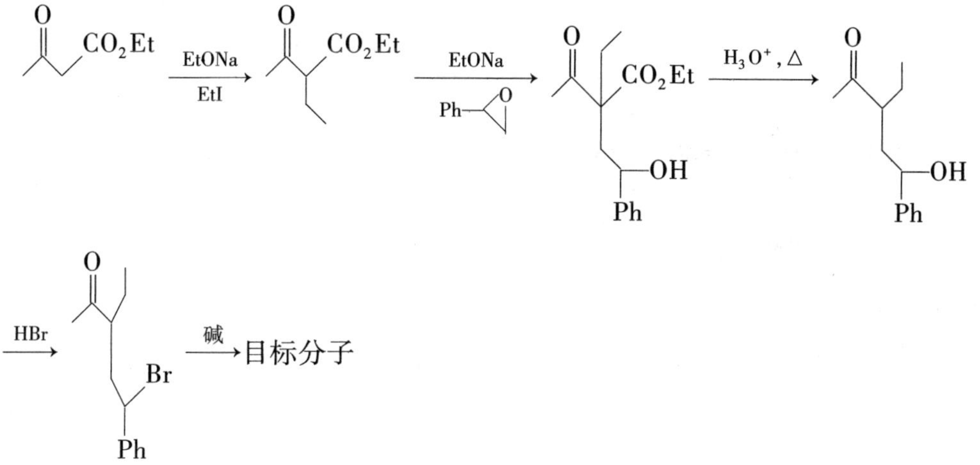

③ 设计 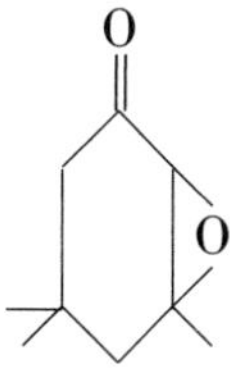 的合成路线。

分析：

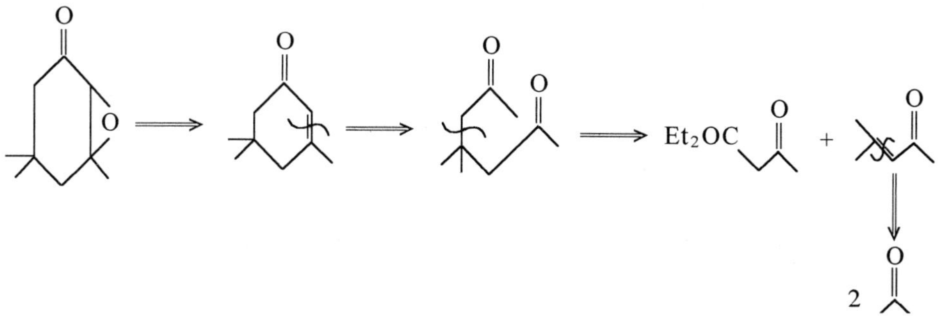

合成：

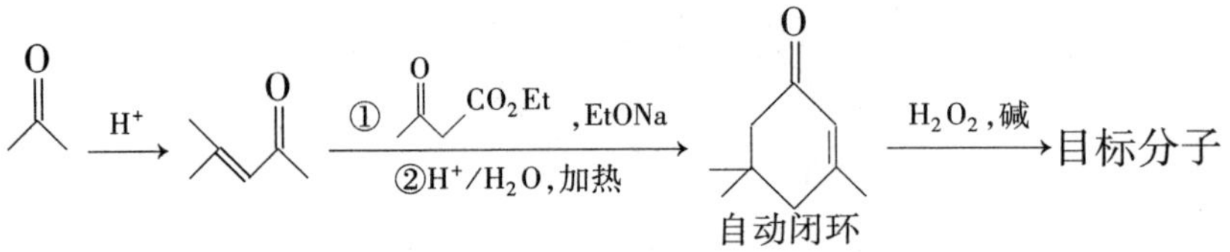

④ 设计 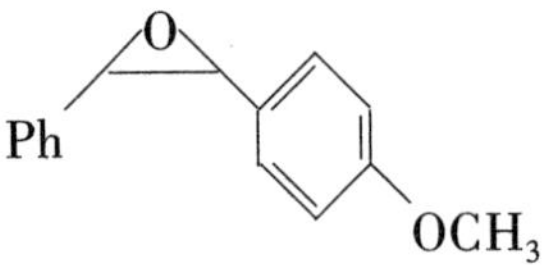 的合成路线。

分析：

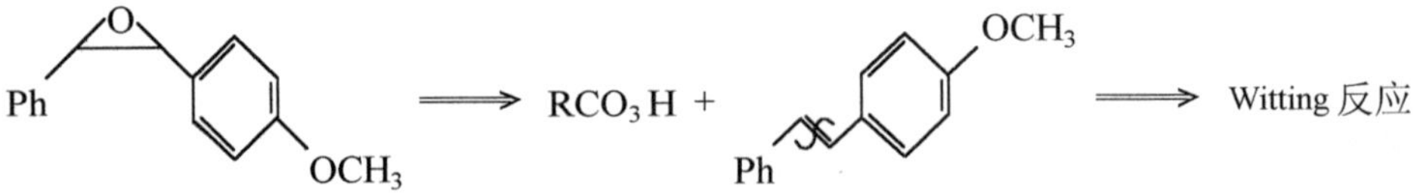

合成：

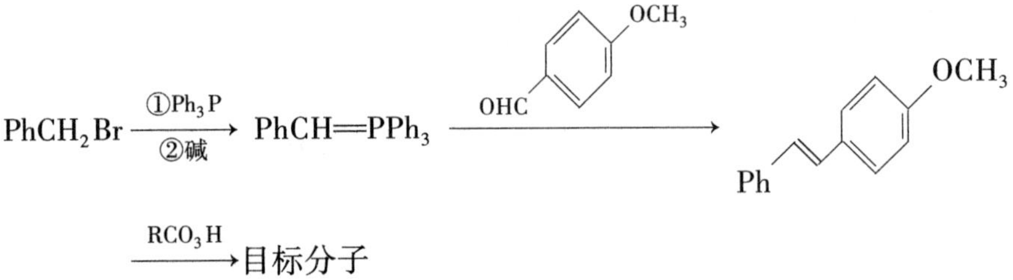

2. 四元环

用于四元环的最重要的切断，相当于烯烃的光化学 2+2 环加成反应。

① 设计 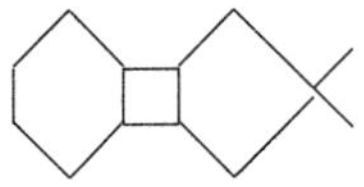 的合成路线。

分析：

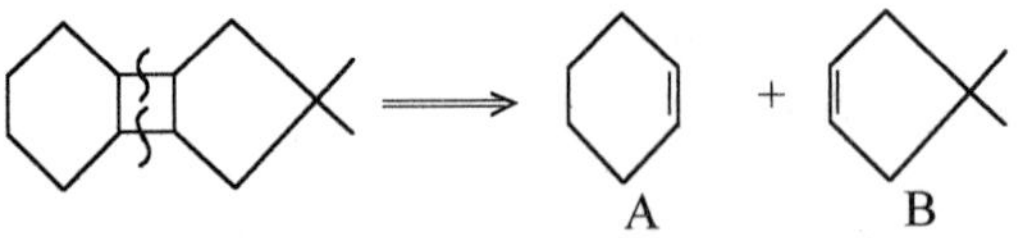

A 很易制得，但 B 的合成就不那么简单，而且已证明，最好不要从一元醇，而是从二元醇来制备它。

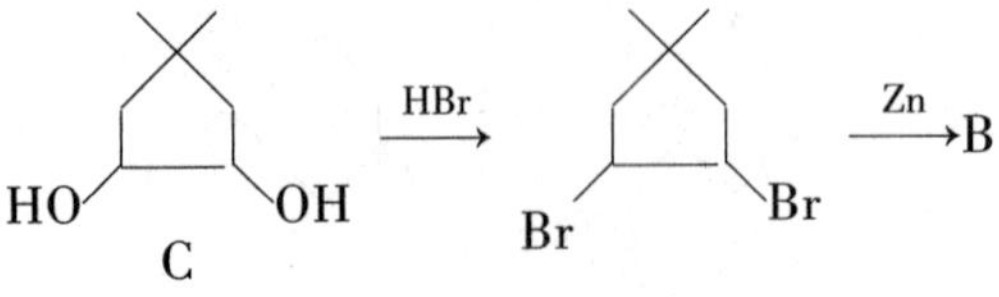

制备化合物 C 可采用下述切断方法，通过二羰基化合物还原反应制备。

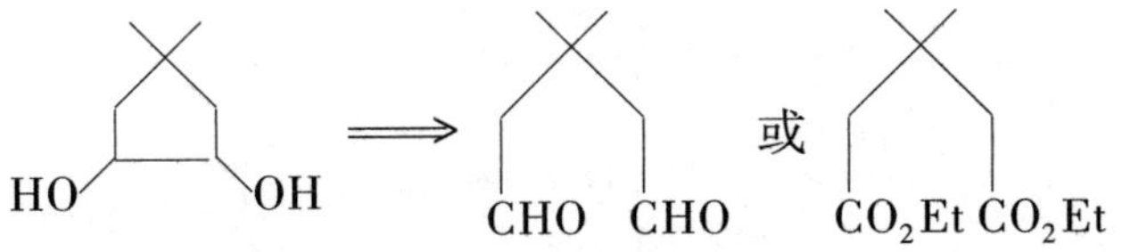

这些 1,5-二羰基化合物可通过 Michael 反应来制备。

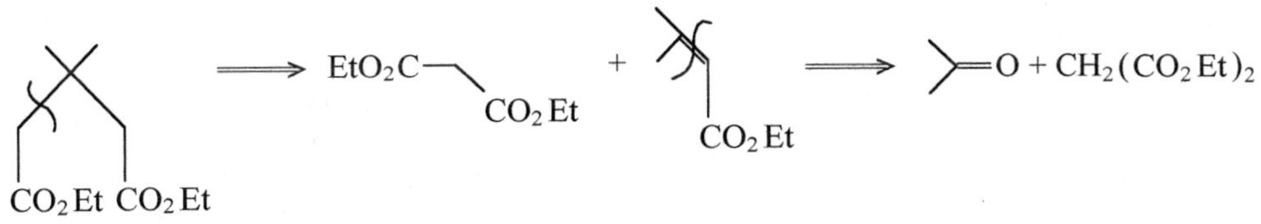

合成:

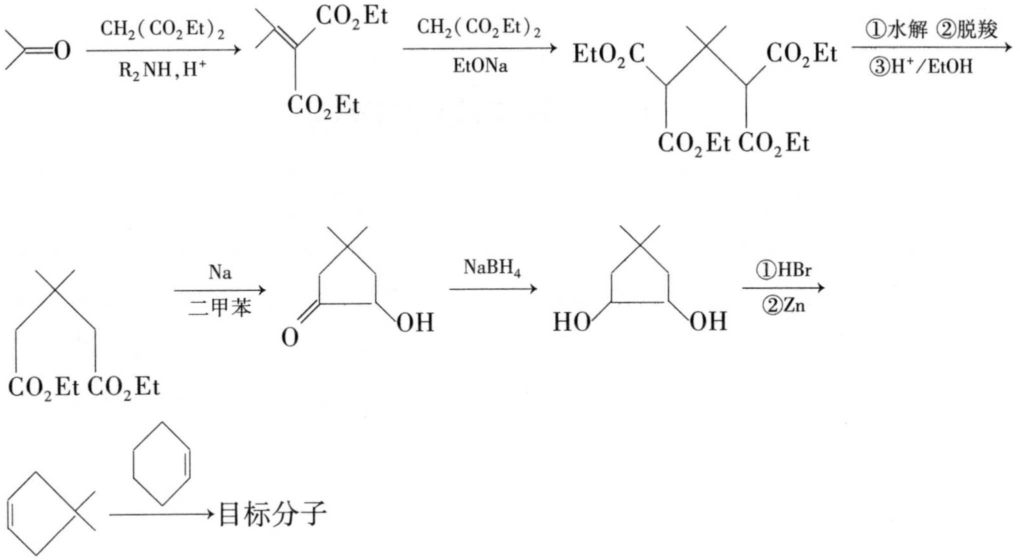

② 设计 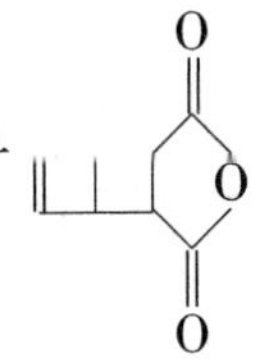 的合成路线。

分析:不经思考就分开两个环这种做法是无法正确地切断的,而对于上述目标分子打开环丁烯就给出如下的化合物。

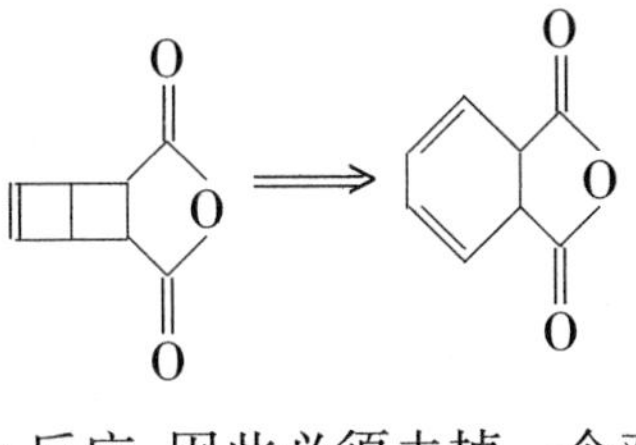

现在则需要一个 Diels-Alder 反应,因此必须去掉一个双键。

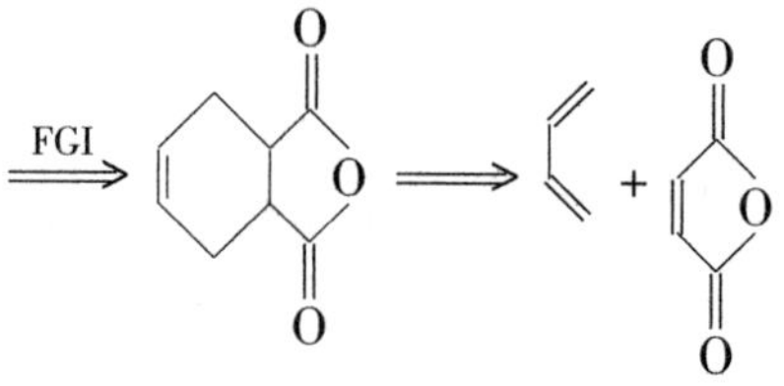

合成：

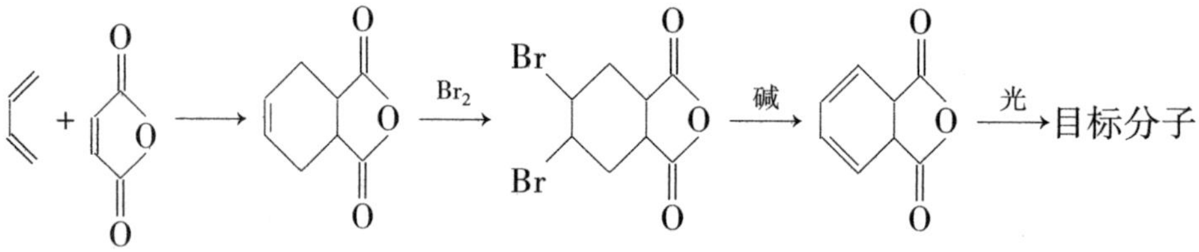

9.4　导向基的应用

对于一个有机分子,在进行化学反应时,反应发生的难易及位置一般是由它本身所连有的官能团决定的。在有机合成中,为了使某一反应按人为设计的路线来完成,常在该反应发生之前,在反应物分子中引入一个控制单元,通俗地讲就是引入一个被称为导向基的基团,用此基团来引导该反应按需要的方向进行。一个好的导向基还应具有"招之即来,挥之即去"的功能。也就是说,需要时应很容易地将它引入,任务完成后又可方便地将其去掉。

例如,合成1,3,5-三溴苯 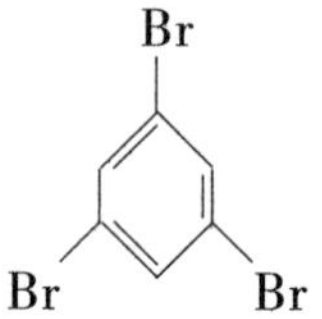 。

在苯环上的亲电取代反应中,溴是邻、对位定位基,现互居间位,显然不可由本身的定位效应而引入。它的合成就是引进了一个强的邻、对位定位基——氨基,使溴进入了氨基的邻、对位,并互为间位,而后再将氨基去掉。

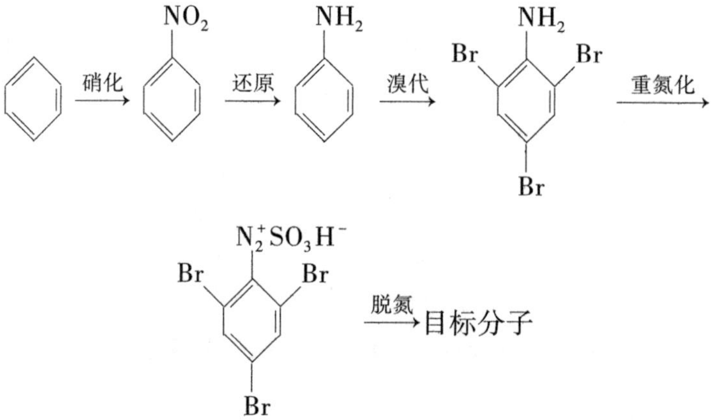

根据引入的导向基所起的作用不同,可分为下述三种导向类型。

9.4.1　活化导向

在分子中引进一个活化基作为控制单元，把反应导向指定的位置称为活化导向。利用活化作用来导向，是导向手段中使用最多的。上例中就是利用氨基对邻、对位有较强的活化作用而将溴引入指定的位置。在延长碳链的反应中，还常用甲酰基、乙氧羰基、硝基等吸电子基作为活化基来控制反应。

① 设计 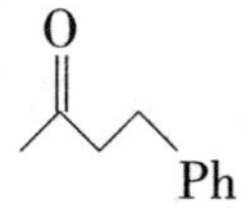 的合成路线。

分析：

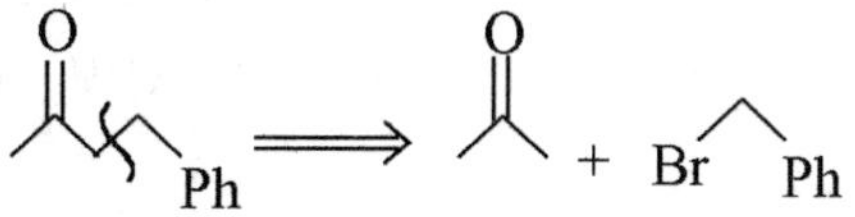

若以丙酮为起始原料，由于反应产物的活性与其相近，可以进一步反应。

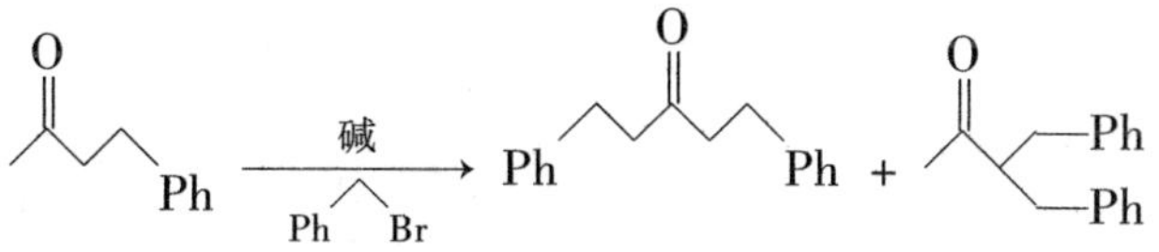

要解决这个困难，可引入一个乙氧羰基，使羰基两旁 α-碳上氢原子的活性有较大的差异。所以合成时应使用乙酰乙酸乙酯作原料，苄基引进后将酯水解成酸，再利用 β-酮酸易于脱羧的特性将活化基去掉。

合成：

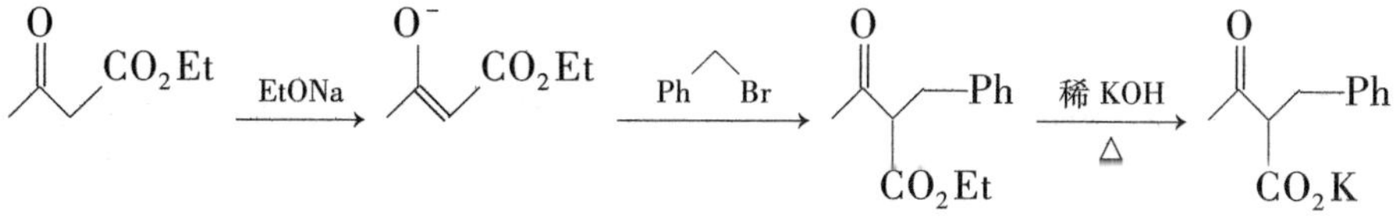

$\xrightarrow[\triangle]{H^+}$目标分子

② 设计 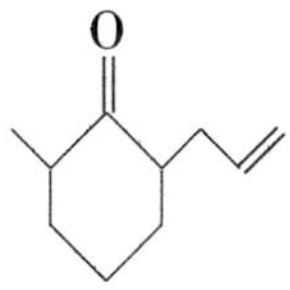 的合成路线。

分析：

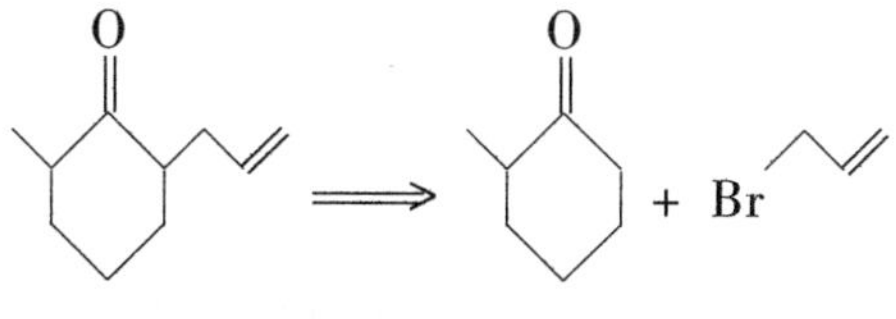

可以预料，当 2-甲基环己酮与烯丙基溴作用时，会生成混合产物，这个困难可以用甲酰基活化导向来解决。

合成：

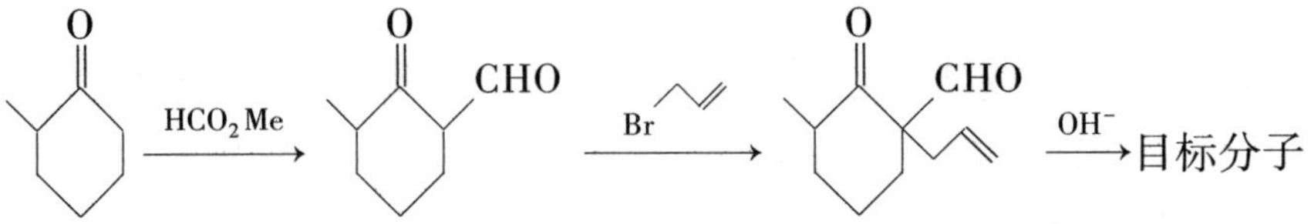

9.4.2　钝化导向

活化可以导向，钝化一样可以导向。例如对溴苯胺 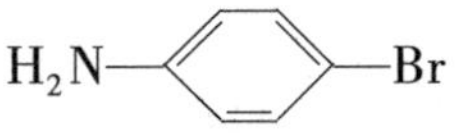 的合成。

氨基是一个很强的邻、对位定位基，溴代时易生成多溴取代产物。为了避免多溴代物的产生，必须将氨基的活化效应降低，这可以通过在氨基上引入乙酰基而达到此目的。乙酰氨基是比氨基活性低的邻、对位定位基，溴化时主要产物是对溴乙酰苯胺，溴化后，水解可将乙酰基除去。

合成：

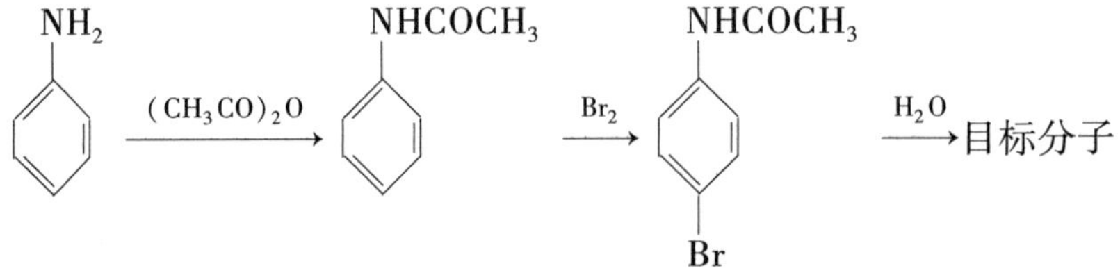

设计  的合成路线。

分析：

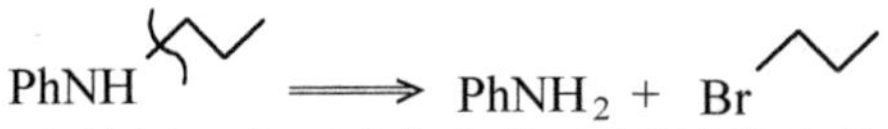

目标分子采用上述切断法效果不好，因为产物比原料的亲核性更强，不能防止多烷基化反应的发生。

$$PhNH_2 \xrightarrow{RBr} PhNHR \xrightarrow{RBr} PhNR_2 + PhN^{\oplus}R_3\ Br^{\ominus}$$

解决的办法是利用胺的酰化反应，酰化反应不易产生多酰基化产物，得到的酰胺再用氢化铝锂还原。所以目标分子应进行下述逆推。

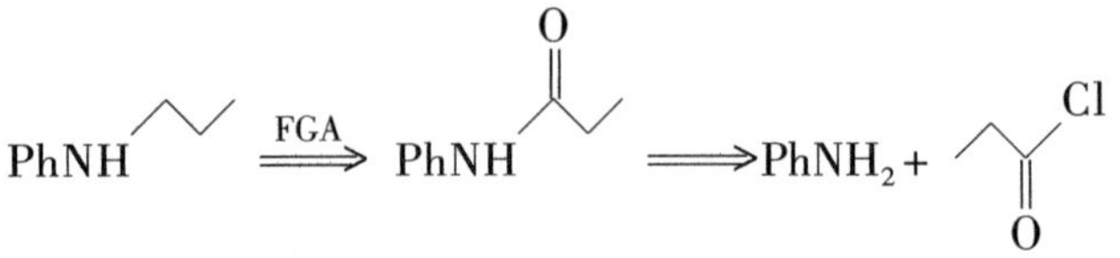

合成：

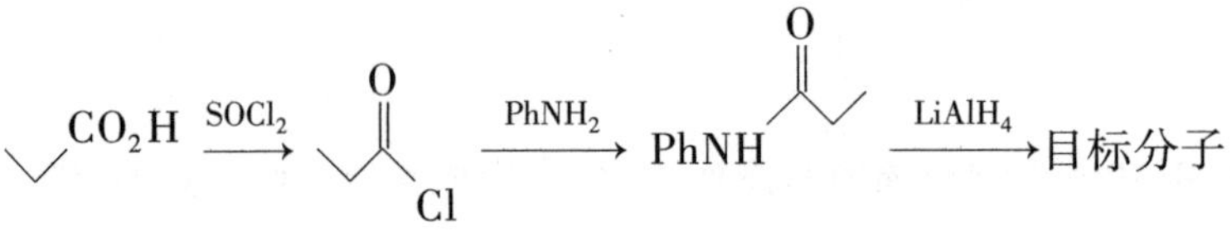

9.4.3　封闭特定位置进行导向

有些有机分子对于同一反应存在多个活性部位。在合成中，除了可以利用上述的活化导向、钝化导向以外，还可以引入一些基团，将其中的部分活性部位封闭起来，阻止不需要的反应发生。这些基团被称为阻断基，反应结束后再将其除去。在苯环上的亲电取代反应中，常引入磺酸基、羧基、叔丁基等作为阻断基。例如：

设计 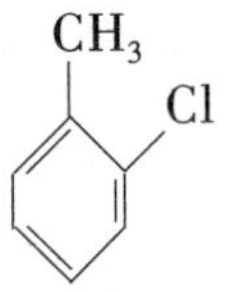 的合成路线。

分析：甲苯氯化时，生成邻氯甲苯和对氯甲苯的混合物，它们的沸点相近（分别为 159 ℃和 162 ℃），分离困难。合成时，可先将甲苯磺化，将对位封闭起来，然后氯化，氯原子只能进入邻位，最后水解，脱去磺酸基，就可得到纯净的邻氯甲苯。

合成：

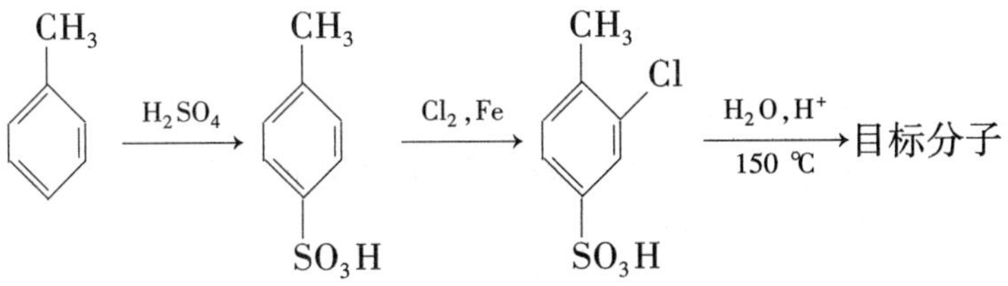

9.5　保护基的应用

在合成一个多官能团化合物的过程中，如果反应物中有几个官能团的活性类似，要使一个给定的试剂只进攻某一官能团是困难的。解决这个困难的办法，除可选用高选择性的反应试剂外，还可应用可逆性去活化的策略。所谓可逆性去活化就是以保护为手段，将暂不需要反应的官能团保护起来，暂时钝化，然后到适当阶段再除去保护基。

一个合适的保护基应具备下列条件：

① 引入时反应简单、产率高；

② 能经受必要的和尽可能多的试剂的作用；

③ 除去时反应简单、产率好，其他官能团应不受影响；

④ 对不同的官能团能选择性保护。

能否找到必要的合适的保护基，对合成的成败起着决定性的作用。由于不同的化合物需要加以保护的理由不同，因而所用的保护方法也自然不同。虽然目前已创造了许多保护基，但仍在继续寻找新的、更好的保护基，以满足不同的要求。因此，在本节中既无必要，也不可能介绍所有的保护基，而只是对重要类型的官能团需要加以保护的理由及大致的保护方法做概要的介绍。

9.5.1　羟基的保护

醇易被氧化、酰化和卤化，仲、叔醇常易脱水。所以在进行某些反应时，如欲保留羟基就必须将其保护起来。醇羟基的保护应用甚广，特别是在甾体、糖类（包括核苷和核苷酸衍生物）和甘油酯化学中。在众多的保护法中，最常用的可归纳为三类：形成醚类、缩醛类或缩酮类和酯类。现分别简述如下。

1. 转变成醚

将醇羟基用成醚的形式来保护，主要是形成以下几种醚。

（1）叔丁醚

将醇的二氯甲烷溶液或悬浮液在硫酸或三氟化硼-磷酸复合物存在下，于室温与过量异丁烯作用，可制得较高产率的叔丁醚。叔丁醚对碱和催化氢解均很稳定。脱保护基所使用的试剂是无水三氟乙酸或溴化氢-醋酸溶液。

此保护法的缺点是由于脱保护基所用的酸性条件比较猛烈，分子中存在对酸敏感的基团时不能使用。

（2）苄醚

将醇与氯苄和粉末状氢氧化钾作用，或与溴苄和一个合适的碱在二甲亚砜或二甲基甲酰胺溶剂中反应，可以制得相应的苄醚。苄醚不受碱的影响，对酸水解相当稳定，对过碘酸钠、四乙酸铅和氢化铝锂等试剂亦很稳定。除去苄基的方法是在中性溶液中于室温下用钯催化氢解，亦有报道用金属钠和乙醇或液氨还原将其除去。

例如 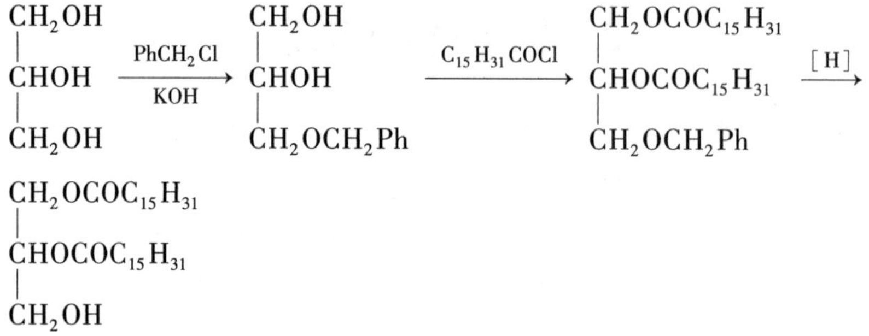

（3）三甲基硅醚

三甲基硅保护基的一个重要特色是它可以在非常温和的条件下引进和除去。通常引进三甲基硅醚保护基所用的试剂有三甲基氯化硅和六甲基二硅氨烷（$Me_3SiNHSiMe_3$）。在含水醇溶液中加热回流即可除去三甲基硅。

由于三甲基硅醚的不稳定性，合成中用此法保护醇羟基应用得较少。

叔丁基二甲硅醚较为稳定，能耐受氢氧化钾/醇的酯水解条件，并且还原条件温和等。

2. 转变成缩醛或缩酮

2,3-二氢-吡喃（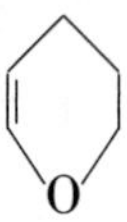）能与醇类起酸催化加成，生成四氢吡喃醚（一个缩醛系统）。

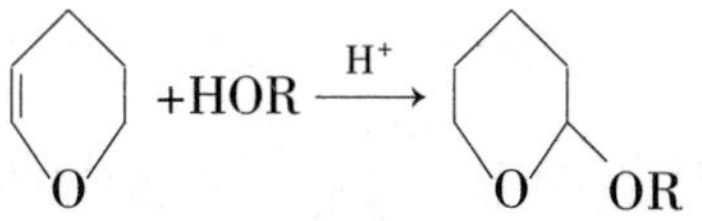

四氢吡喃醚可以在无溶剂或有溶剂存在下制备。常用的溶剂有：氯仿、乙醚、乙酸乙酯、二氧六环和二甲基甲酰胺。常用的催化剂是磷酰氯、氯化氢(包括浓盐酸)、对甲苯磺酸等。

伯醇、仲醇和叔醇都可以与四氢吡喃基结合，因此，对于多元醇不太可能进行选择性保护。

四氢吡喃醚的缩醛系统对强碱、格氏试剂、烷基锂、氢化铝锂、烷基化和酰基化试剂都稳定，然而，它在温和条件下即可进行酸催化水解。因此不能用于在酸性介质中进行的反应。

例如

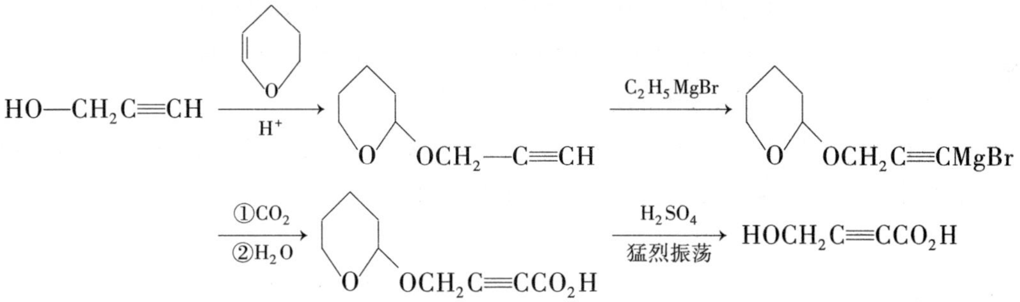

3. 转变成酯类

醇与酰卤、酸酐作用形成羧酸酯，或与氯甲酸酯作用形成碳酸酯，这是最常用来保护羟基的方法。此法可使醇在酸性或中性的反应中不受影响。该保护基团可以用碱水解的方法除去。

例如

$$ROH \xrightarrow[\text{吡啶}]{(CH_3CO)_2O} RO{-}\overset{\overset{\displaystyle O}{\|}}{C}CH_3 \xrightarrow[\text{或 } NH_3/CH_3OH]{\text{碱}/H_2O} ROH$$

$$ROH+Cl_3CCH_2OCOCl \xrightarrow{C_5H_5N} Cl_3CCH_2OCOOR \xrightarrow{Zn,\,HOAc} HOR$$

酚羟基与醇羟基在许多反应中性质类似，所以其保护方法也很相似，此处不再介绍。

9.5.2　氨基的保护

胺类化合物具有易氧化、烷基化及酰基化的特性，多种保护基都是为阻止这些反应而创造的。文献对氨基的保护有较详细的阐述，本节仅简述氨基的几种重要保护方法。

1. 质子化

从理论上讲，对氨基最简单的保护法是使氨基完全质子化，即占据氮原子上的未共用电子对以阻止取代反应的发生。但是实际上能在使氨基完全质子化所需的酸性条件下可以进行的合成反应是很少的。因此，这种方法仅用于防止氨基的氧化。

例如

$$\underset{\underset{NH_2}{|}}{R—CHCH_2OH} \xrightarrow[\text{稀硫酸}]{KMnO_4} \underset{\underset{NH_2}{|}}{R—CH—COOH}$$

2. 转变成酰基衍生物

将胺转变成取代的酰胺是一个简便且应用很广的氨基保护法。

伯胺的单酰基化往往已足以保护氨基，使其在氧化、烷基化等反应中保持不变。常用的酰基化剂是酰卤、酰酐。保护基可在酸性或碱性条件下水解除去。

例如

$$H_2NCH_2CH_2CHO \xrightarrow{(CH_3CO)_2O} CH_3CONHCH_2CH_2CHO \xrightarrow{KMnO_4}$$

$$CH_3CONHCH_2CH_2COOH \xrightarrow{\text{水解}} H_2NCH_2CH_2COOH$$

二元羧酸与胺形成的环状双酰胺衍生物（酰亚胺）是非常稳定的，因此，也适用于保护伯胺。丁二酸酐、邻苯二甲酸酐都是常用的酰化剂。

酸性或碱性条件下水解同样可脱保护基，其中邻苯二甲酰亚胺除了可在酸性或碱性条件下水解外，还可用肼解法，反应所需的条件更加温和。

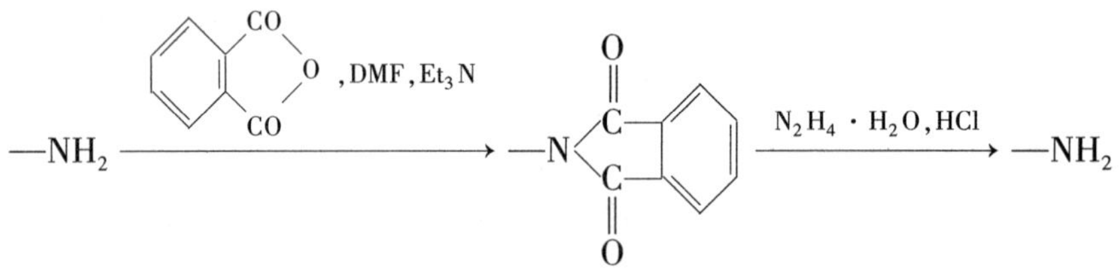

3. 转变成烷基衍生物

用烷基保护氨基主要是用苄基或三苯甲基。这是由于这些基团特别是三苯甲基的空间位阻效应对氨基可以起到很好的保护作用，而且还能很容易地除去。

苄基衍生物通常用胺和氯化苄在碱存在下进行制备。脱苄基可用催化加氢的方法，有时也可用金属钠及液氨。

三苯甲基衍生物也可用三苯甲基溴化物或氯化物在碱存在下与胺进行反应制备。三苯甲基除了可用催化加氢的方法除去外，还可在温和的酸性条件下除去，例如：乙酸水溶液，反应温度为 30 ℃；或三氟乙酸，反应温度为-5 ℃。

9.5.3　羰基的保护

醛、酮的羰基可以认为是有机化学中功能最多的基团。因此，对醛、酮羰基的保护方法进行了大量的研究工作。在众多的保护方法中，最重要的还是形成缩醛和缩酮。

1. 二烷基缩醛和缩酮

二烷基缩醛和缩酮一般只有醛和活泼的酮（无位阻的酮）才能形成。在酸催化下，醛、酮与醇或与原甲酸酯或与低沸点的酮反应即得。形成缩醛、缩酮的难易次序大致是：脂肪醛>芳香醛>烷基酮及环己酮>环戊酮>α,β-不饱和酮>α、α'-二取代酮≫芳香酮。缩醛或缩酮可以在酸性条件下水解。

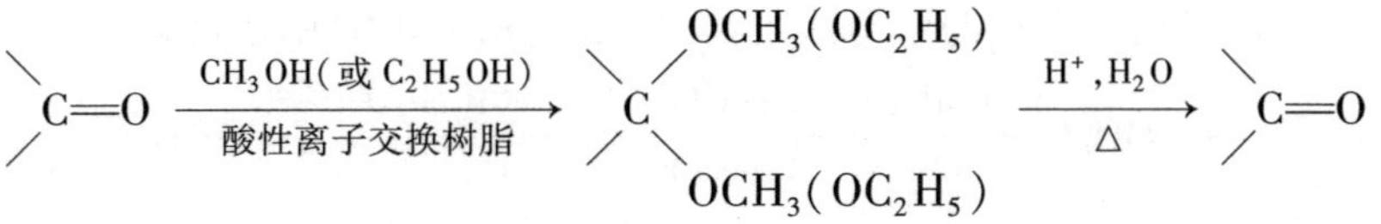

二甲基及二乙基缩醛和缩酮对钠/液氨、钠/醇、催化氢化、硼氢化钠、氢化铝锂、在中性和碱性条件下几乎所有的氧化剂(除臭氧外)、格氏试剂、氢化钠/碘甲烷、乙醇钾、氨、肼、氯化亚砜/吡啶等都稳定;但对酸不稳定。

2. 环状缩醛和缩酮

最常见的是形成1,3-二氧戊环化合物,该化合物比烷基缩醛、缩酮更为稳定,可耐大多数碱性及中性的反应条件。

1,3-二氧戊环化合物可在酸存在下用羰基化合物与乙二醇反应,用带水剂共沸除水而得,除干燥氯化氢外,芳香磺酸盐、Lewis 酸(如三氟化硼)也是常用的催化剂,吡啶盐酸盐、二氧化硒或丙二酸、己二酸是更温和的催化剂,可用于某些敏感的羰基化合物。例如:

设计 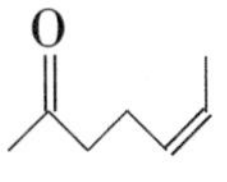 的合成路线。

分析:

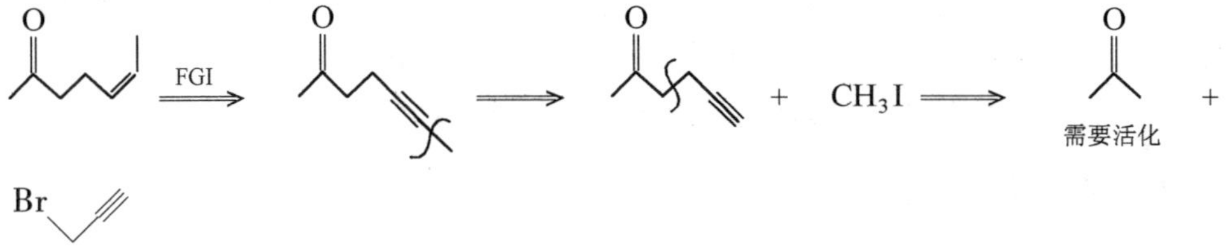

合成:

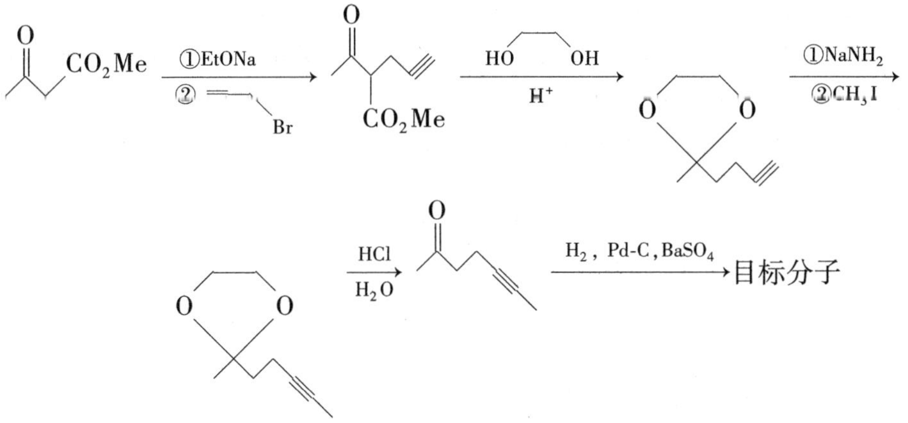

在酸催化下使羰基化合物与低沸点酮的二氧戊环衍生物进行交换,也是制备这类化合物的方法之一。蒸去生成的低沸点酮使平衡发生移动。常用的低沸点的二氧戊环衍生物是丁酮的二氧戊环,或者是丙酮的二氧戊环。

9.5.4　羧基的保护

羧基一般用转变成酯的方法加以保护。转变成甲酯、乙酯、叔丁酯、苄酯或取代苄基酯等较为常见。如芳香酸加热容易脱羧,可转变为甲酯、乙酯加以防止。

甲酯、乙酯可以用羧酸直接与甲醇或乙醇酯化制备,又可简单地被碱水解。

$$\text{—COOH} \xrightarrow[(\text{R}=\text{Me},\text{Et})]{\text{ROH},\text{H}^+} \begin{cases}\text{—COOMe}\\ \text{—COOEt}\end{cases} \xrightarrow{\text{NaOH},\ \text{H}_2\text{O}} \text{—COOH}$$

叔丁酯可以由羧酸先转变为酰氯,然后再与叔丁醇作用,或羧酸与异丁烯直接作用而得。它不能氢解,并且在常规条件下也不被氨解及碱催化水解。

$$\text{—COOH}\begin{cases}\text{—COCl} \xrightarrow{(\text{CH}_3)_3\text{COH}} \text{—COOC}(\text{CH}_3)_3 \xrightarrow[\text{苯},\triangle]{p\text{-CH}_3\text{C}_6\text{H}_4\text{SO}_3\text{H}} \text{—COOH}\\ \xrightarrow{(\text{CH}_3)_2\text{C}=\text{CH}_2,\ \text{H}_2\text{SO}_4} \text{—COOC}(\text{CH}_3)_3\end{cases}$$

苄基类酯可以由羧酸与苄卤在碱性条件下作用而得。它除了可以在碱性或强酸性条件下水解外,还能很快地被氢解,这是它的显著特点。

$$\text{—COOH} \longrightarrow \text{—COOK} \xrightarrow{\text{PhCH}_2\text{Cl}} \text{—COOCH}_2\text{Ph} \xrightarrow{\text{H}_2,\text{Pd}} \text{—COOH}$$

9.6　合成路线的评价标准

如前所述,一种有机化合物的合成,往往可以由相同或不同的原料经由多种合成路线得到。要想从这些合成路线中确定最理想的一条路线,并成为工业生产上可用的工艺路线,则需要综合而科学地考察设计出的每一条路线的利弊,择优选用。

一般来说,在选择理想的合成路线时应考虑以下几方面的问题。

9.6.1　原料和试剂

原料和试剂是组织正常工作的基础。因此,在选择工艺路线时,首先应考虑每一条合成路线所用的各种原料和试剂,包括原料和试剂的利用率、价格和来源。

所谓原料的利用率包括骨架和官能团的利用程度,这主要由原料的结构、性质和所进行的反应来决定。就是说使用原料的种类应尽可能少一些,结构的利用率应尽可能高一些。

原料和试剂的价格直接影响到成本。对于准备选用的那些合成路线,应分别考虑各自的原料消耗及价格以资比较。

除了考虑原料和试剂的利用率及价格以外,它们的来源和供应情况也是不可忽视的问题。首先,原料、试剂应立足于国内,且来源丰富。有些原料一时得不到供应时,则还要考虑可否自行生产的问题。对于某些产量较大的产品,选用工艺路线时还要考虑到原料的运输问题。

国内外各种化工原料和试剂目录和手册可为挑选合适的原料和试剂提供重要线索。另外,了解工厂生产信息,特别是许多重要的化工中间体方面的情况,亦对原料的选用有很大的帮助。

9.6.2　反应步数和总产率

合成路线的长短直接关系到合成路线的价值,所以对合成路线中反应步数和反应总产率的计算是衡量合成路线的最直接方法。这里反应的总步数是指从所用原料或试剂到达所需合成化合物(目标分子)所需的反应步数之和;总产率是各步产率的连乘积。假如某一合成路线中每一步反应的产率为90%,若该合成路线需十步完成,则总产率为35%;若该合成路线仅需三步完成,则总产率为73%。由此可见,合成反应步骤越多,总产率也就越低,原料消耗就越大,成本也就越高。另外,反应步骤的增加,必然带来反应周期的延长和操作步骤的繁杂。因此,应尽可能采用步骤少、产率高的合成路线。

此外,应用收敛型的合成路线也可提高合成效率。

例如

第一条路线

$$A \to B \to C \to D \to E \to F \to G \to P$$

总产率 $= (80\%)^7 = 21.0\%$　(假设每一步反应的产率为80%)

第二条路线

$$\left.\begin{matrix} H \to J \to L \to N \\ I \to K \to M \to O \end{matrix}\right\} \to P$$

总产率 $= (80\%)^4 = 40.9\%$

显然从总产率的角度考虑,选择第二条合成路线较为适宜。

9.6.3　中间体的分离与稳定性

选择中间体常常是合成设计成败的关键。一个理想的中间体应稳定且易纯化。这个问题对于处理时间长、操作条件控制困难的工业化生产更加重要。一般而言,一条合成路线中有一个或两个不太稳定的中间体,通过细致的工作尚可解决,如存在两个或两个以上相继不稳定的中间体就很难成功。所以在选择合成路线时,应尽量少用或不用存在对空气、水敏感或纯化过程繁杂、纯化损失大的中间体的合成路线。有机金属化合物是一类非常有用的合成试剂,它们能发生许多选择性很高的反应,使一些常规方法难以进行的反应变为容易。但是有机金属化合物在工业生产中的应用并不广泛,这主要是因为它们在通常的条件下是很活泼的。

9.6.4　设备要求

许多精细化学品的合成反应需要在高温、高压、低温、高真空及严重腐蚀的条件下进行,这就需用特殊材质、特殊设备。在考虑合成路线时应该考虑到这些设备和材料的来源、加工以及投资问题,这对于一些中小型的精细化工企业更为重要。应尽量选不需用特殊材质、不需高压、高温、高真空或复杂防护设备的合成路线。当然对于那些能显著提高产率,或能实现机械化、自动化、连续化,显著提高劳动生产力,有利于劳动防护及环境保护的反应,即使设备要求高些,技术复杂些,也应根据可能条件予以考虑。

9.6.5　安全度

在许多精细化学品的合成中,经常遇到易燃、易爆和有毒的溶剂、原料和中间体。为了确保安全生产和操作人员的人身安全和健康,在选择合成路线时,应优先着眼于不使用或尽量少用易燃、易爆和有毒性的原料,同时还要考虑中间体的毒性问题。若必须采用有毒物质时,则需考虑相应的安全技术措施,防止事故的发生。

9.6.6 “三废”问题

人们赖以生存的地球正受到日益严重的污染，这些污染严重地破坏着生态平衡，威胁着人们的健康。环境保护、环境治理已成为刻不容缓的工作。化工生产中产生的危害环境的废气、废液和废渣的多少以及处理方法，是在考虑合成路线继而实施工业生产时必须同时考虑的一个重要方面。应优先考虑“三废”排放量少，处理容易的工艺路线，并对“三废”的综合利用和处理方法提出初步的方案。而对一些“三废”排放量大、危害严重、处理困难的工艺路线应坚决摒弃。

此外，能源消耗、操作工序的简繁都是应该考虑的问题。综合上述诸因素，才可确定一条较为适宜的合成工艺路线，并经过实验室研究加以改进才可逐步放大到工业化生产。

9.7 合成设计应用实例

9.7.1 对羧基苄胺

止血药对羧基苄胺(PAMBA)又名抗血纤溶芳酸，化学名为对氨甲基苯甲酸，结构式是

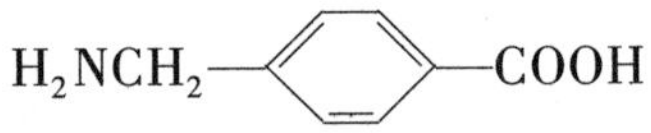

对羧基苄胺的结构特点是分子中有一个苯环，并在苯环的对位连有羧基和氨甲基各一个。参照苄胺可由硝基苯按下列次序进行反应而合成，以及羧基在上述反应中都可以不受破坏，能够推想出对羧基苄胺可以采用对硝基苯甲酸为原料，按照同样的步骤来合成。

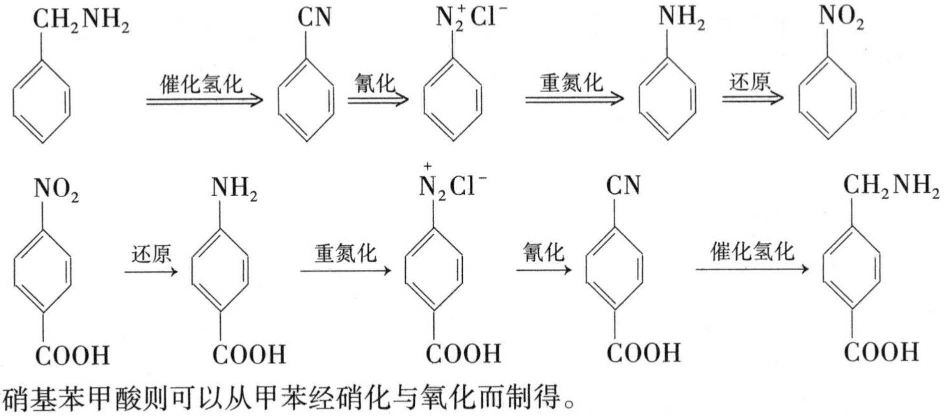

而对硝基苯甲酸则可以从甲苯经硝化与氧化而制得。

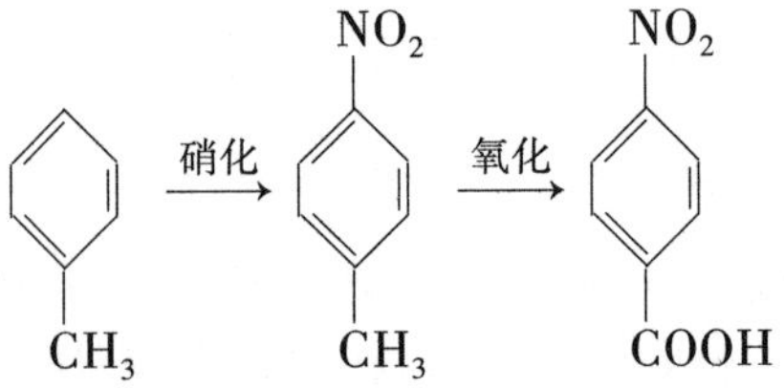

由上可知，对羧基苄胺可以甲苯为基本原料，经硝化、氧化、还原、重氮化、氰化与催化氢

化共六步反应而制得，这条路线也是目前国内药厂采用的，优点是各步反应较易控制，但缺点较多，例如：氰化一步需要使用剧毒的氰化钠，劳动保护要求很高；催化氢化一步需要加压反应设备；工艺路线较长，从对硝基苯甲酸计算，总产率为 25% ~30% 。

此外，也可以参照苄胺可由甲苯经氯苄制得的思路推导：

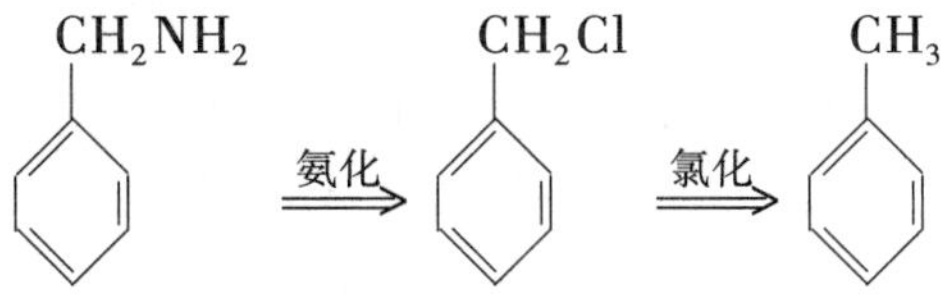

采用对甲基苯甲酸制备对羧基苄胺。

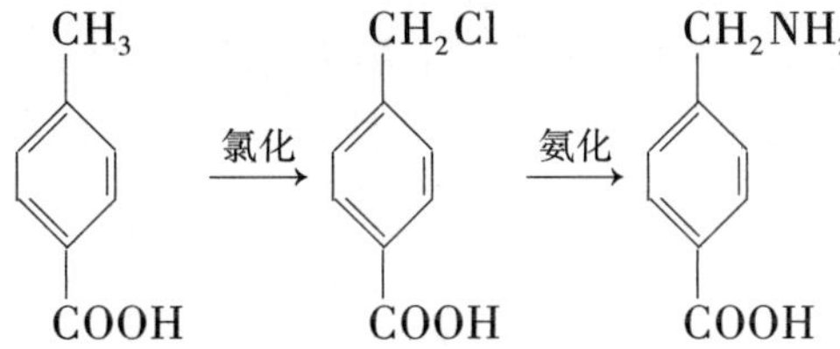

对甲基苯甲酸是合成涤纶的一个中间体，它是以对二甲苯为原料，经空气部分氧化而制得的。

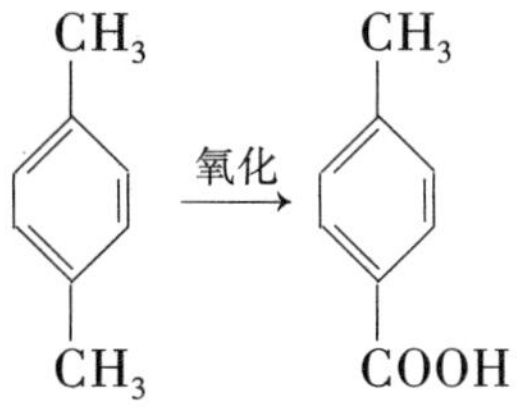

对二甲苯的主要来源是从炼焦副产物及石油加工所得混合二甲苯中取得的，特别是后者。随着近年来石油化学工业的迅速发展，这个原料更易获得。因此，这一路线是较有发展前途的。

由上可知，反应的难易、路线的长短、主要原料的来源（是否便宜与易得）等，都是确定一条合成路线时应当考虑的因素。

9.7.2　普鲁卡因

普鲁卡因为局部麻醉药，用于浸润麻醉、传导麻醉及封闭疗法等，又名奴佛卡因，化学名为对氨基苯甲酸-β-二乙胺基乙酯盐酸盐，结构式为

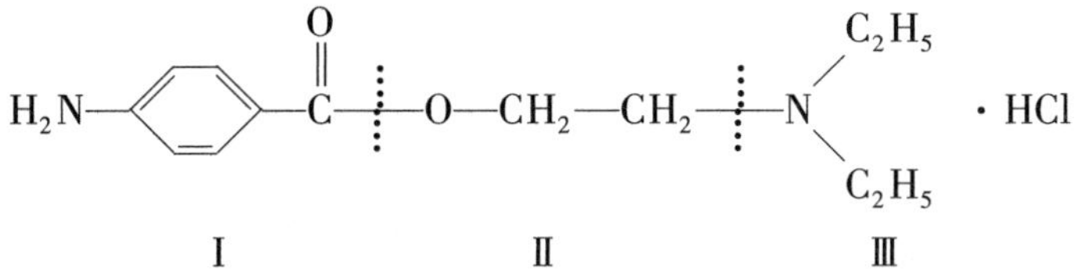

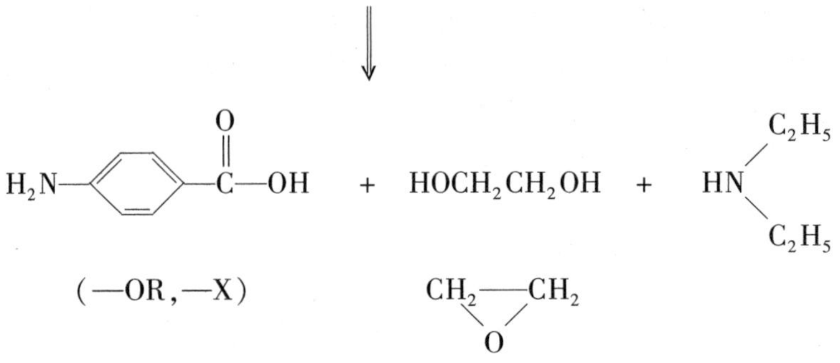

Ⅰ′　　Ⅱ′　　Ⅲ′

根据化繁为简的原则，普鲁卡因的分子可以看成是由Ⅰ、Ⅱ、Ⅲ三个部分组成，分子中含有一个胺键和一个酯键，合成普鲁卡因的方法，就是把这三个部分连接起来的化学过程。由于连接的方法不同，采用的原料或中间体也就不同，因此普鲁卡因有多种合成路线，但其起始原料不外乎对氨基（或硝基）苯甲酸或其衍生物Ⅰ′、乙二醇或其衍生物Ⅱ′，与二乙胺Ⅲ′。至于Ⅰ、Ⅱ、Ⅲ三个部分的连接顺序，有两种可能性：

$$\mathrm{I}+\mathrm{II}\longrightarrow \mathrm{I}-\mathrm{II}\xrightarrow{\mathrm{III}}\mathrm{I}-\mathrm{II}-\mathrm{III}$$

$$\mathrm{II}+\mathrm{III}\longrightarrow \mathrm{II}-\mathrm{III}\xrightarrow{\mathrm{I}}\mathrm{I}-\mathrm{II}-\mathrm{III}$$

也就是先形成酯键后形成胺键，还是先形成胺键后形成酯键的问题。

由于连接的顺序不同，不仅酯化和胺化时所用的原料不同，而且还需选用不同的方法来适应不同的要求，所以在分析比较合成路线时，还需将连接的顺序与方法联系起来考虑，才能找出各合成路线的优缺点与相互差别，从而抓住问题的实质，确定最合适的合成路线。

现对普鲁卡因分子中胺键与酯键的形成方法，结合不同的连接顺序分别讨论如下。

1. 从胺键形成的角度考虑

(1)先形成酯键，后形成胺键

例如

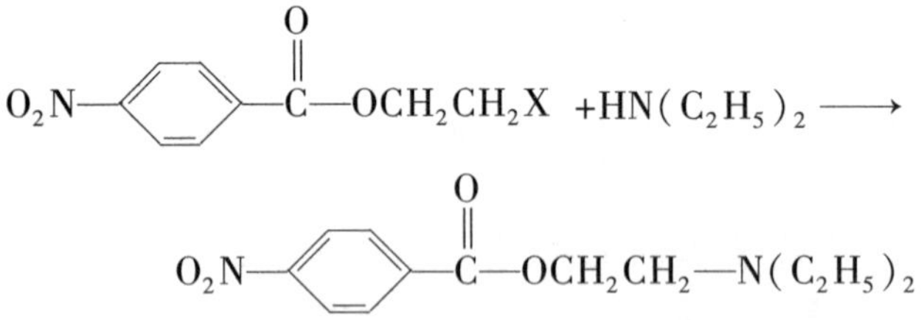

当卤素为氯时，反应要在加压下才能完成，所以对设备要求较高；当卤素为溴时，反应虽可在常压下进行，但溴化物中间体成本较高，工业上难以推广采用。

(2)先形成胺键，后形成酯键

例如

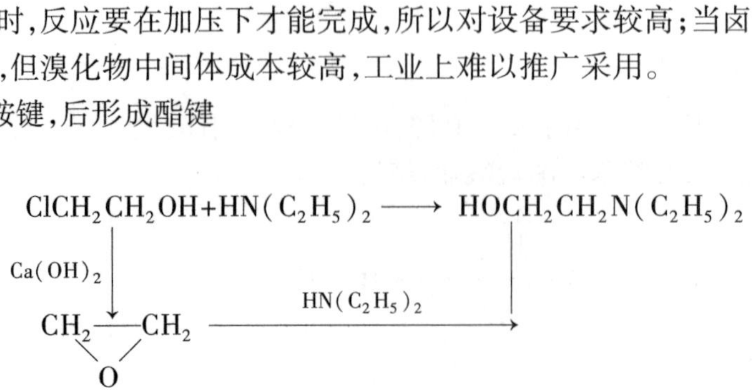

工业上可用质量分数为 98% 以上的氯乙醇直接与二乙胺作用，或先将氯乙醇制成环氧乙烷，然后与二乙胺作用，都可制得二乙胺基乙醇。上述反应在常压下便可完成，对设备要求较低，所用原料容易得到，产率较高，所以已被国内药厂所采用。

由上可知，从形成普鲁卡因的胺键的角度考虑，采用先形成胺键，后形成酯键的顺序是较为理想的。

2. 从酯键形成的角度考虑

酯键的形成通常使用下列的方法。

（1）利用酰氯和醇反应来形成酯键

$$R-\overset{O}{\overset{\|}{C}}-Cl + HOR' \longrightarrow R-\overset{O}{\overset{\|}{C}}-OR' + HCl$$

合成时采用的顺序不同，被酰化的醇也就不同。

当采用先形成酯键，后形成胺键的顺序时，反应为

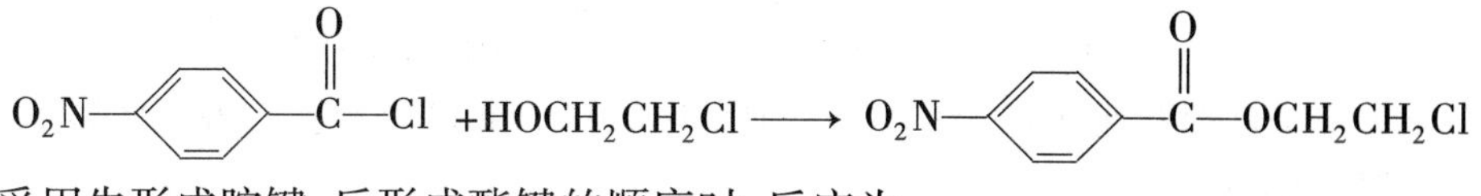

当采用先形成胺键，后形成酯键的顺序时，反应为

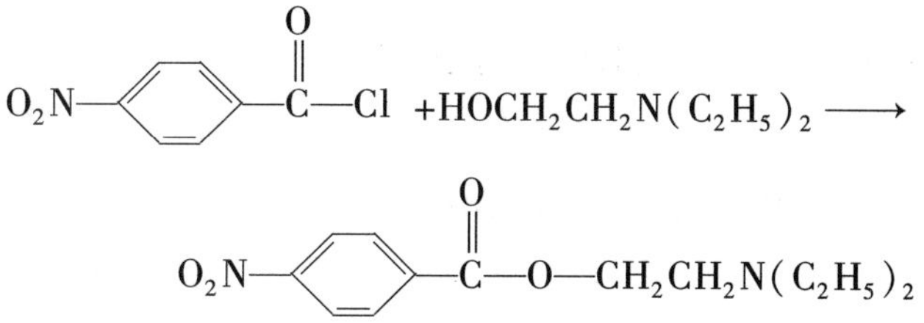

上述两种顺序都使用同样的试剂——对硝基苯甲酰氯，它是由对硝基苯甲酸与氯化亚砜或三氯化磷等氯化剂作用而制得的。

这样不仅合成时反应多了一步，并且氯化剂的毒性及它对机械设备的腐蚀性等问题都给生产带来了一定的困难，因此这种形成酯键的方法工业上已不采用。

（2）利用羧酸盐和卤代烷反应来形成酯键

$$R-\overset{O}{\overset{\|}{C}}-OM + X-R' \longrightarrow R-\overset{O}{\overset{\|}{C}}-OR' + MX$$

$$M = Ag, K, Na$$

羧酸银在水中难溶，故易于提纯与干燥，但因价格太贵，很少采用。工业生产多用羧酸的钾盐或钠盐，但它们在浓缩至干时很易结成硬块，既不易完成干燥，又很难粉碎，给生产操作带来了很多不便。国内药厂最初生产普鲁卡因曾采用下述合成路线。

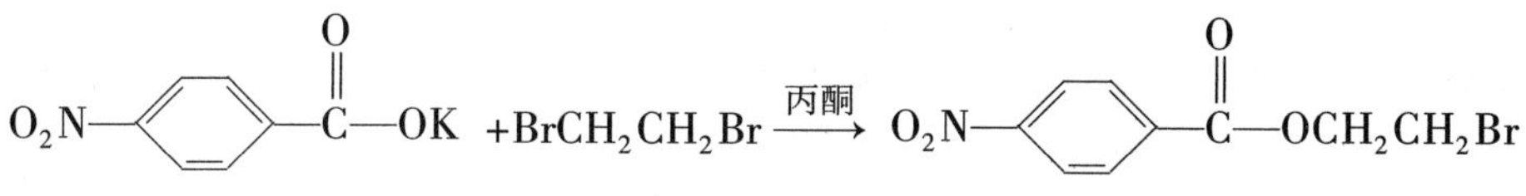

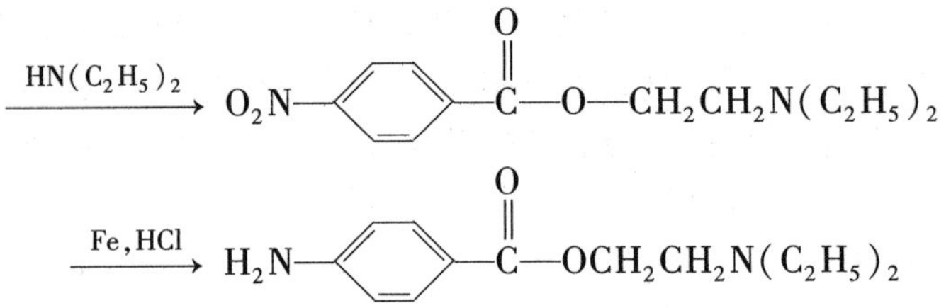

酯键形成后的中间体，在常压下就能与二乙胺作用，形成胺键。这条路线的主要特点是将原来需要高压操作的工艺改为常压反应，解决了当时的生产设备问题，但需要较贵的二溴乙烷及大量的丙酮。这从工业生产来看，显然是不经济的，如今已为其他更好的合成路线所取代。

(3)通过酯化反应或酯交换反应来形成酯键

$$R-\overset{O}{\overset{\|}{C}}-OH + HOR' \longrightarrow R-\overset{O}{\overset{\|}{C}}-OR' + H_2O$$

$$R-\overset{O}{\overset{\|}{C}}-OR'' + HOR' \longrightarrow R-\overset{O}{\overset{\|}{C}}-OR' + R''OH$$

当采用先形成酯键后形成胺键的顺序，则用作原料的醇可以是乙二醇、环氧乙烷或氯乙醇。现分别讨论如下：

① 以乙二醇为原料

当以乙二醇为原料时，往往有副产物二酯形成。

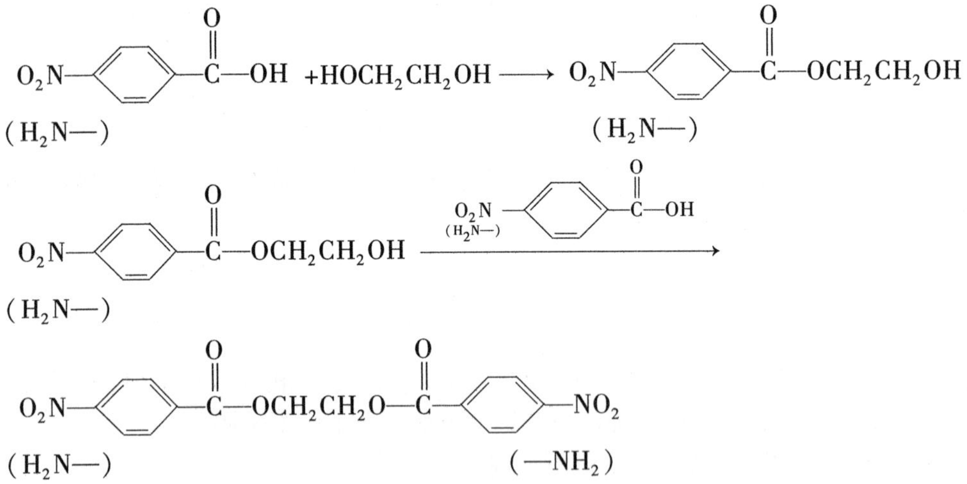

要提高主要产物的产率，就需使用过量较多的乙二醇，但分离二酯与回收过量的乙二醇，都将使后处理工作复杂化，不仅占用了生产中的设备与人力，并且成本也必然增高，故而此法不够理想。

② 以环氧乙烷为原料

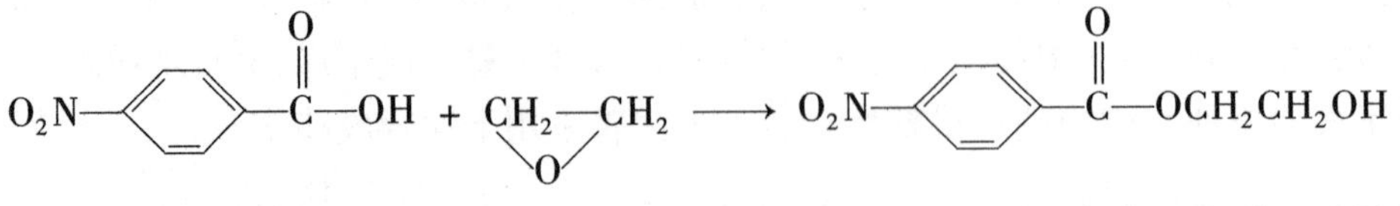

在室温将环氧乙烷通入羧酸溶液中，就可以顺利地完成反应，产率也很高，过量的环氧乙烷可以蒸出回收。

但如用氨基苯甲酸为原料，则需用乙酰化保护氨基，以免环氧乙烷在氨基处发生羟乙基化反应：

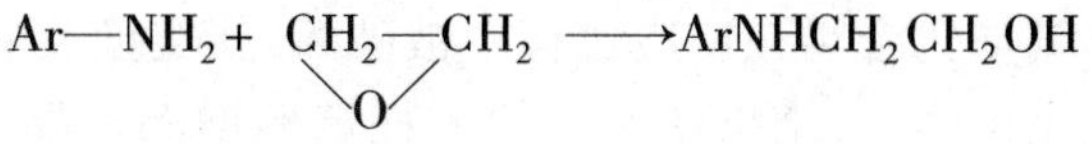

这样在反应完成后还需除去乙醚基，结果使反应步骤增多，总产率下降，所以还是用对硝基苯甲酸作原料较为合适。

不过，上述①与②两种方法制得的羟基化合物，需要氯化后才能与二乙胺形成胺键。

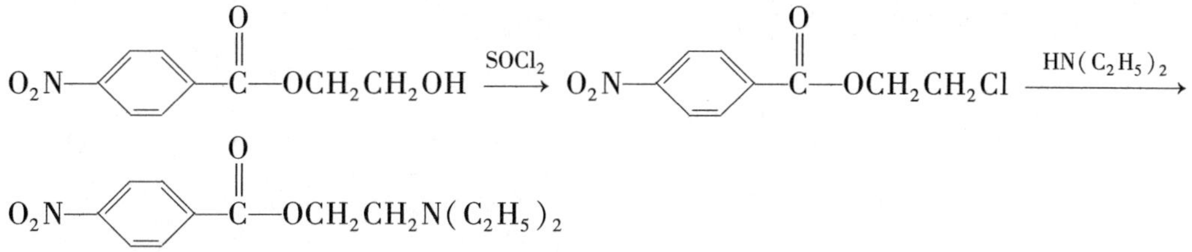

因此，反应步骤又增多了，并且氯化剂的毒性及对设备的腐蚀性，都使上述两种方法不为工业生产所欢迎。

③ 以氯乙醇为原料

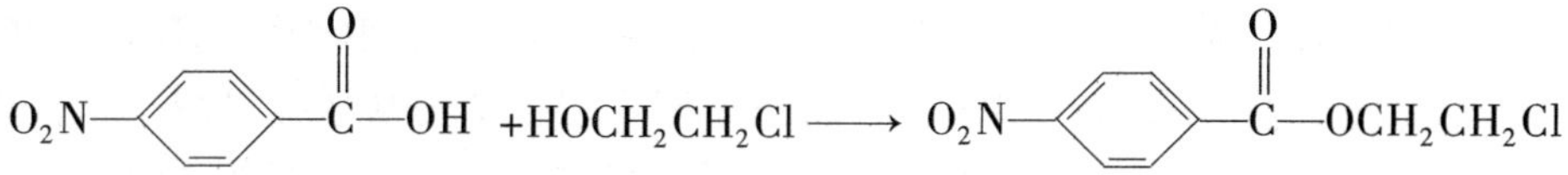

酯化产物可以直接与二乙胺作用，从这点看，本法较上述二法为优，但是反应需要加压设备，所以仍未被生产采用。

目前国内药厂生产普鲁卡因所采用的合成路线是先形成胺键，再形成酯键。

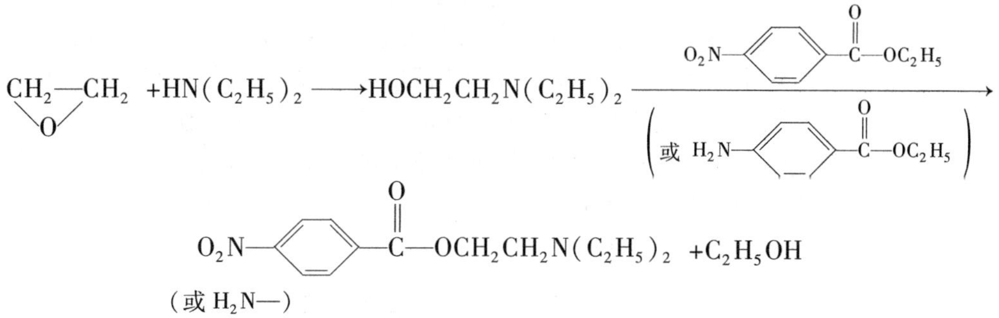

现在还有一个问题需要解决：苯环上硝基的还原应安排在酯交换反应的前面还是后面？一般的原则是将价格高的原料安排在最后使用，因为在这之后再有反应，产率总要打折扣，成本必然提高。二乙胺基乙醇的价格是原料中最高的，因此过去国内药厂采用的合成路线是先还原硝基，后进行酯交换反应。

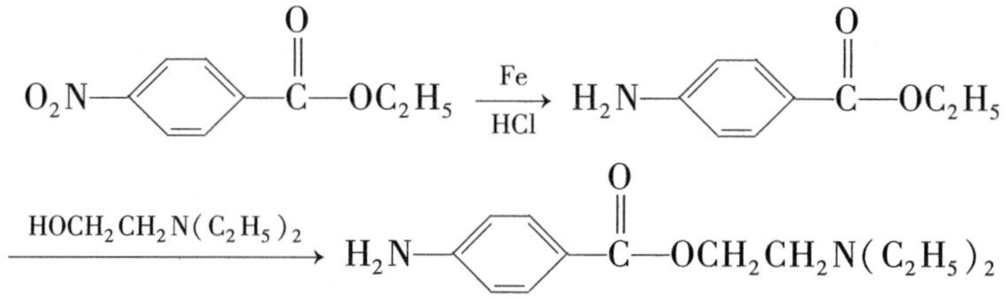

此法的优点是生产周期短，原料较易获得，但从生产实际情况来看，仍存在一些缺点。

例如，还原反应产率不高（约75%），而且还原产物对氨基苯甲酸乙酯不溶于水，与铁泥分离时需用有机溶剂提取，后处理操作复杂，设备也相应增加。酯交换反应要用钠作催化剂，既贵又不安全。为了防止氨基化合物在反应过程中被破坏，酯交换反应温度不宜过高，反应完毕后过量的氨基盐不能完全蒸出，结果使原料的消耗定额增高。酯交换反应后生成的普鲁卡因中如夹有对氨基苯甲酸乙酯也很难分离除去（常用有机溶剂进行重结晶）。这些缺点的存在给这条合成路线带来的问题是，原料消耗定额高，产品质量不稳定，劳动生产率低，成本较高。后来国内药厂在工艺路线的改革方面做了不少工作，在实践中发现将还原与酯交换二步反应的顺序对调一下，就基本上解决了上述缺点。

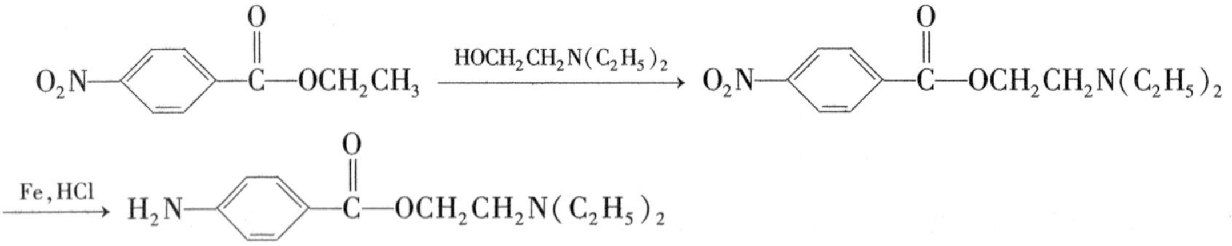

生产实际说明，酯交换产物（简称硝基卡因）与未作用的对硝基苯甲酸乙酯很易分离（如用质量分数为6%的盐酸调 pH 达到 1 时，生成物溶解，原料不溶），而且酯交换反应时可不用钠，既安全又经济，酯交换反应的转化率虽不高，但原料都可回收套用，所以消耗定额较低；最后一步还原反应产率很高（93%左右），还原产物普鲁卡因盐酸盐易溶于水，与铁泥很易分离；精制时可用水重结晶，既安全又经济，成品质量也很好。由上可知，将酯交换反应与还原反应的顺序对调后，原来精制对氨基苯甲酸乙酯及普鲁卡因所需用的有机溶剂，以及这些后处理与精制的设备都可省去，因此改进后的合成路线较为优越，例如后处理比较方便，设备要求简单，最后二步总产率可达76%以上，因此已被国内药厂所采用。

但是事物总是不断前进的，对技术要求精益求精，从总体上来看，用酯交换反应来形成酯键的方法毕竟还是多了一步反应，如能通过酯化反应来形成酯键，便可减少反应步骤。南京制药厂曾将酯化—酯交换工艺路线改革为直接酯化。这种一步酯化法的新工艺是利用沸点较高的二甲苯带走酯化反应中生成的水，使酯化反应的平衡不断被打破，从而达到提高产率的目的。这就比原来的工艺路线又前进了一步。

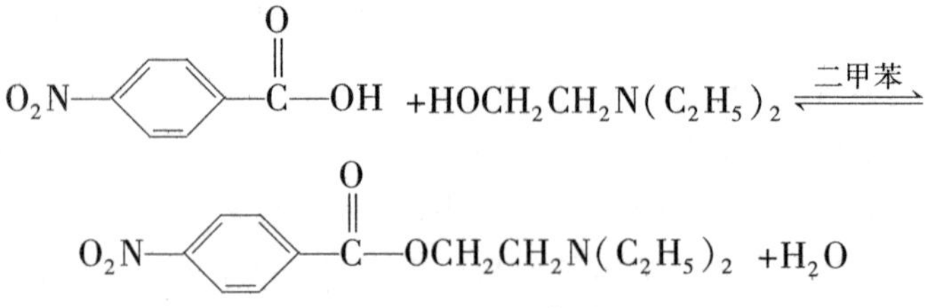

因此，当前国内药厂生产普鲁卡因较好的合成路线为

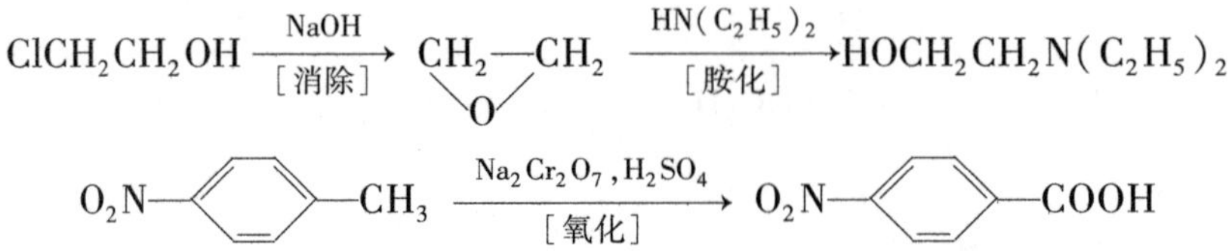

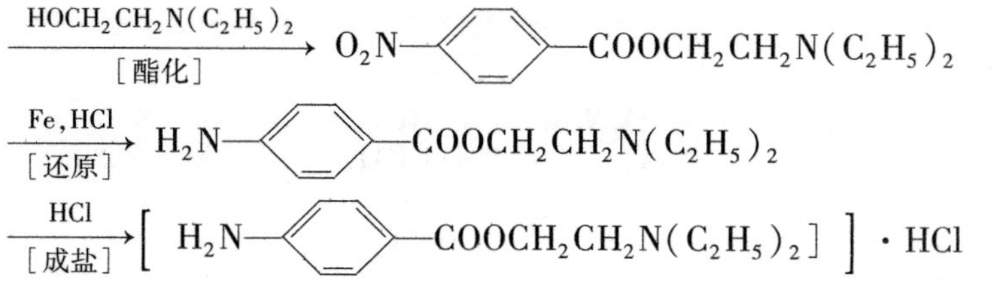

应该指出，上述的比较与分析，是按照目前国内药厂的工艺条件和实践经验为基础的，今后可能由于某一环节上的突出，原来认为比较差的合成路线也可能变为较好的路线，这类情况是经常会碰到的，因此我们一定要用发展的观点来观察与分析问题，对具体情况做具体分析。

其工艺过程如下：

(1)消除、胺化

配料比：n(氯乙醇)：n(氢氧化钠)：n(二乙胺)：n(乙醇)= 1.00：0.53：1.32：0.70。

将氯乙醇和液碱混合物加热，产生的环氧乙烷通入二乙胺乙醇溶液中，吸收毕，分馏收集 80 ~ 120 ℃/8.0×10^4 Pa 馏分，即得精制 2-二乙胺基乙醇。

(2)氧化

配料比：n(对硝基甲苯)：n(重铬酸钠)：n(硫酸)：n(水)= 1.00：2.50：5.80：2.50。

将水和硫酸加热，加入已熔化的对硝基甲苯，滴加重铬酸钠水溶液，反应完毕后过滤，洗涤，干燥得对硝基苯甲酸。

(3)酯化

配料比：n(对硝基苯甲酸)：n(二乙胺乙醇)：n(二甲苯)= 1.00：0.72：4.00。

将对硝基苯甲酸、二甲苯、二乙胺基乙醇加热回流，反应结束后，减压蒸去二甲苯。将反应液抽入质量分数为 6% 的盐酸溶液，冷却，过滤，滤液加水稀释到含质量分数为 11% ~ 12% 的硝基卡因。

(4)还原

配料比：n(硝基卡因盐酸盐溶液(质量分数为 11% ~12%))：n(铁粉)= 1.00：0.12。

搅拌下将铁粉缓缓加入硝基卡因盐酸溶液中，反应结束后，过滤，水洗，滤液洗液合并，调节 pH 析出结晶，过滤得普鲁卡因。

(5)成盐、精制

配料比：n(普鲁卡因)：n(盐酸(质量分数为 30%))：n(精盐)：n(保险粉)= 1.00：0.78：0.32：0.09。

将普鲁卡因用盐酸调节 pH 至 5 ~ 5.5，加热，加入精盐、保险粉，趁热过滤，滤液搅拌冷却结晶，过滤，水重结晶两次，乙醇洗涤，于 70 ~ 85 ℃ 干燥，得普鲁卡因盐酸盐。

9.7.3　葵子麝香

葵子麝香为一种香料，可用于配制香水香精和皂用香料，其化学名称为 1-甲基-4-叔丁基-3-甲氧基-2,6-二硝基苯或 2,6-二硝基-3-甲氧基-4-叔丁基甲苯，其结构式为

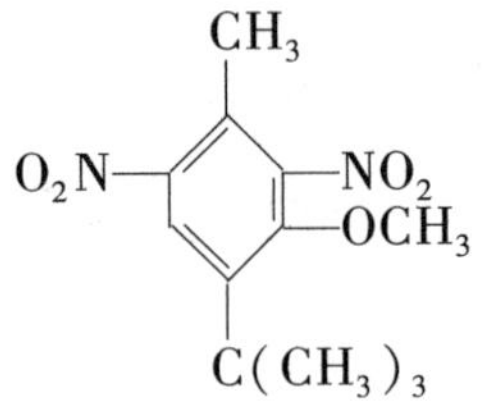

分析：

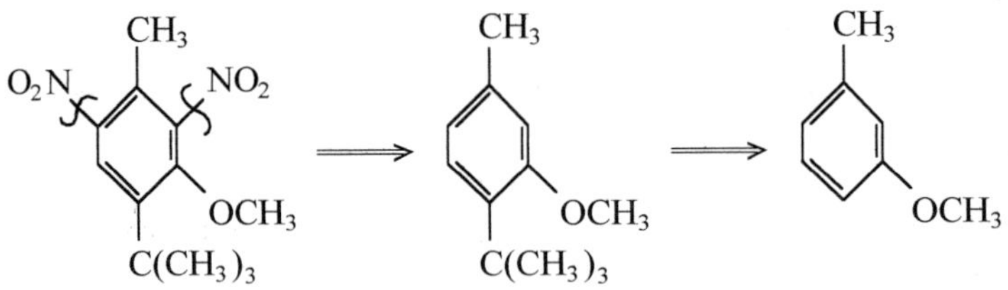

合成：

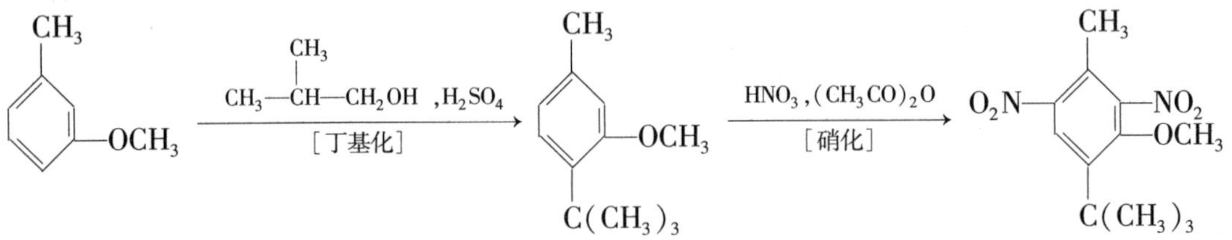

工艺过程：

(1)丁基化

配料比：n(间甲基苯甲醚)：n(异丁醇)：n(硫酸(质量分数为60%))= 1.00：0.56：5.00。

将异丁醇和间甲基苯甲醚加入硫酸中，搅拌加热，反应完成后，分出醚层，用苏打水和盐水洗涤，减压蒸馏，收集130～140 ℃/0.002 7 MPa的馏分。

(2)硝化

配料比：n(叔丁基间甲基苯甲醚)：n(醋酸酐)：n(硝酸)= 1.00：5.51：1.36。

将叔丁基间甲基苯甲醚与醋酸酐的混合物低温下缓慢地加入醋酸酐和浓硝酸的混合物中，然后将反应混合物逐渐加热至50 ℃，保温1 h后倾入冷水，可得熔化态硝基产物。先后经丁醚、异丙醇重结晶，制得调香规格的葵子麝香产品。

9.7.4　敌稗

敌稗是一种高效低毒选择性除草剂，对多数禾木料和双子叶植物有很强的毒性，但对水稻及甘薯等安全，可防除多种一年生杂草幼苗如稗草、马唐等。敌稗的化学名为3,4-二氯苯丙酰胺，其结构式为

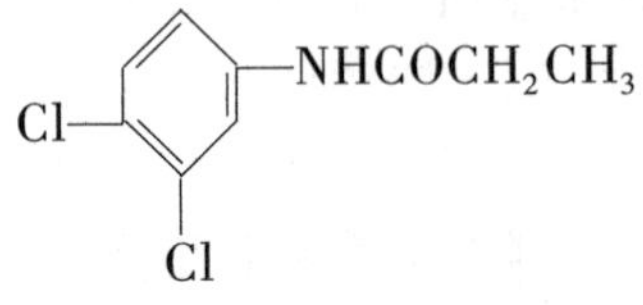

分析：

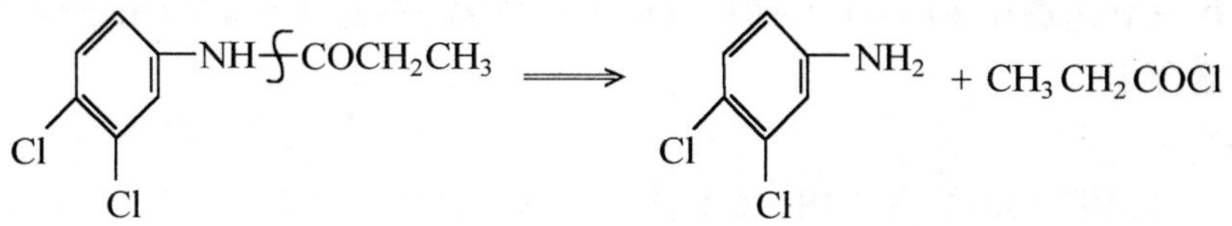

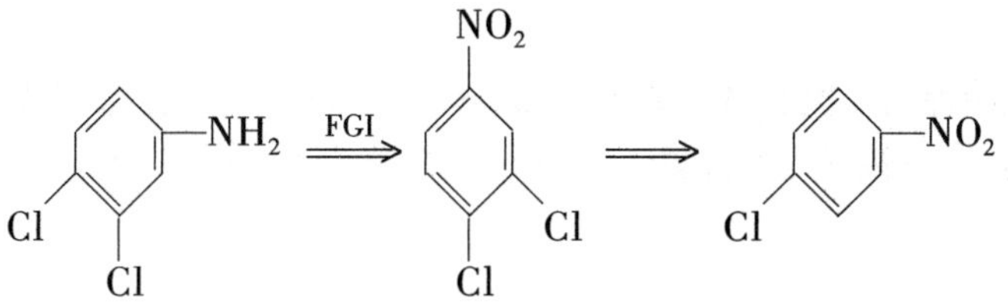

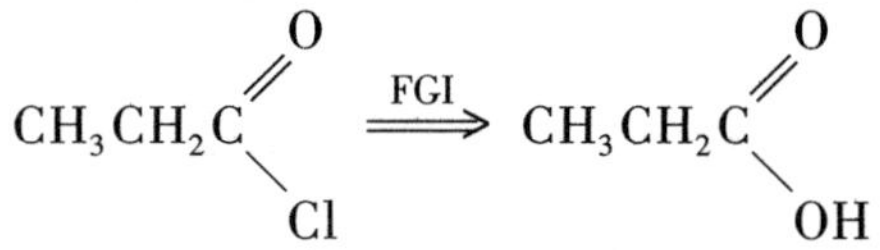

合成:

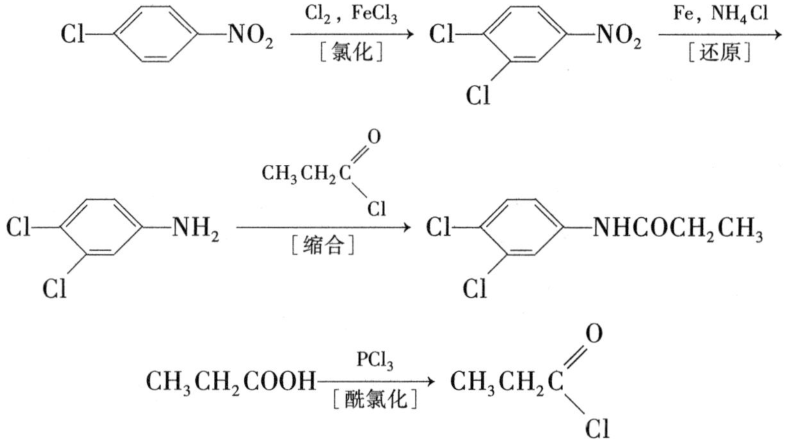

工艺过程:

(1)氯化

配料比:n(对硝基氯苯):n(三氯化铁):n(氯气)= 1.00:0.04:0.44。

将除去水的对硝基氯苯和无水三氯化铁加热到 110 ℃左右,通氯,达理论量后停止通氯,继续恒温反应 30 min。用空气赶去游离氯,待还原用。

(2)还原

配料比:n(3,4-二氯硝基苯):n(铁粉):n(氯化铵):n(水):n(氯苯)= 1.00:0.78:0.02:0.44:0.91。

在搅拌下将水、铁粉、氯化铵、适量硫酸铜及硫代硫酸钠投入还原釜内,升温回流 5 min。缓慢滴加 3,4-二氯硝基苯,滴加完毕后,继续回流反应 1 h,经检验合格后,投入少量纯碱,分出 3,4-二氯苯胺层,水层用氯苯分两次抽提,抽提液与 3,4-二氯苯胺合并待缩合用。

(3)酰氯化

配料比:n(丙酸):n(三氯化磷)= 1.00:0.67。

将丙酸和三氯化磷在 40 ~45 ℃搅拌反应 1 h,冷却,静置 0.5 h,放出下层的亚磷酸,上层丙酰氯待缩合用。

(4)缩合

将 3,4–二氯苯胺放入缩合釜内,加热脱水,冷却至 90 ℃左右,滴加计算量的丙酰氯,滴完后缓慢升温至 110 ℃,保温,取样分析合格后,降温至 80 ℃放料。

(5)水洗 、蒸馏

将缩合物加入冷水中,搅拌 1 ~2 min,沉降 10 min,把上层水放去,反复多次水洗至 pH=6 ~7为止,水蒸气蒸馏蒸去水、氯苯,减压脱水,出料得敌稗原粉。

9.7.5　酸性橙

酸性橙是染毛织物的染料,也用来染丝、木纤维、皮革及纸,色泽清晰且持久性好。其结构式为

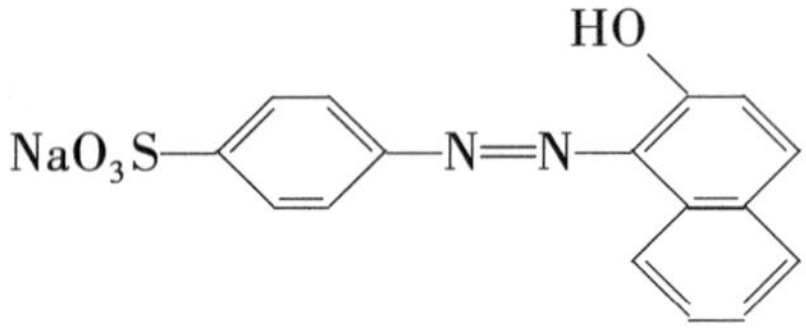

分析:

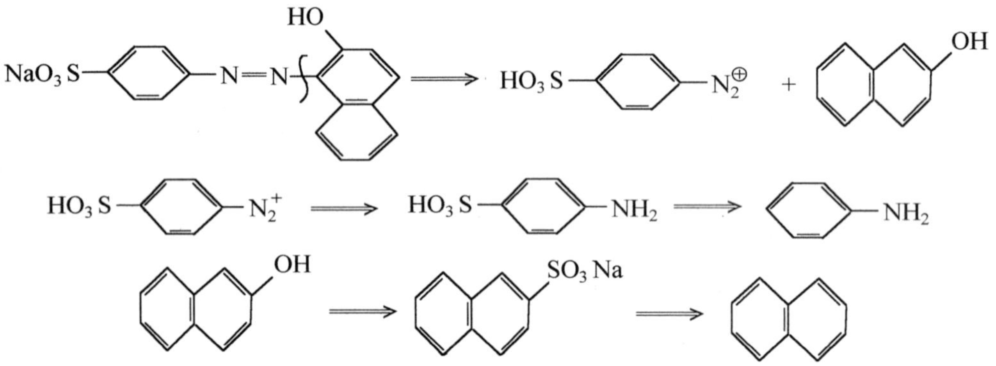

合成:

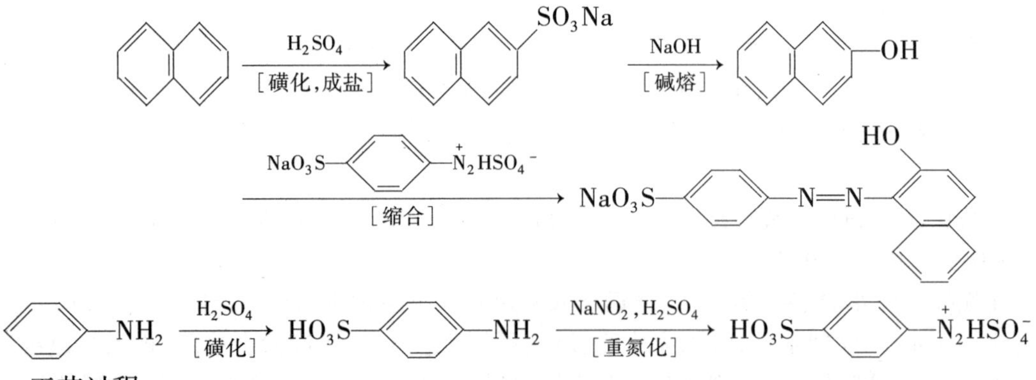

工艺过程:

(1)磺化、成盐

配料比:n(萘)∶n(硫酸)∶n(氧化钙)∶n(碳酸钠)= 1.00∶1.20∶1.40∶1.00。

将萘和硫酸的混合物在 170 ~ 180 ℃加热 4 h。冷却，在搅拌下倒入冷水中，滤去未反应的萘。得到的 β-萘磺酸溶液加热煮沸，用氧化钙悬浮液中和，处理出 β-萘磺酸钙后，加碳酸钠溶液至石蕊呈碱性。弃去碳酸钙，将 β-萘磺酸钠溶液浓缩结晶得 β-萘磺酸钠晶体。

（2）碱熔

配料比：n(β-萘磺酸钠)：n(氢氧化钠)：n(盐酸) = 1.00 ：3.04 ：适量。

将氢氧化钠加热熔融，待温度升到 280 ℃时，于激烈搅拌下尽可能快地加入 β-萘磺酸钠。升温至 310 ~ 320 ℃，将反应混合物倒入铁盘中。冷却凝固，粉碎凝固物，并溶于尽可能少的水中，用 1 ：1 盐酸酸化，冷后 β-萘酚析出。抽滤，用少量含盐酸的水重结晶。

（3）磺化

配料比：n(苯胺)：n(硫酸)：n(水) = 1.00 ：3.23 ：6.45。

向硫酸中分批加入苯胺，180 ℃加热 5 h，经检验无苯胺后，将反应混合物倒入水中，析出对氨基苯磺酸，过滤，用水重结晶。

（4）重氮化、缩合

配料比：n(对氨基苯磺酸钠)：n(亚硝酸钠)：n(硫酸(质量分数为 90%))：n(β-萘酚)：n(氢氧化钠)：n(碳酸钠)：n(氯化钠) = 1.00 ：0.30 ：0.52 ：0.63 ：0.24 ：0.10 ：5.20。

将对氨基苯磺酸钠溶于水中，冷却后加入硫酸，搅拌下滴加亚硝酸钠溶液，用淀粉-碘化钾试纸检验重氮化终点，用刚果红试纸检验反应液的酸度，维持反应液对刚果红试纸呈酸性。

将 β-萘酚溶于水中，加入质量分数为 40% 的氢氧化钠溶液，加热至 β-萘酚全溶，冷却至 10 ℃以下。

用碳酸钠调节重氮液至对石蕊显酸性，对刚果红呈中性后加到上述冷的 β-萘酚液中，控制温度小于 10 ℃，并保持碱性，反应结束后加热，此时染料全溶，趁热过滤，向热溶液中加入氯化钠，将产品盐析出，冷却，过滤得到产品。

9.7.6　抗氧化剂 1010

抗氧化剂 1010 是一种不变色、不污染、耐热、耐氧老化、耐热水萃取、不易挥发的抗氧化剂。广泛用于聚氯乙烯、聚氨酯、聚苯乙烯、ABS 树脂、尼龙、聚酯、聚乙烯醇缩乙醛、纤维素树脂、合成橡胶和黏合剂等，有优良的抗热、抗氧化效能。特别对聚丙烯有特效，也可用于接触食品的塑料制品。

抗氧化剂 1010 的化学名称是四[β-(3,5-二叔丁基-4-羟基苯基)丙酸]季戊四醇酯，其结构式为

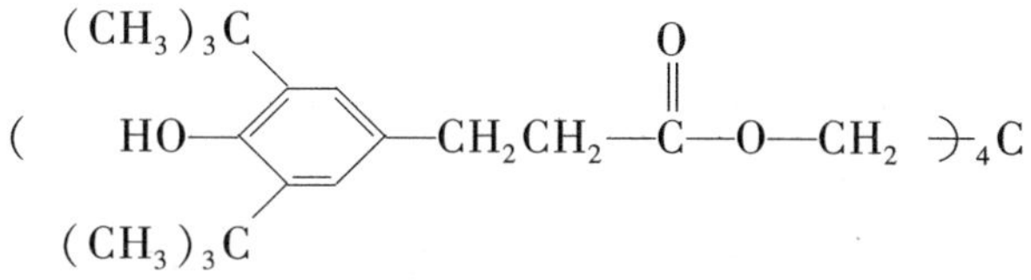

分析：

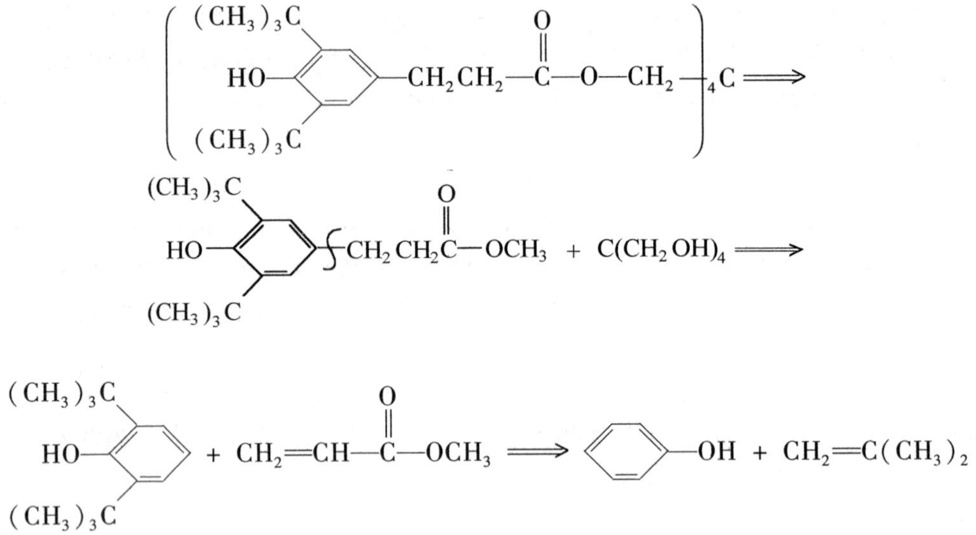

合成：

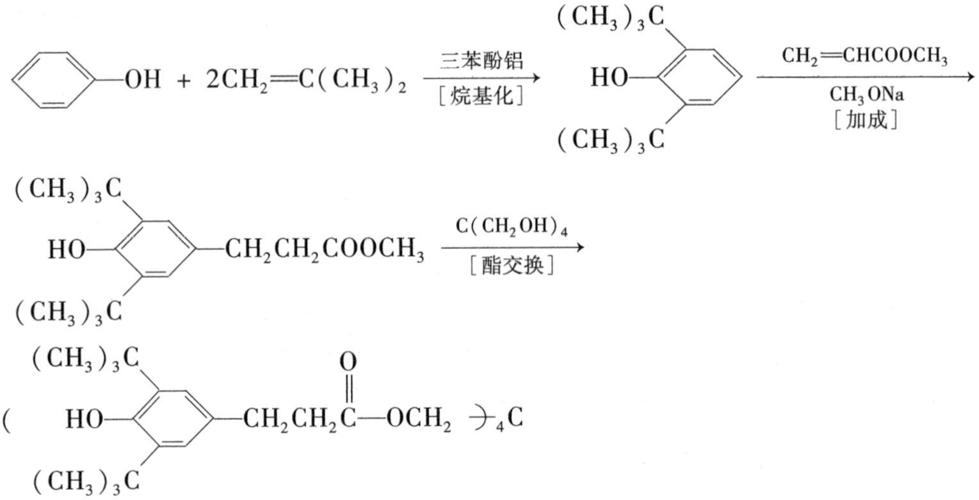

工艺过程：

(1)烷基化

配料比：n(苯酚)：n(异丁烯)：n(三苯酚铝)= 1.00：1.41：适量。

在反应器中加入苯酚及催化剂三苯酚铝，加热，搅拌，当温度升至 130～140 ℃时导入异丁烯，于 1.0～1.4 MPa 的压力下反应 3 h 以上结束反应。反应混合物用水洗涤，油层蒸馏，蒸出 2,6-二叔丁基苯酚。

(2)加成

配料比：n(2,6-二叔丁基苯酚(以苯酚计))：n(甲醇钠)：n(丙烯酸甲酯)：n(盐酸)：n(酒精)= 1.00：0.51：0.69：适量：1.07。

在耐酸的搪玻璃釜中投入前面制得的 2,6-二叔丁基苯酚，在氮气流的保护下加入甲醇钠。搅拌、升温，当温度升到 65～75 ℃时，加入丙烯酸甲酯，继续加热到 115～125 ℃时，保温2 h，然后冷却至 80 ℃，加入盐酸酸化后，再加入酒精加热回流 30 min 以上。降温，静置 2 h，析出 3,5-二叔丁基-4-羟基苯甲酸甲酯结晶，吸滤。

(3)酯交换

配料比:n(3,5-二叔丁基-4-羟基苯丙酸甲酯(以苯酚计)):n(二甲基亚砜):n(季戊四醇):n(甲醇钠):n(石油醚):n(醋酸)= 1.00 : 0.11 : 0.18 : 0.21 : 1.00 : 适量。

将 3,5-二叔丁基-4-羟基苯丙酸甲酯、二甲基亚砜、季戊四醇加入酯交换釜内,加热熔化,减压蒸出部分二甲基亚砜以带出物料中的水分。将甲醇钠分三次加入釜内,逐渐升温,减压蒸出全部的二甲基亚砜,于 135 ~ 140 ℃反应 2 h 以上,然后冷至 80 ~ 90 ℃,用醋酸中和后再降温,加入石油醚溶解反应物,静置分层,分去甲醇、盐层,油层用水洗至中性后,冷冻至 5 ℃以下,产物四[β-(3,5-二叔丁基-4-羟基苯基)丙酸]季戊四醇酯结晶析出,过滤,干燥得粗品。

(4)精制

粗品加酒精、乙酸乙酯进行加热回流溶解,趁热过滤,冷却,析出结晶,过滤后烘干得抗氧剂 1010 成品。

习　题

设计下列化合物的合成路线。

1. 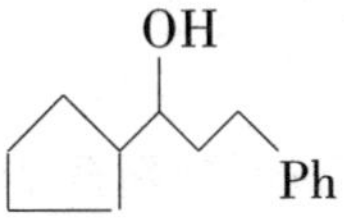

2. 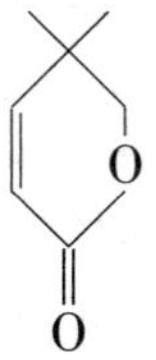

3. 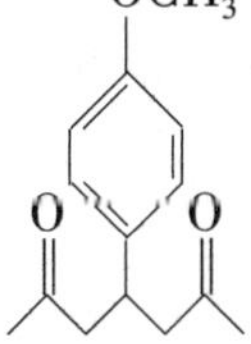

4. 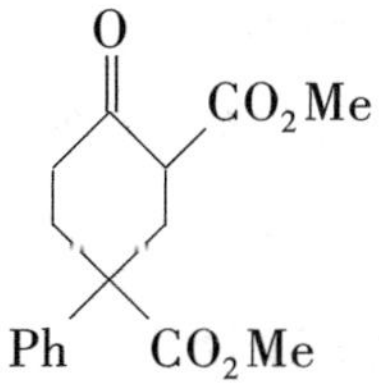

习题答案请扫码查看

5. 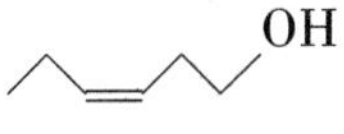

6. 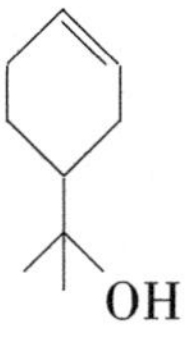

7. 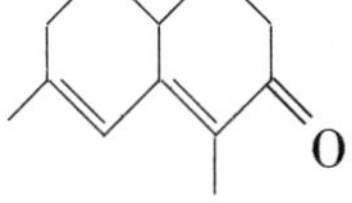

8. 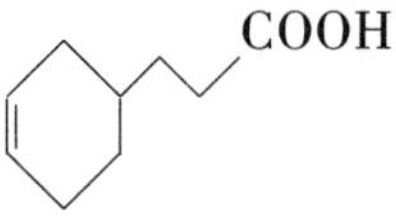

第 10 章　精细化学品合成技术

精细化学品的分子结构相对复杂，加之合成步骤较多，故开发新品种，常采用一些新的有机合成技术，如立体定向合成技术、相转移催化技术、固定化酶技术、有机电解合成技术和现代生物技术等。另外，精细化学品新品种的研究开发也将出现质的变化，从目前的经验式做法，走向定向分子设计阶段，定向开发新的品种。这就可以缩短时间，减少费用，提高筛选概率，开发生产性能更加优异的全新品种。例如在医药方面，可能在防治肿瘤、心血管病、病毒性疾病、精神病等方面取得突破，开发出较理想的药物；在提高人的智力和抗衰老方面也将会取得进展；在农药方面，将出现高效、无公害、无残毒的新农药；精细化工的其他行业也将获得突破性的发展。本章主要介绍在医药、农药、添加剂、塑料助剂、表面活性剂等领域的一些精细化工新品种及其合成技术。

10.1　医药新品种及其合成技术

近年来新药的研究、开发技术不断发展。运用计算机辅助设计提高创制新药的效率已取得进展；生理、生化和病理学等基础学研究的成果及其与生物技术的结合，将会开发出更多的高分子多肽类药物。目前制药行业已有部分药物运用了现代生物技术，取得了突破性进展，但大部分药物生产工艺技术的改进仍将是对传统工艺技术的改进，其中分离技术的进步和不对称合成技术的进展将成为关键。

本节主要介绍药物研究、开发中经常应用的光学异构体拆分和不对称合成等方法及其应用实例。

10.1.1　光学异构体拆分

医药分子的活性往往与其立体构型有关，而通常得到的反应产物（中间体或产品）均为外消旋体（由等量的左旋体与右旋体组成）。这就需要将消旋体进行光学拆分，以便获得所需立体构型之旋光体（左旋体或右旋体）。

消旋体按其构成不同分为三类：消旋混合物（当左、右旋体等量时为外消旋体）、消旋化合物、消旋固溶体。

消旋体的拆分方法主要有非对映异构体结晶拆分法、诱导结晶拆分法、不对称转化法和不对称诱导。

1. 非对映异构体结晶拆分法

非对映异构体结晶拆分法是利用消旋体与光学拆分剂作用而生成两种非对映异构体混合物，并利用二者某些理化性质的差异进行分离，再脱去光学拆分剂，分别得到左旋体与右旋体的方法。此法适用于消旋体的酸、碱、醇、酚、醛、酮、酯、酰胺以及氨基酸等的拆分。

由于消旋体的种类和化学性质不同,所用的光学拆分剂亦不同。用于拆分消旋酸的为碱类拆分剂(如左旋麻黄碱、左旋辛可尼定等)。用于拆分消旋碱的为酸类拆分剂(如樟脑-10-磺酸、酒石酸等)。氨基酸拆分时,可将其氨基酸化,以作为真正的消旋酸加以拆分,或将其羟基变为适当的酯或酰胺,作为真正的消旋碱进行拆分。

2. 诱导结晶拆分法

诱导结晶拆分法的工艺过程为

$$\text{消旋体} \longrightarrow \text{消旋体过饱和溶液} \xrightarrow{\text{部分中和}} \xrightarrow{\text{浓缩}}$$

$$\xrightarrow[\text{左旋或右旋体}]{\text{加晶种}} \xrightarrow{\text{冷却}} \text{析出同种旋光体结晶} \xrightarrow{\text{过滤}}$$

$$\begin{cases} \text{同种旋光体} \\ \text{滤液} \xrightarrow{\text{消旋体}} \text{右旋或左旋体达过饱和} \xrightarrow{\text{冷却}} \text{该单旋体结晶析出} \end{cases}$$

如此反复操作,可连续拆分,交叉获得左旋体和右旋体。此法适用于消旋混合物的光学拆分,故应用此法时必须先确定此消旋体为消旋混合物。

3. 不对称转化法

不对称转化是指光学不稳定的一对消旋体,在某种手性的影响下,受立体化学的不均一作用,在此两种光学异构体的立体构型达到平衡以前,发生向一方转化的现象。不对称转化可作为不对称合成中的一种重要方法。不对称转化属光学拆分的范畴,也是不对称合成的一种方法。

4. 不对称诱导

不对称诱导是指具有手性中心和一定立体构型的化合物,在进行化学反应时可能较多地生成一种光学活性异构体,而较少地生成(甚至几乎不能生成)构型不同的另一种异构体(此二者通常为非对映异构体)的现象。此现象是反应物分子中原来存在的手性中心(一定的立体构型)不对称诱导作用的结果。因此,通过不对称诱导可以控制无用立体异构体的生成,以便显著地提高所需光学活性异构体的生成率,故不对称诱导也是不对称合成的一种重要方法。

有如下几种利用反应物本身(合成原料或中间体)不对称诱导的情况。

(1)利用反应物本身手性中心的不对称诱导

分子中手性中心相邻处为羰基的化合物,在羰基上进行加成、还原以及格氏反应等引进一个新的手性中心时,会发生不对称诱导,优势地生成某一立体异构体。

(2)利用反应物本身刚体结构的不对称诱导

具有环状或双键的刚体结构化合物,由于分子不能自由旋转而存在空间构型上的差异,在化学反应中将导致优势地生成一定立体构型的旋光异构体,而其非对映异构体生成量却很少。所以,可利用一定空间构型的刚体结构化合物,作为手性药物不对称合成的起始原料或中间体。

(3)氨基酸诱导

分子中含有原料氨基酸骨架时,可以考虑采用氨基酸诱导法进行不对称合成。目前,一些发达国家已采用光学活性氨基酸诱导法合成了光学活性的生物碱、萜类、糖类、维生素、青霉素和头孢菌素等。

(4)亚砜化合物的不对称诱导

众所周知,亚砜、亚磺酸酯和锍盐等这些有机硫化物分子中的硫原子能形成手性中心。研究发现,这些亚砜化合物的加成反应都具有很强的诱导作用,有的甚至达到100%的诱导率。因此,近年来利用亚砜化合物的不对称诱导作用进行不对称合成日益受到重视。

10.1.2　不对称合成

不对称合成是指手性分子或前手性分子在形成新的手性中心的反应过程中,优势地生成某一立体构型(光学活性异构体)产物,而其非对映异构体的生成量却很少的合成方法。如果在完全没有手性因素存在的场合,虽能进行引入手性中心的反应,但所得产物通常为消旋体。不对称合成方法(即引入不对称因素的方法)很多,其中包括利用反应物本身存在的手性结构的不对称诱导进行不对称合成,利用手性化合物的不对称转化进行不对称合成,利用手性催化剂和手性试剂进行不对称合成。前两种方法前已述及,不再赘述。现仅介绍利用手性试剂和手性催化剂进行的不对称合成。

1. 利用手性试剂

前手性物质的分子在手性试剂的作用下进行不对称合成,能优势地(即极大量地)生成一种手性化合物。此类前手性物质很多,主要有醛、酮、α-羰基羧酸、烯烃、不饱和羧酸、席夫碱(Schiff base)、环已酮和羧酸等。手性试剂种类亦很多,如手性醇、手性胺、手性酯、手性格氏试剂、手性醇铝、手性醇氢化锂铝、氨基酸、手性肼化物、蒎烷基硼氢试剂、手性杂环和微生物试剂等。选择手性试剂时,应先了解其性质和作用,以便选择合乎要求者,切不可滥用。因为手性试剂在不对称合成中的手性影响和不对称诱导的作用不尽相同,且同一个手性试剂对构型不同的前手性分子的不对称诱导作用也有显著差异。现分两种情况说明。

(1) 利用手性化学试剂

例如,在天然前列腺素的不对称合成中,可以利用(+)手性丙烯酸苯基薄荷醇酯合成光学纯的前列腺素中间体;又如,利用手性噁唑啉试剂能够合成光学活性羧酸、醇类等。手性噁唑啉试剂在国外已有商品出售,这是一个很有前景的手性试剂。这方面的例子很多,不一一列举。

(2) 利用微生物的不对称合成

在药物合成的某些氧化、还原反应中,常利用微生物的高度选择性,采用生物合成方法实现用化学方法较难做到的(或较为复杂的)不对称合成反应。例如在18-炔诺孕酮的不对称合成中,可以应用卡尔伯斯酵母或啤酒酵母进行不对称还原。

2. 利用手性催化剂

利用手性催化剂进行不对称合成近年来有了显著进展,主要是因为手性催化剂过渡金属络合物的研究取得了很大进步。消耗少量的手性催化剂,就能获得相当高的光学产率。它对于药物以及氨基酸的不对称合成具有重要意义。例如,用具有两个手性中心的膦化物[见下结构式(Ⅰ)]为配位体的Rh络合物[见结构式(Ⅱ)]催化剂,对α,β-不饱和氨基酸

[见结构式(Ⅲ)]进行催化氢化,最后可得(*R*)-(+)-氨基酸[见结构式(Ⅳ)],其光学产率为 100%。

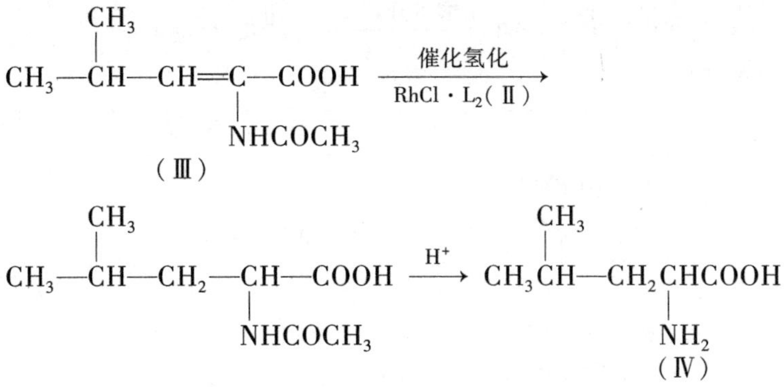

L 为(*S*,*S*)- 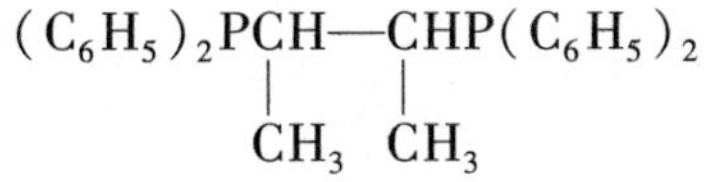

(Ⅰ)

近年来,利用手性催化剂不对称合成一定立体构型的氨基酸的研究报道很多,此处不一一介绍。

总之,要获得一定立体构型的化合物,有上述多种方法可以采用。但究竟哪一种方法在经济上最具吸引力,要视具体情况而定。另外,必须指出的是,尚需要有更好的合成拆分剂。据报道,最近开发了一种新颖的拆分剂——手性膦酸,其制备反应为

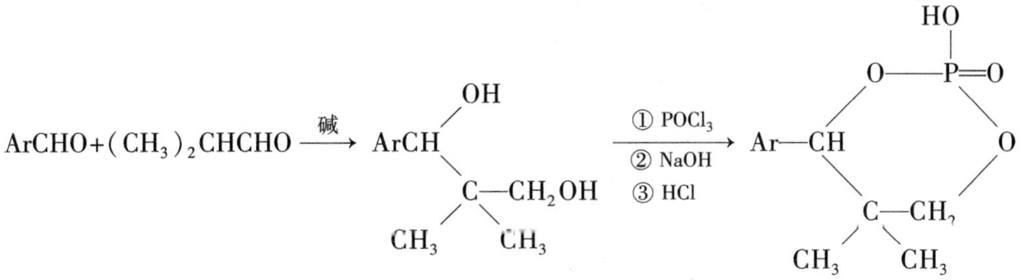

其中,Ar 为 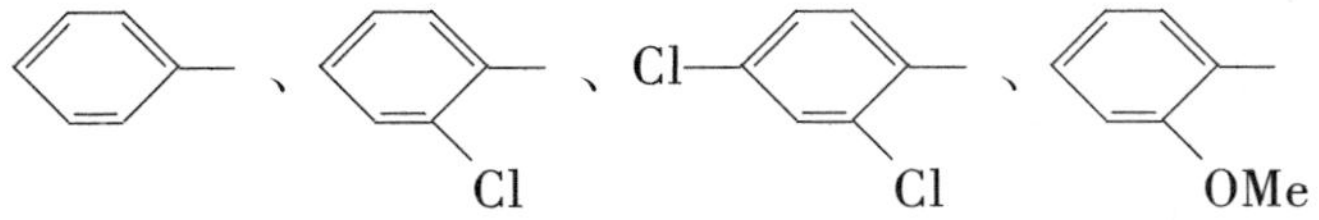。

该拆分剂的原料价廉易得,可广泛用于拆分各种胺、氨基酸及其衍生物。可以肯定,将外消旋体作为产品销售的情况不可能长期持续下去,其将被具有光学活性的立体异构体取代。

瑞典皇家科学院将 2021 年诺贝尔化学奖授予 Benjamin List、David MacMillan,以表彰他们在不对称有机催化领域的贡献。

Benjamin List 小组 2000 年在《美国化学会志》发表了文章“脯氨酸催化的直接不对称羟醛反应”。这项研究使用脯氨酸作为天然手性催化剂实现了丙酮和各种醛之间的直接不对称醛醇反应。该反应模拟醛缩抗体催化和天然Ⅰ类醛缩酶催化中的烯胺反应机制,通过小分子脯氨酸催化实现了上述目标。具体反应实例见表 10.1。

表 10.1　催化选择性合成顺-1,2-氨基醇化合物

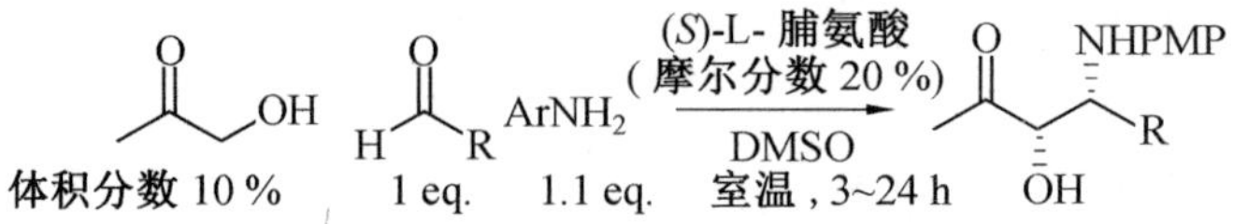

序号	产物	产率 /%	dr	ee 值 /%
1	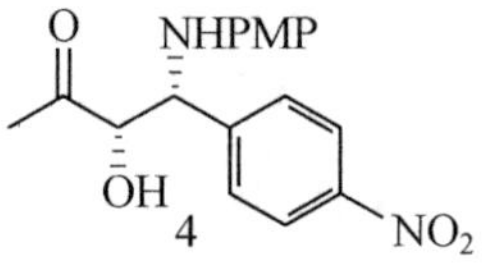 4	92	20:1	>99
2	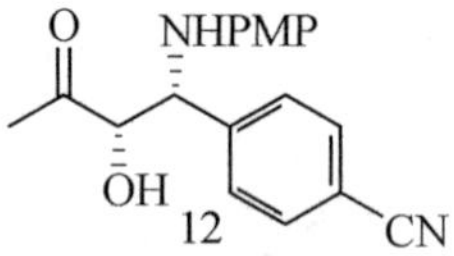 12	88	15:1	99
3	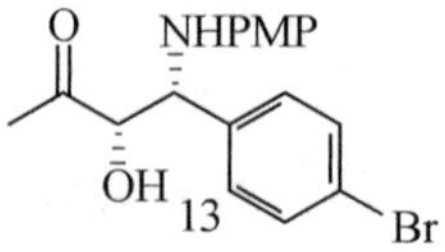 13	90	15:1	98
4	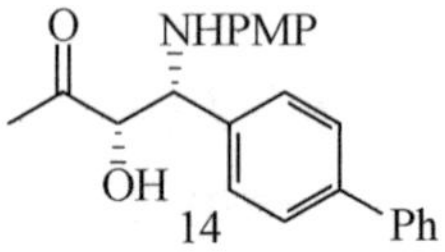 14	79	8:1	94
5	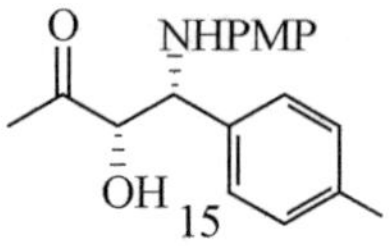 15	83	9:1	93
6	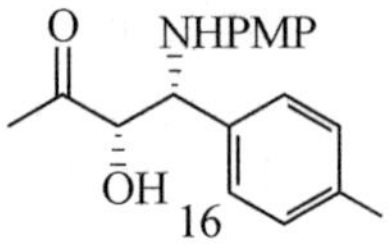 16	85	5:1	86
7	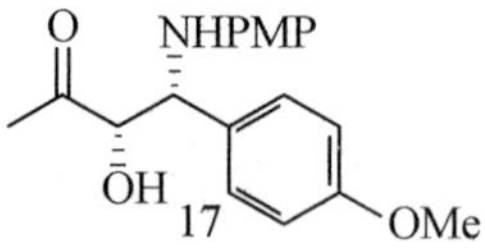 17	88	3:1	61
8	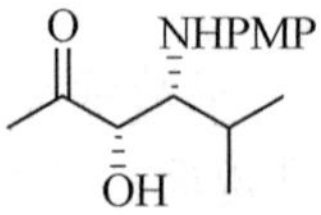 18	57	17:1	65

David MacMillan 研究了一种金属催化剂(图 10.1(a)),但其很容易被水分破坏。因此,他的课题组设计了手性咪唑烷酮小分子催化剂,这些分子能够创造出亚胺离子(图 10.1(b)),其中一种分子被证明在不对称催化中非常出色。David MacMillan 由此开创了亚胺有机催化新领域。这些催化剂合成简易,并且已经实现了工业化生产。

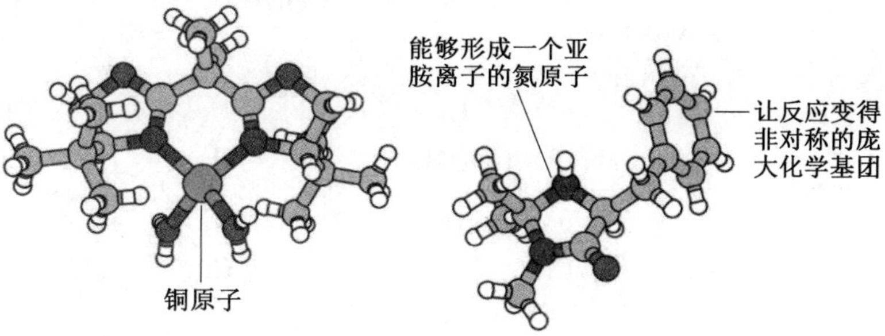

(a)　　　　(b)

图 10.1　David MacMillan 研究的金属催化剂和有机催化剂

10.1.3　药物合成技术进展实例

近年来,药物合成技术有了很大进展,新工艺、新方法不断涌现。

1. 非甾体消炎镇痛药 2-芳基丙酸的不对称合成

2-芳基烷酸,特别是 2-芳基丙酸在消炎活性上优于阿司匹林,其化学结构通式为

$$\underset{\displaystyle \text{ArC}^*\text{HCOOH}}{\overset{\displaystyle CH_2}{|}}$$

式中,C* 是手性碳原子。采用一般的合成方法只能得 2-芳基丙酸的外消旋体,而其中一个对映体的生理活性较大,另一个对映体的生理活性较小。例如,(*S*)-(-)-希洛芳和(*S*)-(+)-萘普生的活性都较高,如(*S*)-(+)萘普生的抗炎活性是(*R*)-(-)-萘普生的 27.5 倍。因此,近年来出现了几种不对称合成(*S*)-(-)-布洛芬和(*S*)-(+)-萘普生的路线。(*S*)-(-)-布洛芬(Ⅰ)和(*S*)-(+)-萘普生(Ⅱ)的结构式为

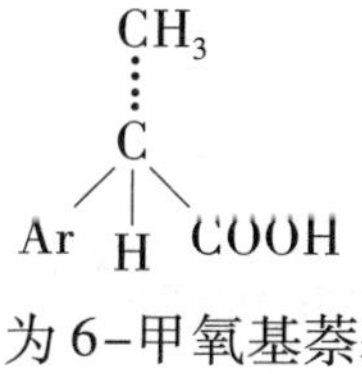

(Ⅰ)Ar 为对异丁基苯基;(Ⅱ)Ar 为 6-甲氧基萘基。

其中有实用价值的合成路线是 1987 年化学家 Castaldi 等报道的方法,即用廉价的活性酒石酸酯与芳酮发生缩合反应,生成同手性的缩酮。在酒石酸缩酮手性中心的诱导下,将缩酮进行溴化,得到高产率的非对映体选择性产物——手性溴代缩酮。将其用甲醇重结晶,经分离得到纯净的手性溴代缩酮。在银盐的催化下,立体专一性地重排为 2-芳基丙酸酯。再经酸性水解反应得到(Ⅱ)。

此条合成路线具有实用价值。因为所使用的不对称试剂酒石酸酯易于得到,而且光学产率很高。

2. 氟喹诺酮类抗菌药合成技术的进展

氟喹诺酮类抗菌药的种类较多,因篇幅所限,仅介绍环丙沙星(Ciprofloxacin)合成技术的进展。环丙沙星的旧合成路线有 12 步之多,而且其起始原料不易得到。新的合成路线用容易得到的 2,4-二氯氟苯作起始原料,反应路线缩减为 7 步,各步产率均较高。环丙沙星的新合成路线为

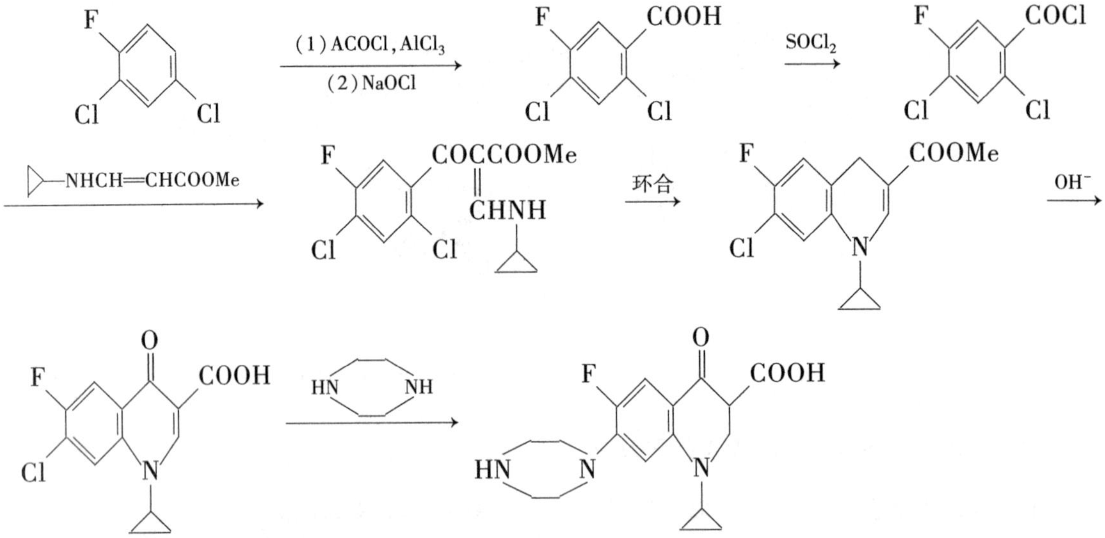

3. 酮洛芬合成的新路线

酮洛芬的商品名为 Orudis 和 Profenid。该药剂量较小，消炎、镇痛、解热作用高于布洛芬、阿司匹林等药物，故其销量近年来有较大的增长。酮洛芬制剂于近年开发了以下几种：长效型制剂 Oruvail、Sector/Epatec 霜剂、洗剂和凝胶剂、Kephina 外用软膏。正在开发的有酮洛芬栓剂和控释片等。其合成新路线为

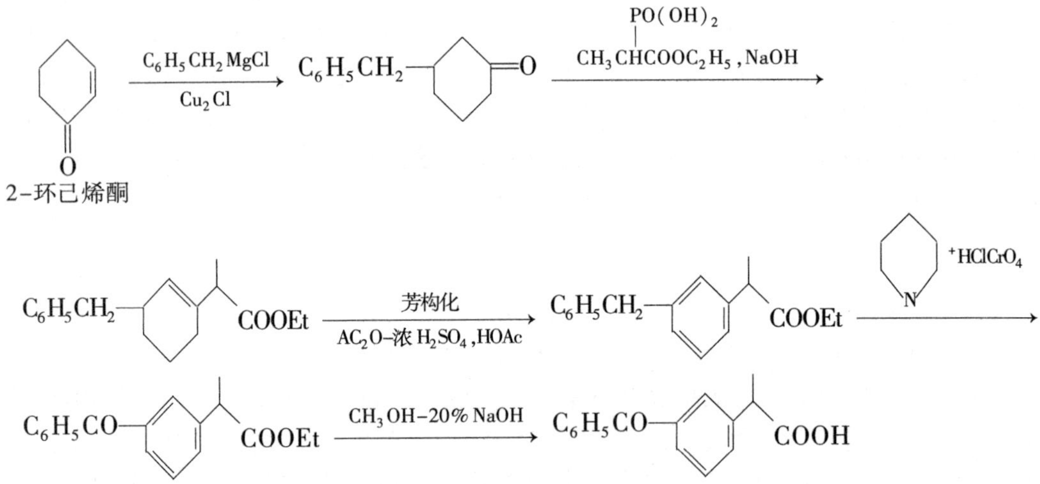

4. 复方抗病毒药物 Paxlovid

Paxlovid 由奈玛特韦片和利托那韦片组合包装，是美国辉瑞研发、中国医药在内地代理进口和经销的口服药。Paxlovid 是由 2 种药片组成的复方抗病毒药物。其中一片是主攻手，奈玛特韦，通过抑制 3CL 蛋白酶（也称主蛋白酶，Mpro），可以阻止 SARS - CoV - 2 病毒复制。另一片是助手，利托那韦（Ritonavir，100 mg），对病毒并没有作用，但是可以通过抑制奈玛特韦代谢，来维持它在体内的浓度和活性。

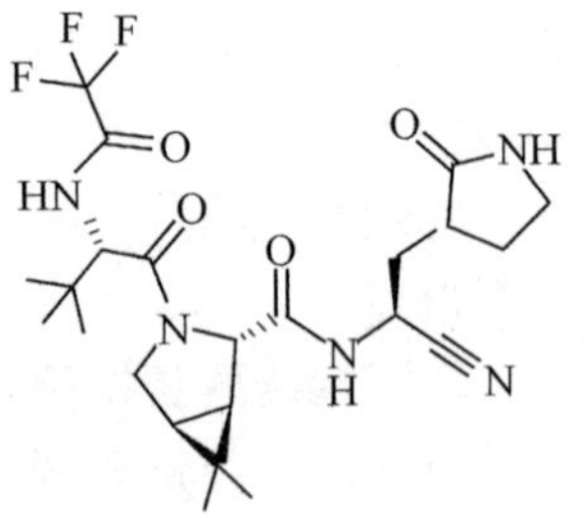

奈玛特韦的结构式

奈玛特韦的合成路线：

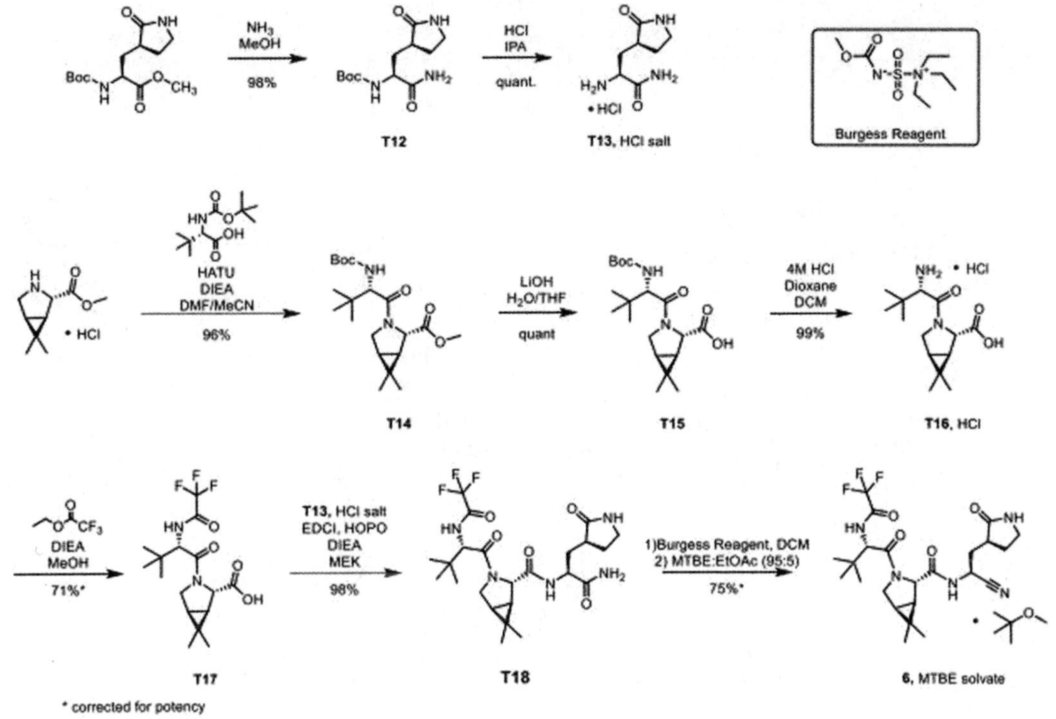

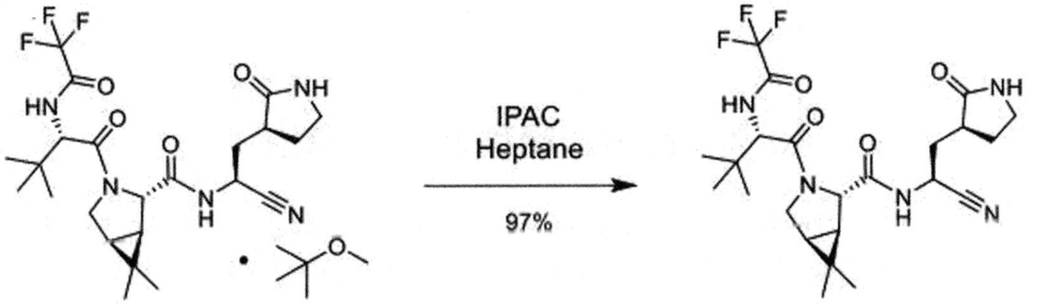

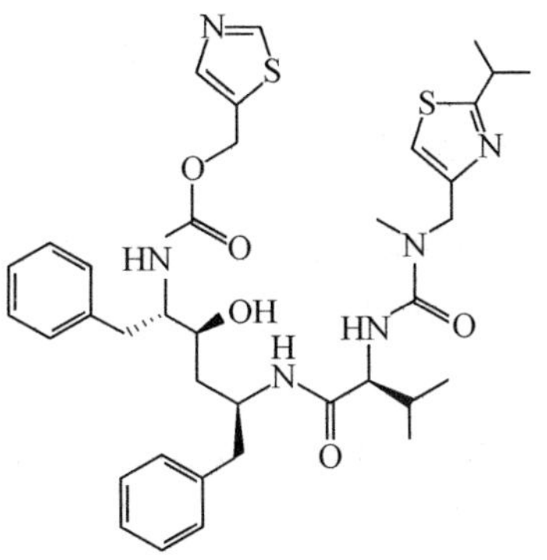

利托那韦的结构式

利托那韦的合成路线：

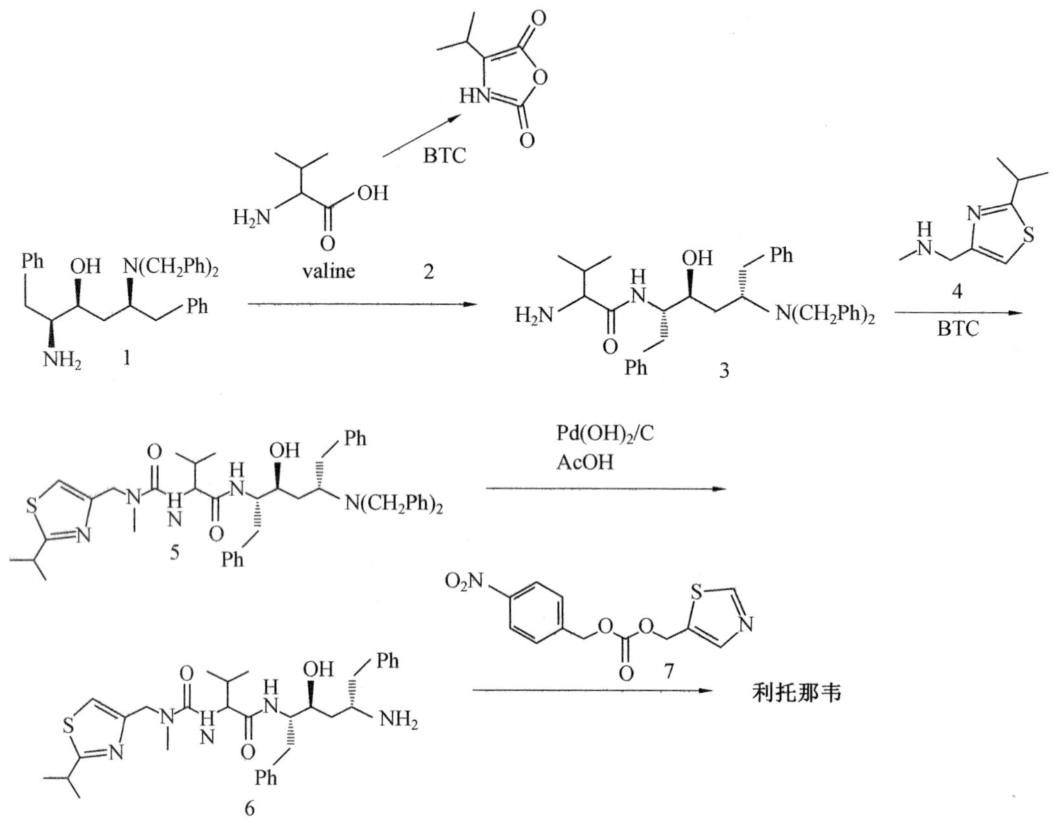

10.2　农药新品种及其合成技术

农药是农作物现代栽培技术中必不可少的农业化学品。作物栽培必须按照节约化技术，采用有效的病、虫、草害防治方法。使用先进农药的植保技术，将使农业生产保持巨大的活力。与此同时，农药新品种的开发也将日益受到重视。

国外农药的原药生产技术与剂型加工技术都得到迅速发展，新技术、新工艺不断出现。

10.2.1　相转移催化技术的应用

相转移催化反应广泛应用于精细化学品的合成中，且在农药合成上的应用日渐增多，并已收到非常好的效果。

1. 杀虫剂

在杀虫剂的合成中，有机磷酸酯类和拟除虫菊酯类化合物的合成应用相转移催化技术最多，有的已在工业生产中推广应用。

(1)有机磷酸酯

以三甲胺为催化剂在水-甲苯双溶剂系统中合成一系列硫代磷酸酯杀虫剂，可得到较高的产率。起催化作用的不是三甲胺本身，而是它先与氯化物反应生成季铵盐，再通过季铵盐起催化作用。用三乙基苄基氯化铵(TEBA)等作为催化剂也能合成一系列硫代磷酸酯类杀虫剂,其产率和纯度都非常理想。

例如毒死蜱的合成,其产率为97%,纯度为99%。其反应式为

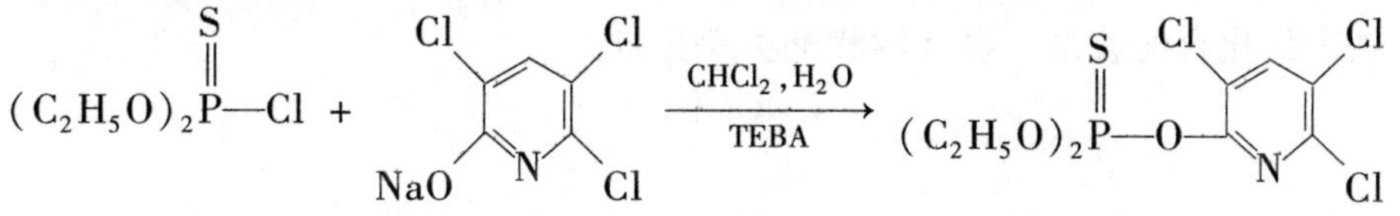

杀螟松、地亚农、乐果等重要有机磷杀虫剂均可由相转移催化反应来合成。苯基硫代磷酸盐的(*S*)-烷基化,近年来也采用相转移催化技术。

(2)拟除虫菊酯

① 戊酸氰醚酯(Sumicidin)。此药的合成几乎每一步都可采用相转移催化技术。戊酸氰醚酯的中间体 α-异丙基-4-氯苯乙腈的制备、中间体 α-异丙基-4-氯苯乙酸的合成,均可利用相转移催化技术。反应式为

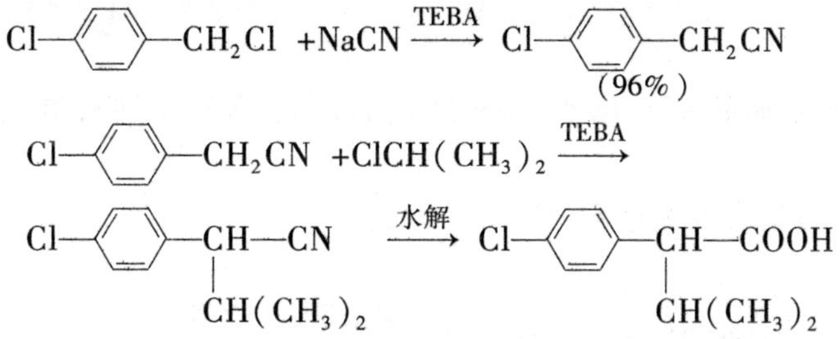

拟除虫菊酯的酯化反应采用相转移催化法,其产率和质率也都很高。反应式为

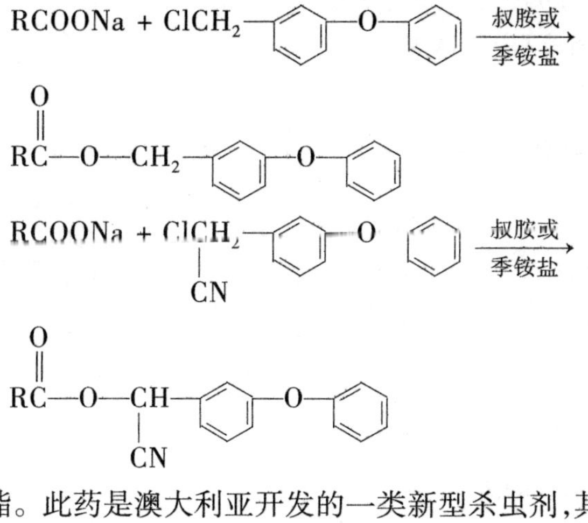

② 二氯环丙酸酯。此药是澳大利亚开发的一类新型杀虫剂,其合成方法是在相转移催化剂存在下生成二氯卡宾,接着同相应的烯酸酯加成,得二氯环丙酸酯。其合成路线为

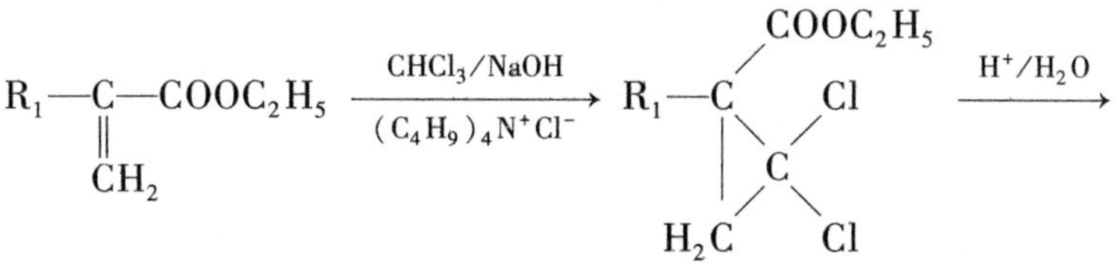

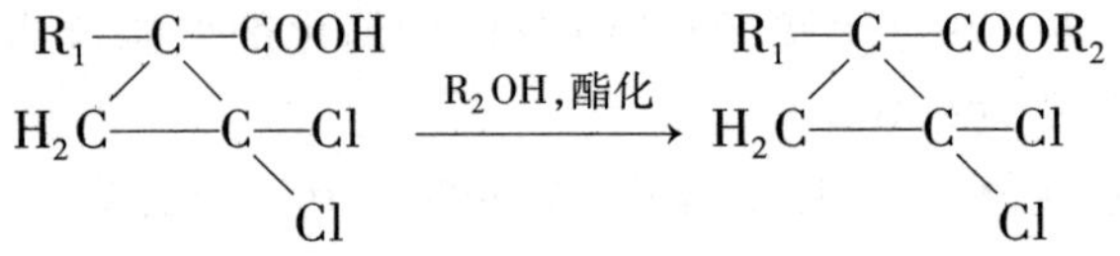

下式所表示的化合物就是二氯环丙酸酯类杀虫剂。

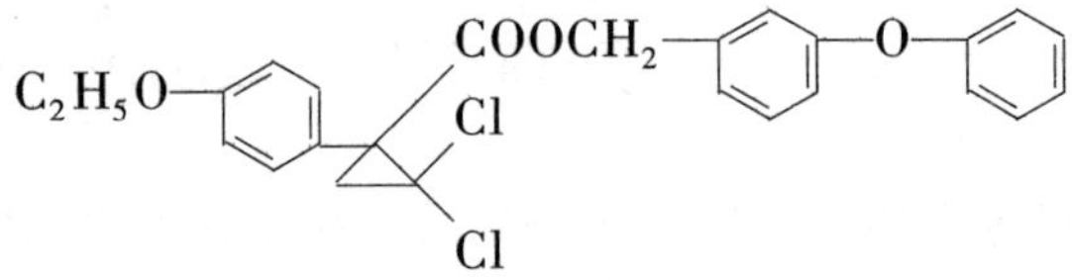

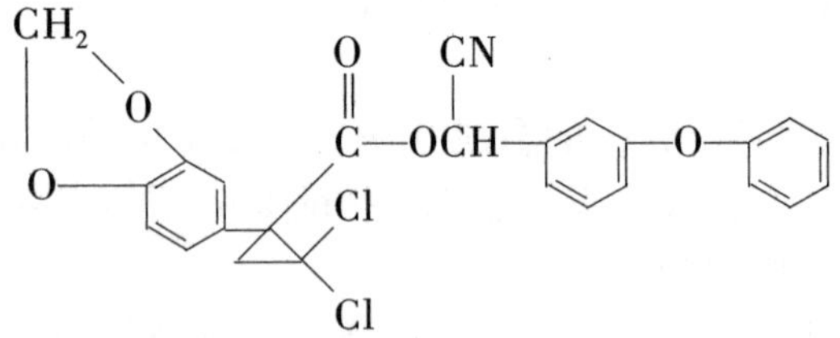

2. 除草剂

除草剂中硫代氨基甲酸酯、醚类、羧酸酯类的合成，采用相转移催化技术也收到了良好的效果。

（1）氨基甲酰氯法合成茵达灭（EPTC）

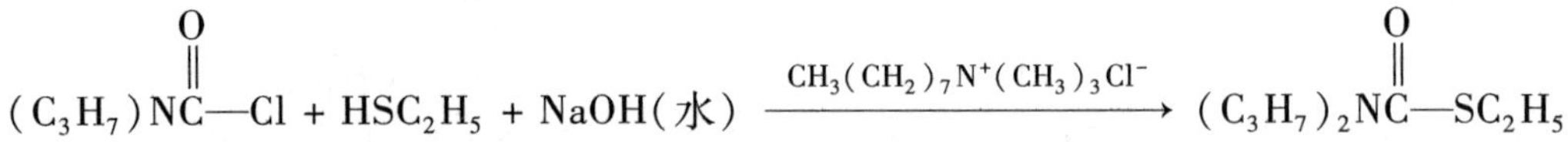

此反应茵达灭的产率为99%，纯度为98%。

（2）氧硫化碳法合成杀草丹、草达灭

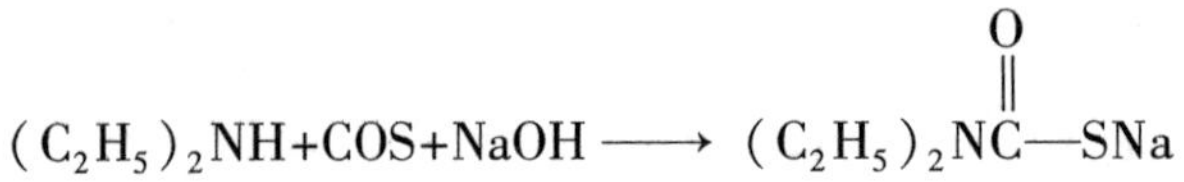

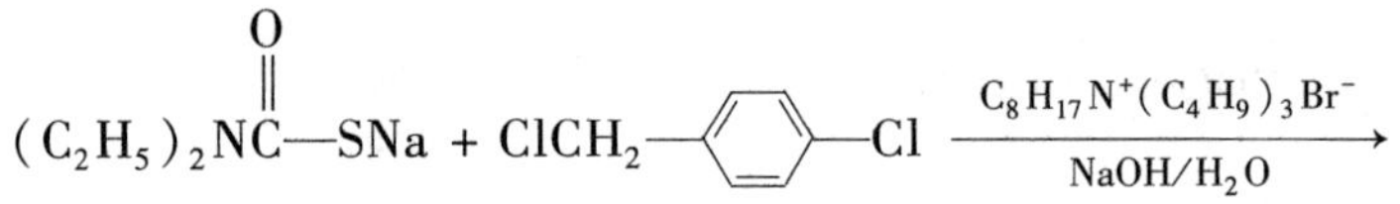

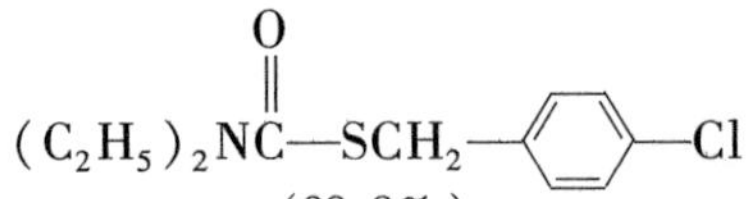

（杀草丹）

（98.8%）

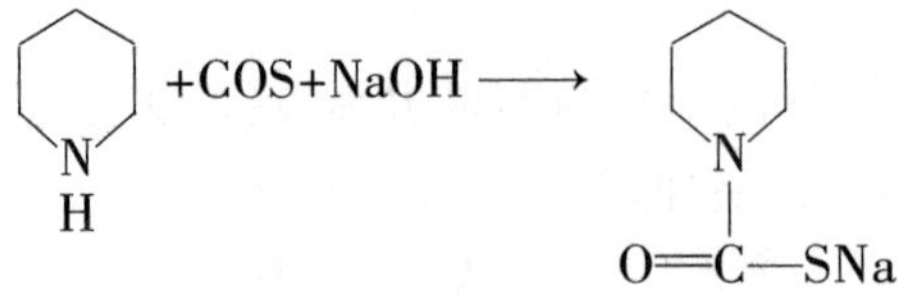

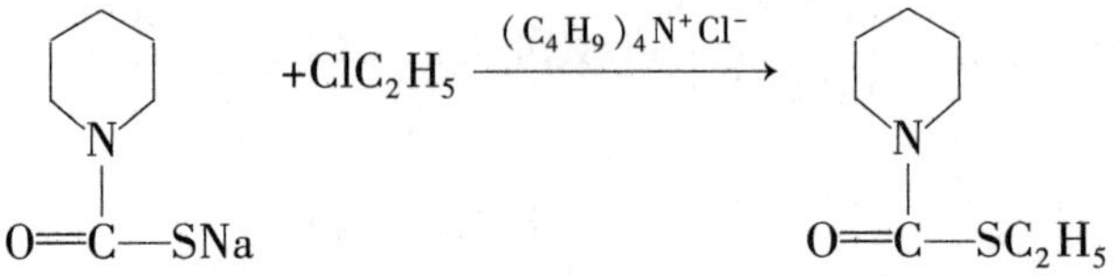

（草达灭）

（>95%）

(3)除草醚的合成

采用相转移催化法,用 NaOH 代替 KOH,反应温度可由原来的 180 ℃降到 105 ℃。反应式为

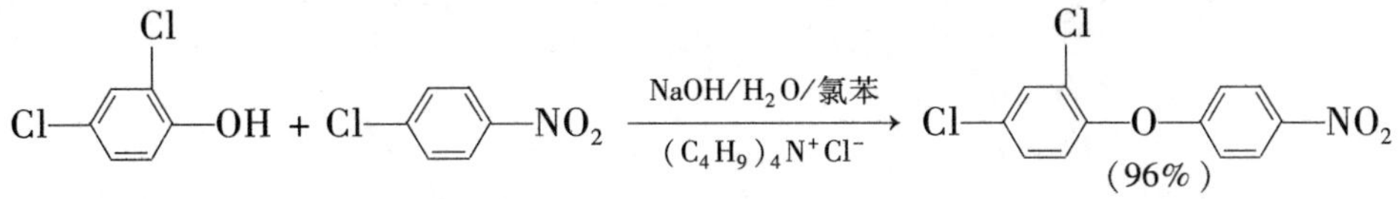

(4)芳氧基羧酸及其酯类的合成

芳氧基羧酸及其酯是多种用途的选择性除草剂,又是许多作物的生长调节剂。其反应式为

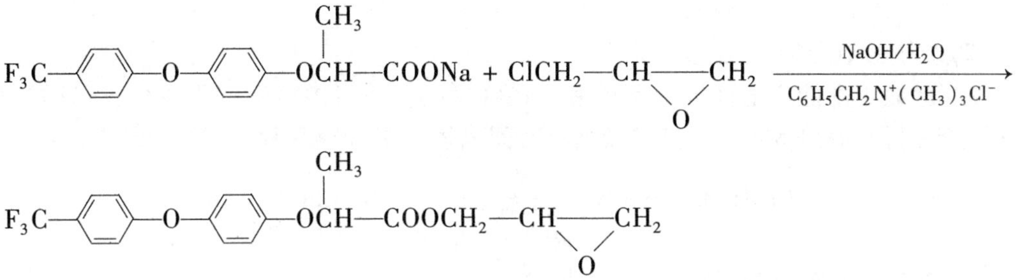

我国科学家用自制高分子聚苯乙烯载体支载的聚乙二醇作为催化剂,在三相催化下合成了一系列的芳氧基乙酸,其产率比国外报道的增加了近 1 倍(75% ~91%)。反应式为

$$ArOH+ClCH_2COOH \xrightarrow[\text{三相催化剂}]{NaOH/H_2O/\text{甲苯}} ArOCH_2COOH$$

(5)赛克津(Sencor)类中间体酰腈的合成

赛克津类中间体 α-酮酸现已采用相转移催化反应合成,且已做到产率高、步骤少、工艺简单。反应式为

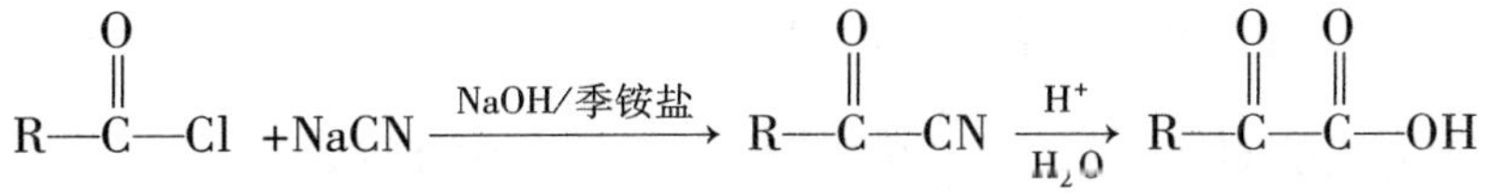

式中,R 为—$C(CH_3)_3$、C_6H_5—等。

(6)保农(Bornno)及燕特灵(Mataven)的中间体 3-氯-4-氟苯胺的合成

保农和燕特灵是防治野燕麦的高效药剂,其合成都需要中间体 3-氯-4-氟苯胺。旧法合成需四步,而采用相转移催化合成只需两步,且产率很高。反应式为

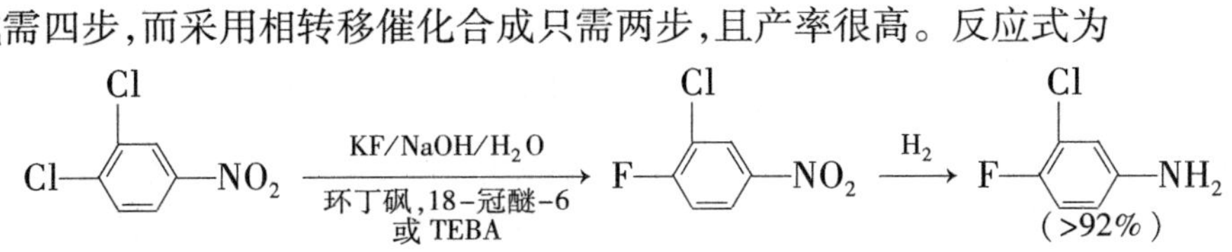

3. 杀菌剂

相转移催化技术在杀菌剂合成方面的应用也收到了显著的效果。

(1)嘧啶类

嘧啶类化合物是专门防治白粉病的内吸性杀菌剂,目前,已商品化的甲菌定(Dimethirimol)和乙菌定(Ethirimol)的合成都需要中间体 α-烷基取代的乙酰乙酸乙酯,而该中间体由乙酰乙酸乙酯和卤代烷在相转移催化下经烷基化反应而制得。

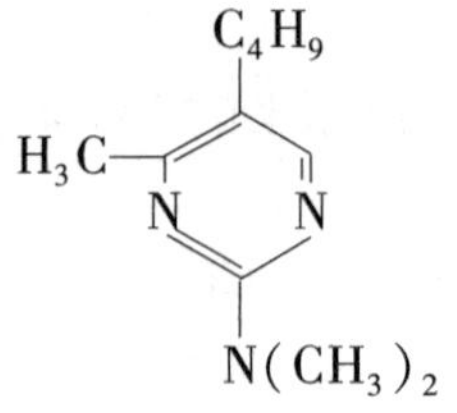

甲菌定

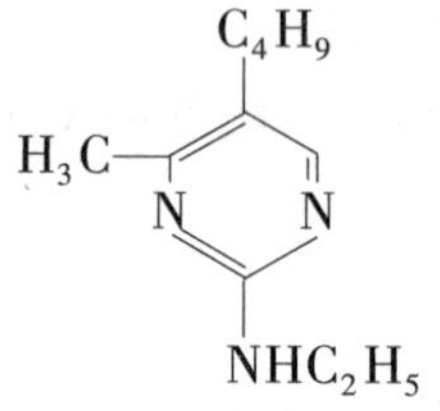

乙菌定

$$CH_3COCH_2COOC_2H_5 + C_4H_9Cl \xrightarrow[(C_4H_9)_4N^+HSO_4^-]{CHCl_3/NaOH} CH_3COCH(C_4H_9)COOC_2H_6 \quad (90\%)$$

(2)硫氰酸氯甲酯

硫氰酸氯甲酯能广谱性地杀灭真菌、细菌和线虫，采用相转移催化法合成，只需回流反应 5 h，产率即可达到 86%。与原法比较，时间缩短一半，产率提高 1 倍。反应式为

$$ClCH_2Br + NaSCN \xrightarrow[\text{TEBA 或} (C_4H_9)_4N^+Cl^-]{NaOH/H_2O} ClCH_2SCN + NaBr \quad (81\% \sim 86\%)$$

(3)新杀菌剂 WL-28325

WL-28325 可以很方便地由相转移催化二氯卡宾反应而制备，即

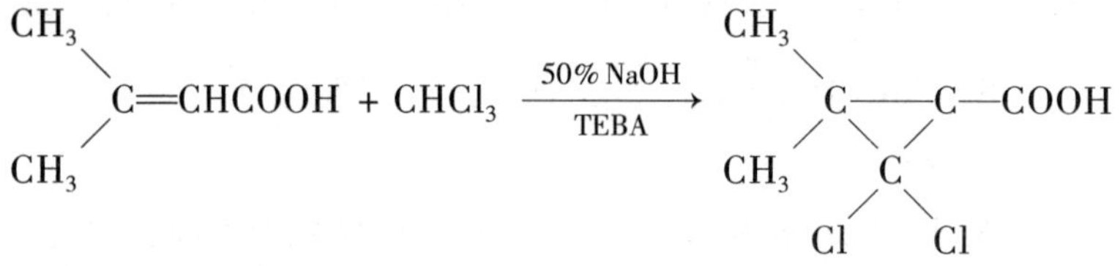

(WL-28325)

由上述可见，相转移催化反应在农药合成上的应用非常广泛。除了上面所举的例子外，缩合、消除、加成及二氯卡宾的生成等均适用。

10.2.2　农药原药合成工艺的改进和加工剂型的改进

由于新农药筛选投资风险的增加，许多公司都注意老品种的工艺改进和加工剂型的改进，以求降低成本，延长产品寿命。

1. 合成工艺改进实例

(1)呋喃丹合成工艺连续化

FMC 公司设计的呋喃丹连续化合成装置，是借助于一种挥发性很大的溶剂(如 CH_2Cl_2)来控制反应温度和速度，使反应在一个具有螺旋推进器的混合器内进行。该混合器分为反应段和干燥段，结果可得到干燥的粉末状产品，而溶剂则重回反应区循环使用。

(2)灭多威无溶剂合成

无溶剂合成工艺必须解决局部过热和出料两大问题。例如灭多威的合成，先将甲基乙醛粗品置于反应器中，加热至 45 ℃，在搅拌下加入三乙胺，再加入异氰酸甲酯，当反应温度自行升高至 84 ℃时，保持一定时间后及时出料，其产率达 95%，纯度为 98.1%。此法还可用于合成呋喃丹、西维因、兹克威和害扑威。此工艺的特点是：体系中的物料在给定的温度下始终呈流动状态，中间体和产品都不会出现明显的分解，产率可达 95% 以上。

(3)从乙酸乙酯合成西维因的新方法

据印度科学家 Nayak 等报道，以乙酸乙酯为原料，合成杀虫剂西维因的新方法，可避免使用有毒物质异氰酸甲酯(MIC)，故也称为“非 MIC”方法。其反应过程为

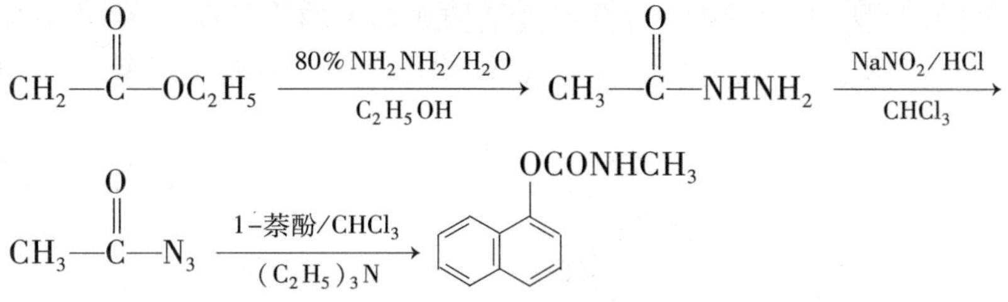

此外，用相应的取代酚代替 1-萘酚，此种“非 MIC”方法可成功地用于其他氨基甲酸酯类杀虫剂的合成，如残杀威、噁虫威、二氧威等。

2. 剂型加工技术进展

剂型加工方面也开发了一些新技术。通过这些技术的改进，农药制剂的质量得到了很大的提高。例如，粉剂加工的新技术有湿法粉碎技术、超音速粉碎技术、气流粉碎技术、超微粒粉碎技术、多次粉碎技术以及多次混合工艺等。

可湿性粉剂正在向高浓度、高悬浮率的方向发展，以便提高其防治效果和节省运费。如果采用高性能的填料与助剂，可以提高可湿性粉剂的浓度。

新剂型——流动剂近年来发展迅速，美国已生产出几十种农药的流动剂。

微囊剂、纤维剂等缓释剂可延长农药的有效期。这既可以节省药量，又可使剧毒农药低毒化，所以缓释剂越来越受到人们的重视。

制剂质量的提高除了需要优良的粉碎和混合技术外，还必须有优良的助剂。以往均采用烷基酸、脂肪醇与环氧乙烷加成物的磷酸酯及烷基胺盐类表面活性剂。美国 GAF 公司介绍了一类新的表面活性剂 N-烷基吡咯烷酮，它既是一种优良的溶剂，又具有优良的表面活性。如 N-辛基或 N-十二烷基吡咯烷酮，它可以提高用水稀释后的农药乳油的稳定性，具有表面活性和润湿性的双重作用。另外，还介绍了一种新型乳油，它以聚乙二醇(PEG，平均相对分子质量为 600)或聚丙二醇(PPG，平均相对分子质量为 750)代替传统的芳香烃或二甲苯等溶剂。使用 PEG 或 PPG，无须再添加其他表面活性剂，同时又可避免芳香烃、二甲苯的易燃、气味浓、毒性大、刺激强、易对植物产生药害等缺点。因而已在一些拟除虫菊酯中应用，效果良好。

目前，混合制剂的应用越来越普遍，其中有杀虫-杀菌混合制剂，杀菌-除草混合制剂等。混合制剂的剂型是多样化的，如粉剂、颗粒剂、可湿性粉剂、乳油、胶悬剂等。

10.2.3　农药设计中的新技术

在除草剂和拟除虫菊酯领域，应用先进的数学模型和定量构效关系(QSAR)分析表明，在优选活性结构中合理应用所需的官能团、立体化学结构和物化参数是十分重要的。计算机辅助模型结合运用 QSAR 分析所提供的物化参数，在设计高效能的农药分子结构中有很大作用。

计算机-辅助分子模型(computer assisted molecular modeling，CAMM)和高级计算机-辅助化学系统(advanced computer-aid chamistry system，ACACS)等已大量引入到农药设计中。

现在,已发展到将贮存的复杂有机化合物的化学结构,在电脑显示屏上利用图解技术,通过不同方位的旋转立体构象,有效地研究药物的三维空间构型及环境空间的影响,由此设计模拟化合物,使农药的基础研究由分子水平进入三维空间的立体构象水平。

例如,用分子轨道(MO)法与 CAMM 法综合研究结构式如Ⅰ的除草剂,认为其中 R 为双环(Ⅰa、Ⅰb)的除草剂的效果远高于含单环(Ⅰc、Ⅰd)的化合物。而理论计算与实测结果完全吻合。

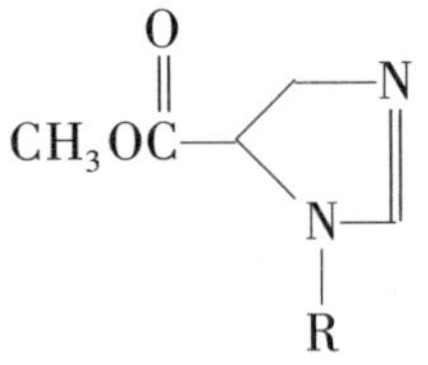

Ⅰ

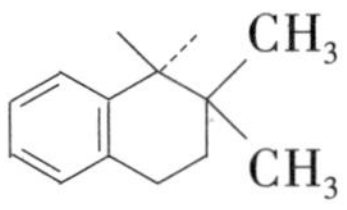

Ⅰa

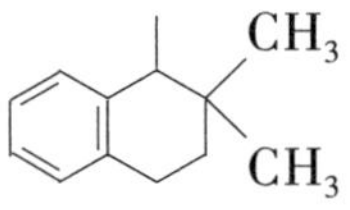

Ⅰb

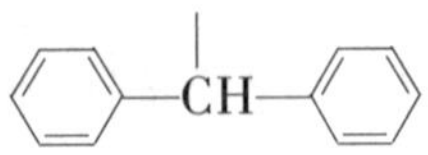

Ⅰc

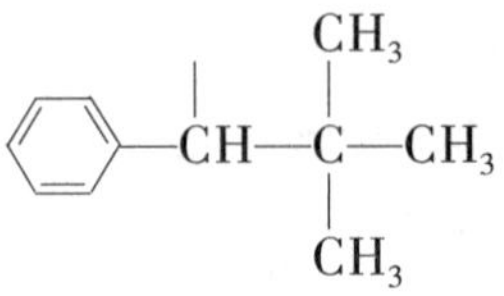

Ⅰd

又如,用计算机模拟结构式为Ⅱ的化合物后认为,在吗啉环上若有反式取代基团甲基时(结构式见(Ⅲ)),则活性将明显提高。实测证明,化合物Ⅲ的活性比Ⅱ高 5 倍。

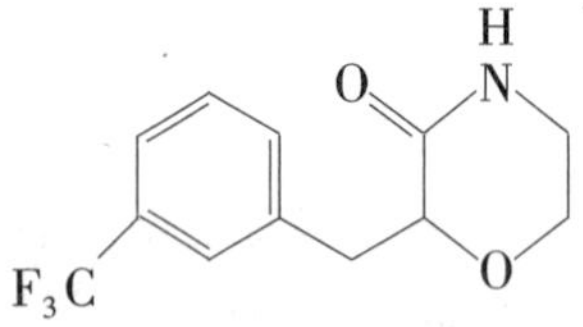

Ⅱ

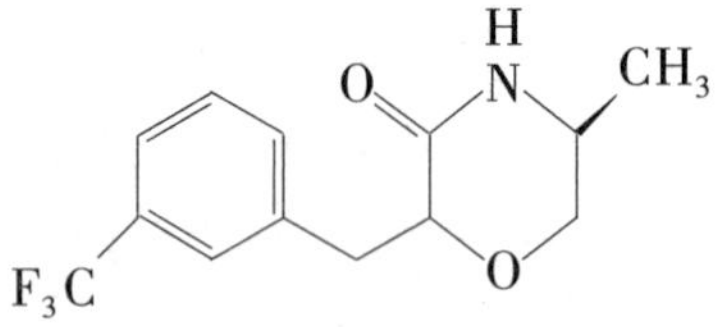

Ⅲ

由此可见,新农药的创制已由普筛法进入系统规范化的研究,高新技术的引入将有力地推动农药的迅速发展。可以预料,今后将会有更多、更新的高效农药问世。

10.2.4　生物技术(遗传工程)的应用

生物技术可以帮助改进植物的品系,使已知的天然农药获得高产。可以预测,使除虫菊高产的新品系以及使印楝素为主要成分的印楝树高产的新品系会很快问世。

生物技术农药发展很快,日本 Kubota 公司与美国 Microgen 农业化学公司合作,联合开发生物技术农药,并已用于防治一些专门的害虫。

10.3　维生素合成技术

维生素是膳食中含量极微但作用极大的有机化学品。它是维持人体正常代谢机能所必需的物质,被称为生命的生物催化剂。维生素在体内的变化非常复杂,人体一旦缺乏,即可引起代谢紊乱及出现病理状态,因而维生素广泛应用于医药及食品添加剂领域。

10.3.1　维生素 A

维生素 A 的化学名为全反 3,7-二甲基-9-(2,6,6-三甲基环己-1-烯基-1-)2,4,6,8-壬四烯-1-醇醋酸酯,其结构式为

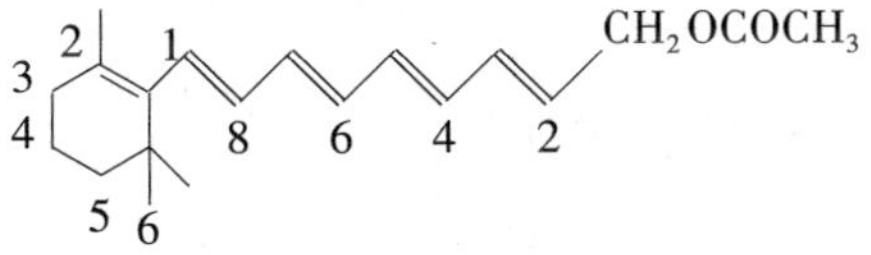

维生素 A

维生素 A 具有多烯醇结构,侧链上有四个双键,这些双键必须与环内的双键成共轭,否则活性消失。理论上它可有 16 个顺反异构体,但因空间障碍,仅有 2-顺型和 6-顺型是稳定的,天然维生素 A 主要为全反型,活性最大,其余各种异构体的活性仅为其 1/5 ~ 1/2,如分子中的双键氢化或部分氢化,亦丧失活性。

维生素 A 过去主要从鱼肝油中提取,现多用合成法制得。以柠檬醛为原料合成 14 碳醛(Ⅰ);以乙炔和甲基乙烯酮合成 3-甲基戊炔(4)烯(2)醇(1)(Ⅱ);Ⅱ与溴化乙基镁反应,制成双溴镁化合物Ⅲ;Ⅰ与Ⅲ缩合,再经水解得羟基去氢维生素 A(Ⅳ);再经氢化、乙酰化、溴化、重排、消除和水解等反应,即得到维生素 A。其反应方程式为

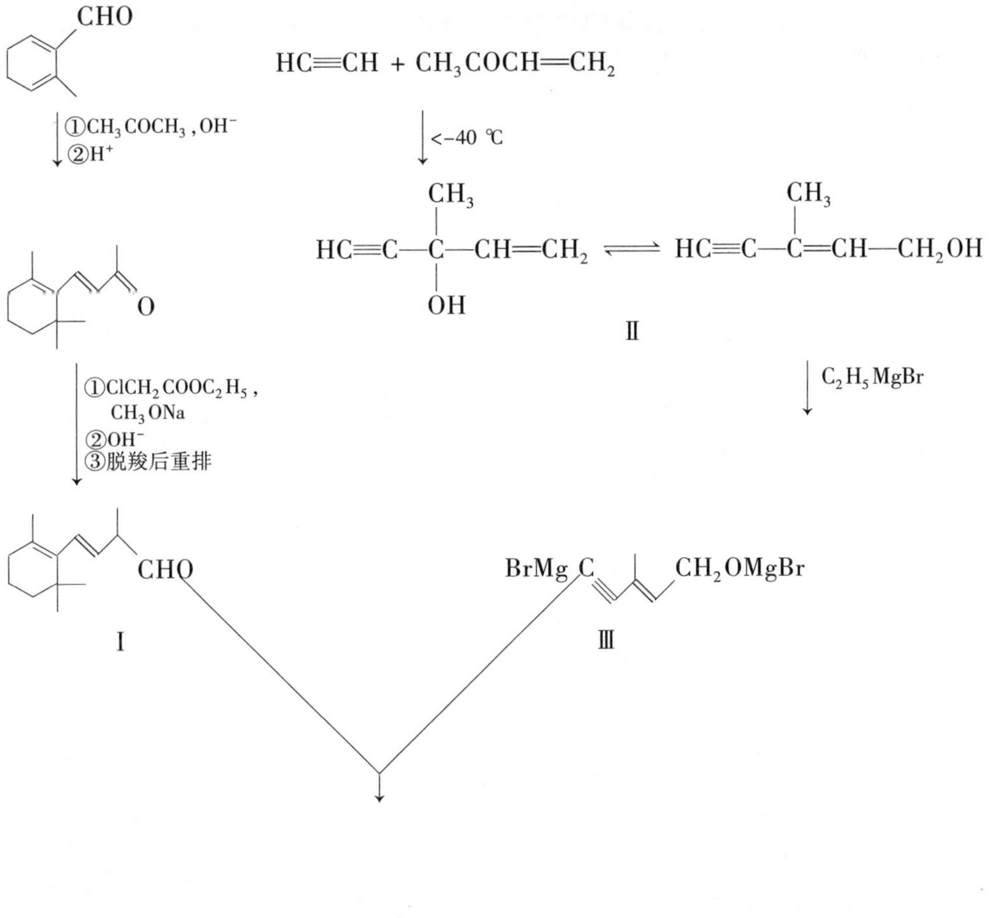

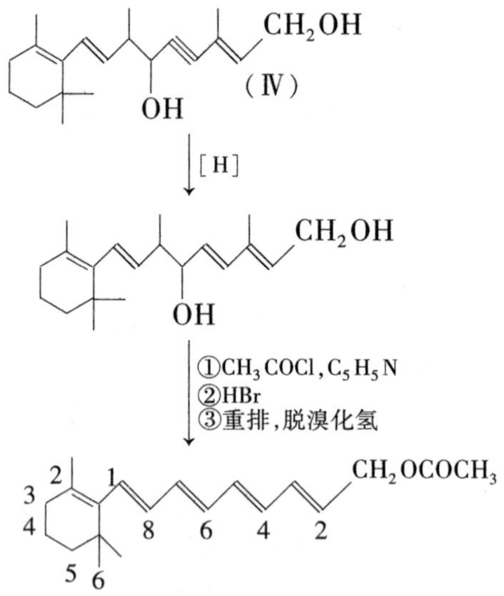

维生素 A

维生素 A 能维持黏膜和上皮的正常机能,用以防治维生素 A 缺乏症,如角膜软化症、夜盲症、皮肤干燥和皮肤硬化症等。

10.3.2　维生素 D

维生素 D 是甾醇的衍生物,维生素 D_2 和 D_3 的化学名分别为 9,10-断链麦角甾-5,7,10(19)-22-四烯-3β-醇(又名骨化醇或麦角骨化醇)和 9,10-断链胆甾-5,7,10(19)-三烯-3β-醇(又名骨化醇)。它们的结构式为

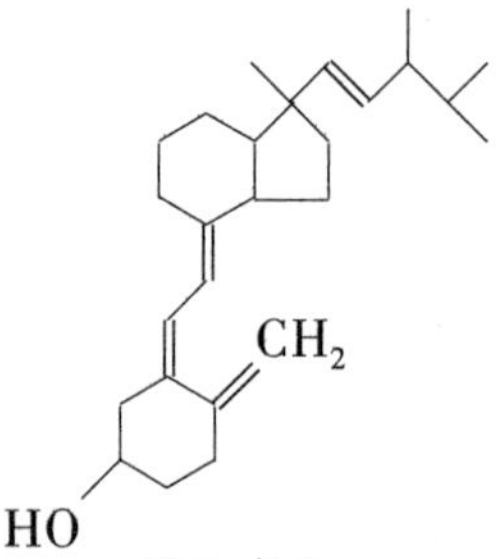

维生素 D_2

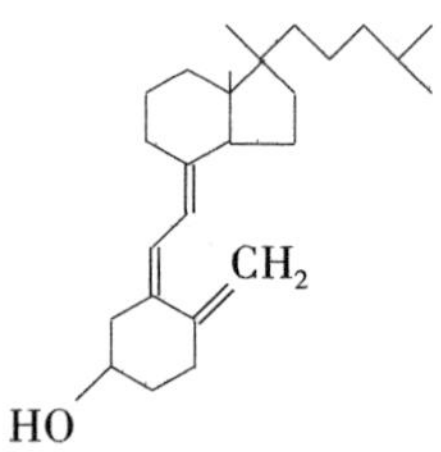

维生素 D_3

麦角甾醇的乙醇溶液被紫外线照射,C_9 和 C_{10} 间断链后即得 D_2 的粗品;经减压浓缩、层析后,用 3,5-二硝基苯甲酰氯酯化,得到 3,5-二硝基苯甲酸维生素 D_2 酯;后者用氢氧化钾醇溶液水解,即得本品。其反应方程式为

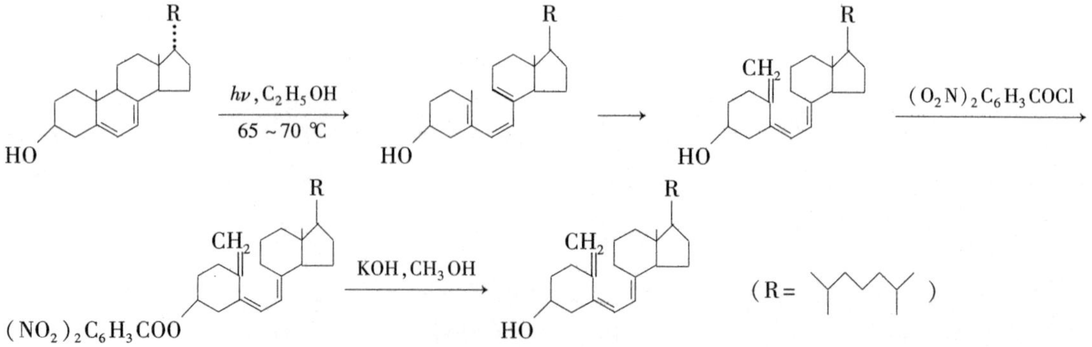

维生素 D 能促进钙、镁在肠内吸收,促进骨骼正常钙化。钙磷代谢功能不全时,可导致佝偻病、骨软化或手足痉挛。

维生素 D 每天摄入量过大,可能引起中毒、发烧、过敏、呕吐、腹泻,甚至损伤肾功能。

10.3.3 维生素 E

维生素 E 是与生殖功能有关的一类维生素的总称。它们都是苯并二氢吡喃衍生物,在苯环上有一个酚羟基,故这类化合物又称为生育酚(tocopherol)。

维生素 E 有 α、β、γ、δ 四种,活性以 α 为最强,δ 最弱。天然的生育酚都显右旋性,人工合成品则为消旋体。维生素 E 的四种结构为

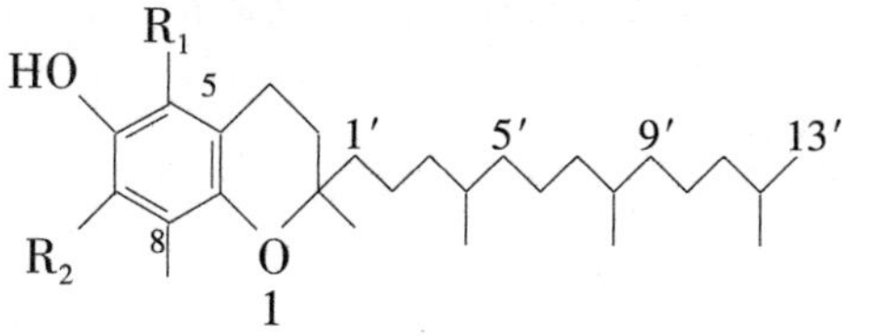

R_1	R_2	
CH_3	CH_3	α-生育酚
CH_3	H	β-生育酚
H	CH_3	γ-生育酚
H	H	δ-生育酚

维生素 E 的活性与结构的关系很大。苯核上的甲基、羟基和侧链对生理活性影响很大。例如,去掉甲基和羟基的化合物无活性,苯核部分不变,侧链缩短至 12 个碳原子的化合物也无效。

2,3,5-三甲基对苯二酚与植物醇(Ⅰ)加热缩合,得到 α-生育酚(Ⅱ);再于锌和醋酸钠共存下,与醋酐加热酯化,即得到 α-生育酚醋酸酯,习惯上称它为维生素 E,化学名为 2,5,7,8-四甲基-2-(4′,8′,12′-三甲基十三烷基)-6-色满醇醋酸酯。其合成过程为

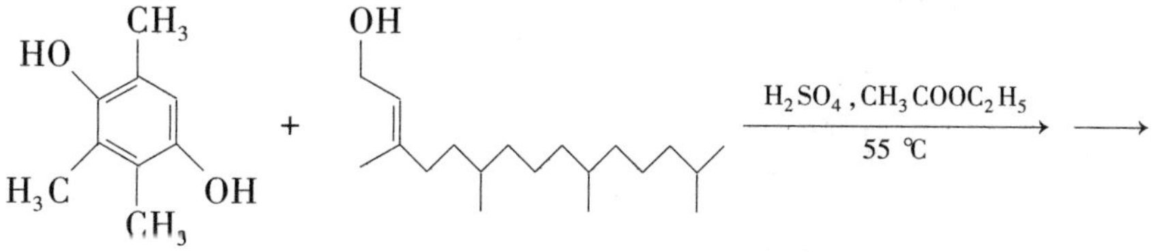

Ⅰ

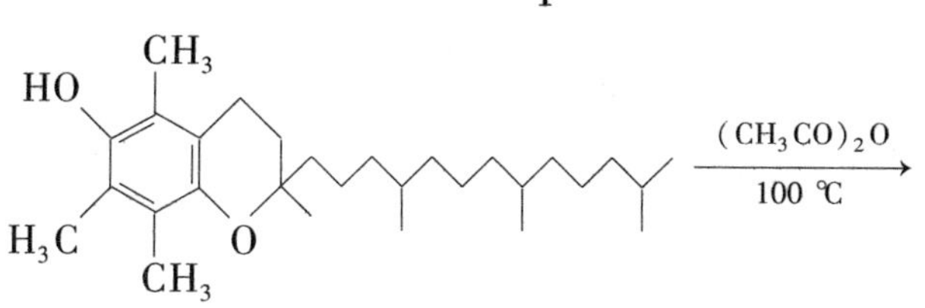

Ⅱ

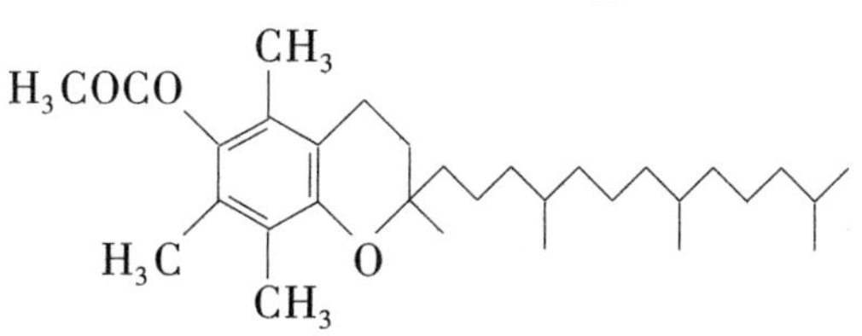

维生素 E

维生素 E 的结构与抗氧化剂特丁基羟基甲苯类似,有较强的还原性,因而认定它在人

体新陈代谢过程中有抗氧化作用,从而延迟衰老过程,其需求量和饮食中不饱和脂肪的量成正比。维生素 E 存在于天然植物油中,如棉籽油、黄豆油、玉米油等,以及谷类原粮中。尚未发现有人患维生素 E 缺乏症。维生素 E 能维持生殖器官正常功能,用于防治习惯性流产、不育症等。

10.3.4　维生素 K

维生素 K 是有凝血作用的一类维生素的总称,广泛存在于深绿色的蔬菜、水果和蛋黄中。多数微生物能合成维生素 K,有少数几种维生素是由细菌在大肠里产生的,而且可以通过肠壁为人体吸收。大量使用抗生素药会产生维生素 K 缺乏症,发生出血现象,需要补充维生素 K。

常见的维生素 K 有 K_1、K_2、K_3 和 K_4,它们均是 2-甲萘醌的衍生物,结构式为

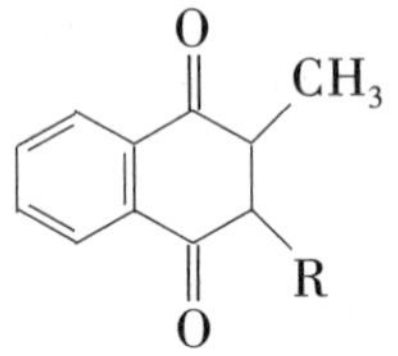

其活性随着 C_2 和 C_3 上取代基的不同而明显不同。C_2 上的甲基换为乙基、三碳以上的烷基或氢原子,活性降低;C_2 或 C_3 上引入氯原子,则成为维生素 K 的对抗物。

维生素 K_1 的工业合成路线为

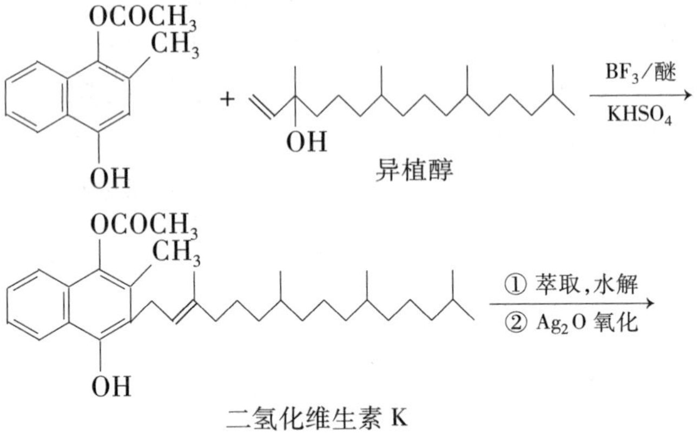

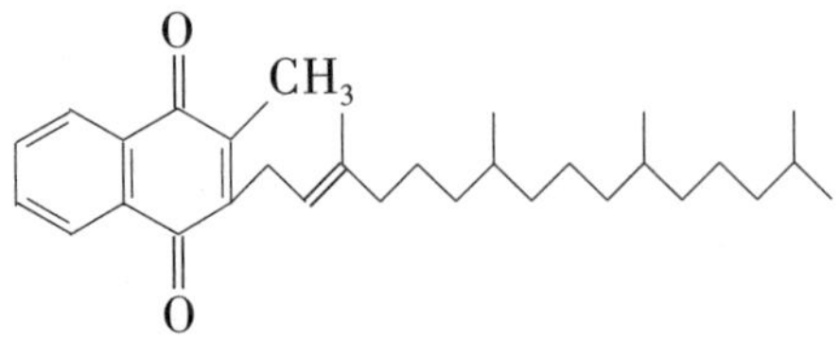

维生素 K_1

10.3.5　维生素 B_1

维生素 B_1 又名硫胺(thiamine)。医用维生素 B_1 丸是盐酸硫胺(thiamine hydrochloride)。其结构式为

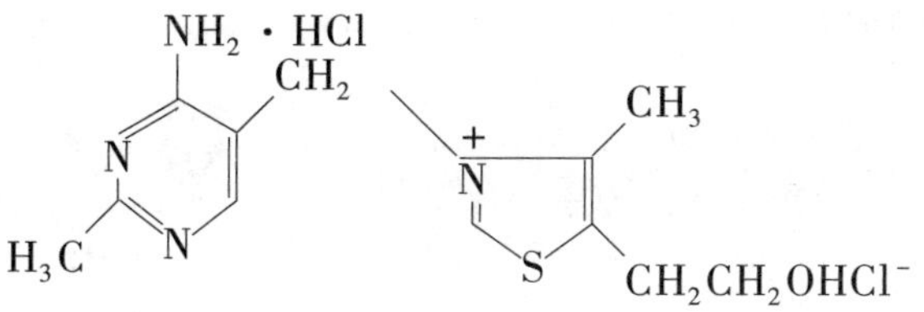

化学名为 3-[(4′-氨基-2′-甲基-5′嘧啶基-)-甲基]-5-(2′-羟乙基)-4-甲基氯化噻唑盐酸盐。

维生素 B_1 的工业合成法是先分别合成嘧啶和噻唑的衍生物，然后再相互作用得到。还可以用下列方法合成：过量的盐酸乙脒在碱性介质中与 α-二甲氧基甲基-β-甲氧基丙腈(Ⅰ)缩合为 3,6-二甲基-1,2-二氢-2,4,5,7-四氮萘(Ⅱ)，然后经水解得到Ⅲ，在碱性中闭环成 2-甲基-4-氨基-5-氨甲基嘧啶(Ⅳ)，Ⅳ与二硫化碳和氨水作用得到Ⅴ，再与乙酸 γ-氯代-γ-乙酸丙酯(Ⅵ)缩合之后在盐酸中水解和环合，即得到硫代硫胺盐酸盐(Ⅶ)，用氨水中和，过氧化氢氧化后，再以硝酸转化为硝酸氨硫胺，最后加盐酸即得到成品。其反应过程为

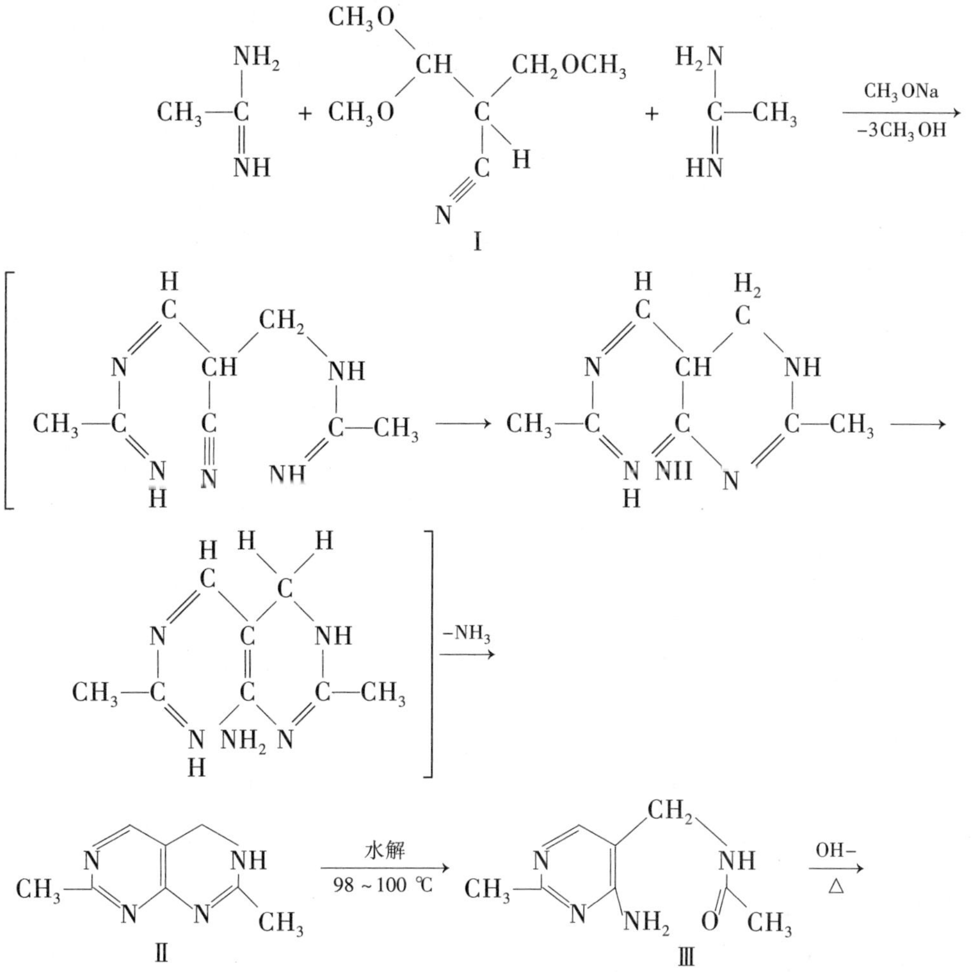

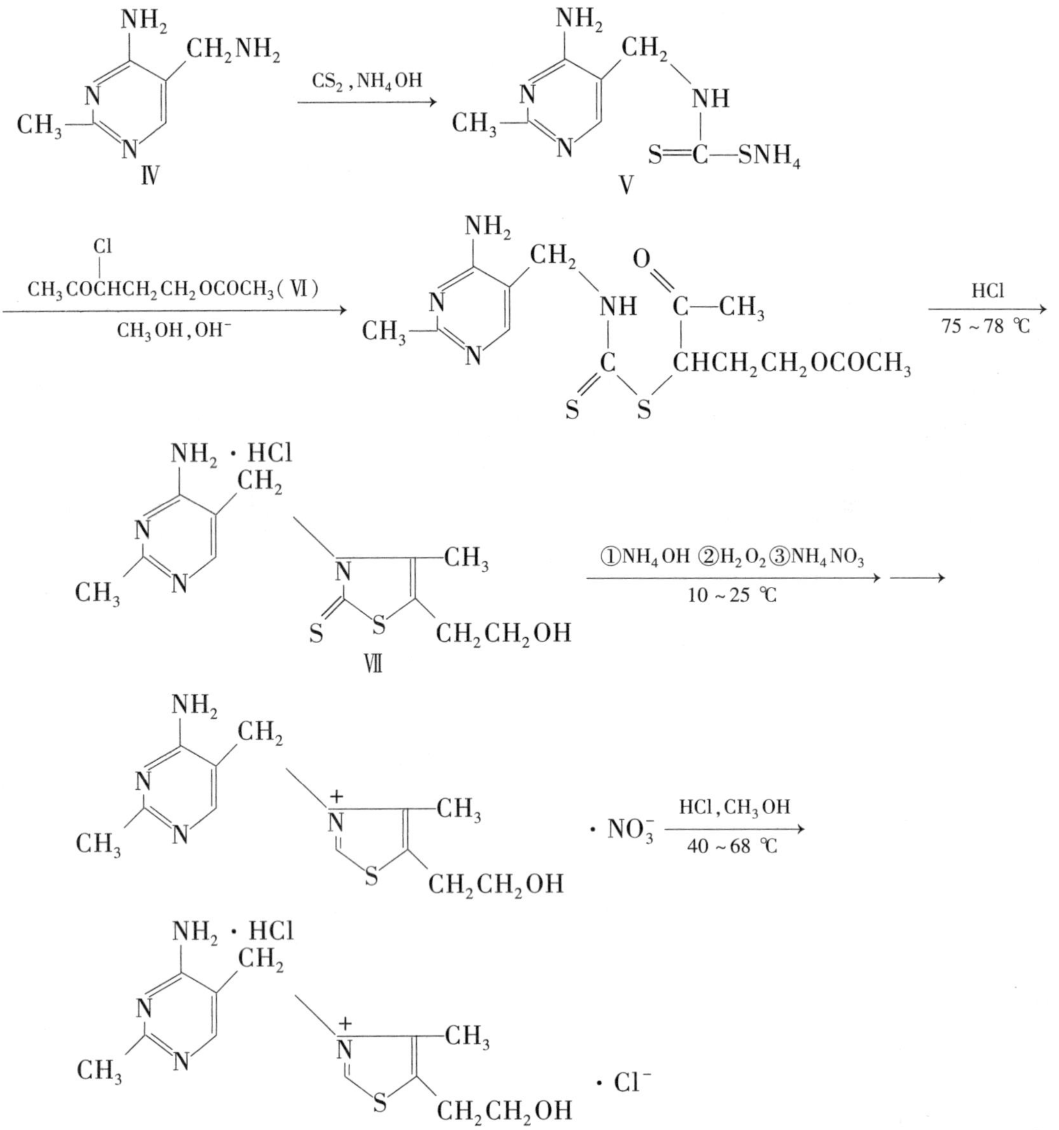

维生素 B_1

饮食中缺乏维生素 B_1，会引起脚气病，使肌肉萎缩，导致神经炎等麻痹症。维生素 B_1 存在于酵母、米糠、麦麸、瘦猪肉、杨梅、花生和车前子中，人们认为棕色的糙米不干净，喜欢把米磨白，结果是将维生素 B_1 去掉了。缺乏维生素 B_1 之所以会引起功能失调，是因为只有硫胺的存在，才能使丙酮酸（葡萄糖的一种代谢产物）输送入克雷布氏（Kreibs）循环，从而合成大量的三磷酸腺苷，后者能为机体的肌肉运动或神经传递功能提供足够的能量。至今尚未发现过量的硫胺有什么害处，因为人体内过量的硫胺会随尿液排出。

10.3.6　维生素 B_2

维生素 B_2 又名核黄素（riboflavin），其结构式为

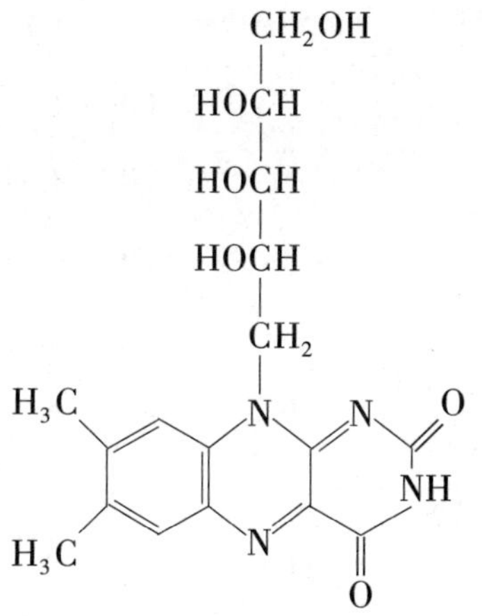

核黄素可用微生物和化学合成两种方法制备。前者系用子囊菌类(ascomycele)的特种活性菌发酵而得。化学合成法是以葡萄糖为原料,先制得 *D* 核糖(Ⅰ),再与3,4-二甲基苯胺缩合后,加氢后得到核糖胺(Ⅱ),然后用苯胺重氮盐与之偶合,还原后再与四氧嘧啶环合,即得到核黄素。其反应方程式为

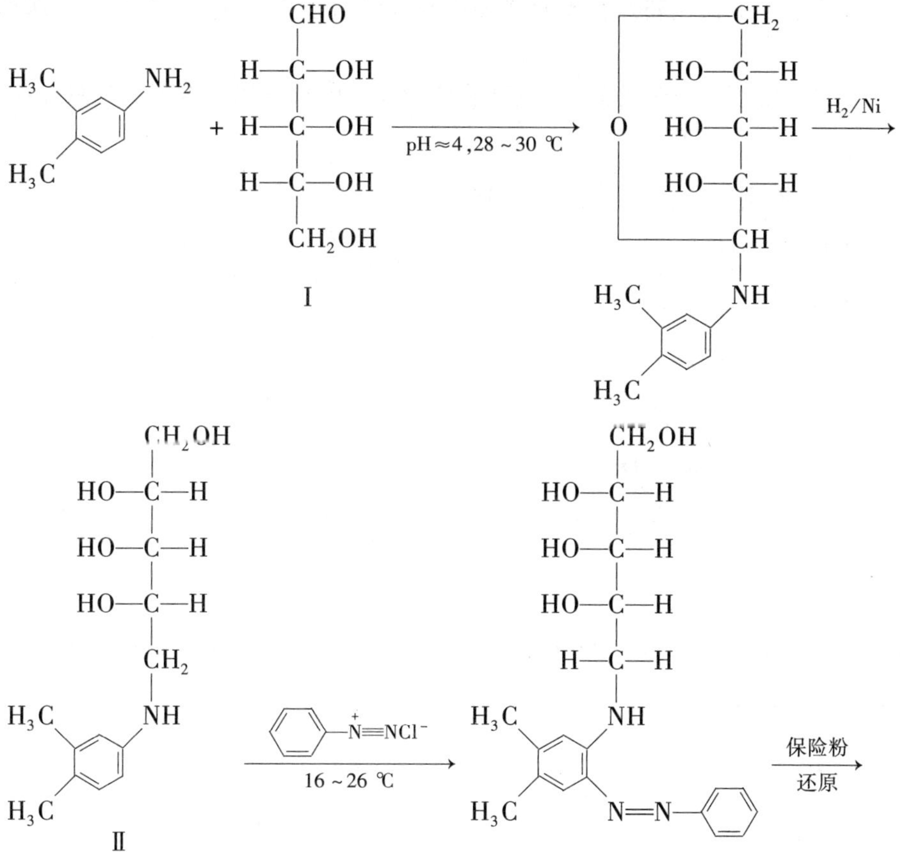

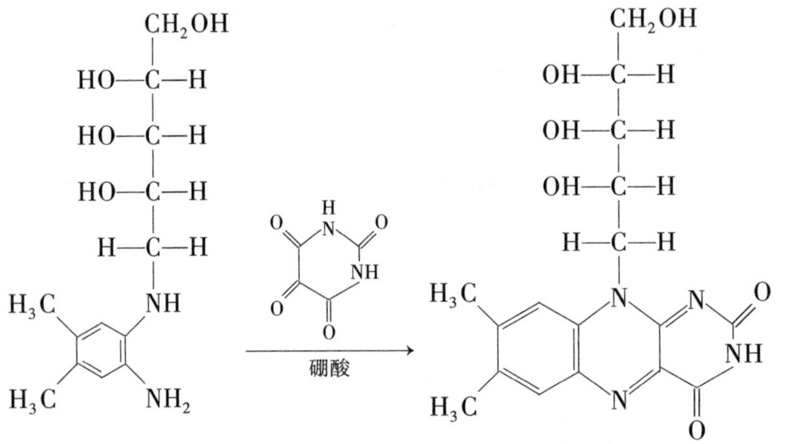

维生素 B_2

维生素 B_2 为体内黄酶类辅基的组成部分(黄酶在生物氧化还原中发挥递氢作用),当缺乏时,就会影响机体的生物氧化,使代谢发生障碍而导致口、眼部位的炎症,如口角炎、结膜炎等。

近些年来核黄素衍生物在药效迅速而持久这两方面有很大发展,从而出现了活性核黄素和长效核黄素。

核黄素分子中的伯醇基与脂肪酸作用形成脂肪酸酯,即长效核黄素。如其月桂酸酯

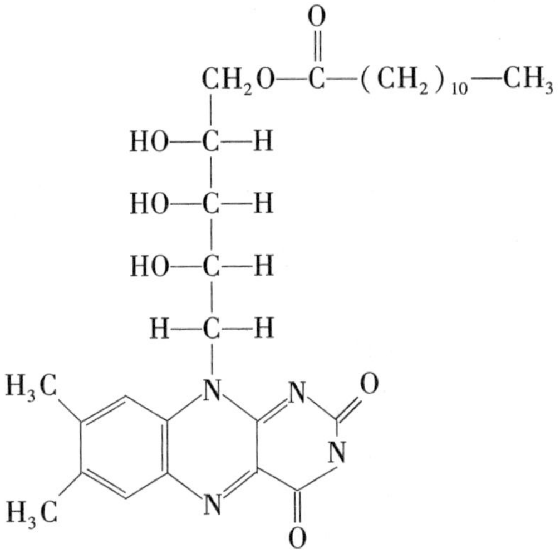

它在体内有效浓度一次可保持 60 ~ 90 d,而一般核黄素在体内 6 h 后即有 60% 被排出体外。

10.3.7 维生素 C

维生素 C 具有抗坏血病的效应,又名抗坏血酸(ascorbic acid)。维生素 C 的化学名为 L(+)-苏阿糖型-2,3,4,5,6-五羟基-2-己烯酸-4-内酯。它有四个光学异构体,其中仅 L(+)-抗坏血酸效力最强。

合成维生素 C 系以葡萄糖(Ⅰ)为原料在高压下催化氢化得 D-山梨醇(Ⅱ),再用醋酸霉菌(*Acetobacter suboxydans*)进行生物氧化,这时 D-山梨醇氧化成 L-山梨糖(Ⅲ),将Ⅲ溶于丙酮中进行酮缩醇化反应,得到双酮山梨糖(Ⅳ),再以次氯酸钠作氧化剂,氧化为双丙酮-2-酮

基-L-古罗糖酸(Ⅴ),最后经盐酸转化,即得本品。其反应方程式为

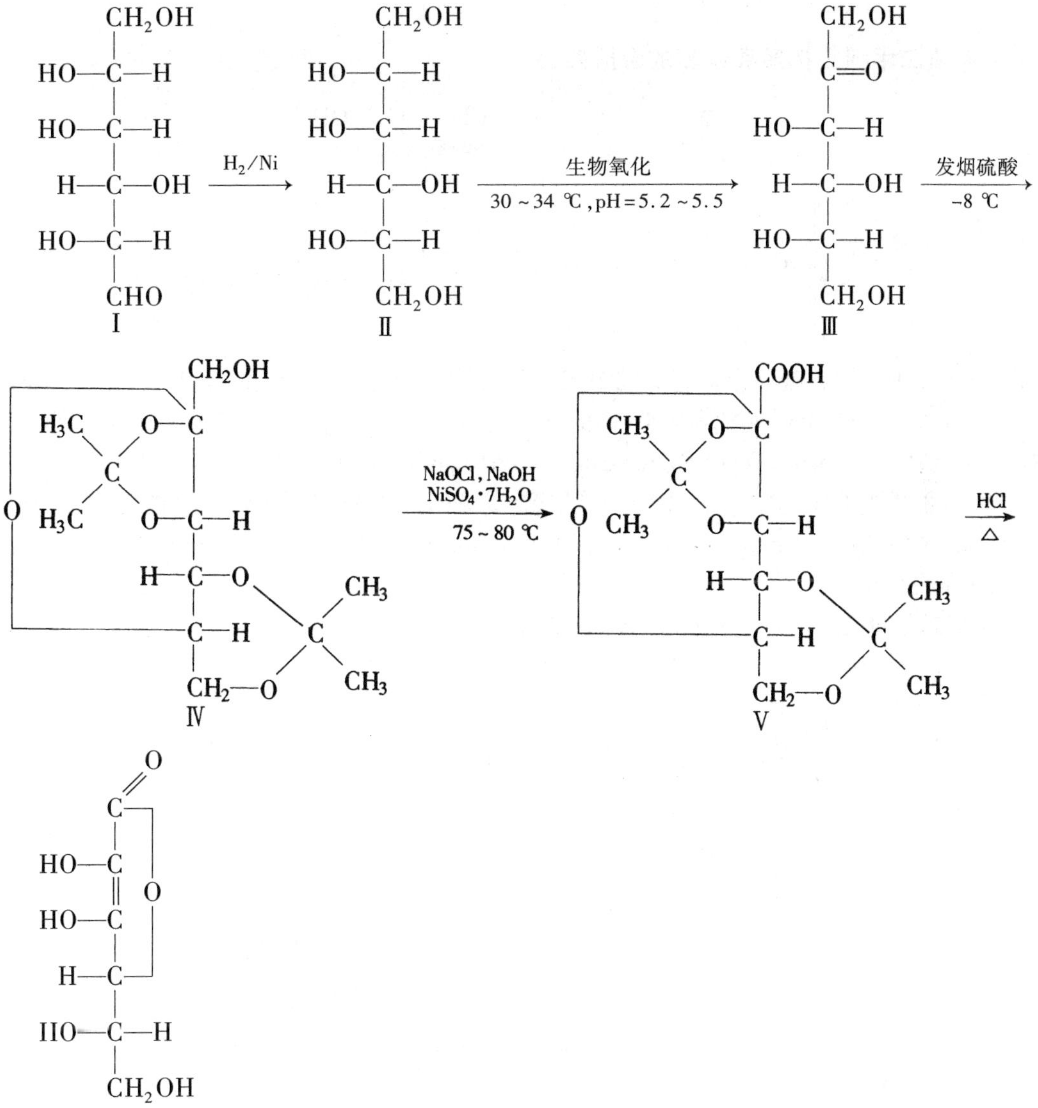

维生素 C

维生素 C 在体内参与糖的代谢和氧化还原过程,能促使组织产生细胞间质,减少毛细血管的通透性,加速血液凝固,刺激造血功能,并有阻止致癌物质(亚硝胺)生成的作用。

10.4　塑料助剂合成技术

塑料助剂能赋予塑料及其加工产品以特殊性能,在塑料工业中起着重要的作用,它能使塑料产品改进性能、提高质量、扩大应用等。

塑料助剂品种甚多,现分类摘要介绍一些新品种的合成技术。

10.4.1　增塑剂的合成

1. 邻苯二甲酸正构醇混合酯的合成路线

$$乙烯 \xrightarrow{Al(C_2H_5)_3\ 催化} CH_3(CH_2)_nOH$$

（偶数碳混合直链醇）

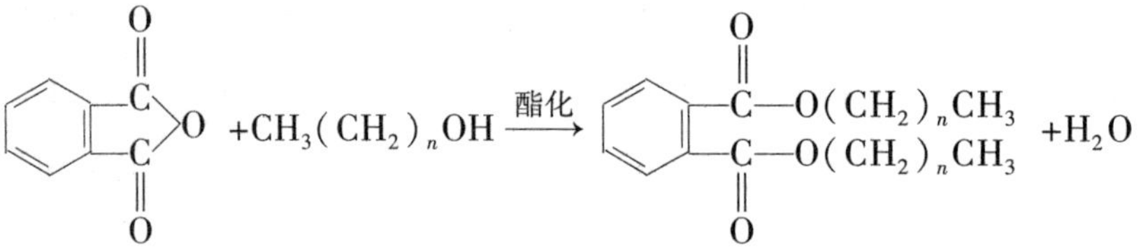

式中，n=5，7，9。偶数碳混合直链醇的组成质量分数大致是：w(正己醇)= 20%，w(正辛醇)= 37%，w(正癸醇)= 44%。本品是 PVC 的优良主增塑剂。商品名为 Hatcol 610-P、Kronisol 610、Elastex61-P、Howflex 3040、Modokemi AB P610、Witamol 110 等。

此外，由类似合成方法制得的邻苯二甲酸 $C_8 \sim C_{10}$ 正构醇混合酯，其性能比邻苯二甲酸 $C_6 \sim C_{10}$ 正构醇混合酯更佳。其商品名为 Kronisol 810、Hatcol 810、Elastex 82-P、Pliabrac 810、Witamol 118 等。

2. 偏苯三酸三(2-乙基己酯)的合成路线

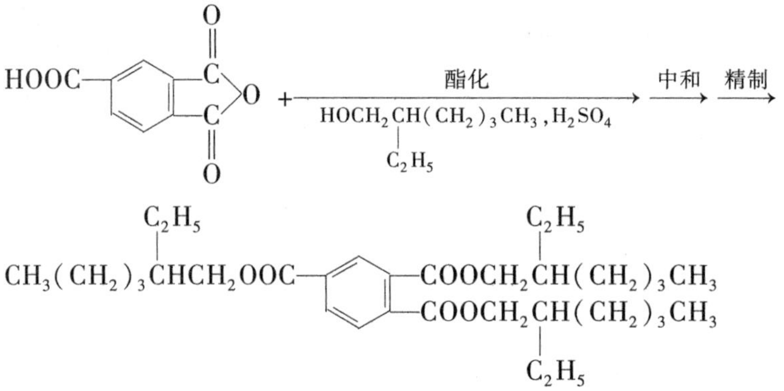

本品为 PVC 的主增塑剂，耐热性和耐久性良好。本品的商品名有 Hatcol TOTM、RC plasticizer 26 TM、Morflex 510。

3. 环氧大豆油的合成

大豆油是甘油脂肪酸酯混合物。脂肪酸成分的质量分数为：w(亚油酸)= 51% ~57%，w(油酸)= 32% ~36%，w(棕榈酸)= 2.4% ~6.8%，w(硬脂酸)= 4.4% ~7.3%，其平均相对分子质量约为 950。环氧大豆油(epoxidized soybean oil)的合成路线为

$$HCOOH + H_2O_2 \xrightarrow{硫酸} HCOOOH + H_2O$$

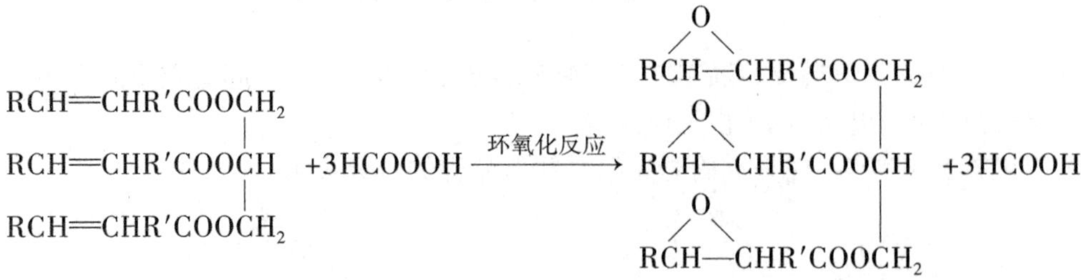

将精制的大豆油在硫酸和甲酸(或冰醋酸)存在下与双氧水进行环氧化反应,即制得本品。本品是一种广泛使用的 PVC 增塑剂兼稳定剂。

10.4.2　热稳定剂的合成

1. 二正辛基-双(巯乙酸 2-乙基己酯)锡的合成

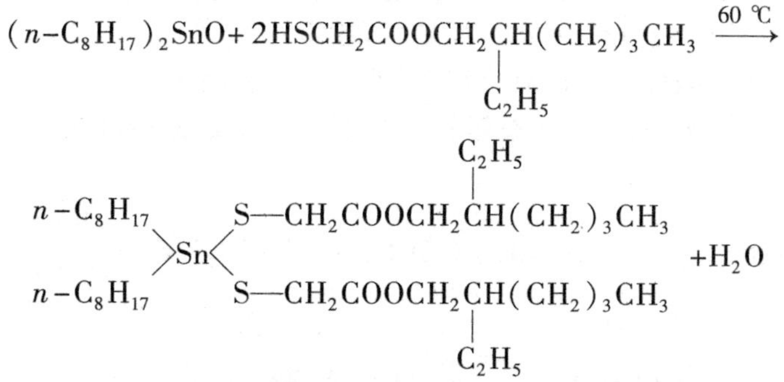

将二正辛基氧化锡悬浮于一定量的水中,加热至 60 ℃,在 30 min 内将 2 mol 的巯基乙酸 2-乙基己酯加入反应器中,然后于 60 ℃下搅拌 30 min,分出水层,经干燥、过滤,即得到黄色油状液体的成品。

本品是最普遍应用的无毒有机锡稳定剂,广泛用于硬质和软质 PVC 包装制品中。

2. 二硬脂酰二亚磷酸季戊四醇酯的合成

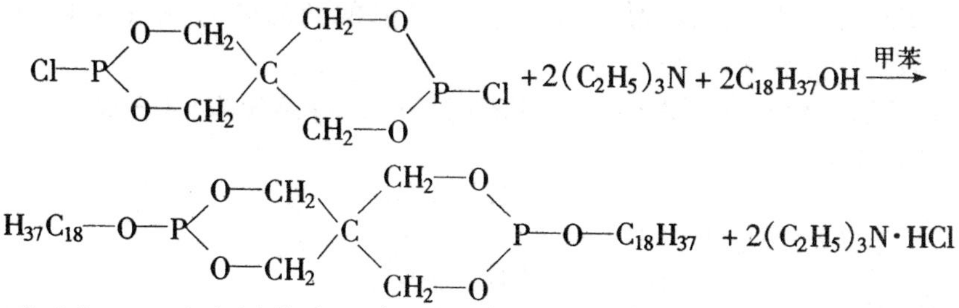

将十八碳醇与三乙胺在甲苯中混合,然后加入二氯代季戊四醇二亚磷酸酯,在 30 ℃进行反应。反应结束后,滤去三乙胺盐酸盐,分出甲苯,即得本品。本品日本和美国均有公司生产,其商品名分别为 JPP 618 和 Weston 618。它是性能优良的热稳定剂和加工稳定剂。本品无毒,可用于食品包装材料中。

10.4.3　抗氧化剂的合成

1. β-(3,5-二叔丁基-4-羟基苯基)丙酸十八酯的合成

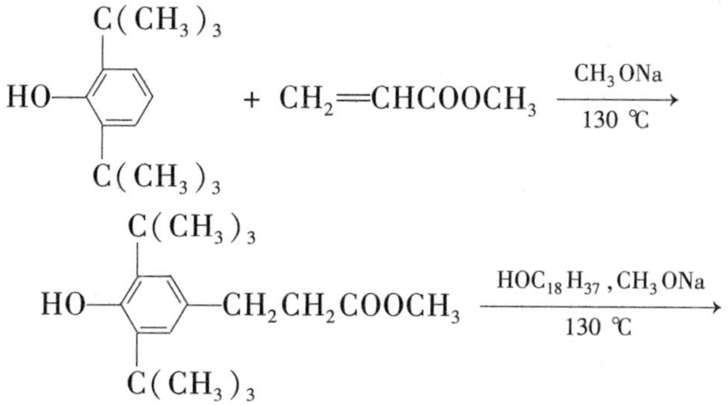

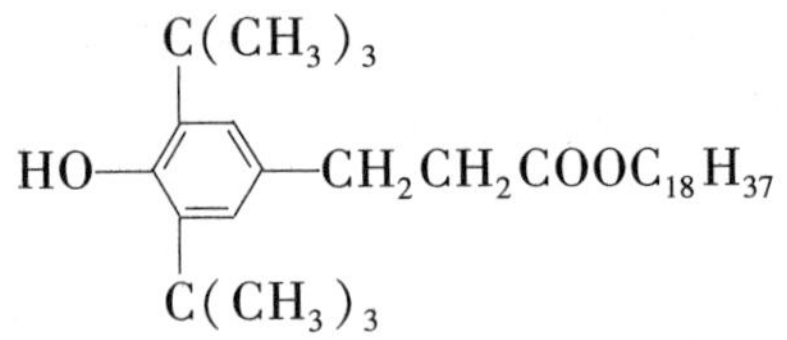

将丙烯酸甲酯加到 2,6-二叔丁基苯酚、正十八碳醇与甲醇钠的混合物中,然后将物料加热至 105 ~ 108 ℃,再升至 130 ℃进行反应,即制得本品。

本品为优良的非污染性无毒抗氧化剂,国外产品的商品名为 Irganox 1076。

2. 四[β-(3,5-二叔丁基-4-羟基苯基)丙酸]季戊四醇酯的合成

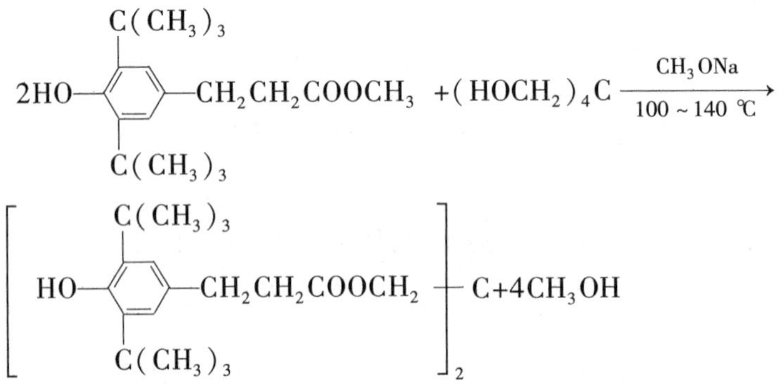

季戊四醇与 β-(3,5-二叔丁基-4-羟基苯基)丙酸甲酯在甲醇钠催化下,于 100 ~ 140 ℃进行酯交换反应,即制得本品。目前,国外产品的商品名为 Irganox 1010。它是目前抗氧剂中性能较优的品种之一。

3. 2,2-硫撑乙二醇双[β-(3,5-二叔丁基-羟基苯基)丙酸酯]的合成

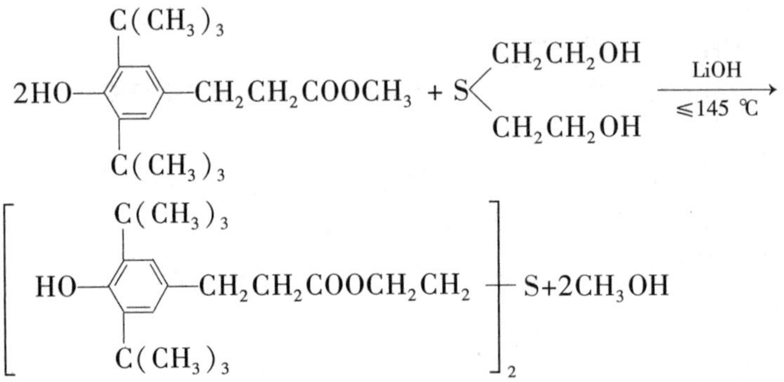

合成方法为:将硫撑二乙醇与 β-(3,5-二叔丁基-4-羟基苯基)丙酸甲酯在 LiOH 存在下,于 145 ℃进行酯交换反应,即制得本品。

本品为含硫受阻酚抗氧剂,国外产品的商品名为 Irganox 1035。

10.4.4 光稳定剂的合成

1. 2-羟基-4-正辛氧基二苯甲酮的合成

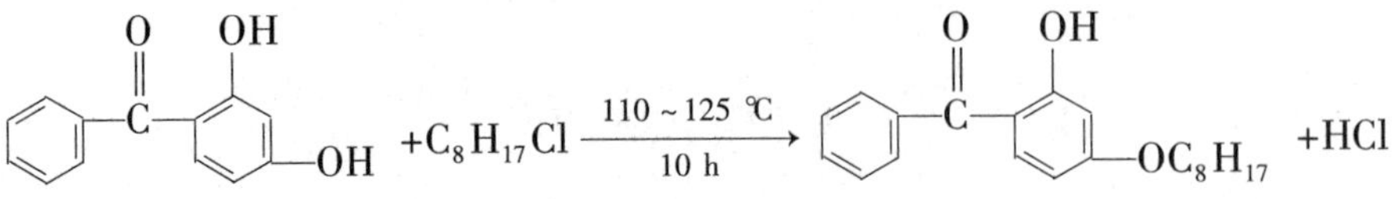

2-羟基-4-正辛氧基的制法为:将 2,4-二羟基二苯甲酮、正辛醇、碳酸钠、碳酸氢钠、三正丁胺、碘化钾及丙二醇单甲醚的混合物慢慢加热至 110~125 ℃,并在此温度下反应 10 h。反应结束后,用硫酸中和,并将丙二醇单甲醚蒸出。加异丙醇,冷却至 20 ℃以下,析出结晶,经过滤、水洗,即制得成品。由滤液回收异丙醇后,经冷却,用甲苯重结晶,过滤后得到另一部分成品。将两部分成品合并,产率达 90%。

本品美国、日本均有生产。美国产品的商品名为 Cyasorb UV-531。它是有效的紫外线吸收剂。

2. 2-(3-叔丁基-2-羟基-5-甲基苯基)-5-氯苯并三唑的合成

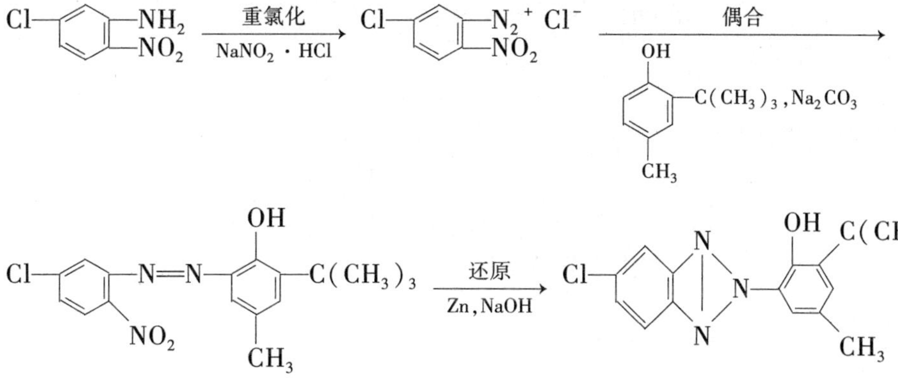

本品的商品名为 Tinuvin 326 和 Seesorb 703,是一种优良的光稳定剂,可用于与食品接触的塑料制品中。

10.4.5　阻燃剂的合成

1. 全氯戊环癸烷的合成

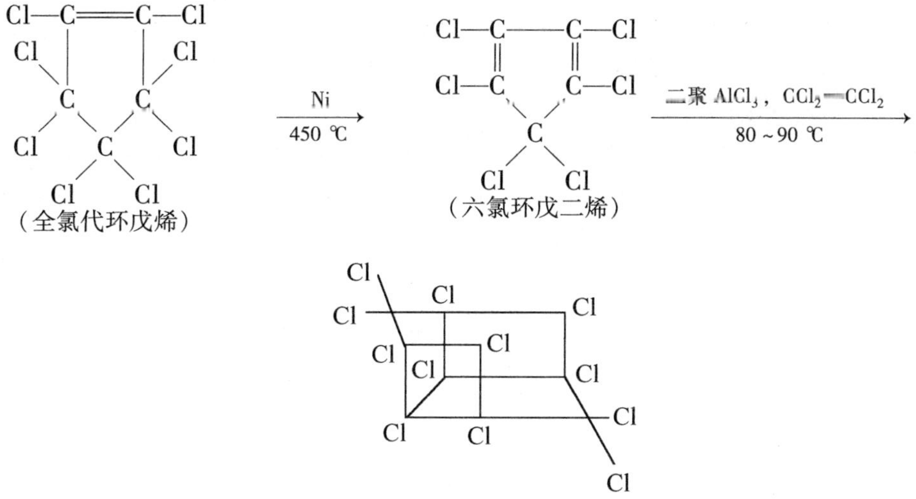

(氯戊环癸烷)

本品的商品名为 Dechlorane,可与氧化锑并用于多种塑料制品中。

2. 乙撑双(四溴邻苯二甲酰胺)的合成

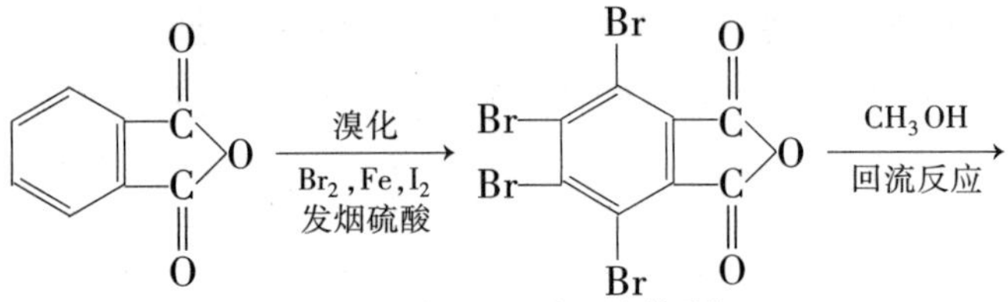

(四溴苯酐)

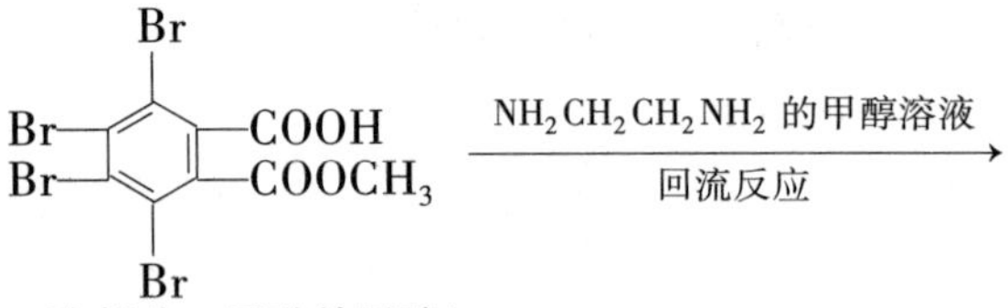

(四溴邻苯二甲酸单甲酯)

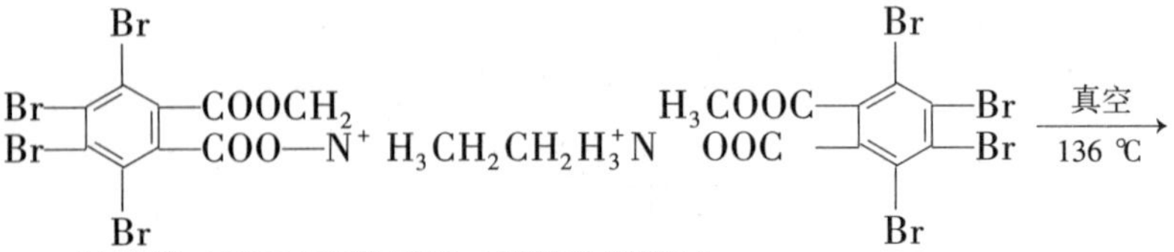

[(乙撑二铵双(四溴邻苯二甲酸单甲酯)]

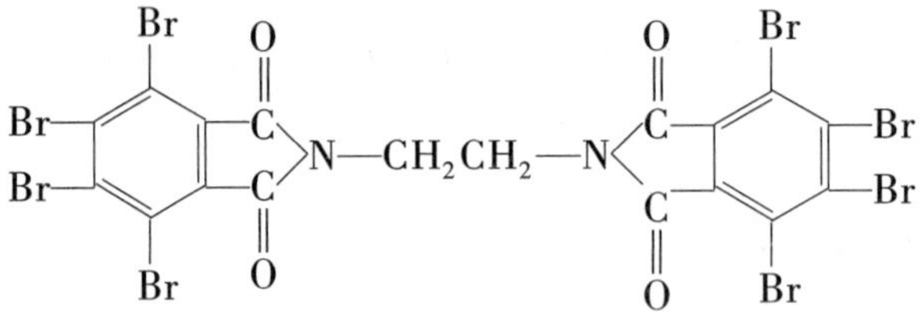

[乙撑双(四溴邻苯二甲酰胺)]

本品美国已有生产,其商品名为 Saytex BT-93,可作为添加型阻燃剂用于聚苯乙烯、聚丙烯、聚乙烯、热塑性聚酯等的阻燃。

3. 聚 2,6-二溴苯醚的合成

合成聚 2,6-二溴苯醚首先应制备 2,4,6-三溴苯酚。将苯酚溶于四氯化碳和质量分数为 25% 的溴化氢水溶液中,于 40 ℃滴加溴。滴加完毕,于 40 ℃保温反应一段时间,然后过滤,洗涤,即得 2,4,6-三溴苯酚。其反应式为

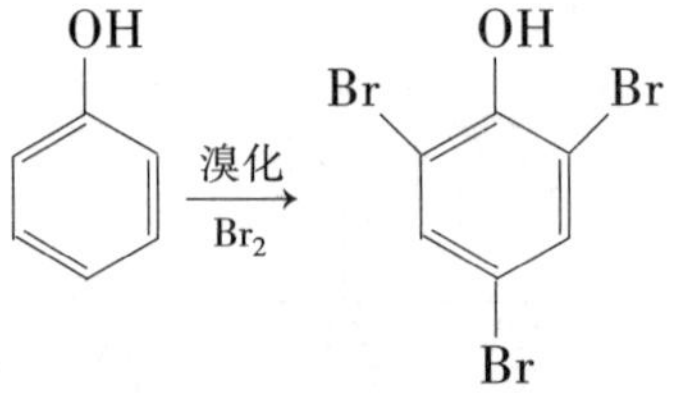

单体 2,4,6-三溴苯酚缩聚制备聚 2,6-二溴苯醚有两种方法。

(1)溶液缩聚法

将单体溶于氯仿中,然后加氢氧化钾水溶液,于 30 ℃在氮气保护下滴加 $K_3Fe(CN)_6$ 水溶液。加毕,保温反应一定时间。将反应液油层分出,用热水洗涤数次。在激烈搅拌下,将油层直接滴加到质量分数为 1% 的盐酸甲醇溶液(沉淀剂)中。析出产品,然后过滤,洗涤,

干燥，即制得成品。其反应式为

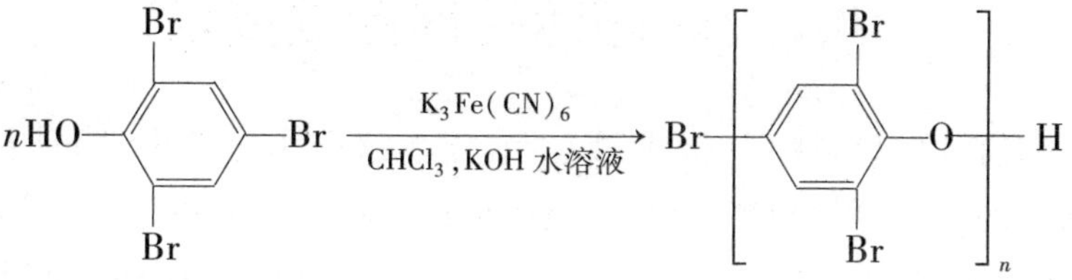

(2)水相沉淀缩聚法

将单体三溴苯酚、氢氧化物、分散剂(十二烷基磺酸钠)和水加至反应器中，在氮气保护下，加热至 40～100 ℃并保持一段时间。然后冷却至 30 ℃左右，向反应物料中加入过氧化苯甲酰作为引发剂，于 55 ℃反应一定时间。最后经冷却，过滤，洗涤，制得成品。

本品美国维西克尔(Velsicol)化学公司已生产，商品名为 Firemaster 935，是一种添加型阻燃剂，其性能大大优于十溴二苯醚。

4. 磷酸三(2,3-二溴丙酯)的合成

$$CH_2{=}CH—CH_2OH \xrightarrow[Br_2, 10\sim15\ ℃]{溴化} CH_2Br—CHBr—CH_2OH \xrightarrow[AlCl_3, 40\ ℃, 苯]{POCl_3}$$

$$(BrCH_2—CHBr—CH_2O)_3PO$$

其制法为：将丙烯醇在 10～15 ℃进行溴化，生成二溴丙醇。然后在无水三氯化铝催化下，于苯溶液中约 40 ℃，二溴丙醇与三氯氧磷反应即得本品。

本品日本和美国已有生产，日本产品的商品名为 CR-10、CR-10S 等；美国产品的商品名为 Pyrol HB-32 和 Fire Master T23P。

10.4.6　抗静电剂的合成

1. 十八烷基二乙醇胺的合成

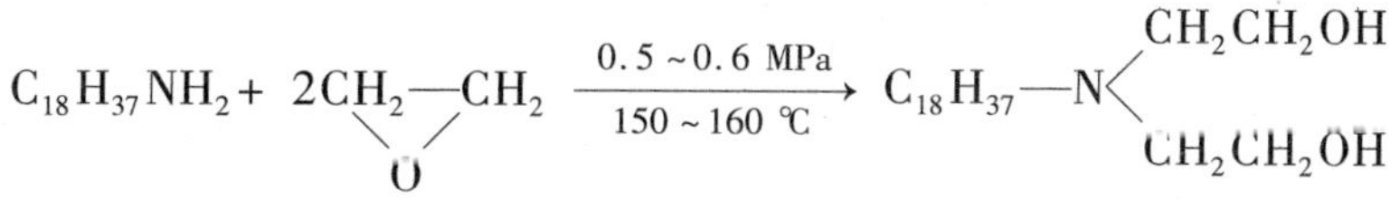

本品为非离子型抗静电剂，其抗静电效果良好，可用于聚丙烯、聚苯乙烯、ABS 树脂中。

2. (3-月桂酰胺丙基)三甲基铵甲基硫酸盐的合成

$$\underset{(月桂酸)}{C_{11}H_{23}COOH} + H_2NCH_2CH_2CH_2N\begin{matrix} CH_3 \\ CH_3 \end{matrix} \longrightarrow$$

$$C_{11}H_{23}CONHCH_2CH_2CH_2N\begin{matrix} CH_3 \\ CH_3 \end{matrix} \xrightarrow{(CH_3)_2SO_4}$$

$$\left[C_{11}H_{23}CONHCH_2CH_2CH_2N—\overset{\overset{\large CH_3}{|}}{\underset{\underset{\large CH_3}{|}}{N}}—CH_3 \right]^+ (SO_4CH_3)^-$$

本品为优良的内部添加型抗静电剂，目前美国生产的商品名为 Cyastab LS。

10.5　表面活性剂合成技术

表面活性剂是指仅以低浓度(极少量)存在于水或非水溶液中,即具有在相界面上定向,并降低该溶液的表面(界面)能,从而改变界面性质功能的某些有机化合物。

表面活性剂的结构一般由疏水基团和亲水基团构成。在溶液中离解的称为离子性表面活性剂,反之称为非离子性表面活性剂。

表面活性剂用途广、发展快。近年来,表面活性剂的应用迅速扩大,生产与销售额不断增长,新品种、新技术也不断涌现。

10.5.1　阴离子表面活性剂的合成

1. 十二烷基苯磺酸钠(LAS)的合成

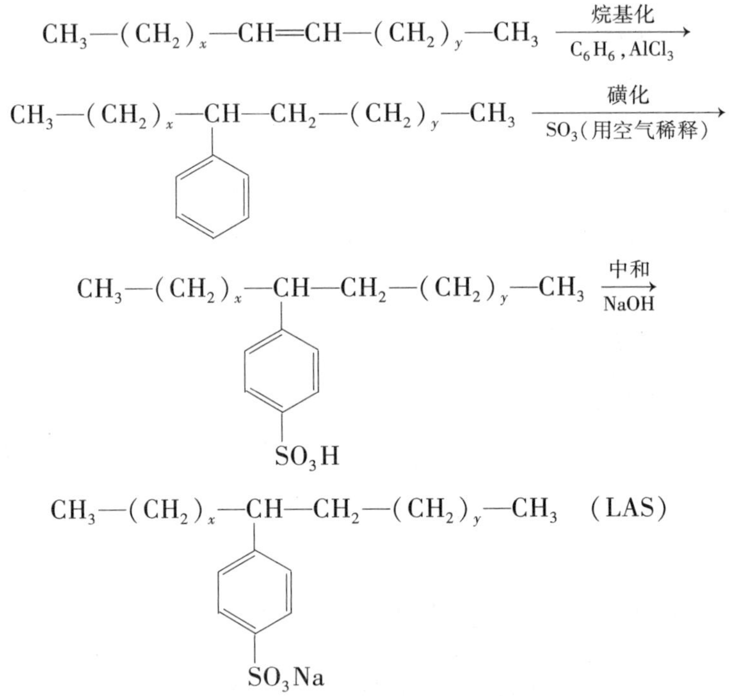

近年来,国外均采用气态三氧化硫磺化工艺,气态三氧化硫用空气稀释到体积分数为3% ~5%。磺化产物用氢氧化钠溶液进行中和。最后,经干燥得到流动性很好的粉末状产品。

2. 仲烷烃磺酸盐(SAS)的合成

$$R—CH_2—R' \xrightarrow[SO_2,O_2,\text{紫外光照射}]{\text{氧磺化}} R—\underset{\displaystyle SO_3H}{\underset{|}{CH}}—R' \xrightarrow[NaOH]{\text{中和}} R—\underset{\displaystyle SO_3Na}{\underset{|}{CH}}—R'$$

式中,R、R′是 $R+R'=C_{13} \sim C_{15}$的烷烃,例如 $R=C_7H_{15}$,$R'=C_8H_{17}$;或者相反。SAS 目前只有西欧国家生产,主要用于液体洗涤剂中。

3. α-烯烃磺酸盐(AOS)的合成

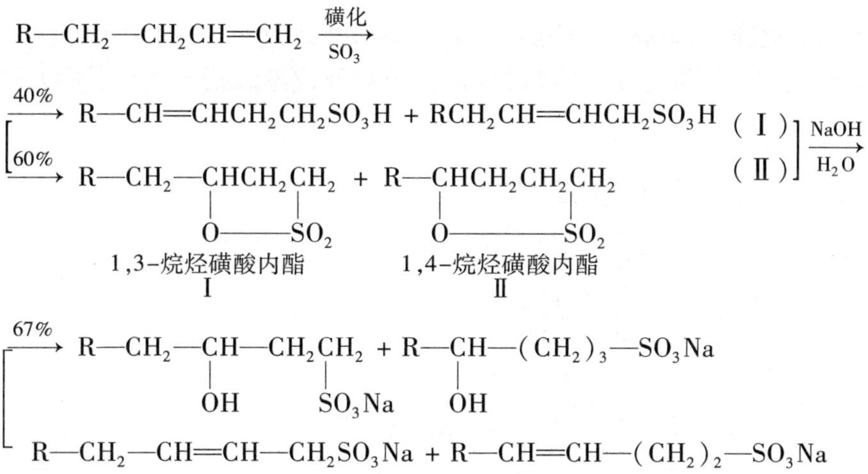

由于 AOS 的生产工艺简便,成本较低,因此有很大的吸引力。

4. 脂肪醇硫酸盐(FAS)的合成

$$R—OH+ClSO_3H \xrightarrow{磺化} R—OSO_3H+HCl$$

$$R—OH+SO_3 \xrightarrow{磺化} R—OSO_3H$$

$$R—OSO_3H+NaOH \longrightarrow R—OSO_3Na$$

$$R—OSO_3H+H_2NCH_2CH_2OH \longrightarrow R—OSO_3^-H_3N^+CH_2CH_2OH$$

目前约有 40% 的椰油醇用于生产 FAS。FAS 主要用于配制液体洗涤剂,且有多个品种,例如十二烷基硫酸钠(SDS,又名纯月桂醇硫酸钠),其合成路线为

$$C_{12}H_{25}OH \xrightarrow[SO_3]{磺化} C_{12}H_{25}—OSO_3H \xrightarrow[NaOH]{中和} C_{12}H_{25}—OSO_3Na$$

新的品种尚有十二烷基硫酸乙醇胺盐,其中包括十二烷基硫酸二乙醇胺盐(DLS)和十二烷基硫酸三乙醇胺盐(TLS),其合成路线与 SDS 类似。

$$C_{12}H_{25}OH \xrightarrow[SO_3]{磺化} C_{12}H_{25}—OSO_3H \xrightarrow[NH(CH_2CH_2OH)_2]{中和}$$

$$C_{12}H_{25}—OSO_3H \cdot NH(CH_2CH_2OH)_2$$

(DLS)

$$C_{12}H_{25}OH \xrightarrow[SO_3]{磺化} C_{12}H_{25}—OSO_3H \xrightarrow{N(CH_2CH_2OH)_3}$$

$$C_{12}H_{25}—OSO_3H \cdot N(CH_2CH_2OH)_3$$

(TLS)

本品具有发泡力大、洗洁力强、对皮肤刺激性小等优点。

5. 脂肪醇聚氧乙烯醚硫酸盐(AES)的合成

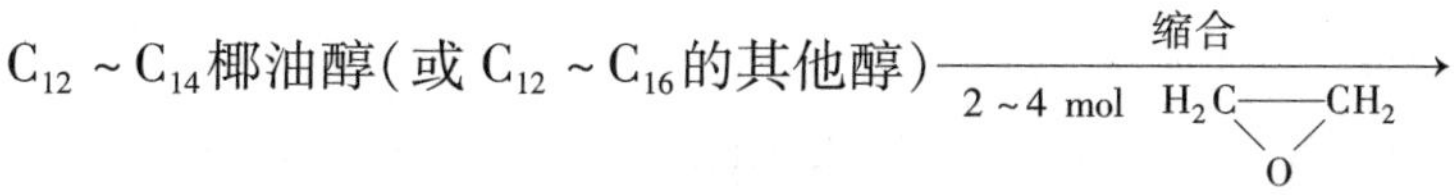

$$RO—(CH_2CH_2O)_n—H \xrightarrow{\text{硫酸化}} RO—(CH_2CH_2O)_n—SO_3H \xrightarrow{\text{中和}} RO—(CH_2CH_2O)_n—SO_3Na$$

硫酸化采用三氧化硫、氯磺酸、发烟硫酸或氨基磺酸作为反应剂，均可达到较高的产率。AES 具有对水硬度很不敏感、生化降解性能优异以及成本较低等优点，所以产量迅速增长。

10.5.2　非离子表面活性剂的合成

1. 脂肪醇聚氧乙烯醚(AEO)的合成

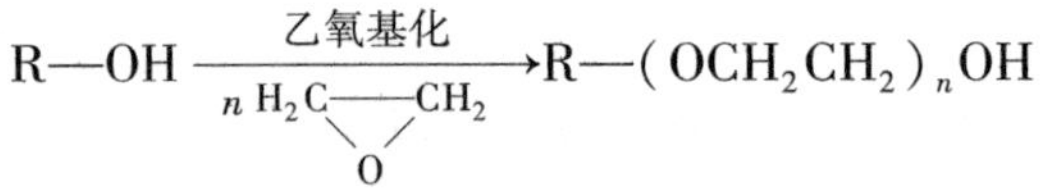

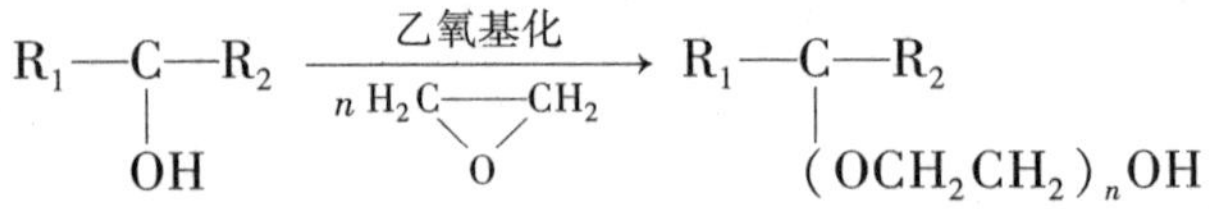

式中，R_1+R_2 的碳原子数为 $C_{10} \sim C_{18}$。

脂肪醇聚氧乙烯醚的国内商品牌号为平平加系列产品。国外商品 AEO 标明聚合度 $n=8$，但实际上是 $n=0 \sim 20$ 的混合物。

2. 烷基酚聚氧乙烯醚的合成

烷基酚聚氧乙烯醚中最重要的是壬基酚聚氧乙烯醚，商品牌号为乳化剂 OP 系列产品。日本三吉油脂公司的商品牌号为 PERETEX 1200 系列。其合成路线为

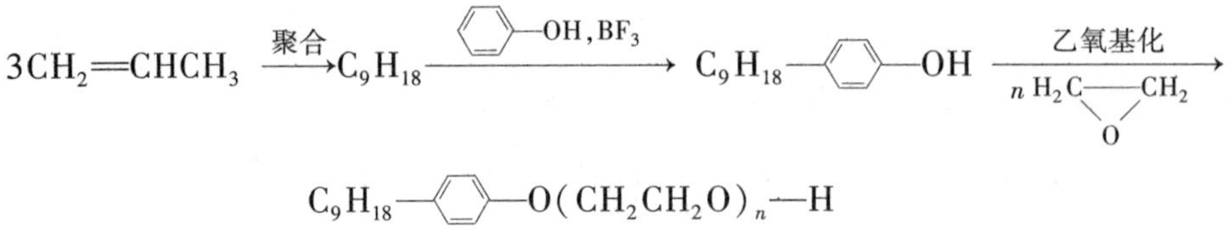

本品的化学稳定性好，在硬水和酸、碱溶液中稳定，它可以和阴离子型、阳离子型表面活性剂混配使用。

3. 羧酸酯的合成

(1)脂肪酸羧酸酯的合成

一般采用脂肪酸与甘油在碱性催化剂作用下加热到 180 ~ 250 ℃反应制得脂肪酸甘油酯。脂肪酸与聚乙二醇反应可制得脂肪酸聚乙二醇酯。

(2)脂肪酸失水山梨醇酯的合成

将山梨醇直接在酸催化、225 ~ 250 ℃下进行失水反应，然后使脂肪酸与反应中生成的失水山梨醇进行酯化反应，即制得脂肪酸失水山梨醇酯。产品是单、双和三酯的混合物。商品牌号为乳化剂-S 系列产品。

如将脂肪酸失水山梨醇酯与环氧乙烷反应，可得到一系列亲水性强的表面活性剂。其商品牌号为乳化剂-T 系列产品，它们是水溶性乳化剂。

(3)天然油脂聚氧乙烯醚的合成

主要有蓖麻油聚氧乙烯醚，商品牌号为乳化剂 EL。采用蓖麻油为原料，利用其中含有

的羟基与环氧乙烷发生乙氧基化反应而制得本品。

4. 脂肪醇酰胺的合成

将脂肪酸与乙醇胺或二乙醇胺共热到 180 ℃，发生酰胺化反应，制得脂肪醇酰胺。其中以脂肪酸与二乙醇胺反应制得脂肪醇酰胺最为重要。工业上脂肪醇酰胺有两种类型，即 2∶1醇酰胺和 1∶1 醇酰胺。

2∶1 醇酰胺采用 1 mol 脂肪酸与 2 mol 二乙醇胺在 160～180 ℃下反应 2～4 h 而制成。

1∶1 醇酰胺采用等摩尔比的脂肪酸甲酯与二乙醇胺在 100～110 ℃下反应 2～4 h，同时蒸去甲醇而得到产品。这样制得的二乙醇酰胺纯度很高（约 90%）。

如将脂肪醇酰胺进行乙氧基化反应，可制得脂肪醇聚氧乙烯醚酰胺。其结构式为

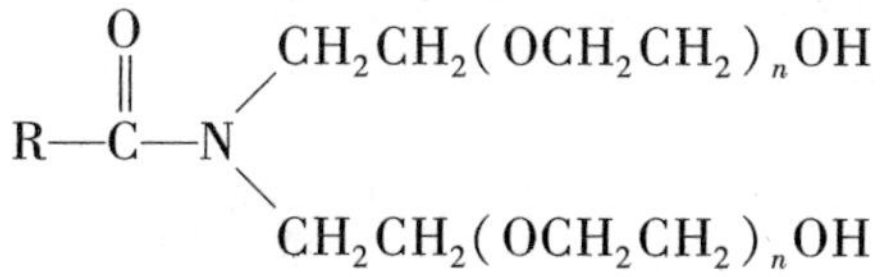

它比脂肪醇酰胺的溶解度更大，性能更好。

10.5.3　阳离子表面活性剂的合成

阳离子表面活性剂的合成主要分为以下三类。

1. 脂肪胺的合成

N-烷基吗啉是一种脂肪胺，其合成反应为

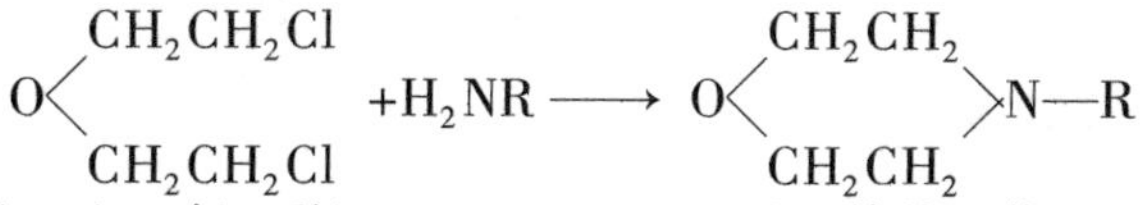

（β,β′-二氯乙醚）　　　　（N-烷基吗啉）

N-烷基丙二胺也有很广泛的应用，其合成路线为

$$RNH_2 \xrightarrow[H_2C{=}CHCN]{\text{加成}} RNH(CH_2)_2CN \xrightarrow[H_2]{\text{加氢}} RNH(CH_2)_3NH_2$$

它也可由醇为起始原料进行合成，即

$$ROH \xrightarrow[H_2C{=}CHCN]{\text{加成}} RO(CH_2)_2CN \xrightarrow[H_2]{\text{加氢}} RO(CH_2)_3NH_2$$

2. 胺氧化物的合成

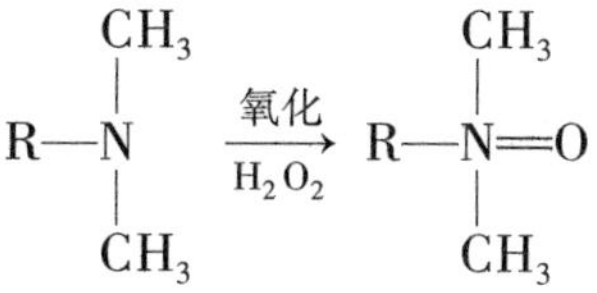

脂肪叔胺在良好的搅拌下分散于水中，然后在 60～80 ℃下滴加双氧水进行氧化反应而得产品。本品尽管价格较贵，但因其性能优越（发泡能力强，不刺激皮肤等），故产量不断增长。

3. 季铵盐的合成

季铵盐一般由脂肪族叔胺进一步烷基化而得。常用的烷化剂为氯甲烷或硫酸二甲酯。

现将工业上有实用价值的两类季铵盐的合成简介如下。

(1)长碳链季铵盐的合成

典型的例子为双十八烷基双甲基氯化铵,其合成路线有两条。

第一条路线以脂肪酸为起始原料。

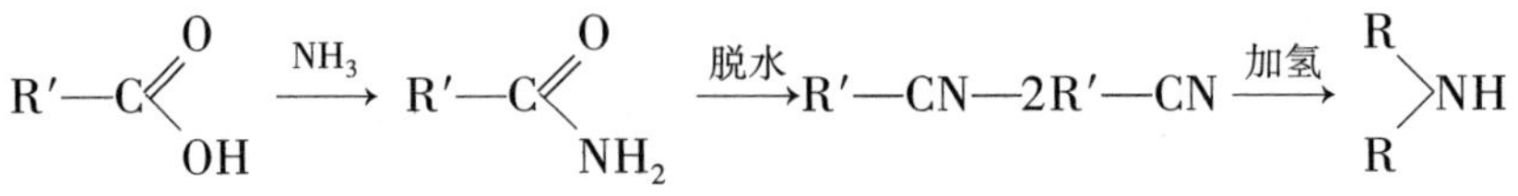

式中,R 为 R′—CH_2—。

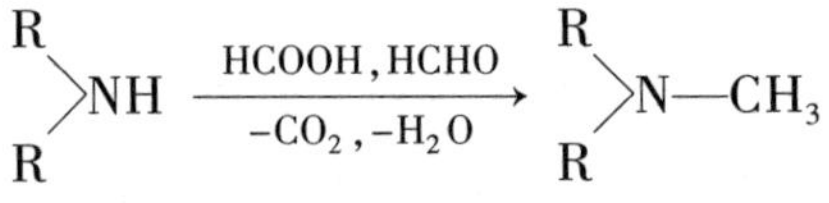

亦可以下述反应制取叔胺。

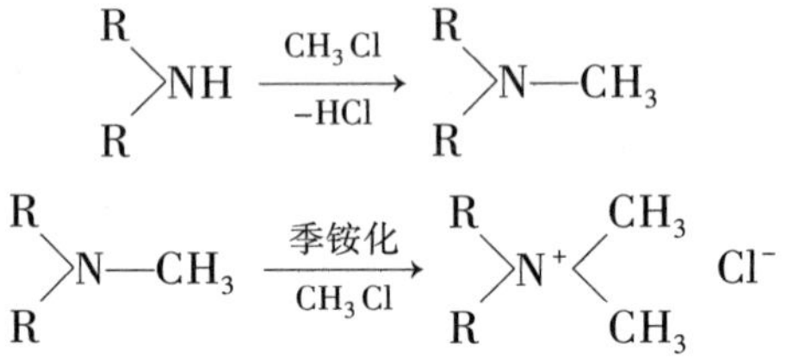

第二条路线是以脂肪醇为起始原料。

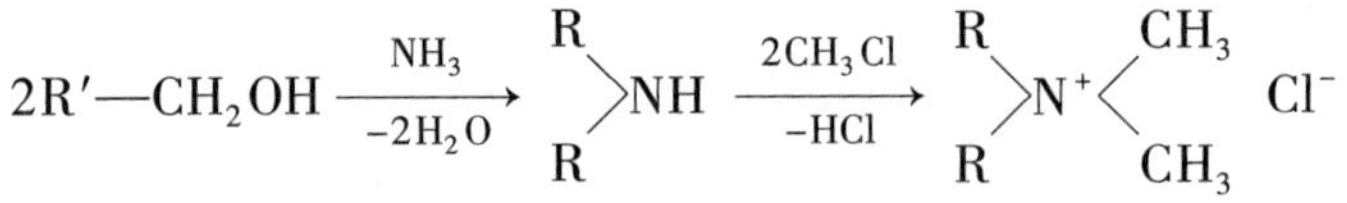

(2)咪唑啉季铵盐的合成

咪唑啉季铵盐的合成路线为

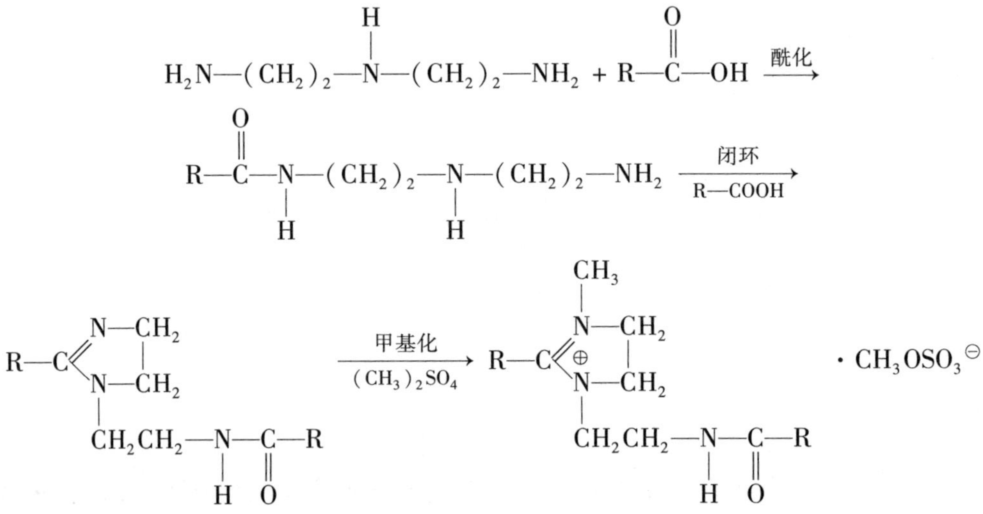

10.5.4　两性表面活性剂的合成

两性表面活性剂主要有烷基二甲基甜菜碱和咪唑啉系两性表面活性剂。

（1）烷基二甲基甜菜碱的合成反应为

$$R—N(CH_3)_2 + ClCH_2COONa \xrightarrow{60\sim80\ ℃} R—\overset{\displaystyle CH_3}{\underset{\displaystyle CH_3}{N^{\oplus}}}—CH_2COO^{\ominus} + NaCl$$

式中，$R=C_{12}\sim C_{14}$。

(2)2-烷基-N-羧甲基-N-羟乙基咪唑啉内铵盐的合成路线为

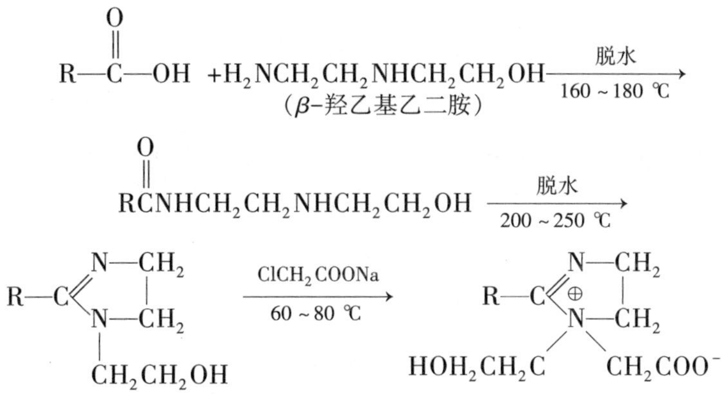

式中，$R=C_6\sim C_{13}$。

10.6　有机合成在火炸药领域的应用

火药与炸药统称为火炸药。火炸药直接影响并决定着武器装备的性能和军队战斗力的发挥，其在国防工业中具有重要作用。火药与炸药的区别在于，火药被点燃后是以燃烧方式释放其能量的，而炸药在起爆后则以爆轰的方式释放其能量。有机合成在火炸药领域中起到了举足轻重的作用。

10.6.1　有机合成在火药研究中的作用

用于发射枪炮弹丸的发射药和用于推进固体火箭的固体推进剂统称为火药。以固体推进剂为例，展示有机合成的魅力。固体推进剂是由多种组分配制成的一种含能材料，其组分主要包括黏合剂、氧化剂、高能燃烧剂、增塑剂、防老剂、键合剂。以下举例说明通过有机合成来制备。

线型叠氮缩水甘油醚（GAP）是目前研究最广泛的含能黏合剂。在制备 GAP 时，一般先合成聚环氧氯丙烷，然后在溶剂 N，N-二甲基甲酰胺中与叠氮化钠反应，使叠氮官能团取代母体中的氯原子制备而成。以丙三醇为起始原料制备成三官能度的 GAP，以乙二醇为引发剂，所得为二官能度的 GAP。其合成路线如下：

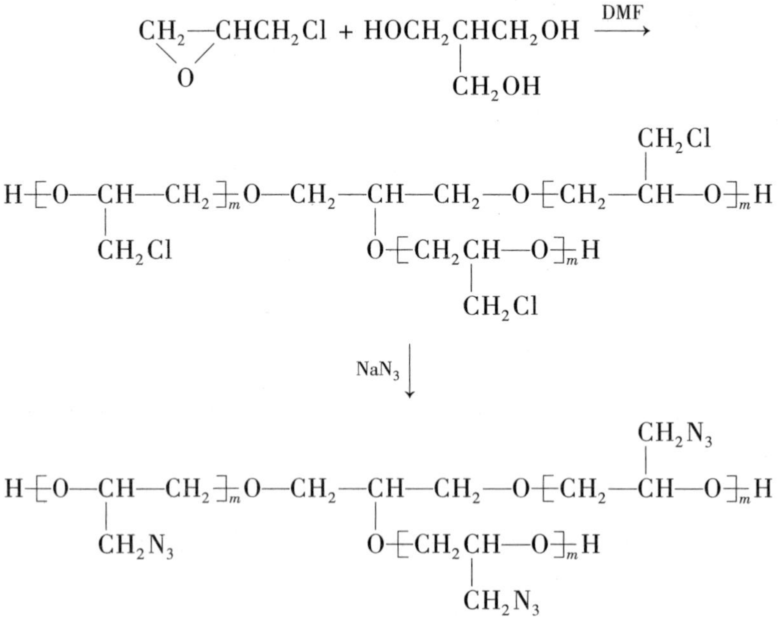

（三官能度 GAP）

若以乙二醇为引发剂，所得为二官能度的 GAP：

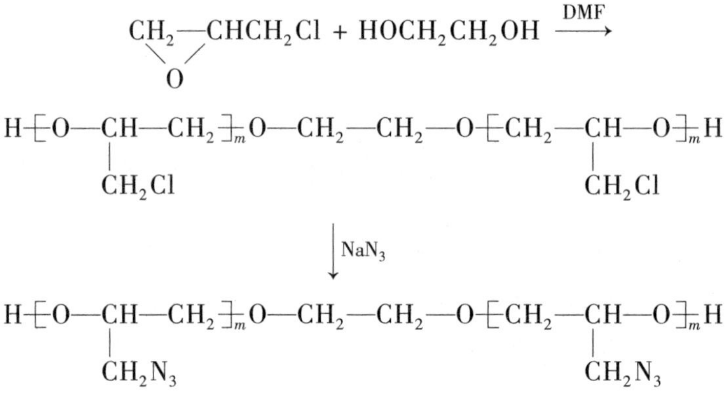

（二官能度 GAP）

在复合固体推进剂配方中，氧化剂和含能添加剂的质量分数高达 70% 左右，其对推进剂能量水平有十分重要的影响。二硝酰胺铵是非常具有应用前景的氧化剂新品种。它的物理化学性能参数及其作为单元推进剂时的能量水平，堪与已有的氧化剂及含能添加剂相匹配，并且在应用特性上占优势，是被看好的未来氧化剂新品种。现阶段二硝酰胺铵的合成方法包括硝基脲法、氨基甲酸酯法和氨基磺酸盐法。其中氨基磺酸盐法被认为具有试生产价值。其反应方程式如下：

$$NH_2SO_3H \xrightarrow{KOH} NH_2SO_3^-K^+ \xrightarrow{HNO_3/H_2SO_4} HN(NO_2)_2 \xrightarrow{NH_3} NH_4N(NO_2)_2$$

增塑剂是一类可以降低高分子材料的玻璃化温度、增加柔韧性并使之易于加工成型的物质，主要使用多元醇硝酸酯为增塑剂，如硝化甘油、硝化二乙二醇、硝化三乙二醇及 N-硝基二乙二醇胺二硝酸酯等。

键合剂是固体推进剂中有效改善力学性能的一种功能添加剂，其作用是增强高分子黏合剂基体与填料（主要是氧化剂）之间的相互作用，使填料及黏合剂基体在形变过程中共同承担载荷而不过早产生相界面分离。典型的键合剂化学式结构如下。

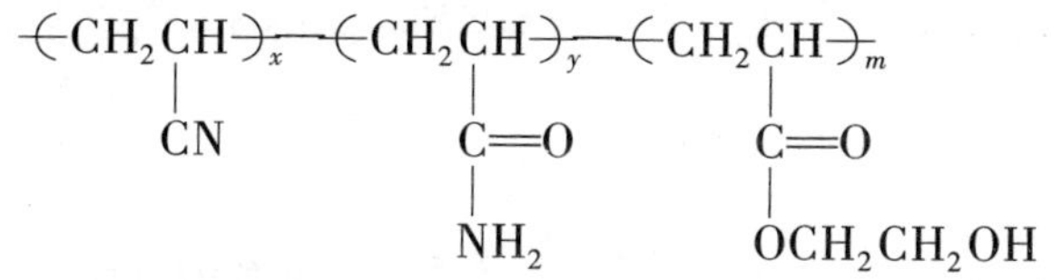

10.6.2　有机合成在炸药研究中的作用

炸药分子中含有爆炸性基团，最重要的爆炸性基团有硝基、硝胺、硝酸酯。八硝基立方烷是一个带硝基的立方形分子，其碳原子上有 8 个硝基，使其分子结构具有很高的张力，因而分子能量高。八硝基立方烷炸药的合成路线如下：

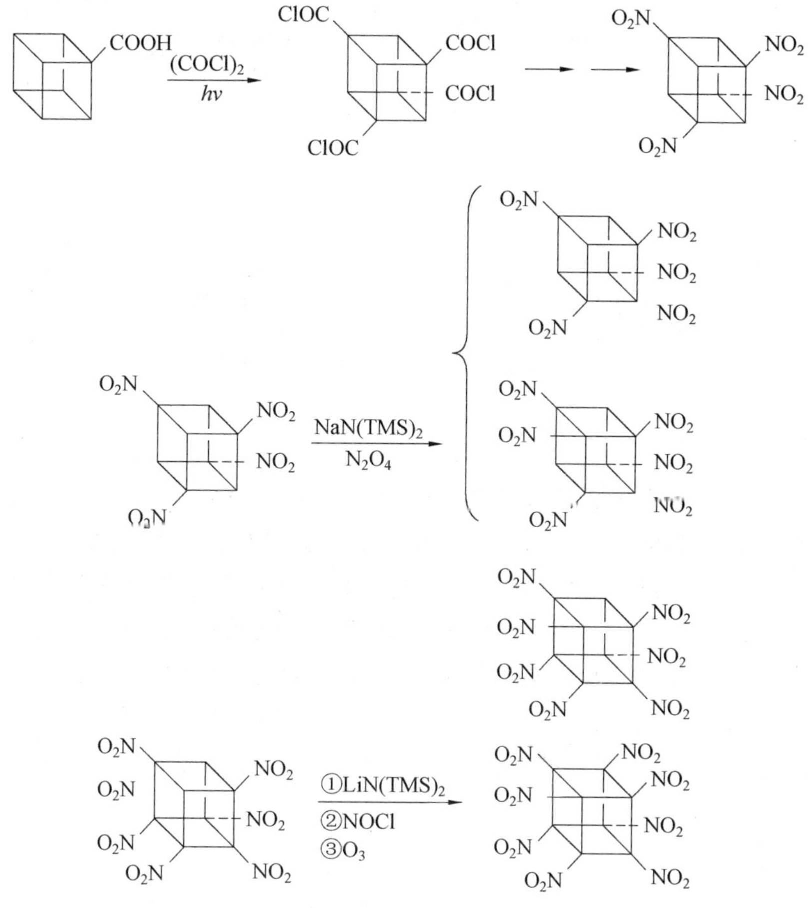

黑索金是最常见的炸药之一，其化学名称为 1,3,5-三硝基-1,3,5-三氮杂环己烷，也被称为 RDX、旋风炸药，是现如今使用最重要的炸药。RDX 可由多种不同的方法合成，氨基磺酸法是由氨基磺酸钾与甲醛缩合生产杂环，然后硝酸硝化很容易水解，所以反应需要在无水条件下进行，故使用三氧化硫或五氧化二磷的发烟硝酸溶液，该方法制备黑索金的产率为

80% ~90% ,反应路线如下:

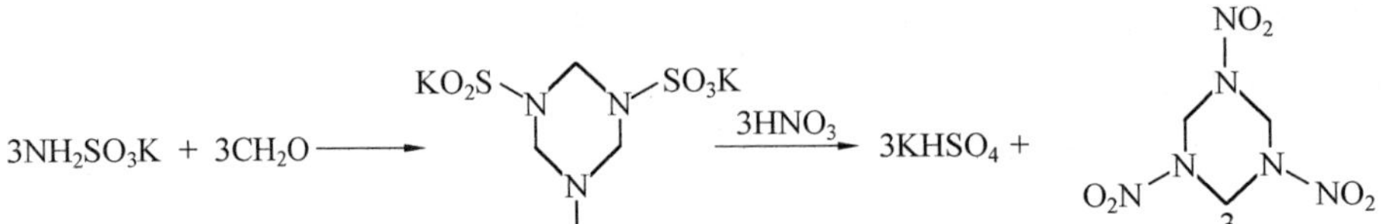

3
(RDX)

奥克托今化学名称为1,3,5,7-四硝基-1,3,5,7-四氮杂环辛烷或HMX。相比于黑索金,奥克托今表现出更高的性能,其优势被其高制造成本所抵消。多酰胺的硝解为工业合成HMX提供了一个可能的选择。使用五氧化二磷的无水硝酸溶液分别硝解1,3,5,7-四乙酰基-1,3,5,7-四氮杂环辛烷(TAT)和1,5-二乙酰基-3,7-二硝基-1,3,5,7-四氮杂环辛烷(DADN)可制得奥克托今,产率分别为79%和98%。

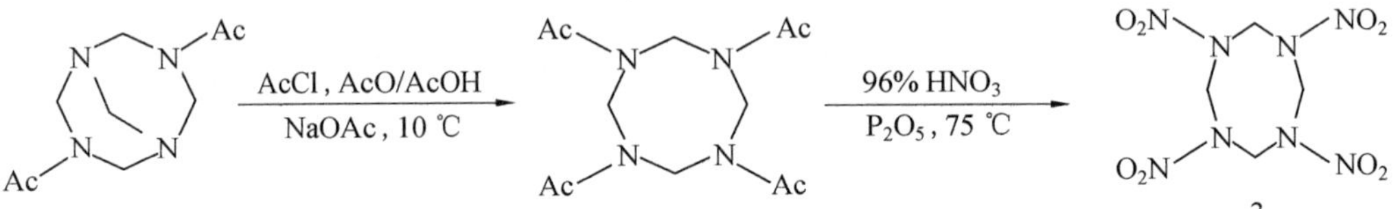

240 (DAPT)　　79 (TAT)　　3 (HMX)

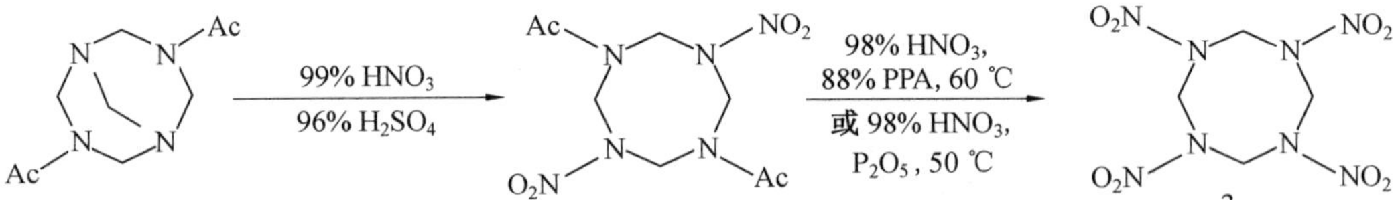

240 (DAPT)　　80 (DADN)　　3 (HMX)

全氮类物质因具有高密度、高生成焓、超高能量(是TNT的3倍以上)及爆轰产物清洁无污染(产物为氮气)等优点而成为新一代超高能含能材料的典型代表。全氮类超高能含能材料的核心是N_5^-的合成。南京理工大学含能材料团队创造性地采用间氯过氧苯甲酸(*m*-CPBA)和甘氨酸亚铁[$Fe(Gly)_2$]分别作为切断试剂和助剂与底物3,5-二甲基-4-羟基苯基五唑作用,通过氧化断裂的方式选择性地切断芳基五唑分子中的C—N键,首次制备得到室温下稳定的含有N_5^-的盐$(N_5)_6(H_3O)_3(NH_4)_4Cl$。同时,基于五唑离子盐,可与二价金属离子(铁、锰、镁、钴)配位成键,制备新型含能配合物,其中五唑钴的配合物合成示例如下:

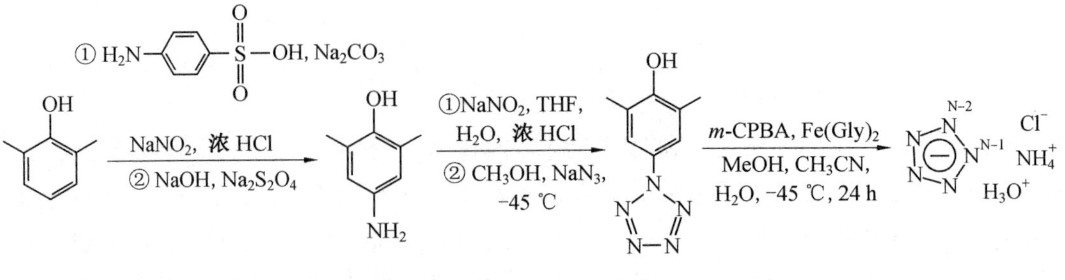

合成步骤:六水硝酸钴的甲醇水溶液缓慢滴加到 PHAC 的甲醇溶液中,25 ℃反应 6 h,然后旋蒸除去溶剂并用丙酮重结晶,最后得到空气中稳定存在的橘黄色金属五唑盐 $Co(N_5)_2(H_2O)_4 \cdot 4H_2O$,如下:

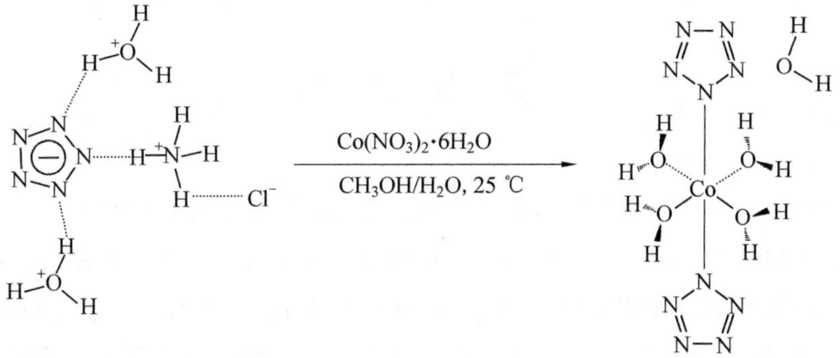

参 考 文 献

[1] 邢其毅. 基础有机化学. 上册[M]. 北京：高等教育出版社，1993.

[2] 强亮生，王慎敏. 精细化工实验[M]. 哈尔滨：哈尔滨工业大学出版社，1997.

[3] 张铸勇. 精细有机合成单元反应[M]. 上海：华东化工学院出版社，1990.

[4] 陈金龙. 精细有机合成原理与工艺[M]. 北京：中国轻工业出版社，1992.

[5] 丁学杰. 精细化工新品种与合成技术[M]. 广州：广东科技出版社，1993.

[6] 广东工学院精细化工教研室. 精细化工基本生产技术及其应用[M]. 广州：广东科技出版社，1995.

[7] 程侣柏. 精细化工产品的合成及应用[M]. 2 版. 大连：大连理工大学出版社，1992.

[8] 沃伦. 有机合成：切断法探讨[M]. 丁新腾，译. 上海：上海科学技术文献出版社，1986.

[9] 上海市化轻公司第二化工供应部上海市化轻公司工胶粘剂供应部. 化工产品应用手册：塑料、橡胶、粘合剂[M]. 上海：上海科学技术出版社，1990.

[10] 俞凌翀. 有机化学中的人名反应[M]. 北京：科学出版社，1984.

[11] 戴姆洛夫. 相转移催化作用[M]. 贺贤璋，胡振民，译. 北京：化学工业出版社，1988.

[12] 胡惟孝，杨忠愚. 有机化合物制备手册-第一卷[M]. 天津：天津科技翻译出版公司，1995.

[13] 格林. 有机合成中的保护基[M]. 范如霖，译. 上海：上海科学技术文献出版社，1985.

[14] 李有桂. 有机合成化学[M]. 北京：化学工业出版社，2016.

[15] 冯亚青，王世荣，张宝. 精细有机合成[M]. 3 版. 北京：化学工业出版社，2018.

[16] ŠUNJIĆ V, PEROKOVIĆ V P. Organic chemistry from retrosynthesis to asymmetric synthesis[M]. Berlin: Springer, 2018.

[17] MINGYU J, IN WOO C, EUN MIN G, et al. Stable perovskite solar cells with efficiency exceeding 24.8% and 0.3 -V voltage loss [J]. Science, 2020, 369(6511):1615-1620.

[18] ZHANG C, SUN C G, HU B C, et al. Synthesis and characterization of the pentazolate anion cyclo-N_5-in $(N_5)_6(H_3O)_3(NH_4)_4Cl$ [J]. Science, 2017, 355(6323):374-376.

[19] XU Y G, WANG Q, SHEN C, et al. Author correction: A series of energetic metal pentazolate hydrates[J]. Nature, 2018, 559(7713): 78-81.
[20] 鄂秀天凤，贾志宇，孟子晖，等. 炸药有机化学[M]. 北京：国防工业出版社,2023.
[21] 福尔哈特，肖尔. 有机化学结构与功能[M]. 戴立信，席振峰，罗三中，等译. 8 版. 北京：化学工业出版社，2022.